설비보전기사
필기 과년도출제문제

설비보전시험연구회 엮음

 일진사

이 책의 구성과 특징

이 책은 **설비보전기사** 자격증 필기시험에 대비하는 수험생들이 효과적으로 공부할 수 있도록 과년도 출제문제를 과목별, 단원별로 세분화하였다.

1. 과년도 출제문제를 과목별로 분류

17년 동안 출제되었던 문제들을 철저히 분석하여 과목별로 분류하고 정리했으며 과목마다 기본 개념과 문제를 익힐 수 있도록 하였다.

2. 핵심 문제와 유사 문제

각 과목의 단원별로 핵심 문제(1, 2, …로 표시)와 유사 문제(1-1, 2-1, …로 표시)를 함께 배치하였다. 이를 통해 수험자는 유형별 문제를 반복적으로 연습할 수 있다.

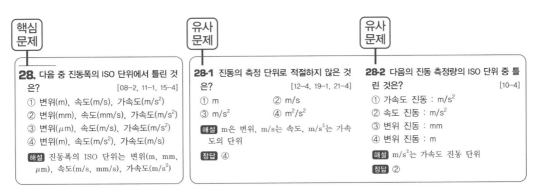

핵심문제

28. 다음 중 진동폭의 ISO 단위에서 틀린 것은?   [08-2, 11-1, 15-4]
① 변위(m), 속도(m/s), 가속도(m/s²)
② 변위(mm), 속도(mm/s), 가속도(m/s²)
③ 변위(μm), 속도(m/s), 가속도(m/s²)
④ 변위(m), 속도(m/s²), 가속도(m/s)
해설 진동폭의 ISO 단위는 변위(m, mm, μm), 속도(m/s, mm/s), 가속도(m/s²)

유사문제

28-1 진동의 측정 단위로 적절하지 않은 것은?   [12-4, 19-1, 21-4]
① m   ② m/s
③ m/s²   ④ m²/s²
해설 m은 변위, m/s는 속도, m/s²는 가속도의 단위
정답 ④

유사문제

28-2 다음의 진동 측정량의 ISO 단위 중 틀린 것은?   [10-4]
① 가속도 진동 : m/s²
② 속도 진동 : m/s²
③ 변위 진동 : mm
④ 변위 진동 : m
해설 m/s²는 가속도 진동 단위
정답 ②

3. 모든 문제에 출제 연도 표시

출제 연도를 표기해 줌으로써 시대의 흐름과 출제 경향을 파악하고 문제 해결 능력을 기를 수 있도록 하였다.

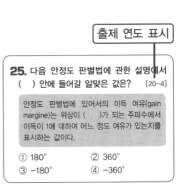

출제 연도 표시

25. 다음 안정도 판별법에 관한 설명에서 ( ) 안에 들어갈 알맞은 값은?   [20-4]

안정도 판별법에 있어서의 이득 여유(gain margin)는 위상이 ( )가 되는 주파수에서 이득이 1에 대하여 어느 정도 여유가 있는지를 표시하는 값이다.

① 180°   ② 360°
③ −180°   ④ −360°

4. CBT 대비 실전 문제

부록에는 CBT 대비 실전 문제 5회분을 수록하여 스스로 점검하고 출제경향을 파악할 수 있도록 하였다.

설비보전기사 출제기준 (필기)

필기 과목명	문제 수	주요 항목	세부 항목	세세 항목
설비 진단 및 계측	20	1. 설비 진동 및 소음	1. 설비 진단의 개요	1. 설비 진단의 개요 2. 소음 진동 개론
			2. 진동 및 측정	1. 진동의 물리적 성질 2. 진동 발생원과 특성 3. 진동 방지 대책 4. 진동 측정 원리 및 기기 5. 회전 기기 진단
			3. 소음 및 측정	1. 소음의 물리적 성질 2. 소음 발생원과 특성 3. 소음 방지 대책 4. 소음 측정 원리 및 기기
			4. 비파괴 개론	1. 비파괴 개요 2. 침투, 자기 비파괴 검사 3. 방사선, 초음파 비파괴 검사 4. 누설 검사, 음향탐상 검사 등 기타 검사
		2. 계측	1. 계측기	1. 온도, 압력, 유량, 액면의 계측 2. 회전수의 계측 3. 전기의 계측
			2. 계측의 자동화	1. 센서와 신호 변환 2. 프로세스 제어
설비 관리	20	1. 설비 관리 계획	1. 설비 관리 개론	1. 설비 관리의 개요 2. 설비의 범위와 분류
			2. 설비 계획	1. 설비 계획의 개요 2. 설비 배치 3. 설비의 신뢰성 및 보전성 관리 4. 설비의 경제성 평가 5. 정비 계획 수립
			3. 설비 보전의 계획과 관리	1. 설비 보전과 관리 시스템 2. 설비 보전의 본질과 추진 방법 3. 공사 관리 4. 설비 보전 관리 및 효과 측정 5. 보존용 자재 관리
		2. 종합적 설비 관리	1. 공장 설비 관리	1. 공장 설비 관리의 개요 2. 계측 관리 3. 치공구 관리 4. 공장 에너지 관리

필기 과목명	문제 수	주요 항목	세부 항목	세세 항목
			2. 종합적 생산 보전	1. 종합적 생산 보전의 개요 2. 설비 효율 개선 방법 3. 만성로스 개선 방법 4. 자주 보전 활동 5. 품질 개선 활동
		3. 윤활 관리의 기초	1. 윤활 관리의 개요	1. 윤활 관리와 설비 보전 2. 윤활 관리의 목적 3. 윤활 관리의 방법
			2. 윤활제의 선정	1. 윤활제의 종류와 특성 2. 윤활유의 선정기준 3. 그리스의 선정기준 4. 윤활유 첨가제
		4. 윤활 방법과 시험	1. 윤활 급유법	1. 윤활유계의 윤활 및 윤활 방법 2. 그리스계의 윤활 및 윤활 방법
			2. 윤활 기술	1. 윤활 기술과 설비의 신뢰성 2. 윤활계의 운전과 보전 3. 윤활제의 열화 관리와 오염 관리 4. 윤활제에 의한 설비 진단 기술 5. 윤활 설비의 고장과 원인
			3. 윤활제의 시험 방법	1. 윤활유의 시험방법 2. 그리스의 시험방법
		5. 현장 윤활	1. 윤활 개소의 윤활 관리	1. 압축기의 윤활 관리 2. 베어링의 윤활 관리 3. 기어의 윤활 관리 4. 유압 작동유 및 오염 관리
기계 일반 및 기계 보전	20	1. 기계 일반	1. 기계요소 제도	1. 결합용 기계요소 제도 2. 축·관계 기계요소 제도 3. 전동용 기계요소 제도 4. 제어용 기계요소 제도
			2. 기계공작법	1. 공작기계의 종류와 특성 2. 손 다듬질 3. 용접 4. 열처리 및 표면처리
		2. 기계 보전	1. 보전의 개요	1. 측정기구 및 공기구 2. 보전용 재료 3. 보전에 관한 용어 4. 고장의 종류 해석에 관한 용어

필기 과목명	문제 수	주요 항목	세부 항목	세세 항목
			2. 기계요소 보전	1. 체결용 기계요소의 보전 2. 축 기계요소의 보전 3. 전동용 기계요소의 보전 4. 제어용 기계요소의 보전 5. 관계 기계요소의 보전
			3. 기계장치 보전	1. 밸브의 점검 및 정비 2. 펌프의 점검 및 정비 3. 송풍기의 점검 및 정비 4. 압축기의 점검 및 정비 5. 감속기의 점검 및 정비 6. 전동기의 점검 및 정비
		3. 산업 안전	1. 산업 안전의 개요	1. 산업 안전의 목적과 정의 2. 산업 재해의 분류
			2. 산업 설비 및 장비의 안전	1. 기계 작업 및 취급의 안전 2. 가스 및 위험물의 안전 3. 산업 시설의 안전
			3. 산업 안전 관계 법규	1. 산업안전보건법
공유압 및 자동화	20	1. 공유압	1. 공유압의 개요	1. 기초 이론 2. 공유압의 원리 3. 공유압의 특성
			2. 유압 기기	1. 유압 발생장치 2. 유압 제어 밸브 3. 유압 액추에이터 4. 유압 부속 기기
			3. 공압 기기	1. 공기압 발생장치 2. 공압 제어 밸브 3. 공압 액추에이터
			4. 공유압 기호 및 회로	1. 공압 기호 및 회로 2. 유압 기호 및 회로
		2. 자동화	1. 자동화 시스템의 개요	1. 자동화 시스템의 개요 2. 제어와 자동제어 3. 핸들링 4. 전기 회로 구성 요소와 기초 전기 회로 5. 전동 기기
			2. 자동화 시스템의 보전	1. 자동화 시스템 보전의 개요 2. 자동화 시스템 보전 방법

3과목   기계 일반 및 기계 보전

4과목   공유압 및 자동 제어

부록　CBT 대비 실전 문제

1과목

설비 진단 및 계측

1장 설비 진동 및 소음

1-1 설비 진단의 개요

1. 다음 중 설비 진단의 개념으로 알맞지 않은 것은? [08-4, 21-2]
① 단순한 점검의 계기화
② 수리 및 개량법의 결정
③ 신뢰성 및 수명의 예측
④ 이상이나 결함의 원인 파악

2. 다음 중 설비 진단 기술에 관한 설명으로 틀린 것은? [21-1]
① 설비의 열화를 검출하는 기술이다.
② 설비의 생산량 증가 방법을 찾는 기술이다.
③ 설비의 성능을 평가하고, 수명을 예측하는 기술이다.
④ 현재 설비 상태를 파악하고, 고장 원인을 찾는 기술이다.

[해설] 설비의 생산량 증가 방법은 공정 관리와 로스 관리에 있다.

3. 다음 중 설비 측면 데이터에 의한 신뢰성이 아닌 것은? [06-4]
① 설비의 대형화, 다양화에 따른 오감 점검 불가능
② 설비의 대형화, 다양화에 따른 고장 손실 증대
③ 설비의 신뢰성 설계를 위한 데이터의 필요성
④ 고장의 미연 방지 및 확대 방지

4. 설비 진단 기술 도입의 일반적인 효과가 아닌 것은? [09-4, 16-2]
① 경향 관리를 실행함으로써 설비의 수명을 예측하는 것이 가능하다.
② 중요 설비, 부위를 상시 감시함에 따라 돌발적인 중대 고장 방지가 가능해진다.
③ 정밀 진단을 통해서 설비 관리가 이루어지므로 오버홀(overhaul)의 횟수가 증가하게 된다.
④ 점검원의 경험적인 기능과 진단 기기를 사용하면 보다 정량화 할 수 있어 누구라도 능숙하게 되면 설비의 이상 판단이 가능해진다.

[해설] 설비 진단 기술 중 고장이 정도를 정량화 할 수 있어 누구라도 능숙하게 되면 동일 레벨의 이상 판단이 가능해지며, 정밀 진단을 통해서 설비 관리가 이루어지므로 오버홀(overhaul)의 횟수가 감소하게 된다.

5. 설비 진단 기술 도입의 일반적인 효과가 아닌 것은? [14-2]
① 고장이 정도를 정량화 할 수 있어 누구라도 능숙하게 되면 동일 레벨의 이상 판단이 가능해진다.
② 경향 관리를 실행함으로써 설비의 수명 예측이 가능하다.
③ 간이 진단을 실행하여 설비의 열화 부위

와 내용을 알 수 있기 때문에 오버홀이 필요하다.

④ 중요 설비, 부위를 상시 감시함에 따라 돌발적인 고장을 방지하는 것이 가능하다.

6. 설비 진단 기술의 필요성을 나열한 것 중 틀린 것은? [10-4, 14-2]

① 고장 손실의 증대를 방지

② 점검자의 기술 수준에 따른 격차 해소

③ 설비의 수명 연장

④ 설비 결함의 정성적인 점검이 불가능할 때

해설 간이 진단은 점검원의 경험적인 기능(정성적)에 의한 점검이 중요하다.

7. 설비 진단 기술을 이용하여 수행할 수 있는 업무로서 맞지 않는 것은? [16-4]

① 예비품 발주 시기를 결정할 수 있다.

② 기계 장치의 보수 및 교체 시기를 결정할 수 있다.

③ 계획 정비나 개량 정비 방법을 결정할 수 있다.

④ 열화의 정도나 고장의 종류를 파악하기 어렵다.

해설 열화의 정도나 고장의 종류를 파악하기 쉽다.

8. 설비 진단 기법과 응용 예를 설명한 사항 중 잘못 연결된 것은? [06-4]

① 진동법 – 블로어, 팬 등의 밸런싱 진단

② 오일 분석법 – 베어링의 오일 휩(oil whip) 진단

③ 응력법 – 설비 구조물의 응력 분포도 검사

④ 열화상법 – 전기, 전자 부품의 이상 발견

해설 오일 분석법 : 베어링 등 금속과 금속이 습동하는 부분의 마모에 대한 진행 상황을 윤활유 중에 포함된 마모 금속의 양,

형태, 성분 등으로 판단하는 방법이다.

9. 오일 분석법의 종류가 아닌 것은? [22-2]

① 회전 전극법

② 원자 흡광법

③ 저주파 흡광법

④ 페로그래피법

해설 오일 분석법

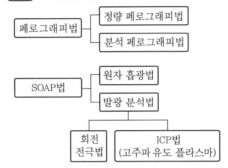

9-1 다음 설비 진단기법 중 오일 분석법이 아닌 것은? [14-2, 17-4, 19-1]

① 회전 전극법

② 원자 흡광법

③ 변형 게이지법

④ 페로그래피법

정답 ③

10. 다음 중 간이 진단 기술이 아닌 것은 어느 것인가? [11-4, 21-4]

① 점검원이 수행하는 점검 기술

② 운전자에 의한 설비 감시 기술

③ 설비의 결함 진전을 예측하는 예측 기술

④ 사람 접근이 가능한 설비를 대상으로 하는 점검 기술

해설 간이 진단 기술이란 설비의 1차 진단 기술을 의미하며, 정밀 진단 기술은 전문 부서에서 열화 상태를 검출하여 해석하는 정량화 기술을 의미한다.

11. 다음 중 설비의 제1차 건강 진단 기술로서 현장 작업원이 주로 수행하는 진단 기술은? [19-1]

① 간이 진단 기술
② 성능 정량화 기술
③ 고장 검출 해석 기술
④ 스트레스 정량화 기술

해설 간이 진단 기술이란 설비의 1차 진단 기술을 의미하며, 정밀 진단 기술은 전문 부서에서 열화 상태를 검출하여 해석하는 정량화 기술을 의미한다.

11-1 다음 중 설비의 제1차 진단 기술로서 현장 작업원이 사용하는 기술은? [07-4, 13-4]

① 간이 진단 기술
② 정밀 진단 기술
③ 스트레스 정량화 기술
④ 고장 검출 해석 기술

정답 ①

12. 설비의 정밀 해석 기술로서 전문 기술 부서에서 수행하는 기술은? [12-4, 18-2]

① 간이 진단 기술
② 정밀 진단 기술
③ 고장 수리 기술
④ 동작 해석 기술

13. 다음 중 정밀 진단 기술에 해당되지 않는 것은? [16-4]

① 고장 검출 해석 기술
② 스트레스 정량화 기술
③ 결함 원인 및 개선 기술
④ 강도 및 성능의 정량화 기술

해설 결함 원인 및 개선 기술은 보전 기술이다.

14. 다음 중 설비 진단 기법에 해당되지 않는 것은? [14-4]

① 진동법
② 오일 분석법
③ 전기 분석법
④ 응력법

해설 설비 진단 기법에는 진동법, 오일 분석법, 응력법이 있다. 전기 분석법, 파괴 시험법 등은 설비 진단 기법에 해당되지 않는다.

14-1 실용적으로 폭넓게 사용되는 설비 진단 기법이 아닌 것은? [11-4]

① 진동법
② 오일 분석법
③ 응력법
④ 유도 분석법

정답 ④

14-2 다음 중 실용적으로 폭넓게 사용되는 설비 진단 기법이 아닌 것은? [07-4]

① 진동법   ② 오일 분석법
③ 응력법   ④ 파괴 시험법

정답 ④

15. 오일 분석법 중 채취한 오일 샘플링을 용제로 희석하고, 자석에 의하여 검출된 마모 입자의 크기, 형상 및 재질을 분석하여 이상 원인을 규명하는 설비 진단 기법을 무엇이라 하는가? [16-2]

① 원자 흡광법
② 회전 전극법
③ 페로그래피법
④ 오일 SOAP법

16. 회전 기계에서 발생하는 이상 현상 중 언밸런스나 베어링 결함 등의 검출에 널리 사용되는 설비 진단 기법은? [10-4]

① 진동법
② 오일 분석법
③ 응력 해석법
④ 페로그래피법

해설 회전 기계에서 발생하는 이상 현상 중 언밸런스나 베어링 결함 등의 검출에 널리 사용되는 설비 진단 기법은 진동을 이용한 진동법이다.

17. 1800rpm으로 회전하는 모터에 의하여 구동되는 축, 베어링 및 기어에 대한 이상 유무를 진단하는 데 널리 사용되는 설비 진단 기법은? [13-4]

① 진동 분석법
② 간이 진단법
③ 응력 해석법
④ 열화상 분석법

해설 축, 베어링 및 기어에 대한 설비 진단 기법으로 진동 주파수 분석법이 널리 사용된다.

18. 진동법을 응용한 진단 기술이 아닌 것은? [17-2]

① 회전 기계에서 생기는 각종 이상의 검출 및 평가 기술
② 유체에 의한 밸브나 배관의 과도 현상
③ 윤활유의 열화 판단 및 분석 기술
④ 블로어, 팬 등의 밸런싱 진단 조정 기술

해설 이외 회전 기계에 생기는 각종 이상 (언밸런스, 베어링 결함 등)의 검출 평가 기술

19. 다음 중 외란이 가해진 후에 계가 스스로 진동하고 있을 때 이 진동을 나타내는 용어는? [17-4, 19-1, 22-1]

① 공진
② 강제 진동
③ 고유 진동
④ 자유 진동

해설 자유 진동 : 외란이 가해진 후에 계가 스스로 진동을 하고 있는 경우

19-1 다음 중 진동의 분류에서 외란이 가해진 후에 계가 스스로 진동하는 것은 무엇인가? [13-4]

① 자유 진동
② 강제 진동
③ 감쇠 진동
④ 선형 진동

정답 ①

20. 다음 중 진동체에 물리량이 주어졌을 때 그 진동체가 갖는 특정한 값을 가진 진동수와 파장만의 진동만이 허용될 때의 진동은 무엇인가? [20-2]

① 강제 진동
② 고유 진동
③ 탄성 진동
④ 흡음 진동

해설 진동체에 물리량이 주어졌을 때 그 진동체가 갖는 특정한 값을 가진 진동수와 파장만의 진동만이 허용될 때의 진동을 고유 진동이라 하고, 이때의 진동수를 고유 진동수라고 한다.

21. 시스템을 외부 힘에 의해서 평형 위치로부터 움직였다가 그 외부 힘을 끊었을 때 시스템이 자유 진동을 하는 진동수를 무엇이라 하는가? [06-4, 19-4]

① 댐핑
② 감쇠 진동수
③ 단순 진동수
④ 고유 진동수

22. 다음 중 진동의 분류에서 틀리게 설명한 것은? [19-2]

① 자유 진동 : 외부로부터 힘이 가해진 후에 스스로 진동하는 상태

② 강제 진동 : 외부로부터 반복적인 힘에 의하여 발생하는 진동

③ 불규칙 진동 : 회전부에 생기는 불평형, 커플링부의 중심 어긋남 등이 원인으로 발생하는 진동

④ 선형 진동 : 진동하는 계의 모든 기본 요소(스프링, 질량, 감쇠기)가 선형 특성일 때 생기는 진동

해설 불규칙 진동(random vibration) : 가진이 불규칙할 때 발생하는 운동의 진동으로 풍속, 도로의 거침, 지진 시의 지면의 운동 등이 불규칙 가진의 예들이다. 불규칙 진동의 경우에는 계의 진동 응답도 불규칙하며, 응답을 오진 통계량으로 나타난다.

23. 다음 중 진동의 종류별 설명으로 틀린 것은? [14-2, 21-4]

① 선형 진동 – 진동의 진폭이 증가함에 따라 모든 진동계가 운동하는 방식이다.

② 자유 진동 – 외란이 가해진 후에 계가 스스로 진동을 하고 있는 경우이다.

③ 비감쇠 진동 – 대부분의 물리계에서 감쇠의 양이 매우 적어 공학적으로 감쇠를 무시한다.

④ 규칙 진동 – 기계 회전부에 생기는 불평형, 커플링부의 중심 어긋남 등의 원인으로 발생하는 진동이다

해설 • 선형 진동 : 기본 요소(스프링, 질량, 감쇠기)가 선형 특성일 때 발생하는 진동
• 비선형 진동 : 기본 요소 중의 하나가 비선형적일 때 발생하는 진동으로 진동의 진폭이 증가함에 따라 모든 진동계가 운동하는 방식

23-1 어떤 물체가 기준 위치에 대해 반복 운동하는 것을 진동한다고 한다. 다음 진동의 종류와 그에 대한 설명이 잘못 연결된 것은? [06-4]

① 자유 진동 – 외란이 가해진 후에 계가 스스로 진동을 하고 있는 경우이다.

② 비감쇠 진동 – 대부분의 물리계에서 감쇠의 양이 매우 적어 공학적으로 감쇠를 무시한다.

③ 선형 진동 – 진동의 진폭이 증가함에 따라 모든 진동계가 운동하는 방식이다.

④ 규칙 진동 – 진동계에 작용하는 운동 값이 항상 알려진 경우의 진동 형태이다

정답 ③

24. 다음 중 진동하는 동안 마찰이나 다른 저항으로 에너지가 손실되지 않는 진동은 어느 것인가? [19-2, 20-1]

① 비감쇠 진동

② 실횻값 진동

③ 양진폭 진동

④ 편진폭 진동

해설 진동계에서 에너지가 손실되지 않는 진동은 비감쇠 진동이라 하며, 에너지가 손실되는 진동은 감쇠 진동으로 부족 감쇠, 과도 감쇠, 임계 감쇠가 있다.

24-1 진동하는 동안 마찰이나 다른 저항으로 에너지가 손실되지 않는다면 그 진동을 무엇이라고 하는가? [07-4, 16-4]

① 자유 진동(free vibration)

② 강제 진동(forced vibration)

③ 감쇠 진동(damped vibration)

④ 비감쇠 진동(undamped vibration)

정답 ④

1장 설비 진동 및 소음 17

25. 다음 중 진동에 대한 설명으로 틀린 것은? [15-4, 20-2]

① 어떤 시스템이 외력을 받고 있을 때 야기되는 진동을 강제 진동이라 한다.

② 진동계의 기본 요소들이 모두 선형적으로 작동할 때 야기되는 진동을 선형 진동이라 한다.

③ 진동하는 동안 마찰이나 저항으로 인하여 시스템의 에너지가 손실되지 않는 진동을 감쇠 진동이라 한다.

④ 시스템을 외력에 의해 초기 교란 후 그 힘을 제거하였을 때 그 시스템이 자유 진동을 하는 진동수를 고유 진동수라 한다.

해설 진동하는 동안 마찰이나 저항으로 인하여 시스템의 에너지가 손실되지 않는 진동을 비감쇠 진동이라 하고, 에너지가 손실되는 진동을 감쇠 진동이라 한다.

26. 소음과 진동에 대한 용어 설명 중 잘못된 것은? [09-4]

① 소음과 진동은 본질적으로 동일한 물리 현상이며 측정 방법이 동일하다.

② 소음과 진동은 진행 과정에서 상호 교환 발생이 가능하다.

③ 소음과 대기, 진동은 고체를 통하여 주로 전달된다.

④ 소음과 진동은 매질 탄성에 의해서 초기 에너지가 매질의 다른 부분으로 전달되는 현상이다.

해설 소음의 측정은 소음계, 진동 측정기는 진동계로 측정하며, 측정기 설치 방법도 다르다.

정답 25. ③ 26. ①

1-2 진동 및 측정

1. 다음 정현파에서 a, b, c, d 중 의미가 틀린 것은? [22-2]

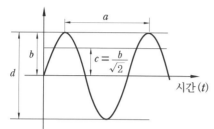

① a : 주기   ② b : 편진폭
③ c : 진폭의 평균값   ④ d : 양진폭

해설 c : 진폭의 실횻값

진폭의 평균값 $=\dfrac{2b}{\pi}$

2. 다음 그림의 정현파 신호에서 (가), (나)의 명칭은? [17-4]

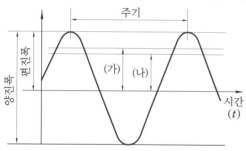

① 실횻값, 평균값   ② 실횻값, 최댓값
③ 최댓값, 평균값   ④ 평균값, 최댓값

3. 정현파에 대한 다음 그림의 내용 중 틀린 것은? [10-4]

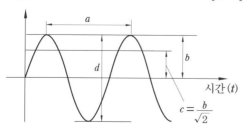

① a는 주기
② $\dfrac{1}{a}$은 주파수
③ b는 진폭
④ c는 진폭의 평균치

해설 c는 평균치가 아니라 실효치(RMS)이다.

4. 다음 중 진동의 크기를 표현하는 방법으로서 사용되는 용어들의 설명 중 맞지 않는 것은? [06-4]
① 피크값 – 진동량 중 절댓값의 최댓값이다.
② 실횻값 – 정현파의 경우는 피크값의 $\dfrac{1}{\sqrt{2}}$ 배이다.
③ 평균값 – 진동 에너지를 표현하는 것에 적합한 값이다.
④ 양진폭 – 전진폭이라고도 하며, 양의 최댓값에서 부의 최댓값까지의 값이다.

해설 진동 에너지를 표현하는데 적합한 것은 실횻값이며, 평균값은 진동량을 평균한 값으로 정현파의 경우 피크값의 $\dfrac{2}{\pi}$이다.

5. 진동의 크기를 표현하는 방법으로 틀린 것은? [20-4]
① 평균값 : 진동량을 평균한 값이다.
② 피크값 : 진동량 절댓값의 최댓값이다.
③ 양진폭 : 정현파의 경우 피크값의 2배이다.
④ 피크-피크 : 정측의 최댓값에서 부측의 최댓값까지의 값이다. 정현파의 경우 피크값의 $\dfrac{1}{2}$이다

해설 피크-피크값은 양진폭이다.

6. 다음 중 진동의 크기를 바르게 표현한 것은? [20-2]

① 편진폭(피크값) : 정측의 최댓값에서 부측의 최댓값까지의 값이다.

② 전진폭 : 정측이나 부측에서 진동량 절댓값의 최댓값이다.

③ 실횻값 : 진동 에너지를 표현하는 것에 적합한 RMS값이다.

④ 평균값 : 진동량을 평균한 값으로 정현파의 경우 피크값의 $\frac{1}{\sqrt{2}}$ 이다.

해설 • 편진폭(피크값) : 정측이나 부측에서 진동량 절댓값의 최댓값

• 전진폭(양진폭) : 정측의 최댓값에서 부측의 최댓값

• 실횻값 : 진동 에너지를 표현하는 데 적합하며, 정현파의 경우 피크값의 $\frac{1}{\sqrt{2}}$

• 평균값 : 진동량을 평균한 값으로 정현파의 경우 최댓값의 $\frac{2}{\pi}$

7. 정현파 신호에서 진동의 크기를 표현한 것 중 옳은 것은? [16-2, 18-4]

① 피크-피크값(양진폭)은 실횻값의 2배이다.

② 피크값(편진폭)은 진동량의 절댓값 중 최솟값이다.

③ 실횻값은 진동 에너지를 표현하는 데 적합하며 피크값의 약 0.7배이다.

④ 평균값은 진동량을 평균한 값으로서 피크값의 $\frac{1}{\sqrt{2}}$ 배이다

8. 다음 중 진동 파형에서 양진폭(피크-피크)을 V_{p-p}라 할 때 실횻값(VRMS)은 어느 것인가? [17-4, 21-4]

① $2V_{p-p}$ ② πV_{p-p}

③ $2\sqrt{2}\,V_{p-p}$ ④ $\frac{1}{2\sqrt{2}}\,V_{p-p}$

해설 실횻값 : 진동 에너지를 표현하는 데 적합하며, 피크값의 $\frac{1}{\sqrt{2}}$ (0.707)배이다.

9. 정현파의 최댓값을 기준으로 진동의 크기가 1일 때 실횻값의 크기는? [21-4]

① 2   ② $\frac{1}{2}$

③ $\frac{1}{\sqrt{2}}$ ④ $\frac{1}{\pi}$

10. 다음 중 진동의 크기를 표현하는 방법으로 사용되는 용어의 설명 중 틀린 것은 어느 것인가? [12-4, 15-2, 19-2]

① 평균값 : 진동량을 평균한 값이다.

② 피크값 : 진동량 절댓값의 최댓값이다.

③ 실횻값 : 진동 에너지를 표현하는 것으로 정현파의 경우는 피크값의 2배이다.

④ 양진폭 : 전진폭이라고도 하며, 양의 최댓값에서 부측의 최댓값까지의 값이다.

11. 진동의 에너지를 표현하는 값으로 가장 적절한 것은? [08-2, 14-2, 18-1, 21-1, 21-4]

① 실횻값   ② 편진폭

③ 양진폭   ④ 평균값

11-1 진동의 에너지를 표현하는 것에 적합한 값은? [08-4]

① 피크값   ② 피크-피크

③ 실횻값   ④ 평균값

정답 ③

정답 ● **6.** ③ **7.** ③ **8.** ④ **9.** ③ **10.** ③ **11.** ①

12. 다음 중 진동 측정기의 측정값으로 널리 사용되는 것은? [16-4, 22-1]

① 실횻값 ② 편진폭
③ 양진폭 ④ 산술 평균값

해설 현재 사용 중인 많은 진동 측정 기기들은 측정된 압력을 R.M.S. 값으로서 나타낸다.

13. 진동 에너지를 표현하는 것에 적합한 값으로 정현파의 경우는 피크값의 $\frac{1}{\sqrt{2}}$ 배인 값은? [19-4]

① 평균값 ② 진동값
③ 실횻값 ④ 피크-피크

14. 다음 중 진동을 측정하기 위한 3가지 중요한 변수가 아닌 것은? [12-4]

① 진폭 ② 주파수
③ 위상각 ④ 감쇠

해설 진동 측정에 중요한 진동계의 3요소는 진폭, 주파수, 위상이다.

15. 다른 진동체 상의 고정된 기준점에 대하여 어느 진동체의 상대적인 이동을 의미하며, 즉 순간적인 위치 및 시간 지연을 무엇이라 하는가? [20-2]

① 위상 ② 진폭
③ 주파수 ④ 포락선

해설 위상은 진동 파형의 한 사이클을 360도로 표현하여 진폭 최곳값의 위치를 표시하는 것이며, 두 진동 신호간의 최고 진폭 값 위치에 대한 시간 차이를 의미한다.

16. 다음 중 기계 진동의 크기 또는 양을 평가하는 데 시용되는 측정 변수가 아닌 것은? [22-2]

① 무게 ② 변위
③ 속도 ④ 가속도

해설 진동 측정에 중요한 진동계의 3요소는 진폭, 주파수, 위상이며, 진폭은 변위, 속도, 가속도의 3가지 파라미터로 표현한다.

16-1 진동에서 진폭 표시의 파라미터가 아닌 것은? [17-4, 21-2]

① 댐퍼 ② 변위
③ 속도 ④ 가속도

해설 진폭은 변위, 속도, 가속도의 3가지 파라미터로 표현한다.

정답 ①

16-2 진동을 표시하는 파라미터와 가장 거리가 먼 것은? [18-1]

① 변위 ② 속도
③ 질량 ④ 가속도

정답 ③

16-3 다음 중 진동 현상을 설명하는 데 있어서 진폭 표시의 파라미터로 적합하지 않은 것은? [06-2, 07-4, 13-4, 17-2]

① 변위 ② 속도
③ 위상 ④ 가속도

정답 ③

17. 상한과 하한의 거리 혹은 중립점에서 상한 또는 하한까지의 거리를 나타내는 진폭의 표시 방법은? [09-4, 18-2]

① 주파수 ② 변위
③ 속도 ④ 가속도

해설 진폭(amplitude) : 파형의 산이나 골과 같이 진동하는 입자에 의해 발생하는 최대 변위 값을 말하며, 그 표기 기호는 A, 단위는 m이다. 음파에 의한 공기 입자의 진동 진폭은 실제로 매우 작은 값인 0.1nm 정도이다. 진폭 A, 진동수 f로 단진동하는 물체의 변위 x는 시간 t의 함수 $x(t) = A\sin(2\pi ft + \alpha)$로 나타낸다($\alpha$는 시간과 관계없는 상수).

18. 시간의 변화에 대한 진동 변위의 변화율을 나타내며, 기계 시스템의 피로 및 노후화와 관련이 있는 것은? [20-4]
① 변위
② 속도
③ 가속도
④ 주파수

19. 진동 측정 파라미터를 선정할 때 일반적으로 속도를 많이 활용하는 이유로 틀린 것은? [20-2]
① 인체의 감도는 일반적으로 속도에 비례한다.
② 진동에 의한 설비의 피로는 진동 속도에 반비례한다.
③ 진동에 의해 발생하는 에너지는 진동 속도의 제곱에 비례한다.
④ 과거의 경험적 기준 값은 대부분 속도가 일정할 때의 기준이 된다.
[해설] 진동에 의한 설비의 피로는 진동 속도에 비례한다.

20. 진동의 완전한 1사이클에 걸린 총 시간을 무엇이라 하는가? [08-2, 12-4, 19-1, 22-1]
① 진동수
② 진동 주기
③ 각진동수
④ 진동 위상

21. 다음 중 주파수에 관한 설명 중 틀린 것은? [15-2, 19-4]
① 주파수의 단위는 Hz이다.
② 주파수는 60초 동안의 사이클 수를 말한다.

③ 한 주기 동안에 걸린 시간이 길수록 주파수는 낮다.
④ 동일한 질량의 경우 강성이 클수록 주파수는 높다.
[해설] 주파수는 단위 초당 사이클 수를 나타내며, 진동 주파수와 진동 주기는 역수 관계이다.

22. 파장 주파수에 대한 설명으로 틀린 것은? [21-2]
① 파장은 음파의 1주기 거리로 정의된다.
② 주파수는 음파가 매질을 1초 동안 통과하는 진동횟수를 말한다.
③ 주파수는 소리의 속도에 반비례하고 파장에 비례한다.
④ 파장은 소리의 속도에 비례하고, 주파수에 반비례한다.
[해설] 주파수는 1초 동안에 발생한 진동횟수이며, 소리는 공기와 같은 매체를 통하여 전달되는 소밀파이다. 고 압력파는 음압의 변화에 따라 변하며, 주파수는 소리의 속도에 비례하고, 파장에 반비례한다.

22-1 주파수에 대한 설명으로 옳지 않은 것은? [13-4]
① 주파수는 1초 동안에 발생한 진동횟수를 말한다.
② 소리는 공기와 같은 매체를 통하여 전달되는 소밀파이다.
③ 주파수는 소리의 속도에 비례하고 파장에 비례한다.
④ 고 압력파는 음압의 변화에 따라 변한다.
[정답] ③

23. 다음 각진동수를 ω[rad/s], 주기를 T[s/cycle], 진동수를 f[Hz]라 할 때 각진동수, 주기, 진동수와의 관계식이 올바른

것은?   [19-4]

① $T=2\pi f$ ② $f=2\pi\omega$

③ $\omega=2\pi f$ ④ $T=\dfrac{\omega}{2\pi}$

해설 주기 $T=\dfrac{2\pi}{\omega}$, 진동수 $f=\dfrac{1}{T}=\dfrac{\omega}{2\pi}$

24. 다음 중 주파수의 단위로 사용되는 것은?   [07-2, 21-2]

① cycle/s   ② m/s
③ rad/s   ④ m/s^2

해설 주파수(frequency) : 1초당 사이클 수 f, 단위는 Hz

25. 다음 안정도 판별법에 관한 설명에서 (   ) 안에 들어갈 알맞은 값은?   [20-4]

안정도 판별법에 있어서의 이득 여유(gain margine)는 위상이 (   )가 되는 주파수에서 이득이 1에 대하여 어느 정도 여유가 있는지를 표시하는 값이다.

① 180°   ② 360°
③ -180°   ④ -360°

26. 주파수(FFT) 분석기의 트리거(trigger) 기능으로 옳은 것은?   [20-4]

① 주파수 분석 결과 중 진동 최대치만을 표시하는 기능이다.
② 수집한 전, 후의 신호를 중복 처리하여 정확도를 높이는 기능이다.
③ 신호가 어떤 특정 값 이상으로 되었을 때 신호가 수집되는 현상이다.
④ 관심 주파수의 분해능을 높여, 보다 정밀한 주파수를 보여주는 기능이다.

27. 트리거 신호를 이용하며, 대상 신호와 관계없는 불규칙 성분이나 다른 노이즈 성

분을 제거하는 평균화 기법은?   [20-4]

① 선형 평균화
② 적분 평균화
③ 동기 시간 평균화
④ 피크 홀드 평균화

28. 다음 중 진동폭의 ISO 단위에서 틀린 것은?   [08-2, 11-1, 15-4]

① 변위(m), 속도(m/s), 가속도(m/s^2)
② 변위(mm), 속도(mm/s), 가속도(m/s^2)
③ 변위(μm), 속도(m/s), 가속도(m/s^2)
④ 변위(m), 속도(m/s^2), 가속도(m/s)

해설 진동폭의 ISO 단위는 변위(m, mm, μm), 속도(m/s, mm/s), 가속도(m/s^2)

28-1 진동의 측정 단위로 적절하지 않은 것은?   [12-4, 19-1, 21-4]

① m   ② m/s
③ m/s^2 ④ m^2/s^2

해설 m은 변위, m/s는 속도, m/s^{2}는 가속도의 단위
정답 ④

28-2 다음의 진동 측정량의 ISO 단위 중 틀린 것은?   [10-4]

① 가속도 진동 : m/s^2
② 속도 진동 : m/s^2
③ 변위 진동 : mm
④ 변위 진동 : m

해설 m/s^{2}는 가속도 진동 단위
정답 ②

28-3 다음 중 진동폭의 ISO 단위에서 틀린 것은?   [18-4]

① 변위(m), 속도(m/s)
② 변위(m/s^2), 속도(m/s)

③ 변위(mm), 속도(mm/s)

④ 속도(m/s), 가속도(m/s²)

정답 ②

29. 다음 중 진동을 측정할 때 사용되는 단위는? [15-4]

① 폰(Phone)

② 와트(Watt)

③ 칸델라(Candela)

④ 데시벨(decibel)

해설 진동을 측정할 때 사용하는 단위는 mm, mm/s, mm/s², dB 등이다.

30. 그림은 설치대로부터 강체로 진동이 전달되는 1자유도 진동 시스템을 나타낸 것이다. 이때 변위 전달률을 바르게 나타낸 것은? [13-4, 19-4]

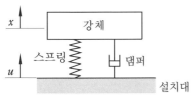

① 변위 전달률 = $\dfrac{\text{강체의 변위 진폭}}{\text{설치대의 변위 진폭}}$

② 변위 전달률 = $\dfrac{\text{설치대의 변위 진폭}}{\text{강체의 변위 진폭}}$

③ 변위 전달률 = $\dfrac{\text{스프링의 변위 진폭}}{\text{댐퍼의 변위 진폭}}$

④ 변위 전달률 = $\dfrac{\text{댐퍼의 변위 진폭}}{\text{스프링의 변위 진폭}}$

해설 변위 전달률 : 설치대로부터 기계로 진동이 전달되는 경우 설치대는 주위의 진동에 의해서 변위를 일으키며, 따라서 이 경우에 설치대의 변위에 대한 진동자의 변위의 비로서 정의된 변위 전달률에 의해서 진동의 전달을 해석한다.

31. 다음 중 진동 현상을 설명하기 위해 사용하는 진동계의 기본 요소가 아닌 것은 어느 것인가? [16-2, 20-4]

① 감쇠

② 질량

③ 고유 진동수

④ 스프링(강성)

32. 1자유도 진동 시스템에서 비감쇠일 때 고유 진동 주파수에 대한 설명으로 옳은 것은? (단, 스프링 상수 k[kgf/mm], 질량 : m[kg]이다.) [20-2]

① 고유 진동 주파수는 $f = \dfrac{1}{2\pi}\sqrt{\dfrac{m}{k}}$ 으로 나타낸다.

② 고유 진동 주파수는 시스템의 스프링 상수에 비례한다.

③ 고유 진동 주파수와 강제 진동 주파수가 일치하면 시스템이 안정된다.

④ 고유 진동 주파수는 외부로부터 주기적인 힘이 가해짐으로써 발생하는 진동 현상이다.

해설 진동 시스템의 고유 진동수는 시스템을 외부 힘에 의해서 평형 위치로 부터 움직였다가 그 외부 힘을 끊었을 때 시스템이 자유 진동을 하는 진동수로 정의하며, 고유 진동수는 $\omega_n = \sqrt{\dfrac{k}{m}}$ 으로 고유 진동 주파수는 스프링 상수에 비례함을 알 수 있고, 고유 진동 주파수와 강제 진동 주파수가 일치하면 공진이 발생된다.

33. 고유 진동 주파수와 질량 및 강성에 관한 설명 중 옳은 것은? [11-2, 14-4, 18-1]

① 고유 진동 주파수는 질량과 강성에 모두 비례한다.

② 고유 진동 주파수는 질량과 강성에 모두 반비례한다.

③ 고유 진동 주파수는 질량에 비례하고

강성에 반비례한다.

④ 고유 진동 주파수는 질량에 반비례하고 강성에 비례한다.

해설 $f_n = \dfrac{1}{2\pi}\sqrt{\dfrac{k}{m}} = \dfrac{1}{2\pi}\sqrt{\dfrac{g}{\delta}}$ 이므로 강성 k를 크게 하고 질량 m을 작게 한다. 회전수를 증가시키면 강제 진동 주파수가 증가한다.

34. 질량을 $m[\text{kg}]$, 강성을 $k[\text{N/m}]$라 할 때 고유 진동수 $\omega[\text{rad/s}]$를 나타내는 것은? [06-2, 16-4]

① $\omega = \sqrt{\dfrac{m}{k}}$ ② $\omega = \sqrt{\dfrac{k}{m}}$

③ $\omega = \sqrt{m^2 + k^2}$ ④ $\omega = 2\sqrt{mk}$

35. 하나의 스프링에 질량 m을 달았더니 $\delta_{st}[\text{mm}]$ 늘어난 경우 고유 진동수 계산식으로 맞는 것은? [09]

① $f = 2\pi\sqrt{\dfrac{g}{\delta_{st}}}$ ② $f = 2\pi\sqrt{\dfrac{\delta_{st}}{g}}$

③ $f = \dfrac{1}{2\pi}\sqrt{\dfrac{g}{\delta_{st}}}$ ④ $f = \dfrac{1}{2\pi}\sqrt{\dfrac{\delta_{st}}{g}}$

36. 질량과 스프링으로 이루어진 1자유도계 진동 시스템에서 스프링의 정적 처짐이 3mm인 경우, 이 시스템의 고유 진동 주파수(Hz)는? (단, $g = 9.81\text{m/s}^2$이다.) [20-4]

① 2.78 ② 3.27
③ 9.10 ④ 57.18

해설 $f = \dfrac{1}{2\pi}\sqrt{\dfrac{g}{\sigma_{st}}} = \dfrac{1}{2\pi}\sqrt{\dfrac{9.81 \times 1000}{3}} \fallingdotseq 9.1$

37. 진동의 발생과 소멸에 필요한 3대 요소는 무엇인가? [10-2, 20-4]

① 질량, 위상, 감쇠
② 질량, 감쇠, 속도

③ 질량, 강성, 감쇠
④ 질량, 강성, 위상

해설 일반적으로 진동계는 위치 에너지를 저장하기 위한 요소인 탄성과 운동 에너지를 저장하기 위한 요소인 질량 및 에너지를 소멸시키는 요소인 감쇠로 구성된다.

38. 댐핑 처리를 하는 경우 효과가 적은 진동 시스템은? [15-4]

① 시스템이 고유 진동수를 변경하고자 하는 경우
② 시스템이 충격과 같은 힘에 의해서 진동되는 경우
③ 시스템이 많은 주파수 성분을 갖는 힘에 의해 강제 진동되는 경우
④ 시스템이 자체 고유 진동수에서 강제 진동을 하는 경우

해설 댐핑 처리를 하여 효과가 클 때는 진동 값이 클 때이다. 진동 시 고유 진동수에서 자유 진동이나 강제 진동이 생길 경우 진동값이 최대가 된다.

39. 진동 시스템에 대한 댐핑 처리가 필요한 경우로 가장 거리가 먼 것은? [14-4]

① 시스템이 고유 진동수에서 강제 진동을 하는 경우
② 시스템이 많은 주파수 성분을 갖는 힘에 의해 강제 진동되는 경우
③ 시스템이 충격과 같은 힘에 의해서 진동되는 경우
④ 시스템이 고유 진동수에서 자유 진동되는 경우

해설 진동 시스템에 대한 댐핑 처리는 다음과 같은 경우에 효과적이다.
㉠ 시스템이 그의 고유 진동수에서 강제 진동을 하는 경우
㉡ 시스템이 많은 주파수 성분을 갖는 힘

에 의해서 강제 진동되는 경우
ⓒ 시스템이 충격과 힘에 의해서 진동되는 경우

40. 다음 중 푸리에(Fourier) 변환의 특징을 설명한 것으로 틀린 것은? [18-1, 21-2]
① FFT 분석에서는 항상 양부호(positive)의 주파수 성분이 나타난다.
② 충격 신호와 같은 임펄스 신호(impulse signal)는 푸리에 변환이 불가능하다.
③ 시간 대역이나 주파수 대역에서 유한한 신호는 다른 대역(주파수나 시간)에서 무한한 폭을 갖는다.
④ 어떤 대역에서 주기성을 갖는 규칙적인 신호라 할지라도 다른 대역에서는 불규칙적 신호로 나타날 수 있다.

41. 신호를 FFT 분석기로 분석할 때 한정된 길이의 시간 데이터만을 인출(capturing)하여 이를 한 주기로 하는 신호가 반복된다고 가정한다. 이때 데이터의 불연속성이 연결 이음매에서 발생할 수 있어 에러가 발생할 수 있어 에러가 발생되는데 이를 방지하는 방법으로 가장 적합한 것은 다음 중 어느 것인가? [08-4, 10-4]
① 인출(capturing)된 시간 데이터에 윈도우 함수(window function)를 적용시킨다.
② A/D 변환된 시간 신호에 앤티 앨리어싱 필터(anti-aliasing filter)를 적용시킨다.
③ 데이터 샘플링(sampling) 길이를 늘린다.
④ 측정 주파수 범위를 줄인다.

42. 앨리어싱(aliasing) 현상과 관련된 사항이 아닌 것은? [15-2]

① 앨리어싱 현상이란 주파수 반환 현상을 말한다.
② 샘플링 시간이 큰 경우, 높은 주파수 성분의 신호를 낮은 주파수 성분으로 인지할 수 있다.
③ 앨리어싱 현상을 제거하기 위해서는 샘플링 시간을 나이퀴스트(Nyquist) 샘플링 이론에 의하여 $\Delta t \leq \dfrac{1}{2f_{\max}}$로 한다. (이때 $f_{\max}$는 데이터에 내포된 가장 높은 주파수이다.)
④ 앨리어싱 현상을 방지하는데 저역 통과 필터인 앤티 앨리어싱 필터를 샘플러와 A/D 변환기 뒤에 설치하여 측정 신호의 주파수 범위를 한정시키고 있다.

해설 샘플링 주파수(100kHz)의 절반 주파수(50kHz)에서 직각으로 감쇠하는 이상적인 저역 통과 필터는 불가능하다. 샘플링 비(sampling rate)는 샘플링되는 신호에서 가장 높은 성분의 2배 이상이어야 한다.

43. 주파수 변환 신호 처리 시 발생하는 에러 현상으로 어떤 최고 입력 주파수를 설정했을 때 이보다 높은 주파수 성분을 가진 신호를 입력한 경우에 생기는 문제를 뜻하는 현상은? [21-4]
① 확대(zooming)
② 앨리어싱(aliasing)
③ 필터링(filtering)
④ 시간 와인더(time winder)

44. 측정 대상 신호의 최대 주파수가 $f_{\max}$이다. 나이퀴스트 샘플링 이론(Nyquist sampling theorem)에 의하면 앨리어싱(aliasing)의 영향을 제거하기 위한 샘플링(sampling)시간 Δt는? [06-4, 11-4, 15-4]
① $\Delta t \leq 2f_{\max}$ ② $\Delta t \geq 2f_{\max}$

③ $\Delta t \leq \dfrac{1}{2f_{\max}}$　④ $\Delta t \geq \dfrac{1}{2f_{\max}}$

해설 나이퀴스트 샘플링 이론에 의하면 샘플링 주파수는 측정 최대 주파수보다 2배 이상이어야 한다. 따라서 샘플링 주기는 샘플링 주파수의 역수이므로 $\Delta t \leq \dfrac{1}{2f_{\max}}$ 이다.

45. 측정하고자 하는 진동 데이터에 1000Hz의 높은 주파수 성분이 있을 때 앨리어싱 영향을 제거하기 위하여 필요한 샘플링 시간은? 　　　　　　　　　　[21–1]

① 0.1ms　　　　② 0.5ms
③ 1.0ms　　　　④ 2.0ms

해설 $\Delta t \leq \dfrac{1}{2f_{\max}} \leq \dfrac{1}{2 \times 1000} = 0.5\,\mathrm{ms}$

46. 다음 필터 중 저역을 통과시키는 필터로 특정 주파수 이상은 감쇠(차단)시켜 주는 필터로 가장 적합한 것은? 　[18–1, 22–1]

① 로패스 필터　　② 밴드패스 필터
③ 하이패스 필터　④ 주파수 패스 필터

해설 • low pass filter(LPF) : 설정된 주파수 이하의 주파수 성분만 통과
• high pass filter(HPF) : 설정된 주파수 이상의 주파수 성분만 통과
• band pass filter : 설정된 주파수 대역의 성분만 통과

46-1 특정 주파수 이상을 차단시켜 주는 필터는? 　　　　　　　　　　　[12–4]

① 로패스 필터　　② 밴드패스 필터
③ 하이패스 필터　④ 주파수 패스 필터

정답 ①

47. 다음 중 진동 주파수 분석 시 앤티–앨리

어싱(anti–aliasing)에 사용되는 적합한 필터는? 　　　　　　　　　　[21–1]

① 시간 윈도　　　② 사이드 로브
③ 하이패스 필터　④ 저역 통과 필터

해설 앤티 앨리어싱 필터(anti–aliasing filter)에는 저역 통과 필터(low pass filter)가 있으며 샘플러(sampler)와 A/D 변환기 앞에 설치하여 입력 신호의 주파수 범위를 한정시키고 있다.

48. 필터에 관한 설명이 옳은 것은? [20–4]

① 대역 소거 필터(band stop fiiter) : 설정된 주파수 대역을 제외한 신호만을 통과시키는 필터이다.
② 대역 통과 필터(band pass filter) : 특정 주파수 범위 이상의 고주파 신호는 모두 통과시키는 필터이다.
③ 고역 통과 필터(high pass filter) : 차단 주파수보다 낮은 주파수의 신호 성분만을 통과시키는 필터이다.
④ 저역 통과 필터(low pass filter) : 차단 주파수보다 높은 주파수의 신호 성분만을 통과시키는 필터이다.

해설 • 저주파 통과 필터(low pass filter : LPF) : 설정된 주파수 이하의 주파수 성분만 통과
• 고주파 통과 필터(high pass filter : HPF) : 설정된 주파수 이상의 주파수 성분만 통과
• 대역 통과 필터(band pass filter) : 설정된 주파수 대역의 성분만 통과
• 대역 소거 필터(band stop filter) : 설정된 주파수 대역을 제외한 성분만 통과

49. 진동 방지 기술로서 진동 발생원에 대한 방진 대책이 아닌 것은? 　　　[08–2]

① 진동원 위치를 멀리하여 거리 감쇠를 크게 한다.

② 가진력을 감쇠시킨다.

③ 불평형력에 대한 밸런싱을 수행한다.

④ 기초 중량을 부가 또는 경감시킨다.

50. 다음 중 진동의 전달 경로 차단 방법과 가장 거리가 먼 것은? [15-2, 19-1]

① 진동 차단기 설치

② 기초(base)의 진동을 제어하는 방법

③ 질량이 큰 경우 거더(girder)의 이용

④ 언밸런스(unbalance)의 양을 크게 하는 방법

해설 전달 경로 대책
  ㉠ 진동 차단기 설치
  ㉡ 질량이 큰 경우 거더(girder)의 이용
  ㉢ 2단계 차단기의 사용
  ㉣ 기초(base)의 진동을 제어하는 방법

51. 진동 차단기의 기본 요구 조건이 아닌 것은? [09-4, 20-2]

① 강성이 충분히 작아서 차단 능력이 있어야 한다.

② 강성은 작되 걸어준 하중을 충분히 견딜 수 있어야 한다.

③ 온도, 습도, 화학적 변화 등에 의해 견딜 수 있어야 한다.

④ 진동 발생 기계에서 외부로 진동이 잘 전달되도록 해야 한다.

해설 차단기는 강성이 아주 작기 때문에 차단하려고 하는 전달된 진동의 최저 진동수보다 자체의 고유 진동수가 적어도 1/2 이상 작아야 한다.

52. 진동 차단기의 선택 시 유의사항으로 옳지 않은 것은? [12-4, 22-1]

① 강철 스프링을 이용하는 경우에는 측면 안정성을 고려하여 큰 것이 안전하다.

② 강철 스프링의 선택은 하중이 크거나

정적 변위가 5mm 이상인 경우 사용이 바람직하다.

③ 고무 제품은 측면으로 미끄러지는 하중에 적합하나 온도에 따라 강성이 변하므로 주의를 요한다.

④ 파이버 글라스 패드의 강성은 주로 파이버의 질량과 직경에 의해 결정된다.

해설 파이버 글라스 패드의 강성은 주로 파이버의 밀도와 직경에 의해 결정된다. 또한 모세관 현상에 의해 습기를 흡수하려는 성질이 있으므로 플라스틱 등으로 밀폐하여 사용한다.

53. 진동 방지용 차단기의 강성에 대한 설명으로 맞는 것은? [15-4]

① 진동 보호 대상체의 구조적 강성보다 작아야 한다.

② 하중을 충분히 바칠 수 있어야 하고, 강성은 커야 한다.

③ 차단하려는 진동의 최저 주파수보다 큰 고유 진동수를 가져야 한다.

④ 시스템의 고유 진동수가 진동 모드의 주파수보다 크도록 해야 한다.

해설 진동 차단 대책
  ㉠ 강성은 작아야 한다.
  ㉡ 작은 고유 진동수를 가져야 한다.
  ㉢ 진동 모드의 주파수보다 작도록 해야 한다.

54. 진동 차단기의 기본 요구 조건으로 틀린 것은? [22-1]

① 걸어준 하중을 충분히 견딜 수 있어야 한다.

② 온도, 습도, 화학적 변화 등에 견딜 수 있어야 한다.

③ 진동 보호 대상체보다 강성이 충분히 커서 차단 능력이 있어야 한다.

④ 차단하려는 진동의 최저 주파수보다 작은 고유 진동수를 가져야 한다.

해설 차단기는 강성이 아주 작아야 한다.

54-1 다음 중 진동 방지를 위하여 사용되는 진동 차단기의 기본 요구 조건이 아닌 것은? [16-2, 18-1]

① 강성이 충분히 커서 차단 능력이 있어야 한다.
② 강성은 작되 걸어준 하중을 충분히 견딜 수 있어야 한다.
③ 온도, 습도, 화학적 변화 등에 견딜 수 있어야 한다.
④ 차단하려는 진동의 최저 주파수보다 작은 고유 진동수를 가져야 한다.

정답 ①

55. 다음 중 진동 차단기의 종류가 아닌 것은? [19-2]

① 강철 스프링　　② 공기 스프링
③ 심 플레이트　　④ 합성고무 절연제

해설 심 플레이트는 두 축의 중심 높이가 다를 경우 낮은 축 베이스에 사용한다.

56. 진동 차단에 이용되는 재료가 아닌 것은? [11-2, 21-1]

① 고무　　　　② 패드
③ 스프링　　　④ 콘크리트

해설 진동 차단기의 재료로는 주로 강철 스프링, 고무, 패드 등을 활용한다.

57. 방진에 사용되는 패드의 종류 중 많은 수의 모세관을 포함하고 있어 습기를 흡수하려는 경향이 있으며, PVC 등 플라스틱 재료를 밀폐해서 사용하는 재료는? [21-4]

① 강철　　　　　② 코르크

③ 스펀지 고무　　④ 파이버 글라스

해설 파이버 글라스(fiber glass) : 이 패드의 강성은 주로 파이버의 밀도와 직경에 의해서 결정된다. 파이버 글라스는 많은 수의 모세관을 포함하고 있으므로 습기를 흡수하려는 경향이 있다. 따라서 파이버 글라스 패드는 PVC 등 플라스틱 재료를 밀폐해서 사용하는 것이 바람직하다.

58. 진동 차단기로 이용되는 패드에 사용하지 않는 재질은? [16-4, 17-4, 19-4]

① 강철　　　　　② 코르크
③ 스펀지 고무　　④ 파이버 글라스

해설 패드 재질
• 스펀지 고무 : 이 패드는 많은 형태와 강성을 갖는 것이 상품화되어 있다. 스펀지 고무는 액체를 흡수하려는 경향이 있으므로, 발화물질 등의 액체가 있는 곳에서 이용할 때는 플라스틱 등으로 밀폐된 패드를 이용해야 한다.
• 코르크 : 코르크로 만든 패드는 수분이나 석유 제품에 비교적 잘 견딘다.

58-1 진동 차단기로 이용되는 패드에 사용하지 않는 재질은? [16-2]

① 코르크　　　　② 강철 스프링
③ 스펀지 고무　　④ 파이버 글라스

해설 진동 차단에 사용되는 패드 재료는 코르크, 스펀지 고무, 파이버 글라스 등 너무 단단하지 않은 재료를 사용한다. 강철 스프링은 감쇠에 이용되는 장치이다.

정답 ②

59. 저주파 차진이 좋으나, 공진 시 전달률이 매우 큰 단점이 있는 방진재는? [20-3]

① 방진 스프링　　② 파이버 글라스
③ 천연고무 패드　④ 네오프렌 마운트

60. 진동을 방지하기 위한 방진고무에 관한 설명으로 틀린 것은? [20-4]
① 천연고무는 오일과 일광에 약하다.
② 부틸고무는 큰 진동 감쇠에 사용한다.
③ 니트릴 고무는 내수성을 필요로 할 때 사용한다.
④ 네오프렌 고무는 내열성을 필요로 할 때 사용한다.

해설 니트릴 고무(nitrile rubber)는 아크릴로니트릴(acrylonitrile; ACN)과 부타디엔(butadiene)을 혼성 중합하여 만든 합성고무로 내유성이다.

61. 다음 각 고유 진동수에 대한 진동 차단기의 효과로 틀린 것은? (단, $R = \dfrac{외부\ 진동\ 주파수}{시스템\ 고유\ 주파수}$ 이다.) [14-2, 16-4]
① $R = 1.4$ 이하 : 진동 차단 효과 증폭
② $R = 1.4 \sim 3$: 진동 차단 효과 높은
③ $R = 3 \sim 6$: 진동 차단 효과 낮음
④ $R = 6 \sim 10$: 진동 차단 효과 보통

해설 R값에 따른 진동 차단 효과

$R = \dfrac{외부\ 진동\ 주파수}{시스템\ 고유\ 주파수}$	진동 차단 효과
1.4 이하	증폭
1.4~3	무시할 정도
3~6	낮음
6~10	보통
10 이상	높음

62. 강제 진동 주파수 f와 고유 진동 주파수 f_n의 주파수 비를 $R = \dfrac{f}{f_n}$ 라 할 때 고유 진동 주파수에 대한 진동 차단 효과가 가장 좋은 것은? [21-2]

① $R = 1$　　② $R = \sqrt{2}$
③ $R = 3$　　④ $R = 10$

해설 $R = \dfrac{외부\ 진동\ 주파수}{시스템\ 고유\ 주파수}$ 이며, $R = 10$ 이상일 때 진동 차단 효과가 가장 좋다.

63. 다음 중 진동 전달 경로 차단에 사용되는 일반적인 방법에 대한 설명으로 옳은 것은? [06-4, 13-2, 17-2, 21-4]
① 2단계 진동 제어는 저주파 진동 제어에 역효과를 줄 수 있다.
② 스프링형 진동 차단기는 강성이 충분히 있어야 한다.
③ 진동체에 질량을 가하여 고유 진동수를 높이면 효과적이다.
④ 스프링형 진동 차단기에 사용하는 스프링은 고유 진동수가 가능한 한 높아야 한다.

해설 • 진동 차단기 사용 : 차단기의 강성이 충분히 작아서 이의 고유 진동수가 차단하고 진동의 최저 진동수보다 적어도 반 이상 작아야 한다.
• 질량이 큰 거더의 이용 : 진동 보호 대상체를 스프링 차단기 위에 놓인 거더 위에 설치하는 경우 블록의 질량은 차단기의 고유 진동수를 낮추는 역할을 한다.
• 기초의 진동을 제어하는 방법 : 설치대에 큰 질량을 가해주는 것으로 강철 보강제와 댐핑 재료를 함께 사용한다.

64. 다음 중 진동 방지의 일반적인 방법 중 고주파 진동을 방지하는 데 가장 효과적인 것은? [18-2]
① 기초 진동을 제어
② 진동 차단기의 사용
③ 2단계 차단기의 사용
④ 질량이 큰 거더를 사용

65. 방진 지지에 대한 설명으로 잘못된 것은? [10-4]

① 방진 재료로는 사용이 간편한 방진고무가 가장 많이 사용된다.

② 각종 방진 재료에 의해 지지된 기초를 플로팅 기초(floating foundation)라 한다.

③ 플로팅 기초의 고유 진동수를 1~3Hz 이하로 설정하려면 금속 스프링을 사용한다.

④ 방진고무의 내열성, 기계적 강도를 보완하기 위해 금속 스프링이 사용된다.

해설 고유 진동수를 1~3Hz 이하로 설정하려면 공기 스프링을 사용한다.

66. 다음 중 진동수 f, 변위 진폭의 최대치 A의 정현 진동에 있어서 속도 진폭은 얼마인가? [11-4]

① $2\pi f A^2$ ② $(2\pi)^2 f A$

③ $(2\pi f)^2 A$ ④ $2\pi f A$

해설 $\omega = 2\pi f$, $X = A\sin\omega t = A\sin(2\pi f)t$

$\dfrac{dx}{dt} = \dfrac{d}{dt}A\sin(2\pi f)t = (2\pi f)A\cos(2\pi f)t$

∴ 진폭은 $2\pi f A$

67. 순수한 정현파의 실횻값 계산식으로 옳은 것은? [15-2, 19-1]

① $X_{\mathrm{rms}} = \displaystyle\int_0^T X(t)dt$

② $X_{\mathrm{rms}} = \dfrac{1}{T}\displaystyle\int_0^T X(t)dt$

③ $X_{\mathrm{rms}} = \sqrt{\dfrac{1}{T}\displaystyle\int_0^T X(t)dt}$

④ $X_{\mathrm{rms}} = \sqrt{\dfrac{1}{T}\displaystyle\int_0^T X^2(t)dt}$

68. 다음과 같이 진동 진폭의 파라미터가 주어졌을 때 관계식으로 옳은 것은? [21-2]

- 진동 변위 : $D[\mu m]$
- 진동 속도 : $V[\mathrm{mm/s}]$
- 진동 주파수 : $f[\mathrm{Hz}]$

① $V = 2\pi f D$

② $V = 2\pi f D \times 10^{-3}$

③ $V = \dfrac{D}{2\pi f}$

④ $V = \dfrac{D}{2\pi f} \times 10^{-3}$

해설 D의 단위는 μm이고 V의 단위는 mm/s이므로 $V = 2\pi f D \times 10^{-3}$

68-1 다음 중 진동 진폭의 파라미터로서 진동 변위 $D[\mu m]$, 진동 속도 $V[\mathrm{mm/s}]$, 진동 주파수를 $f[\mathrm{Hz}]$라 할 때 진동 변위와 진동 속도 관계를 올바르게 표현한 것은 어느 것인가? [10-4, 18-4]

① $V = 2\pi f D \times 10^{-3}$

② $V = 2\pi f D$

③ $V = \dfrac{D}{2\pi f} \times 10^{-3}$

④ $V = \dfrac{D}{2\pi f}$

정답 ①

69. 다음 중 진동 측정용 센서와 가장 거리가 먼 것은? [18-4]

① 변위 센서 ② 질량 센서

③ 속도 센서 ④ 가속도 센서

해설 진동 센서에는 변위 센서, 속도 센서, 가속도 센서가 있다.

69-1 진동 센서가 아닌 것은? [06-4, 17-4]

① 변위 센서 ② 속도 센서

③ 가속도 센서　④ 근접 센서

정답 ④

70. 다음 그림은 변위 검출용 센서에서 어떤 원리를 이용한 것인가? [07-4]

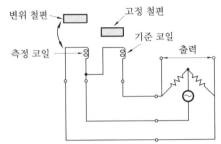

① 차동 변압기의 원리
② 가동 철편식의 원리
③ 와전류식의 원리
④ 정전 용량식의 원리

71. 다음 진동 측정용 센서 중 비접촉형 센서로 맞는 것은? [19-2]

① 압전형　② 서보형
③ 동전형　④ 정전 용량형

해설 진동 센서 중 비접촉형 센서는 변위 센서로 와전류형, 전자 광학형, 정전 용량형, 홀 소자형 등이 있다.

71-1 다음 중 진동 픽업의 종류 중 접촉형이 아닌 것은? [09-2]

① 압전형　② 서보형
③ 동전형　④ 와전류형

정답 ④

72-1 다음 중 변위 센서 종류로 맞지 않는 것은? [16-2]

① 와전류식　② 압전 방식
③ 전자 광학식　④ 정전 용량식

정답 ②

72. 정전 용량식 센서에서 마주보는 두 전극 사이에 정전 용량(C)을 구하는 식으로 옳은 것은? [21-1]

① $C = \dfrac{\varepsilon d}{A}$　② $C = \dfrac{\varepsilon A}{d}$

③ $C = \dfrac{d}{\varepsilon A}$　④ $C = \dfrac{A}{\varepsilon d}$

73. 다음 진동 센서 중 진동의 변위를 전기 신호로 변환하여 진동을 검출하는 센서는 어느 것인가? [07-4, 14-2]

① 와전류형　② 동전형
③ 압전형　④ 서보형

74. 다음 중 변위 센서로 가장 많이 활용되는 센서는? [17-2]

① 압전형　② 서보형
③ 동전형　④ 와전류형

해설 와전류형 변위 센서의 특징
㉠ 장점
　• 구조가 간단하며 비접촉식으로 측정할 수 있다.
　• DC 10kHz로 진동수 범위가 넓다.
　• 절댓값의 교정이 마이크로미터로서 정적으로 된다.
㉡ 단점
　• 진동 물체는 금속만 사용해야 한다.
　• 진동 물체의 형상, 재질의 변화에 따라 교정이 필요하다.
　• 전치 증폭기가 검출기에서 3~5m 범위에 있어야 하고, 그 뒤에도 다심 케이블이 필요하다.
㉢ 용도 : 고속 회전기의 진동 측정, 회전수 측정, 신장차 측정, 위치 측정

75. 다음 중 고속 회전기에 축 진동 측정, 회전수 측정, 위치 측정 등에 사용되는 진동 센서는? [15-4, 20-2]

① 동전형 속도 센서
② 서보형 가속도 센서
③ 압전형 가속도 센서
④ 와전류형 변위 센서

76. 와전류형 변위 센서는 진동의 크기를 전기적으로 변환하는 것이다. 이러한 전기적 크기는 무엇으로 지시되는가?   [13-2]
① 전압   ② 저항
③ 전력   ④ 자속

해설 진동 센서에서 진동의 크기는 전압의 크기로 변환된다.

77. 와전류형 변위 센서를 사용하여 측정할 수 없는 것은?   [21-4]
① 회전수
② 가속도 진동
③ 축(shaft)의 팽창량
④ 축(shaft)의 중심 변화

해설 가속도 진동은 가속도 센서로 측정한다.

78. 와전류형 비접촉 변위 센서가 주로 사용되는 곳은?   [18-1]
① 구름 베어링의 이상 유무를 확인할 때 사용한다.
② 고속 기어의 맞물림 상태를 확인할 때 사용한다.
③ 터빈 축의 회전 상태를 확인할 때 사용한다.
④ 구조물의 고유 진동수를 측정하고자 할 때 사용한다.

해설 비접촉 변위 센서는 축의 회전 상태를 확인할 때 사용한다.

78-1 비접촉 변위 센서가 주로 사용되는 곳은?   [10-1]

① 구름 베어링의 이상 유무를 확인할 때 사용한다.
② 고속 기어의 맞물림 상태를 확인할 때 사용한다.
③ 터빈 축의 회전 상태를 확인할 때 사용한다.
④ 구조물의 고유 진동수를 측정하고자 할 때 사용한다.

정답 ③

79. 비접촉형 변위 검출용 센서 종류에 해당되지 않는 것은?   [12-1, 20-2]
① 와전류형   ② 정전 용량형
③ 서보형   ④ 전자 광학형

해설 접촉형 : 가속도 검출형(압전형, 스트레인 게이지형, 서보형), 속도계(동전형)

80. 다음 중 전류 검출용 센서 중 변위가 방식에 대한 특성으로 올바른 설명이 아닌 것은?   [11-1]
① 피측정 전로에 대한 절연이 가능하다.
② 직류 검출은 불가능하다.
③ 주파수 특성상 오차가 크다.
④ 측정 저항 손실이 크다.

81. 다음의 진동 센서 중 진동의 변위를 전기 신호로 변환하여 진동을 검출하는 센서는?   [07-4]
① 와전류형   ② 동전형
③ 압전형   ④ 서보형

82. 다음 중 센서에 대한 설명 중 틀린 것은?   [16-2]
① 속도 센서는 동전형 속도 센서가 널리 사용되며, 측정 주파수 범위는 1~100Hz 이다.

② 진동 측정용 픽업은 가속도 검출형, 속도 검출형 및 변위 검출용 3가지로 구분되며, 변위 검출용은 비접촉으로 사용된다.

③ 가속도 센서로서 널리 사용되고 있는 것은 압전형(piezo electric type) 가속도 센서이며, 이것은 주파수 범위의 광대역, 소형 경량화, 사용 온도 범위가 넓다.

④ 변위 센서는 와전류식, 전자 광학식, 정전 용량식 등이 있으며, 축의 운동과 같이 직선 관계 측정 시 고감도 오실레이터는 와전류형 변위 센서가 사용된다.

해설 속도 센서 측정 주파수 범위는 10~1000Hz이다.

83. 다음 중 가동 코일형 속도 센서의 측정 원리는? [22-2]
① 연속의 법칙
② 피켓 펜스 법칙
③ 질량 보존의 법칙
④ 패러데이의 전자 유도 법칙

해설 영구 자석형은 가동 코일형으로 이 속도 센서의 측정 원리는 패러데이의 전자 유도 법칙을 이용한 것이다.

84. 다음 중 압전형 가속도계의 특징으로 옳은 것은? [17-2]
① 외부 전원이 필요하며 주파수 범위가 좁다.
② 감도가 높고 저주파수 진동 측정에 적합하다.
③ 동전형 가속도계에 비하여 대형이며, 중량이 크다.
④ 고주파수의 진동이나 큰 가속도의 측정에 적합하다.

해설 베어링이나 기어 등의 고주파 영역의 결함을 발견하기 위하여 가속도 센서를 사용한다.

85. 진동을 측정하는 센서들 중에 직류(DC) 성분을 측정할 수 없는 센서는? [15-4]
① 압전식 진동 센서
② 와전류식 진동 센서
③ 레이저 도플러식 진동 센서
④ 스트레인 게이지식 진동 센서

86. 압전체에 힘이 가해질 때 그 힘에 비례하는 전하가 발생하는 피에조(piezo) 효과를 이용한 센서는? [14-2, 18-1]
① 서보 가속도 센서
② 와전류 가속도 센서
③ 압전형 가속도 센서
④ 스트레인 게이지 가속도 센서

87. 압전식 진동 가속도 센서를 이용하여 수집할 수 없는 진동 자료는? [14-4]
① 속도 단위의 진동값
② 주파수
③ 축 중심선 변화
④ 진동 파형

88. 압전형 가속도 센서에 대한 내용으로 틀린 것은? [18-2, 22-2]
① 소형으로 가볍다.
② 사용 용도 범위가 넓다.
③ 주파수 범위는 광대역이다.
④ 마운팅에 비해 저감도이므로 손으로 고정해야 한다.

해설 매우 고감도이므로 손으로 고정할 수 없다.

89. 압전형 가속도 센서에서 전하량을 증폭하는 장치는? [10-2, 21-1]

① 전류 증폭기 ② 전력 증폭기
③ 전압 증폭기 ④ 전하 증폭기

해설 압전형 가속도 센서에서 전하량을 증폭하는 장치는 전하 증폭기이다.

90. 다음 중 진동 센서의 선정이 옳은 것은 어느 것인가? [07-2]

① ISO 10816 기준에 의거 설비 상태 관리를 하기 위하여 변위 센서(proximity pribe)를 사용한다.
② 저널 베어링의 진동을 측정하기 위하여 속도 센서를 사용한다.
③ 베어링이나 기어 등의 고주파 영역의 결함을 발견하기 위하여 가속도 센서를 사용한다.
④ 축의 거동 상태를 파악하기 위하여 가속도 센서를 사용한다.

91. 다음 중 진동을 측정할 때 진동 센서를 부착하는 가장 적절한 위치는? [20-2]

① 댐퍼
② 커플링
③ 모터 축
④ 베어링 하우징(케이싱)

해설 변위 센서는 축의 케이싱, 속도 및 가속도 센서는 베어링의 하우징에 부착한다.

92. 가속도 센서의 고정 방법 중 사용할 수 있는 주파수 영역이 넓고 정확도 및 장기적 안정성이 좋으며, 먼지, 습기, 온도의 영향이 적은 것은? [19-4, 22-1]

① 나사 고정
② 밀랍 고정
③ 마그네틱 고정

④ 에폭시 시멘트 고정

해설 가속도 센서는 베어링으로부터 진동에 대해 직접적인 통로에 설치되어야 한다. 가속도 센서의 나사 고정은 높은 주파수 특성을 파악할 수 있다. 주파수 영역은 나사 고정 31kHz, 접착제 29kHz, 비왁스 28kHz, 마그네틱 7kHz, 손 고정 2kHz의 영역이므로 나사 고정, 접착제 고정, 비왁스 고정 순이다.

92-1 가속도 센서의 부착 방법 중 사용할 수 있는 주파수 영역이 넓고 정확도가 우수하나 가속도계 이동 및 고정 시간이 길고, 고정 시 구조물에 탭 작업을 하여 고정하는 방법은? [20-2]

① 손 고정 ② 나사 고정
③ 왁스 고정 ④ 영구 자석 고정

해설 나사 고정
  ㉠ 사용 주파수 영역이 넓고 정확도 및 장기적 안정성이 좋다.
  ㉡ 먼지, 습기, 온도의 영향이 적다.
  ㉢ 가속도계의 이동 및 고정 시간이 길다.
  ㉣ 고정 시 구조물에 탭 작업을 해야 한다

정답 ②

92-2 다음 가속도 센서 부착 방법 중 먼지, 습기, 온도의 영향이 적어 장기적인 안정성이 좋고 진동 측정 주파수 범위가 넓은 부착 방법은? [18-4, 19-1]

① 손 고정 ② 나사 고정
③ 밀랍 고정 ④ 마그네틱 고정

정답 ②

92-3 다음과 같은 가속도 센서 부착 방법 중 진동 측정 주파수 범위가 가장 넓은 부착 방법은? [15-2]

① 나사(stud) 고정
② 밀랍(bee-wax) 고정

③ 마그네틱(magnetic) 고정
④ 손(hand hold probe) 고정

정답 ①

93. 가속도 센서의 부착 방법 중 영구적으로 가속도계를 기계에 설치하고자 할 때 드릴이나 탭 작업을 할 수 없을 경우 사용하는 방법은? [19-2]
① 나사 고정
② 밀랍 고정
③ 마그네틱 고정
④ 에폭시 시멘트 고정

해설 드릴 및 탭 작업은 나사 고정을 의미하며, 나사 고정 다음으로 효과적이고 반영구적인 고정 방법은 에폭시 시멘트에 의한 고정법이다.

94. 다음 중 진동 측정용 센서로 사용되는 영구 자석형 속도 센서의 특징으로 틀린 것은? [20-4]
① 감도가 안정적이다.
② 출력 임피던스가 낮다.
③ 변압기 등 자장이 강한 장소에서 주로 사용된다.
④ 다른 센서에 비해 크기가 크므로 자체 질량의 영향을 받는다.

95. 진동 센서의 설치 위치에 대한 설명으로 적절하지 않은 것은? [15-4, 18-2, 22-1]
① 회전축의 중심부에 설치한다.
② 스러스트 베어링 장착부의 축 방향에 설치한다.
③ 레이디얼 베어링 장착부의 수평 방향에 설치한다.
④ 레이디얼 베어링 장착부의 수직 방향에 설치한다.

해설 회전축의 중심부에는 진동 센서를 설치할 수 없다.

95-1 진동 센서의 설치 위치로 적합하지 않은 것은? [12-4]
① 회전축의 중심부에 설치한다.
② 스러스트 베어링 장착부의 축 방향에 설치한다.
③ 레이디얼 베어링 장착부의 수평 방향에 설치한다.
④ 레이디얼 베어링 장착부의 수직 방향에 설치한다.

정답 ①

96. 다음 중 진동 측정 시 주의해야 할 사항으로 가장 거리가 먼 것은? [19-1]
① 항상 같은 회전수일 때 측정한다.
② 항상 같은 시간에 진동을 측정한다.
③ 항상 같은 부하 조건일 때 측정한다.
④ 항상 동일한 지점에서 진동을 측정해야 한다.

해설 진동 측정 시 주의사항
㉠ 언제나 동일 포인트로 부착할 것(장소, 방향)
㉡ 언제나 동일 센서의 측정기로 사용할 것
㉢ 항상 같은 회전수일 때에 측정할 것
㉣ 항상 같은 부하일 때에 측정할 것
㉤ 윤활 조건을 항시 같게 유지할 것

96-1 다음 중 진동 측정 시 주의사항으로 틀린 것은? [17-2]
① 항상 같은 회전수일 때 측정할 것
② 항상 같은 부하일 때 측정할 것
③ 항상 센서는 동일 포인트에 부착할 것
④ 항상 윤활 조건을 다르게 하여 측정할 것

정답 ④

96-2 진동 측정 시 주의사항으로 틀린 것은? [14-4, 16-4]
① 센서를 부착할 때 항상 동일 포인트에 부착할 것
② 항상 최신 센서의 측정기로 사용할 것
③ 항상 같은 회전수일 때 측정할 것
④ 항상 윤활 조건을 동일하게 유지할 것
정답 ②

97. 설비 보전에서 온도 측정 및 경향 관리는 설비 결함을 조기에 파악할 수 있는 매우 중요한 요소 기술 중 하나이다. 온도를 측정할 수 있는 센서 종류에 속하지 않는 것은? [06-2]
① 서머커플(thermocouple) 센서
② RTD 센서
③ 적외선(infra red) 센서
④ 응력(strain gauge) 센서

98. 회전 기계 이상 진단 방법 중 간이 진단법에서 판정 기준이 아닌 것은? [20-2]
① 상대 판정　② 상태 판정
③ 상호 판정　④ 절대 판정
해설 판정 기준에는 절대 판정 기준, 상호 판정 기준, 상대 판정 기준 3가지가 있다.

98-1 다음 판정 기준 중 동일 부위를 정기적으로 측정한 값을 시계열로 비교하여 정상인 경우의 값을 초기 값으로 하여 그 값의 몇 배로 되었는가를 보고 판정하는 방법은? [17-2]
① 절대 판정 기준
② 상용 판정 기준
③ 상대 판정 기준
④ 상호 판정 기준
정답 ③

99. 다음 중 회전체가 1분 동안에 회전한 횟수를 나타내는 단위는? [15-2]
① Hz　② rev
③ rpm　④ ppm

100. 회전 기계에 발생하는 언밸런스, 미스얼라인먼트 등의 이상 현상을 검출할 수 있는 설비 진단 기법은? [09-4]
① 진동법　② 페로그래피법
③ X선 투과법　④ 원자 흡광법
해설 설비 진단 기법에는 진동법, 오일 분석법, 응력법이 있다.

101. 다음 중 회전체의 회전 중심과 무게 중심이 일치하지 않을 때 나타나는 현상은 무엇인가? [13-4]
① 언밸런스(unbalance)
② 미스얼라인먼트(misalignement)
③ 오일 휠(oil whirl)
④ 공진(resonance)
해설 회전체의 회전 중심과 무게 중심이 일치하지 않을 때 나타나는 현상은 언밸런스이다.

102. 회전 기계의 질량 불평형 상태의 스펙트럼에서 가장 크게 나타나는 주파수 성분은? [20-3]
① 1X　② 2X
③ 3X　④ 1.5X~1.7X
해설 질량 불평형은 수평 방향에서 1X 성분이 크게 나타난다.

103. 다음 중 언밸런스 진동 특성에 대한 설명으로 가장 거리가 먼 것은 어느 것인가? [17-4, 22-2]

① 수평, 수직 방향에서 최대의 진폭이 발
생한다.
② 회전 주파수의 $1f$ 성분에서 탁월 주파
수가 나타난다.
③ 언밸런스 양과 회전수가 증가할수록
진동값이 높게 나타난다.
④ 길게 돌출된 로터의 경우에는 축방향
진폭은 발생하지 않는다.

해설 언밸런스인 경우 수집된 진동 신호를
포락선 처리하지 않으며 축, 수평, 수직
모든 방향에 진동이 발생하나 수평 방향에
서 최대의 진폭이 발생한다.

103-1 다음 중 회전 기계의 언밸런스인 경
우 나타나는 진동 특성과 대처 방안이 아닌
것은? [16-2]
① 수평, 수직 방향에서 최대의 진폭이 발
생한다.
② 수집된 진동 신호는 포락선 처리 후 분
석을 실시한다.
③ 회전 주파수의 $1f$ 성분에서 탁월한 주
파수가 나타난다.
④ 언밸런스 양과 회전수가 증가할수록
진동값이 높게 나타난다.

정답 ②

104. 다음 중 질량 불균형(unbalance)에
의해 발생하는 진동 특성의 설명으로 틀린
것은? [20-2]
① 회전수가 증가할수록 진동 레벨이 높
게 나타난다.
② 주기적인 충격 피크를 볼 수 있는 파형
이 나타난다.
③ 회전 주파수의 1X 성분의 분명한 주파
수가 나타난다.
④ 질량 불평형에 의한 진동은 수평 · 수
직 방향에서 최대의 진폭이 발생한다.

해설 언밸런스인 경우 회전 주파수의 $1f$ 성
분에서만 주파수 파형을 볼 수 있다.

105. 회전체에서 구동부와 피구동부를 커
플링으로 연결한 상태에서 회전 중심선(축
심)이 상하좌우 및 편각을 가지고 어긋나
있는 상태를 나타내는 현상은? [15-2]
① 공진(resonance)
② 오일 휠(oil whirl)
③ 언밸런스(unbalance)
④ 미스얼라인먼트(misalignment)

106. 미스얼라인먼트(misalignment)에 관
한 설명으로 틀린 것은? [08-4, 11-4]
① 보통 회전 주파수의 $2f(3f)$의 특성으
로 나타난다.
② 커플링 등으로 연결된 축의 회전 중심
선(축심)이 어긋난 상태로서 일반적으
로는 정비 후에 발생하는 경우가 많다.
③ 축방향에 센서를 설치하여 측정되므로
축진동의 위상각은 $180°$가 된다.
④ 진동 파형이 항상 비주기성을 갖는다.

해설 미스얼라인먼트 : 커플링으로 연결되
어 있는 2개의 회전축의 중심선이 엇갈려
있을 경우로서 회전 주파수의 $2f$ 성분이
또는 고주파가 발생한다.

107. 미스얼라인먼트(misalignment)에 관
한 설명으로 틀린 것은? [17-2]
① 진동 파형이 항상 비주기성을 가지며,
낮은 축 진동이 발생한다.
② 보통 회전 주파수의 $2f(3f)$의 특성으
로 나타난다.
③ 축 방향에 센서를 설치하여 측정되므
로 축 진동의 위상각은 $180°$가 된다.
④ 커플링 등으로 연결된 축의 회전 중심

1 과목

선이 어긋난 상태로서 일반적으로는 정비 후에 발생하는 경우가 많다.

해설 미스얼라인먼트 : 회전체에서 구동부와 피구동부를 커플링으로 연결한 상태에서 회전 중심선(축심)이 상하좌우 및 편각을 가지고 어긋나 있는 상태

108. 다음 중 미스얼라인먼트(misalignment)의 원인이 아닌 것은? [18-4]
① 회전하는 축이 휘어진 경우
② 베어링의 설치가 잘못된 경우
③ 축 중심이 기계의 중심선에서 어긋났을 경우
④ 회전축의 질량 중심선이 축의 기하학적 중심선과 일치하지 않는 경우

해설 질량 불일치는 언밸런스이다.

109. 다음 중 고유 진동수와 강제 진동수가 일치하는 경우 진폭이 크게 발생하는 현상은? [08-4, 18-2, 21-4]
① 공진 　　　② 풀림
③ 상호 간섭 　④ 캐비테이션

해설 공진(resonance) : 물체가 갖는 고유 진동수와 외력의 진동수가 일치하여 진폭이 증가하는 현상이며, 이때의 진동수를 공진 주파수라고 한다.

109-1 진동수와 강제 진동수가 일치할 경우 진폭이 크게 발생하는 현상은? [21-2]
① 공진 　　　② 울림
③ 강제 진동 　④ 반발 진동

정답 ①

110. 진동계의 강제 진동에서 외력의 크기를 일정하게 하고 주파수를 변화시키면 계의 고유 진동수 부근에서 진동값이 급격히

극대치로 되는 현상은? [09-2, 20-4]
① 공진 현상
② 강제 진동 현상
③ 정상 진동 현상
④ 회전체의 불평형 진동 현상

해설 공진 발생을 제거하는 방법
㉠ 회전수 변경을 통해서 주파수를 기계의 고유 진동수와 다르게 한다.
㉡ 기계의 강성과 질량을 바꾸고 고유 진동수를 변화시킨다.
㉢ 우발력을 없앤다.

111. 다음 설명 중 틀린 것은? [14-2]
① 회전 기계에서 운전 중 공진이 발생하면 회전수를 바꿔도 진동은 감쇠되지 않는다.
② 공진이란 가진력의 주파수와 설비의 고유 진동수가 일치하여 발생하는 현상이다.
③ 회전 기계에서 회전자가 공진 주파수와 일치하는 속도를 위험 속도라 한다.
④ 회전체의 1차 고유 주파수와 일치하는 회전 주파수를 임계 주파수라 한다.

112. 회전 기계의 이상을 판단하기 위해 실시하는 주파수 분석 중 포락선(envelope) 처리에 관한 설명으로 옳은 것은? [14-4]
① 베어링의 결함 등을 검출할 때 사용한다.
② 시간에 묻혀 잘 나타나지 않는 주기 신호의 존재 확인에 사용한다.
③ 자기 상관 함수와 상호 상관 함수가 있다.
④ 회전 기기의 불균일을 검출하기 위한 신호 처리이다.

112-1 포락선(envelope) 처리에 관한 설명으로 올바른 것은? [06-4]

① 베어링의 결함 신호 등을 처리할 때 사용된다.
② 시간에 묻혀 잘 나타나지 않는 주기 신호의 존재 확인에 사용한다.
③ 자기 상관 함수와 상호 상관 함수가 있다.
④ 회전 기기의 불균일을 검출하기 위한 신호 처리이다.

정답 ①

113. 다음 중 회전 기계에서 발생하는 이상 현상 중 발생 주파수가 중간 주파인 것은? [18-2, 21-2]
① 공동
② 언밸런스
③ 압력 맥동
④ 미스얼라인먼트

해설 • 저주파 : 언밸런스, 미스얼라인먼트, 풀림 등
• 고주파 : 공동 현상(cavitation), 유체음 등
• 중주파 : 압력 맥동 등

114. 다음 중 회전 기계에서 주파수 영역에 따라 발생하는 이상 현상으로 틀린 것은? [16-4, 21-1]
① 저주파 – 기초 볼트 풀림이나 베어링 마모로 인해서 발생되는 풀림
② 저주파 – 회전자(rotor)의 축심 회전의 질량 분포가 부적정하여 발생하는 진동
③ 고주파 – 강제 급유되는 미끄럼 베어링을 갖는 회전자(rotor)에서 발생되는 오일 휩
④ 고주파 – 유체 기계에서 국부적 압력 저하에 의하여 기포가 발생하는 공동 현상으로 인한 진동

해설 오일 휩(oil whip) : 저주파로 강제 급유되는 미끄럼 베어링을 갖는 로터에 발생하며, 베어링 역학적 특성에 기인하는 진동으로서 축의 고유 진동수가 발생한다.

114-1 회전축계에서 발생하는 이상 현상과 그때의 주파수 영역을 서로 연결해 놓았다. 관련성이 적은 것은? [07-2, 12-4]
① 저주파 – 기초 볼트 풀림이나 베어링 마모로 인해서 발생되는 풀림(이완, looseness)
② 고주파 – 강제 급유되는 미끄럼 베어링을 갖는 회전자(rotor)에서 발생되는 오일 요동(oil whip)
③ 고주파 – 유체 기계에서 국부적 압력 저하에 의하여 기포가 발생하는 공동 현상(cavitation)으로 인한 진동
④ 저주파 – 회전자(rotor)의 축심 회전의 질량 분포가 부적정하여 발생하는 진동

정답 ②

115. 회전 기계에서 고주파 진동에 해당되는 것은? [17-2, 20-3]
① 공동 현상
② 압력 맥동
③ 언밸런스
④ 미스얼라인먼트

해설 공동 현상, 즉 캐비테이션은 고주파 진동 영역에서 나타난다. 풀림, 언밸런스, 미스얼라인먼트는 저주파 영역이다.

116. 다음 중 가동되는 펌프에서 유체가 임펠러를 통과할 때 기포가 발생하여 불규칙한 고주파 진동 및 소음이 발생하는 현상은? [19-1]
① 서징(surging)
② 오일 휠(oil whirl)
③ 캐비테이션(cavitation)
④ 수격 현상(water hammering)

117. 펌프에서 캐비테이션이 발생하였을 때, 발생하는 주파수는? [20-4]
① 고주파
② 저주파
③ 중주파
④ 초단파

해설 캐비테이션, 즉 공동현상은 고주파 영역에서 나타나는 결함 현상이다.

118. 높은 주파수 특성을 지닌 트러블을 진단할 경우에 사용하는 척도는? [20-3]
① 변위   ② 속도
③ 온도   ④ 가속도

해설 진동 센서 중 가장 높은 주파수 영역에서 사용되는 것은 가속도 센서이다.

119. 송풍기를 가동하면 송풍기와 연결된 덕트(duct)에서 공진이 발생하여 심한 진동 현상이 나타난다. 덕트의 고유 진동수를 높여서 공진을 피하고자 할 때 가장 적절한 조치 방법은? [07-4]
① 송풍기의 흡입구를 두 곳으로 설치한다.
② 동력을 증가시킨 모터로 교체한다.
③ 송풍기의 임펠러의 강성을 증가시킨다.
④ 덕트의 강성이 커지도록 보강한다.

120. 다음은 유도 전동기의 극수와 회전수를 표시하였다. 틀린 것은? (전원 주파수는 60Hz이다.) [10-4]
① 2극 : 3600rpm
② 4극 : 1800rpm
③ 6극 : 1400rpm
④ 8극 : 900rpm

해설 $N_s = 60 \times \dfrac{120}{p} = \dfrac{7200}{6} = 1200\,\text{rpm}$

121. 펌프 가동 중 진동과 소음이 심하여 진동 분석을 하였다. 분석 결과 축 방향에서 높은 진동을 발견하였으며, 펌프의 회전 주파수와 $2f(3f)$의 주파수가 탁월하였다. 펌프의 진동과 소음을 줄이는 방법으로 가장 적절한 것은? [20-4]

① 오일 휠(oil whirl) 현상을 해소한다.
② 모터와 펌프 속의 축 정렬(alignment)을 실시한다.
③ 모터의 동력이 약하므로 큰 동력의 모터로 교체한다.
④ 펌프를 분해하고 임펠러의 불균형 (unbalance)을 잡아준다.

해설 축 방향에서 높은 진동이 발생되며, 회전 주파수가 $2f(3f)$로 나타나면 축 오정렬이므로 정밀 축 정렬을 실시한다.

122. 구름 베어링은 기하학적 구조로 인하여 베어링 특성 주파수를 계산할 수 있다. 다음 중 특성 주파수에 해당하지 않는 것은? [19-4]
① 내륜 결함 주파수
② 외륜 결함 주파수
③ 케이지 결함 주파수
④ 케이스 결함 주파수

해설 진동 분석에서 케이스는 대상이 되지 않는다.

123. 기어에서 발생하는 진동에 대한 설명이다. 이 중 옳지 않은 것은? [11-4]
① 기어 진동은 두 기어가 맞물릴 때 발생하며 잇수가 많을수록 진동 주파수는 높다.
② 두 기어의 축에서 축 정렬 불량이 발생하면 2배, 혹은 3배의 기어 맞물림 주파수가 발생한다.
③ 기어 맞물림 주파수가 기어의 고유 진동수와 일치하면 높은 양의 진동이 발생한다.
④ 기어의 이빨이 파손되었을 경우에는 정현파의 높은 진동이 발생한다.

해설 기어의 이빨이 파손되었을 경우에는 충격파의 높은 진동이 발생한다.

124. 축의 회전수가 일정할 때 기어에 손상이 있을 경우 가장 높은 주파수를 발생시킬 수 있는 기어는? [16-2]
① 피치원의 지름이 50mm이고, 기어의 잇수가 30개인 기어
② 피치원의 지름이 60mm이고, 기어의 잇수가 60개인 기어
③ 피치원의 지름이 70mm이고, 기어의 잇수가 50개인 기어
④ 피치원의 지름이 80mm이고, 기어의 잇수가 40개인 기어

해설 기어 주파수=기어의 잇수$\times\dfrac{\text{rpm}}{60}$

125. 회전수가 100rpm 이상의 기어에 진동을 이용하여 진단할 경우 진단 대상이 아닌 것은? [21-1]
① 웜 기어
② 스퍼 기어
③ 헬리컬 기어
④ 직선 베벨 기어

해설 진동을 이용하여 기어의 진단을 할 경우 진단 대상이 되는 기어는 주로 회전수가 100rpm 이상의 기어로 스퍼 기어, 헬리컬 기어, 직선 베벨 기어이다. 웜 기어는 진동에 의한 기어 진단 대상이 되지 않는다.

126. 다음 중 주파수가 50Hz, 100Hz인 두 개의 파동이 만나면 나타나는 파동은 어느 것인가? [09-1, 22-2]

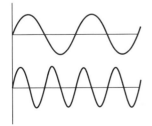

①
②
③
④

127. 단순 진동자의 운동이 정현적으로 발생하고 있다. 진동 속도가 v[m/s](피크값)이고, 이때의 진동 주파수가 f[Hz]일 때 진동 가속도(m/s²)를 구하는 계산식은 어느 것인가? [09-2, 20-2]
① $2\pi\times f\times v$
② $\dfrac{1}{2\pi}\times f\times v$
③ $2\pi\times\dfrac{f}{v}$
④ $\dfrac{1}{2\pi}\times\dfrac{f}{v}$

해설 $a=\omega\cdot v=2\pi f\cdot v$

128. 동적 배율에 관한 설명으로 틀린 것은? [14-4, 22-2]
① 고무의 동적 배율은 1 이상이다.
② 고무의 영률이 커질수록 동적 배율은 작아진다.
③ 정적 스프링 정수가 커질수록 동적 배율은 작아진다.

④ 동적 스프링 정수가 커질수록 동적 배율은 커진다.

해설 동적 배율이란 동적 강성에 대한 정적 강성의 비율로 동적 배율 $= \dfrac{\text{동적 강성}}{\text{정적 강성}}$ 이며, 금속 스프링은 1, 천연고무는 1.2, 합성고무는 1.4~1.8이다.

129. 다음 중 과도 응답 특성을 파악하기 위하여 기본적으로 사용하는 입력 신호가 아닌 것은? [18-4]

① 계단 신호
② 임펄스 신호
③ 정현파 신호
④ 삼각파 신호

130. 다음 그림과 같이 스프링을 설치하였을 경우 합성 스프링 상수 k의 계산식으로 옳은 것은? (단, k_1과 k_2는 각각의 스프링 상수이다.) [15-2, 18-2, 22-2]

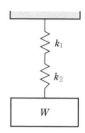

① $k = k_1 + k_2$ ② $k = k_1 \times k_2$

③ $k = \dfrac{1}{k_1 + k_2}$ ④ $k = \dfrac{1}{\dfrac{1}{k_1} + \dfrac{1}{k_2}}$

해설 병렬 : $k = k_1 + k_2$

직렬 : $k = \dfrac{1}{\dfrac{1}{k_1} + \dfrac{1}{k_2}}$

1-3 　　　　　소 음 및 측 정

1. 다음 중 소음의 물리적 성질을 잘못 표현한 것은? [16-4, 19-2]
① 파면(wave front) : 파동의 높이가 같은 점들을 연결한 면
② 음선(sound ray) : 음의 진행 방향을 나타내는 선으로 파면에 수직
③ 음파(sound wave) : 공기 등의 매질을 전파하는 소밀파(압력파)
④ 파동(wave motion) : 음에너지의 전달이 매질의 변형 운동으로 이루어지는 에너지 전달

해설 파면 : 파동의 위상이 같은 점들을 연결한 면

2. 다음 중 파동의 위상이 같은 점들을 연결한 면을 무엇이라 하는가? [15-4]
① 음선(sound ray)
② 음파(sound wave)
③ 파동(wave motion)
④ 파면(wave front)

3. 소음의 물리적 성질에 대한 설명으로 틀린 것은? [22-1]
① 파동은 매질의 변형 운동으로 이루어지는 에너지 전달이다.
② 파면은 파동의 위상이 같은 점들을 연결한 면이다.
③ 음선은 음의 진행 방향을 나타내는 선으로 파면에 수평이다.
④ 음파는 공기 등의 매질을 전파하는 소밀파(압력파)이다.

해설 음선 : 음의 진행 방향을 나타내는 선으로 파면에 수직이다.

3-1 소음의 물리적 성질에 대한 설명으로 틀린 것은? [16-2, 19-4]
① 음의 진행 방향을 나타내는 음선은 파면에 수평이다.
② 파동의 위상이 같은 점들을 연결한 면을 파면이라 한다.
③ 음파는 매질 개개의 입자가 파동이 진행하는 방향의 앞뒤로 진동하는 종파이다.
④ 파동은 매질 자체가 이동하는 것이 아닌 매질의 변형 운동으로 이루어지는 에너지 전달이다.

정답 ①

4. 소음의 물리적 성질 중 음파의 종류를 설명한 것으로 틀린 것은? [18-4]
① 평면파 : 음파의 파면들이 서로 평행한 파
② 발산파 : 음원으로부터 거리가 멀어질수록 더욱 넓은 면적으로 퍼져나가는 파
③ 구면파 : 음원에서 모든 방향으로 동일한 에너지를 방출할 때 발생하는 파
④ 진행파 : 둘 또는 그 이상 음파의 구조적 간섭에 의해 시간적으로 일정하게 음압의 최고와 최저가 반복되는 패턴의 파

해설 진행파 : 음파의 진행 방향으로 에너지를 전송하는 파

5. 다음 중 진행파에 대한 설명으로 맞는 것은? [15-2]
① 음파의 파면들이 서로 평행한 파
② 음파의 진행 방향으로 에너지를 전송하는 파

③ 음원에서 모든 방향으로 동일한 에너지를 전송하는 파

④ 음원으로부터 거리가 멀어질수록 더욱 넓은 면적으로 퍼져나가는 파

6. 다음 음파의 종류 중 음원으로부터 거리가 멀어질수록 더욱 넓은 면적으로 퍼져나가는 것은? [17-2]
① 평면파 ② 발산파
③ 구면파 ④ 진행파

해설 음파의 종류
- 평면파 : 음파의 파면들이 서로 평행한 파, 그 예로 긴 실린더의 피스톤 운동에 의해 발생하는 파
- 발산파 : 음원으로부터 거리가 멀어질수록 더욱 넓은 면적으로 퍼져나가는 파
- 진행파 : 음파의 진행 방향으로 에너지를 전송하는 파
- 정재파 : 둘 또는 그 이상의 음파의 간섭에 의해 시간적으로 일정하게 음압의 최고와 최저가 반복되는 패턴의 파. 그 예로 튜브, 악기, 파이프 오르간 등에서 발생하는 파

7. 다음 중 음원에서 모든 방향으로 동일한 에너지를 방출할 때 발생하는 음파는 어느 것인가? [06-4, 14-4, 19-1]
① 구면파 ② 평면파
③ 발산파 ④ 진행파

해설 구면파 : 음원에서 모든 방향으로 동일한 에너지를 방출할 때 발생하는 파

8. 구면(형)파(spherical wave)에 대한 설명으로 옳은 것은? [22-2]
① 음파의 진행 반대 방향으로 에너지를 전송하는 파이다.
② 음파의 파면들이 서로 평행한 파에 의해 발생하는 파이다.
③ 음원에서 모든 방향으로 동일한 에너지를 방출할 때 발생하는 파이다.
④ 둘 또는 그 이상 음파의 구조적 간섭에 의해 시간적으로 일정하게 음압의 최고와 최저가 반복되는 패턴의 파이다.

해설 ②는 평면파, ④는 정재파

9. 다음 기류음 중에서 맥동음을 일으키는 것이 아닌 것은? [09-4]
① 압축기 ② 진공 펌프
③ 엔진의 배기관 ④ 선풍기

10. 다음 중 음의 회절에 대한 설명으로 옳은 것은? [08-4]
① 파장이 작고 장애물이 클수록 회절은 잘 된다.
② 물체의 틈 구멍에 있어서는 틈 구멍이 클수록 회절은 잘 된다.
③ 음파가 한 매질에서 타 매질로 통과할 때 구부러지는 현상이다.
④ 장애물 뒤쪽으로 음이 전파되는 현상이다.

해설 음의 회절 : 장애물 뒤쪽으로 음이 전파되는 현상이다.

11. 장애물 뒤쪽으로 음에너지가 확산되는 현상은? [10-4, 16-2]
① 음의 간섭 ② 음의 굴절
③ 음의 반사 ④ 음의 회절

12. 소음과 관련된 용어에 대한 설명으로 틀린 것은? [13-4, 22-2]
① 음파 : 공기 등의 매질을 전파하는 소밀파
② 파면 : 파동의 위상이 같은 점들을 연

결한 면

③ 파동 : 매질의 변형 운동으로 이루어지는 에너지 전달

④ 음의 회절 : 음파가 한 매질에서 타 매질로 통과할 때 구부러지는 현상

13. 음파가 한 매질에서 타 매질로 통과할 때 구부러지는 현상은? [09-2, 22-1]

① 음의 굴절 　　② 음의 회절

③ 맥놀이(beat) 　④ 도플러 효과

해설 음의 굴절은 음파가 한 매질에서 다른 매질로 통과할 때 구부러지는 현상을 말한다. 각각 서로 다른 매질을 음이 통과할 때 그 매질 중의 음속은 서로 다르게 된다.

13-1 다음 음의 특성 중 음파가 한 매질에서 타 매질로 통과할 때 구부러지는 현상은? [19-4]

① 반사 　　　　② 간섭

③ 회절 　　　　④ 굴절

정답 ④

14. 다음 소리의 물리적 성질에 대한 설명 중 틀린 것은? [14-2]

① 소리의 간섭 – 서로 다른 파동 사이의 상호 작용으로 나타나는 현상

② 소리의 굴절 – 투과되지 않은 음이 장애물에 입사하여 장애물 뒤쪽으로 전파하는 현상

③ 마스킹 효과 – 크고 작은 두 소리를 동시에 들을 때 큰소리만 들리고 작은 소리는 듣지 못하는 현상

④ 호이겐 원리 – 파동이 전파되어 나갈 때 단면의 각 점은 점음원이 되어 새로운 파면을 만드는 현상

15. 다음 중 소음의 물리적 현상에서 둘 또

는 그 이상의 같은 성질의 파동이 동시에 어느 한 점을 통과할 때 그 점에서의 진폭은 개개의 파동의 진폭을 합한 것과 같은 원리는? [20-3]

① 중첩의 원리 　　② 도플러의 원리

③ 청감 보정 원리 ④ 호이겐스의 원리

해설 굴절이나 공진은 소음의 중첩 원리에 적용되지 않는다.

16. 소음의 중첩 원리가 적용되지 않는 것은? [19-2]

① 굴절 　　　　　② 맥놀이

③ 보강 간섭 　　　④ 소멸 간섭

해설 소음의 중첩 원리가 적용되는 것은 맥놀이, 보강 간섭, 소멸 간섭 등이다.

16-1 소음의 중첩 원리가 적용되지 않는 것은? [14-4]

① 맥놀이 　　　　② 공진

③ 보강 간섭 　　　④ 소멸 간섭

정답 ②

17. 소음의 물리적인 성질에 대한 설명 중 틀린 것은? [13-4]

① 음은 대기의 온도차에 의해 굴절되며 온도가 높은 쪽으로 굴절한다.

② 음의 간섭은 서로 다른 파동 사이의 상호 작용으로 나타난다.

③ 도플러 효과는 방음원이 이동할 때 그 진행 방향 쪽에서는 원래 발음원의 음보다 고음으로, 진행 반대쪽에서는 저음으로 되는 현상이다.

④ 음원보다 상공의 풍속이 클 때 풍상 측에서는 상공으로, 풍하 측에서는 지면 쪽으로 굴절한다.

해설 음은 온도가 낮은 쪽으로 굴절한다.

정답 ●　**13.** ①　**14.** ②　**15.** ①　**16.** ①　**17.** ①

18. 음에 관한 설명으로 틀린 것은? [21-1]

① 음은 파장이 작고, 장애물이 작을수록 회절이 잘 된다.

② 방음벽 뒤에서도 들을 수 있는 것은 음의 회절 현상 때문이다.

③ 음파가 한 매질에서 타 매질로 통과할 때 구부러지는 현상을 음의 굴절이라 한다.

④ 음파가 장애물에 입사되면 일부는 반사되고, 일부는 장애물을 통과하면서 흡수되고, 나머지는 장애물을 투과하게 된다.

[해설] 음은 파장이 크고, 장애물이 작을수록 회절이 잘 된다.

19. 다음 중 음(sound)에 대한 설명으로 틀린 것은? [15-2]

① 주기적인 현상이 매초 반복되는 횟수가 주파수이다.

② 장애물 뒤쪽으로 음이 전파되는 현상을 음의 굴절이라 한다.

③ 소리는 대기의 온도차에 의한 굴절로 온도가 낮은 쪽으로 굴절한다.

④ 음에너지에 의해 매질에는 압력 변화가 발생하는데 이를 음압이라 한다.

20. 소음원 주변 지역의 음장에서 음원의 직접음과 벽에 의한 반사음이 중복되는 구역을 무엇이라고 하는가? [08-4]

① 확산 음장   ② 잔향 음장

③ 자유 음장   ④ 근 음장

21. 주파수가 약간 다른 두 개의 음원으로부터 나오는 음은 보강 간섭과 소멸 간섭을 교대로 이루어 어느 순간에 큰소리가 들리면 다음 순간에는 조용한 소리로 들리는 현

상은 무엇인가? [19-2]

① 공명   ② 맥놀이

③ 마스킹   ④ 투과 손실

[해설] 맥놀이 : 주파수가 약간 다른 두 개의 음원으로부터 나오는 음은 보강 간섭과 소멸 간섭을 교대로 이루어 어느 순간에 큰 소리가 들리면 다음 순간에는 조용한 소리로 들리는 현상으로, 맥놀이 수는 두 음원의 주파수 차와 같다.

22. 차음벽의 차음 효과는 무엇에 의해 정해지는가? [08-4]

① 반사율   ② 투과율

③ 소음률   ④ 진동률

[해설] 차음이란 공기 속을 전파하는 음을 벽체 재료로 감쇠시키기 위하여 음을 반사 또는 흡수하도록 하여 입사된 음이 벽체를 투과하는 것을 막는 것을 의미한다. 차음 성능은 dB 단위의 투과 손실로 나타내며, 그 값이 클수록 차음 성능이 좋은 재료가 된다.

23. 다음 중 흡음과 차음에 관한 설명 중 틀린 것은? [14-4, 17-2]

① 일반적으로 부드럽고 다공성 표면을 갖는 재료는 높은 흡음률을 갖는다.

② 차음벽의 차음 효과는 투과율에 의해 결정된다.

③ 차음벽 안쪽을 흡음 재료로 처리하면 차음 효과를 높일 수 있다

④ 흡음 재료가 동일할 경우 일정한 흡음률을 가진다.

[해설] 흡음률은 같은 재료라 할지라도 주파수에 따라 다르다.

24. 재료의 흡음률을 나타내는 식으로 옳은 것은? [14-4]

① 흡음률 $= \dfrac{\text{입사 에너지}}{\text{흡수된 에너지}}$

② 흡음률 $= \dfrac{\text{흡수된 에너지}}{\text{입사 에너지}}$

③ 흡음률 $= \dfrac{\text{투과된 에너지}}{\text{입사 에너지}}$

④ 흡음률 $= \dfrac{\text{입사 에너지}}{\text{투과된 에너지}}$

25. 다음 중 발음원이 이동할 때 원래 발음원보다 그 진행 방향 쪽에서는 고음으로, 진행 방향 반대쪽에서는 저음으로 되는 현상은?　　　　[06-2, 17-4, 22-1, 22-2]

① 도플러(Doppler) 효과
② 마스킹(masking) 효과
③ 호이겐스(Huygens) 효과
④ 음의 간섭(interference) 효과

해설 도플러 효과 : 음원이 이동할 경우 음원이 이동하는 방향 쪽에서는 원래 음보다 고주파음(고음)으로 들리고, 음이 이동하는 반대쪽에서는 저주파음(저음)으로 들리는 현상을 도플러 효과라 한다. 도플러 효과로 인해 파원이 다가오는 경우 주파수가 높아지는 것을 느낄 수 있다.

25-1 다음 중 음원이 이동할 경우 음원이 이동하는 방향 쪽에서는 원래 음보다 고주파음으로 들리고, 음이 이동하는 반대쪽에서는 저주파음으로 들리는 현상을 무엇이라 하는가?　　　　[18-2]

① 보강 간섭　　　② 마스킹 효과
③ 맥놀이 효과　　④ 도플러 효과

정답 ④

26. 크고 작은 두 소리를 동시에 들을 때 큰 소리만 듣고 작은 소리는 듣지 못하는 현상을 무엇이라 하는가?　　　　[21-1]

① 도플러 효과　　② 마스킹 효과
③ 음의 반사 효과　④ 거리 감쇠 효과

해설 마스킹은 크고 작은 소리를 동시에 들을 때 큰소리는 듣고 작은 소리는 듣지 못하는 유파의 간섭에 의해 생김. 즉 음파의 간섭에 의해서 발생한다.

26-1 크고 작은 두 소리를 동시에 들을 때, 큰소리만 듣고 작은 소리는 듣지 못하는 현상은?　　　　[16-4, 20-3]

① 음의 반사　　　② 마스킹 효과
③ 중첩의 원리　　④ Doppler 효과

정답 ②

27. 마스킹(masking) 효과에 관한 설명으로 틀린 것은?　　　　[17-4, 21-4]

① 저음이 고음을 잘 마스킹한다.
② 두 음의 주파수가 비슷할 때는 마스킹 효과가 대단히 작아진다.
③ 마스킹 효과는 음파의 간섭에 의해 일어나는 현상이다.
④ 두 음의 주파수가 거의 같을 때는 맥동이 생겨 마스킹 효과가 감소한다.

해설 마스킹의 특징
　㉠ 저음이 고음을 잘 마스킹한다.
　㉡ 두 음의 주파수가 비슷할 때는 마스킹 효과가 대단히 커진다.
　㉢ 두 음의 주파수가 거의 같을 때는 맥동이 생겨 마스킹 효과가 감소한다.

27-1 다음 중 마스킹(masking) 효과에 대한 설명으로 틀린 것은?　　　　[11-2, 18-1]

① 마스킹 효과는 음파의 간섭에 의해서 발생한다.
② 고음이 저음을 잘 마스킹한다.
③ 두 음의 주파수가 거의 같을 때에는 맥동이 생겨 마스킹 효과가 감소한다.

④ 마스킹 효과란 크고 작은 두 개의 소리를 동시에 들을 때, 큰소리만 듣고 작은 소리는 듣지 못하는 현상을 말한다.

정답 ②

27-2 음파의 간섭에 의한 마스킹(masking)에 대한 설명으로 틀린 것은? [07]
① 크고 작은 두 소리를 동시에 들을 때 큰소리만 듣고 작은 소리는 잘 듣지 못하는 현상이다.
② 두 음의 주파수가 거의 같을 때는 맥동이 생겨 마스킹 효과가 감소한다.
③ 고음이 저음을 잘 마스킹한다.
④ 두 음의 주파수가 비슷할 때 마스킹 효과가 크다.

정답 ③

28. 크고 작은 두 소리를 동시에 들을 때 큰소리만 듣고 작은 소리는 듣지 못하는 현상을 마스킹 효과라 한다. 다음 중 마스킹에 대한 설명으로 틀린 것은? [14-4, 18-4]
① 고음이 저음을 잘 마스킹한다.
② 마스킹은 음파의 간섭에 의해 일어난다.
③ 두 음의 주파수가 비슷할 때 마스킹 효과가 커진다.
④ 두 음의 주파수가 거의 같을 때는 맥동이 생겨 마스킹 효과가 감소한다.

해설 마스킹(masking) 효과의 특징
㉠ 저음이 고음을 잘 마스킹한다.
㉡ 두 음의 주파수가 비슷할 때는 마스킹 효과가 대단히 커진다.
㉢ 두 음의 주파수가 거의 같을 때는 맥동이 생겨 마스킹 효과가 감소한다.

29. 다음 중 소음 주파수를 f, 파의 전달 속도를 c로 정의할 때 파장 λ를 규정한 식은? [17-2]

① $\lambda = f \cdot c$ ② $\lambda = \dfrac{c}{f}$

③ $\lambda = f$ ④ $\lambda = \dfrac{f}{c}$

30. 정현파의 한 파장이 10m이고 음속이 340m/s 이다. 이 정현파의 진동수는 얼마인가? [07-4]
① 0.3Hz ② 34Hz
③ 340Hz ④ 3400Hz

해설 $f = \dfrac{c}{\lambda}\,[\text{Hz}]$, $f = \dfrac{340\text{m/s}}{10\text{m}} = 34\,\text{Hz}$

31. 신호 전송의 노이즈 대책으로 접지 시 주의사항으로 적절하지 않은 것은? [20-2]
① 가능한 여러 지점으로 접지할 것
② 직렬 배선을 피하고 병렬로 할 것
③ 가능한 굵은 도선(도체)을 사용할 것
④ 실드 피복, 패널류는 필히 접지할 것

해설 접지 시 주의점
㉠ 1점으로 접지할 것
㉡ 가능한 굵은 도선(도체)을 사용할 것
㉢ 직렬 배선을 피하고 병렬로 할 것
㉣ 실드 피복, 패널류는 필히 접지할 것

32. 소음과 진동에 대하여 올바르게 설명한 것은? [11-1]
① 소음 주파수와 진동 주파수는 같은 물리량으로 1분 동안의 사이클 수를 말하며, Hz로 나타낸다.
② 진동 주파수는 진동 주기와 비례한다.
③ 소음과 진동은 상호 교환이 불가능하여 본질적으로 물리적 성질이 다르다.
④ 정상적인 청력을 가진 사람의 소음 가청 주파수는 20Hz에서 20000Hz 정도 범위이다.

해설 소음 진동 주파수는 단위 초당 사이클 수를 나타내며, 진동 주파수와 진동 주기는 역수 관계이다. 또한 소음과 진동은 본질적으로 동일한 물리적 성질을 가지므로 상호 교환이 가능하다.

33. 다음 매질 중 음속이 가장 느린 것은 어느 것인가? [18-4]

① 납 　　　　　　② 강철
③ 나무 　　　　　④ 알루미늄

34. 음의 전파는 매질의 진동 에너지가 전달되는 것이므로 음의 진행 방향에 수직하는 단위 면적을 단위 시간에 통과하는 음의 에너지를 무엇이라 하는가? [18-2]

① 음압 　　　　　② 음의 세기
③ 음향 출력 　　　④ 음의 지향성

34-1 음의 진행 방향에 수직하는 단위 면적을 단위 시간에 통과하는 음의 에너지를 무엇이라 하는가? [11-4, 15-2]

① 음압 　　　　　② 음의 세기
③ 음향 출력 　　　④ 음의 지향성

정답 ②

35. 다음 중 음압의 단위로 옳은 것은 어느 것인가? [08-4, 13-4, 17-2, 19-4, 20-4]

① N 　　　　　　② kgf
③ m/s^2 　　　　④ N/m^2

해설 음압(sound pressure) : 소밀파의 압력 변화의 크기를 음압이라 하고, 그 표시 기호는 P, 단위는 N/m^2(=Pa)이다.

36. 다음 중 사람이 들을 수 있는 최저 가청 음압은? [10-4, 14-2, 17-4, 19-2]

① 2×10^{5}N/m^2 　　② 2×10^{-5}N/m^2
③ 20×10^{5}N/m^2 　④ 20×10^{-5}N/m^2

해설 사람이 가청할 수 있는 최대 가청음의

세기는 10W/m^{2}이다. 최소 가청음의 세기는 10^{-12}W/m^2 또는 2×10^{-5}N/m^{2}이다.

37. 소음의 가청 음압과 가청 주파수에 대한 설명으로 옳은 것은? [20-2]

① 최저 가청 주파수는 0Hz이다.
② 최대 가청 주파수는 10000Hz이다.
③ 최대 가청 음압은 60Pa 또는 130dB이다.
④ 최저 가청 음압은 2×10^{-7}Pa 또는 0dB이다.

해설 가청음의 세기는 10^{-12}W/m^2(2×10^{-5} N/m^2)~10W/m^2, 가청 주파수 대역은 20~20,000Hz, 가청 음압 레벨은 0~130dB

38. 음향 출력 W의 무지향성 음원으로부터 r[m] 떨어진 점에서의 음의 세기를 I라 하면, 음원이 자유 공간에서 점 음원(point source)인 경우의 음향 출력(W)과 음의 세기(I)의 관계로 옳은 것은? [12-4, 20-3]

① $W = I \times 4\pi r^2$[W]
② $W = I \times 2\pi r^2$[W]
③ $W = I \times 2\pi r$[W]
④ $W = I \times \pi r$[W]

해설 $W = I \times S$[W]
　여기에서 S는 음원의 방사 표면적이다.

39. 음원으로부터 단위시간당 방출되는 총 음에너지를 무엇이라 하는가? [18-2, 21-1]

① 음원 　　　　　② 음향 출력
③ 음압 실횻값 　　④ 음의 전파 속도

해설 음원으로부터 단위시간당 방출되는 총 음에너지를 음향 출력이라 하며, 표시 기호는 W로 한다.

40. 소음의 크기를 나타내는 단위로 맞는 것은? [18-4]

정답 ● **33.** ① **34.** ② **35.** ④ **36.** ② **37.** ③ **38.** ① **39.** ② **40.** ①

① dB

② Hz

③ ppm

④ poise

41. 다음 중 용어와 기호의 연결이 틀린 것은?   [20-3]

① 등가 소음도 - Leq

② 고통 소음 지수 - TNL

③ 감각 소음 레벨 - PNL

④ 음의 세기 레벨 - PWL

해설 음의 세기 레벨 - SPL

42. 음의 물리적 강약은 음압에 따라 변화하지만 사람이 귀로 듣는 음의 감각적 강약은 음압과 주파수에 따라 변한다. 같은 크기로 느끼는 순음을 주파수별로 구하여 나타낸 것을 무엇이라 하는가?   [19-1]

① 음압도

② 소음 레벨

③ 등감청 곡선

④ 음향 파워 레벨

해설 사람이 듣는 음의 강약은 음압과 주파수에 따라 다르지만, 같은 크기로 느끼는 순음을 주파수별로 구하여 나타낸 것을 등감청 곡선이라 한다.

43. 다음 중 등감청 곡선을 바르게 표현한 것은?   [15-2, 18-4]

① 음파의 시간적 변화를 표시한 곡선

② 음의 물리적 강약을 음압에 따라 표시한 곡선

③ 사람의 귀와 같은 크기의 음압을 주파수별로 구하여 작성한 곡선

④ 정상 청력을 가진 사람이 1000Hz에서 들을 수 있는 최소 음압을 작성한 곡선

해설 등감청 곡선 : 음의 물리적 강약은 음압에 따라 변화하지만 사람이 듣는 음의 감각적 강약은 음압뿐만 아니라 주파수에 따라 변한다.

44. 청감 보정 회로 A, B, C, D 특성 설명 중 틀린 것은?   [18-1]

① A보정 회로 : 40폰의 등청감 곡선을 이용(55dB 이하)

② B보정 회로 : 90폰의 등청감 곡선을 이용(75dB 이상 95dB 이하)

③ C보정 회로 : 85폰의 등청감 곡선을 이용(85dB 이상인 경우 사용)

④ D보정 회로 : 항공기 소음 측정용으로 PNL 측정에 사용

45. 소음계 사용에 관한 설명으로 틀린 것은?   [20-4]

① 소음의 주파수 분석에는 옥타브 분석기가 활용된다.

② 측정 지점에 바람이 많으면, 바람막이(wind screen)를 부착한다.

③ 충격성 소음의 경우 소음계의 동특성을 slow 상태로 놓고 측정한다.

④ 측정 시 소음계에서 0.5m 이상 떨어져 측정자의 인체에서의 반사음을 고려해야 한다.

해설 충격성 소음의 경우 소음계의 동특성을 fast 상태로 놓고 측정한다.

46. 소음 측정 레벨이 72dB(A)이고, 암소음 레벨이 60dB(A)일 때 암소음에 대한 보정값은 얼마인가?   [10-4]

① -3dB

② -2dB

③ -1dB

④ 0dB

해설 측정 소음도가 배경 소음보다 10dB 이상 크면 보정 없이 측정 소음도를 대상 소음도로 한다.

47. 철길 주변의 주택가 소음을 평가하고자 할 때, 다음 중 기차의 소음은 어느 음원에 가장 가까운가?   [20-4]

① 면 음원　　② 선 음원
③ 점 음원　　④ 입체 음원

해설 도시의 환경 소음의 대표적인 것은 교통 소음이며, 교통 소음의 소음원은 차나 항공기 등이 이동하는 상태에서 소음을 발생시키는 선 음원이다. 그러나 교통 소음과는 반대로 기계 소음은 소음원이 일반적으로 이동하지 않기 때문에 점 음원으로 취급된다.

48. 다음 음의 발생에 대한 설명 중 틀린 것은 어느 것인가? [17-2, 21-4]
① 기체 본체의 진동에 의한 소리는 이차 고체음이다.
② 음의 발생은 크게 고체음과 기체음 두 가지로 분류할 수 있다.
③ 선풍기 또는 송풍기 등에서 발생하는 음은 난류음이다.
④ 기류음은 물체의 진동에 의한 기계적 원인으로 발생한다.

해설 • 고체음 : 물체의 진동에 의한 기계적 원인으로 발생한다(예 북 등의 악기, 스피커, 기계의 충격과 마찰 및 타격 등에 의한 소리).
　ⓐ 일차 고체음 : 기계의 진동에 지반 진동을 수반하여 발생하는 소리
　ⓑ 이차 고체음 : 기계 본체의 진동에 의한 소리
• 기류음 : 직접적인 공기의 압력 변화에 의한 유체역학적 원인에 의해 발생한다(예 나팔 등의 관악기, 폭발음, 음성 등).
　ⓐ 난류음 : 선풍기, 송풍기 등의 소리
　ⓑ 맥동음 : 압축기, 진공 펌프, 엔진의 배기음 등

49. 음(소음)의 발생과 특성에 관한 분류 중 옳은 것은? [14-4, 19-1]
① 난류음 - 타악기, 스피커음

② 맥동음 - 압축기, 진공 펌프, 엔진 배기음
③ 일차 고체음 - 기계 본체의 진동에 의한 소리
④ 이차 고체음 - 기계의 진동에 지반 진동을 수반하여 발생하는 소리

50. 다음 중 기류음에 대한 설명으로 옳은 것은? [15-2, 19-2]
① 기계 본체의 진동에 의한 소리이다.
② 물체의 진동에 의한 기계적 원인으로 발생한다.
③ 기계의 진동이 지반 진동을 수반하여 발생하는 소리이다.
④ 직접적인 공기의 압력 변화에 의한 유체역학적 원인에 의해 발생된다.

해설 ①, ②, ③은 고저음에 대한 설명이다.

51. 기류음은 난류음과 맥동음으로 나눌 수 있다. 다음 중 맥동음을 일으키는 것이 아닌 것은? [19-4]
① 압축기　　② 선풍기
③ 진공 펌프　④ 엔진의 배기관

해설 • 난류음 : 선풍기, 송풍기 등의 소리
• 맥동음 : 압축기, 진공 펌프, 엔진의 배기음 등

51-1 다음 중 맥동음이 아닌 것은? [15-4]
① 송풍기의 소음　② 압축기의 배기음
③ 엔진의 배기음　④ 진공 펌프 배기음
정답 ①

52. 소리의 성분은 크게 세 가지로 분류하며, 이것을 음의 3요소라 한다. 음의 3요소가 아닌 것은? [18-1]
① 음색　　　　② 공명

③ 음의 높이　　④ 음의 세기

53. 다음 중 두 물체의 고유 진동수가 같을 때, 한 쪽을 울리면 다른 쪽도 울리는 현상은?　　　　　　　　　　　[07-4, 19-4]
① 공명　　　　　② 고체음
③ 맥동음　　　　④ 난류음

해설 공명 : 2개의 진동체의 고유 진동수가 같을 때 한쪽을 울리면 다른 쪽도 울리는 현상

53-1 진동체 2개의 고유 진동수가 같을 때, 한 쪽을 울리면 다른 쪽도 울리는 현상을 무엇이라 하는가?　　　　　　[18-2]
① 공명　　　　　② 서징
③ 음압도　　　　④ 캐비테이션

정답 ①

53-2 다음 중 2개 진동체의 고유 진동수가 같을 때, 한쪽을 울리면 다른 쪽도 울리는 현상은?　　　　　　　　　[16-2]
① 난류　　　　　② 맥동
③ 방사　　　　　④ 공명

정답 ④

54. 측정하고자 하는 소음원 이외의 주변 소음은?　　　　　　　　　　　　　[07-4]
① 암 소음　　　　② 정상 소음
③ 환경 소음　　　④ 충격 소음

55. 공장 내의 소음 중 특히 저주파 소음을 방지할 수 있는 방법은?　　　　　[20-4]
① 재료의 강성을 높인다.
② 재료의 무게를 늘인다.
③ 재료의 무게를 줄인다.
④ 재료의 내부 댐핑을 줄인다.

56. 베어링 소음의 발생원에 따른 특성 주파수의 관계식이 잘못된 것은? (단, r_1=내륜의 반경, r_2=외륜의 반경, r_B=볼(ball) 또는 롤러(roller)의 반경, m=볼(ball) 또는 롤러(roller)의 수, n_r=내륜의 회전 속도(rps)이다.)　　　　　　　　[08-4, 21-2]
① 베어링의 편심 혹은 불균형에 의한 회전 소음 주파수 $f_r = n_r$
② 볼, 롤러 또는 케이스 표면의 불균일에 의한 소음 주파수 $f_c = n_r \times \dfrac{r_1}{r_1 + r_2}$
③ 볼 또는 롤러의 자체 회전에 의한 소음 주파수 $f_B = \dfrac{r_2}{r_B} \times n_r \times \dfrac{r_1}{r_1 + r_2}$
④ 내륜 표면의 불균일에 의한 소음 주파수 $f_1 = n_r \times m \times \dfrac{r_1}{r_1 + r_2}$

57. 소음 방지 방법의 3가지 기본 방법이 아닌 것은?　　　　　　　　　　[22-2]
① 차음　　　　　② 흡음
③ 소음기　　　　④ 진동 전이

해설 소음 방지 방법 : 흡음, 차음, 소음기, 진동 차단, 진동 댐핑

57-1 소음 방지 방법이 아닌 것은?　[21-2]
① 차음　　　　　② 공명
③ 흡음　　　　　④ 소음기

해설 공명 : 2개의 진동체의 고유 진동수가 같을 때 한쪽을 울리면 다른 쪽도 울리는 현상

정답 ②

57-2 다음 중 소음 방지를 위한 기본적인 방법이 아닌 것은?　　　　　[13-4, 18-1]
① 흡음　　　　　② 차음
③ 공진　　　　　④ 진동 차단

정답 　53. ①　54. ①　55. ①　56. ④　57. ④

해설 공진 : 가진력의 주파수와 설비의 고유 진동수가 일치하여 발생하는 현상

정답 ③

57-3 다음 중 기본적인 소음 방지법으로 틀린 것은?　　　　　　　　　　[18-2]

① 흡음　　　　　② 차음
③ 진동 댐핑　　　④ 방진구 설치

정답 ④

57-4 다음 중 소음 방지법으로 적절하지 않은 것은?　　　　　　　　　　[17-2]

① 흡음　　　　　② 차음
③ 진동 전이　　　④ 진동 댐핑

정답 ③

57-5 소음 방지 방법으로 적합하지 않은 것은?　　　　　　　　　　[15-2]

① 차음　　　　　② 흡음
③ 질량 증가　　　④ 소음기 장착

정답 ③

57-6 다음 중 소음 방지 방법으로 볼 수 없는 것은?　　　　　　　　　　[07-4]

① 흡음　　　　　② 차음
③ 음의 마스킹　　④ 소음원 차단

정답 ③

58. 소음 방지법 중 흡음에 관련된 내용으로 잘못된 것은?　　　　　　[09-4, 15-4]

① 직접 소음은 거리가 2배 증가함에 따라 6dB 감소한다.
② 소음원에 가까운 거리에서는 직접 음에 의한 소음이 압도적이다.
③ 흡음재의 시공 시 벽체와의 공간은 저주파 흡음 특성을 저해하므로 주의해야

한다.
④ 흡음재의 내구성 부족 시 유공판으로 보호해야 하며, 이때 개공률과 구멍의 크기 및 배치가 중요하다.

해설 흡음이란 음파의 파동 에너지를 감쇠시켜 매질 입자의 운동 에너지를 열에너지로 전환하는 것이다. 흡음 재료는 밀도와 투과 손실이 극히 작은 것이 일반적이다.

59. 소음 방지법 중 흡음에 관련된 내용으로 틀린 것은?　　　　　　　　[19-4]

① 직접 소음은 거리가 2배 증가함에 따라 6dB 감소한다.
② 소음원에 가까운 거리에서는 반사음보다 직접 음에 의한 소음이 압도적이다.
③ 흡음판은 벽이나 천장에 직접 부착시킬 수 없어 백스페이스를 두고 연 1회 설치한다.
④ 흡음재의 내구성 부족 시 유공판으로 보호해야 하며, 이때 개공률과 구멍의 크기 및 배치가 중요하다.

해설 흡음판은 일종의 영구 시설물이다.

60. 소음 방지법 중 차음에 관련된 내용으로 잘못된 것은?　　　　　　　[11-1]

① 차음벽이 공진하는 경우에는 공진 주파수의 소음은 거의 그대로 투과한다.
② 차음벽의 무게와 내부 댐핑은 저주파 소음의 방지에 영향이 크다.
③ 100Hz 이상의 경우 패널의 고유 진동수와의 관계로 공진이 발생될 수 있어 주의한다.
④ 중공 이중벽의 경우 투과 손실은 저음역에서 공명 투과 손실이 발생하므로 공기층 내에 유리면 등을 충진하면 투과 손실이 개선된다.

해설 차음벽의 무게와 내부 댐핑은 저주파

소음의 방지에 영향이 적다. 차음벽의 무게는 중간 이상 주파수 소음의 방지에 영향이 크다. 내부 댐핑은 진동파의 진폭을 억제하며, 고주파 성분에 더욱 효과적이다.

61. 다음은 소음 방지에 관한 내용이다. 틀린 것은? [19-2]
① 차음벽의 차음 효과는 투과율에 의해서 결정된다.
② 투과 손실은 재료의 굽힘 강성과 내부 댐핑에 의한 영향을 받지 않는다.
③ 일반적으로 부드럽고 다공성 표면을 갖는 재료는 높은 흡음률을 갖는다.
④ 소음기는 덕트(duct) 소음이나 배기 소음을 방지하기 위해서 사용되는 장치이다.

62. 소음 방지 대책에 관한 설명으로 옳은 것은? [21-1]
① 흡음재를 사용하며, 재료의 흡음률은 흡수된 에너지와 입사된 에너지의 비로 나타낸다.
② 기계 주위에 차음벽을 설치하며, 투과율은 흡수 에너지와 투과된 에너지의 비로 나타낸다.
③ 차음 효과를 증가시키기 위하여 차음벽의 무게와 주파수를 2배 증가시키면 투과 손실은 오히려 감소한다.
④ 차음벽의 무게나 내부 감쇠에 의한 차음 효과는 주파수가 증가함에 따라 감소한다.

해설 ㉠ 소음 방지 방법 : 흡음, 차음, 진동 차단, 진동 댐핑, 소음기
㉡ 투과율 : $\tau = \dfrac{\text{투과음의 세기}}{\text{입사음의 세기}}$
㉢ 높은 주파수는 파장이 짧아 음을 높게 느끼고, 낮은 주파수는 파장이 길어서 음을 낮게 느낀다.

63. 공장의 환기 덕트 출구가 민가 쪽을 향하고 있어 소음이 문제되고 있을 때 대책으로 적절하지 않은 것은? [20-2]
① 덕트 출구의 방향을 바꾼다.
② 덕트 출구의 면적을 작게 한다.
③ 덕트 출구에 소음기를 설치한다.
④ 덕트 출구 앞에 흡음 덕트를 붙인다.

해설 덕트의 단면적이 작을수록 소음 감쇠량은 작아진다.

64. 덕트(duct) 소음이나 배기 소음을 방지하기 위해 사용되는 장치는? [20-3]
① 모터　　　　② 방진구
③ 소음기　　　④ 유도형 센서

해설 간단한 소음 방지 장치는 소음기이다.

65. 다음 중 소음기의 내면에 파이버 글라스(fiber glass)와 암면 등과 같은 섬유성 재료를 부착하여 소음을 감소시키는 장치는 어느 것인가? [18-4, 21-4]
① 팽창형 소음기　② 간섭형 소음기
③ 공명형 소음기　④ 흡음형 소음기

해설 흡음형 소음기는 소음기 내면에 파이버 글라스와 암면 등과 같은 섬유성 재료의 흡음재를 부착하여 소음을 감소시키는 장치이다.

66. 반사 소음기의 특징으로 적합하지 않은 것은? [16-4]
① 팽창식 체임버(chamber)를 흔히 사용한다.
② 넓은 주파수폭 소음에 대하여 높은 효과를 갖는다.
③ 덕트 소음 제어에서 효과적으로 사용이 가능하다.
④ 체임버(chamber)에 의해서 입사 소음

에너지를 반사하여 소멸시킨다.

해설 넓은 주파수폭을 갖는 흡음식 소음기와는 달리 반사 소음기는 일반적으로 좁은 주파수폭 소음에 대해서 높은 효과를 갖는다.

67. 단순 팽창형 소음기에 대한 설명이다. 틀린 것은? [06-4, 10-4]

① 팽창형 소음기는 급격한 관경 확대로 유속을 낮추어 소음을 감속시키는 소음기이다.

② 팽창형 소음기는 단면 불연속부에서 음에너지가 반사되어 소음을 감소시키는 구조이다.

③ 감음 주파수는 팽창부의 길이에 따라 결정되며 팽창부의 길이를 파장의 $\frac{1}{4}$ 배로 하는 것이 좋다.

④ 최대 투과 손실(TL)이 발생되는 주파수의 짝수배에서는 최대가 되나 홀수배에서는 0dB이 된다.

해설 일반적으로 단순 팽창형 소음기의 투과 손실 TL은 다음과 같다.

$$TL = 10\log\left[1 + \frac{1}{4}\left(m - \frac{1}{m}\right)^2 \sin^2(KL)\right]$$

$$KL = \frac{n\pi}{2} \ (n = 1, 3, 5, \cdots)$$

일 때 최대로 되며, $KL = n\pi$일 때 0dB가 된다. 따라서, 최대 투과 손실(TL)이 발생되는 주파수의 홀수배에서는 최대가 되나 짝수배에서는 0dB이 된다.

68. 헬름홀츠(Helmholtz) 공명기에 관한 내용으로 가장 거리가 먼 것은? [19-1]

① 사이드 브랜치(side branch) 공명기라고도 부른다.

② 헬름홀츠 공명 장치는 공진 주파수 부근의 소음 흡수에는 효과가 적다.

③ 헬름홀츠 공명기를 이용한 소음장치는 덕트나 엔진실과 같은 시끄러운 작업장

내부 소음 감소에도 이용된다.

④ 공진 주파수에서 공명기는 입사 소음과 180° 위상차를 갖는 소음을 발생시켜 덕트를 되돌려 보냄으로써 입사 소음을 상쇄시킨다.

해설 헬름홀츠(Helmholz) 공명기 : 견고한 벽면으로 이루어진 공동(cavity)과 외부로 연결되는 입구로 이루어져 헬름홀츠 공명기에 음파가 입사되면, 공기 입자가 진동하여 공명 주파수 부근에서 공기가 심한 진동을 하게 되고, 그 마찰열로 인하여 음에너지가 열에너지로 바뀌게 되며, 공동속의 공기는 스프링 작용을 한다. 어떤 임의의 주파수에서도 공진이 되도록 제작이 가능하다. 그러나 보통 50~400Hz 대역의 저주파 영역에서 주로 사용된다.

69. 팽창식 체임버의 소음 흡수 능력을 결정하는 기본 요소는 면적비이다. 이때의 면적비를 표현하는 식은? [18-4]

① 면적비 $= \dfrac{\text{팽창식 체임버의 부피}}{\text{연결 덕트의 단면적}}$

② 면적비 $= \dfrac{\text{연결 덕트의 전체 면적}}{\text{팽창식 체임버의 부피}}$

③ 면적비 $= \dfrac{\text{팽창식 체임버의 단면적}}{\text{연결 덕트의 단면적}}$

④ 면적비 $= \dfrac{\text{연결 덕트의 길이}}{\text{팽창식 체임버의 단면적}}$

해설 팽창형(expanding type) 소음기 : 관의 입구와 출구 사이에서 큰 공동이 발생하도록 급격한 관의 지름을 확대시켜 공기의 유속을 낮추어 소음을 감소시키는 장치이다. 이 소음기는 흡음형 소음기가 사용되기 힘든 나쁜 상태의 가스를 처리하는 덕트 소음 제어에 효과적으로 이용될 수 있다. 반면에 넓은 주파수폭을 갖는 흡음형 소화기와는 달리 팽창형 소음기는 일반적으로 낮은 주파수 영역의 소음에 대해서 높은 효과를 갖는다.

70. 소음을 측정하기 위해 공장에서 준비해야 할 자료가 아닌 것은? [20-2]
① 공장 배치도
② 기계 배치도
③ 생산 현황도
④ 작업 공정도

해설 소음 측정 시 준비하여야 할 자료
㉠ 공장 주변도
㉡ 공장 배치도
㉢ 공장 평면도
㉣ 기계 배치도
㉤ 공장 건물 설치도
㉥ 작업 공정도
㉦ 기계 장치의 성능, 출력, 회전수 등의 일람표

71. 공장 소음의 측정 조사 항목으로 옳은 것은? [19-1]
① 소음원 조사 : 소음의 시공간 분석, 소음 평가
② 공장 주변의 환경 조사 : 소음원의 추출, 해석
③ 공장 부지 내 소음 조사 : 전파 경로 해석, 소음의 시공간 분석
④ 공장 내 소음 조사 : 전파 경로 해석, 소음원 측정 위치 평가

72. 금속류의 직접 접촉에 의한 소음을 막기 위해 윤활이 필요한데, 구름 베어링에 윤활이 필요로 하는 부분으로 적당하지 않은 것은? [12-4]
① 전동체와 고정 및 회전 궤도면과의 사이
② 리테이너와 궤도륜 안내면 사이의 미끄럼 부분
③ 외륜과 베어링 하우징 사이의 접촉 부분
④ 전동체와 리테이너 사이의 미끄럼 부분

73. 다음 중 송풍기나 공기 압축기 등 공기 동력 기계의 소음 발생에 중요한 영향을 주는 요소에 대한 설명 중 적절하지 않은 것은? [12-4]
① 임펠러의 부식과 케이싱과 마찰은 소음을 발생시킨다.
② 흡입구를 두 곳으로 설치하여 소음을 줄일 수 있다.
③ 불균일한 날개 간격은 날개 통과 주파수의 소음을 방지할 수 있어 가장 널리 사용된다.
④ 불균일한 날개 간격은 기계의 동적 균형과 제작비 등의 문제로 널리 사용하지 않는다.

해설 불균일한 날개 간격은 날개 통과 주파수의 소음을 방지할 수 있으나, 기계의 동적 균형 관계와 제작비 등의 문제로 별로 사용되지 않는다.

74. 다음 중 기어 소음 방지 대책으로 옳은 것은? [17-4]
① 기어의 접선 방향에 힘을 가한다.
② 기어 접촉면을 불연속하게 한다.
③ 기어 치형 간격의 정밀도를 유지한다.
④ 기어의 레이디얼 방향에 힘을 가한다.

해설 기어 소음의 표면 거칠기와 백래시 및 클리어런스에 의해 주로 발생된다.

75. 기어에서 발생하는 소음을 감소시키기 위한 대책으로 틀린 것은? [14-2]
① 기어 측의 회전 모멘트를 균일하게 유지한다.
② 평기어(spur gear)를 헬리컬 기어 (helical gear)로 교체한다.
③ 기어면의 동적인 하중을 증가시킨다.
④ 축의 강성을 강화하여 기어 맞물림 주파수와의 일치를 피한다.

76. 전동기의 진동과 소음에 관한 설명으로 틀린 것은? [20-4]
① 전동기에서 발생하는 소음은 기계적 소음과 전자기적 소음이 있다.
② 전동기의 회전자에서 발생하는 기계적 진동 주파수는 회전 속도에 비례한다.
③ 전동기의 회전자에서 질량 불평형이 발생하면 전원 주파수의 2배 성분이 높다.
④ 회전수와 전동기 회전자의 고유 진동수가 일치할 때 큰 진폭의 진동이 발생한다.
[해설] 질량 불평형일 경우 진동 주파수는 1배 성분이 나타난다. 2배 성분이면 미스얼라이먼트이다.

77. 인간의 청감에 대한 보정을 실시하여 소리의 크기 레벨에 근사한 값으로 측정할 수 있도록 한 측정기는? [06-4, 17-2, 21-2]
① 기록계   ② 녹음기
③ 소음계   ④ 주파수 분석기
[해설] 대부분의 소음계에서 음압 레벨은 청감 보정 회로를 통하지 않고, 다시 말해서 소음계의 청감 보정 회로를 F(혹은 Flat)에 놓고 측정한 값이다.

77-1 인간의 청감에 대한 보정을 하여 소리의 크기 레벨에 근사한 값으로 측정할 수 있는 측정기는? [20-3]
① 소음계   ② 압력계
③ 가속도 센서   ④ 스트레인 게이지
[정답] ①

78. 사운드 레벨미터의 전기 음향 성능을 규정하는 기준 상대 습도는? [21-1]
① 40%   ② 50%
③ 60%   ④ 70%

[해설] KS C IEC 61672-1의 사운드 레벨미터의 전기 음향 성능을 규정하는 기준 환경 조건 : 온도 23℃, 정압 101.325kPa, 상대 습도 50%

79. 소음계로 소음 측정 시 주의사항으로 틀린 것은? [21-4]
① 청감 보정 회로를 사용한다.
② 반사음 영향에 대한 대책을 세운다.
③ 암소음 영향에 대한 보정값을 고려한다.
④ 변동이 적은 소음은 fast에, 변동이 심한 소음은 slow에 놓고 측정한다.
[해설] 변동이 적은 소음은 slow에, 변동이 심한 소음은 fast에 놓고 측정한다.

79-1 소음계를 취급하는 경우 주의를 요하는 사항이 아닌 것은? [08-4]
① 암소음 영향에 대한 지시치를 보정한다.
② 변동이 적은 소음은 fast에, 변동이 심한 소음은 slow에 놓고 측정한다.
③ 기본적으로 측정 마이크로폰 주위에 가능한 한 장애물이 없어야 한다.
④ B 및 C 회로 보정 레벨 측정 결과와 A 회로 레벨 측정 결과의 비교에 의해 대략적인 주파수 대역 판정 평가의 실마리를 풀 수 있다.
[정답] ②

80. 소음계의 취급에 대한 설명 중 잘못 표현된 것은? [13-4]
① 대상음과 암소음의 차가 10 이하일 때는 암소음을 보정한다.
② 고주파 성분의 소음인 경우 청감 보정 회로의 A 특성과 C 특성이 비슷하게 나타난다.
③ 변동이 심한 소음은 소음 측정기의 동 특성 모드를 [FAST]로 하여 사용한다.

④ 소음 주파수의 분할 방식은 1/1 옥타브 분석이 1/3 옥타브 분석보다 정밀한 분석이 가능하다.

해설 소음 주파수의 1/3 옥타브 분석이 1/1 옥타브 분석보다 정밀한 분석이 가능하다.

81. 정밀, 보통, 간이 소음계 주파수 범위에 해당되지 않는 것은? [14-2]
① 20~12500Hz
② 31.5~8000Hz
③ 70~6000Hz
④ 10~40000Hz

해설 가청음은 20~20000Hz이므로 고음 측정기도 이 범위에서 측정한다.

82. 소음계에 관한 다음 설명에서 맞지 않은 것은? [15-4]
① 보통 소음계의 검정 공차는 2dB이다.
② 보통 소음계에서 주파수 범위는 31.5Hz ~8000Hz이다.
③ 간이 소음계에서 주파수 범위는 70.0Hz ~6000Hz이다.
④ 정밀 소음계에서 주파수 범위는 10.0Hz ~15000Hz이다.

해설 가청음은 20~20000Hz이다.

83. 삼각대에 마이크로폰을 부착하고 소음계 본체와 분리해서 사용할 경우, 소음계 본체와 마이크로폰의 이격 거리로 가장 적당한 것은? [11-4, 16-4]
① 0.5m 이상   ② 1.0m 이상
③ 1.5m 이상   ④ 2.0m 이상

해설 삼각대에 마이크로폰을 부착하고 본체와 분리 사용할 경우 반사음 등의 오차를 없애기 위해 이격 거리 1.5m 이상을 둔다.

84. 소음계의 사용 시 유의 사항으로 틀린 것은? [14-4]
① 마이크로폰의 연결선은 너무 긴 경우 전선의 저항으로 오차가 커지므로 1.5m 이하로 한다.
② 마이크로폰은 소음계 본체에서 분리 삼각대에서 장착하여 연장 코드를 사용한다.
③ 마이크로폰이 소음계에 부착된 것은 측정자의 인체 반사음에 영향을 받아 오차가 발생하기 쉽다.
④ 소음계 본체에 너무 가까이 접근하면 지시에 오차가 발생하기 때문에 주의해야 한다.

해설 마이크로폰과 소음계는 1.5m 떨어져야 한다.

85. 소음계의 측정 감도를 보정하는 기기로서 발생음의 주파수와 음압도의 표시가 되어 있으며, 발생음의 오차가 ±1dB 이내인 장치는? [19-2]
① 방풍망   ② 표준음 발생기
③ 주파수 분석기 ④ 동특성 조절기

해설 표준음 발생기 : 환경 소음·진동 공정 시험 방법에 따라 발생음의 주파수와 음압도를 표시함으로써 소음 측정기의 자극에 대한 반응 정도를 점검하는 기기로 발생음의 오차는 ±1dB 이내이어야 한다.

86. 소음기(silencer, muffler)를 사용할 때 저감되는 소음의 종류는? [22-2]
① 고체음
② 기계적 발생음
③ 전자적 발생 소음
④ 공기음(air-borne sound)

해설 소음기는 공기음을 흡수하여 소리 에너지를 열로 바꿔 소음을 저감시키는 것이다.

1-4 비파괴 개론

1. 표면에 열린 결함만을 검출할 수 있는 비파괴 검사는? [22-2]

① 자분 탐상 검사 ② 침투 탐상 검사
③ 방사선 투과 검사 ④ 초음파 탐상 검사

[해설] 침투 탐상 검사(penetrant testing) : 금속, 비금속에 적용하여 표면의 개구 결함을 검출

2. 와류 탐상 검사의 장점에 해당하지 않는 것은? [22-2]

① 검사를 자동화할 수 있다.
② 비접촉법으로 할 수 있다.
③ 검사체의 도금 두께 측정이 가능하다.
④ 형상이 복잡한 것도 쉽게 검사할 수 있다.

3. 검사 대상체의 내부와 외부의 압력차를 이용하여 결함을 탐상하는 비파괴 검사법은? [22-1]

① 누설 검사 ② 와류 탐상 검사
③ 침투 탐상 검사 ④ 초음파 탐상 검사

[해설] 누설 탐상 검사(LT : leaking testing) : 시편 내부 및 외부의 압력차를 이용하여 유체의 누출 상태를 검사하거나 유출량을 검출하는 검사 방법이다. 이 검사법은 검사 속도가 빠르며 비용이 적게 들고 검사 속도에 비해 감도가 좋다. 그러나 결함의 원인 및 형태를 알 수 없고 개방되어 있는 시스템에서는 사용할 수 없으며, 수압 시험이 시험체에 손상을 줄 수 있다.

4. 다음 비파괴 검사법 중 맞대기 용접부의 내부 기공을 검출하는 데 가장 적합한 것은? [22-1]

① 침투 탐상 검사 ② 와류 탐상 검사
③ 자분 탐상 검사 ④ 방사선 투과 검사

[해설] 방사선 투과 시험은 소재 내부의 불연속의 모양, 크기 및 위치 등을 검출하는 데 많이 사용된다. 금속, 비금속 및 그 화합물의 거의 모든 소재를 검사할 수 있다.

5. 다음 열거하는 설비 결함을 가장 쉽게 발견할 수 있는 기기는? [09-4]

> 베어링 결함, 파이프 누설, 저장 탱크 틈새, 공기 누설, 왕복동 압축기 밸브 결함

① 초음파 측정기 ② 진동 측정기
③ 윤활 분석기 ④ 소음 측정기

6. 설비의 신뢰성을 평가하는 척도로 옳지 않은 것은? [17-2]

① 고장률 ② 고장 형태
③ 평균 고장 간격 ④ 평균 고장 시간

[해설] 설비의 신뢰성을 평가하는 척도는 고장률, 평균 고장 간격, 평균 고장 시간이다.

6-1 설비의 신뢰성을 평가하는 척도로 옳은 것은? [12-4]

① 고장률 ② 고장 형태
③ 압전 효과 ④ 부하 효과

[정답] ①

7. 열전달 및 전도에 관한 설명으로 틀린 것은? [20-4]

① 열전달량은 면적이 작을수록 높다.
② 열전달량은 두께가 얇을수록 높다.
③ 열전달량은 온도차가 클수록 높다.
④ 열전도율은 금속이 기체보다 좋다.

2장 계측

2-1 계측기

1. 계측기가 측정량의 변화를 감지하는 민감성의 정도를 무엇이라 하는가? [19-2]
① 오차   ② 감도
③ 정밀도   ④ 정확도

해설 감도 : 측정하려고 하는 양의 변화에 대응하는 측정 기구의 지침의 움직임이 많고 적음을 가리키며, 일반적으로 측정기의 최소 눈금으로 표시하는 것이다.

2. 다음 중 주위 온도나 압력 등의 영향, 계기의 고정 자세 등에 의한 오차에 해당되는 것은? [21-1]
① 개인 오차
② 과실 오차
③ 이론 오차
④ 환경 오차

해설 • 이론 오차 : 측정 원리나 이론상 발생되는 오차
• 계기 오차 : 계기 오차에는 측정기 본래의 기차(器差)에 의한 것과 히스테리시스 차에 의한 것이 있다.
• 개인 오차 : 눈금을 읽거나 계측기를 조정할 때 개인차에 의한 오차
• 환경 오차 : 주위 온도, 압력 등의 영향, 계기의 고정 자세 등에 의한 오차로서 일반적으로 불규칙적이다.
• 과실 오차 : 계측기의 이상이나 측정자의 눈금 오독 등에 의한 오차

3. 측정 시 발생하는 오차 중 항상 참값보다 작게 또는 크게 측정되는 경향을 보이는 것으로서 보정되지 않은 계측기의 특성에 의한 계기적 오차를 무엇이라 하는가? [07-4]
① 과오 오차   ② 계통 오차
③ 우연 오차   ④ 최대 가능 오차

4. 다음 중 서미스터 온도 센서의 종류에 포함되지 않는 것은? [19-2]
① GTR   ② PTC
③ NTC   ④ CTR

해설 서미스터(thermistor) : 온도 변화에 의해서 소자의 전기 저항이 크게 변화하는 대표적 반도체 감온 소자로 열에 민감한 저항체(thermal sensitive resistor)이다. 온도의 검출에 적합한 것으로 NTC (negative temperature coefficient), PTC(positive temperature coefficient), CTR(critical temperature resistor)이 있다.

서미스터의 종류 및 특징

종류	사용 온도	특징
NTC	-130~2000℃	온도 상승에 따라 저항값 감소
PTC	-50~150℃	온도 상승에 따라 저항값 증가
CTR	0~150℃	일정 범위에 저항값 급격히 감소

5. 열전대 종류 중 내열성이 좋고 산화성 분위기 중에서도 강하며, 대개 1000℃ 이상에서 사용되는 것은? [08-4, 16-2, 21-2]
① J type ② R type
③ K type ④ T type

6. 온도를 측정하는 열전대형 온도계에서 0~1200℃ 범위까지 측정이 가능한 열전대 검출기 타입은? [17-4]
① K ② S
③ T ④ PR
해설 T : 저온용(-200~350℃)

7. 열전대의 구성 재료와 접합선이 잘못 나열된 것은? [06-4]
① 기호 종류(R) : (+접합선 : 백금-로듐 합금, -접합선 : 백금)
② 기호 종류(T) : (+접합선 : 니켈 합금, -접합선 : 동)
③ 기호 종류(E) : (+접합선 : 니켈-크롬 합금, -접합선 : 동-니켈 합금)
④ 기호 종류(K) : (+접합선 : 니켈-크롬 합금, - 접합선 : 니켈 합금)
해설 서로 다른 두 가지 금속의 양단을 접합하면 양 접합점에는 접촉 전위차 불평형이 발생하여 열전류가 저온측에서 고온측 접합부로 이동하여 단자 사이에 기전력이 발생된다. 이것을 열기전력(thermo electromotive force)이라 하고 그 현상을 제베크 효과(Seebeck effect)라 하며, 이 효과를 이용하여 온도를 측정하기 위한 소자가 열전대(thermocouple)이다.

8. 선팽창 계수가 서로 다른 2종의 금속을 접합시켜 온도의 계측 및 제어 장치에 이용하는 것을 무엇이라 하는가? [09-4]

① 바이메탈(bimetal)
② 자이로스코프(gyroscope)
③ 벨로스(bellows)
④ 부르동관(bourdon tube)

9. 온도 측정에 사용되는 측온 저항체 중 백금의 특징이 아닌 것은? [16-4]
① 산화가 쉽다.
② 사용 범위가 넓다.
③ 자계의 영향이 크다.
④ 표준용으로 사용이 가능하다.
해설 구리가 산화되기 쉽다.

10. 측온 저항체에서 공칭 저항값은 몇 ℃에서의 저항값을 말하는가? [14-2, 17-4]
① -10℃ ② 0℃
③ 10℃ ④ 20℃
해설 측온 저항체(resistance thermometer) : 금속은 고유 저항값을 갖고 있으며, 금속선의 전기 저항은 온도가 올라가면 증가하므로 측온점의 측온 저항 변화량을 검출해서 온도를 측정하는 것이다. 이 특성을 이용하여 순도가 아주 높은 저항체를 감온부로 만들어 온도 측정 대상체에 접촉시켜 온도를 감지하게 한다. 또한 온도 크기에 따라 변한 저항값을 저항 측정기로 계속하여 온도 눈금으로 바꾸어 읽는 전기식 온도계이다. 최고 사용 온도는 600℃ 정도이다.

10-1 다음 중 측온 저항체에서 공칭 저항값은 몇 ℃에서의 저항값을 말하는가? [08-4]
① -10℃에서의 저항값
② 0℃에서의 저항값
③ 10℃에서의 저항값
④ 20℃에서의 저항값
정답 ②

1 과목

11. 두 개의 다른 금속이 연결되어 있는 부위에 온도차가 주어지면 열기전력이 발생한다. 이것을 무슨 효과라고 하는가? [18-1]
① 압전 효과(piezoelectric effect)
② 광기전력 효과(photovoltaic effect)
③ 제베크 효과(Seebeck effect)
④ 광도전 효과(photo-conductive effect)

해설 서로 다른 두 가지 금속의 양단을 접합하면 양 접합점에는 접촉 전위차 불평형이 발생하여 열전류가 저온측에서 고온측 접합부로 이동하여 단자 사이에 기전력이 발생된다. 이것을 열기전력(thermo electromotive force)이라 하고 그 현상을 제베크 효과(Seebeck effect)라 한다.

12. 다음 중 2개의 다른 금속선으로 폐회로를 만들어 열기전력을 발생시키고, 폐회로에 전류가 흐르게 하는 원리를 이용한 온도계는? [18-1]
① 열전쌍　　② 서미스터
③ 볼로미터　　④ 광파이버

해설 열기전력(thermo electromotive force) 현상을 제베크 효과(Seebeck effect)라 하며, 이 효과를 이용하여 온도를 측정하기 위한 소자가 열전대(thermocouple)이다.

13. 다음 설명과 관련된 것은? [20-3]

모든 물체는 절대온도의 네제곱에 비례하는 방사 에너지를 방출하며, 이를 이용하여 비접촉으로 물체의 온도를 알 수 있다.

① 제베크 효과
② 조셉슨 효과
③ 패러데이 법칙
④ 슈테판-볼츠만의 법칙

해설 슈테판-볼츠만의 법칙 : 흑체는 절대온도의 4승에 비례하는 방사 에너지를 방사한다.

$W = \sigma T^4 [\text{W/m}^2]$
여기서, W : 흑체의 전방사 에너지
　　　T : 절대온도
　　　σ : $5.67 \times 10^{-8} [\text{W/m}^2\text{K}^4]$

14. 측정 물체와 비접촉 방식으로 온도를 측정하는 온도계는? [10-4, 18-1]
① 압력식 온도계
② 열전 온도계
③ 저항 온도계
④ 방사 온도계

해설 액체 봉입 유리 온도계, 압력 온도계, 저항 온도계, 열전 온도계는 접촉식 온도계이고 광고온계와 방사 온도계는 비접촉식 온도계이다.

15. 다음 중 비접촉 방식의 온도계는 어느 것인가? [09-4]
① 방사 온도계
② 수은 온도계
③ 바이메탈 온도계
④ 니켈 저항 온도계

해설 계측과 제어에는 주로 접촉 방식인 저항 온도계와 열전 온도계, 비접촉 방식인 방사 온도계가 사용된다.

16. 열전 온도계(thermo electric pyrometer)에 관한 설명 중 틀린 것은? [18-4, 21-4]
① 구리와 콘스탄탄의 이종재를 결합하여 200~300°C 정도의 저온용으로 사용한다.
② 다른 금속을 접합하여 양단의 온도차에 의해 발생되는 기전력을 이용한다.
③ 온도차에 의해 발생되는 열기전력 현상을 톰슨 효과(Thomson effect)라 한다.
④ 백금 로듐과 백금의 이종재를 결합하면 1000°C 이상에서도 사용할 수 있다.

정답 11. ③　12. ①　13. ④　14. ④　15. ①　16. ③

16-1 열전 온도계(thermo electric pyrometer)에 관한 설명 중 틀린 것은? [14-2]

① 다른 금속을 접합하여 양단의 온도차에 의해 발생되는 기전력을 이용한다.
② 온도차에 의해 발생되는 열기전력 현상을 톰슨 효과(Thomson effect)라 한다.
③ 백금로듐과 백금의 이종재를 결합하면 섭씨 100도 이상에서도 사용할 수 있다.
④ 열전 온도계는 저항 온도계와 달리 전원이 필요 없다.

정답 ②

17. 온도를 측정할 수 없는 것은? [20-3]

① 적외선 센서
② 방사형 온도계
③ 서머커플 센서
④ 자이로스코프 센서

해설 자이로스코프(gyroscope) : 회전 속도 또는 각속도의 기계적인 검출은 원심력을 이용하여 하중이나 변위로 변환하는 방법과 자이로스코프에 의하여 검출하는 방법 등이 있다. 이 원리는 질량 유량계에도 적용된다.

18. 온도 변환기의 요구 기능으로 적절하지 않은 것은? [21-1]

① 입출력간은 직류적으로 절연되어 있어야 할 것
② 외부의 노이즈(noise) 영향을 받지 않는 회로일 것
③ 입력 임피던스가 낮고, 장거리 전송이 가능할 것
④ 주위 온도 변화, 전원 변동 등이 출력에 영향을 주지 말 것

해설 온도 변환기의 요구 기능
㉠ mV 레벨 신호를 안정하게 높은 레벨까지 증폭할 수 있을 것
㉡ 입력 임피던스(impedance)가 높고, 장거리 전송이 가능할 것
㉢ 온도와 열전대의 열기전력 관계 또는 온도와 측온 저항체의 저항값 변화에서 생기는 비직선 특성을 보정하여 온도와 출력 신호의 관계를 직선화시킬 수 있는 리니어 라이저(linear riser)를 갖고 있을 것
㉣ 외부의 노이즈(noise) 영향을 받지 않는 회로일 것
㉤ 주위 온도 변화, 전원 변동 등이 출력에 영향을 주지 말 것
㉥ 입출력간은 직류적으로 절연되어 있어야 할 것

19. 절대 압력은? [13-4]

① 게이지압
② 대기압+게이지압
③ 대기압+차압
④ 차압

해설 절대압력=대기압+게이지압

20. 산업 분야에서 일반적으로 널리 사용하는 압력으로 대기 압력을 기준으로 하는 것은? [22-1]

① 차압
② 상대 압력
③ 절대 압력
④ 게이지 압력

해설 게이지 압력=절대 압력-대기압

21. 압력을 측정하기 위한 센서가 아닌 것은? [14-4, 19-1]

① 압전형 센서
② 초음파형 센서
③ 정전 용량형 센서
④ 스트레인 게이지형 센서

해설 압력 센서의 종류 : 정전 용량형, 반도체 왜형 게이지식, 피라니 게이지, 열전자 진리 진공계, 스트레인 게이지, 로드셀 등이 있다.

22. 다음 중 압력 센서가 아닌 것은 어느 것인가? [11-4, 16-4]

① 부르동관 ② 벨로스
③ 도플러 레이더 ④ 반도체 압력 센서

해설 도플러 레이더 센서는 속도 센서이다.

23. 다음 중 탄성식 압력계에 속하지 않는 것은? [12-4, 15-2, 18-2]

① 압전기식 ② 벨로스식
③ 부르동관식 ④ 다이어프램식

해설 압전기식은 전기식 압력계에 속한다.

24. 다음 압력 측정 방법 중 탄성 방식이 아닌 것은? [20-2]

① 벨로스식 압력계
② 부르동관식 압력계
③ 차동 용량식 압력계
④ 다이어프램식 압력계

해설 탄성체 방식에는 다이어프램식, 벨로스식, 부르동관식, 스프링 등이 있다.

25. 자계의 방향이나 강도를 측정할 수 있는 자기 센서는? [08-4, 12-4, 16-2]

① 포토다이오드(photo diode)
② 서미스터(thermistor)
③ 서모파일(thermopile)
④ 홀 센서(hall sensor)

26. 유량 측정에서 사용되는 이론으로 "압력 에너지+운동 에너지+위치 에너지=일정" 하다는 이론은? [21-1]

① 레이놀즈 정리
② 베르누이 정리
③ 플레밍의 법칙
④ 나이키스트 안정 판별법

해설 베르누이의 정리(Bernoulli's theorem) :

손실이 없는 경우에 유체의 위치, 속도 및 압력 수두의 합은 일정하다로 표시된다.

27. 도전성의 물체가 자계 속을 움직여 발생하는 기전력을 이용하여 도전성 유체의 유량을 측정하는 유량계는? [07-4, 16-2]

① 전자 유량계
② 와류식 유량계
③ 초음파식 유량계
④ 정전 용량식 유량계

해설 도전성의 물체가 자계 속을 움직이면 기전력이 발생한다는 패러데이(Faraday)의 전자 유도 법칙을 이용하여 도전성 유체의 유속 또는 유량을 구하는 것을 전자 유량계(electromagnetic flowmeter)라 한다.

28. 전자 유량계에서 도전성 유체가 흐르는 측정 관을 직각으로 지나는 자계를 주면, 각기 직교하는 방향으로 비례하는 기전력이 발생하는데, 이때 기전력의 발생 방향은 어느 법칙에 따르는가? [16-4]

① 렌츠의 법칙
② 패러데이의 법칙
③ 플레밍의 왼손 법칙
④ 플레밍의 오른손 법칙

해설 도전성 유체가 흐르는 측정 관을 직각으로 지나는 자계를 주면, 각기 직교하는 방향으로 비례하는 기전력이 발생한다. 기전력의 발생 방향은 플레밍의 오른손 법칙에 따른다.

29. 일명 PD 미터(positive displacement flowmeter)라고도 부르며 오벌 기어형과 루츠형이 대표적인 유량계는? [16-4]

① 용적식 유량계 ② 전자식 유량계
③ 면적식 유량계 ④ 차압식 유량계

해설 용적식 유량계 : 유체의 흐름에 따라 회전하는 회전자(또는 왕복하는 운동자)로 케이스 사이의 공극(계량실)에 유체를 연속적으로 취입해서 송출 동작을 반복하여 회전자의 운동 횟수로 유량을 구하는 것이다.

$$Q_v = kN$$

여기서, Q_v : 용적 유량
  k : 회전자가 1회전할 때의 토출량
  N : 회전자의 회전수

30. 다음 중 유체의 흐름에 따라 회전하는 회전자로 케이스 사이의 공극에 유체를 연속적으로 취입해서 송출하는 동작을 반복하여 회전자의 운동 횟수로 유량을 측정하는 유량계는? [15-4, 17-2, 20-2]

① 면적식 유량계 ② 용적식 유량계
③ 전자식 유량계 ④ 차압식 유량계

해설 용적식 유량계 : 유입구와 유출구 사이에 유체가 흐르고, 흐름에 따라 계량실에 있는 회전자가 회전하고, 회전수를 계측하여 유량을 측정한다.

31. 유입구와 유출구 사이에 유체가 흐르고 흐름에 따라 계량실에 있는 회전자가 회전하고 회전수를 측정하여 유체의 통과량을 측정하는 유량계는? [10-4]

① 면적식 유량계 ② 용적식 유량계
③ 차압식 유량계 ④ 와류식 유량계

32. 용적식 유량계가 아닌 것은? [21-2]

① 터빈 유량계(turbine flow meter)
② 회전 디스크 유량계(rotating disk flow meter)
③ 회전 날개 유량계(rotary vane flow meter)
④ 로브 임펠러 유량계(lobed impeller flow meter)

해설 터빈식 유량계는 회전수를 검출해서 유량을 구하는 방식으로 액체용과 기체용이 있다. 액체용에는 가동부의 모양에 따라 회전자형과 피스톤형 등이 있으며, 공업용으로는 회전자형을 많이 사용한다.

33. 유체의 동력학적 성질을 이용하여 유량 또는 유속을 압력으로 변환하는 차압 검출 기구가 아닌 것은? [21-4]

① 노즐 ② 부르동관
③ 오리피스 ④ 벤투리관

해설 • 플로 노즐 장점
  ㉠ 오리피스에 비해 고형물이 포함된 유량 측정이 가능하다.
  ㉡ 오리피스에 비해 차압 손실이 작으나 벤투리관보다는 크다.
  ㉢ 오리피스에 비해 마모가 정도에 미치는 영향이 적다.
  ㉣ 고온, 고압, 고속 유체에도 측정이 가능하다.
  ㉤ 같은 사양의 오리피스에 비해 유량 계수가 크다.
• 플로 노즐 단점
  ㉠ 오리피스와 같은 직경일 경우 적용 범위가 작다.
  ㉡ 유량 측정 범위 변경 시 교환이 오리피스에 비해 어렵고, 고가이다.
• 오리피스의 장점
  ㉠ 구조가 간단하고, 가격이 저렴하다.
  ㉡ 사용 조건에 따라 다르나 거의 반영구적이다.
  ㉢ 측정 유량 범위 변경 시 플레이트 변경만으로 가능하다.
  ㉣ 액체, 가스, 증기의 유량 측정이 가능하고 광범위한 온도, 압력에서의 유량 측정이 가능하다.
• 오리피스의 단점
  ㉠ 충분한 직관부가 필요하다.
  ㉡ 벤투리관에 비해 압력 손실이 크다.
  ㉢ 적은 적용 범위이며, 통상 4 : 1이다.
  ㉣ 측정 유체 중에 고형물 포함을 피해

야 한다.
- 벤투리관의 장점
  ㉠ 고형물이 포함된 유량 측정이 가능하나 차압 검출구의 막힘이 발생하므로 퍼지 등의 대책이 필요하다.
  ㉡ 오리피스, 노즐에 비해 압력 손실이 적다.
  ㉢ 유체 체류부가 없어 마모에 의한 내구성이 좋다.
  ㉣ 대 유량 측정이 가능하다.
- 벤투리관의 단점
  ㉠ 적은 적용 범위를 가진다.
  ㉡ 유량 측정 범위 변경 시 교환이 어렵다.
  ㉢ 노즐이나 오리피스에 비해 고가이다.
  ㉣ 취부 범위가 크다.
  ㉤ 같은 크기의 오리피스에 비해 발생 차압이 작다.

34. 차압식 유량계에 이용하는 차압 기구에 속하지 않는 것은? [18-4]
① 노즐　　② 오리피스
③ 벤투리관　　④ 로터미터

34-1 다음 중 차압식 유량계의 종류가 아닌 것은? [14-2]
① 오리피스　　② 노즐
③ 로터미터　　④ 벤투리관
정답 ③

35. 다음 중 차압 기구인 오리피스에서 차압을 뽑아내는 방식이 아닌 것은? [17-2, 22-2]
① 코너 탭
② 플랜지 탭
③ 축류 탭
④ 벤투리 탭
해설 차압 유량계에서 차압을 뽑아내는 방식은 3종류로 코너 탭, 플랜지 탭, 축류 탭이 있다.

36. 다음 중 관로에서의 유량 측정 방법이 아닌 것은? [12-4, 15-2]
① 노즐(nozzle)
② 오리피스(orifice)
③ 피에조미터(piezometer)
④ 벤투리미터(venturi meter)
해설 피에조미터는 정압 측정 장치이다.

37. 측정 대상에 제한 없이 기체·액체의 어느 것도 측정할 수 있으며, 유체의 조성·밀도·온도·압력 등의 영향을 받지 않고 유량에 비례한 주파수로서 체적 유량을 측정할 수 있는 유량계는? [18-2, 22-2]
① 면적식 유량계　② 와류식 유량계
③ 용적식 유량계　④ 터빈식 유량계
해설 와류식 유량계(vortex flow meter) : 측정 대상에 제한 없이 기체·액체의 어느 것도 측정할 수 있으며, 유체의 조성·밀도·온도·압력 등의 영향을 받지 않고 유량에 비례한 주파수로서 체적 유량을 측정할 수 있다. 그러나 공통적으로 깨끗한 유체가 바람직하므로 필요에 따라 스트레이너 설치 등의 배려가 필요하다.

38. 다음 중 유체의 흐름 속에 날개가 있는 회전자를 설치하고, 유속에 따른 회전자의 회전수를 검출해서 유량을 구하는 것은 어느 것인가? [07-4, 11-4, 14-4, 19-4]
① 와류식 유량계
② 터빈식 유량계
③ 전자식 유량계
④ 면적식 유량계
해설 터빈식 유량계 : 유체의 흐름 속에 날개가 있는 회전자(rotor)를 설치해 놓으면 유속에 거의 비례하는 속도로 회전한다. 그 회전수를 검출해서 유량을 구하는 유량계이다.

38-1 다음 중 유체의 흐름 속에 날개가 있는 회전자가 유속에 비례한 속도로 회전하며, 구조가 간단하고 압력 손실이 적은 유량계는? [13-4]

① 터빈식 유량계
② 초음파식 유량계
③ 용적식 유량계
④ 와류식 유량계

정답 ①

39. 일반적인 터빈식 유량계의 특징으로 틀린 것은? [19-2, 22-1]

① 내구력이 있고 수리가 용이하다.
② 용적식 유량계보다 압력 손실이 적다.
③ 용적식 유량계에 비해서 대형이며, 구조가 복잡하고 비용이 많이 소요된다.
④ 고온·저온·고압의 액체나 식품·약품 등의 특수 유체에 사용된다.

해설 • 터빈식 유량계 : 유체의 흐름 속에 날개가 있는 회전자(rotor)를 설치해 놓으면 유속에 거의 비례하는 속도로 회전하며, 이 회전수를 검출해서 유량을 구하는 유량계이다.
• 용적식 유량계 : 유입구와 유출구 사이에 유체가 흐르고 흐름에 따라 계량실에 있는 회전자가 회전하고 회전수를 계측하여 유량을 측정하는 유량계이다.

40. 다음 중 면적식 유량계의 특징으로 틀린 것은? [19-1, 21-4]

① 압력 손실이 적다.
② 기체 유량을 측정할 수 없다.
③ 부식성 유체의 측정이 가능하다.
④ 액체 중에 기포가 들어가면 오차가 생기므로 기포 빼기가 필요하다.

해설 면적식 유량계 : 유량에 따라 테이퍼 관 내부를 상하로 이동하는 부자의 위치에 의해 유량을 지시하는 유량계이다.

41. 다음 중 면적식 유량계의 특징으로 틀린 것은? [19-4]

① 압력 손실이 많고, 전후의 직관부가 필요하다.
② 기체, 액체를 측정할 수 있고, 부식성 액체도 가능하다.
③ 액체 중에 기포가 들어가면 오차가 생기므로 기포 빼기가 필요하다.
④ 유리관식은 기계적 강도, 내충격성이 약하므로 배관의 무게를 직접 받지 않고 유체가 역류되지 않도록 주의해야 한다.

해설 면적식 유량계 : 압력 손실이 적다.

42. 다음 중 초음파 레벨계의 특성으로 틀린 것은? [22-1]

① 비접촉식 측정이 가능하다.
② 소형 경량이고 설치 및 운전이 간단하다.
③ 가동부가 없고 점검 및 보수가 가능하다.
④ 온도에 민감하지 않아 온도 보정을 필요로 하지 않는다.

해설 초음파 레벨계에서 음파의 전파 속도가 온도에 의해 현저하게 변하는 경우는 보정이 필요하다.

42-1 다음 중 초음파 레벨계의 특성이 아닌 것은? [15-4]

① 온도 보정이 필요 없다.
② 비접촉식 측정이 가능하다.
③ 소형 경량이고 설치 및 운전이 간단하다.
④ 기동부가 없고 점검 및 보수가 가능하다.

해설 초음파 레벨계에서 음파의 전파 속도가 온도에 의해 현저하게 변하는 경우는 보정이 필요하다.

정답 ①

1 과목

43. 리드 스위치식 레벨 센서의 종류 중 범용으로 사용되고, 다점 제어가 가능하고, 동작이 안정적이며 값이 저렴하여 자동판매기, 차량용, 보일러, 가습기 등의 용도로 사용되어지는 것은? [17-4]

① NC형
② 기억형
③ 쇼트 히스테리시스형
④ 와이드 히스테리시스형

해설 리드 스위치식 레벨 센서의 종류와 특징

	구조	특징	결점	용도
ND형	쇼트 히스테리시스형	• 가장 범용적 • 동작 안정 • 값이 저렴 • 다점 제어 가능	• 응답차가 적고 불균형의 영향이 있다. • NO 폭이 좁다. • 3점 동작에 주의해야 한다.	자동판매기, 차량용, 보일러, 난방기, 가습기, 현상액
	와이드 히스테리시스형	• 불균형의 영향을 받지 않는다. • 3점 동작이 없다. • NO 폭이 넓다.	• 동작 불평형 • 온도나 외부 자계의 영향을 받기 쉽다.	선박외기, 발전기
	NC형	• 스토퍼에 의한 부자 • 구동폭 제어 불필요	• 부자가 대형 • 동작 위치 불평형	특수 용도 이외에는 사용하지 않는다.
	기억형	• 다점 제어 가능 • 외부 제어 회로의 가격 저하를 기할 수 있다.	• 부자가 대형 • 강한 진동에 약하다.	수처리 플랜트, 화학 공장

44. 다음 레벨계 중 측정 범위가 1~30m이고, 석유탱크 및 고로 등의 레벨을 측정하는 것은? [19-2]

① 저압식
② 부자식
③ 멜로디식
④ 마이크로웨이브식

해설 마이크로웨이브식 레벨계는 극초단파(microwave) 주파수를 연속적으로 가변하여 탱크 내부에 발사하고 탱크 내 액체에서 반사되어 되돌아오는, 즉 초단파와 발사된 극초단파의 주파수 차를 측정하여 액위를 측정하는 것으로 마이크로웨이브의 측정 범위는 1~30m이며 고가이다. 석유, 고로의 액면에 이용된다.

45. 다음 중 액면의 높이가 $h[\text{m}]$, 배관의 면적이 $A[\text{m}^2]$, 액체의 비중량이 $\gamma[\text{N/m}^3]$일 때 배관을 빠져나오는 유량 $Q[\text{m}^3/\text{s}]$는? [07-4, 20-3]

① $Q = Ah$
② $Q = A\sqrt{2gh}$
③ $Q = A\sqrt{\dfrac{2gh}{\gamma}}$
④ $Q = A\gamma\sqrt{2gh}$

46. 다음 중 각도 검출용 센서가 아닌 것은 어느 것인가? [16-4]

① 리졸버
② 포지셔너
③ 포텐쇼미터
④ 로터리 인코더

해설 포지셔너는 조절 신호를 설정값으로 하고 구동축의 위치를 측정값으로 하여 구동부에 출력을 조절하는 비례 조절기라고 볼 수 있다.

47. 회전축에 설치한 슬릿 원판을 광원과 수광기 사이에 회전시키고 슬릿 사이로 통과하는 빛을 감지하여 서보 모터의 회전각을 측정할 때 사용되는 것은? [13-4]

① 인코더(encoder)
② 포지셔너(positioner)
③ 서보형 센서

④ 포토(photo) 다이오드

해설 인코더 : 회전각 측정용 센서이다.

48. 다음 중 광학식 인코더의 내부 구성 요소가 아닌 것은? [06-4]

① 발광부 　　② 고정판
③ 회전원판 　　④ 리졸버

해설 리졸버 : 위치나 속도 검출 센서이다.

49. 회전 속도 또는 각속도를 검출 가능한 것은? [15-2, 17-4]

① 플래퍼 　　② 바이메탈
③ 오리피스 　　④ 자이로스코프

해설 자이로스코프(gyroscope) : 회전 속도 또는 각속도의 기계적인 검출은 원심력을 이용하여 하중이나 변위로 변환하는 방법과 자이로스코프에 의하여 검출하는 방법 등이 있다. 이 원리는 질량 유량계에도 적용된다.

50. 다음 중 회전 속도계를 의미하는 것은 어느 것인가? [14-2, 18-1]

① 로드 셀(load cell)
② 서미스터(thermistor)
③ 타코미터(tachometer)
④ 퍼텐쇼미터(potentiometer)

51. 근접 센서의 종류가 아닌 것은? [08-4]

① 유도 브리지(bridge)형
② 자기형
③ 정전 용량형
④ 로터리 엔코더(rotary encoder)형

52. 다음 중 광전 센서의 특징으로 틀린 것은? [22-2]

① 검출 거리가 짧다.

② 응답 속도가 빠르다.
③ 비접촉으로 검출할 수 있다.
④ 분해능이 높은 검출이 가능하다.

해설 광센서는 비접촉식으로 거의 모든 물체를 먼 거리에서도 빠른 응답 속도로 검출할 수 있고 진동, 자기의 영향이 적다. 광파이버로 이용할 경우에는 접근하기 어려운 위치나 미세한 물체도 분해능이 높게 검출할 수 있다. 그러나 발광부나 수광부의 유리나 렌즈 등에 사용하여 기름이나 먼지 등에 의해 이들의 표면이 10%만 흐려도 감도가 약 1/3 정도 감소되며, 외부의 강한 빛에 의한 오동작도 발생된다.

53. 서보 모터에 사용되고 있는 회전 속도 검출기로 적당하지 않는 것은? [08-4]

① 타코 제너레이터
② 인코더
③ 리졸버
④ 로드셀

해설 로드셀은 스트레인 게이지를 붙여 사용하기 곤란한 경우에 범용적으로 사용하기 위해 제작된 물체 중량을 측정하는 변환기이다.

54. 회전체의 회전수를 측정하는 방법 중 자속 밀도의 변화를 이용하여 펄스 모양의 전압 신호를 인출하는 것으로, 내구성이 우수하고 전원을 필요로 하지 않는 특징이 있는 측정법은? [14-4, 19-4]

① 주파수 계수법 　② 전자식 검출법
③ 광전식 검출법 　④ 회전 주기 측정법

해설 회전체의 회전수에 비례한 전기 펄스수(주파수)의 신호를 인출하는 검출기를 펄스 출력형 검출기라 하며, 그 대표적인 검출 방식으로 전자식과 광전식이 있다. 전자식(電磁式) 검출법은 자성체인 기어 모양의 원판의 회전에 따라서 철심과 기어의 치면 사이의 자기 저항이 주기적으로 변화하므로 잇수에 비례한 펄스 모양의 전압 신호가 검출 코일에 발생한다. 정지에 가까운 저속에서는 출력 전압이 감소되므로 저속 회전의 검출은 할 수 없다.

55. 회전체의 회전수를 측정하는 방법 중 정지에 가까운 저속에서는 출력 전압이 감소되므로 저속 회전의 검출은 할 수 없지만, 내구성이 우수하고 별도의 전원이 필요치 않은 측정법은?　　　　　[07-4]
① 회전 주기 측정법
② 주파수 계수법
③ 전자식 검출법
④ 광전식 검출법

> **해설** 전자식(電磁式) 검출법 : 회전체의 회전수를 측정하는 방법 중 자속 밀도의 변화를 이용하여 펄스 모양의 전압 신호를 인출하는 것으로서 정지에 가까운 저속에서는 출력 전압이 감소되므로 저속 회전의 검출은 할 수 없지만 내구성이 우수하고 전원을 필요로 하지 않는 등의 특징이 있다.

56. 회전체에 반사 테이프를 부착하고 초점 조정이 용이한 적색 가시광의 LED를 광원으로 이용하여 그 반사광을 검출한 후 신호를 변환시켜 회전 주기의 역수로 회전수를 구하는 회전계는?　　　[12-4, 15-4, 18-4]
① 광전식 회전계　② 자기식 회전계
③ 전자식 회전계　④ 접촉식 회전계

> **해설** 광전식 회전계 : 회전체에 반사 테이프를 부착하고 LED의 반사광을 검출한 후 신호를 변환시켜 회전 주기의 역수로 회전수를 구하는 회전계이다.

57. 회전수 계측법 중 전자식 검출법에 대한 설명으로 틀린 것은?　　　[15-2, 20-2]
① 전원이 필요 없다.
② 내구성이 우수하다.
③ 자속 밀도의 변화를 이용한다.
④ 정지에 가까운 저속 검출에 적합하다.

> **해설** 전자식 검출법은 정지에 가까운 저속에서는 출력 전압이 감소되므로 저속 회전의 검출은 할 수 없다.

58. 회전수를 측정하기 위한 방법이 아닌 것은?　　　　[09-4, 11-4, 20-4]
① 초음파를 이용한 측정법
② 반사 테이프를 이용한 광학 측정법
③ 자속 밀도의 변화를 이용한 전자식 측정법
④ 회전 주기를 측정하고 역수로 회전수를 구하는 측정법

> **해설** • 펄스 출력형 검출기 : 회전체의 회전수에 비례한 전기 펄스 수(주파수)의 신호를 인출하는 검출기이다. 그 대표적인 검출 방식으로 전자식과 광전식이 있다.
> • 디지털 계수식 회전계 : 펄스 수(주파수) 계수 방식, 회전 주기 측정 방식

59. 비접촉형 퍼텐쇼미터의 특징으로 틀린 것은?　　　　　　　　　[18-2]
① 섭동 잡음이 전혀 없다.
② 고속 응답성이 우수하다.
③ 회전 토크나 마찰이 크다.
④ 섭동에 의한 아크가 발생하지 않으므로 방폭성이 있다.

> **해설** 퍼텐쇼미터는 비접촉형이므로 마찰이 없으나 출력 감도가 불균형적이라는 단점을 갖고 있다.

60. 다음 중 코일간의 전자 유도 현상을 이용한 것으로서 발신기와 수신기로 구성되어 있으며, 회전 각도 변위를 전기 신호로 변

환하여 회전체를 검출하는 수신기는 어느 것인가? [10-4, 19-1, 22-1]
① 싱크로(synchro)
② 리졸버(resolver)
③ 퍼텐쇼미터(potentiometer)
④ 앱솔루트 인코더(absolute encoder)

해설 회전각을 전달할 때 수신기를 구동하는 에너지를 발신기에서 공급하는 것을 토크용 싱크로라 한다. 또 수신기를 서보에 의하여 구동하기 위해서 발신기와 수신기의 회전 각도 차를 전압 신호로서 꺼내는 것을 제어용 싱크로라 한다.

61. 회전수 계측 센서 중 광학식 인코더의 특징이 아닌 것은? [21-2]
① 처리 회로가 간단하다.
② 진동 및 충격에 약하다.
③ 고분해능화가 용이하다.
④ 디지털 신호이므로 노이즈 마진이 작다.

해설 노이즈 마진은 아날로그 신호에서 발생된다.

62. 회전체의 회전수를 측정하기 위하여, 반사 테이프와 광원을 이용한 반사광을 검출하여 회전수를 구하는 방식은? [21-2]
① 광전식 검출법
② 주파수 계산법
③ 전자식 검출법
④ 회전 주기 측정법

해설 회전 주기 측정 방식은 회전체의 회전 주기를 측정하여 그 역수로 회전수를 구하는 방법으로 회전체에 회귀성(回歸性) 반사 테이프(테이프 표면에 구면 렌즈를 나열한 것으로 투사광이 테이프면에 수직이 아니더라도 광원 방향으로 빛을 반사한다)를 붙이고 초점 조정이 용이한 적색 가시광의 LED(발광 다이오드)를 광원으로 이용하여 그 반사광을 포토트랜지스터로 검

출하여 펄스 신호로 변환시켜 측정하는 것이다.

63. 다음 중 옴의 법칙으로 맞는 것은 어느 것인가? [15-4, 18-4]
① 전류(I)=전압(V)+저항(R)
② 전압(V)=전류(I)×저항(R)
③ 저항(R)=전압(V)×전류(I)
④ 전류(I)=전압(V)×저항(R)

63-1 전류, 전압 및 전기 저항을 하나의 관계로 표현하여 정립한 것이 옴의 법칙(Ohm's Law)이다. 다음 수식 중 옴의 법칙으로 맞는 것은? [06-4]
① 전류(I)=전압(E)+저항(R)
② 전압(E)=전류(I)×저항(R)
③ 저항(R)=전압(E)×전류(I)
④ 전압(E)=$\dfrac{전류(I)}{저항(R)}$

정답 ②

64. 금속 전기 도체의 저항 크기를 좌우하는 요인들 중 옳지 않은 것은? [08-4, 12-4]
① 금속 전기 도체의 저항은 길이에 직접적 비례한다.
② 금속 전기 도체의 저항은 용도에 상관없이 일정하다.
③ 금속 전기 도체의 저항은 그 단면적에 반비례한다.
④ 금속 전기 도체의 저항은 금속의 종류에 따라 달라진다.

65. 다음 중 도체의 저항값에 비례하는 것은 어느 것인가? [18-1]
① 도체의 길이   ② 도체의 단면적
③ 도체의 색상   ④ 도체의 절연재

해설 $R = \rho \dfrac{l}{S}$ 이므로 저항은 길이에 비례하고, 단면적에 반비례한다.

66. 단면적이 3cm^{2}이고 길이가 10m인 동선의 전기 저항은? (단, 구리의 고유 저항은 1.72×10^{-8}[Ωm]이다.) [21-1]

① 2.86×10^{-3}[Ω]

② 2.86×10^{-4}[Ω]

③ 5.73×10^{-3}[Ω]

④ 5.73×10^{-4}[Ω]

해설 $R = \rho \dfrac{l}{S}$[Ω]

$= \left(1.72 \times 10^{-8} \times \dfrac{10}{3 \times 10^{-4}} \right)$

$= 5.73 \times 10^{-4}$[Ω]

67. 다음 중 회로 시험계(멀티 테스터)로 측정할 수 없는 것은? [09-4]

① 교류 전압　　② 직류 전압

③ 직류 전류　　④ 주파수

68. 다음 중 전력(P)을 계산하는 식으로 틀린 것은? [15-2]

① $P = VI$ [W]　　② $P = I^2 R$ [W]

③ $P = VR$ [W]　　④ $P = \dfrac{V^2}{R}$ [W]

69. 다음 중 저항 측정에서 주로 사용되는 회로는? [09-4, 16-2]

① 열전대 회로

② 퍼텐쇼미터 회로

③ 휘트스톤 브리지 회로

④ 부자식 레벨 센서 회로

70. 다음 중 미지 저항을 측정하기 위한 휘

트스톤 브리지 회로에 사용되는 측정 방법은? [14-4, 19-4]

① 편위법　　② 영위법

③ 치환법　　④ 보상법

해설 영위법(zero method) : 측정하려고 하는 양과 같은 종류로서 크기를 조정할 수 있는 기준량을 준비하고 기준량을 측정량에 평행시켜 계측기의 지시가 0 위치를 나타낼 때의 기준량의 크기로부터 측정량의 크기를 간접으로 측정하는 방식으로 마이크로미터나 휘트스톤 브리지, 전위차계 등이 있다.

71. 측정하려고 하는 전압원에 계측기를 접속하면, 전압원의 내부 저항으로 실제 전압보다 낮은 전압이 측정되는 현상을 무엇이라 하는가? [11-4]

① 표피 효과　　② 제어백 효과

③ 압전 효과　　④ 부하 효과

해설 계측기 접속에 의한 부하 효과라 한다. 이와 같은 오차를 줄이기 위해서는 계측기나 측정기를 입력 임피던스가 큰 것으로 사용해야 한다.

72. 극히 작은 전류에 의해서 최대 눈금 편위를 일으킬 수 있으므로, 전압계로 사용하는 계기는? [16-4, 21-2]

① 유도형　　② 전류력계형

③ 가동 코일형　　④ 가동 철편형

해설 전기적인 측정량, 즉 전압, 전류, 전력 등의 측정은 전기자기적인 원리에 의하여 이들의 측정량을 힘으로 변환한다. 힘을 발생하는 기구에 따라 가동 코일형, 가동 철편형, 유도형 및 전류력계형, 정전형 등이 있다. 이들 중에서 가장 많이 사용되는 계기로서 가동 코일형과 가동 철편형이 있다. 가동 코일형은 정밀급에 널리 쓰이며, 가동 철편형은 배전반용 계기로 널리 쓰인다.

73. 교류 신호에서 반복 파형의 한 주기 사이에서 어느 순간 지점의 위치를 나타내는 것은? [14-2, 21-1]

① 위상　　　　　② 주기
③ 진폭　　　　　④ 주파수

해설 사인파에서 파동은 한 주기마다 같은 모양을 반복하며 진행하므로 파동의 진행을 회전하는 원운동에 대응시켜서 나타낸 것을 위상(phase)이라고 한다.

74. 그림은 어떤 정류인가? [13-4, 20-2]

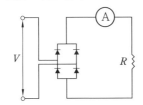

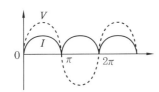

① 교류
② 직류
③ 반파 정류
④ 전파 정류

해설 그림은 전파 정류를 나타내고 있다.

75. 다음 중 도선을 절단하지 않고 교류 전류를 측정할 수 있는 것은? [13-4]

① 절연 저항계
② 클램프 미터
③ 회로 시험계
④ 전압계

해설 클램프형 : 구조가 비교적 간단하기 때문에 수 mA~수천 A까지 교류 센서로서 많이 사용되고 있으며, 용도에 따라 여러 가지 형태가 있다.

76. 전류 검출용 센서로 사용되는 클램프형에 대한 설명으로 옳은 것은? [20-3]

① 분류 저항기의 전압 강하에 따라 전류를 검출하는 것이다.
② 간단한 구조로 직류와 교류를 검출할 수 있다.
③ 피측정 전로와 절연이 되지 않기 때문에 고압 전로 등에서는 안전성에 문제가 있다.
④ 전로의 절단 없이 검출하는 방식으로 교류 센서로 많이 사용된다.

77. 전류 검출용 센서 중 변류기식 방식에 대한 설명으로 틀린 것은? [17-4]

① 직류 검출은 불가능하다.
② 주파수 특성상 오차가 크다.
③ 구조가 복잡하고 견고하지 않다.
④ 피측정 전로에 대한 절연이 가능하다.

해설 변류기식 : 트랜스 결합에 따라 전류를 검출하기 때문에 피측정 전로와 절연을 할 수 있는 것이 최대의 이점이며, 구조가 간단하고 견고하여 전력 계통 등의 교류 전로에서 사용되고 있다. 동작 원리상 직류의 검출은 불가능하다. 용도에 따라서는 주파수 특성상 오차가 큰 단점이 있다.

78. 다음 중 오실로스코프로 측정이 불가능한 것은? [19-2]

① 파형
② 전압
③ 주파수
④ 임피던스

해설 임피던스는 어떤 매질에서 파동의 전파(propagation)를 방해하거나, 어떤 도선 및 회로에서 전기의 흐름을 방해하는 정도로 저항, 코일, 축전기가 연결된 교류 회로의 합성 저항을 말한다.

2-2 계측의 자동화

1. 계측계의 동작 특성 중 정특성이 아닌 것은? [17-4, 21-2]
① 감도
② 직선성
③ 시간 지연
④ 히스테리시스 오차

해설 정특성에는 감도, 직선성, 히스테리시스 오차가 있고, 동특성에는 시간 지연, 과도 특성이 있다.

2. 계측기의 동작 특성 중 정특성에 속하지 않는 것은? [18-4]
① 감도
② 직선성
③ 과도 특성
④ 히스테리시스 오차

3. 계측계에서 입력 신호인 측정량이 시간적으로 변동할 때 출력 신호인 계측기 지시 특성을 나타내는 것은? [06-4, 14-4, 17-2, 22-1]
① 부특성
② 정특성
③ 동특성
④ 변환 특성

해설 프로세스의 특성 중 계측계에서 입력 신호인 측정량이 시간적으로 변동할 때 출력 신호인 계기 지시 특성을 동특성이라 한다. 시간 영역에서는 인벌류션 적분이고, 주파수 영역에서는 전달 함수와 관련된 특성이며, 이때 출력 신호의 시간적인 변화 상태를 응답이라 한다.

4. 프로세스의 특성 중 입력 신호에 대한 출력 신호의 특성으로서 시간 영역에서는 인벌류션 적분이고, 주파수 영역에서는 전달 함수와 관련된 특성은? [12-4, 15-2, 18-2]
① 외란
② 정특성
③ 동특성
④ 주파수 응답

5. 하중을 변위 또는 토크를 각변위로 변환하는 경우 널리 쓰이는 변환기는? [11-4]
① 벨로스
② 바이메탈
③ 스프링
④ 부르동관

6. 다음 중 탄성 변형을 이용하는 변환기가 아닌 것은? [21-4]
① 벨로스
② 스프링
③ 부르동관
④ 벤투리관

해설 탄성체 방식에는 다이어프램식, 벨로스식, 부르동관식, 스프링 등이 있다.

6-1 하중과 토크 및 온도 변화 등을 직선 또는 회전 변위로 변환하는 데는 탄성 변형, 열 변형 등의 원리를 응용한 변환기가 사용된다. 다음 중 탄성 변형을 이용하는 변환기가 아닌 것은? [17-4]
① 벨로스
② 스프링
③ 부르동관
④ 벤투리관

정답 ④

7. 다음 중 신호 변환기의 기능이 아닌 것은? [16-2, 20-4]
① 필터링
② 비선형화
③ 신호 레벨 변환
④ 신호 형태 변환

해설 신호 변환기의 기능 : 신호 레벨 변환, 신호 형태의 변환, 신호 직선화, 필터링, 신호 절연 등

8. 신호 변환기 중 전기 신호 방식의 특징이 아닌 것은? [19-4]
① 응답이 빠르고, 전송 지연이 거의 없다.

② 전송 거리의 제한을 받지 않고 컴퓨터와 결합에 용이하다.

③ 가격이 저렴하고 구조가 단순하며 비교적 견고하여 내구성이 좋다.

④ 열기전력, 저항 브리지 전압을 직접 전기적으로 측정할 수 있다.

해설 전기 신호 방식은 공기압식에 비해 가격이 비싸고, 내구성은 주의를 요하며, 보수에 전문적인 고도의 기술이 필요하다.

9. 다음 중 전기 자기적 현상들 중에 변위를 전압으로 변환시켜 주는 현상을 무엇이라 하는가? [10-4]

① 압전 효과   ② 제베크 효과
③ 광기전력 효과 ④ 광도전 효과

해설 석영과 같은 일부 크리스탈은 변위차에 의해 압력을 받으면 전압이 발생한다. 이를 압전 효과라 한다.

10. 석영과 같은 일부 크리스탈은 압력을 받으면 전위를 발생시키는데 이런 효과를 나타내는 용어는? [22-1, 14-2]

① 열전 효과(thermoelectric effect)
② 광전 효과(photoelectric effect)
③ 광기전력 효과(photovoltaic effect)
④ 압전 효과(piezoelectric effect)

11. 다음 중 저항, 용량 또는 인덕턴스 등에 임피던스 소자를 이용하여 입력 신호를 전압, 전류로 변조 변환하는 방법이 아닌 것은? [15-4, 19-2]

① 전류 변환   ② 저항 변환
③ 인덕턴스 변환 ④ 정전 용량 변환

해설 변조 변환 : 임피던스 소자가 들어 있는 전기 회로에 일정 전압 또는 전류를 공급하여 이것을 입력 신호에 따른 임피던스 변화에 의해 변조함으로써 입력 신호에 비

례한 전압·전류의 변화로 변환한다. 종류에는 저항 변환, 정전 용량 변환, 인덕턴스 변환, 자기 변환이 있다.

12. 다음 중 센서에서 입력된 신호를 전기적 신호로 변환하는 방법에 속하지 않는 것은 어느 것인가? [18-2, 22-1]

① 변조식 변환   ② 전류식 변환
③ 직동식 변환   ④ 펄스 신호식 변환

13. 자장을 만들기 위하여 고정 코일에 전류를 공급하여 자장 내 연철편에 전자력이 발생하도록 한 계기는? [14-4]

① 가동 코일형 계기
② 가동 철편형 계기
③ 정전형 계기
④ 정류형 계기

14. 다음 신호 변환기 중 저항 변환 방식과 가장 거리가 먼 것은? [18-2]

① 전위차계   ② 가변 저항기
③ 저항 온도계 ④ 스트레인게이지

15. 아날로그 값을 디지털 값으로 변환하는 것을 무엇이라 하는가? [10-4, 18-1]

① D/A 변환기   ② A/D 변환기
③ A/A 변환기   ④ D/D 변환기

해설 아날로그(analong) 값을 디지털(digital) 값으로 변환하는 것은 A/D 변환기이다.

16. 다음 중 공기압 신호와 전기 신호의 특징을 나열한 것 중 틀린 것은? [19-1]

① 전기 신호는 컴퓨터와의 결합성이 좋다.
② 공기압 신호는 전송 시 전달 지연이 있다.

③ 전기 신호는 전송 시 전달 지연이 거의 없다.

④ 공기압 신호는 전기 신호에 비해 복잡한 연산을 빨리 처리할 수 있다.

17. 노이즈 발생을 방지하기 위한 노이즈 대책 중 정전 유도로 인한 노이즈 발생을 방지하는 대책은? [18-2]

① 연선 사용   ② 관로 사용
③ 필터 사용   ④ 실드선 사용

18. 작동 시퀀스의 형태에 따른 분류에 해당하지 않는 것은? [21-1]

① 기억 제어(memory control)
② 이벤트 제어(event control)
③ 프로그램 제어(program control)
④ 타임 스케줄 제어(time schedule control)

해설

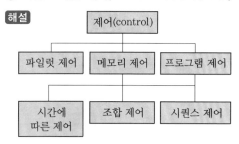

19. 시퀀스 제어의 동작을 기술하는 방식 중 조건과 그에 대응하는 조작을 매트릭스형으로 표시하는 방식은? [18-1, 21-2]

① 논리 회로(logic circuit)
② 플로 차트(flow chart)
③ 동작선도(motion diagram)
④ 디시전 테이블(decision table)

해설 디시전 테이블은 프로그램 작성 장치와 제어 장치로 이루어지는 시퀀스 제어 장치로 디시전 테이블과 디시전 테이블 실행 엔진을 생성하는 디시전 테이블 에디터를 구비한 시퀀스 제어 장치이다.

20. 다음 중 제어량과 목표값을 비교하고 그들이 일치되도록 정정 동작을 하는 제어는 어느 것인가? [09-4, 20-2]

① 순차 제어   ② 조건 제어
③ 시퀀스 제어   ④ 피드백 제어

해설 피드백 제어 : 피드백에 의하여 제어량과 목표값을 비교하고, 그들이 일치되도록 정정 동작을 하는 제어이다.

21. 다음 중 공정 제어 방식의 종류로서 제어량(출력)을 입력 쪽으로 되돌려 보내서 목표값(입력)과 비교하여 그 편차가 작아지도록 수정 동작을 행하는 제어 방식은 어느 것인가? [17-4]

① 비율 제어   ② 속도 센서
③ 피드백 제어   ④ 오버라이드 제어

22. 다음 중 피드백 제어계에서 1차 조절계의 출력 신호에 의해 2차 조절계의 목표값을 변화시켜 실시하는 제어 방법은 어느 것인가? [13-4]

① 캐스케이드 제어
② 정치 제어
③ 선택 제어
④ 프로그램 제어

23. 다음 조절계의 제어 동작 중 비례 동작에 있어서 비례 게인(K_c)과 비례대(PB)의 관계로 옳은 것은? [16-4]

① $K_c = PB$

② $K_c = \dfrac{1}{4PB}$

③ $K_c = \dfrac{1}{PB} \times 100\%$

④ $K_c = \dfrac{1}{2}PB$

해설 실제의 조절계에서는 비례 게인 대신 비례대(PB : proportional band)가 사용되며, 비례대 PB는 $PB = \dfrac{1}{K_c} \times 100\%$ 이다.

24. 조작부의 구비 조건 중 제어 신호에 관한 설명으로 틀린 것은? [16-2]
① 응답성이 좋을 것
② 재현성이 좋을 것
③ 히스테리시스가 클 것
④ 직선성의 특성을 가질 것
해설 히스테리시스는 작아야 좋다.

25. 제어 장치에 속하며 목표값에 의한 신호와 검출부로부터 얻어진 신호에 의해 제어 장치가 소정의 작동을 하는데 필요한 신호를 만들어서 조작부에 보내주는 부분을 뜻하는 제어 용어는? [18-4, 21-2]
① 외란   ② 조절부
③ 작동부   ④ 제어량

26. 프로세스 제어에서 온도 제어와 유량 제어에 대한 설명 중 옳은 것은? [16-2, 19-4]
① 유량 제어는 검출부의 응답 지연이 있다.
② 온도 제어는 전송부의 응답 지연이 없다.
③ 유량 제어는 전송부의 응답 지연이 있다.
④ 온도 제어는 검출부의 응답 지연이 있다.
해설 온도 제어는 검출부 및 전송부의 응답 지연이 있으나, 유량 제어는 응답 지연이 없다.

27. 프로세스 제어계에서 제어량을 검출부에서 검지하여 조절부에 가하는 신호를 무엇이라 하는가? [14-2, 19-1]
① SV(setting value)
② PV(process variable)
③ DV(differential variable)
④ MV(manipulate variable)

28. 프로세스 제어(process control)의 종류 중 제어 대상에 따른 분류에 속하지 않는 것은? [15-4, 19-2]
① 압력 제어 장치
② 온도 제어 장치
③ 유량 제어 장치
④ 발전기의 조속기 제어 장치

29. 시정수 τ 의 정의로 옳은 것은? [22-2]
① 출력이 최종값의 50%가 되기까지의 시간
② 출력이 최종값의 63%가 되기까지의 시간
③ 출력이 최종값의 90%가 되기까지의 시간
④ 출력이 최종값의 10%에서 90%까지의 경과 시간
해설 시정수(time constant) : 물리량이 시간에 대해 지수 관수적으로 변화하여 정상치에 달하는 경우, 양이 정상치의 63.2%에 달할 때까지의 시간이다.

30. 다음 중 조절계의 제어 동작에서 입력에 비례하는 크기의 출력을 내는 제어 방식은 어느 것인가? [18-1, 21-4]
① 비례 제어
② 적분 제어
③ 미분 제어
④ ON-OFF 제어

설비보전기사 과년도 출제문제

2과목

설비 관리

1장 설비 관리 계획

1-1   설비 관리의 개론

1. 설비 관리에 대한 설명 중 관계가 가장 먼 것은?   [06-4, 14-4, 19-4]
① 설비 자산의 효율적 관리
② 끊임없는 설비의 자동화율 극대화
③ 설비의 설계와 연계되는 보전도 향상
④ 사용 설비의 보전도 유지를 포함한 생산 보전 활동

해설 설비 관리 조직
　㉠ 설비 관리의 목적을 달성하기 위한 수단이다.
　㉡ 설비 관리의 목적을 달성하는 데 지장이 없는 한 될수록 단순해야 한다.
　㉢ 인간을 목적 달성의 수단이라는 요소로서만 인식해야 한다.
　㉣ 구성원을 능률적으로 조절할 수 있어야 한다.
　㉤ 그 운영자에게 통제상의 정보를 제공할 수 있어야 한다.
　㉥ 구성원 상호 간을 효과적으로 연결할 수 있는 합리적인 조직이어야 한다.
　㉦ 환경의 변화에 끊임없이 순응할 수 있는 산 유기체이어야 한다.

2. 설비 관리에 대한 설명으로 거리가 먼 것은?   [09-4]
① 설비의 일생을 통하여 설비를 잘 활용함으로써 기업이 목적하는 생산성을 높이게 하는 활동이다.

② 끊임없는 설비 개선을 통하여 설비의 자동화를 확대하므로 설비의 가동률을 향상시켜 기업의 이익에 연계되도록 하는 활동이다.
③ 설비 관리란 용어는 영어의 plant engineering을 의역한 것으로 설비의 적극적인 목적을 갖는 여러 활동과 관리 기술까지를 포함한 모든 것을 총칭하는 것으로 해석할 수 있다.
④ 설비에 대한 계획, 유지, 개선을 행함으로써 설비의 기능을 가장 효율적으로 활용하는 일체의 활동이다.

3. 일반적인 설비 관리 조직의 개념 중 가장 거리가 먼 것은?   [14-2, 19-2]
① 설비 관리의 목적을 달성하기 위한 수단이다.
② 설비 관리의 목적을 달성하는 데 지장이 없는 한 되도록 전문화해야 한다.
③ 인간을 목적 달성의 수단이라는 요소로서만 인식해야 한다.
④ 환경의 변화에 끊임없이 순응할 수 있는 산 유기체이어야 한다.

해설 설비 관리 조직의 개념
　㉠ 설비 관리의 목적을 달성하기 위한 수단이다.
　㉡ 설비 관리의 목적을 달성하는 데 지장이 없는 한 될수록 단순해야 한다.

정답 ●━● **1.** ② **2.** ② **3.** ②

ⓒ 인간을 목적 달성의 수단이라는 요소로서만 인식해야 한다.

ⓔ 구성원을 능률적으로 조절할 수 있어야 한다.

ⓜ 그 운영자에게 통제상의 정보를 제공할 수 있어야 한다.

ⓗ 구성원 상호 간을 효과적으로 연결할 수 있는 합리적인 조직이어야 한다.

ⓢ 환경의 변화에 끊임없이 순응할 수 있는 산 유기체이어야 한다.

4. 다음 중 설비 관리 조직의 개념이 아닌 것은? [06-4, 12-4, 15-4]

① 설비 투자를 합리적으로 할 수 있다.

② 설비 관리의 목적을 달성하기 위한 수단이다.

③ 구성원을 능률적으로 조절할 수 있어야 한다.

④ 설비 관리의 목적을 달성하는 데 지장이 없는 한 될수록 단순해야 한다.

해설 ①은 설비를 그 목적에 따라 분류하는 이유이고 ②, ③, ④는 설비 관리 조직의 개념이다.

5. 시스템을 구성하는 기본적 요소로 ㈎에 들어갈 내용으로 적합한 것은? [18-1]

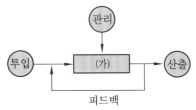

① 연산 기구   ② 제어 기구

③ 중앙 기구   ④ 처리 기구

6. 기계 공업에서 신제품 개발 순서로 맞는 것은? [17-2]

① 개발 계획-기업체 계획-품질화-생산

② 개발 계획-기업체 계획-생산-품질화

③ 기업체 계획-개발 계획-품질화-생산

④ 기업체 계획-개발 계획-생산-품질화

7. 설비의 라이프 사이클에 대한 설명 중 틀린 것은? [08-4]

① 협의의 설비 관리는 제작, 설치, 운전, 보전의 활동을 말한다.

② 건설 과정은 설계, 제작, 설치의 과정을 포함한다.

③ 조업 과정은 운전, 보전, 폐기의 과정을 포함한다.

④ 설치 투자 계획 과정은 설비의 조사 · 연구를 포함한다.

8. 다음 중 시스템의 탄생에서부터 사멸에 이르기까지의 라이프 사이클은 4단계로 나누어 볼 수 있다. 다음 중 1단계에 해당하는 것은? [08-4, 12-4, 19-1]

① 제작, 설치

② 운용 유지

③ 시스템의 설계, 개발

④ 시스템의 개념 구성과 규격 결정

해설 ① – 3단계, ② – 4단계, ③ – 4단계

9. 설비의 수명 주기 중에서 건설 단계에 해당하는 활동들은? [07-4]

① 설비의 조사 및 연구 분석

② 설계, 제작 및 설치

③ 운전 및 보전

④ 조사, 연구, 설계, 제작, 설치

10. 하나의 설비 또는 시스템이 설계 · 생산되어 가동 · 보수 · 유지 및 폐기할 때까지의 전 과정에 필요한 비용을 무슨 비용이라고 하는가? [09-4, 19-2]

① 보전 비용 　② 생애 비용
③ 초기 비용 　④ 공통 비용

해설 생애 비용 : 시스템의 탄생에서부터 사멸에 이르기까지의 라이프 사이클에 대한 비용이다.

11. 예방 보전(productive maintenance) 발전 과정이 옳은 것은? [07-4]
① PM(예방 보전) → CM(개량 보전) → MP(보전 예방) → PM(생산 보전) → TPM(종합적 생산 보전)
② PM(생산 보전) → MP(보전 예방) → CM(개량 보전) → PM(예방 보전) → TPM(종합적 생산 보전)
③ PM(예방 보전) → PM(생산 보전) → CM(개량 보전) → MP(보전 예방) → TPM(종합적 생산 보전)
④ PM(생산 보전) → PM(예방 보전) → CM(개량 보전) → MP(보전 예방) → TPM(종합적 생산 보전)

해설 BM(사후 보전) → PM(예방 보전) → PM(생산 보전) → CM(개량 보전) → MP(보전 예방) → TPM(종합적 생산 보전)

12. 설비 보전의 직접 기능 중 고장 발생 후에 실시되는 제작, 분해, 조립 등을 하는 것을 무엇이라고 하는가? [06-4, 21-1]
① 사후 수리 　② 예방 수리
③ 일상 보전 　④ 예방 보전 검사

해설 사후 수리 : 검사를 하지 않은 상태에서 고장이 발생되어 수리하는 것

13. 다음 중 보전 방식의 변화 중에서 틀린 것은? [15-2]
① 1940년대 – 예방 보전
② 1950년대 – 생산 보전
③ 1960년대 – 종합 생산성 관리

④ 2000년대 – 이익 중심 설비 관리

14. 설비의 라이프 사이클에 걸쳐 설비 자체의 비용, 보전비, 유지비 및 설비 열화 손실과의 합계를 낮춰 기업의 생산성을 높일 수 있도록 하는 보전은? [22-2]
① 개량 보전 　② 사후 보전
③ 생산 보전 　④ 예방 보전

해설 생산 보전 : 생산성이 높은 보전, 즉 최경제 보전이다.

15. 다음 중 기업의 생산성을 높이는 보전 방식을 수단별로 분류 시 해당되지 않는 것은? [16-4]
① 예방 보전 　② 개량 보전
③ 보전 예방 　④ 품질 보전

해설 수단별 보전 방식 : 예방 보전, 사후 보전, 개량 보전, 보전 예방

15-1 기업의 생산성을 높이는 보전 방식을 수단별로 분류 시 다른 하나는? [12-4]
① 예방 보전 　② 개량 보전
③ 보전 예방 　④ 품질 보전

정답 ④

16. 설비 관리의 목적으로 가장 거리가 먼 것은? [19-2]
① 품질 향상 　② 원가 절감
③ 생산 계획 달성 ④ 설비 투자비 증대

해설 설비 관리의 목적 : 전원이 참가하여 생산 계획 달성, 품질 향상, 재해 예방, 환경 개선으로 사원의 근무 의욕이 높아져 회사의 이윤 증대가 목적이다.

17. 설비 관리의 목표인 생산성을 나타내는 것은? [15-4]

① $\dfrac{투입}{산출}$ ② $\dfrac{산출}{투입}$

③ $\dfrac{제품 생산량}{보전비}$ ④ $\dfrac{보전비}{제품 생산량}$

18. 다음 중 생산의 3요소가 아닌 것은 어느 것인가? [07-4, 21-4]
① 사람 ② 설비
③ 재료 ④ 생산성

해설 생산의 3요소 : 사람, 재료, 설비

19. 생산성을 향상시키기 위하여 파악하고 개선하기 위한 6대 요소에 해당되지 않는 것은? [18-4]
① 의욕 ② 안전
③ 납기 ④ 측정

20. 다음 중 설비 공학을 분류할 때 AIPE에서는 설비 기술자의 임무를 다섯 부분으로 대별하고 있다. 이런 임무에 해당되지 않는 것은? [09-4]
① 설비 배치와 설계
② 건설과 설치
③ 공장의 방재
④ 고정 자산 관리

21. 다음 중 설비의 일반적 범위가 아닌 것은? [13-4]
① 토지, 건물 및 기초
② 사무용 설비
③ 생산 설비
④ 부품 software 및 자재 지원

22. 설비의 범위를 기능별로 분류한 것 중 틀린 것은? [11-4]
① 토지, 건물 및 기초

② 건물 부대 설비 및 기타 유틸리티 설비
③ 사무용 기기/설비
④ 부품 및 물류 시스템

해설 설비의 분류
㉠ 토지, 건물 및 기초
㉡ 건물 부대 설비 및 기타 유틸리티 설비
㉢ 생산 관리
㉣ 운반 및 수용 기계/설비
㉤ 사무용 기기/설비

23. 다음 〈보기〉의 내용과 가장 관계가 깊은 것은? [20-3]

――〈보기〉――
증기 발생 장치, 발전 설비, 수처리 시설, 공업용 원수, 취수 설비, 냉각탑 설비

① 판매 설비 ② 사무용 설비
③ 유틸리티 설비 ④ 연구 개발 설비

24. 설비를 목적에 따라 분류할 때 유틸리티 설비에 해당되는 것은? [21-4]
① 운반 장치 ② 발전 설비
③ 항만 설비 ④ 서비스 숍

25. 설비를 목적에 따라 분류할 때 관리 설비에 해당하는 것은? [21-1]
① 서비스 스테이션, 서비스 숍
② 도로, 항만 설비, 육상 하역 설비
③ 본사의 건물, 지점, 영업소의 건물
④ 발전 설비, 수처리 시설, 냉각탑 설비

해설 관리 설비
㉠ 본사의 건물, 지점, 영업소의 건물(건물 내에 설치된 기계, 장치를 포함. 냉·난방 설비, 컴퓨터, 통신 방송 설비)
㉡ 공장의 관리 설비(사무소, 식당, 수위실, 차고 및 건물 내에 설치된 설비. 냉·난방 설비, 컴퓨터, 통신 방송 설비)
㉢ 공장의 보조 설비(보전 설비, 보전 창

2 과목

고, 방화 설비)

㉣ 복리 후생 설비(사택 및 기숙사, 일용품 공급 설비, 공용 위생 설비, 병원, 식당, 목욕탕, 골프장 등)

26. 설비를 목적에 따라 분류한다면, 생산, 유틸리티, 연구 개발, 수송, 판매, 관리 설비 등으로 구분할 수 있다. 이때 관리 설비에 해당되지 않는 것은? [16-4]
① 사택이나 기숙사, 병원, 식당 등의 복리 후생 설비
② 보전 시설, 보전 창고, 방화 설비 등의 공장 보조 설비
③ 전용 부두, 하역 설비, 소화 설비 등의 항만 설비
④ 냉·난방 설비, 전자계산기 등과 같은 공장의 관리 설비

27. 설비의 분류에서 판매 설비로만 짝지어진 것은? [21-1]
① 전기 장치, 운반 장치
② 발전 설비, 수처리 시설
③ 항만 설비, 공장 연구 설비
④ 서비스 숍, 서비스 스테이션

28. 다음 중 설비의 목적에 따라 생산 설비, 유틸리티 설비, 수송 설비, 관리 설비 등으로 분류하는 이유로 가장 거리가 먼 것은 어느 것인가? [14-4, 20-4]
① 설비 원가 파악이 용이하다.
② 설비 투자를 합리적으로 할 수 있다.
③ 생산 공정 능력을 파악하는 데 편리하다.
④ 예산 통제 및 고정 자산 관리가 편리하다.

[해설] 설비는 그 목적에 따라 분류해야 하며 그 이유는 다음과 같다.

㉠ 설비 투자를 합리적으로 할 수 있다.
㉡ 설비 원가, 평가, 통계 자료의 파악이 잘 된다.
㉢ 예산화, 예산 통계 및 고정 자산 관리가 편리하다.

29. 공장 설비 관리의 종류 중 부대 설비에 해당하지 않는 것은? [17-2]
① 급수 설비 ② 배수 설비
③ 소방 설비 ④ 조명 설비

[해설] 소방 설비는 방재 설비이다.

30. 설비 관리 조직의 분업 방식 중 모든 기능을 전문 부분에서 책임지게 하고 그 부분을 다시 하부 기능에 의해 분업하는 방식은? [17-4, 22-1]
① 지역 분업 ② 기능 분업
③ 공정별 분업 ④ 전문 기술 분업

31. 보전 업무에 대한 기술 기능에서 조건 변화에 따른 설비 개량, 설비 성능 및 수명 향상, 설비의 재설계를 통한 보전도 제고 등에 관련이 있는 것은? [21-2]
① 고장 분석 개발
② 보전 업무 분석
③ 부품 대체 분석
④ 보전도 향상 연구

32. 다음 설비 관리 기능 중 기술 기능에 포함되지 않는 것은? [17-4, 21-1]
① 설비 성능 분석
② 보전 업무를 위한 외주 관리
③ 설비 진단 기술 이전 및 개발
④ 보전 기술 개발 및 매뉴얼 갱신

[해설] 기술 기능
㉠ 설비 성능 분석과 고장 분석 방법 개발 및 실시

ⓛ 보전도 향상 및 연구 부품 교체 분석
ⓒ 설비 진단 기술 이전 및 개발
ⓔ 설비 간의 네트워킹(networking) 구축 및 정보 체제의 전산화 구축
ⓜ 보전 업무 분석 및 검사 기준 개발
ⓗ 보전 기술 개발 및 매뉴얼 갱신
ⓢ 보전 자료와 정보의 설계로의 피드백

33. 보전 업무에서 실제로 가장 중요한 요소의 하나로 현 설비뿐만 아니라 잠재적인 설비 설계의 향상 또는 미래의 설비 구매에 대한 의사 결정을 위한 중요한 기반이 되는 설비 관리 기능은? [20-4]
① 실시 기능 ② 지원 기능
③ 기술 기능 ④ 일반 관리 기능

34. 다음 중 설비 관리를 수행할 때 기능적으로 구분하면 일반 관리 기능, 기술 기능, 실시 기능 및 지원 기능으로 구분할 수 있다. 이때 기술 기능에 해당되지 않는 것은 어느 것인가? [10-4, 18-1]
① 공급망 관리
② 설비 성능 분석
③ 보전도 향상 연구
④ 설비 진단 기술 이전 및 개발
[해설] 공급망 관리 - 일반 관리 기능

35. 다음 중 설비 관리 기능 중 생산 현장에서 보전 요원 또는 엔지니어의 보전 업무로서 점검, 검사, 주유, 작업 변화에 대응 및 수리 업무 등을 행하는 기능으로 가장 적합한 것은? [20-3]
① 기술 기능 ② 관리 기능
③ 실시 기능 ④ 지원 기능

36. 다음은 설비 관리 조직 중에서 어떤 형태의 조직인가? [11-4, 19-4]

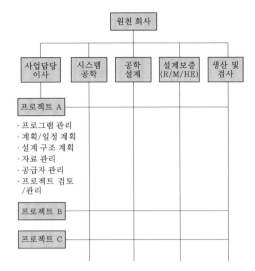

① 설계 보증 조직
② 제품 중심 조직
③ 기능 중심 매트릭스 조직
④ 제품 중심 매트릭스 조직
[해설] 보전성 공학팀이 프로젝트 책임자와 설계보증 책임자의 동시 감독을 받게 되는 설계 보증 조직이다.

37. 다음은 설비 관리 조직 중에서 어떤 형태의 조직인가? [08-4, 18-2]

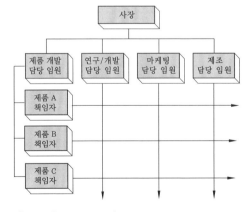

① 설계 보증 조직
② 제품 중심 조직
③ 기능 중심 매트릭스 조직
④ 제품 중심 매트릭스 조직

38. 설비 관리를 위한 경영 활동으로 거리가 먼 것은?   [11-4]
① 보전도 향상
② 설비 자산 관리
③ 작업 환경 관리
④ 생산 보전 활동

해설 설비 관리를 위한 경영 활동은 보전도 향상, 설비 자산 관리, 생산 보전 활동, 국제 경쟁력 제고, 범세계적 공급망 관리, 품질 보전 등이다. 그러나 인간 공학을 심화한 학문으로 작업 생리학, 조명, 소음, 진동, 유해 인자 관리 등을 고려한 작업 환경 관리는 설비의 경영 활동에 속하지 않는다.

39. 설비 관리의 활동이 아닌 것은?   [16-2]
① 설비 자산의 효율적 관리
② 원가 절감을 위한 경영 활동
③ 설계가 끝난 설비의 사용 중의 보전도 유지를 포함한 생산 보전 활동
④ 기존 설비 또는 신규 개발이나 구매되는 설비의 설계와 연계되는 보전도 향상

해설 설비 관리
㉠ 설계가 끝난 설비의 사용 중의 보전도 유지를 포함한 생산 보전 활동
㉡ 기존 설비 또는 신규 개발이나 구매되는 설비의 설계와 연계되는 보전도 향상
㉢ 설비 자산의 효율적 관리 등을 위한 체계적인 관리 기능과 지원 기능 확립, 기술 개발 그리고 실시 능력 향상을 위한 경영 활동

40. 설비 관리 활동의 영역이 포함되지 않는 것은?   [10-4]
① 설비 원가 관리
② 설비 투자의 경제성
③ 신뢰성 관리
④ 작업 환경 측정

해설 작업 환경 측정은 기업 내의 조명, 소음, 분진 등 작업자의 유해 요인을 측정하여 근로자의 건강하고 안전한 생산 활동을 보장하기 위한 산업 보건학의 한 분야이다.

41. 설비 관리의 영역에 포함되지 않는 것은?   [17-2, 21-2]
① 생산 보전 활동
② 제품 품질 개선
③ 보전도 향상
④ 설비 자산 관리

42. 설비 관리 업무의 요원 대책이 아닌 것은?   [08-4, 11-4]
① 최고 부하를 없앤다.
② OSR(on stram repair)은 위험하기 때문에 피한다.
③ OSI(on stram inspection)은 피크를 피하고자 하는 것이다.
④ 유닛 방식을 최대한 활용한다.

해설 OSR과 OSI는 운전 중에 실시한다.

43. 다음 중 설비 관리 업무의 특징이 아닌 것은?   [13-4]
① 작업량의 변동이 크다.
② 다직종의 고도의 숙련 노동력이 필요하다.
③ 외주 이용도가 크다.
④ 광범위한 자문 기술 분야에 걸친다.

해설 외주 이용도는 설비 관리 요원 수의 결정 시 고려 사항이다.

44. 설비 보전 요원의 대책으로 최고 부하를 없애기 위한 것이 최우선이다. 그를 위한 업무로 옳지 않은 것은?   [10-4]

① 운전 중 검사
② 운전 중 수리
③ 부분적 SD(shut down)
④ 외주업자의 배제

해설 최고 부하를 없애기 위한 방법 : 운전 중 검사, 운전 중 수리, 부분적 SD, 예비 부품 방식이다.

45. 컴퓨터나 로봇에 여러 전문적 기술을 부여하여 이들의 자동화 공장의 문제점을 인식하고, 이를 해결하기 위한 방법을 스스로 찾아내는 것으로 설비의 특정 고장을 스스로 인지하고 더 나아가 고칠 수 있는 시스템은? [21-1]
① 지능 기술 시스템
② 유연 기술 시스템
③ 컴퓨터 제어 시스템
④ 유연 기술 셀 시스템

해설 지능 기술 시스템 : 사람이 하는 일을 프로그램에 의해 스스로 판단하여 최적의 방법을 찾아내는 작업 자동화 시스템이다.

45-1 컴퓨터나 로봇에 전문적 기술을 부여하여 자동화 공장의 문제점을 인식하고 이를 해결하기 위한 방법을 스스로 찾아낼 수 있는 것은? [14-4, 19-4]
① 자동 이송 라인
② 수치 제어 기계
③ 지능 기술 시스템
④ 유연 기술 시스템

정답 ③

45-2 컴퓨터나 로봇에 여러 전문적 기술을 부여하여 이들이 자동화 공장의 문제점을 인식하고, 이를 해결하기 위한 방법을 스스로 찾아내는 것으로 설비의 특정 고장을 스스로 인지하고 더 나아가 고칠 수 있는 시스템은? [15-2]
① 지능 기술 시스템
② 유연 기술 시스템
③ 컴퓨터 제어 기계
④ 유연 기술 셀 시스템

정답 ①

1-2 설비 계획

1. 신규 사업의 개발, 현존 사업의 혁신 및 확장에 따른 공장의 증설, 제품의 품종·설계·생산 규모를 변경할 경우에 항상 시행하는 것은? [18-1]
① 예방 보전   ② 구매 계획
③ 설비 계획   ④ 공사 관리

2. 다음 중 설비 계획의 필요성과 가장 거리가 먼 것은? [18-4]
① 신규 사업의 개발
② 제품의 품종 변경
③ 생산 규모의 변경
④ 기술력을 통한 부품 증가

3. 다음 중 설비 계획의 목적이 아닌 것은 어느 것인가? [07-4, 15-2]
① 전체 생산 시간의 최소화
② 자재 운반 비용의 최소화
③ 설비에 대한 투자의 최대화
④ 종업원의 편리, 안전을 제공함

4. 프로젝트의 착수에서 완성에 이르는 일반적인 순서 중 프로젝트의 가치가 평가되는 단계는? [17-4, 21-4]
① 연구 개발   ② 조달과 건설
③ 프로젝트 확립   ④ 경제성의 결정

5. 프로젝트 엔지니어링(project engineering)을 설명한 것 중 거리가 먼 것은? [10-4]
① 경제성의 결정은 프로젝트의 가치를 평가하는 것이다.
② 연구 개발은 신제품 개발, 우수 제품 개발 등을 포함한다.

③ 엔지니어링 단계에서는 제품 시장, 원료 및 엔지니어링의 주요 성격이 결정된다.
④ 프로젝트의 확립 단계에서는 플랜트의 능력, 원료와 공급원의 품질, 제품의 종류와 품질 등이 결정된다.

해설 ③은 프로젝트의 확립에 대한 설명이다.

6. 설비 프로젝트 분류 중 설비의 갱신이나 개조에 의한 경비 절감을 목적으로 하는 투자는? [14-4, 16-2, 19-2, 21-2]
① 제품 투자   ② 확장 투자
③ 전략적 투자   ④ 합리적 투자

해설 • 합리적 투자 : 설비의 갱신이나 개조에 의한 경비 절감을 목적으로 하는 프로젝트
• 확장 투자 : 현 제품의 판매량 확대를 위한 프로젝트
• 제품 투자 : 현재 제품에 대한 개량 투자와 신제품 개발 투자로 구분
• 전략적 투자 : 위험 감소 투자와 후생 투자로 구분

6-1 설비의 갱신이나 개조에 의한 경비 절감을 목적으로 하는 프로젝트를 무엇이라 하는가? [1-4]
① 확장 투자   ② 제품 투자
③ 전략적 투자   ④ 합리적 투자

정답 ④

7. 설비 프로젝트 투자 항목에 의한 분류 중 전략적 투자가 아닌 것은? [17-2]
① 후생 투자   ② 영구적 투자

③ 합리적 투자　　④ 방위적 투자

8. 원자재의 양, 질, 비용, 납기 등의 확보가 곤란할 경우 원자재를 자사생산(自社生産)으로 바꾸어 기업 방위를 도모하는 투자를 무엇이라 하는가?　[16-4, 17-4, 20-2]
① 후생 투자　　② 합리적 투자
③ 공격적 투자　　④ 방위적 투자

해설 위험 감소 투자
• 방위적 투자 : 원자재의 양, 질, 비용, 납기 등의 확보가 곤란할 경우 원자재를 자사 생산으로 바꾸어 기업 방위를 도모하는 것이다.
• 공격적 투자 : 적극적인 기술 혁신을 통하여 신제품 개발, 생산이 다른 회사보다 늦지 않도록 하기 위한 투자이다.

9. 적극적인 기술 혁신을 통하여 신제품 개발, 생산이 다른 회사보다 늦지 않도록 하기 위한 투자는?　[19-4]
① 확장 투자　　② 제품 투자
③ 공격적 투자　　④ 합리적 투자

10. 현 제품의 판매량 확대를 위한 프로젝트로 양적인 확대를 위하여 생산 설비, 유틸리티 설비, 판매 설비 등의 증설이나 확충하는 투자는?　[20-3]
① 확장 투자　　② 제품 투자
③ 합리적 투자　　④ 전략적 투자

해설 확장 투자 : 제품의 판매량 증대를 위한 프로젝트로, 생산량을 늘리기 위해 생산 설비, 유틸리티 설비, 판매 설비 등의 증설, 확장은 물론, 사무소, 창고 등의 관리 설비나 수송 설비의 확충까지도 포함된다.

11. 사람, 물건, 설비의 관계를 가장 경제적으로 얻기 위해 제품을 구성하는 각 부품이

나 재료의 입하부터 최종 출하까지의 생산 설비를 계획하는 것은?　[18-2, 20-4]
① 구조 설계　　② 안전 설계
③ 설비 배치　　④ 운반 시스템 설계

12. 다음 중 설비 배치의 궁극적인 목표는 생산 시스템의 효율 극대화이다. 이를 달성하기 위한 설비 배치 방법 설명 중 틀린 것은?　[06-4]
① 자재 흐름만을 최우선으로 고려하여 자재 창고를 가장 좋은 장소에 배치한다.
② 생산 시스템 내의 인적, 물적 이동을 최소화 한다.
③ 작업 특성을 고려한 설비 배치가 되어야 한다.
④ 전체 가용 공간 및 작업 흐름에 따른 종합적인 계획이 필요하다.

13. 공장에서 설비를 배치할 때 가장 중요한 평가 기준이 되는 것은?　[15-4]
① 새 공장 건설의 예측화
② 기계 설비의 가동률의 최적화
③ 배치 변경을 위한 융통성의 최대화
④ 각 설비간의 자재 이동 및 취급의 최소화

해설 설비 배치의 최대 관심은 각 작업장간의 자재 이동 및 취급의 최소화이다.

13-1 공장에서 설비를 배치할 때 가장 중요한 평가 기준이 되는 것은?　[12-4]
① 각 설비간의 지재 이동 및 취급의 최소화
② 각 작업장의 작업 비용 합의 최소화
③ 기계 설비의 가동률의 최적화
④ 배치 변경을 위한 융통성의 최대화

정답 ①

14. 설비 배치 계획이 필요한 경우가 아닌 것은? [17-4, 20-2]
① 신제품의 제조 ② 작업장의 확장
③ 새 공장의 건설 ④ 작업자 신규 채용

해설 설비 배치 계획이 필요한 경우
㉠ 새 공장의 건설
㉡ 새 작업장의 건설
㉢ 작업장의 확장·축소
㉣ 작업장의 이동
㉤ 신제품의 제조
㉥ 설계 변경, 작업 방법의 개선 등

15. 다음 중 설비 배치의 목적으로 틀린 것은? [09-4]
① 우량품의 제조 및 설비비의 절감
② 배치 및 작업의 탄력성 유지
③ 공장 환경과 무관하게 생산성을 고려하여 배치
④ 공간의 경제적 사용 및 노동력의 효과적 활용

16. 다음 중 설비 배치의 목적으로 틀린 것은? [19-2, 21-4]
① 생산량 증가
② 생산 원가 절감
③ 생산 인력의 증가
④ 우량품 제조 및 설비비 절감

해설 설비 배치의 목적
㉠ 생산의 증가
㉡ 생산 원가의 절감
㉢ 우량품의 제조 및 설비비의 절감
㉣ 공간의 경제적 사용 및 노동력의 효과적 활용
㉤ 작업 환경 및 공장 환경의 정비
㉥ 커뮤니케이션의 개선
㉦ 배치 및 작업의 탄력성 유지
㉧ 안전성의 확보

17. 설비 배치의 목적을 설명한 것으로 틀린 것은? [19-4]
① 배치 및 작업의 탄력성 유지
② 우량품의 제조 및 설비비의 절감
③ 생산량 증가 및 생산 원가의 절감
④ 커뮤니케이션 통제와 노동력 증대

18. 설비 배치의 목적이 아닌 것은? [19-1]
① 생산량 증가
② 우량품 제조
③ 생산 원가 증대
④ 공간의 경제적 사용

19. 설비 배치의 분석 기법에 해당되지 않은 것은? [20-2]
① MTBF 분석
② 자재 흐름 분석
③ 제품 수량 분석
④ 흐름 활동 상호 관계 분석

해설 MTBF법 : 평균 고장 간격

20. 설비 배치 시 소요 면적 산정법으로 기계 1대의 소요 면적을 계산하여 전체 면적을 산출하는 방법은? [17-4]
① 변환법 ② 계산법
③ 표준 면적법 ④ 개략 레이아웃법

해설 소요 면적의 결정 방법에는 계산법, 변환법, 표준 면적법, 개략 레이아웃법, 비율 경향법 등이 있으나, 계산법과 변환법이 많이 사용되고 있다.

21. 공정별 배치에서 동일 기종이 모여 있는 시스템은? [15-2, 18-4]
① 갱 시스템(gang system)
② 라인 시스템(line system)
③ 혼합형 시스템(combination system)

④ 제품 고정형 시스템(fixed position system)

해설 갱 시스템(gang system) : 동일 기종의 기계가 한 장소에 모여진 형이다.

22. 일명 공정별 배치라고도 부르며, 제품의 종류가 많고 수량이 적으며 주문 생산과 표준화가 곤란한 다품종 소량 생산에 가장 적합한 것은? [21-2]
① 제품별 배치　② 기능별 배치
③ 혼합형 배치　④ 제품 고정형 배치

해설 기능별 배치(process layout, functional layout) : 일명 공정별 배치라고도 하며, 주문 생산과 표준화가 곤란한 다품종 소량 생산일 경우에 알맞은 배치 형식이다. 동일 공정 또는 기계가 한 장소에 모여진 형으로, 동일 기종이 모여진 경우를 갱 시스템(gang system)이라고 하고, 제품 중심으로 그 제품을 가공하는 데 소요되는 일련의 기계로 작업장을 구성하고 있을 경우에는 이를 블록 시스템(block system)이라고 한다.

22-1 다음 중 제품의 종류가 많고 수량이 적으며 주문 생산과 표준화가 곤란한 다품종 소량 생산일 경우에 알맞은 배치 형식은? [07-4, 16-4]
① 기능별 배치　② 제품별 배치
③ 혼합형 배치　④ 제품 고정형 배치
정답 ①

22-2 자재의 이동은 많으나 설비의 효율을 높이고, 유용성을 높인다는 측면에서의 장점과 다품종 소량 생산인 경우에 이용되는 설비 배치의 방법은? [14-4]
① 제품별 배치　② 공정별 배치
③ GT 배치　④ 고정 위치 배치
정답 ②

22-3 설비의 배치 형태에서 제품의 종류가 많고 수량이 적으며 주문 생산과 표준화가 곤란한 다품종 소량 생산에 가장 적합한 것은? [10-4]
① 기능별 배치　② 제품별 배치
③ 혼합형 배치　④ 제품 고정형 배치
정답 ①

23. 다음 중 기능별(공정별) 배치에 관한 설명으로 틀린 것은? [16-2]
① 다품종 소량 생산에 알맞은 배치 형식이다.
② 동일 공정 또는 기계가 한 장소에 모여진 형태이다.
③ 작업 흐름이 거의 없고, 생산 기간이 길어 재고 발생이 많다.
④ 절차 계획, 일정 계획, 재고 관리, 운반 관리 등의 지원이 필요하다.

24. 설비 배치의 형태에 관한 설명 중 틀린 것은? [18-2, 22-2]
① 제품별 배치는 작업의 흐름 판별이 용이하다.
② 기능별 설비 배치는 소품종 대량 생산의 경우에 알맞은 배치 형식이다.
③ 총체적 설비 배치 계획은 공장 입지 선정, 건물 배치 계획, 부서 배치 계획 및 설비 배치 계획 단계로 실시된다.
④ GT셀(group technology cell)은 여러 종류의 기계에 속하는 대부분의 부품 가공을 할 수 있는 경우의 설비 배치이다.

해설 기능별 설비 배치는 다품종 소량 생산 배치 형식이다.

25. 다음 중 제품별 배치의 특징으로 틀린 것은? [21-1]

① 작업의 흐름 편별이 용이하다.
② 공정이 단순화되고 직접 확인 관리를 할 수 있다.
③ 건물에 설비 배치를 합리적으로 할 수 있고, 작업의 융통성이 많다.
④ 공정이 확정되므로 검사 횟수가 적어도 되며 품질 관리가 쉽다.

해설 제품별 배치는 합리적 설비 배치가 어렵고, 작업의 융통성이 적다.

26. 다음 중 생산량이 많고 표준화되고 작업의 균형이 유지되며 재료의 흐름이 원활한 경우에 많이 이용되는 설비 배치 형태는 어느 것인가?　　　　[18-1, 22-1]
① 갱 시스템
② 제품별 배치
③ 기능별 배치
④ 제품 고정형 배치

해설 제품별 배치 : 일명 라인(line)별 배치라고도 하며, 공정의 계열에 따라 각 공정에 필요한 기계가 배치되는 형식으로 생산량이 많고 표준화되고 작업의 균형이 유지되며, 재료의 흐름이 원활할 경우 잘 이용된다.

27. 설비 배치의 형태에서 일명 라인(line)별 배치라고도 하며, 공정의 계열에 따라 각 공정에 필요한 기계가 배치되는 설비 배치 형식은?　　　　[19-1]
① 기능별 배치　② 제품별 배치
③ 혼합형 배치　④ 제품 고정형 배치

27-1 라인별 배치라고도 하며, 공정의 계열에 따라 각 공정에 필요한 기계가 배치되는 설비 배치 형태는?　　　　[17-2, 19-4]
① 제품별 배치
② 혼합형 배치

③ 공정별 배치
④ 제품 고정형 배치
정답 ①

28. 소품종 대량 생산에 적합한 설비 배치는?　　　　[15-4]
① 배치 방식(batch layout)
② 라인식 배치(line layout)
③ 공정별 배치(process layout)
④ 기능별 배치(function layout)

28-1 다음 중 생산하는 제품의 유형과 단위시간당 생산량에 따라 설비의 배치를 다르게 한다. 다음 중 제품을 대량 생산하는 경우에 가장 적합한 설비의 배치를 무엇이라 하는가?　　　　[08-4]
① 제품 고정 배치　② 제품별 배치
③ 그룹별 배치　　④ 공정별 배치
정답 ②

29. 설비 배치와 형태에서 제품별 배치의 일반적인 특징으로 틀린 것은?　　　　[20-4]
① 기계 대수가 적어지고 공구의 가동률이 향상된다.
② 작업자의 간접 작업이 적어지므로 실질적 가동률이 향상된다.
③ 공정이나 설비가 집중되고 운반이나 소요 면적이 적어진다.
④ 분업이 용이하고 작업을 단순화할 수 있으므로 전용 기계 공구의 사용이 쉽다.

해설 설비 배치와 공구의 가동률은 관계가 없다.

30. 다음 그림에서 제품의 종류 'P >생산량 Q'일 때 해당하는 구역과 설비 배치는

어느 것인가? [16-4, 20-4]

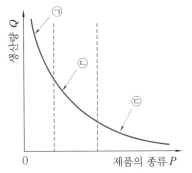

① ㉠ 구역 : GT 설비 배치
② ㉡ 구역 : 공정별 배치
③ ㉢ 구역 : 제품별 배치
④ ㉢ 구역 : 기능별 배치

해설 • ㉠ 구역 : 제품별 배치(라인별 배치), $Q > P$
• ㉡ 구역 : GT 설비 배치, $Q = P$
• ㉢ 구역 : 기능별 배치(공정별 배치), $P > Q$

31. 선박 제조업, 건축업, 교량 건설 등의 1회의 대규모 사업에 주로 이용되는 설비 배치 방법은? [20-3]
① 제품별 배치
② 공정별 배치
③ 라인형 배치
④ 제품 고정형 배치

해설 제품 고정형 배치(fixed position layout) : 주재료와 부품이 고정된 장소에 있고 사람, 기계, 도구 및 기타 재료가 이동하여 작업이 행하여진다.

31-1 항공기 조립 산업이나 선박 제조업, 건축업 등에 널리 이용되는 설비 배치 방법은? [06-4, 12-4]
① 제품별 배치 ② 공정별 배치
③ GT 배치 ④ 고정 위치 배치

정답 ④

32. 다음 설명 중 맞지 않는 것은? [11-4]
① 공정별 배치는 표준화가 어려운 다품종 소량 생산에 알맞은 배치 형식이다.
② 제품별 배치는 계획 생산, 시장 생산에 알맞은 배치 형식이다.
③ 총체적 설비 배치 계획은 공장 입지 선정, 건물 배치 계획, 부서 배치 계획 및 설비 배치 계획 단계로 실시된다.
④ GT셀(group technology cell)은 제품의 종류에 비해 생산량이 많은 대량 생산 라인의 형식에 가깝다.

해설 GT셀은 다품종 로트 제품에 알맞다.

33. 컴퓨터를 이용한 설비 배치 안을 작성하는 방법 중 기존의 배치 안을 개선하는 기법은? [14-2]
① CRAFT ② PLANET
③ CORELAP ④ ALDEP

해설 CRAFT는 설비의 배치 안을 개선하는 기법이다.

34. 특정 환경과 운전 조건 하에서 주어진 시점 동안 규정된 기능을 성공적으로 수행할 확률을 나타내는 것은? [21-4]
① 고장률(failure)
② 신뢰도(reliability)
③ 가동률(operating ratio)
④ 보전도(maintainability)

해설 신뢰성(reliability)이란 "어떤 특정 환경과 운전 조건 하에서 어느 주어진 시점 동안 명시된 특정 기능을 성공적으로 수행할 수 있는 확률"이다. 이것을 쉽게 말하면 '언제나 안심하고 사용할 수 있다', '고장이 없다', '신뢰할 수 있다'라는 것으로 이것을 양적으로 표현할 때는 신뢰도라고 한다.

2 과목

34-1 설비의 효율성을 결정짓는 하나의 속성으로서 "시스템이 어떤 특정 환경과 운전 조건 하에서 어느 주어진 시간 동안 명시된 특정 기능을 성공적으로 수행할 수 있는 확률"을 무엇이라고 하는가? [06-4, 18-4]

① 고장도 ② 신뢰도
③ 보전도 ④ 시스템도

정답 ②

34-2 어떤 특정 환경과 운전 조건 하에서 어느 주어진 시점 동안 명시된 특정 기능을 성공적으로 수행할 수 있는 확률을 무엇이라 하는가? [16-2, 20-2]

① 효용성 ② 신뢰성
③ 유용성 ④ 생산성

정답 ②

35. 다음 중 어떤 설비가 일정 조건 하에서 일정 기간 동안 기능을 고장 없이 수행할 확률은? [21-2]

① MTBF ② MTTF
③ 보전성 ④ 신뢰성

36. 설비의 신뢰성 평가 척도와 가장 관계가 깊은 것은? [10-4]

① 정비 가동 시간 ② 수리 회복 속도
③ 보전 비율 ④ 고장률

37. 설비 동작의 신뢰성은 고유의 신뢰성과 사용 신뢰성으로 구분할 수 있다. 다음 중 사용의 신뢰성에 해당되는 것은? [19-1]

① 설계 기술
② 보전 기술
③ 제조 기술
④ 부품 재료의 성질 상태

해설 신뢰성이란 일정 조건 하에서 일정 기간 동안 기능을 고장 없이 수행할 확률이다.

38. 신뢰성의 평가 척도 중 고장률(failure)을 나타낸 것은? [19-1]

① 고장률 = $\dfrac{\text{고장 횟수}}{\text{총 가동 시간}}$

② 고장률 = $\dfrac{\text{고장 정지 시간}}{\text{총 가동 시간}}$

③ 고장률 = $\dfrac{\text{고장 횟수}}{\text{부하 시간}}$

④ 고장률 = $\dfrac{\text{고장 정지 시간}}{\text{부하 시간}}$

해설 고장률은 일정 기간 중에 발생하는 단위시간당 고장 횟수로 나타내며, 고장률은 1000시간당의 백분율로 나타내는 것이 보통이다. 고장률을 $\lambda(t)$라고 하면 다음과 같다.

$$\lambda(t) = \dfrac{\text{그 기간의 고장 횟수}}{\text{그 기간의 동작 시간 합계}}$$

39. 설비의 신뢰성 평가 척도 중 하나로 일정 기간 중 발생하는 단위 시간당 고장 횟수를 무엇이라고 하는가? [18-1]

① 고장률 ② 보전율
③ 평균 고장 간격 ④ 평균 고장 시간

40. 설비가 가동하여야 할 시간에 고장, 생산 조정 준비(set up) 및 교체 또는 초기수율 저하에 의해 얼마의 시간이 손실되느냐를 나타내는 지수는? [22-1]

① 양품률 ② 시간 가동률
③ 성능 가동률 ④ 설비 종합 효율

해설 시간 가동률 : 설비를 가동시켜야 하는 시간에 대한 실제 가동한 비율로 $\dfrac{\text{가동 시간}}{\text{부하 시간}}$
$= \dfrac{\text{부하 시간} - \text{정지 시간}}{\text{부하 시간}}$ 이다.

41. 설비를 가동시켜야 하는 시간에 대한 실제 가동한 비율을 무엇이라 하는가? [20-4]
① 성능 가동률　② 부하 가동률
③ 정미 가동률　④ 시간 가동률

42. 다음 중 설비의 신뢰성 평가 척도가 아닌 것은? [08-4, 11-4, 15-4]
① 고장률
② 평균 고장 시간
③ 평균 고장 간격
④ 설비 유효 가동률

43. 다음 중 신뢰성의 평가 척도로 가장 적절하지 않은 것은? [22-2]
① 고장률
② LT(Lead Time)
③ MTTF(Mean Time To Failure)
④ MTBF(Mean Time Betwean Failure)

해설 • MTTF : 평균 고장 시간
• MTBF : 평균 고장 간격

44. 보전성에 대한 설명 중 설계와 제작에 대한 특성을 나타낼 수 있는 확률로 옳지 않은 것은? [22-1]
① 보전이 규정된 절차와 주어진 재료 등의 자원을 가지고 실행될 때 어떤 부품이나 시스템이 주어진 시간 내에서 지정된 상태를 유지 또는 회복할 수 있는 확률
② 설비가 적정 기술을 가지고 있는 사람에 의해 규정된 절차에 따라 운전하고 있을 때 보전이 주어진 기간 내 주어진 횟수 이상으로 요구되지 않는 확률
③ 설비가 규정된 절차에 따라 주어진 조건에서 운전 및 보전될 때 부품이나 설비의 운전 상태가 주어진 안전사고 수준 이하로 되지 않을 확률

④ 보전이 규정된 절차와 주어진 재료 등의 자원을 가지고 실행될 때 어떤 부품이나 시스템으로부터 생산된 생산량이 어느 불량률 이상 되지 않는 확률

해설 보전성과 안전사고는 관계가 없다.

45. 다음 내용은 무엇을 정의한 것인가?

"수리 가능한 체계나 설비가 고장난 후, 규정된 조건 아래서 수리될 때 규정 시간 내에 수리가 완료될 확률"

① 보전도　② 신뢰성 [08-4]
③ 신뢰도　④ 가용도

46. 보전도(maintainability)의 정의로 틀린 것은? [09-4]
① 설비가 규정된 절차에 따라 운전될 때 부품이나 설비의 운전 상태가 어느 성능 이하로 떨어질 확률
② 설비가 적정 기술을 가지고 있는 사람에 의하여 규정된 절차에 의하여 운전될 때 보전이 주어진 기간 내에서 주어진 횟수 이상으로 요구되지 않는 확률
③ 설비가 규정된 절차에 따라 운전 및 보전될 때 설비에 대한 보전 비용이 주어진 기간 동안 어느 비용 이상 비싸지지 않는 확률
④ 보전이 규정된 절차와 주어진 자원을 가지고 행하여 질 때 어떤 부품이나 시스템으로부터 생산되는 생산량이 어느 불량률 이상 되지 않는 확률

47. 보전도 공학의 영역은 회사의 조직 구조, 설계되는 설비의 종류와 복잡성 등에 따라 차이가 나지만 그 조직은 대체로 계획, 분석, 설계 및 합리화 팀으로 구성되어 설계의 중추적인 역할을 수행한다. 각 팀의

기능 중 설계 절충, 모형 개발 및 예측 FMECA, LCC 등과 같은 것은 어디에 속하는가? [13-4]
① 보전도 계획 ② 보전도 분석
③ 보전도 설계 ④ 보전도 합리화

48. 보전도 공학의 영역에서 보전도 프로그램 준비, 보전 상세 프로그램 결정, 사용자와의 정보 연락 등과 가장 관련성이 큰 것은? [16-4, 19-4]
① 보전도 계획 ② 보전도 분석
③ 보전도 설계 ④ 보전도 합리화

해설 보전에 대한 용이성을 나타내는 성질인 보전성을 양적으로 표현할 때 보전도라고 한다. 즉, "규정된 조건에서 보전이 실시될 때 규정 시간 내에 보전이 종료되는 확률"을 말한다.

49. 보전도 공학의 영역에서 설계 기준 개발, 보전 개념 개발, 보전 기능 개발, 보전도 할당 및 보전도 설계 개선 등과 가장 관련성이 큰 것은? [22-1]
① 보전도 계획 ② 보전도 분석
③ 보전도 설계 ④ 보전도 합리화

50. 설비의 신뢰성 및 보전성 관리에 대한 설명 중 옳은 것은? [15-4]

① 고장률$(\lambda) = \dfrac{총 가동 시간}{고장 횟수}$

② 설비 가동률 $= \dfrac{정미 가동 시간}{부하 시간} \times 100$

③ 평균 고장 시간 : 어떤 신뢰성의 대상물에 대해 전체 고장 수에 대한 전체 사용 시간

④ 평균 고장 간격 : 시스템이나 설비가 사용되어 최초 고장이 발생할 때까지의 평균 시간 간격

51. 신뢰도와 보전도를 종합한 평가 척도로 "어느 특정 순간에 기능을 유지하고 있는 확률"이라고 정의된 것은? [20-3]
① 유용성
② 경제성
③ 특성 요인성
④ 평균 가동성

해설 어느 특정 순간에 기능을 유지하고 있는 확률의 유용성은 신뢰성과 보전성을 함께 고려한 광의의 신뢰성 척도로 사용된다.

52. 다음 중 유용성을 설명한 것은 어느 것인가? [18-1, 20-4]
① 어느 특정 순간에 기능을 유지하고 있는 확률
② 일정 조건 하에서 일정 시간 동안 기능을 고장 없이 수행할 확률
③ 어떤 신뢰성의 대상물에 대해 전 고장 수에 대한 전 사용 시간의 비
④ 규정된 조건에서 보전이 실시될 때 규정 시간 내에 보전이 종료되는 확률

해설 유용성은 신뢰성과 보전성을 함께 고려한 광의의 신뢰성 척도로 사용된다.

52-1 유용성(availability)에 대한 설명으로 옳은 것은? [17-4]
① 어느 특정한 순간에 기능을 유지하고 있는 확률
② 대상물이 사용되어 처음 고장이 발생할 때까지의 평균 시간
③ 수리 가능한 체계나 설비가 고장난 후, 규정 시간 내에 수리가 완료될 확률
④ 어떤 특정 환경과 운전 조건 하에서 어느 주어진 시점 동안 명시된 특정 기능을 성공적으로 수행할 수 있는 확률

정답 ①

53. 다음 중 유용도 함수(A)를 정확히 나타낸 수식은 어느 것인가? (단, MTTR＝mean time to repair, MTBF＝mean time between failures, MTBM＝mean time between maintenance, MTFF=mean time to first failures) [15-4, 21-1]

① $A = \dfrac{\text{MTTR}}{\text{MTTR}+\text{MTBF}}$

② $A = \dfrac{\text{MTFF}}{\text{MTFF}+\text{MTTR}}$

③ $A = \dfrac{\text{MTBF}}{\text{MTBF}+\text{MTTR}}$

④ $A = \dfrac{\text{MTBM}}{\text{MTBM}+\text{MTTR}}$

[해설] 평균 가동 시간은 MTBF, 평균 수리 시간은 MTTR

53-1 프레스의 고장은 지수 분포를 따른다. 평균 가동 시간은 MTBF, 평균 수리 시간은 MTTR인 경우에 가용도 또는 유용도 (availability)를 계산하는 공식은? [13-4]

① $A = \dfrac{\text{MTTR}}{\text{MTBF}+\text{MTTR}}$

② $A = \dfrac{\text{MTBF}}{\text{MTBF}+\text{MTTR}}$

③ $A = \dfrac{\text{MTBF}+\text{MTTR}}{\text{MTTR}}$

④ $A = \dfrac{\text{MTBF}+\text{MTTR}}{\text{MTBF}}$

[해설] $A = \dfrac{\text{MTBF}}{\text{MTBF}+\text{MTTR}}$

[정답] ②

54. 설비의 보전성에서 수리율을 나타내는 것은? [22-2]

① MTTR ② MTBF

③ $\dfrac{1}{\text{MTTR}}$ ④ $\dfrac{1}{\text{MTBF}}$

[해설] $\text{MTTR} = \dfrac{1}{\mu}$

55. 지수 분포를 따르는 경우에 보전도 함수에서 수리율이 μ일 때 평균 수리 시간 (MTTR)을 계산하기 위한 식은? [19-2]

① $\text{MTTR} = \mu$ ② $\text{MTTR} = \mu^2$

③ $\text{MTTR} = \dfrac{1}{\mu}$ ④ $\text{MTTR} = \dfrac{1}{\mu^2}$

[해설] 평균 수리 시간(MTTR)
$= \dfrac{\text{고장 수리 시간}}{\text{정지 횟수}}$

56. 어떤 설비가 i개의 부품으로 직렬연결되어 있을 때, 평균 고장(수리) 시간(MTTR)을 나타내는 식은? [21-4]

① $\dfrac{\Sigma \lambda_i}{\Sigma \lambda_i \Sigma \text{ 수리 시간}_i}$

② $\dfrac{\Sigma \lambda_i \Sigma \text{ 수리 시간}_i}{\Sigma \lambda_i}$

③ $\dfrac{\Sigma \lambda_i^2}{\Sigma \lambda_i \Sigma \text{ 수리 시간}_i}$

④ $\dfrac{\Sigma \text{ 수리 시간}_i}{\Sigma \lambda_i \Sigma \lambda_i}$

57. 조업 시간 중 정지 시간에 해당되지 않는 것은? [18-2]

① 대기 시간 ② 준비 시간

③ 정미 가동 시간 ④ 설비 수리 시간

58. 고장, 품목 변경에 의한 작업 준비, 금형 교체, 예방 보전 등의 시간을 뺀 실제 설비가 작동된 시간을 의미하는 것을 무엇이라 하는가? [12-4, 18-1, 20-4]

① 조정 시간 ② 가동 시간

③ 휴지 시간 ④ 캘린더 시간

해설 • 부하 시간＝조업 시간－휴지 시간
• 가동 시간＝부하 시간－정지 시간

59. 초기 고장기에 발생하는 고장의 원인이 아닌 것은? [19-1, 21-4]
① 설계상의 오류
② 부적정한 설치
③ 제조 과정의 실수
④ 열화에 의한 고장

해설 부품의 수명이 짧은 것, 설계 불량, 제작 불량에 의한 약점 등이 초기 고장기 기간에 나타난다.

60. 욕조 곡선 상의 우발 고장 기간에 발생되는 고장의 감소 대책으로 가장 거리가 먼 것은? [14-4]
① 최선의 예방 보전
② 예비품 관리
③ 극한 상황을 고려한 설계
④ 교육 훈련 강화

해설 우발 고장기 : 이 기간 동안은 고장 정지시간을 감소시키는 것이 가장 중요하므로 설비 보전원의 고장 개소의 감지 능력 향상을 위한 교육 훈련이 필요하게 된다. 또한, 거의 일정한 고장률을 저하시키기 위해서는 개선, 개량이 절대 필요하며, 예비품 관리가 중요하게 된다.

61. 욕조 곡선(bath tub curve)에서 우발 고장기에 발생하는 고장의 원인으로 틀린 것은? [14-2, 17-2]
① 설비의 혹사
② 제조 과정의 실수
③ 안전계수 미확보
④ 예측보다 낮은 설비 강도

해설 제조 과정의 실수는 초기 고장 기간이다.

62. 다음 중 고장 해석을 위해 제시되는 방법의 결과가 목적 달성에 최적인 대안 선정이 가능한 방법은? [16-4, 21-1]
① 상황 분석법
② 의사 결정법
③ 요인 분석법
④ 행동 개발법

해설 설비의 고장 분석 방법
㉠ 상황 분석법
㉡ 특성 요인 분석법
㉢ 행동 개발법
㉣ 의사 결정법
㉤ 변화 기획법

63. 다음 중 고장 분석 후 대책을 세우는 방법으로 틀린 것은? [10-4, 13-4]
① 강도 내력을 향상시킨다.
② 작업 방법을 개선한다
③ 검사 주기 방법을 개선한다.
④ 응력을 집중시킨다.

해설 응력을 집중시키면 하중 집중이 되어 고장이 발생된다.

64. 다음 중 고장 분석 후 대책을 세우는 방법으로 틀린 것은? [18-2, 21-2]
① 안전율을 높인다.
② 응력을 분산시킨다.
③ 강도, 내력을 낮춘다.
④ 온도, 습도 등의 작업 환경을 개선한다.

해설 강도 내력을 낮추면 보전비 상승을 가져온다.

65. 설비 또는 시스템 고장의 원인을 탐구하고 규명하기 위하여 생선뼈 모양의 그림으로 분석하는 방법은? [18-2]
① FTA
② 파레토 차트
③ 플로 차트
④ 특성 요인도 분석

정답 ● 59. ④ 60. ① 61. ② 62. ② 63. ④ 64. ③ 65. ④

66. 다음 중 설비의 투자 결정에서 발생되는 기본 문제에 고려할 사항이 아닌 것은 어느 것인가? [15-4, 19-1]
① 대상은 수익 수준에 큰 차이가 없는 조건인 설비 교체에 사용한다.
② 자금의 시간적 가치는 현재의 자금이 미래 자금보다 가치가 높아야 한다.
③ 미래의 불확실한 현금 수익을 비교적 명백한 현금 지출에 관련시켜 평가한다.
④ 투자의 경제적 분석에 있어서 미래의 기대액은 그 금액과 상응되는 현재의 가치로 환산되어야 한다.
[해설] 설비 투자 결정의 고려 사항
㉠ 미래의 불확실한 현금 유입을 비교적 명백한 현금 지출에 관련시켜 평가해야 한다.
㉡ 자금의 시간적 가치는 현재의 자금이 동액의 미래 자금보다 가치가 높다.
㉢ 투자의 경제적 분석에 있어서 미래의 기대액은 그 금액과 상응되는 현재의 가치로 환산되어야 한다.

67. 설비의 경제성을 평가하기 위한 방법으로 옳지 않은 것은? [22-2]
① 자본 회수법 ② MAPI 방식
③ MTTR 방식 ④ 연평균 비교법
[해설] MTTR : 평균 고장(수리) 시간

68. 다음 중 설비의 경제성 평가 방법이 아닌 것은? [18-2, 21-2]
① 연환 지수법 ② 자본 회수법
③ MAPI 방식 ④ 비용 비교법

69. 설비의 경제성 평가 방법과 가장 거리가 먼 것은? [20-4]
① 복책법 ② MAPI 방식
③ 비용 비교법 ④ 자본 회수법

[해설] 복책법은 보전용 자재 상비품의 발주 방식 중 정량 발주 방식의 한 방법이다.

70. 다음 중 설비의 경제성 평가 방법과 가장 거리가 먼 것은? [18-1, 20-3]
① 비용 비교법
② 평균 이자법
③ MTBF 분석법
④ 연평균 비교법
[해설] MTBF법 : 평균 고장 간격

70-1 설비의 경제성을 평가하기 위한 방법으로 옳지 않은 것은? [17-4]
① MAPI 방식 ② MTTF 방식
③ 자본 회수법 ④ 연평균 비교법
[해설] MTTF : 평균 고장 시간
[정답] ②

70-2 설비의 경제성을 평가하기 위한 방법으로 옳지 않은 이유는? [12-4]
① 비용 비교법 ② 자본 회수법
③ MAPI 방식 ④ MTBF법
[정답] ④

71. 다음 중 설비의 경제성 평가 방법이 아닌 것은? [08-4, 18-4]
① 변환법 ② 비용 비교법
③ 자본 회수법 ④ MAPI 방식
[해설] 변환법은 소요 면적의 결정 방법이다.

72. 다음 중 설비의 경제성 평가 방법이 아닌 것은? [06-4]
① 연환 지수법
② 자금 회수 기간법
③ 투자 수익률법(신 MAPI법)
④ 원가 비교법(구 MAPI법)

73. 평균 이자법 산출 시 연간 비용을 구하는 식으로 옳은 것은? [21-4]
① 총 자본비+회수 금액+투자액
② 총 자본비+회수 금액+가동비
③ 상각비+평균 이자+가동비
④ 상각비+평균 이자+투자액

해설 비용 비교법에는 평균 이자법과 연평균 비교법이 있다.

73-1 설비의 경제성을 평가하는데 있어서 비용 비교법의 하나인 평균 이자법에서 연간 비용은 어떻게 산출하는가? [16-2, 19-4]
① 연간 비용=가동비+평균 이자-상각비
② 연간 비용=가동비+상각비-평균 이자
③ 연간 비용=가동비-평균 이자-상각비
④ 연간 비용=가동비+평균 이자+상각비

정답 ④

73-2 다음 중 설비의 경제성 평가 방법 중 비용 비교법에서 연간 비용을 산출하는 방법은? [18-2]
① 상각비+평균 이자+가동비
② 상각비-평균 이자+가동비
③ 상각비+평균 이자-가동비
④ 상각비-평균 이자-가동비

정답 ①

74. 설비의 경제성 평가 방법을 설명한 것으로 옳은 것은? [19-1]
① 신 MAPI 방식 : 연간 비용으로서 정액제에 의한 상각비와 평균 이자 및 가동비를 취한 방법이다.
② MAPI 방식 : 투자 순위 결정을 위한 긴급 도비율(urgency rating)이라는 비율을 도입하는 방식이다.
③ 자본 회수법 : 자본 분배에 관련된 투자 순위 결정이 주제이고, 긴급률이라고 불리는 일종의 수익률을 구하여 이의 대소에 따라서 설비 상호간의 우선 순위를 평가한다.
④ 연평균 비교법 : 설비의 내구 사용 기간 사이의 자본 비용과 가동비의 합을 현재 가치로 환산하여 내구 사용 기간 중의 연평균 비용을 비교하여 대체안을 결정하는 방법이다.

해설 자본 회수법은 설비비를 투자하고, 이를 몇 년간 일정한 금액만큼 균등하게 회수하는 방법이며, 구 MAPI(Machinery Allied Products Institute) 방식은 주로 투자 시기의 결정에 취급하였으나, 신 MAPI 방식은 투자간의 순위 결정에 주로 사용하고 있다.

75. 설비 투자 및 대체의 경제성 평가를 할 때 대안 사이에서 조업 비용이나 자본 비용면에서 계산하여 판정하는 원가 비교법에 해당되지 않는 것은? [14-4, 17-2, 20-2]
① 연간 비용법
② 현가 비교법
③ 제조 원가 비교법
④ 자본회수 기간법

해설 자본회수법 : 설비비를 투자하고, 이를 몇 년간 일정한 금액만큼 균등하게 회수하는 방법이다.

76. 설비의 경제성 평가 방법에 대한 설명 중 바르지 못한 것은? [15-2]
① 평균 이자법의 연간 비용 산출은 정액 상각비+평균 이자+가동비이다.
② 연평균 비교법은 설비의 내구 사용 기간 사이의 자본 비용과 가동비의 합을 현재가치로 환산하여 연평균 비용과 비교하여 대체안을 결정하는 방법이다.

③ 자본회수법에서 투자계획에 의하여 얻을 수 있는 연평균 이윤(수입−지출)이 회수금액보다 크면 이 투자계획은 경제성이 없다고 판단되어 불채택 될 것이다.
④ 구 MAPI(Machinery Allied Products Institute) 방식은 주로 투자 시기의 결정에 취급하였으나, 신 MAPI 방식은 투자간의 순위 결정에 주로 사용하고 있다.

77. 현재 가치 P를 이율 i로 n년 동안 예금하고 일정 기간 동안 매년 말 원금과 이자를 동일 액씩 회수할 때의 이 동일 액을 알기 위한 계수를 뜻하는 것은? [13-4]
① 연차 동일 액 현가 계수
② 일괄 지불 현가 계수
③ 감채 기금 계수
④ 자본 회수 계수

78. 다음 설비 대안의 평가를 위한 방법 중 자본 사용의 여러 가지 방법에 대하여 창출되는 수입 액수를 기준으로 하는 방법은 어느 것인가? [14-2]
① 회수 기간법　② 현가액법
③ 연차 등가액법　④ 수익률법

해설 현가액법, 연차 등가액법은 현금 흐름의 액수 기준이고, 회수 기간법은 수입 지출의 회수 기간 기준을 사용한다.

79. 현재 보유 설비를 교체하거나 갱신할 목적으로 설비 투자에 대한 경제성 평가 방법으로 적합한 것은? [14-2]
① 원가 비교법　② 회수 기간법
③ 이익률법　④ 미래가법

해설 설비를 교체하거나 갱신할 목적으로 적합한 투자 대안 평가 방법은 원가 비교법이다.

80. 자본의 효율적 사용을 위해 현재 사용 중인 낡은 기계를 계속 사용하거나 새로운 기계로의 대체 여부를 비교하여 결정하는 방법은? [06-4, 14-4, 18-1]
① QFD　② MAPI
③ 6 Sigma　④ PERT/CPM

해설 구 MAPI 방식에서 연구의 대상은 현 유지설비와 이에 대항하기 위하여 선출된 시설비에 한정되며, 주제가 투자 시기의 결정에 있으나 신 MAPI 방식은 자본 배분에 관련된 투자 순위 결정이 주제이고, 긴급률이라고 불리는 일종의 수익률을 구하여 이의 대소에 따라서 설비자안 상호 간의 우선 순위를 평가한다.

81. 긴급 도비율이라는 비율을 도입하여 투자 순위를 결정하는 것은? [09-4, 15-4]
① 자본 회수법　② 비용 비교법
③ 수익률 비교법　④ 신 MAPI 방식

82. 다음 중 간접비의 변화를 정확히 추적하기 위해 제품 생산에 수행되는 활동들 또는 공정에 초점을 두고 원가를 추정하는 방법은? [1-4, 16-4, 21-1]
① 총 원가
② 기회 원가
③ 제조 원가
④ 활동 기준 원가

해설 제품 생산을 위하여 수행되는 활동들 또는 공정에 초점을 두고 원가를 추정하는 방법은 활동 기준 원가(ABC : activity-based cost)이다.

83. 활동 기준원가(ABC : activity-based cost)의 구성 요소로 옳지 않은 것은 어느 것인가? [12-4]
① 활동　② 자원

③ 활동 원가(비용) ④ 제조 직접비

해설 구성 요소 : 활동, 활동 원가, 원가 유발 원인, 자원

84. 제조 원가 추정 시 일반적으로 제조 간접비는 간접 배부율이라는 형태로 산출한다. 다음 중 제조 간접비 산출 방법이 아닌 것은?   [04-4, 07-4, 12-4]
① 직접 노무 시간법(direct labor hours method)
② 직접 설비 비용법(direct machine cost method)
③ 기계 가동 시간법(machine hour rate method)
④ 직접 노무비법(direct labor cost method)

85. 대량 생산을 위한 공장 자동화와 같이 기계화도가 높은 생산 공정에 제조 간접비를 배부하는 방식은?   [11-4, 18-2, 21-2]
① 직접 재료비법
② 직접 제조비법
③ 기계 가동 시간법
④ 직접 노무 시간법

해설 대량 생산을 위한 공장 자동화 또는 컴퓨터에 의한 생산과 같은 경우에 노무 비용을 감소시키는 방법으로 기계 가동 시간법을 적용한다.

86. 보전비 예산 편성은 개별 계획과 기간 계획, 조정으로 분류되는데 개별 계획에 들어가지 않는 것은?   [07-4]
① 개별 보전 계획(예방, 사후, 개량 보전)
② 보전비 견적 적산(적산 기준, 물가 지수)
③ 예산 요구액
④ 보전비 예산 할당액(보전비 효율 등)

87. 설비나 시스템의 모든 고장 발생 유형,

성능에 끼치는 잠재 영향, 안전에 관한 치명도를 자세히 검사하여 해결을 모색하는 방법은?   [13-4]
① 결함 나무 분석(FTA : fault tree analysis)
② 고장 유형 영향 분석(FMEA : failure mode and effect analysis)
③ 고장 유형 영향 및 심각도 분석(FMECA : failure mode, effect and criticality analysis)
④ 고장 이력 관리 시스템(MMSMBH : maintenance management system of machine breakdown history)

해설 고장 유형, 영향 및 심각도 분석은 설비나 시스템의 모든 고장 발생 유형, 성능에 끼치는 잠재 영향, 안전 및 이들에 관한 심각도(치명도)에 대하여 자세히 검사하여 해결을 모색한다.

88. 시스템의 잠재적 결함을 조직적으로 규명하고 조사하는 설계 기법의 하나로서, 설비 사용자에게도 설비의 끊임없는 평가와 개선을 실시할 수 있는 고장 유형, 영향 분석 기법은?   [14-4, 20-2]
① PM 분석   ② QM 분석
③ FTA 분석   ④ FMECA 분석

해설 FMECA(failure mode, effect and criticality analysis) : 고장 유형 영향 및 심각도 분석

88-1 다음 중 시스템의 잠재적 결함을 조직적으로 규명 및 조사하는 설계 기법의 하나로 설비 사용자에게도 설비의 지속적인 평가와 개선을 실시할 수 있게 하는 분석 방법은?   [18-1]
① QM 분석   ② PM 분석
③ FTA 분석   ④ FMECA 분석

정답 ④

89. 다음 중 제조 능력의 요인은 크게 외적 요인과 내적 요인으로 나눌 수 있다. 다음 중 외적 요인(제약 요인)에 해당되지 않는 것은? [14-2, 17-4, 20-3]
① 자재　　　② 노동
③ 설비　　　④ 자금
해설 외적 요인 : 자재, 노동, 자금, 시장

90. 다음 중 회사의 경영 목표 달성을 위한 설비 관리의 역할, 실시 방안, 개별 설비의 보전 정책, 설비의 최적화 관리에 이르기까지 정책 의사 결정을 포함하는 일반 관리 기능은? [14-4]
① 보전 업무의 계획, 일정 관리 및 통제
② 설비 성능 분석
③ 설비 진단 기술 이전 및 개발
④ 보전 기술 개발 및 매뉴얼 갱신

91. 다음 중 설비 보전 방식의 형태에 따른 특징 중 설비 마모 상태에 따라 경제성, 생산성 등을 고려하여 가장 적절한 수리 주기를 정하여 그 주기에 수리를 실시하는 것은? [14-4]
① 상태 기준 보전
② 사후 보전
③ 시간 기준 보전
④ 개량 보전

92. 설비의 잠재 열화 현상에 대한 정확한 상태를 예측하기 위하여 직접 설비를 감지(monitoring)하는 방법을 무엇이라 하는가? [12-4, 15-2, 17-4]
① 계량 보전
② 상태 기준 보전
③ 운전 중 검사
④ 부분적 SD(shut down)
해설 설비의 잠재 열화 현상에 대한 정확한 상태를 예측하기 위하여 직접 설비를 감지하는 방법을 상태 기준 보전 또는 예지 보전이라 한다.

93. 공장 계획 기능을 구분한 것 중 거리가 먼 것은? [13-4]
① 계획 입안　　　② 조정
③ 관리　　　④ 실시
해설 공장 계획 기능은 계획 입안, 조정, 결정, 실시이다.

94. 보전 장비가 어디에 위치하여 있는가는 보전 작업의 용이성에 직접적인 영향을 끼친다. 보전 부지 선정 시에 고려해야 할 요소와 가장 거리가 먼 것은? [13-4]
① 부지 이용률　　　② 에너지 이용도
③ 비용 요소　　　④ 시장 근접성
해설 보전 부지 선정 시에 고려해야 할 요소 : 부지 이용률, 에너지 이용률, 비용 요소

1-3 설비 보전의 계획과 관리

1. 생산 보전 활동 중 최적 보전 계획을 위해서 활용되는 방법은? [07–4]
① 수학적 해법
② MTBF법
③ MTTR법
④ PM 분석법

해설 최적 보전 계획을 위해서 활용되는 방법 : 수학적 해법, 몬테카를로법, 모의실험

2. 설비 보전의 목적과 그것을 이루기 위한 방안이 서로 맞지 않는 것은? [09–4]
① 생산성 향상 : 설비의 성능 저하 방지
② 품질 향상 : 설비로 인한 가공 불량 방지
③ 원가 절감 : 설비 개선에 의한 수율 향상 방지
④ 납기 관리 : 돌발 고장 방지

3. 검사 제도를 확립하여 설비의 열화 경향을 조사하고 어느 시설의 어느 개소를 수리할 것인가를 예측하며, 필요한 자재와 인원을 준비하여 설비 열화에 대한 대책을 수립하고 기업의 생산성을 높이는 활동을 무엇이라고 하는가? [10–4]
① 고정 예방
② 계량 보전
③ 설비 보전
④ 예방 보전

4. 설비의 성능 유지 및 이용에 관한 활동을 무엇이라 하는가? [16–2]
① 공사 관리
② 품질 관리
③ 설비 보전
④ 설비 배치

5. 설비 보전 시스템 체계도를 구성할 때, 가장 먼저 고려할 사항은? [07–4, 16–2, 20–2]
① 표준 설정
② 보전 계획
③ 생산 계획
④ 보전 예방

해설 설비 보전 시스템 체계도는 생산 계획 → 보전 목표 설정 → 중점 설비 개소 선정의 순이다.

6. 다음 중 설비 보전 방법의 설명 중 맞는 것은? [08–4]
① 정기 보전(periodic maintenance)은 설비의 특정 운전 조건을 유지시키기 위하여 수행되는 모든 계획 보전의 전형적 보전 활동이다.
② 사후 보전(breakdown maintenance)은 설비나 부품의 고장 결과 때문에 발생하는 열화 현상을 다시 원상태로 회복시키기 위한 보전 활동이다.
③ 보전 예방(MP : maintenance prevention)은 설비의 잠재 열화 현상에 대한 정확한 상태를 예측하기 위하여 측정 설비를 사용하여 직접 설비를 감지하는 보전 활동이다.
④ 예지 보전(predictive maintenance)은 설비의 설계, 제작 단계에서 보전 활동이 불필요하거나 적게 되는 설비를 만드는 보전 활동이다.

7. 다음 중 설비 보전의 요소에 해당되지 않는 것은? [08–4, 14–2, 20–2]
① 열화 방지
② 열화 지연
③ 열화 회복
④ 열화 측정

해설 설비 보전에서 일상 점검은 열화 방지, 열화 측정, 열화 회복 세 가지이다.

8. 다음 중 기본 보전 업무로 볼 수 없는 것은? [09–4]
① 고장 점검 수리
② 교정

③ 수리　　　　④ 설계

해설 설계는 설비 관리 업무이다.

9. 설비 보전이 필요한 이유로 적합하지 않은 것은?　　　　　　　[14-2]

① 납기를 준수할 수 있고, 제품 원가를 낮출 수 있다.

② 작업 환경 조건 개선 및 작업자의 근로 의욕을 증진시킬 수 있다.

③ 설비의 고장, 정지, 성능 저하를 방지할 수 있다.

④ 설비의 열화로 인한 수율 상승, 에너지 손실을 막을 수 있다.

10. 전반적 기술 계획 개발에 대한 총괄적 업무 부족의 현상을 해결하여 특정 사업에 대한 집중적인 기술 투자를 가능하게 하는 보전 조직은?　　　　　　　[15-4]

① 제품 중심의 조직

② 기능 중심의 조직

③ 매트릭스 조직

④ 스탭 조직

11. 설비 보전 조직 형태 중 집중 보전의 장점이 아닌 것은?　　　　　[16-2, 20-3]

① 보전 요원의 관리 감독이 용이하다.

② 특수 기능자를 효과적으로 이용할 수 있다.

③ 보전 작업에 필요한 인원의 동원이 용이하다.

④ 긴급 작업이나 새로운 작업 시 신속히 처리 할 수 있다.

12. 설비 보전 조직 중 집중 보전 조직의 특징으로 틀린 것은?　　　　　[19-2]

① 특수 기능자는 한층 효과적으로 이용

된다.

② 긴급 작업, 고장, 새로운 작업을 신속히 처리한다.

③ 공장의 작업 요구를 처리하기 위하여 충분한 인원을 동원할 수 있다.

④ 작업 의뢰와 완성까지의 시간이 매우 짧고, 작업 표준을 위한 시간 손실이 적다.

해설 집중 보전은 작업 의뢰에서 부터 완성까지의 시간이 매우 길고, 작업 표준이 어려우며, 감독자의 감독이 어렵다.

13. 다음 도표는 설비 보전 조직의 한 형태이다. 어떠한 보전 조직인가?　　[21-1]

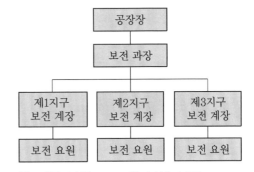

① 집중 보전　　② 부분 보전

③ 지역 보전　　④ 절충 보전

14. 다음 설명에 해당하는 설비망은 어느 것인가?　　　　　　　[18-4, 21-2]

> 설비의 종류, 설비의 수, 크기, 용량, 설비 위치 등에 연계된 보전 개념과 보전 작업의 결정 및 정보 연계를 의미하는 설비망으로 설비 계획·관리에 대한 명확한 책임 및 권한이 있으며 여러 지역의 동종 설비를 설치하여 보전 능력의 분산을 갖는다.

① 제품 중심 설비망

② 공정 중심 설비망

③ 시장 중심 설비망

④ 프로젝트 중심 설비망

14-1 설비의 종류, 설비의 수, 크기와 용량 그리고 설비 위치 등에 연계된 보전 개념과 보전 작업의 결정 및 정보 연계로서 설비 계획 및 관리에 대한 명확한 책임 및 권한이 있으며, 동종 설비의 여러 지역 설치로 보전 능력의 분산을 갖는 설비망은 어느 것인가? [15-2]

① 시장 중심 설비망
② 제품 중심 설비망
③ 공정 중심 설비망
④ 프로젝트 중심 설비망

정답 ①

15. 보전 수준을 장소에 따라 분류할 때 공장이나 생산 현장에서 주요 보전 업무를 수행하는 보전은? [18-2]

① 중간 차원 수준 보전
② 제조업자 차원 보전
③ 하청업체 차원 보전
④ 회사 수준 차원의 보전

해설 보전 수준을 장소에 따라 분류할 때 공장이나 생산 현장에서 주요 보전 업무를 수행하는 보전은 회사 수준 차원의 보전이다.

16. 설비 보전 표준 분류를 설명한 것 중 틀린 것은? [16-4]

① 설비 검사 표준
② 보전 표준
③ 수리 표준
④ 설비 프로세스 분석 표준

해설 설비 프로세스 분석 표준은 설비 보전 표준을 작성하는 절차를 설명한 것이다.

17. 보전 작업 표준화의 목적은 보전 작업의 낭비를 제거하여 효율성을 증대시키기 위한 것이다. 다음 중 보전 표준의 종류가 아닌 것은? [18-4]

① 작업 표준
② 수리 표준
③ 자재 표준
④ 일상 점검 표준

18. 다음 중 설비 보전 표준의 분류 중 정비 또는 일상 보전 조건 방법의 표준을 정한 것으로 정비 작업 종류에 따라 급유 표준, 청소 표준, 조정 표준 등이 작성되는 것은 어느 것인가? [10-4, 14-4, 18-2]

① 설비 검사 표준 ② 정비 표준
③ 수리 표준 ④ 설비 성능 표준

해설 정비 표준 : 정비(일상 보전)의 조건이나 방법의 표준을 정한 것으로 정비 작업의 종류에 따라 급유(주유), 청소 표준, 조정 표준 등이 정해진다. 급유 표준에는 약도 혹은 사진 등을 이용하여 급유 개소에 번호를 붙여서 표시하는 경우가 많이 있다. 급유 개소, 급유 방식, 기름의 종류, 주기, 유량 등이 표시된다.

19. 보전 작업 표준을 설정하기 위한 방법 중 실적 기록에 입각해서 작업의 표준 시간을 결정하는 방법은? [09-4, 18-1]

① 경험법 ② MTM법
③ PTS법 ④ 실적 자료법

해설 실적 자료법 : 보전 작업 표준을 설정하기 위한 특징 중 실적 기록에 입각해서 작업의 표준 시간을 결정하는 방법이다.

20. 설비를 관리할 설비 운전을 발휘하는 성능에 대한 표준으로 용도, 주요 크기, 용량, 정도, 구조, 재질, 작동 전력량 등을 나타내는 표준은? [18-4]

① 설비 성능 표준
② 설비 설계 규격
③ 설비 자재 구매 표준
④ 설비 자재 검사 표준

정답 **15.** ④ **16.** ④ **17.** ③ **18.** ② **19.** ④ **20.** ①

21. 설비 성능 열화의 원인과 열화의 내용이 바르지 못한 것은? [13-4, 17-2]
① 자연 열화 – 방치에 의한 녹 발생
② 노후 열화 – 방치에 의한 절연 저하 등 재질 노후화
③ 재해 열화 – 폭풍, 침수, 폭발에 의한 파괴 및 노후화 촉진
④ 사용 열화 – 취급, 반자동 등의 운전 조건 및 오조작에 의한 열화

[해설] 설비의 성능 열화에는 원인에 따라 크게 사용 열화, 자연 열화, 재해 열화가 있으며 절연 열화 등 재질 노후화는 자연 열화에 기인한다.

22. 보전 빈도 예측에 영향을 끼치는 요인이 아닌 것은? [16-4, 19-2]
① 관리 조직의 자신감
② 설비의 고유 설계 신뢰도
③ 보전 종류별 설비 정지 횟수
④ 보전에 필요한 인력 및 기술 수준

23. 설비의 열화 원인에서 사용 열화에 속하지 않는 것은? [11-4]
① 온도·압력 회전에 의한 마모
② 설비 기능과 재질, 원료 부착에 의한 열화
③ 취급, 오조작에 의한 열화
④ 녹 발생, 재질의 노후화에 의한 열화

[해설] 녹, 먼지는 자연 열화이다.

24. 설비 열화의 대책에 관한 내용과 가장 거리가 먼 것은? [18-4]
① 열화 측정을 위하여 검사를 실시한다.
② 열화 회복을 위하여 수리를 실시한다.
③ 열화 속도 지연을 위하여 경향 검사를

실시한다.
④ 열화 방지를 위하여 급유, 교환, 조정, 청소 등 일상 보전 활동을 한다.

25. 다음 중 설비 열화의 대책으로 틀린 것은? [21-1]
① 열화 방지
② 열화 지연
③ 열화 회복
④ 열화 측정

[해설] 설비 열화의 대책으로서는 열화 방지 (일상 보전), 열화 측정(검사), 열화 회복 (수리)이 있다.

26. 다음 그림과 같이 사용 중에 성능 저하는 별로 되지 않으나 돌발 고장에 의한 정지가 발생하며 부분적 교환, 교체에 의하여 복구되는 열화의 형태는? [18-1]

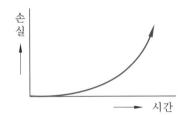

① 기능 저하형
② 기능 정지형
③ 성능 저하형
④ 성능 증가형

27. 다음 그림은 최적 수리 주기 도표이다. 괄호에 들어가야 할 내용이 맞게 연결된 것은? [17-2]

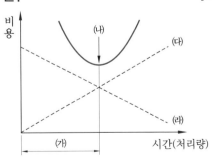

① (가)-최소 비용점, (나)-최적 수리 주기, (다)-단위 시간당 열화 손실비, (라)-단위 시간당 보전비
② (가)-최적 수리 주기, (나)-최소 비용점, (다)-단위 시간당 열화 손실비, (라)-단위 시간당 보전비
③ (가)-최소 비용점, (나)-최적 수리 주기, (다)-단위 시간당 보전비, (라)-단위 시간당 열화 손실비
④ (가)-최적 수리 주기, (나)-최소 비용점, (다)-단위 시간당 보전비, (라)-단위 시간당 열화 손실비

28. 그래프는 설비의 최적 보전 계획에 의한 비용 및 처리량을 나타낸다. ㉠, ㉡에 들어 갈 내용으로 옳은 것은? [21-4]

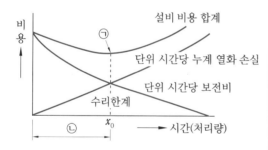

① ㉠ 최소 비용점, ㉡ 최적 수리 주기
② ㉠ 최대 비용점, ㉡ 최대 수리 주기
③ ㉠ 최소 비용점, ㉡ 최대 수리 주기
④ ㉠ 최소 보전점, ㉡ 최소 수리 주기

29. 설비의 잠재 열화 현상을 파악하기 위해 측정 설비를 이용하여 직접 설비를 감지하는 보전 방법은? [21-4]
① 예지 보전(predictive maintenance)
② 예방 보전(preventive maintenance)
③ 개량 보전(corrective maintenance)
④ 보전 예방(maintenance prevention)

해설 설비의 잠재 열화 현상에 대한 정확한 상태를 예측하기 위하여 직접 설비를 감지하는 방법을 상태 기준 보전 또는 예지 보전이라 한다.

30. 고장, 정지, 성능 저하 등을 가져오는 상태를 발견하기 위한 설비의 주기적인 검사로 초기 단계에서 이러한 상태를 제거 또는 복구하기 위한 보전은? [19-1]
① 생산 보전
② 개량 보전
③ 예방 보전
④ 사후 보전

31. 일반적인 예방 보전의 특징으로 틀린 것은? [21-2]
① 경제적 손실이 크다.
② 돌발 고장 발생이 생길 수 있다.
③ 보전 요원의 기술 및 기능이 강화된다.
④ 대수리 기간 중에 발생되는 생산 손실이 크다.

해설 예방 보전은 보전 요원의 기술 및 기능의 향상이 어렵다.

32. 설비의 효율을 높여 관리하기 위한 활동인 오버 홀(over haul)은 어떤 보전 활동에 포함되는가? [08-4, 14-2, 17-4]
① 일상 보전 활동
② 사후 보전 활동
③ 예방 보전 활동
④ 개량 보전 활동

해설 오버 홀(over haul)은 설비의 효율을 높이기 위하여 관리하는 데 매우 중요한 예방 보전 활동이다.

33. 다음 중 예방 보전 검사 제도의 흐름을 나타낸 것으로 가장 적합한 것은 어느 것인가? [06-4, 13-4, 17-2, 20-3]

① PM 검사 표준 설정 → PM 검사 계획 → PM 검사 실시 → 수리 요구 → 수리 검수 → 설비 보전 기록

② PM 검사 계획 → PM 검사 표준 설정 → PM 검사 실시 → 수리 요구 → 수리 검수 → 설비 보전 기록

③ 수리 요구 → PM 검사 계획 → PM 검사 표준 설정 → PM 검사 실시 → 수리 검수 → 설비 보전 기록

④ 수리 요구 → 수리 검수 → PM 검사 계획 → PM 검사 표준 설정 → PM 검사 실시 → 설비 보전 기록

해설 예방 보전을 하기 위해서는 일상 검사, 정기 검사 등 PM 검사 표준 설정이 선행되어야 한다.

34. 예방 보전의 효과로 틀린 것은? [22-1]

① 설비의 정확한 상태를 파악한다.

② 고장 원인의 정확한 파악이 가능하다.

③ 보전 작업의 질적 향상 및 신속성을 가져온다.

④ 설비 갱신 기간의 연장에 의한 설비 투자액이 증가한다.

해설 예방 보전의 효과
㉠ 설비의 정확한 상태 파악(예비품의 적정 재고 제도 확립)
㉡ 대수리의 감소
㉢ 긴급용 예비 기기의 필요성 감소와 자본 투자의 감소
㉣ 예비품 재고량의 감소
㉤ 비능률적인 돌발 고장 수리로부터 계획 수리로 이행 가능
㉥ 고장 원인의 정확한 파악
㉦ 보전 작업의 질적 향상 및 신속성
㉧ 유효 손실의 감소와 설비 가동률의 향

상(경제적인 계획 수리 가능)
㉨ 작업에 대한 계몽 교육, 관리 수준의 향상(취급자 부주의에 의한 고장 감소)
㉩ 설비 갱신 기간의 연장에 의한 설비 투자액의 경감
㉪ 보전비의 감소, 제품 불량의 감소, 수율의 상승, 제품 원가의 절감
㉫ 작업의 안전, 설비의 유지가 좋아져서 보상비나 보험료가 감소
㉬ 작업자와의 관계가 좋아져서 빈번한 고장으로 인한 작업 의욕의 감퇴 방지와 돌발고장의 감소로 안도감 고취
㉭ 고장으로 인한 생산 예정의 지연으로 발생하는 납기 지연의 감소

35. 다음 중 예방 보전의 효과로 틀린 것은 어느 것인가? [20-2]

① 유효 손실의 감소와 설비 가동률의 향상

② 설비 갱신 기간의 연장에 의한 설비 투자액의 경감

③ 긴급용 예비 기기의 필요성 증가와 자본 투자의 증가

④ 고장으로 인한 생산 예정의 지연으로 발생하는 납기 지연의 감소

36. 다음 중 예방 보전의 효과가 아닌 것은 어느 것인가? [19-2]

① 대수리의 감소

② 예비품 재고량의 증가

③ 설비의 정확한 상태 파악

④ 긴급용 예비 기기의 필요성 감소와 자본 투자의 감소

37. 다음 중 예방 보전의 효과가 아닌 것은 어느 것인가? [06-4, 19-1]

① 설비의 정확한 상태 파악

② 검사 방법과 측정 방법의 표준

③ 대수리의 감소

2 과목

④ 긴급용 예비 기기의 필요성 감소와 자본 투자의 감소

38. 다음 중 설비 보전에 강한 작업자의 요구 능력이 아닌 것은?　　　　[16-2, 19-2]

① 외주 발주 능력
② 수리할 수 있는 능력
③ 설비의 이상 발견과 개선 능력
④ 설비와 품질 관계를 이해하고 품질 이상의 예지와 원인 발견 능력

39. 다음 중 설비 보전에 강한 작업자의 요구 능력 중 '수리할 수 있는 능력'이 아닌 것은?　　　　[18-4]

① 설비의 고장 진단을 할 수 있다.
② 부품의 수명을 알고 교환할 수 있다.
③ 오버 홀(over haul) 시 보조할 수 있다.
④ 고장 원인을 추정하고 긴급 처리를 할 수 있다.

40. 다음 중 설비의 공사 관리 기법 중 PERT기법에 대한 설명으로 틀린 것은 어느 것인가?　　　[06-4, 14-2, 21-4]

① 전형적 시간(most likely time)은 공사를 완료하는 최빈치를 나타낸다.
② 낙관적 시간(optimistic time)은 공사를 완료할 수 있는 최단 시간이다.
③ 비관적 시간(pessimistic time)은 공사를 완료할 수 있는 최장 시간이다.
④ 위급 경로(critical path)는 공사를 완료하는데 가장 시간이 적게 걸리는 경로를 말한다.

해설 위급 경로 또는 주 공정 경로(critical path)는 공사를 완료하는 데 가장 시간이 많이 걸리는 경로이다.

41. 다음 설비 보전 활동 중 필요한 수리, 정비, 개수 등을 위한 제 기능을 수행하여 설비에 투입되는 비용을 최소화하는 데 목적을 두고 있는 것은?　　　[15-2, 19-1]

① 공사 관리　　　② 부하 관리
③ 외주 관리　　　④ 일정 관리

해설 공사 관리란 미리 정해진 사양에 따라 소정의 기일까지 가장 경제적으로 공사를 수행하는 데 필요한 일시 계획을 세우고 공사를 항상 통제, 감독, 조정해서 공사의 실적 집계, 결과, 검토, 공사 수행의 문제점을 분석하여 항상 최경제적인 공사를 실시하는 것이다.

42. 공사 관리에서 활동 시간을 추정 시에 가정하는 분포는?　　　[11-4]

① 정규 분포　　　② 지수 분포
③ 푸아송 분포　　④ 베타 분포

해설 활동 시간을 추정 시에 베타 분포를 따른다는 전제 하에 활동 시간을 추진한다.

43. 다음 중 수리 공사에 대한 설명으로 틀린 것은?　　　[20-3]

① 정기 수리 공사는 정기 수리 계획에 의해서 하는 수리이다.
② 개수 공사는 조업 상의 요구에 의해서 하는 개량 공사이다.
③ 사후 수리 공사는 설비 검사를 하지 않는 생산 설비의 수리이다.
④ 보전 개량 공사는 제조의 부속 설비의 공정, 사무, 연구, 시험, 복리, 후생 등의 수리이다.

해설 보전 개량 공사는 보전상의 요구에 의해서 하는 개량 공사(예 수리 주기를 연장하기 위한 재질 변경 등)이다. 제조 부속 설비의 공정, 사무, 연구, 시험, 복리, 후생 등의 수리는 일반 보수 공사이다.

44. 수리 공사의 목적 분류 중 설비 검사에 의해서 계획하지 못했던 고장의 수리를 무엇이라 하는가? [09-4, 16-4]
① 사후 수리 공사 ② 예방 수리 공사
③ 보전 개량 공사 ④ 돌발 수리 공사

해설 • 돌발 수리 공사 : 설비 검사에 의해서 계획하지 못했던 고장의 수리
• 예방 수리 공사 : 설비 검사에 의해서 계획적으로 하는 수리
• 보전 개량 공사 : 보전상의 요구에 의해서 하는 개량 공사(예 수리 주기를 연장하기 위한 재질 변경 등)

45. 수리 공사의 목적에 따른 분류 중 설비 검사를 하지 않은 생산 설비의 수리를 무슨 공사라고 하는가? [19-4]
① 개수 공사 ② 사후 수리 공사
③ 예방 수리 공사 ④ 보전 개량 공사

해설 사후 수리 공사 : 설비 검사를 하지 않은 생산 설비의 수리이다.

46. 배관 교체, 기타 변경 공사 등 조업 상의 요구에 의해서 하는 공사는? [17-2]
① 개수 공사 ② 예방 수리 공사
③ 보전 개량 공사 ④ 일반 보수 공사

해설 개수 공사 : 조업상의 요구에 의해서 하는 개량 공사(예 배관 교체, 기타 변경 공사 등)이다.

47. 공사의 완급도에 따라 구분할 때 예비적으로 직장이 전표를 보관하고 있다가 한가할 때 착공하는 공사는? [10-4, 20-4]
① 계획 공사 ② 긴급 공사
③ 예비 공사 ④ 준급 공사

해설 예비 공사 : 한가할 때 착수하는 공사로 예비적으로 직장이 전표를 보관하고 있다가 한가할 때 착공한다.

48. 공사를 완급도에 따라 구분할 때 구두 연락으로 즉시 착공하고, 착공 후 전표를 제출하는 공사는? [18-4, 22-2]
① 예비 공사 ② 긴급 공사
③ 준급 공사 ④ 계획 공사

해설 긴급 공사 : 즉시 착수해야 할 공사로 구두 연락으로 즉시 착공하고, 착공 후 전표를 낸다. 여력표에 남기지 않는다.

49. 공사의 완급도에 따라 구분할 때 설비 검사 및 공사 실시 시기가 충분한 여유를 가지고 지정된 공사로서 일정 계획을 세워서 통제하는 예방 보전 공사는 어느 것인가? [08-4, 12-4]
① 긴급 공사 ② 준급 공사
③ 계획 공사 ④ 예비 공사

해설 계획 공사 : 일정 계획을 수립하여 통제하는 공사로 당 계절에 접수하여 공수 견적을 하고 다음 계절 이후로 넘긴다.

50. 공사의 완급도에 대한 내용이다. 다음에서 설명하는 공사의 명칭은? [21-1]

> 당 계절에 착수하는 공사로, 전표를 제출할 여유가 있고 여력표에 남기지 않는다.

① 계획 공사 ② 긴급 공사
③ 준급 공사 ④ 예비 공사

해설 준급 공사 : 당 계절에 착수하는 공사로 전표를 제출할 여유가 있다. 여력표에 남기지 않고, 당 계절에 착공한다.

51. 다음 중 수리 공사에 대한 설명으로 틀린 것은? [17-4, 22-1]
① 일반 보수 공사는 조업상의 요구에 의한 개량 공사이다.
② 사후 수리 공사는 설비 검사를 하지 않은 생산 설비의 수리이다.

③ 돌발 수리 공사는 설비 검사에 의해 계획하지 못했던 고장의 수리이다.

④ 예방 수리 공사는 설비 검사에 의해서 계획적으로 하는 수리이다.

해설 일반 보수 공사 : 제조의 부속 설비의 공정, 사무, 연구, 시험, 복리, 후생 등의 수리이다.

52. 공사 완급도 구분을 결정하기 위하여 고려해야 할 판정 기준이 아닌 것은? [16-4]

① 공사가 지연되는 것에 따른 생산 변경 비용

② 공사가 급속해짐에 따라 다른 공사가 지연됨으로써 발생하는 손실

③ 공사를 급하게 함으로써 생기는 계획 변경 비용

④ 공사를 급하게 함으로써 생기는 일정 지연 손실

해설 공사의 완급도 판정 기준에는 위 외에 공사를 급히 진행함으로써 발생하는 공수나 재료의 손실이 있다.

53. 다음 중 공사의 완급도를 결정하기 위하여 고려해야 할 판정 기준이 아닌 것은 어느 것인가? [15-4, 18-1, 21-2]

① 공사가 지연됨으로써 발생하는 만성 로스의 비용

② 공사가 지연됨으로써 발생하는 생산 변경의 비용

③ 공사를 급히 진행함으로써 발생하는 공수나 재료의 손실

④ 공사를 급히 진행함으로써 발생하는 타 공사의 지연에 따른 손실

해설 이외에 공사를 급히 진행함으로써 발생하는 계획 변경의 비용이 있다.

54. 공사 기간을 단축하기 위하여 활용되는

기법이 아닌 것은? [19-2]

① GT(group technology)법

② LP(linear programming)법

③ MCX(minimum cost expediting)법

④ SAM(siemens approximation method)법

해설 공사 기간 단축법

• SAM(siemens approximation method)

• LP(linear programming)

• MCX(minimum cost expediting)

54-1 공사 기간을 단축하기 위한 방법이 아닌 것은? [18-2]

① LP법　　　　② DCF법

③ MCX법　　　④ SAM법

해설 DCF(discounted cash flow method) 이익 할인율법 : 일명 내부 이익률법이라고도 부르는데 콜롬비아 대학의 조엘 딘 교수에 의하여 명명된 이익률법의 하나이다.

정답 ②

55. 합리적인 공사 일정 계획을 세우기 위한 항목과 가장 거리가 먼 것은? [19-4]

① 납기의 정확화

② 공사 기간의 단축

③ 작업량의 안정화

④ 관계된 각 업무의 독립화

해설 공사 일정의 합리적인 일정 계획을 세우기 위해서는 납기의 정확화, 관계 각 업무의 동기화, 작업량의 안정화, 공사 기간의 단축 등이 필요하다.

56. 다음 중 수리 공사를 하기 위해서는 절차, 재료, 공수 등 공사 견적을 실시하게 되는데 수리 공사 견적법으로 사용되지 않는 것은? [20-2]

① 경험법   ② 실적 자료법
③ 표준 개량법   ④ 표준 자료법

해설 • 경험법 : 경험자의 견적에 의하여 작업 표준을 설정하는 것으로서, 수리 공사에 많이 사용되는 방법이다.
• 실적 자료법 : 실적 기록에 입각해서 작업의 표준 시간을 결정하는 방법이다.
• 작업 연구법 : 작업 연구에 의해서 표준 시간을 결정하는 방법으로서, 작업 순서나 시간이 다 같이 신뢰적인 방법이다.

56-1 다음 중 수리 공사를 하기 위해서는 절차, 재료, 공수 등 공사 견적을 실시하게 되는데 수리 공사 견적법으로 사용되지 않는 것은? [07-4]
① 경험법   ② 실적 자료법
③ 보전 자료법   ④ 표준 품셈법

정답 ④

57. 예방 보전을 실시하는 공장에서는 휴지 공사 계획과 검사 계획을 포함시키는데 이를 위한 일정 계획을 위해서 사용하는 기법은? [14-4]
① JIT   ② TPM
③ PERT & CPM   ④ MAPI

58. 휴지 공사 계획 시 필요 없는 대기를 없애고 공사의 진행 관리를 쉽도록 하기 위해 가장 경제적인 일정 계획을 세울 때 사용하는 순수 작업 기법은? [14-2, 21-1]
① TPM   ② PERT
③ MTBT   ④ MTTR

해설 PERT기법이란 어떤 목표를 예정 시간대로 달성하기 위한 계획·관리·통제의 새로운 수법으로 네트워크 공정표를 이용하여 공정 상황을 한눈에 보기 쉽게 그리는 기법이다.

59. 공사 관리를 위한 PERT기법에서 공사의 평균치(t_e)를 구하기 위한 식은? (단, a는 낙관적 시간, b는 비관적 시간, m은 전형적 시간이다.) [14-2]
① $t_e = \dfrac{a+4m+b}{6}$
② $t_e = \dfrac{a-4m-b}{6}$
③ $t_e = \dfrac{a+4m-b}{6}$
④ $t_e = \dfrac{a-4m+b}{6}$

해설 PERT에서 평균치 구하는 식은 $t_e = \dfrac{a+4m+b}{6}$ 이다.

60. 일정 계획에 결정된 착수·완성의 예정에 따라 작업자에게 작업 분배를 하고, 당해 공사의 납기대로 완성해 가는지 시간상 진행에 있어서 통제를 하는 것에 대한 것과 관계가 없는 것은? [13-4]
① 진도 관리   ② 납기 관리
③ 일정 관리   ④ 보전 관리

61. 보전비를 들여서 설비를 만족 상태로 유지함으로써 생산성을 높일 수 있다면, 이때 발생되는 손실은? [07-4]
① 기회 손실   ② 원가 손실
③ 설비 손실   ④ 생산 손실

62. 설비 보전에 대한 효과로 볼 수 없는 것은? [17-4]
① 보전비가 감소한다.
② 고장으로 인한 납기 지연이 적어진다.
③ 제작 불량이 적어지고 가동률이 향상된다.

④ 예비 설비의 필요성이 증가되어 자본 투자가 많아진다.

해설 설비 보전에 대한 효과
- ㉠ 설비 고장으로 인한 정지 손실 감소(특히 연속 조업 공장에서는 이것에 의한 이익이 크다)
- ㉡ 보전비 감소
- ㉢ 제작 불량 감소
- ㉣ 가동률 향상
- ㉤ 예비 설비의 필요성이 감소되어 자본 투자가 감소
- ㉥ 예비품 관리가 좋아져 재고품 감소
- ㉦ 제조 원가 절감
- ㉧ 종업원의 안전 설비의 유지가 잘되어 보상비나 보험료 감소
- ㉨ 고장으로 인한 납기 지연 감소

63. 다음 중 생산 보전에 의한 효과는 설비에 대한 의존도가 클수록 크게 나타나는데 다음 중 생산 보전의 효과라고 할 수 없는 것은? [10-4, 13-4]
① 보전비 감소 ② 제품 불량 감소
③ 가동률 증가 ④ 재고품 증가

64. 설비 보전이 필요한 이유로 적합하지 않은 것은? [13-4]
① 설비 교체 비용 증가에 의한 손실을 방지할 수 있다.
② 안전 및 사기 저하에 의한 손실을 막을 수 있다.
③ 생산 증대를 이끌 수 있다.
④ 품질 저하로 인한 손실을 유도할 수 있다.

해설 품질 저하로 인한 손실을 방지할 수 있다.

65. 보전 효과 측정을 위한 듀폰(Dupont) 사에서 분류한 4가지 기본 요소에 해당되지 않는 것은? [14-4]

① 계획 ② 작업량
③ 비용 ④ 품질

66. 보전 효과 측정을 위한 듀폰 사의 방식에서 보전 효과를 나타내는 기본 기능이 아닌 것은? [11-4]
① 계획(planning)
② 작업량(work load)
③ 보전성(maintenability)
④ 생산성(productivity)

해설 기본 기능 : 계획화, 작업량, 비용, 생산성

67. 설비의 보전 효과를 측정하는 방법은 여러 가지가 있다. 다음 보전 효과 측정 방법 중 틀린 것은? [07-4]

① 평균 수리 시간(MTTR) = $\frac{고장 수리 시간}{정지 횟수}$

② 평균 가동 시간(MTBF) = $\frac{가동 시간}{고장 횟수}$

③ 고장 빈도(회수)율 = $\frac{고장 횟수}{가동 시간} \times 100$

④ 설비 가동률 = $\frac{가동 시간}{부하 시간} \times 100$

68. 설비 보전 효과를 측정하는 식으로 옳지 않은 것은? [11-4]
① 평균 가동 시간=가동 시간 ÷ 고장 횟수
② 설비 가동률=(가동 시간 ÷ 부하 시간)×100
③ 고장 강도율=(고장 정지 시간 ÷ 부하 시간)×100
④ 생산 lead time 개선=(이론 lead time ÷ 개선 lead time)×100

해설 생산 lead time=(개선 cycle time÷이론 cycle time)×100

69. 설비 보전에서 효과 측정을 위한 척도로 널리 사용되는 지수이다. 다음 중 계산식이 틀린 것은? [15-2, 19-4]

① 고장 도수율 = $\dfrac{\text{고장 횟수}}{\text{부하 시간}} \times 100$

② 고장 강도율 = $\dfrac{\text{고장 정지 시간}}{\text{부하 시간}} \times 100$

③ 설비 가동률 = $\dfrac{\text{정미 가동 시간}}{\text{부하 시간}} \times 100$

④ 제품 단위당 보전비 = $\dfrac{\text{보전비 총액}}{\text{부하 시간}} \times 100$

해설 제품 단위당 보전비 = $\dfrac{\text{보전비 총액}}{\text{생산량}}$

70. 설비 보전 효과를 측정하는 식으로 옳지 않은 것은? [16-2, 18-4]

① 제품 단위당 보전비 = $\dfrac{\text{생산량}}{\text{생산비}}$

② 고장 도수율 = $\dfrac{\text{고장 횟수}}{\text{부하 시간}} \times 100$

③ 설비 가동률 = $\dfrac{\text{가동 시간}}{\text{부하 시간}} \times 100$

④ 고장 강도율 = $\dfrac{\text{고장 정지 시간}}{\text{부하 시간}} \times 100$

71. 보전용 자재 관리에 대한 설명 중 옳은 것은? [18-2, 20-4]

① 불용 자재의 발생 가능성이 적다.
② 자재 구입의 품목, 수량, 시기의 계획을 수립하기가 용이하다.
③ 보전용 자재는 연간 사용 빈도가 높으며, 소비 속도도 빠른 것이 많다.
④ 소모, 열화되어 폐기되는 것과 예비기 및 예비 부품과 같이 순환 사용되는 것이 있다.

해설 보전용 자재 관리 특징

㉠ 보전용 자재는 연간 사용 빈도가 낮으며, 소비 속도가 느린 것이 많다.
㉡ 자제 구입의 품목, 수량, 시기의 계획을 수립하기 곤란하다.
㉢ 보전의 기술 수준 및 관리 수준이 보전 자재의 재고량을 좌우하게 된다.
㉣ 불용 자재의 발생 가능성이 크다.
㉤ 보전 자재는 소모 열화되어 폐기되는 것과 예비기 및 예비 부품과 같이 순환 사용되는 것이 있다.

72. 다음 중 상비품 품목 결정 방식 중 상비품의 재고 방식을 계획 구입 방식이라고 한다. 다음 계획 구입 방식의 특성으로 틀린 것은? [18-4]

① 관리 수속이 복잡하다.
② 재고 금액이 많아진다.
③ 구입 단가가 경제적이다.
④ 재질 변경에 대한 손실이 많다.

해설 계획 구입 방식은 재고 금액이 적어지는 특징이 있다.

73. 상비품 품목 결정 방식 중 상비수 방식의 특성으로 틀린 것은? [15-2, 20-2]

① 관리 수속이 간단하다.
② 재고 금액이 적어진다.
③ 구입 단가가 경제적이다.
④ 재질 변경에 따른 손실이 많다.

해설 상비수 방식은 관리 수속이 간단하고, 구입 단가가 경제적이며, 재질 변경에 따른 손실과 재고 금액이 많아지는 특징이 있다.

74. 다음 중 상비품의 요건으로 틀린 것은 어느 것인가? [15-4, 19-1]

① 단가가 낮을 것

② 사용량이 적으며, 단기간만 사용될 것

③ 여러 공정의 부품에 공통적으로 사용 될 것

④ 보관상(중량, 체적, 변질 등) 지장이 없 을 것

해설 상비품의 요건

㉠ 여러 공정의 부품에 공통적으로 사용 될 것

㉡ 사용량이 비교적 많으며, 계속적으로 사용될 것

㉢ 단가가 낮을 것

㉣ 보관상(중량, 체적, 변질 등) 지장이 없 을 것

75. 부품의 최적 대체법 중 일정 기간이 되 어도 파손되지 않는 부품만을 신품과 대체 하는 방식은? [19-1]

① 각개 대체

② 일제 대체

③ 개별 사전 대체

④ 최적 수리 주기 대체

해설 • 각개 대체(사후 대체) : 부품이 파손 되면 신품과 대체하는 방식

• 개별 사전 대체 : 일정 기간만큼 경화하 여도 파손되지 않은 부품만을 신품과 대 체하는 방식

• 일제 대체 : 일정 기간만큼 경과했을 때 모든 부품을 신품과 대체하는 방식

76. 재고 관리에서 재고가 일정 수준(방주 점)에 이르면 일정 발주량을 발주하는 방식 은 어느 것인가? [21-1]

① 정량 발주 방식

② 정기 발주 방식

③ 정수 발주 방식

④ 사용고 발주 방식

해설 정량 발주 방식 : 주문점법이라고도 하 며, 규정 재고량까지 소비하면 일정량만큼 주문하는 것으로 발주량이 일정하나 발주 시기가 변한다.

77. 상비품 발주 방식 중 재고량이 정해진 양까지 내려가면 기계적으로 일정량만큼 보 충 주문을 하고, 계획된 최고량과 최저량 사이에서 재고를 보유하는 방식은? [19-4]

① 2Bin 방식

② 정기 발주 방식

③ 정량 발주 방식

④ 사용량 발주 방식

78. 다음 상비품의 발주 방식 중 주문점에 해당하는 양만큼을 복수로 포장해 두고, 차 츰 소비되어 다음 포장을 풀 때에 발주하는 발주 방식은? [20-4]

① 포장법

② 정수형

③ 정량 유지 방식

④ 정기 발주 방식

해설 정량 발주 방식 중 포장법은 주문점에 해당하는 양만큼을 포장해 두고, 차츰 소비되어서 포장을 풀어야 할 때에 발주 한다.

78-1 주문점에 해당하는 양만큼을 복수로 포장해 두고, 차츰 소비되어 다음 포장을 풀 때에 발주하는 발주 방식은? [16-2]

① 정수형

② 포장법

③ 정량 유지 방식

④ 정기 발주 방식

정답 ②

79. 다음 상비품의 발주 방식 중 주문량과 주문점을 균등하게 한 것으로 용량이 균등한 2개의 같은 용량, 용기를 상호적으로 사용하여, 한쪽 용기 내의 물품을 다 소모했을 경우에 용량분의 주문을 하는 것은 어느 것인가? [20-2]

① 복책법
② 포장법
③ 정기 발주 방식
④ 사용고 발주 방식

해설 정량 발주 방식 중 복책법은 주문량과 주문점을 균등하게 한 것으로서 용량이 균등한 2개의 같은 용량, 용기를 상호적으로 사용하여, 한쪽 용기 내의 물품을 다 소모했을 경우(주문점)에 용량분의 주문(주문량)을 한다는 기법이다.

80. 다음 중 발주량과 발주의 시기가 같이 변화하는 방식의 자재 구매 방식으로 맞는 것은? [10-4]

① 사용고 발주 방식
② 정기 발주 방식
③ 정량 발주 방식
④ 사용고 불출 방식

81. 상비품의 발주 방식 중 최고 재고량을 정해 놓고, 사용할 때마다 사용량만큼을 발주해서 언제든지 일정량을 유지하는 방식은? [19-2]

① 정량 발주 방식
② 정기 발주 방식
③ 사용고 발주 방식
④ 불출 후 발주 방식

해설 사용고 발주 방식 : 최고 재고량을 일정량으로 정해 놓고, 사용할 때마다 사용량만큼을 발주해서, 언제든지 일정량을 유지하는 방식이다.

2 과목

2장 종합적 설비 관리

2-1 공장 설비 관리

1. 설비 대장을 작성할 때 구비해야 할 조건 중 가장 거리가 먼 것은? [17-4, 21-2]
① 설비 품목별 사양 작성자
② 설비의 입수 시기 및 가격
③ 설비에 대한 개략적인 기능
④ 설비에 대한 개략적인 크기

해설 설비 대장 구비 조건
  ㉠ 설비에 대한 개략적인 크기
  ㉡ 설비에 대한 개략적인 기능
  ㉢ 설비의 입수 시기 및 가격
  ㉣ 설비의 설치 장소
  ㉤ 1품목 1매 원칙으로 설비 대장에 기입

1-1 설비 대장에 구비해야 할 조건으로 가장 거리가 먼 것은? [16-2]
① 설비의 설치 장소
② 설비 구입자 및 설치자
③ 설비에 대한 개략적인 기능
④ 설비에 대한 개략적인 크기

정답 ②

1-2 설비 대장을 작성할 때에 구비해야 할 조건 중 무시해도 되는 것은? [12-4]
① 설비 품목별 사양 작성자
② 설비의 입수 시기 및 가격
③ 설비에 대한 개략적인 기능
④ 설비에 대한 개략적인 크기

정답 ①

2. 설비 번호의 표시 방법과 설비 대장에 대한 설명으로 옳지 않은 것은? [21-4]
① 설비 번호는 1매만 만든다.
② 설비 번호의 부착은 눈에 잘 띄는 것에 확실하고 견고하게 해야 한다.
③ 설비 대장은 설비에 대한 개략적인 크기와 개략적인 기능 등을 기재한다.
④ 설비 대장은 모든 설비 중 제조일자로부터 5년이 지난 장비로서 관리가 필요한 설비만 선택적으로 작성하여 효율적으로 관리한다.

해설 설비 대장은 모든 설비를 입고일에 작성하여 폐기일까지 관리한다.

3. 공장 설비 관리에서 설비를 관리할 때 각종 기호법을 사용하게 된다. 다음 중 뜻이 있는 기호법의 대표적인 것으로 기억이 편리하도록 항목의 첫 글자나 그 밖의 문자를 기호로 사용하는 것은? [08-4, 20-4]
① 기억식 기호법
② 순번식 기호법
③ 세구분식 기호법
④ 십진 분류 기호법

해설 기억식 기호법 : 뜻이 있는 기호법의 대표적인 것으로서 기억이 편리하도록 항목의 이름 첫 글자라든가, 그 밖의 문자를 기호로 한다.

3-1 다음 중 뜻이 있는 기호법의 대표적인 것으로서 항목의 첫 글자라든가 그 밖의 문자를 기호로 하는 방법은 다음 중 어느 것인가? [06-4, 19-1, 21-4]

① 순번식 기호법
② 세구분식 기호법
③ 기억식 기호법
④ 삼진분류 기호법

정답 ③

3-2 각종 기호법 중 뜻이 있는 기호법의 대표적인 것으로 기억이 편리하도록 항목의 첫 글자나 그 밖의 문자를 기호로 표기하는 기호법은? [20-3]

① 순번식 기호법
② 기억식 기호법
③ 세구분식 기호법
④ 십진 분류 기호법

정답 ②

4. 다음 중 설비의 분류 방법 중 효율적이지 못한 것은? [07-4]

① 구입 순, 배치 순으로 기호를 부여한다.
② 도서분류법과 같이 표기한다.
③ 기억식(첫글자) 기호법을 사용한다.
④ 연속 번호 중에서 일정 단위(범위)를 정하여 분류한다.

5. 다음 중 계량 단위 종류에 속하지 않는 것은? [06-4]

① 기본 단위   ② 유도 단위
③ 특수 단위   ④ 보조 계량 단위

6. 다음 설명에서 ( ) 안에 해당하는 측정 방식의 종류는? [21-4]

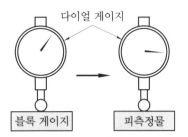

다이얼 게이지

블록 게이지   피측정물

그림과 같이 다이얼 게이지를 이용하여 길이를 측정할 때 블록 게이지에 올려놓고 측정한 값과 피측정물로 바꾸어 측정한 값의 차를 측정하고, 사용한 블록 게이지의 높이를 알면 피측정물의 높이를 구할 수 있다. 이처럼 이미 알고 있는 양으로부터 측정량을 구하는 방법을 (   )이라 한다.

① 편위법   ② 영위법
③ 치환법   ④ 보상법

해설 치환법(substitution method) : 이미 알고 있는 양으로부터 측정량을 아는 방법을 치환법이라 한다.
※ 이 문항은 출제기준 중 계측 제어, 즉 1과목에 해당되며 블록 게이지가 아니라 게이지 블록이라 한다. 등의 오류가 있다.

7. 다음 중 직접 측정식 계측기가 아닌 것은? [18-1]

① 스톱워치   ② 수은온도계
③ 게이지 블록   ④ 마이크로미터

8. 다음 중 직접 측정의 특징으로 틀린 것은? [18-4]

① 측정 범위가 다른 측정 방법보다 넓다.
② 측정물의 실제 치수를 직접 잴 수 있다.
③ 양이 많고 종류가 적은 제품을 측정하기에 적합하다.
④ 눈금을 잘못 읽기 쉽고 측정하는 데 시간이 많이 걸린다.

해설 직접 측정은 측정 양은 적지만 측정 부위가 많은 곳에 사용된다.

9. 다음 중 한계 게이지의 특징으로 틀린 것은? [21-2]

① 제품의 실제 치수를 읽을 수 없다.

② 측정에 숙련을 요하지 않고 간단하게 사용할 수 있다.

③ 소량 제품 측정에 적합하고 불량을 판정하는 데 일정 시간이 소요된다.

④ 측정 치수가 정해지고 1개의 치수마다 1개의 게이지가 필요하다.

해설 다량 제품 측정에 적합하고 불량의 판정을 쉽게 할 수 있다.

10. 다음 중 한계 게이지의 특징으로 틀린 것은? [21-1]

① 제품의 실제 치수를 읽을 수 없다.

② 다량 제품 측정에 적합하고 불량의 판정을 쉽게 할 수 있다.

③ 측정 치수가 정해지고 1개의 치수마다 1개의 게이지가 필요하다.

④ 면의 각종 모양 측정이나 공작 기계의 정도 검사 등 사용 범위가 넓다.

해설 면의 각종 모양 측정 등의 형상 공차 검사나 공작 기계의 정도 검사 등을 할 수 없으며, 사용 범위가 좁다.

11. 어떤 사상(事象)을 조사 또는 관리하는 경우 그 목적에 적합한 사상을 선정하여 과학적으로 측정하고 유효하게 수량화하여 그 결과가 객관적인 자료로서 의미를 갖도록 하는 것은? [10-4, 14-2]

① 계측화 ② 효율화

③ 적정화 ④ 계량화

해설 계측화 : 어떤 사상을 조사한다든지 관리한다든지 하는 경우, 그 목적에 적합한 사상을 선정해서, 이것을 적절하게 과학적으로 측정·계측하고 유효하게 수량화해서 결과가 객관적인 자료로서 의미를 갖고,

소기의 목적을 두는 것을 말한다.

12. 계측 관리를 하기 위하여 공정의 흐름과 관련을 객관적, 도식적으로 표현하여 관계자의 관점을 계통적으로 표현한 기술 양식은? [07-4, 14-2]

① 공정명세표 ② 작업표준서

③ 공정일정표 ④ 프로세서 흐름도

13. 계측기 관리를 수행하기 위하여 준수해야 하는 사항과 거리가 먼 것은? [20-4]

① 관리 규정 ② 연구 개발

③ 선정·구입 ④ 검사·검정

13-1 계측기의 관리를 수행하기 위하여 준수되지 않아도 되는 것은? [12-4]

① 관리 규정 ② 대상의 선정·구입

③ 검사·검정 ④ 연구 개발

정답 ④

14. 다음 중 계측 관리를 추진해 가는데 중요한 점이 아닌 것은? [10-4]

① 기업 목적은 명확히 확립할 것

② 계측기의 원리, 구조 및 성능에 적합한 방법이어야 할 것

③ 기업을 과학적, 합리적으로 관리 운영하는 방침을 수립할 것

④ 기업법인의 신경계로서 계측 관리, 정보 관리, 자료 관리를 유기적으로 결합할 것

15. 다음 중 계측 작업 및 방법의 관리와 합리화를 위한 방법과 가장 거리가 먼 것은 어느 것인가? [17-2, 20-2]

① 안전관리의 향상

② 계측 작업의 표준화

③ 계측 정밀도의 유지 향상
④ 계측기의 사용, 취급법의 적정화

해설 안전관리 향상은 합리화라고 할 수 없다.

15-1 계측 작업 및 방법의 관리와 합리화를 위한 방법과 거리가 먼 것은? [11-4]
① 계측 작업의 표준화
② 안전관리의 향상
③ 사용 취급의 적정화
④ 계측 정밀도의 유지 향상

정답 ②

16. 공장 계측 관리에서 계측화의 목적이 아닌 것은? [16-2, 19-2]
① 자주 보전
② 설비 보전, 안전관리
③ 공정 작업의 기술적 관리
④ 생산 공정의 기술적 해석

해설 계측화의 목적 : 생산 공정의 기술적 해석, 공정 작업의 기술적 관리, 시험 검사, 기업의 경제면을 관리, 설비 보전 안전관리 위생 관리, 조사 연구

17. 계측기 선정 방법을 설명한 것 중 가장 거리가 먼 것은? [20-3]
① 계측 목적에 대응해서 적합한 것을 선정
② 계측기의 설계자 및 디자이너를 보고 선정
③ 여러 종류의 변수를 측정하기에 적합한 것을 선정
④ 계측 대상의 사용 조건, 환경 조건 등에 대해서 적합한 계측기를 선정

17-1 계측기 선정 방법을 설명한 것 중 틀린 것은? [16-2]
① 계측 목적에 대응해서 적합한 것을 선정

② 계측기의 원리 및 구조가 탁월한 것을 선정
③ 여러 종류의 변수를 측정하기에 적합한 것을 선정
④ 계측 대상의 사용 조건, 환경 조건 등에 대해서 적합한 계측기를 선정

정답 ②

18. 계측화의 실시 및 합리화를 위한 방법과 가장 거리가 먼 것은? [19-4]
① 계측기의 선정 또는 개발
② 계측 기술의 선정 또는 개발
③ 장치 공사의 적정화
④ 적당한 계측에 의한 수량화

해설 장치 공업에 있어서의 계장을 위해 계측화의 실시 및 합리화를 위한 방법이 필요하다. 공사와는 관련이 미미하다.

19. 계측 작업 및 방법의 관리와 합리화를 위한 방안이 아닌 것은? [13-4, 17-4]
① 계측 작업의 표준화
② 계측 작업의 방법, 조건의 합리화
③ 계측기의 사용 및 취급법의 적정화
④ 계측 작업의 활용 계획과 경제성 검토

20. 다음 중 계측 작업 및 방법의 관리와 합리화를 위하여 실시하는 방법이 아닌 것은 어느 것인가? [14-4]
① 계측 결과 활용 방식의 설정
② 계측 작업의 표준화
③ 계측 정밀도의 유지 및 향상
④ 계측기의 사용 및 취급법의 적정화

21. 다음 중 계측 관리를 하기 위하여 공정의 흐름을 객관적, 도식적으로 표현하여 관계자의 관점을 계통적으로 표현한 기술 양

식은? [14-2]
① 공정명세표   ② 작업표준서
③ 공정일정표   ④ 프로세서 흐름도

22. 그림은 계측 관리 공정명세표 기호이다. 기호의 설명으로 맞는 것은? [17-2]

① 작업 후의 계측
② 작업 전의 계측
③ 작업 중의 계측
④ 작업 전후 계측

해설

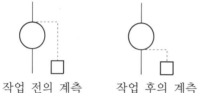

작업 전의 계측   작업 후의 계측

23. 소재를 가공해서 희망하는 형상으로 만드는 공작 작업에 사용되는 도구로서 주조, 단조, 절삭 등에 사용하는 것은? [19-1]
① 공구   ② 측정기
③ 검사구   ④ 안전 보호구

해설 공구 : 소재를 가공해서 희망하는 형상으로 만드는 공작 작업에 사용하는 도구를 공구라 하며 주조, 단조, 용접, 절삭 공구 등 각종 작업에 각각 전용적으로 쓰이는 공구가 있다.

23-1 소재를 가공해서 희망하고 있는 형상으로 만들려는 공장 작업에 사용되는 도구는? [17-4]
① 공구   ② 금형
③ 검사구   ④ 치구 부착구

정답 ①

24. 다음 중 선반용 바이트, 밀링용 커터, 호빙 머신용 호브 등은 무슨 공구인가?
① 형(die) [08-4, 11-4, 15-4, 19-4]
② 지그
③ 절삭 공구
④ 연삭 공구

해설 바이트, 커터, 호브는 공작 기계의 절삭 공구이다.

25. 생산 공정에 있어 취급되는 재료, 반제품 또는 완제품을 공정에 받아들이거나 공정 도중 또는 최종 작업 단계에서 대상물의 작업 기준 합치 여부를 조사하기 위해 사용되는 공구는? [14-2, 22-1]
① 주조   ② 단조
③ 검사구   ④ 치구 부착구

해설 검사구란 생산 공정에 있어 취급되는 재료, 반제품 혹은 완제품을 공정에 받아들일 때 측정 도중 또는 공정의 최종 작업 단계에 있어 이것들이 작업에서 정하는 기준에 합치하는가 아닌가를 조사하기 위해 사용되는 공구를 말한다.

26. 다음 중 치공구에 속하지 않는 것은 어느 것인가? [18-2]
① 지그   ② 라인
③ 검사구   ④ 고정구

27. 지그와 고정구(jig and fixture), 금형, 절삭 공구, 검사구(gauge) 등 각종의 공구를 통칭하는 용어는? [18-4, 21-4]
① 치공구   ② 계측 공구
③ 공작 기계   ④ 제작 공구

28. 치구 사용 목적으로 적당하지 않은 것은 어느 것인가? [15-2]
① 생산 능력을 증대한다.

② 부품에 호환성을 준다.
③ 근육 노동을 증가시킨다.
④ 특수 작업을 용이하게 한다.

29. 치공구 관리 기능 중 계획 단계에 해당하지 않는 것은?   [21-2]
① 공구의 검사
② 공구의 연구 시험
③ 공구의 설계 및 표준화
④ 공구의 소요량의 계획 및 보충

해설 계획 단계
㉠ 공구의 설계 및 표준화
㉡ 공구의 연구 시험
㉢ 공구 소요량의 계획 및 보충

30. 공장 설비의 치공구 관리 기능 중 계획 단계인 것은?   [09-4, 19-2, 20-3]
① 공구의 검사
② 공구의 제작 및 수리
③ 공구의 설계 및 표준화
④ 공구의 보관과 대출

31. 치공구 관리 기능 중 계획 단계에서 행해지는 것으로 가장 적합한 것은?   [20-4]
① 공구의 검사
② 공구의 연구 시험
③ 공구의 보관과 대출
④ 공구의 제작 및 수리

32. 치공구 관리 기능 중 보전 단계에서 실시하는 내용이 아닌 것은?   [21-1]
① 공구의 검사
② 공구의 보관과 공급
③ 공구의 제작 및 수리
④ 공구의 설계 및 표준화

해설 보전 단계에서는 공구의 제작 수리,

공구의 검사, 공구의 보관 대출, 공구의 연삭이며, 공구의 설계 및 표준화는 계획 단계이다.

33. 치공구 관리에서 보전 단계에서 해당하지 않는 것은?   [20-2]
① 공구의 검사
② 공구의 보관과 대출
③ 공구의 제작 및 수리
④ 공구 소요량의 계획 및 보충

34. 치공구 관리 기능에서 보전 단계가 아닌 것은?   [16-2]
① 공구의 검사
② 공구의 연구 시험
③ 공구의 보관과 공급
④ 공구의 제작 및 수리

35. 다음 중 치공구 관리의 기능 중 보전 단계에서 행해지는 것으로 가장 적합한 것은 어느 것인가?   [17-2]
① 공구의 연구 시험
② 공구의 제작 및 수리
③ 공구의 설계 및 표준화
④ 공구 소요량의 계획, 보충

36. 치공구 관리의 주요 기능을 나열하면 다음과 같다. 치공구의 보전 단계에서 행해지는 주요 기능을 나열한 것은?   [12-4]

㉠ 공구의 제작 · 수리
㉡ 공구의 연구 · 시험
㉢ 공구 소요량의 계획 · 보충
㉣ 공구의 연삭
㉤ 공구의 설계 · 표준화
㉥ 공구의 검사
㉦ 공구의 사용 조건 관리
㉧ 공구의 보관 · 대출

① ⓒ - ⓜ - ⓢ - ⓞ
② ⓝ - ⓛ - ⓢ - ⓞ
③ ⓛ - ⓒ - ⓜ - ⓢ
④ ⓝ - ⓡ - ⓗ - ⓞ

해설 보전 단계에서는 공구의 제작·수리, 공구의 검사, 공구의 보관·대출, 공구의 연삭 등이 행해진다.

37. 치공구를 설계하기 위한 방법으로 틀린 것은? [18-2]

① 지그와 고정구 구성 부품의 표준화를 적극적으로 고려할 것
② 복잡한 구조로 불균형한 형상을 가질 수 있도록 할 것
③ 피공작물의 부착과 해체가 용이하고 공작 작업이 쉬운 구조일 것
④ 작업 시에 안전성, 신뢰성을 줄 수 있는 구조와 형상일 것

해설 치공구 설계법
ⓐ 제품의 설계 도면에 나타난 설계 정보를 정확하게 이해하고, 이것이 요구하고 있는 기능과 정도를 제품 속에 충분히 살릴 수 있는 구조를 갖추도록 한다.
ⓑ 피공작물의 부착과 해체가 용이하고 공작 작업이 쉬운 구조로 되어야 한다.
ⓒ 강성을 갖춘 것으로서 운전 취급을 하기 쉬운 구조로 한다.
ⓓ 구조는 될 수 있는 한 단순하면서 균형이 갖추어진 형상으로 해야 한다.
ⓔ 작업자가 작업 시 안전성, 신뢰성이 높은 감각을 줄 수 있는 것과 같은 구조, 현상으로 해야 한다.
ⓕ 경제성이 있는 구조로 되어야 한다.
ⓖ 지그와 고정구 구성부품의 표준화를 고려해야 한다.
ⓗ 전 작업 단계에서 검사를 설비할 수 있는 것과 같은 구조로 되어야 한다.
ⓘ 위치 결정, 부착 방법 등에 관한 고려를 해야 한다.

ⓙ 절삭에 의해서 생긴 칩을 제거하기 쉬운 구조로 해야 한다.
ⓚ 작업에 절삭제가 사용되고 있는가, 어떤가를 고려할 수 있는 것이어야 한다.

37-1 치공구를 설계하기 위한 기본적 방법으로 틀린 것은? [06-4, 14-4]

① 지그 고정구 구성 부품의 표준화를 적극적으로 고려할 것
② 구조는 가능한 한 복잡하고 균형이 잡힌 형상을 갖고 있을 것
③ 피공작물의 부착과 해체가 용이하며, 공작 작업을 하기 쉬운 구조일 것
④ 작업 시에 안전성, 신뢰성을 줄 수 있는 구조, 형상일 것

해설 치공구는 간단한 구조로 균형화한 형상을 가질 수 있도록 할 것

정답 ②

38. 기체 연료의 특징에 해당되지 않는 것은? [21-4]

① 화염의 흑도가 낮고 방사열이 적다.
② 황을 제거하고 나서 사용해야 한다.
③ 예열에 의한 열효율 상승이 비교적 용이하다.
④ 조금 많은 공기의 공급으로 완전연소가 가능하다.

해설 같은 온도에서 회색 물체가 발휘하는 복사 성능과 완전한 검은색의 물체가 발휘하는 복사 성능의 비이다.

39. 효율적인 열관리 방법에 관한 내용과 가장 거리가 먼 것은? [11-4, 20-3]

① 열설비는 성능 유지 및 향상을 위한 관리가 중요하다.
② 연료는 가격이 저렴하고 쉽게 확보할 수 있어야 한다.

③ 설비의 열사용 기준을 정해 열효율 향상을 도모해야 한다.

④ 열관리의 효과를 높이기 위해서는 공장 간부와 일부 관계자만에 의한 집중 관리가 필요하다.

해설 열관리의 효율을 높이기 위해서는 전 사원에 의한 집중 관리가 중요하다.

39-1 열관리의 효율적 운영에 맞지 않는 것은? [06-4]

① 열관리의 효율을 높이기 위해서는 일부 관계자와 공장 간부의 전담반에 의한 집중 관리가 중요하다.

② 설비의 열사용 기준을 정해 열효율 향상을 도모해야 한다.

③ 열설비는 가동률 향상이 제일 중요하다.

④ 연료는 가격이 저렴하고 쉽게 확보할 수 있어야 한다.

정답 ①

40. 공장 에너지 관리에 관한 사항 중 틀리게 설명한 것은? [07-4]

① 최소한의 전력을 가지고 최대의 효과를 올릴 수 있어야 한다.

② 연료는 사용 목적에 적합한 것을 선택하며, 값싸고 쉽게 확보할 수 있는 것이어야 한다.

③ 전력의 낭비를 직접 낭비와 간접 낭비로 나눌 때 누전, 기계의 공전 등은 간접 낭비로 분류된다.

④ 열설비의 저능률 설비에 대해서 그 요인을 분석하고 보전, 개선 혹은 갱신하는 것이 중요하다.

41. 공장 내에서 1차 목적을 위해 사용된 후의 배열 회수에 있어서 고려해야 할 것 중 틀린 것은? [08-4]

① 각 열설비마다 배열의 양 및 질 파악

② 배열하는 방법에 대한 기술적 가능성 및 경제성 검토

③ 열을 사용하는 설비의 가열 방법 및 설비의 규모, 작업 부하 검토

④ 회수에 필요한 비용 및 회수열의 품질 작업 조건 등을 분석하여 가장 이용 가치가 있는 방법을 선택

42. 연소 목적에 맞도록 연료, 설비, 부하, 작업 방법 등에 대해서 기술적, 경제적으로 가장 효과를 올릴 수 있도록 관리하는 것은? [10-4, 15-4]

① 연료 관리 ② 연소 관리

③ 열 폐기 관리 ④ 배열 회수 관리

해설 열관리 방법 중에 연소 관리에 대한 설명을 한 것이다.

43. 열관리 영역에서 열에너지 흐름에 따른 분류에 해당되지 않는 것은? [17-4, 20-4]

① 배기 관리 ② 연료의 관리

③ 연소의 관리 ④ 열사용의 관리

43-1 열관리의 영역에서 열에너지 흐름에 따른 분류에 해당되지 않는 것은? [18-2]

① 연료의 관리 ② 연소의 관리

③ 인화점의 관리 ④ 열사용의 관리

정답 ③

44. 공장 에너지 관리 중 열관리 방법에 해당하지 않는 것은? [20-2]

① 소음 관리 ② 연소의 관리

③ 연료의 관리 ④ 열계측 관리

해설 열관리는 연료의 관리, 연소의 관리, 열사용의 관리, 배열의 회수 이용, 열설비의 관리를 말한다.

44-1 공장의 에너지 관리 중에서 열관리의 방법 중에 해당하지 않는 것은 다음 중 어느 것인가?   [12-4, 16-2]
① 연료의 관리   ② 연소의 관리
③ 열 변환의 관리 ④ 열 설비의 관리
정답 ③

45. 에너지 사용 효율을 높이기 위해 실시하는 열관리 방법으로 틀린 것은?   [14-4]
① 연료는 사용 목적이 적합하며, 가격이 저렴하고 쉽게 확보할 수 있어야 한다.
② 연료의 저장 및 운반에서 성분의 변화, 품질의 저하, 발열 등의 연료 손실이 생기지 않도록 해야 한다.
③ 연소의 합리화를 위하여 부하가 과대한 경우 연소실을 축소한다.
④ 연소의 합리화를 위하여 부하가 과소한 경우 연료의 품질을 저하시킨다.

46. 연소 관리 중 연소의 합리화를 위해서는 연소율을 적당히 유지하는 것이 필요하다. 부하가 과대한 경우의 대책으로 틀린 것은 어느 것인가?   [18-4, 22-2]
① 연소 방식을 개량한다.
② 이용할 노상 면적을 작게 한다.
③ 연도를 개조하여 통풍이 잘되게 한다.
④ 연료의 품질 및 성질이 양호한 것을 사용한다.
해설 부하가 과대한 경우의 대책
㉠ 연료의 품질 및 성질이 양호한 것을 사용한다.
㉡ 연도를 개조하여 통풍이 잘되게 한다.
㉢ 연소 방식을 개량한다.
㉣ 연소실의 증대를 꾀한다.

46-1 연소 관리 중 연소의 합리화를 위해서는 연소율을 적당히 유지하는 것이 필요하

다. 부하의 과대 혹은 과소의 대책 중 부하가 과대한 경우의 대책은 다음 중 어느 것인가?   [13-4]
① 이용할 노상 면적을 작게 한다.
② 연료의 품질을 저하시킨다.
③ 연소 방식을 개량한다.
④ 연도를 좁게 하여 통풍이 잘되지 않게 한다.
정답 ③

47. 연소 관리에서 연소율을 적당히 유지하기 위해 부하가 과소한 경우의 대책으로 옳은 것은?   [19-1]
① 연소실을 크게 한다.
② 연료의 품질을 저하시킨다.
③ 이용할 노상 면적을 크게 한다.
④ 연도를 개조하여 통풍이 잘되게 한다.
해설 부하가 과소한 경우의 대책
㉠ 이용할 노상 면적을 작게 한다.
㉡ 연료의 품질을 저하시킨다.
㉢ 연소 방식을 개선한다.
㉣ 연소실의 구조를 개선한다.

48. 어느 기간 내의 부하의 전력량을 그 기간의 전 시간 수로 나눈 것으로 그 기간 내의 부하의 평균치는 어느 것인가?   [09-4]
① 부하율
② 부등률
③ 평균 부하
④ 설비 이용률

49. 최대 부하와 설비 용량과의 비를 말하며, 백분율로 표시되는 것은? [07-4, 16-4]
① 대비율(對比率)
② 수요율(需要率)
③ 부등률(不等率)
④ 설비 이용률(設備利用率)

50. 부하가 많을 경우에 각 부하의 최대 수요 전력의 합을 각 부하를 종합했을 때의 최대 수요 전력으로 나눈 것은? [22-1]

① 부하율 ② 부등률
③ 수요율 ④ 설비 이용률

해설 부등률(diversity factor) : 최대 수용 전력의 합을 합성 최대 수용 전력으로 나눈 값으로 수전 설비 용량 선정에 사용되며, 부등률이 클수록 설비의 이용률이 크므로 유리한 이 값은 항상 1보다 크다.

$$부등률 = \frac{수용\ 설비\ 각각\ 최대\ 전력\ 합(kW)}{합성\ 최대\ 수용\ 전력(kW)}$$

50-1 부하가 많을 경우에 각 부하 전력의 산술 합계를 최대 부하로 나눈 것을 무엇이라고 하는가? [18-1]

① 부하율 ② 수요율
③ 부등률 ④ 설비 이용률

정답 ③

50-2 다음 중 어느 기간 내의 평균 부하와 최대 부하의 비를 말하며, 백분율로 표시한 것은? [17-2]

① 부하율 ② 수요율
③ 부등률 ④ 설비 이용률

정답 ①

51. 전력 손실 중 직접 손실에 해당되지 않는 것은? [15-2, 19-2]

① 누전
② 기계의 공회전
③ 공정 관리 불량
④ 저능률 설비 사용

해설 • 직접 손실 : 기계의 공회전, 누전, 저능률 설비 사용
 • 간접 손실 : 공정 관리 불량, 품질 불량

2-2 종합적 생산 보전

1. 종합적 생산 보전(TPM : total productive maintenance)에 대한 설명 중 틀린 것은 어느 것인가?　[08-4, 14-4, 20-4]
① TPM의 목표는 현장의 체질 개선에 있다.
② TPM의 목표는 설비, 사람, 현장이 변하지 않는 데 있다.
③ TPM의 특징은 고장 제로(zero), 불량 제로 달성 목표에 있다.
④ TPM의 목표는 맨(man), 머신(machine), 시스템(system)을 극한 상태까지 높이는 데 있다.
해설 TPM의 목표
 • 맨 · 머신 · 시스템을 극한까지 높일 것
 　㉠ 설비의 성능을 항상 최고의 상태로 유지한다.
 　㉡ 그 상태를 장시간에 걸쳐서 유지한다.
 • 현장의 체질을 개선할 것 : TPM에서 설비가 변하고, 사람이 변하고, 현장이 변하는 것, 이것이 TPM의 목표이다.

2. 다음 중 TPM의 목표로 가장 적당한 것은?　[16-2]
① 고장 제로
② 불량 제로
③ 예방 보전
④ 현장 체질 개선

3. TPM 활동 중에서 실천주의 개념 중 3현주의가 아닌 것은?　[16-4]
① 현장　② 현물
③ 현실　④ 현상

4. 다음 중 TPM의 다섯 가지 활동이 아닌 것은?　[21-4]

① 대집단 활동을 통해 PM 추진
② 설비의 효율화를 위한 개선 활동
③ 최고 경영층부터 제일선까지 전원 참가
④ 설비에 관계하는 사람 모두 빠짐없이 활동
해설 자주적 소집단 활동을 통해 PM 추진

4-1 TPM(total productive maintenance)의 다섯 가지 활동이 아닌 것은 어느 것인가?　[11-4, 16-2]
① 설비의 효율화를 위한 개선 활동
② 자주적 대집단 활동을 통해 PM 추진
③ 최고 경영층부터 제일선까지 전원 참가
④ 설비에 관계하는 사람 모두 빠짐없이 활동
정답 ②

4-2 TPM(total productive maintenance)의 5가지 활동에 포함되지 않는 것은 어느 것인가?　[21-1]
① 자주적 대집단 활동으로 실시 할 것
② 작업자의 기능 수준 향상을 도모할 것
③ 설비의 효율화를 저해하는 6대 로스를 추방할 것
④ 설비에 강한 작업자를 육성하여 보전 체계를 확립할 것
정답 ①

5. TPM을 전개해 나가는 5가지 활동 중 설비에 강한 작업자를 육성하여 작업자의 보전 체제를 확립하는 활동은 다음 중 어느 것인가?　[17-4]
① 필기 교육의 확립

② 계획 보전 체제 확립
③ 설비의 효율화를 위한 개선 활동
④ 작업자의 자주 보전 체제의 확립

6. 다음 TPM의 5가지 활동 중 보전이 필요 없는 설비를 설계하여, 가능한 빨리 설비의 안전 가동을 위한 활동은 무엇인가?
[15-2, 18-1, 20-3]
① 계획 보전 체제의 확립
② 작업자의 자주 보전 체제의 확립
③ 설비의 효율화를 위한 개선 활동
④ MP 설계와 초기 유동 관리 체제의 확립

7. TPM의 우선순위 활동인 자주 보전의 효과 측정을 위한 방법에 해당되지 않는 것은?
[22-2]
① 기준서 작성 현황 파악
② MTBF(평균 가동 시간)의 연장
③ OPL(one point lesson) 작성 현황 확인
④ FMCEA(고장 유형, 영향 및 심각도 분석)

해설 효과적 측정 방법 : MTBF(평균 가동 시간)의 연장, OPL(one point lesson) 작성 현황, 자주 보전 개선 시트의 작성 현황, 기준서 작성 현황

7-1 TPM의 우선순위 활동인 자주 보전의 효율화 측정을 위한 방법과 가장 거리가 먼 것은?
[14-2]
① MTBF(평균 가동 시간)의 연장
② OPL(one point lesson) 작성 현황
③ FMCEA(고장 유형, 영향 및 심각도 분석)
④ 기준서 작성 현황

정답 ③

8. TPM의 목적과 거리가 먼 것은? [14-2]
① 자주 보전 능력 향상
② 작업 환경 관리 향상
③ 재해 "0", 불량 "0", 고장 "0" 추구
④ LCC(life cycle cost)의 경제성 추구

9. 다음 중 TPM의 설명을 가장 잘 나타낸 수식은? [09-4]
① TPM = 생산 보전 + 작업자 자주 보전
② TPM = 예방 보전 + 작업자 자주 보전
③ TPM = 사후 보전 + 작업자 자주 보전
④ TPM = 일상 보전 + 작업자 자주 보전

해설 TPM : 설비의 효율을 최고로 하는 것을 목표로 그룹별 자주 활동에 의한 PM 추진 방법

10. TPM은 전통적인 관리 시스템과 차이점이 있다, TPM의 활동이 아닌 것은 어느 것인가?
[10-4]
① 원인 추구 시스템 및 무결점 목표
② 관리 기술과 벤치마크
③ input 지향 및 예방 활동
④ 로스(loss) 측정

11. TPM 관리와 전통적 관리를 비교했을 때 TPM 관리의 특징으로 옳은 것은 어느 것인가?
[21-2]
① output 지향
② 결과 중심 시스템
③ 개선을 위한 자기 동기 부여
④ 제한적이고 터널식인 의사소통

12. 종합적 생산 보전(TPM)에 관한 내용으로 가장 거리가 먼 것은? [19-2]
① 사후 활동 추구
② 자주 보전 능력 향상

③ 불량 제로(0), 고장 제로(0) 추구
④ LCC(life cycle cost)의 경제성 추구

해설 TPM은 input 지향으로 원인 추구 시스템이며, 사전 활동(예방 활동)이다.

13. TPM 관리와 전통적 관리를 비교했을 때 다음 중 TPM 관리의 내용과 가장 거리가 먼 것은? [19-1]
① output 지향
② 원인 추구 시스템
③ 사전 활동(예방 활동)
④ 개선을 위한 자기 동기 부여

해설 • TPM 관리 : input 지향
• 전통적 보전 : output 지향

13-1 TPM 관리를 설명한 내용으로 거리가 먼 것은? [06]
① output 지향
② 로스(loss) 측정
③ 사전 활동
④ 원인 추구

정답 ①

14. 다음 중 TPM 관리와 전통적 관리를 비교했을 때, 전통적 관리의 특징으로 옳은 것은? [19-4]
① 무결점 목표
② input 지향
③ 원인 추구 시스템
④ top down 지시

해설 • TPM 관리 : 무결점 목표, top down 목표 설정과 bottom up 활동
• 전통적 보전 : 상대적 벤치마크 달성, top down 지시

15. TPM과 전통적 관리와의 차이점 중 TPM과 가장 관계가 깊은 것은? [18-4]
① 사후 활동
② output 지향

③ 원인 추구 시스템
④ 상벌 위주의 동기 부여

해설 • TPM 관리 : 원인 추구 시스템
• 전통적 보전 : 결과 중심 시스템

16. 다음 중 TPM의 특징으로 틀린 것은 어느 것인가? [18-2]
① 사전 활동
② 로스 측정
③ input 지향
④ 결과 중심 시스템

17. 종합적 설비 관리는 다른 활동과 다소 차이가 있다. 다음 중 종합적 설비 관리의 특성이 아닌 것은? [13-4]
① 종합적 설비 관리의 대상은 고객의 요구가 아니고 사람과 설비이다.
② 종합적 설비 관리의 활동은 목표 중시보다는 과정 중시이다.
③ 종합적 설비 관리는 제조 현장, 즉 직접 부문에 적용된다.
④ 종합적 설비 관리를 위하여 개발된 DMAIC이라는 활동 단계를 적용하여 혁신하는 것이다.

해설 DMAIC은 6시그마에서 적용되는 혁신 활동 단계이다.

18. 만성 로스 개선 방법 중 설비나 시스템의 불합리 현상을 원리 및 원칙에 따라 물리적 성질과 메커니즘을 밝히는 사고 방식은? [15-4, 18-1, 21-4]
① FTA
② FMEA
③ QM 분석
④ PM 분석

18-1 만성화된 설비나 시스템의 불합리 현상을 원리 및 원칙에 따라 물리적으로 해석하여 현상의 메커니즘을 밝히는 사고 방식은? [08-4]

① FMECA　② AIDEP
③ CRAFT　④ PM
정답 ④

19. 만성 로스를 개선하기 위해 PM 분석으로 8단계를 추진할 경우 5단계는 어느 것인가? [16-4]
① 조사 결과 판정
② 4M과의 관련성 검토
③ 조사 방법의 검토
④ 현상의 성립하는 조건 정리

20. 만성 로스 개선으로 PM 분석의 특징으로 틀린 것은? [13-4]
① 원인에 대한 대책은 산발적 대책
② 현상 파악은 세분화하여 파악함으로 해석이 용이
③ 요인 발견 방법은 인과성을 밝혀 기능적으로 발췌
④ 원인 추구 방법은 물리적 관점에서 과학적 사고 방식
해설 PM 분석의 만성 로스 분석 방식은 투망식이다. 줄 낚시식은 특성 요인 분석 방식이다.

21. 특성 요인도 분석과 비교하여 PM 분석에 관한 설명으로 옳은 것은? [14-4]
① 포괄적으로 파악하여 해석이 복잡함
② 물리적 관점에서 과학적 사고를 가짐
③ 각개 원인들을 나열식으로 열거함으로 누락 발생이 가능함
④ 비계통적으로 나열하여 산발적으로 대책을 수립함

22. PM 분석에서 P의 의미에 대한 설명으로 맞는 것은? [09-4, 21-2]

① 현상의 명확화와 메커니즘을 해석한다.
② 설비의 메커니즘을 분석하고 이해한다.
③ 현상을 물리적으로 해석한다.
④ 작업 방법과 관련성을 추구하는 요인 해석의 사고 방식이다.
해설 PM 분석의 단어 : '현상을 물리적으로(phenomena, physical)'에서 P, '메커니즘과 설비·사람·재료의 관련성(mechanism·machine·man·material)'에서 M이란 머리글자를 따서 PM이라고 한다.

23. 종합적 생산 보전(TPM)에서 개별 설비의 종합적인 이용 효율을 나타내는 지수인 설비의 종합 이용 효율을 계산하는 데 필요한 항목이 아닌 것은? [22-2]
① 양품률　② 노동 효율
③ 시간 가동률　④ 성능 가동률
해설 종합 효율=시간 가동률×성능 가동률×양품률

23-1 TPM에서의 설비 종합 효율을 계산하기 위해서 고려되어야 할 사항 중 가장 거리가 먼 것은? [18-1, 20-3]
① 양품률　② 로스율
③ 시간 가동률　④ 성능 가동률
정답 ②

24. 설비의 종합 효율을 산출하기 위한 공식으로 맞는 것은? [15-2, 19-2]
① 종합 효율=시간 가동률 × 성능 가동률 × 양품률
② 종합 효율=속도 가동률 × 실질 가동률 × 양품률
③ 종합 효율=$\frac{속도 가동률 × 성능 가동률}{양품률}$
④ 종합 효율=$\frac{시간 가동률 × 실질 가동률}{양품률}$

24-1 설비의 종합 효율을 산출하기 위한 공식으로 맞는 것은? [10-4]

① 종합 효율=시간 가동률 × 성능 가동률 × 양품률

② 종합 효율=$\dfrac{속도 가동률 × 성능 가동률}{양품률}$

③ 종합 효율=속도 가동률 × 실질 가동률 × 양품률

④ 종합 효율=$\dfrac{시간 가동률 × 실질 가동률}{양품률}$

정답 ①

25. 다음 중 불량 로스의 대책이 아닌 것은 어느 것인가? [21-1]

① 요인 계통을 재검토할 것
② 강제 열화를 지속시킬 것
③ 현상의 관찰을 충분히 할 것
④ 원인을 한 가지로 정하지 말고, 생각할 수 있는 요인에 대해 모든 대책을 세울 것

해설 로스의 대책으로 열화를 제거해야 한다.

26. 만성 로스의 발생 형태를 설명한 것이 아닌 것은? [10-4, 16-4]

① 불규칙적으로 발생
② 만성적으로 발생
③ 짧은 시간으로 되풀이 발생
④ 일정 산포를 형성

해설 ①은 돌발 로스의 발생 형태이다.

27. 다음 중 만성 로스의 특징으로 옳은 것은? [17-4, 20-3]

① 원인이 하나이며, 그 원인을 명확히 파악하기 쉽다.
② 원인도 하나, 원인이 될 수 있는 것도 하나이다.

③ 복합 원인으로 발생하며, 그 요인의 조합이 불변이다.
④ 원인은 하나이지만 원인이 될 수 있는 것이 수없이 많으며, 그때마다 바뀐다.

해설 만성 로스의 특징
㉠ 원인은 하나이지만 원인이 될 수 있는 것이 수없이 많으며, 그때마다 바뀐다.
㉡ 복합 원인으로 발생하며, 그 요인의 조합이 그때마다 달라진다.

28. 다음 중 만성 로스에 관한 내용으로 가장 거리가 먼 것은? [19-2]

① 만성 로스를 줄이기 위하여 현상의 해석을 철저히 해야 한다.
② 만성 로스의 발생 형태에는 돌발형과 만성형이 있다.
③ 만성 로스의 원인은 한 가지로 간단히 해결할 수 있다.
④ 만성 로스는 복합 원인으로 발생하며, 그 요인의 조합이 그때마다 달라진다.

29. 만성 로스에 관한 설명 중 거리가 먼 것은? [12-4, 17-2, 20-4]

① 만성 로스는 잠재하므로 표면화하기 어려운 경향이 있다.
② 만성 로스 개선을 위해서는 특징을 충분히 파악하는 것이 중요하다.
③ 만성 로스는 원인과 결과의 관계가 불명확하고 복합적 원인인 경우가 많다.
④ 만성 로스를 제로(zero)화하기 위해서는 관리도 분석 기법의 활용이 가장 바람직하다.

해설 만성 로스를 제로화하기 위해서는 PM 분석 기법이 유효하다.

30. 다음 만성 로스의 특징과 만성 로스의 대책에 관한 설명 중 옳은 것은? [14-2]

① 만성 로스의 원인은 하나이지만 원인이 될 수 있는 것이 수없이 많으며, 그 내용에는 변함이 없다.
② 만성 로스는 현상의 해석을 철저히 한다.
③ 만성 로스는 복합 원인으로 발생하며, 그 요인의 조합 내용은 변함이 없다.
④ 만성 로스의 요인 중에 숨어 있는 결함은 가급적 표면화시키지 않는다.

해설 만성 로스의 대책
㉠ 현상의 해석을 철저히 한다.
㉡ 관리해야 할 요인계를 철저히 검토한다.
㉢ 요인 중에 숨어 있는 결함을 표면으로 끌어낸다.

31. 만성 고장을 규명하고 개선하기 위한 PM 분석의 특징으로 옳은 것은? [21-1]
① 원인 추구 방법은 과거의 경험으로 분석
② 현상 파악은 포괄적으로 파악하여 해석
③ 요인 발견 방법은 각개의 원인을 나열식으로 나열하여 발견
④ 원인에 대한 대책은 원리 및 원칙을 수립하여 대책 강구

32. 프로세스형 설비의 로스에 대한 설명으로 틀린 것은? [18-1]
① 고장 로스는 생산 준비, 수주 및 조정에 의한 생산 계획상의 로스이다.
② 공구 교환 로스는 품목 변화 시 설비 공구 등의 교환에 의하여 발생되는 로스이다.
③ 속도 저하 로스는 이론 사이클 시간과 실제 사이클 시간과의 차이의 로스이다.
④ 계획 정지 로스는 연간 보전 계획에 의한 예방 보전 또는 정기 보전에 의한 휴

지 시간에 의한 로스이다.

33. 프로세스형 설비의 9대 로스에 속하지 않는 것은? [14-2]
① 재료 수율 로스
② 속도 저하 로스
③ 공정 불량 로스
④ 시가동 로스

해설 재료 수율 로스는 프로세스형 설비의 20대 로스에 속한다.

34. 설비나 시스템의 효율을 극대화하기 위한 개별 개선 활동에서 가장 첫 번째로 수행하는 것은? [11-4, 16-2, 18-4]
① 개선안 수립
② 중점 설비 선정
③ 로스의 영향 분석
④ 로스의 정량적 측정

해설 개별 개선에서 가장 첫 번째로 할 것은 중점 설비를 선정하는 것이다.

35. 설비 효율화 저해 손실에 해당하는 것은? [09-4, 15-4]
① 고장 손실
② 관리 손실
③ 에너지 손실
④ 보수 유지 손실

36. 가공 및 조립형 설비 6대 로스 중 돌발적 또는 만성적으로 발생하는 고장에 의하여 발생되는 시간 로스는? [08-4, 18-2]
① 고장 로스   ② 속도 저하 로스
③ 수율 저하 로스 ④ 순간 정지 로스

해설 고장 로스 : 돌발적 또는 만성적으로 발생하는 고장에 의하여 발생, 효율화를 저해하는 최대 요인이다.

37. 다음 중 일시 정체 로스에 대한 대책으로 거리가 가장 먼 것은? [20-2]
① 현상을 잘 파악할 것
② 최적 조건을 파악할 것
③ 미세한 결함도 시정할 것
④ 간단한 결함은 무시할 것

해설 일시 정체 로스에 대한 대책
㉠ 현상을 잘 볼 것
㉡ 미세한 결함도 시정할 것
㉢ 최적 조건을 파악할 것

37-1 다음 중 일시 정체 로스에 대한 대책이 아닌 것은? [16-4]
① 요인 계통을 재검토할 것
② 현상을 잘 볼 것
③ 미세한 결함을 시정할 것
④ 최적 조건을 파악할 것

정답 ①

38. 설비 효율화를 저해하는 6대 로스에 관한 내용으로 틀린 것은? [17-4]
① 설비 효율화를 저해하는 최대 요인은 고장 로스이다.
② 작업 준비, 조정 로스에는 오차 누적 및 표준화 미비에 의한 것이다.
③ 속도 로스란 설비의 설계 속도와 실제 움직이는 속도와의 차이에서 생기는 로스이다.
④ 일시 정체 로스는 생산 개시 시점으로부터 안정화될 때까지의 사이에 발생하는 로스이다.

해설 6대 로스 : 고장 로스, 작업 준비 조정 로스, 속도 저하 로스, 일시 정체 로스, 불량 수정 로스, 초기 로스

39. 가공 및 조립형 설비 손실에 포함되지 않는 것은? [12-4, 15-2, 20-2]
① 고장 손실
② 속도 저하 손실
③ 공정 불량 손실
④ 시가동 손실

해설 시가동 로스는 프로세스형 설비 로스에 포함된다.

39-1 가공 및 조립형 산업에서의 설비 6대 로스와 가장 거리가 먼 것은? [19-4]
① 고장 로스 ② 시가동 로스
③ 순간 정지 로스 ④ 속도 저하 로스

정답 ②

40. 설비의 효율화 저해 로스(loss) 중 설비의 설계 속도와 실제로 움직이는 속도와의 차이에서 생기는 로스는? [21-2]
① 초기 로스 ② 속도 로스
③ 고장 로스 ④ 불량 로스

해설 속도 로스란 설비의 설계 속도와 실제로 움직이는 속도와의 차이에서 생기는 로스이다.

40-1 설비의 설계에 의한 이론 사이클 시간과 실제 사이클 시간과의 차이를 무엇이라 하는가? [12-4, 16-4, 20-3]
① 고장 로스 ② 속도 저하 로스
③ 순간 정지 로스 ④ 수율 저하 로스

정답 ②

40-2 다음 중 이론 사이클 시간과 실제 사이클 시간과의 차이에서 발생하는 로스는 어느 것인가? [19-2, 20-2]
① 고장 로스 ② 조정 로스
③ 속도 저하 로스 ④ 계획 정지 로스

정답 ③

40-3 프로세스형 설비의 로스는 9대 로스로 구분된다. 그 중 다음은 어떤 로스를 정의한 것인가? [06-4]

> 이론 사이클 시간과 실제 사이클 시간의 차이

① 계획 정지 로스
② shut down 로스
③ 순간 정지 로스
④ 속도 저하 로스

정답 ④

41. 설비 종합 효율에서 성능 가동률에 해당하는 로스(loss)는? [06=4]
① 고장 로스
② 준비 교체 조정 로스
③ 속도 저하 로스
④ 수율 저하 로스

해설 성능 가동률=속도 가동률×실질 가동률

42. 설비 종합 효율에 크게 영향을 주는 로스 중 시간 가동률에 영향을 주는 로스가 아닌 것은? [14-2]
① 고장 로스
② 작업 준비 로스
③ 속도 저하 로스
④ 조정 로스

43. 다음 중 속도 로스를 설명한 것으로 옳은 것은? [15-4, 19-4]
① 속도 로스는 설비의 설계 속도와 설비가 실제로 움직이는 속도와의 합이다.
② 속도 로스는 설비의 설계 속도와 설비가 실제로 움직이는 속도와의 차이다.
③ 속도 로스는 설비의 설계 속도와 설비가 실제로 움직이는 속도와의 곱이다.
④ 속도 로스는 설비의 설계 속도를 설비가 실제로 움직이는 속도로 나눈 값이다.

44. 가공 및 조립형 설비 로스의 종류와 정의에서 종류에 따른 정의가 잘못 설명된 것은? [18-4]
① 고장 로스 : 돌발적 또는 만성적으로 발생하는 고장에 의하여 발생되는 시간 로스
② 속도 저하 로스 : 설비의 설계에 의한 이론 사이클 시간과 실제 사이클 시간과의 차이
③ 준비·교체·조정 로스 : 시간과의 차이 준비 작업 및 공구 교환에 의한 시간적 로스
④ 수율 저하 로스 : 공정 중에 발생하는 불량품에 의한 불량 로스

44-1 가공 및 조립형 설비 로스의 로스에 따른 정의가 틀린 것은? [15-4]
① 고장 로스 – 돌발적 또는 만성적으로 발생하는 고장에 의하여 발생되는 시간 로스
② 속도 저하 로스 – 설비의 설계에 의한 이론 사이클 시간과 실제 사이클 시간과의 차이
③ 준비·교체·조정 로스 – 준비 작업 및 품종 교체, 공구 교환에 의한 시간적 로스
④ 수율 저하 로스 – 부품 막힘, 센서의 오동작에 의한 일시적인 설비 정지 또는 설비만 공회전함으로써 발생되는 로스

정답 ④

45. 로스 계산 방법에 대한 내용으로 틀린 것은? [17-2]

① 시간 가동률 $= \dfrac{\text{가동 시간}}{\text{부하 시간}}$

② 성능 가동률 $= \dfrac{\text{실질 가동률}}{\text{속도 가동률}}$

③ 시간 가동률 = $\dfrac{\text{부하 시간} - \text{정지 시간}}{\text{부하 시간}}$

④ 성능 가동률 = 속도 가동률 × 실질 가동률

46. 어떤 설비에 대한 시간 가동률을 산출하려고 한다. 지난 1주간의 설비 가동 현황이 아래와 같을 때 시간 가동률은 몇 %인가? [09-4]

> 조업시간 : 60시간, 계획된 휴지 시간 : 6시간, 고장 시간 : 2시간

① 96.3   ② 90.0
③ 86.7   ④ 82.0

해설 시간 가동률 = $\dfrac{\text{부하 시간} - \text{정지 시간}}{\text{부하 시간}}$
$= \dfrac{60-8}{60} = 86.7$

47. 다음 중 성능 가동률을 표현한 것이 아닌 것은? [11-4]

① 정미 가동률 × 속도 가동률
② 가동 시간 × 성능 가동률
③ $\dfrac{\text{이론 생산 시간}}{\text{가동 시간}}$
④ $\dfrac{\text{생산량} \times \text{이론 주기 시간}}{\text{가동 시간}}$

해설 ②는 성능 가동률을 나타내지 못한다.

48. 설비 유효 가동률을 올바르게 표시한 것은? [16-4]

① 설비 유효 가동률 = 설비 가동률 × 속도 가동률
② 설비 유효 가동률 = $\dfrac{\text{설비 가동률}}{\text{설비 고장률}}$
③ 설비 유효 가동률 = 시간 가동률 × 설비 가동률
④ 설비 유효 가동률 = 시간 가동률 × 속도

가동률

해설 설비 유효 가동률은 시간 가동률에 속도 가동률을 곱한 것이며, 시간 가동률은 유용성 A로 정미 가동 시간 U를 부하 시간($U+D$)으로 나눈 값, 또 시스템의 임의 시간 t에 가동 상태에 있을 확률 $A(t)$로도 유용성을 정의할 수 있다.

49. 다음은 설비의 만성 로스 개선 기법들이다. 시스템의 잠재적 결함을 조직적으로 규명하고 조사하는 설계 기법의 하나로서 설비 사용자에게도 설비의 끊임없는 평가와 개선을 실시할 수 있는 고장 유형, 영향 분석 기법은? [07-4]

① 고장 유형, 영향 및 심각도 분석(FMECA)
② PM 분석
③ QM 분석
④ FTA 분석

50. 자주 보전 활동에 대한 설명으로 거리가 가장 먼 것은? [21-4]

① 자주 보전은 미리 작성한 보전 캘린더에 의해 전개해 나가는 활동이다.
② 총점검 단계는 설비의 기능과 구조를 알 수 있게 하는 활동이다.
③ 초기 청소를 통해 오염의 발생 원인을 찾는다.
④ 발생 원인과 공간 개소 대책은 자주 보전의 중요 활동 요소이다.

51. 자주 보전을 하기 위한 설비에 강한 작업자의 요구 능력 중 수리할 수 있는 능력에 해당되지 않는 것은? [19-1]

① 오버 홀 시 보조할 수 있다.
② 부품의 수명을 알고 교환할 수 있다.
③ 고장의 원인을 추정하고 긴급 처리를 할 수 있다.

④ 공장 주변 환경의 중요성을 이해하고, 깨끗하게 청소할 수 있다.

해설 수리할 수 있는 능력
　㉠ 부품의 수명을 알고 교환할 수 있다.
　㉡ 고장의 원인을 추정하고 긴급 처리를 할 수 있다.
　㉢ 오버 홀 시 보조할 수 있다.

52. 다음 중 자주 보전에 관한 설명 중 틀린 것은?　　　　　　　　　　　　　　[20-2]
① 자주 보전은 운전자 스스로 전개하는 하나의 보전 활동이다.
② 작업자는 단순한 조직에만 그치는 것이 아니라 설비 보전 업무도 수행할 수 있도록 해야 한다.
③ 자주 보전 활동은 고장 및 불량을 극소화 하여 보전 효율 달성을 목적으로 하는 체계화된 활동이다.
④ 자주 보전의 핵심은 자기(운전자)가 운전 설비는 운전자 스스로가 관리함으로써 현장 개선의 일익을 담당한다.

해설 ③은 계획 보전 활동에 대한 설명이다.

52-1 다음 중 자주 보전에 대한 설명 중 틀린 것은?　　　　　　　　　　　　[12-4]
① 자주 보전은 운전 부분에서 행하는 자발적인 보전 활동이다.
② 자주 보전은 보전 요원들의 기술 개발을 위한 시간 단축과 제조 현장의 생산성을 극대화 한다.
③ 자주 보전의 핵심은 자기 운전 설비는 운전자 스스로가 관리함으로써 현장 개선의 일익을 담당한다.
④ 자주 보전 활동은 고장 및 불량을 극소화 하여 보전 효율 달성을 목적으로 하는 체계화된 활동이다.

정답 ④

53. 다음 중 자주 보전을 설명한 것 중 틀린 것은?　　　　　　　　　　　　　[08-4]
① 불량을 제거하여 불량이 발생되지 않는 조건을 설정하여 적절히 유지하면서 불량이 발생하지 않도록 한다.
② 운전 부문에서 행하는 자발적인 보전 활동이다.
③ "초기 청소–발생원 곤란 개소 대책–점검/급유 기준 작성–총점검–자주 점검–자주 보전의 시스템화–자주 관리의 철저"와 같이 7단계를 거쳐 전개된다.
④ 운전자가 참여하는 소집단 활동을 중심으로 운전자 스스로 전개하는 하나의 보전 활동이다.

54. 다음 중 자주 보전을 효과적으로 완성하기 위한 자주 보전 전개 스텝이 있다. 추진 방법의 절차로 옳은 것은 어느 것인가?
[09-4, 10-4, 15-2, 17-2, 20-3]
① 총점검 → 초기 청소 →발생원 곤란 개소 대책 → 점검·급유 기준 작성 → 자주 점검 → 자주 보전의 시스템화 → 자주 관리의 철저
② 자주 점검 → 발생원 곤란 개소 대책 → 점검·급유 기준 작성 → 초기 청소 → 총점검 → 자주 보전의 시스템화 → 자주 관리의 철저
③ 총점검 → 초기 청소 → 점검·급유 기준 작성 → 발생원 곤란 개소 대책 → 자주 점검 → 자주 보전의 시스템화 → 자주 관리의 철저
④ 초기 청소 → 발생원 곤란 개소 대책 → 점검·급유 기준 작성 → 총점검 → 자주 점검 → 자주 보전의 시스템화 → 자주 관리의 철저

해설 자주 보전 전개 스텝 7단계
　• 제1단계 : 조기 청소

- 제2단계 : 발생원 대책, 청소 곤란 요소 대책
- 제3단계 : 청소·급유 기준의 작성과 실시
- 제4단계 : 총점검
- 제5단계 : 자주 점검
- 제6단계 : 정리 정돈
- 제7단계 : 철저한 자주 관리

54-1 다음 중 자주 보전의 7단계로 맞는 것은? [13-4]

① 초기 청소 → 발생원 곤란 개소 대책 → 점검 급유 기준 작성 → 자주 점검 → 초기 청소 → 자주 보전의 시스템화 → 자주 관리의 철저

② 초기 청소 → 발생원 곤란 개소 대책 → 점검 급유 기준 작성 → 자주 보전의 시스템화 → 자주점검 → 총점검 → 자주 관리의 철저

③ 초기 청소 → 발생원 곤란 개소 대책 → 점검 급유 기준 작성 → 총점검 → 자주 보전의 시스템화 → 자주 점검 → 자주 관리의 철저

④ 초기 청소 → 발생원 곤란 개소 대책 → 점검 급유 기준 작성 → 총점검 → 자주 점검 → 자주 보전의 시스템화 → 자주 관리의 철저

정답 ④

55. 자주 보전의 전개 단계 중 제1단계 초기 청소에 해당하지 않는 것은? [15-4]

① 청소로 이상을 발견한다.
② 오염의 발생 원인을 찾는다.
③ 청소 점검 기준을 작성한다.
④ 이상은 가능한 자신이 고친다.

56. 자주 보전의 전개 단계 중 발생 원인 곤란 개소 대책은 어느 단계인가? [18-2, 20-4]

① 제1단계
② 제2단계
③ 제3단계
④ 제4단계

57. 자주 보전 전개 스텝 7단계 중 제3단계에 속하는 것은? [16-4]

① 초기 청소
② 자주 점검
③ 발생원 곤란 개소 대책
④ 점검·급유 기준의 작성

58. 자주 보전의 전계 단계 중 전달 교육에 의해 설비의 이상적 모습과 설비의 기능 구조를 알고 보전 기능을 몸에 익히는 단계는? [21-1]

① 제4단계 총점검
② 제5단계 자주 점검
③ 제6단계 정리 정돈
④ 제7단계 철저한 자주 관리

해설 제4단계의 진행 방법
㉠ 설비의 기초 교육을 받는다.
㉡ 작업자에게 전달한다.
㉢ 배운 것을 실천하여 이상을 발견한다.
㉣ '눈으로 보는 관리'를 추진한다.

59. 자주 보전 7단계 중 "점검 수첩에 의한 점검 기능 교육이나 점검하기 쉬운 설비로의 개선"에 해당하는 단계는? [06-4]

① 제1단계 : 초기 청소
② 제4단계 : 총점검
③ 제5단계 : 자주 점검
④ 제7단계 : 자주 관리 철저

60. 자주 보전의 전개 단계 중 제4단계에 해당되는 총점검의 진행 방법에 해당되지 않는 것은? [19-1]

① 작업자에게 전달한다.

② 설비의 기초 교육을 받는다.
③ 점검 수준 향상을 위해 체크한다.
④ 배운 것을 실천하여 이상을 발견한다.

해설 제4단계의 진행 방법
㉠ 설비의 기초 교육을 받는다.
㉡ 작업자에게 전달한다.
㉢ 배운 것을 실천하여 이상을 발견한다.
㉣ '눈으로 보는 관리'를 추진한다.

61. 일반적인 자주 보전 전개 스텝 7단계 중 제5단계에 해당하는 것은? [21-2]
① 초기 청소
② 자주 점검
③ 자주 보전의 시스템화
④ 발생원 곤란 개소 대책

62. 자주 보전 전개 스텝 7단계 중 제6단계에 속하는 것은? [19-4]
① 자주 점검
② 자주 관리의 철저
③ 자주 보전의 시스템화
④ 발생원 곤란 개소

해설 자주 보전의 7단계 : 초기 청소 → 발생원 곤란 개소 대책 → 점검·급유 기준 작성 → 총점검 → 자주 점검 → 자주 보전의 시스템화 → 자주 관리의 철저

63. 공장 설비의 기계화, 자동화에 대한 설비 관리 대책으로 옳지 않은 것은? [11-4]
① 메카트로닉스화 설비 요원의 양성
② 자동화 기계를 현장에 맞게 개량
③ 기계 설비는 전문 업체에 맡겨 유지 관리
④ 분임조 활동으로 개선 활동 추진

해설 전문 업체에 맡기는 것은 자주 보전이라고 할 수 없다.

64. 품질 보전이 설비 문제와 밀접한 관계를 갖고 있는 이유가 아닌 것은? [09-4]
① 제조 현장의 자동화, 설비 고도화 등으로의 변화
② 설비의 상태에 따라 제품의 품질이 확보되는 시대의 도래
③ 품질에 영향을 끼치는 설비 고장은 돌발 고장형보다 기능 저하형이 주류
④ 생산 공정 중에 발생하는 공정 불량의 최소화에 대한 무관심

65. 품질 보전을 위해 품질 불량 현상, 품질 규격, 품질 특성, 설비 기능, 구조, 운전 및 보전 조건을 확인하는 단계는? [19-2]
① 표준화 ② 현상 분석
③ 요인 해석 ④ 검토 및 대책 개선

해설 품질 보전의 전개 순서 : 현상 분석 → 목표 설정 → 요인 해석 → 검토 → 실시 → 결과 확인 → 표준화

66. 품질 보전의 전개에 있어서 요인 해석 (연쇄 요인 규명, 불량 요인 정리)을 위한 도구에 해당하지 않는 것은? [19-1]
① FMECA
② PM 분석
③ 특성 요인도 분석
④ 경제성 분석

해설 품질 보전과 경제성 분석은 해석의 관계가 없다.

66-1 다음 중 품질 보전의 전개에 있어서 요인 해석을 위한 방법에 해당하지 않는 것은? [15-4]
① FMECA ② PM 분석
③ 특성 요인도 ④ 경제성 분석

정답 ④

정답 ● **61.** ② **62.** ③ **63.** ③ **64.** ④ **65.** ② **66.** ④

67. 품질 관리 도구 중 중심선과 관리 한계선을 설정한 그래프로서 품질의 산포를 판별하여 공정이 정상 상태인지, 이상 상태인지를 판독하기 위한 방법은? [21-2]
① 관리도
② 체크 시트
③ 파레토도
④ 히스토그램

67-1 현상 파악에 사용되는 수법 중 공정이 정상 상태인지, 이상 상태인지를 판독하기 위한 방법은? [11-4, 18-2]
① 관리도
② 체크 시트
③ 파레토도
④ 히스토그램
정답 ①

68. 다음 중 현상 파악을 위해 공정에서 취한 계량치 데이터가 여러 개 있을 때 데이터가 어떤 값을 중심으로 어떤 모습으로 산포하고 있는가를 조사하는 데 사용하는 그림은? [18-4, 20-3, 20-4, 21-1]
① 관리도
② 산정도
③ 파레토도
④ 히스토그램

해설 히스토그램 : 공정에서 취한 계량치 데이터가 여러 개 있을 때 데이터가 어떤 값을 중심으로 어떤 모습으로 산포하고 있는가를 조사하는 데 사용하는 그림이다. 그림의 형태, 규정값과의 관계, 평균치와 표준차, 공정 능력 등 되도록 많은 정보를 얻을 수 있다.

68-1 공정에서 취한 계량치 데이터가 여러 개 있을 때 데이터가 어떤 값을 중심으로 어떤 모습으로 산포하고 있는가를 조사하는 데 사용하는 것은? [09-4, 13-4, 16-2]
① 히스토그램
② 파레토도
③ 관리도
④ 산정도
정답 ①

69. 품질 개선 활동을 현상 파악에 사용되는 수법 중 불량품, 결점, 사고 건수 등의 현상이나 원인별로 데이터를 내고 수량이 많은 순서로 나열하여 크기를 막대그래프로 나타내는 것은? [19-4, 20-2]
① 관리도
② 산정도
③ 파레토도
④ 히스토그램

해설 파레토도 : 불량품, 결점, 클레임, 사고 건수 등을 그 현상이나 원인별로 데이터를 내고 수량이 많은 순서로 나열하여 그 크기를 막대그래프로 나타낸 것이다.

69-1 다음 중 품질 개선 활동을 위하여 불량품, 결점, 사고 건수 등의 현상이나 원인별로 데이터를 내고 수량이 많은 순서로 나열하여 크기를 막대그래프로 나타낸 분석법은? [14-4]
① 히스토그램
② 관리도
③ 파레토도
④ 산정도
정답 ③

69-2 불량품이나 결점, 클레임, 사고 건수 등을 현상이나 원인별로 데이터를 정리하고 수량이 많은 순서로 나열하여 막대그래프로 나타낸 것을 무엇이라 하는가? [06-4]
① 관리도
② 파레토도
③ 체크 시트
④ 히스토그램
정답 ②

70. 다음 중 품질 보전의 전개 순서를 가장 바르게 나열한 것은? [22-2]

ㄱ. 표준화   ㄴ. 목표 설정
ㄷ. 요인 해석   ㄹ. 현상 분석
ㅁ. 검토 및 실시

① ㄴ→ㄹ→ㄷ→ㄱ→ㅁ
② ㄴ→ㄹ→ㄷ→ㅁ→ㄱ

③ ㄹ→ㄴ→ㄷ→ㅁ→ㄱ

④ ㄹ→ㄷ→ㄴ→ㄱ→ㅁ

해설 품질 보전의 전개 순서 : 현상 분석→목표 설정→요인 해석→검토→실시→결과 확인→표준화

70-1 품질 보전의 전개 순서로 적절한 것은? [07-4, 11-4, 19-4]

① 현상 분석→목표 설정→요인 해석→검토→실시→결과 확인→표준화

② 현상 분석→목표 설정→표준화→검토→요인해석→실시→결과 확인

③ 현상 분석→목표 설정→표준화→요인 해석→검토→실시→결과 확인

④ 현상 분석→요인 해석→검토→실시→표준화→목표 설정→결과 확인

정답 ①

71. 품질의 불량은 여러 가지 원인에 의하여 발생한다고 볼 수 있다. 불량이 발생하지 않게 하기 위한 활동으로 가장 거리가 먼 것은? [15-2, 18-1]

① 설비의 설계 개선 및 불량 발생 조건 제거

② 인적 자원의 교육, 훈련을 통한 다기능 공화

③ 원자재 재고의 확보를 통한 자재 공급의 안정화

④ 제품, 가공물, 품질 특성에 유연하게 대처되는 설비 능력 확보

72. 품질 보전이 설비 문제와 밀접한 관계를 갖고 있는 이유가 아닌 것은? [15-2]

① 제조 현장의 자동화, 설비 고도화 등으로의 변화

② 설비의 상태에 따라 제품의 품질이 확보되는 시대의 도래

③ 생산 공정 중에 발생하는 공정 불량의 최소화에 대한 무관심

④ 품질에 영향을 끼치는 설비 고장은 돌발 고장형보다 기능 저하형이 주류

73. 품질 보전 추진 방법에서 불량이 나지 않는 조건대로 관리되고 있는지를 위하여, 선정된 점검 항목을 빠짐없이 확실하게 실시하기 위하여 품질 특성과 설비 각 부위의 기준치와의 관련성을 정리한 것은? [07-4]

① 불합리 일람표 작성

② 4M 조건 조사 분석

③ QA 매트릭스

④ QM 매트릭스

74. 품질 불량은 설비, 가공 조건 및 인적 요소에 의해 발생한다고 볼 수 있는데 이러한 불량을 '0'으로 달성하기 위한 접근 방법이 아닌 것은? [08-4, 21-4]

① 교육 훈련 철저

② 설비 개량 능력 개발

③ 설비 등급에 따른 보전 방식 결정

④ 설비의 유연성으로 설비 능력 확보

75. 목표 설정할 때 이용되는 QC 수법이 아닌 것은? [15-2, 22-1]

① 체크 시트에 의한 방법

② 막대그래프에 의한 방법

③ 히스토그램에 의한 방법

④ 레이더 차트에 의한 방법

3장 윤활 관리의 기초

3-1 윤활 관리의 개요

1. 다음 중 윤활제의 사용 목적이 아닌 것은? [15-2]
① 방청 작용
② 응력 분산 작용
③ 기계의 강도 증가
④ 마찰 저항을 적게 하는 작용

2. 다음 중 윤활 관리의 목적으로 잘못된 것은? [20-4]
① 설비의 수명을 연장시킨다.
② 설비의 부식을 최대화시킨다.
③ 설비의 유지비를 절감시킨다.
④ 기계 설비의 가동률을 증대시킨다.
해설 설비의 부식을 억제시킨다.

2-1 윤활의 목적을 기술한 것 중 잘못된 것은? [07-4]
① 마찰과 마모를 감소시킴
② 부식을 최대화함
③ 베어링의 냉각 작용
④ 이물질의 침입에 대한 sealing 효과
정답 ②

3. 윤활의 목적에 대한 설명으로 잘못된 것은? [12-4]
① 감마 작용   ② 발열 작용

③ 밀봉 작용   ④ 동력 전단 작용

4. 두 개 이상의 물체가 서로 상대 운동을 할 때 물체 표면에서 발생하는 과학적 현상으로, 마찰과 마모 및 윤활을 다루는 학문을 지칭하는 것은? [18-4, 21-2]
① friction   ② tribology
③ lubrication   ④ maintenance
해설 트라이볼러지(tribology) : 두 개 이상의 물체가 서로 상대 운동을 할 때 물체 표면에서 발생하는 마찰, 마모, 윤활 공학으로 해석된다.

5. 윤활 관리 중 생산성 제고의 효과라고 볼 수 없는 것은? [13-4, 21-1]
① 노동의 절감
② 윤활유 사용 소비량의 절약
③ 기계의 효율 항상 및 정밀도의 유지
④ 수명 연장으로 기계 설비 손실액의 절감
해설 윤활 관리가 합리적으로 이루어진다고 할 때 기대되는 효과로서 윤활유 사용 소비량의 절약은 자원 절약 효과에 해당된다.

6. 다음 중 윤활 관리의 목적이 아닌 것은 어느 것인가? [08-4]
① 고장과 성능 저하 방지

정답 ● **1.** ③ **2.** ② **3.** ② **4.** ② **5.** ② **6.** ④

② 기계 설비의 완전 운전을 도모
③ 생산성 향상 및 경제성 향상
④ 윤활 소비 증대

7. 윤활 관리를 실시하는 목적 중 가장 거리가 먼 것은? [17-4, 20-3]
① 설비의 수명 연장
② 기계 설비의 가동률 증대
③ 동력비의 절감과 생산량 증대
④ 설비의 성능 향상과 윤활비 증대

8. 다음 중 윤활 관리의 목적과 가장 거리가 먼 것은? [06-4, 15-2, 19-1]
① 설비 수명 연장
② 윤활 비용 감소
③ 고장 도수율 증대
④ 설비 가동률 증대

9. 윤활 관리의 목적이 아닌 것은? [09-4]
① 설비 가동률의 증대
② 준비 교체 효율 향상
③ 설비 수명의 연장
④ 유지비의 절감

해설 윤활 관리의 목적
㉠ 설비 가동률 증가
㉡ 유지비 절감
㉢ 설비 수명 증가
㉣ 윤활비 절감
㉤ 동력비의 절감 등을 통해 제조 원가 절감 및 생산량의 증대

10. 윤활 관리의 목적에 해당하지 않는 것은? [11-4]
① 재료비 감소
② 유종 통일을 통한 생산성 향상
③ 동력비 절감
④ 윤활제의 반입과 반출의 합리적 관리

해설 재료비는 원가 절감에 의한 것이다.

11. 윤활 관리의 효과로 가장 거리가 먼 것은? [20-2]
① 윤활 사고의 방지
② 제품의 정도 향상
③ 기계 정도와 가능의 유지
④ 완전 운전에 의한 유지비의 증가

해설 윤활 관리의 기본적 효과
㉠ 제품 정도의 향상
㉡ 윤활 사고의 방지
㉢ 윤활 의식의 고양
㉣ 기계 정도와 기능의 유지
㉤ 동력비의 절감
㉥ 윤활비의 절약
㉦ 구매 업무의 간소화
㉧ 안전 작업의 철저
㉨ 보수 유지비의 절감

12. 윤활 관리를 실시함에 따라 얻어지는 효과로 가장 거리가 먼 것은? [19-2]
① 윤활제 비용의 증가
② 기계 보전 비용의 감소
③ 기계의 유효 수명 연장
④ 마찰 저하로 소비 동력 감소

13. 다음 중 윤활 관리의 효과로 틀린 것은 어느 것인가? [18-2]
① 설비 효율 향상
② 보전 노무비 감소
③ 윤활유 소비 감소
④ 보수 유지비의 증가

14. 윤활 관리 실시에 의해서 얻어지는 성과로 볼 수 없는 것은? [18-4]
① 윤활제 비용의 감소
② 생산 가동 시간의 증가

③ 기계 보전 비용의 증가
④ 기계의 유효 수명 연장

15. 다음 중 윤활 관리의 기본적인 효과가 아닌 것은? [17-2]
① 윤활비의 절약
② 윤활 사고 방지
③ 보수 유지비의 절감
④ 기계 정도와 기능의 저하

16. 윤활 관리의 경제적 효과로서 맞는 것은? [18-4, 21-4]
① 윤활제 소비량의 증가 효과
② 고장으로 인한 생산성 및 기회 손실의 증가 효과
③ 설비의 수명 감소로 인한 설비 투자 비용의 절감 효과
④ 기계·설비의 유지 관리에 필요한 보수비 절감 효과

해설 윤활 관리의 경제적 효과
㉠ 기계나 설비의 유지 관리비(수리비 및 정비 작업비) 절감
㉡ 부품의 수명 연장과 교환 비용 감소에 의한 경비 절약
㉢ 완전 운전에 의한 유지비의 경감과 생산 가동 시간의 증가
㉣ 기계의 급유에 필요한 비용 절약
㉤ 윤활제 구입 비용의 감소
㉥ 마찰 감소에 의한 에너지 소비량의 절감
㉦ 자동화를 통한 관리자의 노동력 감소

17. 생산성 향상을 위한 윤활 관리의 효과로 볼 수 없는 것은? [18-1]
① 윤활 사고의 방지
② 보수 유지비의 절감
③ 동력비 및 윤활비의 증가
④ 기계 정도와 기능의 유지

18. 다음 중 윤활 관리의 기본적 효과로 틀린 것은? [08-4, 19-1]
① 윤활 사고의 방지
② 윤활 비용의 증가
③ 보수 유지비의 절감
④ 동력비의 절감

19. 다음 중 윤활 관리의 효과에 대한 설명 중 틀린 것은? [14-2]
① 윤활유 사용 소비량 증가
② 보수 유지비의 절감
③ 기계의 효율 향상 및 정밀도 유지
④ 윤활제의 구입비 절감

19-1 윤활 관리 효과 중에서 옳지 않은 것은? [06-4]
① 윤활유 사용 소비량 증가
② 폐유로 인한 환경오염 방지
③ 기계의 효율 향상 및 정밀도 유지
④ 기계 고장으로 인한 생산 정지 중의 파급 손실 예방

정답 ①

20. 윤활 관리의 주요 효과로 볼 수 없는 것은? [19-4]
① 윤활 사고의 방지
② 보수 유지비의 절감
③ 구매 업무의 복잡화
④ 기계의 정도와 기능의 유지

21. 윤활 관리의 실시 방법 중 급유 관리에 속하지 않는 것은? [20-3]
① 저점도 사용으로 누유 방지
② 올바른 급유량과 급유 간격의 결정
③ 점검을 통한 급유관의 누설 여부
④ 급유구 및 급유통에 이물질 혼입 방지

해설 점도는 적당해야 하고 점도 지수는 높아야 한다.

22. 다음 윤활 중 완전 윤활 또는 후막 윤활이라고도 하며, 가장 이상적인 유막에 의해 마찰면이 완전히 분리되는 것은 어느 것인가? [12-4, 19-2]
① 경계 윤활 ② 극압 윤활
③ 유체 윤활 ④ 혼합 윤활

해설 유체 윤활 : 완전 윤활 또는 후막 윤활이라고도 하며, 이것은 가장 이상적인 유막에 의해 마찰면이 완전히 분리되어 베어링 간극 중에서 균형을 이루게 된다. 이러한 상태는 잘 설계되고 적당한 하중, 속도, 그리고 충분한 상태가 유지되면 이때의 마찰은 윤활유의 점도에만 관계될 뿐 금속의 성질에는 거의 무관하여 마찰 계수는 0.01~0.005로서 최저이다.

23. 다음 중 완전 윤활 상태에서 경계 윤활로 운전 조건이 변화할 수 있는 요인이 아닌 것은? [12-4]
① 윤활 부위의 하중 증가
② 유막의 두께가 고체 표면 거칠기보다 클 때
③ 기기의 시동 및 정지 전후
④ 유온 상승으로 오일의 점도가 저하될 대

해설 유막의 두께가 고체 표면 거칠기와 거의 같은 정도가 되어 유압만으로 하중을 지탱할 수 없는 상태가 되면 유체 윤활에서 경계 윤활로 조건이 변화된다.

24. 다음 중 경계 윤활에 대한 설명으로 옳은 것은? [08-4, 10-4, 18-2]
① 극압 윤활이라고도 한다.
② 마찰 계수는 0.01~0.05 정도이다.
③ 후막 윤활로 가장 이상적인 윤활 상태

이다.
④ 불완전 윤활이라고도 하며, 고하중·저속 상태에서 발생하기 쉽다.

25. 다음 중 극압 윤활에 대한 설명으로 틀린 것은? [16-4, 21-2]
① 충격 하중이 있는 곳에 필요하다.
② 완전 윤활 또는 후막 윤활이라고도 한다.
③ 첨가제로 유황, 염소, 인 등이 사용된다.
④ 고하중으로 금속의 접촉이 일어나는 곳에 필요하다.

해설 극압 윤활(extreme-pressure lubrication) : 일명 고체 윤활이라고 하는 이것은 하중이 더욱 증대되고 마찰 온도가 높아지면 결국 흡착 유막으로서는 하중을 지탱할 수 없게 되어 유막은 파괴되고 마침내 금속의 접촉이 일어나 접촉 금속 부문에 융착과 소부 현상이 일어나게 되는 것이다.

26. 마찰면의 상태에 따라 분류한 마찰의 종류가 아닌 것은? [11-4]
① 고체 마찰(solid friction)
② 경계 마찰(boundary friction)
③ 미끄럼 마찰(sliding friction)
④ 유체 마찰(fluid friction)

27. 마멸은 기계 부품의 수명을 단축하는 가장 큰 원인 중 하나이다. 다음 중에서 마멸의 설명과 거리가 먼 것은? [14-2, 19-4]
① 마찰과 마멸은 동일한 현상이다.
② 마멸은 열적 원인으로도 일어날 수 있다.
③ 마찰은 반드시 마멸을 동반하는 것이 아니다.
④ 마멸은 외력에 의해 물체 표면의 일부가 분리되는 현상이다.

해설 마찰(friction)이란 접촉하고 있는 두 물체가 상대 운동을 하려고 하거나 또는 상대 운동을 하고 있을 때 그 접촉면에서 운동을 방해하려는 저항이 생기는 현상이며, 마멸은 물질의 표면이 문질러지거나 깎이거나 소모되는 것이다.

28. 다음 중 윤활 관리의 주요 기능이 아닌 것은?   [20-2]
① 마모 방지   ② 마찰 손실 방지
③ 방청 작용 방지   ④ 녹아 붙임 방지

해설 윤활은 방청 작용을 한다.

29. 다음 중 일반적인 윤활유의 기능이 아닌 것은?   [17-2]
① 밀봉 작용   ② 방청 작용
③ 절삭 작용   ④ 마모 방지 작용

해설 절삭 작용은 절삭 공구의 기능이다.

30. 다음 중 윤활제의 기능과 관계가 없는 것은?   [21-2]
① 냉각 작용   ② 산화 작용
③ 마찰 감소 작용   ④ 마모 감소 작용

31. 다음 중 윤활유의 기능으로 옳지 않은 것은?   [10-4]
① 방식 작용   ② 냉각 작용
③ 밀봉 작용   ④ 촉매 작용

해설 윤활유의 기능
  ㉠ 산소와의 접촉을 방지하여 방식 작용
  ㉡ 내부에서 발생된 열에너지를 전달하는 매체
  ㉢ 피스톤과 실린더 사이에 존재하여 압축 공기의 밀봉 작용
  ㉣ 윤활유 내의 금속분은 촉매 작용을 통해 윤활유의 열화를 촉진함

32. 다음 중 윤활유의 작용이 아닌 것은 어느 것인가?   [18-1]

① 냉각 작용   ② 밀봉 작용
③ 감마 작용   ④ 응력 집중 작용

33. 다음은 윤활유의 기능 중 무엇에 대한 설명인가?   [11-4]

> 실린더 내의 분사 가스 누설을 방지하거나 외부로부터 물이나 먼지 등의 침입을 막아주는 작용

① 감마 작용   ② 밀봉 작용
③ 방청 작용   ④ 세정 작용

34. 다음 윤활제의 작용 중 내연 기관의 피스톤과 실린더 벽 사이에 윤활유막이 존재함으로써 연소 가스가 새는 것을 방지해 주는 것은?   [19-1]
① 방진 작용   ② 마찰 작용
③ 밀봉 작용   ④ 마모 작용

35. 윤활의 작용에 대한 설명으로 틀린 것은?   [16-2]
① 밀봉 작용   ② 발열 작용
③ 방진 작용   ④ 방청 작용

36. 마찰열로 인한 베어링의 고착 등을 방지하기 위해 유막을 형성하여 주는 윤활유의 작용은?   [19-2, 21-2]
① 감마 작용   ② 청정 작용
③ 방청 작용   ④ 응력 분산 작용

해설 감마 작용 : 마모를 감소시키는 작용

37. 윤활제의 기능 중 냉각 작용에 대한 설명으로 옳은 것은?   [15-2]
① 윤활 시스템 내에서 오염 물질들을 씻어내는 작용
② 윤활제가 마찰열을 흡수하여 계 외로

정답 ◆─ **28.** ③   **29.** ③   **30.** ②   **31.** ④   **32.** ④   **33.** ②   **34.** ③   **35.** ②   **36.** ①   **37.** ②

방출시키는 작용

③ 국부 압력을 액 전체에 균등하게 분산시켜 국부적인 마멸을 방지하는 작용

④ 고부하 및 저속 마찰부와 같이 경계 마찰이 발생되는 곳의 강인한 피막 형성

38. 윤활 관리의 원칙과 가장 거리가 먼 것은? [16-4, 21-1]

① 적정량을 결정한다.

② 적합한 급유 방법을 결정한다.

③ 적정한 장소에 공급하여 준다.

④ 기계가 필요로 하는 적정 윤활제를 선정한다.

해설 적유, 적법, 적량, 적기

39. 윤활 관리의 기본적인 4원칙에 포함되지 않는 것은? [20-4]

① 적유   ② 적법

③ 적기   ④ 적압

해설 윤활의 4원칙은 적유, 적기, 적량, 적법

39-1 다음 중 윤활 관리의 4원칙이 아닌 것은? [19-2, 21-4]

① 적유   ② 적량

③ 적법   ④ 적소

정답 ④

39-2 다음 중 윤활의 4원칙에 포함되지 않는 것은? [17-2]

① 적유   ② 적기

③ 적법   ④ 적당

정답 ④

39-3 윤활은 설비 관리상의 기본 요건의 하나로 중요시 되고 있다. 윤활의 4원칙에 포함되지 않는 것은? [17-4]

① 적유   ② 적량

③ 적기   ④ 적온

정답 ④

39-4 윤활 관리의 기본으로 윤활의 4원칙이 아닌 것은? [13-4]

① 적유   ② 적량

③ 적기   ④ 적온

정답 ④

40. 윤활 관리는 일반적으로 윤활제 구입비용의 절약을 목적으로 생각하기 쉽다. 그러나 최근에는 기계나 설비의 완전 운전을 보장하는 측면에서 더 중요하게 취급되고 있다. 이러한 측면에서 윤활 관리는 보전의 분류상 어디에 해당하는가? [06-4]

① 보전 예방

② 사후 보전

③ 개량 보전

④ 예방 보전

41. 다음 중 설비의 우발 고장기에 고장 감소를 위한 보전 방법으로 옳지 않은 것은 어느 것인가? [17-2, 20-2]

① 오염 관리

② 윤활제 관리

③ 운전 보전 관리

④ 윤활 설비의 사후 보전

해설 윤활은 예방 보전이다.

42. 윤활 관리를 실시할 경우 자원 절약 측면에서 볼 때 거리가 먼 것은? [06-4]

① 윤활유 사용 소비량의 절약

② 마찰 감소에서 오는 에너지 소비 절감

③ 폐자원 이용 등의 효과

④ 노동의 절약

43. 다음 중 윤활 관리를 효율적으로 수행하기 위한 방법으로 적절하지 않은 것은 어느 것인가? [08-4]
① 공장 내에서 사용되는 윤활제 종류를 최소화하여 구매 및 재고 관리 업무의 효율성을 향상시킨다.
② 각 윤활 개소의 윤활유와 그리스는 개량하지 않고 지적으로 사용한다.
③ 급유 작업자를 위한 급유의 순서와 경로 등의 계획을 세운다.
④ 윤활 부분의 이상 점검과 보고, 윤활제 공급작업 및 윤활 보전 작업 실행 확인을 위한 기록을 한다.

44. 윤활 관리 기법에 관한 내용으로 적당치 않은 것은? [07-4]
① 유종 및 동점도는 통일화, 단순화 한다.
② 윤활제는 불연성 물질로서 연료유, 유기용제류 등과 통합 보관한다.
③ 윤활제는 먼저 입고된 것을 먼저 사용하는 선입선출의 원칙을 지킨다.
④ 윤활 개소에 색, 모형, 숫자 등을 사용하여 유종이나 교환 주기를 표시해 둔다.

45. 다음 중 윤활 기술과 설비 신뢰성의 관계에서 볼 때, 윤활 설계 기술과 관계가 먼 것은? [10-4]
① 윤활제, 윤활법
② 재료, 재질, 끼워 맞춤
③ 보전성
④ 열화 관리
해설 열화 관리는 사용 중의 신뢰성을 높이기 위한 운전, 보전 기술에 해당된다.

46. 다음 중 윤활유의 종류를 통일함으로써 얻을 수 있는 효과가 아닌 것은? [14-2]
① 급유 기구 비용 절약
② 저장 공간의 절약
③ 급유 관리의 용이화
④ 기계 설비의 유효 수명 연장

47. 사용 윤활제의 종류를 단순 통일화시키는 목적과 거리가 먼 것은? [12-4]
① 윤활 관리에 소요되는 코스트(cost) 절감
② 윤활제 급유 가구 비용의 절약
③ 재고 관리 및 급유 관리 용이하게 함
④ 공급 업체의 다변화로 윤활 관리 기술성 제고

48. 윤활 관리의 실시 방법 중에 재고 관리에 대한 해당 내용으로 틀린 것은? [13-4]
① 적절한 방법으로 저장한다.
② 적절한 시기에 사용유를 교환한다.
③ 윤활제의 반입과 불출을 합리적으로 관리한다.
④ 윤활제를 합리적 방법으로 구입한다.
해설 적절한 시기에 사용유를 교환하는 것은 사용유 관리에 해당한다.

49. 윤활 관리를 실시함에 있어서 현장에서 사용하는 윤활 관리 카드에 기록하여야 할 내용으로 적당하지 않은 것은? [11-4]
① 제작국 및 도입 가격
② 모델명 및 윤활 개소별 윤활제의 종류
③ 급유 방법 및 급유량
④ 설치 공장명 및 설비 번호
해설 제작국 및 도입 가격은 현장에서 사용하는 윤활 관리 카드에 기록하여야 할 사항으로는 적당치 않으며, 기타 사항은 윤활 관리 카드에 반드시 기록되어야 할 내용이다.

50. 윤활 관리를 위한 조직 체계에 관한 내용으로 틀린 것은? [13-4]
① 윤활 관리에 관한 권한과 책임을 갖도록 구성된 조직이어야 한다.
② 설비 운전 기술에 관한 전문 지식을 갖는 인원을 위주로 한 조직이어야 한다.
③ 자사 실정에 적합한 윤활 관리 규정을 제정하고 이에 따라 윤활 관리를 실시한다.
④ 윤활 관리 위원회의 구성은 각 부서의 책임자와 윤활 관리 기술자를 포함하는 것이 좋다.
해설 윤활 관리 조직은 설비 운전 기술에 관한 전문 지식을 갖는 설비 관련 기술자뿐만 아니라 창고, 구매, 시험자 등이 포함되어 전사적 윤활 관리의 추진을 위하여 폭넓게 협조할 수 있는 조직이어야 한다.

51. 다음 중 윤활을 실시하는 부서의 직무와 가장 거리가 먼 것은? [19-1]
① 표준 적유량 결정
② 급유 장치의 예비품 관리
③ 윤활 대장 및 각종 기록 작성
④ 윤활제 선정 및 소비량 관리

52. 윤활 관리 조직의 체계는 윤활 관리 부서와 윤활 실시 부서로 구분할 수 있다. 다음 중 윤활 관리 부서에서 실시하는 업무로 가장 적절한 것은? [17-4, 21-2]
① 오일의 교환 주기 결정
② 급유 장치의 예비품 관리
③ 윤활 대장 및 각종 기록 작성
④ 윤활제 선정 및 열화 기준의 판정

53. 윤활 관리 기술자가 담당해야 할 직무로 볼 수 없는 것은? [18-1]
① 윤활유의 제조

② 사용 윤활유의 선정 및 관리
③ 윤활 관계 작업원의 교육 훈련
④ 급유 장치의 보수 및 예비품 준비

54. 다음 중 윤활 관리 기술자의 직무와 가장 거리가 먼 것은? [18-2, 20-3]
① 윤활 관계 작업원의 교육 훈련
② 급유 장치의 설치 및 유지 관리
③ 윤활 관계의 사고 및 문제점 검토
④ 설비 고장 원가 분석과 윤활유의 제조 기술
해설 윤활 담당자 계획 업무를 하는 자이고, 급유원은 실시 업무를 한다. 표준 유량 결정 및 윤활 작업 예정표 작성은 계획 업무이다.

55. 윤활 관리 기술자의 직무에 해당되지 않는 것은? [16-2]
① 새로운 설비의 윤활제와 급유 장치 설계 및 구매
② 사용 윤활제의 선정 및 품질 관리
③ 윤활 업무 개선 및 시험
④ 윤활 관련 사고의 문제점 검토

56. 다음 직무 중 간단하고 단순하여 작업자에게 대행하게 하여도 되는 것은 어느 것인가? [10-4, 16-2]
① 적정 유종 선정
② 윤활제 교환 주기 결정
③ 기계 설비 일상 점검 및 급유
④ 윤활 대장 및 각종 기록 정리, 보고
해설 기계 설비 일상 점검 및 급유는 급유원의 직무이다.

57. 설비 보전 조직 내 윤활 기술자의 임무에 대한 설명으로 틀린 것은? [12-4, 17-2]

① 보유 설비의 윤활 관계 개선 개조
② 윤활제의 성분 분석 및 구성
③ 윤활의 실태 조사 및 소비량 관리
④ 윤활제의 선정 및 취급법의 표준화

해설 성분 및 오염 분석은 윤활 분석 기술자가 하여야 한다.

58. 윤활 기술자가 라인적 조직 관계가 있는 경우, 윤활 기술자의 직무로 가장 거리가 먼 것은?   [06-4, 14-4, 22-2]
① 구매 경비의 절약
② 윤활 관계의 개선 시험
③ 급유 장치의 보수와 설치
④ 사용 윤활유의 선정 및 품질 관리

59. 다음 중 윤활 관리의 조직에서 윤활 실시 부문을 윤활 담당자와 급유원으로 구분할 때 윤활 담당자의 직무에 해당되지 않는 것은?   [08-4, 11-4]
① 표준 적유량 결정 및 윤활 작업 예정표 작성
② 윤활 대장 및 각종 기록 작성·보고
③ 급유 장치 관계의 예비품 수배
④ 윤활제의 육안 검사 및 간단한 윤활제 교환

해설 윤활 담당자의 직무(관리적인 입장에서의 직무임)
  ㉠ 윤활제 사용 정표, 예산, 구매 요구 작성 및 의뢰
  ㉡ 표준 적유량 결정 및 윤활 작업 예정표 작성
  ㉢ 윤활 대장 및 각종 기록 작성·보고
  ㉣ 급유 장치 관계의 예비품 수배
  ㉤ 사용유 정비 분석 계획표 작성
  ㉥ 급유 장치 관계의 예비품 수배
  ㉦ 사용유 정기 분석 계획표 작성
  ㉧ 윤활유 교체 주기 결정, 급유원의 교육 및 훈련

60. 윤활 업무를 윤활 담당자의 업무와 급유원의 업무로 나누어서 볼 때 급유원의 업무와 관계가 먼 것은? (단, 계획 업무와 실시 업무를 구분 시행할 경우이다.) [09-4, 14-4]
① 기계 설비에 있어서 윤활면의 일상 점검, 급유
② 급유 장치의 운전 및 간단한 보수
③ 표준 유량 결정 및 윤활 작업 예정표 작성
④ 윤활제의 육안 검사 및 간단한 윤활제 교환

해설 급유원의 직무(현장 주유원의 직무)
  ㉠ 기계 설비에 있어서 윤활면의 일상 점검 및 급유
  ㉡ 급유 장치의 운전 및 간단한 보수
  ㉢ 윤활제의 육안 검사 및 간단한 윤활제 교환
  ㉣ 각종 기초 자료 작성 및 소비 관리

61. 윤활 관리를 효율적으로 수행하기 위한 방법으로 틀린 것은?   [15-2, 19-1]
① 급유 작업자를 위한 급유의 순서와 경로 등의 계획을 세운다.
② 각 윤활 개소의 윤활유와 그리스는 교체하지 않고 지속적으로 사용한다.
③ 윤활 부분의 이상 점검, 윤활제 공급 작업 및 윤활 보전 작업의 실행 확인을 위한 기록을 한다.
④ 공장 내에서 사용되는 윤활제 종류를 최소화하여 구매 및 재고 관리 업무의 효율성을 향상시킨다.

3-2 윤활제의 선정

1. 유류의 위험물에 대한 분류 중 윤활제에 해당되는 각 석유류에 관한 설명 중 틀린 것은? [14-4]
① 제1석유류 : 아세톤, 나프타, 가솔린 등으로서 인화점이 20℃ 이하인 것
② 제2석유류 : 등유, 경유 등으로서 인화점이 21℃ 이상 69℃ 이하인 것
③ 제3석유류 : 중유, 저점도 윤활유 등으로서 인화점이 70℃ 이상 200℃ 미만인 것
④ 제4석유류 : 기계유, 실린더유 등으로서 인화점이 300℃ 이상인 것

2. 다음 중 윤활제를 형태에 따라 분류할 때 대분류가 가장 적절하게 구분되어진 것은 어느 것인가? [22-1]
① 광유, 합성유, 지방유
② 합성유, 그리스, 고체 윤활제
③ 윤활유-그리스-고체 윤활유
④ 내연기관용 윤활유, 공업용 윤활유, 기타 윤활제

해설 윤활제는 기체 윤활제, 액체 윤활제, 고체 윤활제로 나눈다.

2-1 윤활제의 대분류로 알맞게 구성된 것은? [17-4]
① 윤활유-기어유-광유
② 고체 윤활제-기체 윤활제
③ 지방유-유압 작동유-기어유
④ 윤활유-그리스-고체 윤활유

정답 ④

3. 다음 중 윤활유의 분류법에 속하지 않는

것은? [10-4]
① SAE 분류법   ② API 분류법
③ SAE 신분류법   ④ ASNT 분류법

해설 윤활유 분류법에는 SAE 분류법, API 분류법, SAE 신분류법이 있으며, AGMA, ASNT는 미국 비파괴 검사학회이다.

4. 원유를 정유할 때 공정에 속하지 않는 것은? [15-2]
① 기유 공정   ② 배합 공정
③ 정제 공정   ④ 증류 공정

5. 다음 정유 공정 중 원유 중에 포함된 염분을 제거하는 탈염 장치와 같은 전처리 과정을 거친 후 가열된 원유를 상압 증류탑으로 보내어 가벼운 성분부터 무거운 성분으로 분리하는 공정은? [20-3]
① 정제 공정   ② 배합 공정
③ 증류 공정   ④ 기유 공정

6. 원료에 따른 윤활유를 분류할 때 석유계 윤활유에 속하는 것은? [20-4]
① 합성 윤활유
② 동물계 윤활유
③ 식물계 윤활유
④ 나프텐계 윤활유

해설 • 석유계 윤활유 : 파라핀계, 나프텐계 혼합 윤활유
• 비광유계 윤활유 : 동식물계, 합성 윤활유

7. 다음 중 석유계 윤활유에 속하지 않는 것은? [19-2]
① 파라핀계 윤활유

정답 • 1. ④ 2. ③ 3. ④ 4. ① 5. ③ 6. ④ 7. ②

② 동식물계 윤활유

③ 나프텐계 윤활유

④ 혼합계(파라핀+나프텐) 윤활유

7-1 윤활유를 분류할 때 석유계 윤활유에 속하지 않는 것은?   [19-1]

① 혼합계   ② 파라핀계

③ 나프텐계   ④ 동식물계

정답 ④

8. C_nH_{2n+2}의 직렬 쇄상 구조이며, 연소성이 양호한 원유는?   [15-4]

① 나프텐계

② 방향족계

③ 올레핀계

④ 파라핀계

9. 나프텐계와 비교한 파라핀계 윤활 기유의 특성으로 틀린 것은?   [18-1]

① 휘발성이 높다.

② 점도 지수가 높다.

③ 산화 안정성이 높다.

④ 인화점, 발화점이 높다.

10. 파라핀계 윤활유의 특징으로 틀린 것은?   [15-4]

① 점도 지수가 높다.

② 산화 안정성이 양호하다.

③ 냉동기용으로 적합하다.

④ 경유의 품질은 우수하나 휘발유의 옥탄가는 낮다.

11. 윤활기유에서 나프텐계와 비교하여 파라핀계의 특성으로 틀린 것은?   [20-4]

① 밀도가 높다.

② 휘발성이 낮다.

③ 인화점이 높다.

④ 잔류 탄소가 많다.

해설 파라핀계와 나프텐계의 비교

구분	파라핀계 원유	나프텐계 원유
밀도	낮다.	높다.
인화점	높다.	낮다.
색상	밝다.	어둡다.
잔류 탄소	많다.	적다.
아닐린점 (용해성)	높다.	낮다.

12. 다음 중 윤활유의 기유로 사용되는 파라핀계 기유를 설명한 내용 중 틀린 것은 어느 것인가?   [11-4, 18-2, 20-3]

① 휘발성은 나프텐 기유보다 낮다.

② 점도 지수가 나프텐계 기유보다 낮다.

③ 산화 저항성이 나프텐계 기유보다 높다.

④ 인화점, 유동점이 나프텐계 기유보다 높다.

13. 윤활기유에서 파라핀계와 비교하여 나프텐계의 특성으로 틀린 것은?   [16-2]

① 유동점이 높다.

② 휘발성이 높다

③ 점도 지수가 낮다.

④ 산화 안정도가 낮다.

14. 다음 중 액상의 윤활유로서 갖추어야 할 성질이 아닌 것은?   [06-4, 16-4]

① 가능한 한 화학적으로 활성이며, 청정 균질한 것

② 사용 상태에서 충분한 점도를 가질 것

③ 한계 윤활 상태에서 견디어 낼 수 있는 유성이 있을 것

④ 산화나 열에 대한 안전성이 높을 것

해설 화학적으로 비활성이어야 한다.

15. 윤활유가 갖추어야 할 일반적인 성질로 맞지 않는 것은? [12-4]
① 기기에 적합한 충분한 점도를 가져야 한다.
② 점도 지수가 낮아서 고온 상태에서도 충분한 점도를 유지해야 한다.
③ 한계 윤활 상태에서 견딜 수 있는 유성이 있어야 한다.
④ 산화에 대하여 안정성이 있어야 한다.

16. 액상 윤활유가 갖추어야 할 성질로 가장 거리가 먼 것은? [14-4]
① Al, Na, Ca, Li, 벤톤 등의 증주제를 사용할 것
② 사용 상태에서 충분한 점도를 가질 것
③ 한계 윤활 상태를 견디어 낼 수 있는 유성(油性)이 있을 것
④ 산화나 열에 대한 안정성이 높고 화학적으로 불활성일 것

17. 액상의 윤활유로서 갖추어야 할 성질로 틀린 것은? [19-1]
① 산화나 열에 대한 안전성이 낮을 것
② 사용 상태에서 충분한 점도를 가질 것
③ 화학적으로 불활성이며, 청정 균질할 것
④ 한계 윤활 상태에서 견디어 낼 수 있는 유성이 있을 것
해설 산화나 열에 대한 안전성이 높을 것

18. 윤활유의 일반적인 성질을 잘못 설명한 것은? [08-4]
① 비중(specific gravity)은 성능을 결정짓는 데 중요한 요소는 아니고, 오일의 종류를 파악하는 데 유용하다.
② API도는 미국석유협회에서 정한 비중이며, 물을 1로 하여 물보다 가벼운 것

은 1 이상, 물보다 무거운 것은 1 이하의 수치로 표시한다.
③ 점도는 액체가 유동할 때 나타나는 내부 저항을 나타낸다.
④ 점도 지수(viscosity index)는 윤활유의 점도와 온도 관리를 지수로 나타낸 것이다.

19. 자동차 내연 기관용 엔진이나 트랜스미션 및 베어링용 기어유는 일반적으로 어떤 규격을 사용하는가? [18-1]
① API(미국석유협회)
② ISO(국제표준화기구)
③ SAE(미국자동차기술자협회)
④ ASME(미국기계기술자협회)

20. 윤활유의 물리 화학적 성질 중 가장 기본이 되는 것으로 액체가 유동할 때 나타나는 내부 저항을 의미하는 것은? [21-2]
① 점도   ② 인화점
③ 발화점   ④ 유동점
해설 점도 : 윤활유의 가장 기본적인 성질로 유체역학적 유막 형성에 기여하는 성질이다.

20-1 다음 중 윤활유의 가장 기본적인 성질로 유체역학적 유막 형성에 기여하는 성질은? [10-4]
① 점도   ② 인화점
③ 발화점   ④ 유동점
정답 ①

20-2 다음 중 윤활유의 성질 중 액체가 유동할 때 나타나는 내부 저항을 의미하는 것은? [07-4, 12-4, 18-1]
① 점도   ② 중화가
③ 동판 부식   ④ 산화 안정도
정답 ①

2 과목

21. 다음 중 윤활제의 성질 설명으로 틀린 것은? [16-2]

① 유동점 : 윤활유의 온도를 낮출 때 유동점을 잃기 전의 온도이다.

② 점도 : 액체가 유동할 때 나타나는 내부 저항으로 동점도는 절대 밀도를 나눈 값이다.

③ 주도 : 그리스의 주도는 윤활유의 점도에 해당하는 것으로 그리스의 무르고 단단한 정도를 나타낸다.

④ 적하점 : 그리스를 가열했을 때 반고체 상태의 그리스가 액체 상태로 되어 떨어지는 최초의 온도이다.

22. 다음 중 윤활유의 점도 변화에 가장 큰 영향을 주는 인자는? [14-2, 16-4]

① 습도   ② 압력

③ 비중   ④ 온도

해설 점도는 온도에 매우 민감하다.

23. 다음 중 윤활유의 점도와 온도의 관계를 지수로 나타내는 실험값으로 옳은 것은 어느 것인가? [07-4, 14-2, 19-1]

① 색   ② 유동점

③ 점도 지수   ④ 인화점 및 연소점

24. 오일의 열에 대한 안정성을 확인하는 시험으로 맞는 것은? [11-4]

① 유동점   ② 중화가

③ 산화 안정도   ④ 점도 지수

해설 점도 지수가 높다는 것은 온도 변화에 대한 점도 변화가 적다는 것이다.

25. 유체 윤활에서 마찰 저항을 결정하는 요소는? [22-1]

① 설계상의 오류

② 윤활제의 유성

③ 유체의 점성 저항

④ 마찰면의 다듬질 정도

26. 유체 윤활에 기본적으로 중요하게 쓰이는 것이 레이놀즈(Reynolds) 방정식이다. 이 방정식에 대한 가정으로 거리가 먼 것은? [14-2, 21-1]

① 유체 관성은 무시한다.

② 윤활유는 뉴턴 유체이다.

③ 유막 내의 유동은 층류이다.

④ 점성은 유막 내에서 일정하지 않다.

해설 윤활유는 뉴턴 유체로 전단 응력은 진단율 변화에 비례한다.

27. ISO 산업용 윤활유 점도 분류의 기준 온도는? [21-4]

① 15℃   ② 24℃

③ 40℃   ④ 44℃

28. SAE 엔진유 점도 분류에서 동점도가 가장 높은 분류 기호는? [16-4]

① 10W   ② 20W

③ 20   ④ 50

해설 SAE 엔진유 점도 분류에서 숫자가 커질수록 점도가 커진다. 10W는 4.1cSt, 20W는 5.6cSt, 20은 5.6cSt, 30은 16.3cSt이다.

29. KS M 2129는 유압 작동유 KS 규격이다. 이 규격에서 종류(정도 등급) 15, 22, 32, 46, 68, 100, 150, 220은 다음 중 어떤 등급을 따른 것인가? [12-4]

① NLGI   ② ISO VG

③ SEA   ④ ISO

해설 유압 작동유의 종류는 정도 등급을 구

분한 것이며, 정도 등급은 ISO VG(ISO viscosity grade)이다.

30. 다음과 같이 공업용 윤활유에 표시된 "VG"의 의미는? [22]

ISO VG 46

① 비중 등급   ② 주도 등급
③ 점도 한계   ④ 점도 등급

해설 점도 등급은 ISO VG(ISO viscosity grade)이다.

31. ISO VG 32와 320에 대한 설명 중 옳지 않은 것은? [09-4]
① ISO VG32는 점도 등급을 나타낸 것이다.
② 32는 동점도의 중심값을 나타낸 것이다.
③ 점도 등급의 32와 320 중에서 32가 고점도 오일이다.
④ 동점도 단위는 mm^2/s 를 사용한다.

해설 VG32와 VG320 중 320이 고점도 오일이다.

32. 다음 중 실린더유의 품질 조건으로 틀린 것은? [19-4]
① 황산에 의한 부식의 억제를 위한 산중화성을 가질 것
② 고온에서 품질의 변화가 크고, 카본이나 회분 등의 잔류물이 많을 것
③ 실린더 라이너의 미끄럼부에 즉시 윤활이 가능하도록 확산성을 가질 것
④ 실린더 라이너나 피스톤 링의 이상 마모를 방지하는 극압성이나 유막의 유지성을 가질 것

해설 고온에서 품질의 변화가 적고, 카본이나 회분 등의 잔류물이 적어야 한다.

33. 다음 중 액상 윤활유에 해당되지 않는 것은? [09-4]
① 광유   ② 그리스
③ 지방유   ④ 합성유

34. 일반적인 그리스 윤활의 특징으로 틀린 것은? [21-1]
① 밀봉 효과가 크다.
② 냉각 효과가 낮다.
③ 이물질 혼합 시 제거가 곤란하다.
④ 내수성이 약하고 적하 유출이 많다.

해설 그리스는 윤활유에 비해 내수성이 강하고, 적하 유출이 적다.

35. 그리스의 기유에 대한 특유의 요구 성질 중 틀린 것은? [11-4, 16-2]
① 증발 온도가 낮을 것
② 증주제와 친화력이 좋을 것
③ 적당한 점도 특성을 가질 것
④ oil seal 등에 영향이 없을 것

36. 다음 중 가장 높은 온도 조건(주위 환경 온도)에서 사용하기에 가장 적합한 그리스는? [16-4, 19-2]
① 칼슘 그리스
② 리튬 그리스
③ 나트륨 그리스
④ 알루미늄 그리스

해설 최고 사용 온도 : Ca 60℃, Na 80℃, Al 50℃, Li 120~130℃

37. 만능 그리스라고 하는 고급 그리스로서 내열성, 내수성, 기계적 안정성이 우수하며, 사용 온도 한계는 −20~130℃로 광범위한 용도로 사용되는 그리스는? [14-4]
① 나트륨 비누기 그리스

② 알루미늄 비누기 그리스
③ 칼슘 비누기 그리스
④ 리튬 비누기 그리스

38. 120~230℃ 정도의 적점을 지니고 있으며, 섬유 구조로 안정성이 높아 고온 특성은 좋은 편이지만, 내수성이 나쁜 특성을 가진 그리스는? [19-1, 21-4]
① 칼슘 그리스   ② 바륨 그리스
③ 나트륨 그리스   ④ 알루미늄 그리스

39. 다음 중 내수성이 나빠 수분과의 접촉이 없고, 일반 및 고온 개소에 적절한 그리스는? [17-4, 21-2]
① 칼슘계 그리스(Ca base grease)
② 리튬 복합 그리스(Li-Cx grease)
③ 나트륨계 그리스(Na base grease)
④ 알루미늄계 그리스(Al base grease)

해설 비누기에서 내수성이 나쁜 것은 나트륨 비누기이고, 비비누기에서는 실리카 겔이다.

40. 그리스는 증주에의 종류에 따라 대단히 다른 성질을 나타내므로, 사용 조건에 따라 그리스의 종류를 결정한 후 적정 주도를 결정한다. 다음 중 일반적으로 수분과의 접촉이 빈번한 곳에서 사용이 부적합한 증주제는? [18-1]
① Ca   ② Na
③ Al   ④ Li

41. 다음 중 그리스 증주제에 해당하는 것은? [22-1]
① Na   ② PbO
③ 흑연   ④ 피마자유

해설 증주제는 그리스의 특성을 결정하는

것으로 미세한 섬유상의 망상 구조물이나 입자 등이 액체 윤활유 중에 균일하게 분산되어 반고체상을 형성시킨다.

42. 다음 중 그리스 중주제에 해당하지 않는 것은? [17-4]
① Al   ② Na
③ Ca   ④ PbO

해설 비누기(soap) 중주제는 알칼리 금속과 지방산으로 만들어지며 칼슘, 나트륨, 알루미늄 및 리튬 등이 있다.

43. 다음 고체 윤활제의 일반적 성질에 대한 설명으로 틀린 것은? [13-4]
① 녹는점이 높을 것
② 열전도도가 좋을 것
③ 전단 강도가 클 것
④ 작은 입자로 되기 쉬울 것

해설 고체 윤활제는 전단력이 작아 층상 조직을 가지며, 마찰 저항이 작아야 한다.

44. 다음 그리스에 대한 설명 중 틀린 것은 어느 것인가? [14-2]
① 그리스 보충은 베어링 온도가 70℃를 초과할 경우 베어링 온도가 15℃ 상승할 때마다 보충 주기를 1/2로 단축해야 한다.
② 일반적으로 증주제의 타입 및 기유의 종류가 동일하면 혼용이 가능하나 첨가제간 상호 역반을 일으킬 수 있으므로 혼용에 주의해야 한다.
③ 그리스 NLGI 주도 000호는 매우 단단하여 미끄럼 베어링용, 6호는 반유동상으로 집중급유용으로 사용된다.
④ 그리스 기유(base oil), 특성을 결정해 주는 증주제와 제반 성능을 향상시키기 위해 첨가해 주는 첨가제로 구성되어

있다.

해설 주도 000호는 반유동상으로 집중 급유용, 6호는 매우 단단하며 미끄럼 베어링용으로 사용된다.

45. 그리스 선정 시 고려해야 할 사항으로 가장 거리가 먼 것은? [18-2, 20-4]
① 그리스 제조법 및 급지 방법
② 증주제의 종류 및 베이스 오일의 점도
③ 윤활 개소의 운전 조건인 회전수 및 하중
④ 윤활 개소의 운전 온도 범위 및 물, 약품 등의 접촉 유무와 관련된 환경

46. 상대 접촉면의 윤활을 원활히 하고, 기계의 운전 상태를 최적으로 유지시키기 위한 그리스의 일반적인 선정 기준과 가장 거리가 먼 것은? [18-4]
① 보관 방법   ② 운전 조건
③ 급유 방법   ④ 주변 환경

47. 윤활제에 사용되는 첨가제가 갖추어야 할 조건으로 틀린 것은? [17-4, 21-4]
① 물에 대해 안정할 것
② 장기간 보관 시 안정할 것
③ 첨가 시 휘발성이 높을 것
④ 첨가제 상호간에 반응으로 침전 등이 생성되지 않을 것

해설 윤활유 첨가제는 휘발성이 적어야 한다.

48. 다음 중 윤활유의 성질을 강화하기 위해 첨가하는 첨가제의 일반적인 성질로 틀린 것은? [18-1, 20-2, 20-3]
① 증발이 많아야 한다.
② 기유에 용해도가 좋아야 한다.
③ 다른 첨가제와 잘 조화되어야 한다.

④ 첨가제는 수용성 물질에 녹지 않아야 한다.

해설 윤활유 첨가제는 증발이 없어야 한다.

48-1 다음 중 윤활유 첨가제의 성질로 틀린 것은? [18-2]
① 증발이 많아야 한다.
② 저장 중에 안정성이 좋아야 한다.
③ 냄새 및 활동이 제어되어야 한다.
④ 수용성 물질에 녹지 않아야 한다.

정답 ①

49. 다음 중 윤활유 첨가제의 성질이 아닌 것은? [21-4]
① 증발이 적어야 한다.
② 기유에 용해도가 좋아야 한다.
③ 수용성 물질에 잘 녹아야 한다.
④ 냄새 및 활동이 제어되어야 한다.

해설 첨가제는 수용성 물질에 녹지 않아야 하고, 증발이 없어야 한다.

49-1 윤활유 첨가제의 일반적 성질로 틀린 것은? [15-4, 19-2]
① 색상이 깨끗해야 한다.
② 기유에 용해도가 좋아야 한다.
③ 수용성 물질에 잘 녹아야 한다.
④ 다른 첨가제와 잘 조화되어야 한다.

정답 ③

50. 다음 중 윤활유 첨가제가 갖추어야 할 조건이 아닌 것은? [14-2, 18-4]
① 휘발성이 낮을 것
② 물에 대해 안정할 것
③ 기유에 대한 용해도가 낮을 것
④ 첨가제 상호간 반응으로 침전물 등이 생기지 않을 것

51. 옥외에 사용되는 유압 시스템에서 온도 변화가 심할 경우에 넓은 온도 범위에 걸쳐서 사용될 수 있도록 유압 작동유에 첨가되는 첨가제는 무엇인가? [18-4]
① 방청제
② 내마모제
③ 산화 방지제
④ 점도 지수 향상제

52. 다음 중 온도 변화에 따른 점도의 변화를 적게 하기 위하여 사용되는 첨가제는 어느 것인가? [14-4, 17-4, 21-1]
① 청정 분산제
② 산화 방지제
③ 점도 지수 향상제
④ 유동점 강화제

해설 점도 지수 향상제 : 온도 변화에 따른 점도 변화의 비율을 낮게 하기 위하여 점도 지수(VI) 향상제를 사용한다.

53. 순환 급유를 하는 윤활 개소의 유욕조를 관찰해 보니 거품이 많이 발생하였다. 어떤 첨가제가 부족할 때 이러한 현상이 나타나는가? [12-4, 18-1]
① 유화제   ② 소포제
③ 부식 방지제   ④ 산화 방지제

54. 윤활유에 소포제를 첨가하는 주된 목적은? [19-4]
① 온도에 따른 점도 변화율의 감소
② 물과 친화성이 있는 광유를 생성
③ 오일 층의 공기 기포 생성 방지 및 제거
④ 베어링 및 기타 금속 물질의 부식 억제

해설 기포가 마멸이나 윤활유의 열화를 촉진시키므로 이 현상을 방지하기 위하여 소포제를 첨가한다.

55. 윤활제에 사용되는 첨가제 중 소포제 첨가의 주된 목적은? [15-2]
① 온도에 따른 점도 변화율의 감소
② 물과 친화성이 있는 광유를 생성
③ 베어링 및 기타 금속 물질의 부식 억제
④ 쉽게 분해되지 않는 거품 형성을 방지

56. 윤활유의 첨가제 중 금속의 표면에 유막을 형성시켜 마찰 계수를 작게 하여 유막이 끊어지지 않도록 하는 것은? [18-4]
① 극압제
② 산화 방지제
③ 유성 향상제
④ 유동점 강화제

56-1 윤활유의 첨가제 중 금속의 표면에 유막을 형성시켜 마찰 계수를 작게 하여 유막이 끊어지지 않도록 하는 것은? [15-4]
① 극압제
② 유성 향상제
③ 유동점 강하제
④ 점도 지수 향상제
정답 ②

57. EP유라고도 하며 큰 하중을 받는 베어링의 경우 유막이 파괴되기 쉬우므로 이를 방지하기 위해 사용되는 윤활유의 첨가제는? [20-4]
① 극압제
② 청정 분산제
③ 산화 방지제
④ 점도 지수 향상제

58. 다음 중 고하중 및 충격 하중에 사용되는 그리스의 첨가제로 맞는 것은? [13-4]
① 산화 방지제

② 점도 지수 향상제
③ 유동점 강화제
④ 극압 첨가제

해설 ①은 윤활유 보호제, ②, ③은 윤활 성능 보강제이다.

59. 극압 윤활을 위한 극압제로 사용하지 않는 것은? [18-2, 22-1]

① H   ② Cl
③ S   ④ P

해설 윤활유의 극압제로는 일반적으로 염소(Cl), 유황(S), 인(P) 등을 사용한다.

60. 윤활제의 첨가제 중 산화에 의하여 금속 표면에 붙어 있는 슬러지나 탄소 성분을 녹여 기름 중의 미세한 입자 상태로 분산시켜 내부를 깨끗이 유지하는 역할을 하는 윤활제의 첨가제는? [19-1, 22-2]

① 소포제
② 청정 분산제
③ 유성 향상제
④ 유동점 강하제

61. 슬러지 등이 오일 중에 침전되지 않도록 분산시켜 엔진 내부를 깨끗하게 하고, 발생되는 산을 중화시켜 부식 마모가 일어나지 않도록 하는 첨가제는? [19-4]

① 부식 방지제
② 청정 분산제
③ 점도 지수 향상제
④ 내마모성 첨가제

해설 청정 분산제(detergent and dispersant) : 산화에 의하여 금속 표면에 붙어 있는 슬러지나 탄소 성분을 녹여 기름 중의 미세한 입자 상태로 분산시켜 내부를 깨끗이 유지하는 역할을 한다.

4장 윤활 방법과 시험

4-1 윤활 급유법

1. 다음은 그리스 윤활과 오일 윤활의 특성을 비교한 내용이다. 옳지 않은 것은 어느 것인가? [19-2]

① 윤활제 누설은 오일 윤활에 비해 그리스 윤활이 많다.
② 냉각 효과는 오일 윤활에 비해 그리스 윤활이 좋지 않다.
③ 오염 방지는 오일 윤활에 비해 그리스 윤활이 용이하다.
④ 윤활제 교환은 그리스 윤활에 비해 오일 윤활이 용이하다.

해설 오일 윤활과 그리스 윤활의 비교

구분	윤활유의 윤활	그리스의 윤활
회전수	고·중속용	중·저속용
회전 저항	비교적 적음	비교적 큼
냉각 효과	대	소
누유	대	소
밀봉 장치	복잡	간단
순환 급유	용이	곤란
급유 간격	비교적 짧다.	비교적 길다.
윤활제의 교환	용이	번잡
세부의 윤활	용이	곤란
혼입물 제거	용이	곤란

2. 다음 중 그리스 윤활의 단점이 아닌 것은? [09-4]

① 급유 교환, 세정 등이 어렵다.
② 초기 회전 시 회전 저항이 크다.
③ 급유량 조절이 곤란하다.
④ 유동성이 나쁘기 때문에 누설이 크다.

해설 그리스는 유 윤활유에 비해 누설이 적다.

3. 그리스와 액상 윤활제의 비교에서 액상 윤활제의 특징이 아닌 것은? [07-4]

① 모든 속도에 가능
② 밀봉 장치 설계가 용이
③ 먼지 여과가 용이
④ 세부 윤활이 용이

4. 액체 윤활에 비해 그리스 윤활의 장점으로 옳은 것은? [18-1]

① 누설이 많다.
② 냉각 작용이 크다.
③ 급유 간격이 짧다.
④ 밀봉 효과가 좋아 먼지 등의 침입이 적다.

해설 그리스 윤활은 윤활유 윤활에 비해 냉각 작용이 적고, 급유 간격이 비교적 길다.

4-1 다음 중 그리스 윤활이 액체 윤활에 비해 장점으로 말할 수 있는 것은? [12-4]

정답 ● 1. ① 2. ④ 3. ② 4. ④

① 냉각 작용이 크다.
② 밀봉성과 먼지 등의 침입이 적다.
③ 급유 간격이 비교적 짧다.
④ 윤활의 균일성이 높다.

정답 ②

5. 베어링 윤활에서 윤활유와 비교한 그리스 윤활의 특징으로 틀린 것은?   [21-2]
① 급유 간격이 짧다.
② 회전 저항이 크다.
③ 순환 급유가 곤란하다.
④ 혼입물 제거가 곤란하다.

해설 그리스 윤활은 급유 간격이 길다.

6. 다음은 액체 윤활에 비해서 그리스 윤활의 장점을 설명한 것이다. 틀린 것은 어느 것인가?   [08-4, 16-2, 20-2]
① 누설이 적다.
② 급유 간격이 길다.
③ 냉각 작용이 우수하다.
④ 밀봉성이 높아 먼지 등의 침입을 방지한다.

해설 그리스 급유는 유 윤활 급유에 비해 냉각성이 부족하다.

7. 그리스와 윤활유를 비교 설명한 내용 중 틀린 것은?   [14-4]
① 회전 저항은 윤활유보다 그리스 윤활 사용 시 상대적으로 크다.
② 윤활유를 사용한 기기는 그리스 윤활법에 비하여 밀봉 장치가 복잡해진다.
③ 윤활제의 교체 용이성은 윤활유가 그리스보다 간편하다.
④ 그리스는 윤활유보다 냉각 효과가 우수하다.

8. 윤활유 윤활과 그리스 윤활을 비교한 내용으로 틀린 것은?   [19-4]
① 그리스 윤활이 누설이 적다.
② 윤활유 윤활이 냉각 효과가 크다.
③ 그리스 윤활이 회전 저항이 작다.
④ 윤활유 윤활이 밀봉 장치가 복잡하다.

해설 그리스 윤활이 윤활유 윤활보다 회전 저항이 더 크다.

9. 일반적인 그리스 윤활의 특징으로 옳지 않은 것은?   [20-4]
① 급유, 교환, 세정 등이 어렵다.
② 초기 회전 시 회전 저항이 크다.
③ 유동성이 좋고 온도 상승 제어가 쉽다.
④ 흡착력이 강하므로 고하중에 잘 견딘다.

해설 그리스는 유동성이 나쁘고, 냉각 효과가 나쁘므로 온도 상승 제어가 어렵다.

10. 윤활유 급유 방법 – 윤활제 – 윤활 장치의 종류를 순서대로 연결한 것 중 틀린 것은?   [08-4, 15-2]
① 수동 급유 – 그리스 – 그리스 건
② 적하 급유 – 윤활유 – 심지 급유기
③ 자기 순환 급유 – 윤활유 – 분무 장치
④ 강제 순환 급유 – 그리스 – 자동 집중 급유 장치

11. 다음 급유 방법 중에 순환 급유법에 속하지 않는 것은? [06-4, 10-4, 17-4, 19-4]
① 비말 급유법
② 원심 급유법
③ 적하 급유법
④ 유륜식 급유법

해설 순환 급유법 : 패드 급유법, 체인 급유법, 유륜식 급유법, 유욕 급유법 등

정답 • **5.** ① **6.** ③ **7.** ④ **8.** ③ **9.** ③ **10.** ③ **11.** ③

12. 윤활제의 공급법 중 순환 급유법이 아닌 것은? [21-2]
① 바늘 급유법
② 비말 급유법
③ 유욕 급유법
④ 원심 급유법

해설 비순환 급유법 : 손 급유법, 적하 급유법, 가시 부상 유적 급유법 등

13. 다음 중 비순환 급유법에 해당하는 것은? [15-2]
① 바늘 급유법
② 비말 급유법
③ 유욕 급유법
④ 패드 급유법

14. 다음 윤활 방식 중 비순환 급유 방법이 아닌 것은? [14-2, 16-2, 22-2]
① 손 급유법
② 유욕 급유법
③ 적하 급유법
④ 사이펀 급유법

14-1 다음 중 비순환 급유 방법이 아닌 것은? [17-2, 20-3]
① 손 급유법
② 적하 급유법
③ 바늘 급유법
④ 유욕 급유법

정답 ④

15. 순환 급유 종류 중 마찰면이 기름 속에 잠겨서 윤활하는 급유 방법은? [21-4]
① 유욕 급유법

② 패드 급유법
③ 나사 급유법
④ 원심 급유법

16. 다음 중 전손식 급유 방법이 아닌 윤활 방식은? [09-4]
① 손 급유법
② 적하 급유법
③ 심지 급유법
④ 순환 급유법

17. 다음 중 윤활유 공급 방법 중 순환 급유 방법은? [21-1]
① 손 급유법
② 비말 급유법
③ 적하 급유법
④ 사이펀 급유법

18. 다음 윤활유 급유법 중 기계의 운동부가 기름 탱크 내의 유면에 미소하게 접촉하면 기름의 미립자 또는 분무 상태로 기름 단지에서 떨어져 마찰면에 튀겨 급유하는 것은 어느 것인가? [17-2, 22-2]
① 패드 급유법
② 비말 급유법
③ 그리스 급유법
④ 사이펀 급유법

19. 다음 윤활유의 급유법 중 윤활유를 미립자 또는 분무 상태로 급유하는 방법으로 여러 개의 다른 마찰면을 동시에 자동적으로 급유할 수 있는 것은? [18-4, 21-4]
① 바늘 급유법
② 원심 급유법
③ 버킷 급유법
④ 비말 급유법

20. 급유 방법별 적정 유면 관리 기준으로서 적절하지 못한 것은? [11-4]

① 가시 적하 : 오일 용기 높이의 $\frac{1}{3} \sim \frac{2}{3}$ 정도

② 체인 급유 : 체인의 최하부가 충분히 젖는 높이

③ 링 급유 : 링 바깥지름 밑에서 $\frac{1}{3} \sim \frac{2}{3}$

④ 유욕 급유 : 기계별로 정해진 계기의 적정 유면

해설 링 급유는 링 바깥지름의 $\frac{1}{5} \sim \frac{1}{7}$ 정도가 oil에 젖는 높이로 적당하다.

21. 순환 급유 방법 중 고압, 고속의 윤활 개소에 가장 적당한 급유 방법은? [13-4]

① 강제 순환 급유법
② 중력 순환 급유법
③ 버킷 급유법
④ 체인 급유법

22. 다음은 강제 순환 급유 장치의 특징을 열거하였다. 틀린 것은? [10-4]

① 냉각 효과가 크고, 윤활 부위에서 발생한 마찰열을 윤활유가 냉각시킨다.

② 금속면의 마멸 입자, 윤활유의 열화 생성물, 외부 혼입 이물질을 제거하고 깨끗한 윤활유를 장기간 반복적으로 사용할 수 있다.

③ 다수의 윤활 부위에 적정 유량을 쉽게 배분할 수 있다.

④ 장치의 구성이 간단하므로 관리가 쉽다.

23. 강제 순환 급유 장치의 오일탱크 유면의 관리기준으로 맞는 것은? [16-2]

① 최고 유면은 탱크 유량의 60% 이하,

최저 유면은 운전 시 탱크 유량의 40% 이하

② 최고 유면은 탱크 유량의 70% 이하, 최저 유면은 운전 시 탱크 유량의 20% 이하

③ 최고 유면은 탱크 유량의 80% 이하, 최저 유면은 운전 시 탱크 유량의 30% 이하

④ 최고 유면은 탱크 유량의 90% 이하, 최저 유면은 운전 시 탱크 유량의 50% 이상

24. 윤활 관리의 방법이나 설비 관리의 내용 중 맞지 않는 것은? [09-4, 15-2]

① 그리스는 많이 주입할수록 좋다.
② 설비에 수분과 이물질이 들어가지 않도록 한다.
③ 오일 온도는 적정 온도로 항상 일정하게 유지하여야 한다.
④ 오일의 오염도는 NAS 등급을 사용한다.

해설 베어링 하우징 내부 공간의 $\frac{1}{2} \sim \frac{2}{3}$ 정도 주유한다.

25. 다음 중 그리스 윤활의 특징으로 틀린 것은? [16-4, 19-4]

① 밀봉 효과가 크다.
② 내수성이 강하다.
③ 장기간 보존이 가능하다.
④ 이물질 혼합 시 제거가 용이하다.

해설 그리스 윤활은 유 윤활에 비해 혼입물 제거가 곤란하다.

26. 다음 중 그리스 윤활의 장점이 아닌 것은 어느 것인가? [14-2, 17-4, 20-3]

① 유동성이 나쁘기 때문에 누설이 적다.

② 냉각 효과가 커서 온도 상승 제어가 쉽다.
③ 흡착력이 강하므로 고하중에 잘 견딘다.
④ 기계의 설계가 간편하고 비용이 적게 든다.

해설 그리스는 유 윤활유에 비해 냉각 효과가 적다.

27. 그리스 윤활법에 대한 설명으로 틀린 것은? [12-4]
① 베어링 온도가 높을수록 급유 주기를 짧게 조정한다.
② 그리스 급유법으로는 그리스 건에 의한 수동 급유법, 펌프 급유법, 기계식 및 집중 급유법 등이 있다.
③ 고속 회전일수록 그리스 주입량을 많게 한다.
④ 용도가 다른 그리스를 혼용하여 사용하지 않아야 한다.

28. 그리스 충전 방법에 관한 내용으로 틀린 것은? [06-4]
① 저속 베어링일수록 그리스의 충전량은 적게 한다.
② 나트륨 그리스와 리튬 그리스의 혼합 충전을 피한다.
③ 베어링의 하중이 클수록 최소 적정량으로 관리한다.
④ 일반적으로 베어링 하우징의 공간에 $\frac{1}{3}$ 내지 $\frac{1}{2}$을 충전한다.

29. 다음 중 그리스 윤활의 특징으로 틀린 것은? [16-4]
① 유동성이 나쁘기 때문에 누설이 적다.
② 초기 회전 시 회전 저항이 크고 급유량 조절이 어렵다.

③ 유막이 장기간 유지되므로 녹이나 부식이 방지된다.
④ 흡착력이 약하고, 온도 상승 제어가 쉬워 초고속에 적합하다.

해설 그리스는 온도 상승 제어가 어렵고 저·중속에 적합하다.

30. 그리스의 급지(급유)에 관한 내용으로 틀린 것은? [11-4, 15-2]
① 그리스의 충전량이 너무 많으면 마찰 손실이 크며, 온도 상승의 원인이 된다.
② 그리스 건을 사용하므로 마찰면에서 급유에 대한 신뢰성을 높일 수 있다.
③ 베어링의 경우 그리스의 일반적인 충전량은 베어링 내부 공간의 $\frac{3}{4}$이 적당하다.
④ 그리스 교체할 때는 전에 사용하던 그리스를 완전히 제거하고 깨끗이 청소하여야 한다.

해설 그리스를 베어링에 충전 시 적정량은 일반적으로 통상 베어링 내부 공간의 $\frac{1}{2}$ 내지 $\frac{2}{3}$이다. 고속일 경우 $\frac{1}{3}\sim\frac{1}{2}$, 저속일 경우 $\frac{1}{2}\sim\frac{2}{3}$이다.

31. 집중 급유 장치를 이용하여 그리스 윤활을 하려고 한다. 이때 사용되는 그리스의 주도 번호는 몇 호 이하인 것이 가장 적합한가? (단, KS 기준을 준용한다.) [19-4]
① 2호 이하　　② 3호 이하
③ 4호 이하　　④ 5호 이상

해설 KS M 2130 그리스에서 집중 급유용 그리스의 종류는 1종에서 4종을 사용하며, 주도 번호는 00호부터 2호까지 사용하도록 되어 있다.

32. 다음 중 그리스 급유법이 아닌 것은 어느 것인가?　[18-4, 21-4]
① 그리스 건
② 그리스 컵
③ 그리스 니플
④ 집중 그리스 윤활 장치

33. 다음 중 다수의 윤활 개소에 동일한 그리스로 윤활할 때 가장 좋은 급지 방법은 어느 것인가?　[15-4]
① 건에 의한 급지
② 컵에 의한 급지
③ 중앙집중식 급지
④ 블록 시스템에 의한 급지

34. 설비의 대형, 자동화로 분배 밸브를 지관에 설치하고 임의의 양을 공급할 수 있는 급유 방법으로 맞는 것은?　[16-4]
① 집중 그리스 윤활 장치
② 그리스 프레스 공급 장치
③ 강제 순환 급유법
④ 중력 순환 급유법

해설 집중 그리스 윤활 장치 : 센트럴라이즈드 그리스 공급 시스템(centralized grease supply system)으로서 강압 그리스 펌프를 주체로 하여 다수의 베어링에 동시 일정량의 그리스를 확실히 급유하는 방법이다.

35. 집중 그리스 윤활 장치에서 각 급유 개소 베어링의 급유량을 개별적으로 조절하는 부품은?　[07-4]
① 압송 펌프
② 절환 밸브
③ 기동 타이머
④ 분배 밸브

36. 중앙집중식 그리스 공급 장치에서 그리스를 확실히 공급하기 위해서는 여러 가지 조건을 만족해야 한다. 다음 중 그리스를 확실히 공급하기 위해 만족시켜야 할 조건으로 가장 거리가 먼 것은?　[17-2]
① 작동의 보증
② 배관계의 복잡 다단화
③ 확실한 정량 분배의 급유
④ 보다 긴 배관계와 많은 급유 개소

2과목

4-2 윤활 기술

1. 윤활유(적유)를 선정할 때 가장 중요시 하여야 할 항목은? [20-4]
① 비중
② 동점도
③ 중화가
④ 산화 안정성

2. 다음 중 윤활유의 점도에 대한 설명으로 틀린 것은? [19-4]
① 동점도의 단위는 센티스톡(cSt)이다.
② 액체가 유동할 때 나타나는 내부 저항이다.
③ 절대 점도는 동점도를 밀도로 나눈 것이다.
④ 기계의 윤활 조건이 동일하다면 마찰열, 마찰 손실, 기계 효율을 좌우한다.

해설 동점도 $= \dfrac{\text{절대 점도}}{\text{밀도}}$

3. 윤활유의 점도에 관한 설명으로 잘못된 것은? [17-2]
① 점도란 윤활유가 유동할 때 나타나는 공기의 저항을 나타낸다.
② 윤활유의 물리 화학적 성질 중 가장 기본이 되는 성질이다.
③ 절대 점도＝동점도×밀도로 계산한다.
④ 점도의 단위는 poise나 $N \cdot s/m^2$이 사용된다.

4. 유압 작동유의 점도가 너무 낮은 경우 발생되는 현상은? [21-4]
① 동력 소비 증대
② 계통 내의 압력 상승
③ 계통 내의 압력 손실 증대
④ 내·외부 틈으로의 누유 증대

5. SAE 점도 분류에서 동점도를 표시하는 기준 온도는? [13-4]
① 10℃ ② 40℃ ③ 50℃ ④ 100℃

해설 SAE 점도 분류에서 점도를 표시하는 기준 온도는 100℃이다.

6. 다음 중 윤활유의 적정 점도 선정 시 일반적으로 고려할 사항으로 가장 거리가 먼 것은? [14-2]
① 주위 환경 온도 ② 운전 속도
③ 급유 방식 ④ 하중

7. 일반적으로 윤활유의 적정 점도를 선정하는 기준으로 틀린 것은? [14-4]
① 윤활유의 점도를 선정할 때는 주로 운전 온도, 하중, 운전 속도를 고려한다.
② 하중이 클수록 고점도유를 사용한다.
③ 운전 속도(주위 온도)가 높을수록 고점도유를 사용한다.
④ 운전 속도가 느릴수록 저점도유를 사용한다.

8. 다음 중 윤활유의 적정 점도를 선정하려고 할 때 고려 사항으로 가장 거리가 먼 것은? [18-1, 20-3]
① 운전 속도 ② 운전 온도
③ 운전 하중 ④ 윤활유의 수명

9. 절삭유에 요구되는 주요 성능으로 틀린 것은? [13-4, 20-2]
① 반 용착성 ② 세정성
③ 가열성 ④ 방청성

해설 절삭유 요구 성능 중 하나는 냉각성이다.

정답 **1.** ② **2.** ③ **3.** ① **4.** ④ **5.** ④ **6.** ③ **7.** ④ **8.** ④ **9.** ③

10. 다음 중 무단 변속기에 사용되는 윤활유가 가져야 할 윤활 조건 중 가장 거리가 먼 것은? [18-2, 20-4]
① 기포가 적을 것
② 내하중성이 클 것
③ 점도 지수가 낮을 것
④ 산화 안정성이 좋을 것

해설 모든 윤활유의 점도는 적당하고, 점도 지수는 높아야 한다.

11. 다음 중 무단 변속기에 사용되는 윤활유가 가져야 할 윤활 조건 중 가장 거리가 먼 것은? [15-2]
① 기포가 적을 것
② 내하중성이 클 것
③ 절연성이 있을 것
④ 점도 지수가 높을 것

12. 윤활제의 열화와 원인이 알맞게 짝지워진 것은? [10-4]
① 산화 방지제의 소모 − 전단
② 이유 현상(증주제의 함량 증가) − 산화
③ 점도의 증가(기유의 감소) − 증발
④ 증주제 구조의 파괴 − 원심력

해설 ① 산화 방지제의 소모 − 산화
② 이유 현상(증주제의 함량 증가) − 원심력
④ 증주제 구조의 파괴(주도 증가) − 전단

13. 윤활유의 열화에 미치는 인자로서 가장 거리가 먼 것은? [20-4]
① 산화(oxidation)
② 동화(assimilation)
③ 탄화(carbonization)
④ 유화(emulsification)

14. 윤활유의 열화 원인으로 맞지 않는 것은? [19-1]
① 질화 현상   ② 산화 현상
③ 유화 현상   ④ 탄화 현상

14-1 다음 중 윤활유의 열화 요인과 거리가 가장 먼 것은? [07-4, 17-4]
① 산화(oxidation) ② 질화(nitrification)
③ 이물질 유입   ④ 유화

정답 ②

15. 윤활유에서 발생되는 트러블 현상에 대한 원인이 잘못 연결된 것은? [18-4]
① 수분 증가 − 고체 입자의 혼입
② 인화점 감소 − 저점도유의 혼입
③ 동점도 증가 − 고점도유의 혼입
④ 외관 혼탁 − 수분이나 고체의 혼입

해설 윤활유의 트러블과 대책

트러블 현상	원인	대책
동점도 증가	• 고점도유의 혼입 • 산화로 인한 영화	• 다른 윤활유 순환 계통 점검 • 동점도 과도 시 윤활유 교환
동점도 감소	• 저점도유의 혼입 • 연료유 혼입에 의한 희석	• 다른 윤활유 순환 계통 점검 • 연료 계통 누유 상태 점검
수분 증가	• 공기 중의 수분 응축 • 냉각수 혼입	• 수분 제거 • 수분 혼입원의 점검
외관 혼탁	• 수분이나 고체의 혼입	• 점검 후 윤활유 교환
소포성 불량	• 고체 입자 혼입 • 부적합 윤활유 혼입	• 윤활유 교환
전산가 증가	• 열화가 심한 경우 • 이물질 혼입	• 열화 원인 파악 • 이물질 파악 및 교환
인화점 증가	• 고점도유 혼입	• 점검 후 윤활유 교환
인화점 감소	• 저점도유 혼입 • 연료유 혼입	• 점검 후 윤활유 교환

정답 10. ③ 11. ③ 12. ③ 13. ② 14. ① 15. ①

2 과목

16. 윤활유의 열화 판정법 중 간이 측정법에 해당되지 않는 것은? [15-2, 21-1]
① 사용유의 성상을 조사한다.
② 리트머스 시험지로 산성 여부를 판단한다.
③ 냄새를 맡아보아 불순물의 함유 여부를 판단한다.
④ 시험관에 같은 양의 기름과 물을 넣고 심하게 교반 후 분리 시간으로 항유화성(抗乳化性)을 조사한다.

17. 윤활유의 열화 방법 중 간이 측정에 의한 방법이 아닌 것은? [22-2]
① 냄새를 맡아보고 판단한다.
② 손으로 기름을 찍어보고 점도의 대소를 판단한다.
③ 사용유의 대표적 시료를 채취하여 성상을 조사한다.
④ 기름을 소량의 증류수로 씻어낸 수분을 취하여 리트머스 시험지를 적셔 산성 여부를 판단한다.
해설 윤활유의 성상에 대한 분석은 직접 판별법에 속한다.

18. 윤활유의 열화 판정법 중 직접 판정법에 대한 설명으로 틀린 것은? [17-4]
① 신유의 성상을 사전에 명확히 파악한다.
② 손으로 찍어보고 점도의 대소를 판단한다.
③ 사용유의 대표적 시료를 채취하여 성상을 조사한다.
④ 신유와 사용유의 성상을 비교 검토 후 관리기준을 정한다.
해설 윤활유의 성상에 대한 분석은 직접 판별법에 속한다.

19. 윤활유의 열화 판정 중 직접 판정법에 대한 설명으로 틀린 것은 어느 것인가? [08-4, 14-2, 18-4, 21-2]
① 신유의 성상을 사전에 명확히 파악한다.
② 사용유의 대표적 시료를 채취하여 성상을 조사한다.
③ 신유와 사용유의 성상을 비교 검토 후 관리기준을 정하고 교환하도록 한다.
④ 투명한 2장의 유리관에 기름을 넣고 투시해서 이물질의 유무를 조사한다.
해설 ④는 간이 판별에 속한다.

20. 다음 중 윤활유의 간이 측정에 의한 열화 판정에 대한 설명으로 틀린 것은 어느 것인가? [10-4, 13-4, 18-2]
① 냄새를 맡아보고 판단한다.
② 기름을 방치 후 색상 변화로 수분 혼입 상태를 판단한다.
③ 손으로 기름을 찍어보고 경험으로 점도의 대소를 판단한다.
④ 기름과 물을 같은 양으로 넣고 심하게 교반 후 방치 항유화성을 판단한다.

21. 윤활유 열화의 직접적인 원인과 거리가 먼 것은? [09-4, 13-4]
① 내부 변화(윤활유 자체의 변화)
② 연료유 및 이종유 희석
③ 유화(물)
④ 0.3~0.4% 황분 함유
해설 산화 방지 방법으로는 밀봉 장치를 철저히 보수하여 공기 중의 산소 흡수를 차단한다. 또한 윤활유 내에 존재하는 황함량이 0.3~0.4%일 때 공기 중의 산소와 반응을 못하게 하여 산화 방지를 유도할 수 있다.

22. 다음 중 윤활유의 열화에 의해 나타나는 현상이 아닌 것은? [09-4, 12-4]
① 산가의 감소   ② 점도 변화
③ 수분 증가   ④ 색상 변화

23. 다음 중 윤활유의 열화에서 내부 변화에 의한 인자로 윤활유 자체의 변질에 해당하는 것은? [16-2, 21-4]
① 산화   ② 유화
③ 희석   ④ 이물질 혼입

해설 산화란 어떤 물질이 산소와 화합하는 것을 말한다(공기 중의 산소 흡수). 즉 공기 중의 산소를 차단하는 것이 산화 방지에 중요한 방법이다. 윤활유가 산화를 하면 윤활유 색의 변화와 점도 증가 및 산가의 증가 그리고 표면 장력의 저하를 가져온다(슬러지 증가로 인해 점도 증가).

23-1 윤활유의 열화에 영향을 미치는 인자 중 내부 변화에 의한 인자는? [21-1]
① 유화   ② 희석
③ 산화   ④ 이물질 혼입
정답 ③

23-2 다음 중 윤활유 열화에 미치는 인자 중 윤활유를 사용할 때 공기 중의 산소를 흡수하여 화학적으로 반응을 일으키는 것은? [08-4, 12-4, 20-3]
① 희석   ② 유화
③ 산화   ④ 이물질 혼입
정답 ③

24. 윤활유의 산화를 촉진하는 인자로 가장 거리가 먼 것은? [21-1]
① 산소   ② 온도
③ 금속 촉매   ④ 표면 장력의 저하

해설 표면 장력의 저하는 산화를 촉진하는 인자가 아니고 결과이다.

24-1 윤활유의 산화를 촉진하는 일반적인 인자가 아닌 것은? [13-4]
① 산소
② 금속 촉매
③ 표면 장력의 저하
④ 유온
정답 ③

25. 윤활 관리에 있어서 윤활유의 산화(oxidation)는 윤활유의 수명을 단축시키는 결정적인 요인이 된다. 다음 중 윤활유 산화에 직접적인 영향을 미치는 것이 아닌 것은? [18-1]
① 산소   ② 온도
③ 금속 촉매   ④ 동질의 윤활유

26. 다음 중 윤활유의 탄화와 관계가 없는 것은? [09-4, 15-4, 18-4]
① 고온 표면과의 접촉
② 윤활유의 가열 분해
③ 공기 중의 산소 흡수
④ 열전도 속도보다 산소와의 반응 속도가 늦음

27. 다음 중 윤활유가 유화되는 원인이 아닌 것은? [19-4, 20-2, 20-3, 21-2]
① 수분과의 접촉이 없을 때
② 기름의 산화가 상당히 일어났을 때
③ 윤활유가 열화하여 이물질분이 증가되어 고점도유에 이르렀을 때
④ 운전 조건이 가혹해서 탄화수소분의 변질을 가져왔을 때

해설 수분과 접촉이 많아야 유화된다.

28. 다음 중 윤활유의 유화를 촉진하는 요인이 아닌 것은? [06-4]
① 기름의 산화가 상당히 일어났을 때
② 수분과의 접촉이 많을 경우
③ 윤활유가 열화하여 오염이 증가되어 고점도가 될 경우
④ 점도가 저하되었을 경우

해설 유화 : 윤활유가 수분과 혼합해서 유화액을 만드는 현상은 유중에 존재하는 미세한 이물질 입자의 극성(일종의 응집력)에 의해서 물과 기름의 표면 장력이 저하해서 W/O형 에멀션이 생성되어 점차 강인한 보호막이 형성되는 결과로 일어나는 것으로, 유화 입자는 보통 1개의 크기가 10^{-5} ~10^{-6}mm 정도이며 큰 것도 있어, 이것이 집합해서 유화액이 형성되는 것으로 생각된다.
※ 윤활유가 유화되는 원인
㉠ 오일의 산화가 상당히 일어났을 때
㉡ 윤활유가 열화하여 이물질이 증가하여 고점도유에 이르렀을 때
㉢ 운전 조건이 가혹해서 탄화수소분의 변질을 가져왔을 때
㉣ 수분과의 접촉이 많을 경우 등이다.

29. 윤활유의 유화되는 원인으로 가장 거리가 먼 것은? [14-4]
① 기름의 산화가 상당히 일어났을 경우
② 수분과의 접촉이 많을 경우
③ 운전 조건이 가혹해서 탄화수소분의 변질을 가져왔을 경우
④ 이물질분에 의해 저점도유에 이르렀을 경우

30. 윤활유 중에 연료유나 다량의 수분이 혼입되었을 때 일어나는 현상으로 윤활 성능을 저하시키는 것은? [16-4, 20-4]
① 산화 ② 탄화

③ 동화 ④ 희석

해설 탄화는 윤활유가 고온에 있을 때, 산화는 공기 중에 산소와 접촉이 많을 때 발생한다.

31. 다음 중 윤활유의 열화 방지책으로 틀린 것은? [14-4]
① 오일의 적정 점도 유지를 위한 적당한 첨가제 사용을 권장한다.
② 신 기계 도입 시 쇠, 녹물, 방청제 등을 충분히 세척 후 사용한다.
③ 월 1회 정도 세척을 실시 순환 계통을 청정하게 유지한다.
④ 사용유는 원심 분리기 백토 처리 등의 재생법을 이용하여 재사용한다.

해설 윤활유의 열화 방지법
㉠ 고온은 가능한 피한다.
㉡ 기름의 혼합 사용은 극력 피할 것(첨가제 반응 적합 점도 유지)
㉢ 신기계 도입 시는 충분히 세척(flushing)을 행한 후 사용할 것
㉣ 교환 시는 열화유를 완전히 제거한다.
㉤ 협잡물(挾雜物 ; 수분, 먼지 금속 마모분 연료유) 혼입 시는 신속히 제거할 것
㉥ 연 1회 정도는 세척을 실시하여 순환 계통을 청정하게 유지할 것
㉦ 사용유는 가능한 원심 분리기 백토 처리 등의 재생법을 사용하여 재사용할 것
㉧ 경우에 따라서 적당한 첨가제를 사용할 것
㉨ 급유를 원활히 할 것 등이다.

31-1 다음 중 윤활유의 열화 방지책으로 틀린 것은? [17-2]
① 고속 기어에는 저점도의 윤활유가 적합하다.
② 웜 기어는 미끄럼 속도가 빠르고 운전 온도도 높게 되므로 산화 안정성이 우수한 순광유가 일반적으로 사용된다.

③ 새로운 기계 도입 시 쇠, 녹물, 방청제 등을 충분히 세척 후 사용한다.

④ 월 1회 정도 세척을 실시하여 순환 계통을 청정하게 유지하고, 교환 시는 열화유를 50% 정도 제거한다.

정답 ④

31-2 윤활유의 열화를 방지하기 위한 방법으로 틀린 것은?   [18-1, 20-3]

① 고온을 가능한 피한다.

② 협잡물 혼입 시는 신속히 제거한다.

③ 신기계 도입 시 충분한 세척을 한 후 사용한다.

④ 윤활유 교환 시 열화유와 새로운 오일을 섞어서 교환한다.

정답 ④

31-3 윤활유의 열화 방지를 위한 방법으로 틀린 것은?   [18-4]

① 고온을 가능한 피한다.

② 오일은 혼합 사용한다.

③ 협잡물 혼입 시에는 신속히 제거한다.

④ 신기계 도입 시 충분한 플러싱 후 사용한다.

정답 ②

31-4 다음 중 윤활유의 열화 방지법으로 틀린 것은?   [18-2]

① 고온은 가급적 피한다.

② 협잡물 혼입 시 신속히 제거한다.

③ 여러 종류의 기름을 혼합하여 사용한다.

④ 새로운 기계 도입 시 충분히 세척한 후 사용한다.

정답 ③

31-5 다음 중 윤활유의 열화 방지법으로 틀린 것은?   [15-2]

① 고온은 가능한 피한다.

② 기름은 적정하게 혼합 사용한다.

③ 협잡물 혼입 시 신속히 제거한다.

④ 신기계 도입 시 충분히 세척을 행한 후 사용한다.

정답 ②

31-6 다음 중 윤활유의 열화 방지법으로 틀린 것은?   [19-2]

① 교환 시는 열화유를 완전히 제거한다.

② 신기계 도입 시 충분한 세척(flushing)을 실시한다.

③ 윤활유에 협잡물 혼입 시 충분히 사용 후 교환한다.

④ 사용유는 원심 분리기 백토 처리 등의 재생법을 사용하여 재사용한다.

해설 윤활유에 협잡물 혼입 시 즉시 교환한다.

정답 ③

32. 오일의 산화, 열화, 이물질 혼입 등으로 인하여 재생 작업을 하고자 한다. 다음 중 물리적 재생 방법에 속하는 것은?   [18-1]

① 여과법

② 정치 침전법

③ 백토 처리법

④ 원심 분리 방법

33. 오염도 측정법 중에서 질량법에 의한 방법으로서 NAS 오염도 등급을 기준으로 일반 사용에서의 사용 한계라고 할 수 있는 기준치는?   [08-4, 12-4]

① NAS 3급

② NAS 5급

③ NAS 7급

④ NAS 12급

해설 NAS 12급은 5~15미크론의 오염 입자가 약 100만 개 이상이 함유되어 있으므로 폐기 판정이 바람직하다.

34. NAS 10등급은 입경 5~15μm 기준으로 이물질이 몇 개이어야 하는가? [11-4]
① 6000개 초과 32000개 이하
② 32000개 초과 64000개 이하
③ 64000개 초과 128000개 이하
④ 128000개 초과 256000개 이하

해설 00등급 125개, 0등급 250개, 1등급 500개, ……, 10등급 256000개 등 등급이 높아짐에 따라 이물질의 개수가 배수로 증가한다.

35. 다음 윤활유의 주요 오염 물질의 종류별 발생 원인을 나열한 것 중 틀린 것은 어느 것인가? [14-2]
① 산화 생성물 : 고온, 수분에 의한 오일의 분해
② 슬러지 : 오염도 증가로 인한 수분의 분해
③ 수분 : 수분에 의한 산화 방지제의 분해
④ 공기 : 펌프 패킹 불량에 의한 공기 흡입

36. 윤활유에 영향을 주는 여러 오염원 중에서 정상적인 설비에서 윤활 관리를 하지 않을 경우 자연적으로 영향을 주는 오염원이 아닌 것은? [16-2]
① 열   ② 수분
③ 슬러지   ④ 부동액

37. 윤활유가 열화할 때 나타나는 현상으로 가장 거리가 먼 것은? [20-3]

① 점도가 변화한다.
② 산가가 증가한다.
③ 색상이 변화한다.
④ 슬러지가 감소한다.

해설 윤활유가 열화하면 슬러지가 증가한다.

38. 작동유의 수명을 결정하는 성상으로 오일의 산화로 생성된 슬러지가 밸브나 오리피스관 등을 막히게 하거나 마찰 부위를 마모시키는 원인이 되는 것은? [17-2]
① 전단 안정성
② 산화 안정성
③ 마모 방지성
④ 청정 분산성

39. 윤활유의 수명은 산화 및 이물질의 혼입에 따라 정해진다. 윤활유의 산화 속도와 관계가 없는 것은? [11-4]
① 온도
② 존재하는 촉매
③ 공기와의 접촉 윤활유의 종류
④ 유동점 강하제 무첨가의 경우

해설 첨가제는 산화 방지제의 종류 등에 의해 변한다.

40. 다음 사용 중인 윤활제의 분석 결과 윤활 성능이 떨어지는 경우는? [19-4]
① 수분이 0.1vol% 이내이다.
② 마모 입자가 10μm보다 크다.
③ 동점도가 규정치보다 10% 이내이다.
④ 산성 성분(전산가)이 0.3mgKOH/g 이내이다.

해설 마모 입자가 크면 윤활유가 오염되며, 윤활 성능이 저하된다.

41. 커플링의 기계적 특성은 사용 윤활제의 종류나 윤활 방법과 중요한 관계를 갖고 있다. 모든 기계적 유형의 커플링 윤활제 선택 조건에서 적합하지 않는 것은?　[11-4]
① 커플링을 위한 윤활제는 온도와 하중을 고려하여 선택되어야 한다.
② 유동성은 최고 예상 온도 이상에서도 반드시 유지되어야 한다.
③ EP오일은 매우 낮은 온도에서 요구되는 저점도용으로도 사용될 수 있다.
④ 지나친 어긋남과 고속의 상태에서는 저온에서 저점도 오일이 요구되며, 고온 상태 하에서는 점도의 감소 현상이 일어난다.
해설 유동성은 최고 예상 온도에서는 유지되지 않는다.

42. 기계 설비의 운전 시 사고 발생의 원인이 될만한 항목들은 윤활 부위, 윤활 조건, 윤활 환경 등에 따라 분류하게 되는데 윤활제와 관련된 사항이 아닌 것은?　[10-4]
① 부적합 윤활유의 사용
② 오일의 누설
③ 성상이 다른 오일과의 혼합
④ 마찰면의 작용 불량
해설 마찰면의 작용 불량은 마찰면에 기인되는 현상이다.

43. 기계 설비의 운전 시 사고 발생의 원인으로 윤활 부위, 윤활 조건, 윤활 환경 등에 따른 분류로 나뉜다. 이 중 윤활 환경적 요인으로 가장 거리가 먼 것은 다음 중 어느 것인가?　[14-4, 17-2, 20-2]
① 오일의 열화와 오탁
② 전도열이 높은 경우
③ 기온에 의한 현저한 온도 변화
④ 마찰면의 방열이 불충분한 경우
해설 윤활유의 열화와 오탁은 윤활 조건 요인에 해당된다.

44. 윤활유 오염 방지를 위해 oil tank 설치 시 고려해야 할 사항이 아닌 것은?　[16-4]
① tank 저부에 magnetic filter 설치
② 적당한 strainer 설치
③ 적당한 baffle plate 설치
④ suction pipe는 tank 맨 하부에 설치
해설 suction pipe는 tank 상부에 설치

45. 윤활 설비의 마모 메커니즘과 원인에 대하여 연결이 잘못된 것은?　[09-4]
① 부식 마멸 – 부식성 용제나 산성 물질에 의한 마모
② 표면 피로 마멸 – 반복되는 충격으로 인한 마모
③ 침식 마멸 – 금속과 금속의 직접 접촉으로 인한 마모
④ 연삭 마멸 – 경도가 작은 표면에 단단한 입자가 분호되어 있고 상대적인 미끄럼 운동이 있을 때 발생하는 마멸
해설 마모의 종류
㉠ 응착 마모 : 상호 운동하는 두 물체의 마찰 표면에서 원자 상호간 인력이 작용하며, 상대적으로 약한 소재의 접촉면에서 마멸 입자가 떨어져 나오는 현상으로 금속과 금속이 직접 접촉하여 발생하는 마모
㉡ 연삭 마모 : 연한 소재의 표면에 고형체에 의한 연삭 작용으로 연한 표면은 고형체에 의한 연삭 작용으로 물질의 일부가 떨어져 나가는 현상
㉢ 부식 마모 : 부식 환경(산소, 부식성 화학물질)에서 일어나는 화학 작용에 의한 마모

㉣ 표면 피로 마멸 : 마찰 표면에 반복 하중으로 인한 피로 현상을 일으키며 발생하는 마모

㉤ 플레팅 마모 : 상호 운동하는 마찰 표면에 작은 진폭의 진동 하중에 의해 표면의 일부가 떨어져 나가는 현상

㉥ 침식 마모 : 물체 접촉 표면에 고체, 액체, 기체 입자가 장기간에 걸쳐 지속적으로 부딪힐 때 입자의 일부가 떨어져 나가는 현상

46. 윤활의 운동 형태 측면에서 굴림 운동 혹은 미끄럼 운동으로 나눠 볼 수 있다. 기계요소 측면에서 미끄럼 및 굴림 운동 모두 해당하지 않는 것은? [07-4]
① 헬리컬 기어
② 하이포드 기어
③ 베벨 기어
④ 유압 실린더

47. 윤활제의 저장 보관 시 공통적으로 알아두어야 할 사항과 거리가 먼 것은? [07-4]
① 청결 정돈
② 안전
③ 윤활제의 취급 방법
④ 방청 관리의 철저

48. 윤활 설비의 고장 원인으로 볼 수 없는 것은? [08-4]
① 과소 급유
② 이물질의 혼입
③ 마찰면의 마멸에 의한 기계 부분의 변형
④ 화학적 피막 또는 층상 고체 피막의 형성

49. 설비의 고장 원인 중 윤활로 인한 문제로 볼 수 없는 것은? [20-2]

① 충분한 플러싱
② 과잉 및 과소 급유
③ 부적절한 오일 사용
④ 이종 오일의 혼합 사용

해설 기계의 윤활 계통에 윤활유를 넣거나 열화 오일을 신유로 교환하는 경우, 유관 청소가 필요한 경우 등에는 세정제를 사용하여 이물질을 세척하는 것을 플러싱(flushing)이라 한다.

50. 윤활 설비의 고장 원인 중 환경적인 요인으로 보기 어려운 것은? [18-1]
① 급유 작업의 부주의
② 전도열이 높은 경우
③ 기온에 의한 현저한 온도 변화
④ 마찰면의 방열이 불충분한 경우

51. 윤활 고장 발생 원인 중에는 윤활제면, 마찰면, 작업면, 급유 방법면, 환경면 등의 고장 원인이 있는데, 작업면의 고장 원인이 아닌 것은? [11-4]
① 급유 작업의 부주의
② 과잉의 급유 또는 과소한 급유
③ 급유 기간이 너무 느리거나 빠름
④ 성질이 다른 윤활제와의 혼합

52. 기계의 운전 중 윤활 고장 현상으로 나타나는 직접적인 증상에 해당하지 않는 것은? [12-4]
① 마찰 부분의 손상
② 소음이나 진동의 발생
③ 온도의 상승
④ 동력비 감소

해설 동력비는 윤활 고장 현상이 아니라 사용량의 변화이다.

53. 윤활유의 분석 결과 입자 오염도는 증가하였으나 그다지 마모분은 증가하지 않았다. 고장의 원인으로 생각되는 것은 어느 것인가? [06-4]
① 점도의 저하
② 에어브리더의 파손
③ 펌프의 마모
④ 산가의 증가

54. 터빈의 윤활 고장 중 기포 발생 시 장애가 아닌 것은? [07-4]
① 유압 작동 불량
② 윤활 사고
③ 윤활유 산화 촉진
④ 윤활유 열화

55. 다음 중 공압 장치의 액추에이터 습동 부분에 윤활제를 공급하는 장치로 옳은 것은? [18-2, 20-4]
① 미니메스
② 오일 스톤
③ 에어브리더
④ 루브리케이터

해설 공압 장치에서 루브리케이터는 윤활기이다.

56. 윤활 설비의 고장과 원인에서 작업에 의한 고장 원인이 아닌 것은? [21-2]
① 플러싱의 불충분
② 과잉 급유 및 부주의
③ 급유가 빠르거나 너무 느림
④ 높은 전도열 및 마찰면의 불충분한 방열

해설 마찰면의 불충분한 방열은 기계적 원인이다.

56-1 윤활 장치의 고장 원인 중 윤활유로 인한 원인이 아닌 것은? [19-4]
① 기름의 누설
② 부적절한 오일 사용
③ 성질이 다른 기름의 혼합 사용
④ 높은 전도열 및 마찰면의 불충분한 방열

정답 ④

57. 윤활 장치의 고장 원인 중 윤활유에 의한 원인이 아닌 것은? [20-3]
① 부적정유의 사용
② 오일의 열화와 오염
③ 급유 방법의 부적당
④ 이종유의 혼합 사용

58. 윤활 설비의 고장 방지를 위한 플러싱 전처리 방법 및 확인 사항으로 적절하지 않은 것은? [13-4]
① 배관용 파이프 – 산 세정, 화학 세정 후 방청 처리, 용접 개소는 스케일 제거 후 조립한다.
② 펌프, 롤러 및 필터류 – 방청 도료 도포 유무 개방 검사를 실시한다.
③ 각종 밸브 – 압축 공기로 청소, 방청 그리스가 도포된 경우 탈지를 하여야 한다.
④ 오일탱크 – 스케일 부착 시 기름걸레로 닦아낸다.

해설 오일탱크 : 와이어 브러시로 스케일을 제거한 후 스펀지로 닦아내며, 오염된 걸레의 사용은 피한다.

59. 유압 장치의 플러싱을 실시하기 위한 적정 시기가 아닌 것은? [15-2]
① 설치된 유압 장치의 분해 정비 후

② 사용유를 분석하여 윤활유를 교환할 때

③ 기계 장치 신설 시 고형물질, 절삭가루, 이물질 등의 제거가 필요할 때

④ 순환 계통의 입구 유온과 냉각기 출구 유온과의 차가 일정한 기준치일 때

60. 윤활 계통의 운전과 보전 활동 중 플러싱 실시 시기가 아닌 것은?   [19-1]
① 윤활유 보충 시 실시한다.
② 윤활제 교환 시 실시한다.
③ 윤활계의 검사 시 실시한다.
④ 기계 장치의 신설 시 실시한다.

60-1 다음 중 플러싱(flushing) 시기로 적절하지 않은 것은?   [12-4, 16-4, 22-1]
① 윤활유 보충 시
② 기계 장치의 신설 시
③ 윤활 계통의 검사 시
④ 윤활 장치의 분해 보수 시
정답 ①

60-2 다음 중 oil flushing을 해야 할 시기로 가장 적절한 것은?   [18-2]
① 정상 운전 중
② 기계의 수리 작업 이후
③ 매일 한 번씩 강제 실시
④ oil sampling 검사를 실시하기 전
정답 ②

61. 플러싱유 선택 시 고려해야 할 사항으로 틀린 것은?   [16-2, 19-2, 20-2]
① 방청성이 우수할 것
② 고온의 청정 분산성을 가질 것
③ 고점도유로서 인화점이 낮을 것
④ 사용유와 동질의 오일을 사용할 것
해설 플러싱유의 선택
㉠ 저점도유로서 인화점이 높을 것
㉡ 사용유와 동질의 오일 사용
㉢ 고온의 청정 분산성을 가질 것
㉣ 방청성이 매우 우수할 것

4-3 윤활제의 시험 방법

1. 육안으로 색의 변화, 수분의 혼입 등을 경험적으로 판단하는 방법은? [06-4]
① 현장적 판정법
② 시간, 기간, 거리 수에 의한 판정법
③ 정기적 분석에 의한 판정법
④ 정밀 시험 분석법

2. 오일 분석법 중 채취한 시료유를 연소하여 그때 생긴 금속 성분 특유의 발광 또는 흡광 현상을 분석하는 것은? [20-4]
① SOAP법
② 페로그래피법
③ 클리브랜드법
④ 스폿테스트법

해설 SOAP법(spectrometric oil analysis program) : 윤활유 속에 함유된 금속 성분을 분광 분석기에 의해 정량 분석하여 윤활부의 마모량을 검출하는 윤활 진단법

2-1 윤활유 속에 함유된 금속 성분을 분광 분석기에 의해 정량 분석하여 윤활부의 마모량을 검출하는 적당한 방법은? [15-4]
① NAS 계수법
② 정량 페로그래피법
③ 분석 페로그래피법
④ SOAP법(spectrometric oil analysis program)

정답 ④

2-2 윤활유 속에 함유된 금속 성분 특유의 발광 또는 흡광 현상을 분석하여 윤활부의 마모를 초기에 검진하는 진단 방법은 다음 중 어느 것인가? [16-2]
① SOAP법
② 페로그래피법
③ conradson법
④ ramsbottom법

정답 ①

3. 윤활유 마모 분석 방법 중 SOAP 분석법의 종류가 아닌 것은? [19-2, 19-4]
① ICP법
② 원자 흡광법
③ 회전 전극법
④ 페로그래피법

해설 페로그래피법 : 오일 분석법 중 채취한 오일 샘플링을 용제로 희석하고, 자석에 의하여 검출된 마모 입자의 크기, 형상 및 재질을 분석하여 이상 원인을 규명하는 설비 진단 기법이다.

4. 페로그래피(ferrography)에 대한 설명으로 올바른 것은? [09-4, 21-4]
① 마멸 입자 분석법이다.
② 수분 함유량 시험 방법이다.
③ 패취 시험 방법이다.
④ 점도 시험 방법이다.

해설 마멸 입자를 분석하기 위해 페로그래피 측정 장비를 널리 사용하며, 마찰 운동부로부터 채취한 시료유에 포함된 이물질을 오일로부터 분리한 다음, 현미경이나 이미지 분석기로 마멸 입자의 크기, 형상, 개수, 컬러 등에 대한 영상 정보를 획득하여 설비 보전에 활용하는 기술이다.

5. 윤활유를 SOAP 분석 방법 중 플라스마를 이용하여 분석하는 방식은? [19-1, 21-2]
① ICP법
② 회전 전극법
③ 원자 흡광법
④ 페로그래피법

6. 다음 유분석을 위한 시료 채취 시 주의사항으로 옳지 않은 것은? [07-4, 17-2, 20-2]
① 시료는 가동 중인 설비에서 채취한다.
② 탱크 바닥에서 채취한다.
③ 필터 전, 기계요소를 거친 지점에서 채

정답 ● 1. ① 2. ① 3. ④ 4. ① 5. ① 6. ②

취한다.

④ 샘플링 line이나 밸브, 채취 기구는 샘플링 전에 충분히 flushing을 한다.

해설 시료는 탱크 바닥과 유면 중간 부위에서 채취한다.

7. 일반적으로 윤활유를 채취하여 검사할 때 어느 지점이 가장 적당한가? 　　　[07-4]
① 오일 저장 탱크(oil reservoir)
② 오일펌프 디스차지(oil pump discharge)
③ 베어링 인입구
④ 유 회수관(oil return line : bearing을 거쳐 나온 oil)

8. 다음 중 윤활유 시료 채취 주기로 옳은 것은? 　　　[15-2, 21-1]
① 스팀 터빈 : 매월
② 가스 터빈 : 6개월
③ 유압 시스템 : 격월
④ 공기 압축기 구름 베어링 : 15일

해설 • 격월 : 스팀 터빈, 기어 및 유압 시스템
• 매월 또는 500시간 : 내연 기관, 가스 터빈, 공기 및 냉동 압축기의 베어링
• 분기 : 비상용 내연 기관 기타 기계, 그리스 윤활 베어링

9. 오일을 규정 조건으로 가열하여 발생한 증기에 불꽃을 접근시켰을 때 순간적으로 불이 붙은 온도는? 　　　[20-3]
① 인화점　　　　② 발연점
③ 착화점　　　　④ 연소점

9-1 다음 중 윤활유를 규정 조건으로 가열하여 발생한 증기에 불꽃을 접근시켰을 때 순간적으로 불이 붙은 온도를 무엇이라 하는가? 　　　[19-1]
① 주도점　　　　② 적하점

③ 인화점　　　　④ 유동점
정답 ③

10. 윤활제의 인화점 측정 방식이 아닌 것은? 　　　[16-2]
① 태그 밀폐식
② 콘라드손(conradson) 개방식
③ 클리브랜드(cleveland) 개방식
④ 펜스키 마텐스(pensky martens) 밀폐식

해설 인화점 측정법 : 태그(tag) 밀폐식(ASTMD56), 클리브랜드(cleveland) 개방식(KS M 2056), 펜스키 마텐스(pensky martens) 밀폐식(KS M 2019)

10-1 윤활유의 인화점 시험 방법에 해당하는 것은? 　　　[14-4]
① 앵글러(engler)
② 태그(tag) 밀폐식
③ 레드우드(redwood)
④ 세이볼트 유니버셜(saybolt universal)
정답 ②

11. 윤활제의 시험 방법에는 윤활유(oil)의 시험법과 그리스의 시험법이 있다. 다음 중에서 윤활유 일반 성상 시험 대상이 아닌 것은? 　　　[16-4]
① 비중　　　　② 유동점
③ 주도　　　　④ 동점도

해설 주도는 그리스 성상 시험 대상이다.

12. 윤활유를 샘플링하여 검사할 때 검사 항목과 가장 거리가 먼 것은? 　　　[21-2]
① 색상　　　　② 수분
③ 부식도　　　　④ 전산가

12-1 윤활유를 샘플링하여 검사할 때 검사

항목과 가장 거리가 먼 것은? [17-4]
① 점도   ② 수분
③ 색상   ④ 자화도
정답 ④

13. 실험실에서 오염의 정도를 측정하고자
한다. 시료유 100mL 중의 오염 물질의 크
기 개수를 측정하는 방법을 무엇이라고 하
는가? [18-4]
① 중량법   ② 계수법
③ 오염 지수법   ④ 수분 측정법

14. 윤활유 오염도 측정법의 종류가 아닌 것
은? [22-1]
① 중량법   ② 계수법
③ SOAP법   ④ 오염 지수법
해설 오염 정도 측정법 : 중량법, 계수법, 오
염 지수법, 수분 측정법, 기포성 측정법

14-1 윤활제의 오염도를 분석하기 위한 오
염 정도 측정법이 아닌 것은? [17-4, 21-1]
① 중량법   ② 연소법
③ 계수법   ④ 오염 지수법
정답 ②

15. 기름 중에 함유되어 있는 유리유황 및
부식성 물질로 인한 금속의 부식 여부에 관
한 시험은? [15-4, 19-2]
① 잔류 탄소 시험
② 황산 회분 시험
③ 동판 부식 시험
④ 산화 안정도 시험
해설 • 잔류 탄소 : 기름의 증발, 열분해 후
생기는 탄화 잔류물
• 황산 회분 : 윤활유 첨가제를 함유한 미

사용 윤활유를 태워서 생기는 탄화 잔
류물
• 산화 안정도 : 공기 중의 산소와 반응하
여 산화되는 정도를 측정

16. 다음 중 추운 지역에서 오일의 사용 유
무와 저장 및 공급을 결정할 목적으로 냉각
을 시키면 흐르지 않는 온도점을 찾는 시험
방법은? [19-4]
① 인화점   ② 유동점
③ 아닐린점   ④ 산화 안정도
해설 오일을 저어주지 않고 규정된 방법으
로 냉각하였을 때 점도가 증가하여 흐르지
않게 되는 최저 온도를 유동점이라고 하
며, 2.5℃의 정수배로 표시한다.

16-1 윤활유 시험 방법 중 극한지에서 오일
의 사용 유무, 저장, 공급 조건을 결정하기
위해 실시하는 시험으로 오일을 저어주지
않고 규정된 방법으로 냉각하였을 때 점도
가 증가하여 흐르지 않게 되는 최저 온도
는? [10-4]
① 유동점   ② 운점
③ 아닐린점   ④ 산화 안정도
정답 ①

17. 다음 중 윤활유의 물리적, 화학적 특성
에 대해 잘못 설명한 것은? [13-4, 20-2]
① 유동점이란 오일이 흐를 수 있는 가장
높은 온도를 말한다.
② 동점도란 전단과 유동에 대한 오일의
중력에 대한 저항을 말한다.
③ 점도 지수란 온도의 변화에 따른 윤활
유의 점도 변화를 나타내는 수치이다.
④ 전산가는 오일 중에 함유된 산성 성분
의 양을 나타내는 수치이다.

18. 다음 중 석유 제품의 산성 또는 알칼리성을 나타내는 것은? [17-2, 21-1]

① 비중
② 중화가
③ 유동점
④ 산화 안정성

해설 중화가란 산가와 알칼리성가의 총칭, 즉 석유 제품의 산성 또는 알칼리성을 나타내는 것으로써 산화 조건 하에서 사용되는 동안 기름 중에 일어난 변화를 알기 위한 척도로 사용된다.

19. 다음 중 윤활제의 중화가를 측정하는 방법으로 맞는 것은? [13-4, 16-4, 20-2]

① 전위차 측정법
② 콘라드손법
③ 램스보텀법
④ 형광분석법

해설 • 전위차 측정법(KS M 2004) : 시료를 용제에 용해하고 유리 전극과 비교 전극을 사용해서 알코올성 수산화칼륨(KOH) 표준액 또는 알코올성 염산(HCl) 표준액으로 전위차로 측정한다.
• 지시약 측정법(KS M 2024) : 시료를 톨루엔, 이소프로필 알코올 및 소량의 물 혼합용제에 녹이고 α-나프톨벤젠 지시약을 써서 실온에서 KOH 또는 염산 알코올성 표준액으로 측정한다.
※ 콘라드손법, 램스보텀법은 전류 탄소 측정법이고, 형광 분석법은 금속 마모 등 이물질 입자 크기 분석이다.

20. 윤활유의 시험 방법에 대한 설명 중 타당하지 않는 것은? [06-4]

① 윤활유의 용존 수분가(dissolved water in oil)는 Karl Fisher 방법으로 측정한다.
② 전산가(TAN)가 낮으면 오일의 수명이 다했으므로 오일을 교체한다.
③ 오일 속 수분가 측정법 중 증류법은 오일을 가열하여 끓임에 따라서 증발하는 물의 양을 측정한다.
④ 오일 속의 수분은 정전 이온법, 진공 탈수법, 원심 분리법 등으로 제거할 수 있다.

해설 전산가(TAN : total acid number) : 오일 중에 포함되어 있는 산성 성분의 양을 나타내며, 시료 1g 중에 함유된 전산성 성분을 중화하는 데 소요되는 수산화칼륨(KOH)의 양을 mg 수로 표시한 값이다. 전산가의 값이 클수록 윤활유의 산화가 증가되었음을 의미한다.

21. 윤활유의 산화 정도를 나타내는 시험 방법인 전산가(total acid number)에 대한 정의는? [07-4, 14-2]

① 시료 1g 중에 함유된 전산성 성분을 중화하는 데 소요되는 KOH의 mg 수
② 시료 10g 중에 함유된 전산성 성분을 중화하는 데 소요되는 KOH의 mg 수
③ 시료 1g 중에 함유된 전알칼리 성분을 중화하는 데 소요되는 산과 당량의 KOH의 mg 수
④ 시료 10g 중에 함유된 전알칼리 성분을 중화하는 데 소요되는 산과 당량의 KOH의 mg 수

해설 전산가(total acid number) : 시료 1g 중에 함유된 전산성 성분을 중화하는 데 소요되는 KOH의 mg 수

22. 점도 지수를 구하는 식은? [06-4, 22-1]

• U : 시료유의 40℃ 때의 점도
• L : 100℃일 때의 시료유와 같은 점도를 가진 $VI=0$의 표준유의 40℃ 때의 점도
• H : 100℃일 때의 시료유와 같은 점도를 가진 $VI=100$의 표준유의 40℃ 때의 점도

① 점도 지수 = $\dfrac{L-U}{L-H} \times 100$

② 점도 지수 = $\dfrac{L+U}{L+H} \times 100$

③ 점도 지수 = $(L-U) \times (L-H) \times 100$

④ 점도 지수$= (L+U) \times (L+H) \times 100$

23. 그리스를 가열했을 때 반고체 상태의 그리스가 액체 상태로 되어 떨어지는 최초의 온도는? [21-4]

① 주도
② 적하점
③ 이유도
④ 산화 안정도

해설 적하점(적점 dropping point) : 그리스를 가열했을 때 반고체 상태의 그리스가 액체 상태로 되어 떨어지는 최초의 온도를 말한다. 그리스의 적하점은 내열성을 평가하는 기준이 되고 그리스의 사용 온도가 결정된다.

23-1 다음 그리스의 내열성을 평가하는 기준이 되고 그리스 사용 온도가 결정되는 윤활제의 성질은? [08-4, 21-2]

① 주도
② 적점
③ 이유도
④ 혼화 안정도

정답 ②

23-2 그리스의 내열성을 확인하는 시험으로 가열 시 최초로 융해 적하하기 시작하는 최저의 온도를 무엇이라 하는가? [18-4]

① 점도
② 적점
③ 유동점
④ 이유도

정답 ②

23-3 그리스를 가열했을 때 반고체 상태의 그리스가 액체 상태로 되어 떨어지는 최초의 온도를 무엇이라 하는가? [17-4, 20-4]

① 적하점
② 유동점
③ 발화점
④ 산화점

정답 ①

23-4 그리스의 내열성을 평가하는 기준이 되는 것으로 그리스를 가열했을 때 반고체

상태의 그리스가 액체 상태로 되어 떨어지는 최초의 온도는? [14-2, 21-1]

① 적점
② 유동점
③ 잔류 탄소
④ 동판 부식

정답 ①

23-5 반고체 상태에서 그리스가 액체 상태로 전환되는 최초의 온도로서, 그리스의 내열성과 사용된 중주제의 종류를 확인하기 위하여 실시하는 시험은? [19-2]

① 주도 시험
② 적점 시험
③ 이유도 시험
④ 혼화 안정도 시험

정답 ②

24. 다음은 그리스의 시험 방법에 관한 내용이다. ( ) 안에 알맞은 내용은? [18-1, 20-3]

( )은(는) 반고체 상태에서 그리스가 액체 상태로 전환되는 최초의 온도로서 그리스의 내열성과 사용된 증주제의 종류를 확인하기 위하여 시험한다.

① 점도
② 적점
③ 주도
④ 이유도

해설 적점 시험 절차

㉠ 그리스를 규정된 시료 용기(밑부분에 구멍이 뚫린 조그만 컵)에 가득 채운다.

㉡ 시료 용기에 온도가 1~3℃씩 상승되도록 가열하여 그리스가 녹아 처음으로 방울이 되어 떨어질 때의 온도를 측정한다.

25. 그리스의 시험 방법에 관한 설명 중 잘못된 것은? [12-4]

① 주도 : 그리스의 단단하기, 즉 그리스가 얼마나 굳은가를 측정하는 시험

② 적점 : 그리스 중에 함유되어 있는 수분과 저휘발성인 광유의 함유량을 확인하는 시험

정답 **23.** ② **24.** ② **25.** ②

③ 전산가 : 오일 중에 포함되어 있는 산성 성분의 양을 나타낸다.

④ 유동점 : 윤활유가 유동성을 잃기 직전의 온도, 즉 유동할 수 있는 최저의 온도를 말한다.

25-1 그리스의 시험 방법에 관한 설명 중 잘못된 것은? [08-4]

① 주도 : 그리스의 단단하기, 즉 그리스가 얼마나 굳은가를 측정하는 시험

② 적점 : 그리스 중에 함유되어 있는 수분과 저휘발성인 광유의 함유량을 확인하는 시험

③ 동판 부식 : 그리스가 장비에 미치는 부식의 영향을 대신하는 시험

④ 수세 내수성 : 그리스가 물과 접촉된 경우의 저항성을 알고자 하는 시험

정답 ②

26. 다음 그리스의 시험 중 그리스가 물과 접촉된 경우의 저항성을 알고자 할 때 이용되는 것은? [18-2]

① 항유화도 시험
② 산화 안정도 시험
③ 혼화 안정도 시험
④ 수세 내수도 시험

27. 그리스를 장시간 사용하지 않고 방치해 놓거나, 사용 과정에서 오일이 그리스로부터 이탈되는 현상은? [20-3, 21-1]

① 주도
② 이유도
③ 동점도
④ 수세 내수도

해설 이유도 : 장기간 보유 시 그리스의 혼합물인 기유와 증주제가 분리되는 정도(기유분리성)

27-1 그리스를 장시간 사용하지 않고 방치해 놓거나, 사용 과정에서 그리스를 구성하고 있는 기름이 분리되는 현상을 무엇이라고 하는가? [19-1]

① 주도
② 적하점
③ 증발량
④ 이유도

정답 ④

27-2 다음 중 그리스를 장시간 사용하지 않고 방치해 두거나, 사용 과정에서 오일이 그리스로부터 이탈되는 현상을 무엇이라 하는가? [18-2]

① 누설도
② 침전도
③ 이유도
④ 혼화 안정도

정답 ③

28. 그리스의 시험 방법에서 그리스를 장기간 보존 시 기유와 증주제의 분리 정도를 알기 위한 것은? [13-4, 17-2, 22-2]

① 적점 측정
② 누설도 측정
③ 이유도 측정
④ 산화 안정도 측정

29. 그리스 이유도를 설명한 것 중 틀린 것은? [16-2]

① 시험 후 분리된 기름의 무게를 중량 %로 구한다.

② 그리스를 장시간 저장할 경우 오일이 그리스로부터 분리되는 현상을 말한다.

③ 시험에 사용되는 시료는 약 30g을 취하고 65±0.5℃의 조건에서 3±0.5h 시험한다.

④ 시험을 위하여 비커, 개스킷, 항온 공기 중탕, 쇠그물, 원뿔 여과기 등을 사용한다.

30. 그리스 분석 시험 중 산화 안정도 시험의 설명으로 옳은 것은? [15-4, 19-4]

① 그리스류에 혼입된 협잡물을 크기별로 확인하는 시험

② 그리스의 전단 안정성, 즉 기계적 안정성을 평가하는 시험

③ 그리스를 장기간 사용하지 않고 방치해 놓거나 사용 과정에서 오일이 그리스로부터 이탈되는 온도를 측정하는 시험

④ 그리스 수명을 평가하는 시험으로 산소의 존재 하에서 산소 흡수로 인한 산소압 강하를 측정하여 내산화성을 조사, 평가하는 시험

해설 산화 안정도 : 외적 요인에 의해 산화되려는 것을 억제하는 성질로, 비금속 증주제를 사용하는 그리스가 금속 증주제보다 산화 안정성이 뛰어나다.

31. 그리스 열화 원인 중 화학적 요인인 산화와 가장 밀접한 관계가 있는 것은 어느 것인가? [16-4]

① 주도 감소

② 이물질 혼입

③ 증주제 증가

④ 열과 공기 혼입

해설 윤활유는 장기간에 걸쳐 사용되는 동안 공기 중의 산소를 흡수해서 산화되고, 더욱 촉진되면 열화 변질을 초래하여 윤활유로서의 기능을 상실하게 된다.

32. 그리스류의 동판에 대한 부식성을 시험하는 방법으로 옳은 것은? [15-4]

① 연마한 동판을 그리스 속에 넣고, 실온(A법) 또는 100℃(B법)에서 12h 유지한 후, 동판의 변색 유무를 조사한다.

② 연마한 동판을 그리스 속에 넣고, 실온(A법) 또는 100℃(B법)에서 24h 유지한 후, 동판의 변색 유무를 조사한다.

③ 연마한 동판을 그리스 속에 넣고, 실온(A법) 또는 125℃(B법)에서 24h 유지한 후, 동판의 변색 유무를 조사한다.

④ 연마한 동판을 그리스 속에 넣고, 25℃(A법) 또는 100℃(B법)에서 24h 유지한 후, 동판의 변색 유무를 조사한다.

33. 다음 문장의 ⓐ와 ⓑ에 들어갈 수치로 옳은 것은? [16-2]

"미국 그리스협회(NLGI)의 규정에 의하면 그리스의 주도는 규정 원추를 그리스 표면에 떨어뜨려 규정 시간 (ⓐ)초 동안에 들어간 깊이를 mm로 나타내어 (ⓑ)배 한 것이다."

① ⓐ 5, ⓑ 5   ② ⓐ 5, ⓑ 10

③ ⓐ 10, ⓑ 5   ④ ⓐ 10, ⓑ 10

34. 그리스의 성질인 주도에 대한 설명 중 틀린 것은? [14-4, 22-1]

① 윤활유의 점도에 해당하는 것으로서 무르고 단단한 정도를 나타낸 값이다.

② 미국 윤활그리스협회(NLGI)는 주도 번호 000호부터 6호까지 9종류로 분류하고 있으며, 000호는 액상, 6호는 고상이다.

③ 주도는 기유 점도와는 독립된 성질이며, 오히려 증주제의 종류와 양에 관계가 있다.

④ 주도와 기유 점도는 온도와는 무관하며, 증주제가 같으면 내열성을 나타내는 적점은 주도가 바뀌어도 별로 변하지 않는다.

해설 주도와 기유 점도는 온도와 밀접한 관계를 갖고 있으며, 주도가 바뀌면 당연히 적점도 바뀌게 된다.

2 과목

35. 윤활유의 점도에 해당하는 것으로 그리스의 굳은 정도를 나타내는 것은? [17-2]
① 비중   ② 주도
③ 유동점   ④ 점도 지수

해설 주도(penetration) : 그리스의 주도는 윤활유의 점도에 해당하는 것으로서 그리스의 굳은 정도를 나타내며, 이것은 규정된 원추를 그리스 표면에 떨어뜨려 일정 시간(5초)에 들어간 깊이를 측정하여 그 깊이(mm)에 10을 곱한 수치로서 나타낸다.

36. 그리스 분석 시험 중 주도 시험에 대한 설명으로 옳은 것은? [15-4]
① 그리스가 장비의 부식에 미치는 영향을 간접 평가하는 시험
② 그리스의 단단하기, 즉 그리스가 얼마나 굳은가를 측정하는 시험
③ 그리스 중에 함유되어 있는 수분과 저휘발성인 광유의 함유량을 확인하는 시험
④ 그리스의 제조 과정에서 사용된 금속염들은 그 양에 의해 좌우되는데 이것은 윤활부의 마찰을 증가시킴으로 기계를 손상시키는 요인이 되는 것을 보기 위한 시험

37. 그리스의 주도를 측정하는 방법이 아닌 것은? [06-4, 11-4]
① 혼화 주도   ② 불혼화 주도
③ 고형 주도   ④ 증주 주도

38. 모양을 유지시키기에 충분한 경도의 그리스를 규정 치수로 절단한 후, 25℃에서의 주도를 무엇이라 하는가? [18-2]
① 고형 주도   ② 혼화 주도
③ 불혼화 주도   ④ $\frac{1}{4}$ 주도

해설 고형 주도 : 굳은 그리스의 주도로 절단기에 의해 절단된 표면에 대하여 측정된 주도로서 고형 시료를 25℃에서 측정한 주도로서 주도가 85 이하인 그리스에 적용한다.

39. 다음 중 그리스 혼화 주도를 나타내는 번호는? [07-4]
① NLGI   ② API
③ SAE   ④ ASTM

해설 • 혼화 주도 : 시험 온도를 25℃로 혼화기 내에서 그리스를 60회(분당) 이상 혼화한 후 측정한 주도
• 불혼화 주도 : 그리스를 혼화하지 않은 상태로 측정한 주도

40. 그리스 시험 중 혼화 주도의 표준 시험 온도와 표준 혼화 횟수로 가장 적합한 것은? [20-2]
① 20±0.5℃, 80회
② 25±0.5℃, 40회
③ 25±0.5℃, 60회
④ 20±0.5℃, 100회

해설 • 혼화 주도 : 시험 온도를 25℃로 혼화기 내에서 그리스를 60회 혼화한 후 측정한다.
• 불혼화 주도 : 그리스를 혼화하지 않은 상태로 측정한다.
• 고형 주도 : 고형 시료를 25℃에서 측정한 주도로서 주도가 85 이하인 그리스에 적용한다.

41. 다음 그리스 시험 방법 중 기계적 안정성을 평가하는 시험은? [09-4, 16-4]
① 주도   ② 적점
③ 혼화 안정도   ④ 이유도

해설 혼화 안정도 : 전단 안정성 등 그리스의 물리적 안정성을 나타내는 평가 기준이다.

42. 그리스의 시험 방법과 시험 내용의 설명이 잘못된 것은? [10-4]

① 주도 – 그리스의 굳은 정도, 유동성을 표시하는 시험
② 적점 – 그리스가 온도 상승에 따라 적하되는 최저의 온도, 내열성을 확인하는 시험
③ 동판 부식 – 그리스가 장비의 부식에 미치는 영향을 간접 평가, 그리스가 함유된 오일의 산 및 알칼리 유무 확인
④ 증발량 – 그리스 중에 함유되어 있는 air의 함유량 측정, 윤활제의 변질과 인화 위험성 확인

[해설] • 증발량 : 그리스 중에 함유되어 있는 수분과 저휘발성인 광유의 함유량 측정
• 이유도 : 장기간 보유 시 그리스의 혼합물인 기유와 증주제가 분리되는 정도(기유 분리성)
※ 기타 시험으로는 저온 토크, 팀켄 수치, 동판 부식 시험, 증발량 등이 있다.

43. 그리스의 시험 방법에 대한 설명이 틀린 것은? [21-4]

① 주도 : 그리스의 굳은 정도, 유동성을 표시하는 시험이다.
② 수분 : 그리스에 함유되어 있는 수분의 함유량을 측정하는 시험이다.
③ 적점 : 그리스가 온도 상승에 따라 적하되는 최저의 온도, 내열성을 확인하는 시험이다.
④ 동판 부식 : 그리스에 함유된 부식성 유황 물질로 인한 금속의 부식 여부 및 이물질 양을 측정하는 시험이다.

2 과목

5장 현장 윤활

5-1 윤활 개소의 윤활 관리

1. 공기 압축기에서 윤활에 큰 영향을 미치는 요소로 맞는 것은? [13-4, 17-2, 20-3]
① 첨가제
② 열과 물
③ 압력과 용량
④ 유동점과 인화점

2. 공기 압축기의 윤활 트러블 원인이 아닌 것은? [16-2, 19-4]
① 냉각
② 탄소
③ 마모
④ 드레인
해설 공기 압축기는 토출 공기의 청정과 윤활유의 열화에도 냉각이 절대 필요하다.

3. 운전 중 압축기 윤활유의 관리를 위한 점검 사항으로 거리가 먼 것은? [15-2, 18-2]
① 베어링 검사
② 윤활유의 양
③ 윤활유 온도
④ 윤활유 색상

3-1 운전 중 압축기 윤활유의 윤활 관리를 위해 관리해 주는 항목 중 옳지 않은 것은 어느 것인가? [07-4]
① 윤활유의 색상(oil color)
② 베어링 검사
③ 윤활유의 흐름의 적정성
④ 윤활유 온도
정답 ②

4. 다음은 왕복동 압축기 윤활과 관련된 내용들이다. 옳지 않은 것은? [09-4]
① 압축기용 윤활유는 탄화 경향이 적고 압축 가스에 대해 안정해야 한다.
② 카본 및 슬러지는 윤활 방해, 밸브 작동 이상을 일으키며, 압축 효율을 감소시킨다.
③ 압축기용 윤활유는 점도가 너무 높으면 내부 저항이 작아지고, 윤활유의 탄화 경향도 작아진다.
④ 흡입 공기의 고온도와 오염도는 토출 공기의 온도 상승과 카본 퇴적을 촉진시킨다.
해설 압축기 윤활유 선정
㉠ 열안정성이 좋고 쉽게 탄화되지 않을 것
㉡ 부착된 카본이 연질이어서 보수 관리상 간단히 제거가 가능할 것
㉢ 적정한 점도를 가질 것
㉣ 산화 안정성이 좋을 것
㉤ 부식 방지성이 우수할 것
㉥ 수분리성이 좋을 것
㉦ 기포가 적을 것

5. 왕복동 압축기에서 윤활 상 문제로 발생하는 원인과 거리가 먼 것은? [10-4]
① 흡입 밸브 및 흡입 배관계에 카본 부착량의 증가

② 토출 배관계의 발화 및 폭발
③ 드레인 트랩의 작동 불량
④ 피스톤 링 및 실린더의 이상 마모

해설 왕복동 압축기의 흡입 관로에는 윤활을 하지 않으므로 윤활 상 문제가 발생하지 않는다.

6. 왕복동 공기 압축기에서 내부 윤활유의 원인으로 발생되는 고장이 아닌 것은 어느 것인가? [12-4, 20-2]
① 크랭크 샤프트 마모
② 드레인 트랩의 작동 불량
③ 탄소의 부착, 발화, 폭발
④ 실린더나 피스톤 링의 마모

해설 크랭크 축은 외부 유에 의한 윤활이다.

7. 압축기의 내부 윤활유의 요구 성능으로 가장 거리가 먼 것은? [21-2]
① 부식 방지성이 좋을 것
② 적정한 점도를 가질 것
③ 산화 안정성이 양호할 것
④ 생성 탄소가 경질일 것

해설 생성 탄소는 연질이어야 한다.

7-1 왕복동 공기 압축기는 윤활 조건이 가장 가혹하다. 이러한 윤활 조건을 만족시키기 위한 내부 유가 갖추어야 할 성능으로 틀린 것은? [16-4, 18-1]
① 열, 산화 안정성이 양호할 것
② 생성 탄소가 경질이고 제거가 용이할 것
③ 적정 점도를 가질 것
④ 금속 표면에 대한 부착성이 좋을 것

정답 ②

7-2 다음 중 압축기의 실린더 내부 윤활에 사용되는 윤활유의 요구 성능이 아닌 것은

어느 것인가? [11-4, 15-4]
① 열, 산화 안정성이 양호할 것
② 적정 점도를 가질 것
③ 생성 탄소가 경질이고 부착성이 좋을 것
④ 금속 표면에 대한 부착성이 좋을 것

정답 ③

8. 압축기의 내부 윤활유의 요구 성능과 거리가 먼 것은? [20-4]
① 적정 점도
② 연질의 생성 탄소
③ 드레인 트랩의 작동 상태
④ 금속 표면에 대한 부착성

해설 드레인 트랩과 윤활유는 상관 관계가 전혀 없다.

9. 다음 중 복동형 왕복 압축기의 운전부(외부 윤활) 윤활에 대한 설명으로 틀린 것은 어느 것인가? [19-2, 22-1]
① 산화 안정성이 좋아야 한다.
② 녹 발생을 억제할 수 있어야 한다.
③ 터빈유를 사용하는 것이 바람직하다.
④ 지방유를 혼합한 윤활유를 사용하면 좋다.

해설 외부 윤활유의 요구 성능
㉠ 적정 점도
㉡ 높은 점도 지수
㉢ 산화 안정성이 우수
㉣ 양호한 수분성
㉤ 방청성, 소포성
㉥ 유동성이 낮을 것

10. 다음 중 왕복동 공기 압축기의 외부 윤활유에 요구되는 성능으로 틀린 것은 어느 것인가? [08-4, 14-2, 18-4, 21-4]
① 적정 점도를 가질 것
② 저점도 지수 오일일 것

③ 산화 안정성이 좋을 것
④ 방청성, 소포성이 좋을 것

해설 고점도 지수 기름이어야 좋다.

11. 공기 압축기의 윤활 관리에 대한 설명으로 틀린 것은? [22-2]
① 터보형 공기 압축기에서는 내부 윤활이 필요하다.
② 회전식 압축기에서는 로터나 베인에서 윤활 작용을 한다.
③ 왕복식 압축기에서는 ISO VG 68 터빈유를 사용한다.
④ 왕복식 압축기에서는 실린더 라이너와 피스턴 링에서 감마 작용을 한다.

해설 터보형 공기 압축기는 원심형으로 마모나 마찰 손실이 적어 내부 윤활이 필요하지 않는다.

12. 카본 및 슬러지(sludge)가 압축기에 미치는 영향 중 옳은 것은? [06-4]
① 윤활 방해 → 마모 증대 및 온도 상승 → 동력비 증가
② 밸브 작동 이상 → 재압축 현상 → 압축 효율 향상
③ 오일 필터 막힘 → 오일 청정성 불량 → 윤활 작용 증대
④ 세퍼레이터 작동 불량 → 유수 분리 양호 → 오일 청정도 우수

13. 왕복동 압축기의 윤활 설비의 고장 현상과 조치 방법으로 틀린 것은? [14-2]
① 토출 밸브에 카본 부착이 많은 경우 윤활유 소모량을 점검하고 냉각수 온도를 낮춘다.
② 피스톤 링과 실린더의 마모가 증가한 경우 급유관의 막힘을 점검한다.
③ 발화 시 압축 링과 스크래퍼 링을 점검

하여 윤활유의 실린더 유입을 방지한다.
④ 수분으로 인한 고장 발생을 감소시키기 위해 친유화성 윤활유를 사용한다.

14. 다음 중 윤활유의 카본(carbon) 및 슬러지(sludge)가 압축기에 미치는 영향이 아닌 것은? [09-4]
① 윤활 방해, 마모 증대 및 온도 상승, 동력비 증가
② 밸브 작동 이상, 재압축 현상, 압축 효율 저하
③ 오일 필터 막힘, 오일 청정성 불량, 부품 교체 비용 증가
④ 밀봉 작용 불량, 유수 분리 불량, 압축 효율 증대

해설 카본 및 슬러지가 압축기에 미치는 영향
㉠ 윤활 방해 → 마모 증대 및 온도 상승 → 동력비 증가
㉡ 밸브 이상 → 재압축 현상 → 압축 효율 저하
㉢ 밸브 막힘 → 정비 횟수 증가(교환비 증가)
㉣ 밀봉 작용 불량 → 압축 효율 저하 → 동력비 증가 → 이물질 혼합
㉤ 오일 필터 막힘 → 오일 청정성 불량 → 부품 교체 비용 증가

15. 다음 중 베어링 윤활의 목적으로 틀린 것은? [18-1]
① 마찰에 의한 발열을 상승시킨다.
② 마모를 막고 베어링 수명을 연장시킨다.
③ 금속류의 직접 접촉에 의한 소음을 막는다.
④ 윤활유를 사용하여 먼지 또는 이물질의 침입을 방지한다.

16. 다음 중 베어링 윤활의 목적 중 틀린 것은? [15-4, 21-1]

① 베어링의 수명 연장
② 먼지 또는 이물질 방지
③ 동력 손실을 줄이고 발열을 억제
④ 유화에 의한 윤활면의 내압성 저하

해설 베어링 윤활의 목적
　㉠ 베어링의 수명 연장
　㉡ 베어링 내부 이물질 침입 방지
　㉢ 마찰열의 방출, 냉각
　㉣ 피로 수명의 연장

17. 다음 중 베어링 윤활의 목적이 아닌 것은? [19-1]
① 마찰열의 방출
② 피로-수명의 감소
③ 마찰 및 마모의 감소
④ 베어링 내부에 이물질의 침입 방지

18. 일반적인 베어링 윤활의 목적으로 틀린 것은? [19-2]
① 마모를 적게 하여 동력 손실을 줄인다.
② 마모를 막아 베어링 수명을 연장시킨다.
③ 금속류의 직접 접촉에 의한 소음을 발생시킨다.
④ 윤활유의 냉각 효과로 발생열을 제거하고 베어링의 온도 상승을 억제한다.

해설 윤활은 금속류의 직접 접촉에 의한 소음을 막는다.

19. 일반적인 베어링 윤활의 목적에 대한 설명으로 틀린 것은? [20-3]
① 금속류의 직접 접촉에 의한 소음을 막는다.
② 윤활유의 사용으로 먼지 또는 이물질의 침입을 막는다.
③ 베어링의 마모를 막고 윤활유의 냉각 효과로 수명을 연장시킨다.
④ 마모를 적게 하여 동력 손실을 높이고

마찰에 의한 발열을 증가시킨다.

해설 마모를 적게 하고 동력 손실을 감소시키며 마찰에 의한 발열을 감소시킨다.

20. 베어링의 마찰면이 일정치 않은 상황에서 국부적인 고하중이 걸릴 때 작용하는 윤활유의 기능은? [14-4, 16-4, 20-3]
① 밀봉 작용
② 세정 작용
③ 응력 분산 작용
④ 마찰 감소 작용

해설 응력 분산 작용 : 활동 부분에 가해진 힘을 분산시켜 균일하게 하는 작용이다.

21. 베어링 윤활유의 요구 특성이 아닌 것은? [16-2]
① 내열성
② 유화성
③ 내부식성
④ 산화 안정성

22. 윤활유로 베어링을 윤활하고자 할 때 일반적으로 고려할 사항으로 가장 거리가 먼 것은? [11-4, 18-2]
① 하중
② 침전가
③ 운전 속도
④ 적정 점도

23. 베어링 윤활에서 일반적으로 고려할 사항과 거리가 먼 것은? [07-4]
① 운전 속도
② 하중
③ 침전가
④ 적정 점도

24. 고압 고속의 베어링에 윤활유를 기름 펌프에 의해 강제적으로 밀어 공급하는 방법으로, 고압으로 몇 개의 베어링을 하나의 계통으로 하여 기름을 순환시키는 급유 방법은? [21-1]
① 체인 급유법

2 과목

② 버킷 급유법
③ 중력 순환 급유법
④ 강제 순환 급유법

해설 강제 순환 급유법에서 유압은 일반적으로 1~4kgf/cm^2 범위로 공급된다.

25. 고압 고속의 베어링에 윤활유를 오일 펌프로 공급하여 윤활을 하고 배출된 오일은 다시 기름 탱크로 모이고 여과 냉각 후 다시 순환하는 급유 방법은? [20-4]
① 중력 순환 급유법
② 강제 순환 급유법
③ 오일 순환식 급유법
④ 가시 부상 유적 급유법

25-1 고압 고속으로 회전하는 베어링에 윤활유를 펌프를 이용해 강제적으로 밀어 공급하는 방법으로 내연 기관, 고속의 비행기, 자동차 엔진, 증기 터빈 및 공작 기계 등에 사용되는 윤활 방법으로 가장 적합한 것은 어느 것인가? [19-1]
① 체인 급유법 ② 칼라 급유법
③ 사이펀 급유법 ④ 강제 순환 급유법
정답 ④

26. 순환 급유 종류 중 마찰면이 기름 속에 잠겨서 윤활하는 급유 방법은? [21-4]
① 유욕 급유 ② 패드 급유
③ 나사 급유 ④ 원심 급유

해설 윤활제의 순환 급유법으로 마찰면이 기름 속에 잠겨서 윤활하는 방법이다.

26-1 윤활제의 급유법 중 직립형 수력 터빈의 추력 베어링에 많이 사용하는 방법으로 마찰면이 기름 속에 잠겨서 윤활하는 방법은 어느 것인가? [18-1]

① 원심 급유법 ② 유욕 급유법
③ 칼라 급유법 ④ 버킷 급유법
정답 ②

26-2 마찰면이 오일 속에 잠겨서 윤활하는 방법으로 직립형 수력 터빈의 추력 베어링에 많이 사용되는 급유법은? [15-4]
① 비말 급유법 ② 유욕 급유법
③ 패드 급유법 ④ 중력 순환 급유법
정답 ②

27. 베어링의 온도가 60~100℃, 속도 지수(d_n)가 15000 이하인 보통 하중에 적합한 윤활유는? [16-2]
① SAE 46 ② SAE 68
③ ISO VG 32 ④ ISO VG 100

28. 윤활유로서 베어링을 윤활하고자 할 때 고려해야 할 일반적인 선정 기준으로 거리가 먼 것은? [09-4, 16-4]
① 적정 점도
② 나프텐 기유의 선택
③ 급유 방법 및 주위 환경
④ 운전 속도

해설 원유에 따른 분류
㉠ 파라핀 기유 : 미국 펜실바니아 지역에서 많이 생산되는 것으로 비중이 낮고 담색을 띠며 가솔린 등 등유 성분을 많이 포함하고 있고, 고비점 부분에는 왁스가 함유되어 있다. 따라서 가솔린의 옥탄가가 낮은 반면 등유와 경유는 연소성이 좋고 윤활유는 점도 지수가 높아 내연 기관 윤활유로 사용하기 좋다. 파라핀계 기유는 분자량이 크고 긴 사슬의 파라핀계 탄화수소(왁스)가 포함되어 있지만 나프텐계 기유는 없다.
㉡ 나프텐 기유 : 미국 텍사스, 캘리포니

아 등 걸프만 지역을 중심으로 생산되고 있으며, 비중이 높고 왁스 성분이 적다는 특징이 있다. 가솔린의 옥탄가는 높지만 등유와 경유의 연소성이 좋지 않고 점도 지수(VI)가 낮지만 저온 유동성과 내한성이 우수하다.

구분	파라핀계 원유	나프텐계 원유
유동점	높다.	낮다.
점도 지수(VI)	높다.	낮다.
밀도	낮다.	높다.
인화점	높다.	낮다.
색상	밝다.	어둡다.
잔류 탄소	많다.	적다.
아닐린점(용해성)	높다.	낮다.

29. 미끄럼 베어링과 구름 베어링의 비교 설명으로 맞지 않는 것은? [06-4]
① 미끄럼 베어링은 구름 베어링에 비하여 추력 하중을 용이하게 받는다.
② 미끄럼 베어링은 구름 베어링에 비하여 유막에 의한 감쇠력이 우수하다.
③ 미끄럼 베어링은 구름 베어링에 비하여 특별한 고속 이외는 정숙하다.
④ 미끄럼 베어링은 구름 베어링에 비하여 고속 회전이 가능하다.

30. 다음은 베어링 윤활에 있어서 윤활유의 윤활과 그리스의 윤활을 비교한 내용이다. 옳은 것은 어느 것인가? [17-4]
① 누유는 윤활유 윤활보다 그리스 윤활이 더 크다.
② 회전 저항은 그리스 윤활보다 윤활유 윤활이 크다.
③ 냉각 효과는 그리스 윤활보다 윤활유 윤활이 더 크다.
④ 중고속용 회전에는 윤활유 윤활보다는 그리스 윤활이 유리하다.

31. 구름 베어링의 윤활 방법은 그리스 윤활과 기름 윤활이 있다. 기름 윤활의 장점이 아닌 것은? [18-4]
① 윤활제의 교환이 비교적 간단하다.
② 냉각 작용 및 냉각 효과가 우수하다.
③ 높은 회전 속도에서 사용할 수 있다.
④ 급유가 어렵고 밀봉 작업이 필요하다.

32. 일반적으로 베어링의 윤활에서 그리스 윤활이 윤활유 윤활보다 장점인 특성은 무엇인가? [15-4, 21-2]
① 밀봉성　　② 냉각 효과
③ 회전 저항　④ 순환 급유

해설 베어링 윤활에서 윤활유의 윤활보다 그리스 윤활이 좋은 특성을 가지는 항목은 누유가 적고, 밀봉 장치가 간단하며, 급유 간격이 길다는 것이다.

33. 미끄럼 베어링의 윤활법 중 자동화, 시스템화로 기계류에 많이 사용되며, 확실한 오일 공급과 유온, 유량의 조절이 쉽고 많은 베어링의 윤활이 가능한 방법은 무엇인가? [14-2]
① 유욕 윤활법　② 링 윤활법
③ 손급유 윤활법　④ 강제 윤활법

34. 미끄럼 베어링 급유법에 대한 설명으로 틀린 것은? [14-4, 19-1]
① 전손식은 적하 급유, 원심 급유법 등에서 쓰인다.
② 전손식은 운전 속도가 빠를 때 주로 적용된다.
③ 유욕식은 링 급유, 체인 급유, 컬러 급유, 비말 급유 등의 방법이 있다.
④ 순환식은 베어링의 온도가 높아져 온도를 내리고자 할 경우에 적용된다.

해설 전손식(적하 급유, 원심 급유 등) 급유법 : 이 방법의 급유는 적은 급유량으로서 윤활이 가능하다. 주로 이것에 채용되며 운전 속도가 낮을 때 채용된다.

35. 다음 미끄럼 베어링의 급유법 중 베어링 온도가 높아져 온도를 내리고자 할 때 가장 적합한 급유법은? [19-2]
① 링 급유법　② 체인 급유법
③ 적하식 급유법　④ 순환식 급유법

해설 윤활유를 연속적으로 마찰면에 공급하여 같은 기름 단지 속에서 기름을 반복하여 사용하는 급유법과 펌프를 이용 강제로 기름을 순환시키면 베어링의 온도가 내려간다. 여러 순환식 급유법 중 체인 급유법은 유륜식 급유법의 경우보다 점도가 높은 기름을 필요로 할 때 사용된다.

36. 미끄럼 베어링 급유법 중 적은 급유량으로 윤활이 가능하고 운전 속도가 낮을 때 적용되는 방법은? [15-2, 20-4]
① 순환식　② 전손식
③ 유욕식　④ 분무식

해설 전손식(적하 급유, 원심 급유 등) 급유법 : 적은 급유량으로 윤활할 때, 운전 속도가 낮을 때 채용된다.

37. 미끄럼 베어링 급유법 중 유욕식에 해당하지 않는 것은? [21-4]
① 링 급유　② 원심 급유
③ 체인 급유　④ 비말 급유

38. 다음 중 미끄럼 베어링에 그리스 윤활을 사용할 때 고려해야 할 사항으로 틀린 것은? [17-2, 21-1]
① 진동 하중을 받을 때에는 굳은 그리스를 사용하지 않는다.

② 중하중의 경우에는 극압제를 첨가한 그리스를 사용한다.
③ 급유 방법에는 급유하기 편리한 주도의 그리스를 선택한다.
④ 운전 온도에 적정한 점도의 윤활유를 기유로 하여 안정된 증주제를 사용한 그리스를 선택한다.

해설 진동 하중을 받는 곳은 굳은 그리스가 효과적이다.

39. 압축 공기를 이용하여 소량의 오일을 미스트화시켜 베어링, 기어, 체인 드라이브 등에 윤활을 하고, 압축 공기는 냉각제 역할을 하도록 고안된 윤활 방식은? [21-2]
① 적하 급유법　② 패드 급유법
③ 심지 급유법　④ 분무식 급유법

40. 다음 중 벤투리 원리를 이용한 윤활 방식은? [22-2]
① 분무 급유법　② 원심 급유법
③ 칼라 급유법　④ 비말 급유법

41. 미끄럼 베어링의 급유법으로 가장 적합하지 않은 방식은? [15-4, 20-2]
① 분무식　② 순환식
③ 유욕식　④ 전손식

해설 미끄럼 베어링에 있어서 윤활에 필요한 점성 유막을 만들려면 고정면과 운동면 사이에 상대적인 미끄러짐이 존재하여야 하고, 이면간의 유막이 쐐기형으로 되어 있어야 하므로 분무식 급유는 부적당하다.

42. 베어링이나 기어 등에 사용되는 윤활유는 사용 중에 교반에 의해 기포가 생성되며, 이 기포가 마멸이나 윤활유의 열화를 촉진시킨다. 이와 같은 현상을 방지하기 위

하여 윤활유에서 요구하는 성질은 무엇인가? [08-4, 15-4, 18-4]
① 점도 ② 소포성
③ 내하중성 ④ 청정 분산성

43. 다음 중 그리스의 급유 방법 중 자기 순환 급유법의 윤활 장치로 적합한 장치는 어느 것인가? [15-2, 20-2]
① 밀봉 베어링 ② 링 급유 장치
③ 칼라 급유 장치 ④ 패드 급유 장치

해설 밀봉 베어링은 베어링 내부의 윤활유를 스스로 순환 급유하여야 한다.

44. 베어링의 그리스 윤활에서 그리스 선정 조건이 아닌 것은? [09-4]
① 온도 ② 속도
③ 하중 ④ 비열

해설 그리스 선정 : 온도, 하중, 속도

45. 미끄럼 베어링의 그리스 윤활을 위한 그리스의 선정 기준으로서 고려해야 할 사항이 아닌 것은? [06-4, 11-4]
① 사용 온도에 적당한 주도를 가진 그리스를 선정한다.
② 일반적으로 2m/s 이하에 적합하다.
③ 급유 방법으로서 급유하기에 용이한 주도의 그리스를 선택한다.
④ 저하중인 경우 EP급 그리스를 반드시 선정한다.

해설 중하중의 경우 극압제(EP : extra pressure) 그리스를 사용한다.

46. 다음 중 미끄럼 베어링에서 윤활에 필요한 점성 유막을 만들기 위한 조건으로 틀린 것은? [20-2]
① 윤활제가 적당한 점도를 가져야 한다.

② 이면간의 유막이 쐐기형으로 되어 있어야 한다.
③ 고정면과 운동면 사이에 상대적인 미끄럼이 존재해야 한다.
④ 전동체와 리테이너 사이의 미끄러지는 부분에 윤활이 되어야 한다.

해설 미끄럼 베어링은 전동체가 곧 윤활유이며, 리테이너는 존재하지 않는다.

47. 베어링 허용 회전수의 50% 이상으로 회전할 때, 하우징 내부의 축 및 베어링을 제외한 공간 용적에 대하여 충진하여야 할 가장 적절한 그리스 양은? [14-4, 17-4, 21-4]
① 100% 충진한다.
② $\frac{1}{3} \sim \frac{1}{2}$ 정도 충진한다.
③ $\frac{1}{2} \sim \frac{3}{4}$ 정도 충진한다.
④ 신유가 빠져 나올 때까지 충진한다.

48. 베어링의 그리스 윤활에 관한 내용으로 맞지 않는 것은? [10-4]
① 그리스의 평균 수명은 운전 속도, 회전수, 하중 등에 따라 결정된다.
② 베어링의 d_n값이 클수록 그리스에 사용되는 기유의 동점도는 작아야 한다.
③ 그리스를 베어링에 충전 시 적정량은 일반적으로 하우징 공간의 $\frac{1}{2}$ 내지 $\frac{3}{4}$ 이다.
④ 베어링의 그리스 윤활은 주도, 전산가, 적점, 마멸분의 함량 등으로부터 그리스의 열화 상태를 알 수 있다.

해설 그리스를 베어링에 충전 시 적정량은 일반적으로 하우징 공간의 $\frac{1}{2}$ 내지 $\frac{2}{3}$ 이다. 고속일 경우 하우징 공간의 $\frac{1}{3} \sim \frac{1}{2}$, 저속일 경우 $\frac{1}{2} \sim \frac{2}{3}$ 이다.

49. 베어링 그리스의 적유 선정과 관련한 내용 중 맞지 않는 것은?   [10-4]
① 범용 그리스의 사용 가능 온도 범위는 120℃이다.
② 고하중용 기기에는 고점도의 기유를 사용한 그리스가 적당하다.
③ 고속 회전용 기기에는 저점도의 기유를 사용한 그리스가 적당하다.
④ 주도는 가급적 큰 것을 사용함이 에너지 절감 측면에서 효과적이다.
[해설] 점도가 높으면 마찰이 커지고 점도가 낮으면 윤활 효과가 작아진다.

50. 구름 베어링의 그리스 주입에 관한 설명으로 옳은 것은?   [13-4, 18-2]
① 하우징의 설계에 관계없이 주입량은 같다.
② 과잉 그리스(excessive grease)는 저속에서 품질 변화와 누설을 일으킨다.
③ 과잉 그리스(excessive grease)는 고속에서 과열 또는 연화를 일으킨다.
④ 공간 용적은 하우징의 내용적에서 축과 베어링의 용적을 뺀 값이다.

51. 베어링에 그리스를 충전하는 휴대용 그리스 펌프로 1회의 공급으로 수 일 또는 수 주간의 그리스 공급 주기를 가진 경우에 사용하는 것은?   [17-2]
① 오일 미스트
② 그리스 컵
③ 집중 그리스 윤활 장치
④ 그리스 건

52. 그리스 윤활의 고장 원인별 대책 측면에서 베어링의 온도 상승의 직접적인 추정 원인으로서 적절하지 못한 것은?   [10-4]
① 그리스 과다
② 그리스 과소
③ 유종 선택 오류
④ 밀봉재 불량
[해설] 구름 베어링의 고장 원인 중 온도 상승에 대한 것으로서는 그리스 과다, 그리스 고갈, 유종 선택 오류 등이고, 미끄럼 베어링의 고장 원인 중 온도 상승에 대한 것으로서는 급유 상태 불량, 그리스 고갈, 유종 선택의 오류 등이다. 밀봉재 불량은 과다 누설의 원인이 된다.

52-1 그리스 윤활의 고장 원인별 대책 중 구름 베어링에서 온도 상승의 추정 원인과 거리가 먼 것은?   [08-4]
① 그리스 과다
② 그리스 고갈
③ 윤활유 선택의 오류
④ 밀봉재 불량
[정답] ④

53. 기어용 윤활유의 필요한 성상에 해당하지 않는 것은?   [07-4, 22-1]
① 발포성
② 내하중성, 내마모성
③ 열안정성, 산화 안정성
④ 적정한 점도 유지 및 저온 유동성
[해설] 발포성은 없어야 되고, 소포성은 커야 된다.

54. 기어용 윤활유의 필요한 성상에 해당하지 않는 것은?   [10-4]
① 적정한 점도 유지 및 저온 유동성
② 내하중성, 내마모성
③ 열안정성, 산화 안정성
④ 비극압성

55. 기어 윤활에 관련된 내용으로 맞는 것은? [08-4]

① 기어 윤활에서 가장 중요시 하여야 할 특성은 유성(oiliness)이다.

② 유욕 급유와 강제 순환식 급유 방식은 밀폐형 기어의 급유 방식에 적당하다.

③ 공업용 기어유의 대표적인 관리 항목으로는 동판 부식, 색, 침전가, 잔류 탄소분이다.

④ 미끄럼 속도가 크고 운전 온도가 높은 웜 기어유에서 특히 요구하는 품질 특성은 고점도 지수(high viscosity index)이다.

[해설] 밀폐형(스퍼, 헬리컬, 베벨) 기어 : 주로 사용 온도는 10~50℃의 범위에서 사용하며 감속비, 회전수, 전달 동력 및 급유 방법 등을 기준으로 선정한다. 일반적으로 하중이 크면 기어와 기어 사이에 유막을 유지하기 위해서 점도가 높은 윤활유가 필요하다. 또 고속에서는 하중이 작아지기 때문에 점도가 낮은 윤활유가 적당하다. 이런 종류의 기어 윤활유로서는 특수한 경우를 제외하고는 산화 안정성이 높은 순광유을 사용한다. 일반적으로 산화 안정성이 높은 순광유-터빈의 고속강제 순환개방식에서는 터빈유 중하중 충격 부하를 받는 경우에는 경하중 마모 방지성을 갖춘 불활성 극압 기어유를 사용한다.

56. 다음 중 기어 윤활에 관한 설명 중 틀린 것은? [14-4, 17-2, 20-2]

① 고속 기어에는 저점도의 윤활유가 적합하다.

② 웜 기어는 미끄럼 속도가 빠르고 운전 온도도 높게 되므로 산화 안정성이 우수한 순광유가 일반적으로 사용된다.

③ 기어는 높은 하중을 받아 미끄러질 때 마찰면의 마모를 방지하기 위하여 내하

중성이 있는 극압유가 요구된다.

④ 하이포이드 기어는 일반적으로 중하중을 받으므로 불활성 극압 윤활유가 적당하다.

[해설] 하이포이드 기어의 윤활 : 상대 기어 간의 미끄럼이 크고 중하중을 받아 스커핑의 우려가 있으므로 활성 극압 기어유를 사용한다.

57. 기어의 성능을 증대시키고 윤활유 성능과 기어의 사용 수명에 영향을 미치는 요인과 거리가 먼 것은? [06-4, 10-4]

① 윤활유의 품질

② 윤활유의 점도

③ 미끄럼과 구름 속도

④ NLGI#2 그리스

58. 고하중, 충격 하중으로 기어에 소부 마모가 발생하였다. 대책으로 맞는 것은? [08]

① 극압 첨가제가 첨가된 기어유로 선정

② 속도에 따라서 적정한 점도를 선정

③ 윤활유의 작동 온도를 높게 선정

④ 내수성이 아주 큰 기어유를 선정

59. 기어 윤활의 제반 조건에 따른 그 대책을 잘못 설명한 것은? [12-4]

① 온도 상승에 따른 점도 저하 및 열화 대책-주위 온도에 따라 적정 점도 및 유량의 조정

② 하중 충격에 의한 기어의 소부 마모-극압 첨가제가 첨가된 기어유 사용

③ 치면 접촉 불균일에 의한 소부 이상 마모-운전 초기 하중을 많이 걸고 충분한 길들이기 운전 실시

④ 적정 개소에 적정량의 윤활유 급유 부족에 의한 소부 이상 마모-사용 조건을 고려하여 적정 급유 방식의 선정

60. 기어용 윤활유의 요구 조건에 관한 내용으로 틀린 것은? [19-1]
① 방식, 방청상이 우수하여야 한다.
② 고속 기어에는 저점도의 윤활유가 적합하다.
③ 기어의 회전에 따라 기포가 발생하면 윤활 성능이 증대되므로 소포성이 낮은 윤활유가 요구된다.
④ 윤활유의 수분이 침투하여 유화가 발생되면 녹이 발생되므로 항유화성의 윤활유가 요구된다.

61. 다음 중 경하중 또는 보통 하중을 받고 있는 평기어, 헬리컬 기어, 베벨 기어의 윤활제로 가장 적합하고, 녹 방지와 산화 방지제가 첨가된 윤활유는? [17-4, 21-2]
① 극압 윤활유   ② 전기 절연유
③ R&O 윤활유   ④ 개방형 기어유

해설 미국기어제조업협회(AGMA)에서 공업용 밀폐 기어용 기어유를 분류할 때 분류하는 것(R&O, EP, 컴파운드, 합성유)으로 일반적으로 많이 사용되는 기어유이며, 광유에 방청제와 산화 방지제를 첨가한 것이다. 스퍼 기어, 베벨 기어 등에 사용할 수 있으나 고부하의 웜기어나 하이포이드 기어에는 EP를 사용한다.

62. R&O 윤활유를 보통 하중에 사용하고자 할 때 사용이 곤란한 기어는? [09]
① 평기어   ② 헬리컬 기어
③ 베벨 기어   ④ 하이포이드 기어

63. 두 축이 교차하지도 평행하지도 않는 기어로써 활성 극압 기어유를 사용하는 기어는? [19-2]
① 평기어   ② 베벨 기어
③ 헬리컬 기어   ④ 하이포이드 기어

해설 하이포이드 기어의 윤활 : 이 기어는 미끄럼이 크고 중하중을 받는 가혹한 윤활 조건이므로 순광유나 불활성 극압 윤활유는 부적당하며, 스커핑(scuffing)을 일으킬 위험이 있으므로 활성형 극압 윤활유가 적당하다.

64. 다음 중 고하중 기어나 극압성이 큰 압연기 등에 사용되는 윤활유로 적절한 것은 어느 것인가? [07-4, 14-4, 19-4]
① 웜형 기어유
② 레귤러형 기어유
③ 다목적용 기어유
④ 마일드 EP형 기어유

해설 극압성 기어유(마일드 EP형) : 광유계 윤활유에 연과 비부식성 유황, 염소, 인 등의 EP 첨가제를 첨가한 것으로 극압성이 크며 압연기 기타 고하중 기어에 사용한다.

65. 중·저속의 밀폐 기어, 감속기 내의 베어링 하우징 등 윤활 개소의 일부가 오일 배스(oil bath)에 잠긴 상태로 윤활되는 방식의 급유법은? [09-4, 17-4, 20-4]
① 나사 급유   ② 비산 급유
③ 유욕식 급유   ④ 사이펀 급유

66. 다음 중 기어 박스에 기어가 들어있는 밀폐형 윤활 방식으로 적합한 것은 어느 것인가? [19-4]
① 브러시   ② 손 급유
③ 유욕 급유   ④ 패드 급유

해설 유욕 급유법은 윤활제의 순환 급유법으로 마찰면이 기름 속에 잠겨서 윤활하는 방법이다.

67. 스퍼 기어, 헬리컬 기어, 베벨 기어 등 밀폐식 기어 장치의 급유법으로 가장 적합

한 것은? [14-4, 18-1, 20-4]

① 손 급유 ② 순환 급유

③ 적하 급유 ④ 도포 급유

해설 밀폐식은 유욕 급유법이나 강제 순환법을 사용한다.

68. 유막 형성이 어려워 윤활 관리에 특히 유의하여야 하는 기어로 맞는 것은? [11-4]

① 베벨 기어 ② 스퍼 기어

③ 웜 기어 ④ 헬리컬 기어

해설 일반적인 기어의 치면은 접촉은 구름 접촉인데 반하여 웜 기어는 미끄럼 접촉이므로 유막이 쉽게 제거되어 경계 윤활이 되는 경우가 많다.

69. 기어 윤활에서 기어 손상과 윤활 대책으로 짝지어진 것 중 맞는 것은? [15-4]

① 기어의 부식 마멸 – 적정 윤활유(종류, 동점도) 재검토

② 기어의 눌어붙음 – 여과를 통한 교형의 금속분 및 수분 제거

③ 미끄럼 방향과 평행한 연마상의 선상 마멸 – 오일의 교환 또는 여과 필터를 점검

④ 고온으로 인한 기어의 변색 및 심한 마멸 – 수분 제거 및 적정량까지 오일의 보충

70. 다음 설명에 해당하는 기어의 이면 손상 현상은? [21-4]

> 고속 · 고하중 기어에서 이면의 유막이 파단되어 국부적으로 금속 접촉이 일어나 마찰에 의해 그 부분이 용융되어 뜯겨나가는 현상이다.

① 리징(ridging)

② 리플링(rippling)

③ 스폴링(spalling)

④ 스코어링(scoring)

71. 다음 기어의 손상 중 윤활유의 성능과 가장 관계가 깊은 것은? [13-4, 18-2, 21-2]

① 스폴링(spalling)

② 파단(breakage)

③ 스코어링(scoring)

④ 피팅(pitting)

해설 스코어링 또는 스키핑 : 톱니 사이의 유막이 터져서 금속 접촉을 일으켜 나타나는 스크래치이다.

72. 다음 중 기어의 치면에 높은 응력이 반복 작용하여 국부적으로 피로 현상을 일으켜 박리되어 작은 구멍을 발생하는 현상은 어느 것인가? [14-2, 17-4, 21-1]

① 피팅 ② 리플링

③ 정상 마모 ④ 스코어링

해설 피팅(pitting) : 이면에 높은 응력이 반복 작용된 결과 이면 상에 국부적으로 피로된 부분이 박리되어 작은 구멍을 발생하는 현상으로 운전 불능의 위험이 생기는데, 이 현상은 윤활유의 성상 이면의 거칠음 등에는 거의 무관하다.

72-1 다음 중 이면에 높은 응력이 반복 작용된 결과 이면 상에서 국부적으로 피로된 부분이 박리되어 작은 구멍을 발생하는 현상은? [21-4]

① 피팅 ② 긁힘

③ 스코어링 ④ 리플링

정답 ①

73. 기어의 이면 손상 중 재질의 결함이나 과도한 하중 등에 의한 것으로 피팅과 같이 이면의 국부적인 피로 현상에서 나타나지만

피팅보다 약간 큰 불규칙한 현상의 박리를 발생하는 현상은? [20-3]

① 버닝 ② 부식
③ 스폴링 ④ 리플링

해설 스폴링(spalling) : 피팅과 같이 이면의 국부적인 피로 현상에서 나타나지만, 피팅보다 약간 큰 불규칙한 형상의 박리를 발생하는 현상을 말한다. 그 원인으로는 과잉 내부 응력의 발생 등에 의한 것이며 열처리하여 표면 경화된 기어 등에 발생하기 쉽다.

74. 기어 윤활에서 기어의 손상에 대한 설명으로 옳은 것은? [06-4, 16-2, 18-4]

① 리징(ridging) : 외관이 미세한 흠과 퇴적상이 마찰 방향과 평행으로 거의 등간격으로 된 것이 특징이다.
② 리플링(rippling) : 국부적으로 금속 접촉이 일어나 용융되어 뜯겨가는 현상으로 극압성 윤활제가 좋다.
③ 스폴링(spalling) : 높은 응력이 반복 작용된 결과로 박리 현상이 없으며, 윤활유의 성상과는 무관하다.
④ 피팅(pitting) : 고속·고하중 기어에는 이면의 유막이 파단되어 국부적으로 금속 접촉이 일어나는 것이다.

해설 리플링(rippling) : 리징은 마모적인 활동 방향과 평행하게 되지만, 리플링은 활동 방향과 직각으로 잔잔한 과도 혹은 린상 형상이 되며 소성 항복의 일종이다. 이 현상은 윤활 불량이나 극대 하중 또는 진동 등에 의해 이면에 스틱 슬립을 일으켜 리플링이 되기 쉽다.

75. 다음 중 무단 변속기에 사용되는 윤활유가 가져야 할 윤활 조건 중 가장 거리가 먼 것은? [20-4]

① 기포가 적을 것

② 내하중성이 클 것
③ 점도 지수가 낮을 것
④ 산화 안정성이 좋을 것

해설 점도는 적당해야 하고, 점도 지수는 높아야 한다.

76. 다음 유압 작동유 중 광유계 작동유가 아닌 것은? [19-4]

① R&O형 작동유
② 내마성 작동유
③ 고점도 지수 작동유
④ O/W 유화형 작동유

해설 O/W 유화형 작동유(HFAE)는 비광유계인 불연성 함수형 작동유이다.

77. 다음 중 광유계 유압 작동유에 해당되는 것은? [15-2, 18-2]

① 내마모성 작동유
② 물-글리콜계 작동유
③ O/W 에멀션계 작동유
④ 합성 인산에스테르계 작동유

78. 다음 중 광물계 유압 작동유로 맞는 것은? [10-4]

① 합성 인산에스테르계
② 첨가 터빈유
③ O/W 에멀션계
④ 물-글리콜계

해설 유압 작동유는 광물계와 난연성 작동유가 있다. 난연성 작동유는 합성 작동유와 수성형 작동유가 있으며, 합성 인산에스테르계는 합성 윤활유에 해당한다.

79. 다음 중 광물계 유압 작동유가 아닌 것은? [06-4]

① 합성 인산에스테르계

② 첨가 터빈유
③ 클린 유압 작동유
④ 일반 유압 작동유

80. 윤활성은 다소 떨어지지만 불연성이란 이점으로 제철소 등의 고온 개소 유압 작동유로 사용되는 것은? [13-4, 20-2]
① EP 작동유
② 고온용 작동유
③ 고정도 지수 작동유
④ 수-글리콜계 작동유

해설 물 40%와 에틸렌글리콜을 주체로 한 불연성 유압 작동유인 water-glycol계 유압 작동유이다.

81. 유압 작동유(KS M 2129)에 따라 인화점이 가장 낮은 것은? [19-2]
① ISO VG 15 　② ISO VG 32
③ ISO VG 46 　④ ISO VG 68

해설 숫자가 작을수록 점도가 낮고 인화점이 낮다.

81-1 유압 작동유(KS M 2129)에 따라 인화점이 가장 낮은 것은? [15-4]
① ISO VG 22 　② ISO VG 32
③ ISO VG 38 　④ ISO VG 46

정답 ①

82. 유압 작동유가 갖추어야 할 성질로서 틀린 것은? [18-4]
① 난연성일 것
② 체적 탄성계수가 작을 것
③ 전단 안정성, 유화 안정성이 클 것
④ 캐비테이션이 잘 일어나지 않을 것

82-1 유압 작동유가 갖추어야 할 성질이 아닌 것은? [21-2]
① 체적 탄성계수가 클 것
② 캐비테이션이 잘 일어날 것
③ 산화 안전성 및 유화 안정성이 클 것
④ 온도 변화에 따른 점도 변화가 적을 것

정답 ②

83. 유압 작동유에 필요한 성질이 아닌 것은? [19-1, 22-2]
① 산화 안정성이 좋아야 한다.
② 마모 방지성이 좋아야 한다.
③ 부식 방지성 및 방청성을 가져야 한다.
④ 온도 변화에 따른 점도의 변화가 커야 한다.

해설 점도는 적당하여야 하고, 점도 지수는 커야 한다.

84. 유압 작동유와 공급 시스템에 대한 설명으로 틀린 것은? [16-4]
① 유압 시스템은 압력을 가진 매체로 에너지를 전달 수행하는 간단한 방법이다.
② 유압 작동유는 압축성 유체이어야 한다.
③ 유압 펌프는 기계적 에너지를 유압 에너지로 변환하는 장치이다.
④ 공급 시스템에서 유체는 항상 청결해야 하며, 필터를 사용하여야 한다.

해설 유압 작동유는 비압축성 유체이어야 한다.

85. 다음 중 유압 작동유의 유효한 성질에 영향을 많이 주는 것으로 철저히 관리해야 할 주요 사항이 아닌 것은? [12-4]
① 온도 　② 공기의 혼입
③ 이물질의 혼입 　④ 윤활성

해설 윤활성은 작동유의 역할이다.

86. 유압 작동유의 필요한 성상이 아닌 것은? [09-4]
① 온도 변화에 따른 점도의 변화가 적어야 한다.
② 증기압이 높고 비점이 낮아야 한다.
③ 산화 안정성이 좋아야 한다.
④ 항유화성(抗乳化性)이 좋아야 한다.

해설 점도가 설비에 미치는 영향
  ㉠ 고점도일 경우 유동성이 나쁘기 때문에 동력 손실이 발생하고 열이 발생한다.
  ㉡ 저점도일 경우 유동성이 좋기 때문에 누설이 크다.

87. O/W 유화형 작동유의 특징이 아닌 것은? [07-4]
① 불연성이다.
② 냉각성이 양호하다.
③ 점도 변화가 크다.
④ 환경 보전성이 양호하다.

88. 윤활유의 점도는 온도에 의해서 변하므로 일정 온도를 유지하는 것이 중요하다. 유압 작동유 탱크(oil tank)의 최고 온도는 몇 ℃ 이내로 관리하여야 하는가? [19-2]
① 30℃   ② 55℃
③ 75℃   ④ 90℃

해설 오일의 교환 주기는 일반적으로 양호한 환경이며, 운전 온도 50℃ 이하인 경우 1년에 1번 정도 교환한다. 그러나 온도가 100℃ 정도되는 경우에는 3개월마다 또는 그 이전에 교환한다.

89. 다음 중 일반 작동유(일반 기계)의 일반적인 관리 한계(교환 기준)로 틀린 것은 어느 것인가? [08-4, 11-4, 15-4]
① 수분 : 0.5%(용량) 이하

② n-펜탄 불용분 : 0.05%(무게) 이하
③ 동점도의 변화 : 신유의 ±15% 이내
④ 전산가(신유 대비 증가) : 0.5mgKOH/g 이하

90. 유압 펌프에서 유압 작동유가 토출되지 않는 원인으로 틀린 것은? [14-2, 19-2]
① 오일 점도가 낮다.
② 오일 흡입 라인의 누설이 있다.
③ 펌프(베인 펌프) 회전 속도가 낮다.
④ 오일 탱크 내의 유량이 부족하다.

해설 오일 점도가 낮을 경우 토출 유량이 적어질 수 있으나 펌핑은 가능하다.

91. 유압 펌프에서 고점도유 사용 시 나타나는 현상으로 가장 거리가 먼 것은? [14-4]
① 유압 펌프의 용적 효율 저하
② 캐비테이션의 발생
③ 축입력(軸入力)의 증가
④ 유동, 교반 저항의 증가

92. 유압 작동유 열화의 원인으로 맞지 않는 것은? [15-2]
① 미세한 불순물 침입
② 작동유의 온도 급상승
③ 작동유의 수분 혼입
④ 고점도 지수 오일 사용

93. 유압 작동유가 오염되는 침입 경로와 가장 거리가 먼 것은? [21-1]
① 고체 입자
② 유압 필터
③ 공기의 칩입
④ 작동유와 다른 종류의 액체

해설 필터는 오염을 방지해 주는 기기이다.

정답 86. ② 87. ③ 88. ② 89. ① 90. ① 91. ① 92. ④ 93. ②

3과목

기계 일반 및 기계 보전

1장 기계 일반

1-1 기계요소 제도

1. 다음 기하 공차 도시법의 설명 중 틀린 것은? [16-4, 19-4]

○	0.01	
//	0.09/50	A

① A는 데이텀을 지시한다.
② 진원도 공차값 0.01mm이다.
③ 지정 길이 50mm에 대하여 평행도 공차값 0.09mm이다.
④ 지정 길이 50mm에 대하여 원통도 공차값 0.09mm이다.

해설 전체 진원도 공차값 0.01mm, 지정 길이 50mm에 대하여 평행도 공차값 0.09mm이다.

2. 다음 중 가는 실선의 용도가 아닌 것은 어느 것인가? [18-1]
① 가상선 　　　② 치수선
③ 중심선 　　　④ 지시선

3. 다음 단면도 중 주로 대칭인 물체의 중심선을 기준으로 내부 모양과 외부 모양을 동시에 표시하는 것은? [18-1]
① 온 단면도 　　② 계단 단면도
③ 부분 단면도 　④ 한쪽 단면도

4. 나사의 종류를 표시하는 기호가 올바르게 표기된 것은? [06-4]

① 유니파이 보통 나사 : UNF
② 관용 평행 나사 : PT
③ 30도 사다리꼴 나사 : TM
④ 후강 전선관 나사 : CTC

해설 • PS : 관용 평행 나사
• CTG : 후강 전선관 나사

5. 다음 중 나사의 종류를 표시하는 기호 중에서 유니파이 가는 나사를 나타내는 것은 어느 것인가? [07-4, 10-4, 14-2]
① UNC 　　　　② UNF
③ Tr 　　　　　④ M

해설 • UNF : 가는 나사
• Tr : 사다리꼴 나사
• M : 미터계 나사

5-1 나사의 표시 방법 중 유니파이 보통 나사를 나타내는 기호는? [19-2]
① UNF 　　　　② UNC
③ CTC 　　　　④ CTG

정답 ②

6. 나사의 종류를 표시하는 기호가 올바르게 표기된 것은? [11-4]
① 유니파이 보통 나사 : UNF
② 미터 사다리꼴 나사 : Tr
③ 미니어처 나사 : M

④ 후강 전선관 나사 : CTC

해설 ①은 UNC, ④는 CTG이다.

7. 관용 나사(pipe thread)의 특징으로 틀린 것은? [12-4, 16-2]
① 보통 나사에 비하여 피치 및 나사산의 높이가 낮다.
② 관용 테이퍼 나사는 축심에 대해 $\frac{1}{16}$ 의 테이퍼를 가진다.
③ 관용 테이퍼 나사는 평행 나사에 비해 기밀성이 우수하다.
④ 나사산의 각도가 75°이며, 주로 미터 (mm) 나사이다.

해설 관용 나사의 나사산 각도는 55°이며, 인치(inch) 나사이다.

8. 나사의 표시법에서 M10-6H/6g에 대한 설명으로 맞는 것은? [13-4, 20-2]
① 미터 보통 나사(M10) 수나사 6H와 암나사 6g의 조합
② 미터 보통 나사(M10) 암나사 6H와 수나사 6g의 조합
③ 미터 관용 평행 나사(M10) 수나사 6H와 암나사 6g의 조합
④ 미터 관용 평행 나사(M10) 암나사 6H와 수나사 6g의 조합

해설 M은 미터 나사, H는 내경, g는 축을 의미하고, 암나사 등급이 먼저 표기된다.

9. 다음 나사의 표시 방법에 관한 설명 중 옳은 것은? [14-4]

1/4-20UNC-3A

① 유니파이 가는 나사
② 피치가 1/4mm인 나사
③ 3급의 암나사

④ 정밀도가 높은 3급인 수나사

해설 유니파이 보통 나사로 수나사의 외경이 1/4인치이다.

10. 여러 줄 나사의 리드를 기입하는 방법으로 옳은 것은? [15-2]
① 2줄 M12X1.5-L1/2
② 3줄 M12+R12.7
③ 3줄 Tr32X1.5-L1/2
④ 2줄 TW32(리드12.7)

해설 여러 줄 나사를 표시할 때에는 호칭 뒤에 괄호로 표시한다.

11. 미터 사다리꼴 나사의 표시 방법으로 "Tr-40×14(P)7"의 설명으로 옳은 것은 어느 것인가? [15-4]
① 공칭 지름 40mm, 리드 7mm, 피치 14mm
② 공칭 지름 40mm, 리드 14mm, 피치 7mm
③ 공칭 지름 40mm, 리드 7mm, 암나사의 등급이 7H
④ 공칭 지름 40mm, 리드 14mm, 피치 7m, 수나사의 등급 7e

12. 다음 중 물체를 인양하거나 이동할 때 사용되는 볼트는 어느 것인가? [12-4]
① 관통 볼트　② 아이 볼트
③ 스테이 볼트　④ 나비 볼트

13. 키가 전달할 수 있는 토크 중 크기가 큰 순서대로 바르게 나열한 것은? [14-4]
① 묻힘 키, 스플라인, 안장 키, 평 키
② 평키, 안장 키, 묻힘 키, 스플라인
③ 스플라인, 묻힘 키, 평 키, 안장 키
④ 안장 키, 묻힘 키, 스플라인, 평 키

13-1 키가 전달할 수 있는 토크 중 크기가 큰 순서대로 바르게 나열한 것은? [18-1]
① 평 키 > 안장 키 > 묻힘 키
② 묻힘 키 > 평 키 > 안장 키
③ 묻힘 키 > 안장 키 > 평 키
④ 안장 키 > 묻힘 키 > 평 키

정답 ②

14. 일반적인 핀의 호칭법에 대한 설명으로 틀린 것은? [18-2]
① 분할 핀의 호칭 길이는 긴 쪽의 길이로 표시한다.
② 테이퍼 핀의 호칭 지름은 작은 쪽의 지름으로 표시한다.
③ 평행 핀의 길이는 양 끝의 라운드 부분을 제외한 길이로 표시한다.
④ 분할 핀의 호칭 지름은 핀이 끼워지는 구멍의 지름으로 표시한다.

해설 분할 핀의 호칭 길이는 짧은 쪽의 길이로 표시한다.

15. 두께가 같고 폭이 구배 또는 테이퍼로 되어 있는 일종의 쐐기로, 인장 또는 압축력이 축 방향으로 작용하는 축과 축, 피스톤과 피스톤 등을 연결하는 데 사용하는 체결용 기계요소는? [19-2]
① 키   ② 핀
③ 볼트   ④ 코터

해설 코터는 인장 하중이나 압축 하중이 작용하는 곳에 간단, 신속, 확실한 결합에 적합하다.

16. 축의 도시 방법으로 틀린 것은? [09-4]
① 축이나 보스의 끝 구석 라운드 가공부는 필요 시 확대하여 기입하여 준다.
② 축은 일반적으로 길이 방향으로 절단

하지 않으며, 필요 시 부분 단면은 가능하다.
③ 긴 축은 단축하여 그릴 수 있으나, 길이는 실제 길이를 기입한다.
④ 원형 축의 일부가 평면일 경우 일점쇄선을 대각선으로 표시한다.

해설 원형 축의 일부가 평면일 경우 가는 실선을 대각선으로 표시한다.

17. 축계 기계요소의 도시 방법으로 옳지 않은 것은? [22-1]
① 축은 길이 방향으로 단면 도시를 하지 않는다.
② 긴 축은 중간을 파단하여 짧게 그리지 않는다.
③ 축 끝에는 모따기 및 라운딩을 도시할 수 있다.
④ 축에 있는 널링의 도시는 빗줄로 표시할 수 있다.

해설 긴 축은 중간을 파단하여 짧게 그린다.

18. 베어링의 안지름 기호가 08일 때 베어링 안지름은? [17-2]
① 8mm   ② 16mm
③ 32mm   ④ 40mm

해설 ㉠ 안지름 1~9mm, 500mm 이상 : 번호가 안지름
㉡ 안지름 10mm : 00, 12mm : 01, 15mm : 02, 17mm : 03, 20mm : 04
㉢ 안지름 20~495mm는 5mm 간격으로 안지름을 5로 나눈 숫자로 표시

19. 구름 베어링 6206 P6을 설명한 것 중에서 틀린 것은? [06-4]
① 6 – 베어링 형식
② 2 – 사용한 윤활유의 점도
③ 06 – 베어링 안지름 번호

④ P6 – 등급 번호

해설 베어링 계열 기호

20. 배관의 도시법에 대한 설명으로 틀린 것은? [21-4]
① 관내 흐름의 방향은 관을 표시하는 선에 붙인 화살표의 방향으로 표시한다.
② 관은 원칙적으로 1줄의 실선으로 도시하고, 동일 도면 내에서는 같은 굵기의 선을 사용한다.
③ 관은 파단하여 표시하지 않도록 하며, 부득이하게 파단할 경우 2줄의 평행선으로 도시할 수 있다.
④ 표시 항목은 관의 호칭 지름, 유체의 종류 – 상태, 배관계의 식별, 배관계의 시방, 관의 외면에 실시하는 설비 – 재료 순으로 필요한 것을 글자 – 글자 기호를 사용하여 표시한다.

해설 관을 파단할 경우 1줄의 파단선으로 도시한다.

21. 다음 그림의 밸브 기호 명칭으로 맞는 것은? [11-4]

① 게이트 밸브(gate valve)
② 체크 밸브(check valve)
③ 글로브 밸브(globe valve)
④ 버터플라이 밸브(butterfly valve)

22. 다음 기호의 명칭으로 옳은 것은 어느 것인가? [14-2]

① 앵글 밸브 ② 볼 밸브
③ 체크 밸브 ④ 안전밸브

23. 전동용 기계요소 중 원통 마찰차 점검 결과 원동차와 종동차의 밀어붙이는 힘이 약해 전달이 안 되는 것을 확인하여 미끄러지지 않고 동력을 전달시키는 힘을 확인하려 할 때 알맞은 계산식은? (단, P : 밀어붙이는 힘, F : 전달력, μ : 마찰 계수이다.) [15-4]
① $F \leq \mu P$ ② $P \leq \mu F$
③ $P \geq \mu F$ ④ $F \geq \mu P$

24. 기어 제도의 도시 방법 중 선의 사용 방법이 틀린 것은? [22-2]
① 피치원은 가는 실선으로 표시한다.
② 이골원은 가는 실선으로 표시한다.
③ 이봉우리원은 굵은 실선으로 표시한다.
④ 잇줄 방향은 통상 3개의 가는 실선으로 표시한다.

해설 피치원은 가는 일점쇄선으로 표시한다.

25. 일반적인 기어의 도시에서 선의 사용 방법으로 틀린 것은? [21-1]
① 이봉우리원은 굵은 실선으로 표시한다.
② 이끝원은 가는 일점쇄선으로 표시한다.
③ 피치원은 가는 일점쇄선으로 표시한다.
④ 잇줄 방향은 통상 3개의 가는 실선으로 표시한다.

해설 이끝원은 굵은 실선으로 작도한다.

26. 기계 제도 중 기어의 도시 방법에 대한 설명으로 옳지 않은 것은? [22-1]
① 이봉우리원은 굵은 실선으로 표시한다.
② 피치원은 가는 일점쇄선으로 표시한다.
③ 이끝원은 가는 이점쇄선으로 표시한다.
④ 잇줄 방향은 통상 3개의 가는 실선으로 표시한다.

정답 **20.** ③ **21.** ① **22.** ② **23.** ② **24.** ① **25.** ② **26.** ③

해설 기어에서 이끝원은 굵은 실선으로 작도한다.

27. 스퍼 기어의 제도 시 요목표 기입 사항이 아닌 것은? [19-1]
① 잇수
② 치형
③ 압력각
④ 비틀림각

해설 스퍼 기어에는 비틀림각이 없다.

27-1 다음 중 기어의 요목표에 없어도 되는 항목은? [07-7]
① 기어의 치형
② 기어의 모듈
③ 기어의 재질
④ 기어의 압력각

해설 기어의 재질은 부품표에 기입된다.

정답 ③

27-2 스퍼 기어의 제도에서 요목표에 없어도 되는 항목은? [11-4, 17-2]
① 기어의 치형
② 기어의 모듈
③ 기어의 재질
④ 기어의 압력각

정답 ③

27-3 스퍼 기어의 제도 시 요목표 기입 사항이 아닌 것은? [09-4]
① 압력각
② 표면 거칠기
③ 잇수
④ 치형

해설 표면 거칠기는 투상도면에 기입된다.

정답 ②

28. 스퍼 기어를 도면에 나타낼 때 치형을 생략하고 간략하게 표시할 수 있는데 그 방법이 잘못된 것은? [14-2]
① 주 투상도의 이봉우리선, 측면도의 이봉우리원은 굵은 실선으로 그린다.

② 주 투상도의 피치선, 측면도의 피치원은 가는 실선으로 그린다.
③ 주 투상도를 단면으로 도시할 때에는 이뿌리선은 굵은 실선으로 도시한다.
④ 측면도의 이뿌리원은 가는 실선으로 도시한다.

해설 기어의 피치선과 피치원은 일점쇄선으로 그린다.

29. 원통에 감긴 실을 잡아당기면서 풀 때 실이 그리는 곡선으로서, 대부분 기어에 사용되고 있는 곡선은? [14-4]
① 사이클로이드 치형 곡선
② 인벌류트 치형 곡선
③ 노비코프 치형 곡선
④ 에피사이클로이드 치형 곡선

해설 인벌류트 기어 : 주어진 원(기초원 : base circle) 위에 감긴 실을 팽팽히 잡아당기면서 풀 때, 실의 끝점이 그리는 궤적을 인벌류트 곡선이라 한다. 인벌류트 곡선으로 만든 이의 윤곽을 인벌류트 치형이라 하며, 기초원의 내부에는 인벌류트 곡선이 존재하지 않는다. 이 치형으로 된 기어를 인벌류트 기어라 한다.

30. 헬리컬 기어의 정면도에서 이의 비틀림 방향을 나타내는 선의 종류는? [13-4]
① 일점쇄선
② 이점쇄선
③ 가는 실선
④ 굵은 실선

31. 베벨 기어의 제도 방법에 관하여 틀린 것은? [14-4]
① 정면도 이봉우리선과 이골선 : 굵은 실선
② 정면도 피치선 : 가는 이점쇄선
③ 측면도 피치원 : 가는 일점쇄선
④ 측면도 이봉우리원 내단부와 외단부 :

굵은 실선

해설 피치선 : 가는 일점쇄선

32. 벨트 풀리의 제도법을 설명한 내용 중 틀린 것은? [12-4]
① 벨트 풀리는 대칭형이므로 전부를 표시하지 않고 그 일부분만 표시할 수 있다.
② 암은 길이 방향으로 절단하지 않는다.
③ 암의 단면형은 도형의 밖이나 도형 내에 표시한다.
④ 테이퍼 부분의 치수는 치수선을 빗금 방향으로 표시해서는 안 된다.

해설 테이퍼 부분의 치수는 치수선을 빗금 방향(수평과 60° 또는 30°)으로 경사시켜 표시한다.

33. 다음 〈보기〉는 V벨트 제품의 호칭을 나타낸 것이다. "2032"가 의미하는 것은 무엇인가? [19-2]

─〈보기〉─
일반용 V벨트 A 80 또는 2032

① 명칭
② 종류
③ 호칭 번호
④ V벨트의 길이

해설 A는 V벨트의 종류인 단면 크기, 80은 호칭 번호, 2032는 벨트 유효 길이를 뜻한다.

34. 일반적인 철강재 스프링 재료가 갖추어야 할 조건으로 틀린 것은? [18-2]
① 가공하기 쉬운 재료이어야 한다.
② 높은 응력에 견딜 수 있어야 한다.
③ 피로 강도와 파괴 인성치가 낮아야 한다.
④ 표면 상태가 양호하고 부식에 강해야 한다.

해설 피로 강도와 파괴 인성치가 높아야 한다.

34-1 철강재 스프링 재료가 갖추어야 할 조건으로 틀린 것은? [19-4]
① 부식에 강해야 한다.
② 피로 강도와 파괴 인성치가 낮아야 한다.
③ 가공하기 쉽고, 열처리가 쉬운 재료이어야 한다.
④ 높은 응력에 견딜 수 있고, 영구 변형이 없어야 한다.

정답 ②

34-2 스프링 재료가 갖추어야 할 구비 조건으로 적합하지 않은 것은? [12-4, 17-2]
① 열처리가 쉬워야 한다.
② 영구 변형이 없어야 한다.
③ 피로 강도가 낮아야 한다.
④ 가공하기 쉬운 재료이어야 한다.

정답 ③

35. 코일 스프링의 작도법 중 옳지 않은 것은? [07-4]
① 무하중 상태에서 그리는 것을 원칙으로 한다.
② 하중과 높이(또는 길이) 또는 처짐과의 관계를 표시할 필요가 있을 때에는 선도 또는 표로 나타낸다.
③ 그림 안에 기입하기 힘든 사항은 표제란에 기입한다.
④ 그림에서 단서가 없는 코일 스프링이나 벌류트 스프링은 모두 오른쪽으로 감은 것으로 나타낸다.

해설 그림 안에 기입하기 힘든 사항은 요목표에 기입한다.

36. 다음 중 코일 스프링의 작도법 중 틀린 것은? [21-2]

① 일반적으로 무하중 상태에서 그린다.

② 스프링이 왼쪽 감김일 경우 감긴 방향을 명기한다.

③ 스프링의 중간 부분 일부를 생략할 경우에는 생략하는 부분의 선 지름의 중심선을 가는 일점쇄선으로 나타낸다.

④ 스프링의 종류 모양만을 도시할 경우 굵은 일점쇄선을 사용한다.

해설 스프링의 종류 및 모양만을 간략하게 도시할 경우에는 스프링의 중심선을 굵은 실선으로 그린다.

36-1 코일 스프링을 도면에 표현할 때의 사항으로 맞지 않는 것은? [08-4]

① 스프링에 가해지는 하중을 명기하지 않아도 하중에 가해진 상태로 도시한다.

② 도면에 감긴 방향이 표시되지 않은 코일 스프링은 오른쪽 감기로 도시한다.

③ 스프링의 중간 부분은 가상선을 이용하여 생략 도시할 수 있다.

④ 스프링의 종류 모양만을 도시할 경우 일점쇄선으로 그린다.

정답 ④

36-2 스프링의 도시 방법을 설명한 내용 중 틀린 것은? [15-4, 20-2]

① 겹판 스프링은 일반적으로 스프링 판이 수평인 상태에서 그린다.

② 조립도, 설명도 등에서 코일 스프링을 도시하는 경우에는 그 단면만을 나타내어도 좋다.

③ 코일 스프링, 벌류트 스프링, 스파이럴 스프링 및 접시 스프링은 일반적으로 무하중 상태에서 그린다.

④ 스프링의 종류 및 모양만을 간략도로 나타내는 경우에는 스프링 재료의 중심선만을 일점쇄선으로 그린다.

해설 스프링의 종류 및 모양만을 간략하게 그릴 때에는 스프링 소선의 중심선을 굵은 실선으로 그리며, 정면도만 그리면 된다.

정답 ④

37. 다음 중 스프링의 제도 방법 중 옳지 않은 것은? [09-4, 16-2]

① 하중이 가해진 상태에서 그려서 치수를 기입 시에는 하중을 기입한다.

② 도면에서 특별한 지시가 없는 코일 스프링은 오른쪽 감김을 나타낸다.

③ 겹판 스프링은 스프링 판이 수평된 상태에서 그리는 것을 원칙으로 한다.

④ 부품도, 조립도 등에서 양끝을 제외한 동일 모양 부분을 생략하는 경우에는 가는 실선으로 표시한다.

해설 조립도나 설명도 등에는 단면만을 나타낼 수도 있다.

38. 다음 중 스프링의 도시 방법으로 틀린 것은? [19-4]

① 그림 안에 기입하기 힘든 사항은 표에 일괄하여 표시한다.

② 코일 스프링, 벌류트 스프링은 일반적으로 무하중 상태에서 그린다.

③ 겹판 스프링은 일반적으로 스프링 판이 수평인 상태에서 그린다.

④ 그림에서 단서가 없는 코일 스프링이나 벌류트 스프링은 모두 왼쪽으로 감은 것으로 나타낸다.

해설 그림에서 단서가 없는 코일 스프링이나 벌류트 스프링은 모두 오른쪽으로 감은 것으로 나타낸다.

39. 고무 스프링(rubber spring)의 특징에 대한 설명으로 옳은 것은? [16-2, 20-2]

① 감쇠 작용이 커서 진동의 절연이나 충격 흡수가 좋다.

② 노화와 변질 방지를 위하여 기름을 발라 두어야 한다.

③ 인장력에 강하지만 압축력에 약하므로 압축하중을 피하는 것이 좋다.

④ 크기 및 모양을 자유로이 선택할 수 없지만 여러 가지 용도로 사용이 불가능하다.

해설 고무 스프링은 기름을 사용하지 않아야 하고, 인장력보다 압축력에 더 강하며, 크기, 모양을 자유롭게 할 수 있다.

40. 일반적인 고무 스프링의 특징으로 틀린 것은? [20-3]

① 감쇠 작용이 커서 진동 및 충격 흡수가 좋다.

② 인장력에 약하므로 인장 하중을 피하는 것이 좋다.

③ 한 개의 고무로 두 방향 또는 세 방향으로 동시에 작용할 수 있다.

④ 기름에 접촉하거나 직사광선에 노출되어도 우수한 성능을 발휘한다.

해설 일반적인 고무는 기름과 직사광선에 취약하다.

1-2 기계공작법

1. 공작 기계의 구비 조건에 대한 설명으로 틀린 것은? [06-4]
① 높은 정밀도를 가질 것
② 가공 능력이 클 것
③ 내구력이 클 것
④ 강성이 없을 것

해설 공작 기계는 강성이 커야 한다.

1-1 다음 중 공작 기계의 구비 조건이 아닌 것은? [14-2, 20-3]
① 가공 능력이 좋아야 한다.
② 강성(rigidity)이 없어야 한다.
③ 기계 효율이 좋고, 고장이 적어야 한다.
④ 가공된 제품의 정밀도가 높아야 한다.

정답 ②

2. 공작 기계가 구비해야 할 조건으로 틀린 것은? [17-2]
① 고장이 적을 것
② 기계 효율이 좋을 것
③ 높은 정밀도를 가질 것
④ 시용이 간편하고 내구력이 적을 것

해설 공작 기계의 구비 조건
  ㉠ 절삭 가공 능력이 좋을 것
  ㉡ 제품의 치수 정밀도가 좋을 것
  ㉢ 동력 손실이 적을 것
  ㉣ 조작이 용이하고 안전성이 높을 것
  ㉤ 기계의 강성(굽힘, 비틀림, 외력에 대한 강도)이 높을 것

3. 공작 기계의 절삭 운동과 이송 운동에 대한 설명으로 옳은 것은? [18-2]
① 선반 가공은 공구를 회전시키고, 공작물이 직선 운동을 하며, 가공하는 작업

이다.
② 밀링 가공은 공구를 회전시키고, 공작물이 이송 운동을 하며, 가공하는 작업이다.
③ 원통 연삭 가공은 공작물을 회전시키고, 공구는 직선 운동을 하며, 가공하는 작업이다.
④ 플레이너 가공은 공구를 회전시키고, 공작물이 직선 운동을 하며, 나사 가공하는 작업이다.

4. 다음 중 선반 가공에서 발생하는 구성인선을 방지하기 위한 방법으로 틀린 것은 어느 것인가? [17-4, 22-2]
① 절삭 깊이를 적게 한다.
② 절삭 속도를 느리게 한다.
③ 공구의 경사각을 크게 한다.
④ 윤활성이 좋은 절삭 유제를 사용한다.

해설 공작 기계의 회전 속도가 낮을 경우 이송을 크게 해야 구성인선 발생이 억제된다.

4-1 공작 기계에서 절삭 가공 작업 중 발생하는 구성인선을 방지하기 위한 방법으로 틀린 것은? [11-4]
① 공구의 경사각을 크게 한다.
② 절삭 속도를 느리게 한다.
③ 윤활성이 좋은 절삭 유제를 사용한다.
④ 절삭 깊이를 적게 한다.

정답 ②

5. 구성인선(built up edge)의 방지 대책으로 틀린 것은? [20-2]
① 경사각을 작게 할 것
② 절삭 깊이를 적게 할 것

③ 절삭 속도를 빠르게 할 것
④ 절삭 공구의 인선을 날카롭게 할 것

해설 구성인선을 방지하려면 경사각을 크게 해야 한다.

6. 결정 구조의 구성이 붕소(B) 및 질소(N) 원자로 이루어져 있고 주철, 담금질강 등에 뛰어난 가공성을 가진 공구는? [09-4]
① 입방정 질화 붕소(CBN)
② 다이아몬드(diamond)
③ 서멧(cermet)
④ 소결 초경합금(sintered hard metal)

7. 다음 중 선반의 기본적인 가공(절삭) 방법에 속하지 않는 것은? [18-1]
① 외경 절삭 ② 널링 가공
③ 수나사 절삭 ④ 더브테일 가공

해설 더브테일 가공은 밀링 가공에서 이루어진다.

8. 다음 선반에서 사용하는 척 중 4개의 조(jaw)가 각각 단독으로 이동하여 불규칙한 공작물의 고정에 적합한 것은? [20-4]
① 단동척 ② 연동척
③ 콜릿척 ④ 벨척

해설 단동척

역회전
정회전

9. 선반에서 테이퍼를 절삭하는 방법 중 잘못된 것은? [08-4, 17-4, 21-4]
① 복식 공구대를 경사시키는 방법
② 심압대를 편위시키는 방법

③ 테이퍼 절삭 장치를 사용하는 방법
④ 척의 조(jaw)를 편위시키는 방법

해설 선반에서 각도가 작고 길이가 긴 공작물의 테이퍼 가공을 할 때에는 심압대를 편심시키는 방법이 있고, 각도가 크고 길이가 짧은 테이퍼 가공을 할 때에는 복식 공구대를 이용한다.

10. 다음 선반 가공을 할 때 절삭 속도가 120m/min이고 공작물의 지름이 60mm일 경우 회전수는 약 몇 rpm으로 하여야 하는가? [22-1]
① 64 ② 164 ③ 637 ④ 1637

해설 $V = \dfrac{\pi DN}{1000}$

$N = \dfrac{1000\,V}{\pi D} = \dfrac{1000 \times 120}{\pi \times 60} ≒ 637\,\text{rpm}$

11. 다음 중 밀링 머신으로 절삭(가공)하기 곤란한 것은? [21-1]
① 총형 절삭 ② 곡면 절삭
③ 널링 절삭 ④ 키 홈 절삭

해설 널링 절삭은 선반 가공에서 이루어진다.

12. 밀링 커터 인선에서 경사면과 여유면과의 맞대인 각으로서 경사각과 여유각에 따라 결정되어지는 각은? [07-4]
① 경사각 ② 여유각
③ 절인각 ④ 랜드(land)

13. 다음 중 연삭 가공법의 종류에 해당되지 않는 것은? [09-4, 14-2]
① 호닝(honing) ② 버핑(buffing)
③ 래핑(lapping) ④ 보링(boring)

해설 보링(boring) : 드릴링된 구멍을 보링 바(boring bar)에 의해 좀 더 크고 정밀하게 가공하는 방법으로, 여기에 사용하는 기계를 보링 머신이라 한다.

14. 연삭숫돌의 입자가 무디거나 눈 메움 (loading)이 나타나면 연삭성이 저하되므로 숫돌의 표면을 깎아서 예리한 날을 가진 입자가 표면에 나타나게 하여 연삭성을 회복시키는 작업을 무엇이라 하는가? [13-4, 18-4]
① 래핑(lapping)
② 트루잉(truing)
③ 폴리싱(polishing)
④ 드레싱(dressing)

해설 드레싱은 절삭 공구를 다시 연삭하는 것과 같은 것이다.

15. 일반적인 래핑(lapping)의 특성으로 틀린 것은? [17-4, 20-2]
① 가공면은 윤활성 및 내마모성이 좋다.
② 정밀도가 높은 제품을 가공할 수 있다.
③ 가공이 간단하고 대량 생산이 가능하다.
④ 먼지의 발생이 없고 가공면에 랩제가 잔류하지 않는다.

해설 랩 공구는 공작물보다 경도가 낮은 것을 사용하고 랩 정반의 재질은 고급 주철이며, 습식 래핑 여유는 0.01~0.02mm이다.

16. 경도가 매우 높고 발열하면 안 되는 초경합금, 특수강 등의 연삭에 사용되는 숫돌 입자는? [12-4, 15-2]
① A
② C
③ GC
④ WA

해설 A : 인성이 큰 재료
C : 주철용
WA : 인성이 많은 재료

17. 셰이퍼 가공에서 램의 1분간 왕복 횟수 n[stroke/min], 행정 길이 L[mm], 바이트 1회 왕복과 절삭 행정의 비 k일 때 절삭 속도 V[m/min] 산출식으로 올바른 것은 어느 것인가? [09-4]
① $\dfrac{knL}{1000}$
② $\dfrac{nL}{1000k}$
③ $\dfrac{nL}{1000}$
④ $\dfrac{1000L}{kn}$

18. 큰 구멍의 다듬질에 사용되며 날과 자루가 별도로 되어 있어 조립하여 사용하는 리머로 맞는 것은? [17-2, 22-2]
① 셀(shell) 리머
② 브리지(bridge) 리머
③ 팽창(expansion) 리머
④ 조정(adjustable) 리머

해설 셀 리머는 자루를 끼워서 사용하며, 큰 구멍의 다듬질용으로 쓰인다.

19. 드릴의 각부 명칭과 역할을 설명한 것으로 잘못 짝지어진 것은? [16-2, 21-2]
① 섕크(shank) – 드릴을 드릴 머신에 고정하는 부분
② 사심(dead center) – 드릴 끝에서 절삭 날이 이루는 각도
③ 홈 나선각(helix angle) – 드릴의 중심축과 홈의 비틀림이 이루는 각
④ 마진(margin) – 드릴의 홈을 따라서 나타나는 좁은 날이며, 드릴을 안내하는 역할

해설 •사심 : 드릴 끝에서 절삭 날이 만나는점
•드릴 끝각 : 드릴 끝에서 절삭 날이 이루는 각

19-1 드릴의 각부 명칭과 역할을 설명한 것으로 잘못 짝지어진 것은? [10-4]
① 홈(flute) – 직선 또는 나선으로 파진

홈이며, 칩을 배출하고 절삭유 공급 통로 역할

② 섕크(shank) – 드릴 고정구에 맞추어 드릴을 고정하는 부분

③ 사심(dead center) – 드릴 끝에서 절삭 날이 이루는 각도

④ 마진(margin) – 드릴의 홈을 따라서 나타나는 좁은 면으로, 드릴의 크기를 정하여 드릴의 위치를 잡아줌

정답 ③

20. 리밍(reaming) 작업에 대한 설명으로 옳은 것은? [19-2]

① 구멍의 내면에 나사를 내는 작업이다.

② 구멍에 나사의 납작머리가 들어갈 부분을 가공하는 것이다.

③ 이미 뚫어져 있는 구멍을 필요한 크기로 넓히는 작업이다.

④ 뚫어져 있는 구멍을 정밀도가 높고, 가공 표면의 표면 거칠기를 좋게 하기 위한 작업이다.

해설 리밍(reaming) : 드릴로 구멍을 가공 후 정밀 치수로 가공하기 위해 리머로 다듬는 작업이다.

21. 다음 중 드릴링 머신의 기본 작업이 아닌 것은? [14-4]

① 스폿 페이싱(spot facing)

② 카운터 보링(counter boring)

③ 리밍(reaming)

④ 슬로팅(slotting)

해설 슬로팅은 슬로터로 작업하는 것이다.

22. 다음 중 드릴 가공을 하였거나 주조품으로 이미 구멍이 뚫려 있는 경우, 구멍 내부를 확대하여 정확한 치수로 가공하는 가공법은? [15-4, 19-1]

① 탭 작업

② 보링 작업

③ 셰이퍼 작업

④ 플레이너 가공 작업

해설 보링(boring) : 드릴링된 구멍을 보링 바(boring bar)에 의해 좀 더 크고 정밀하게 가공하는 방법으로, 여기에 사용하는 기계를 보링 머신이라 한다.

22-1 드릴 가공, 주조 가공 등에 의해서 이미 뚫려 있는 구멍을 확대하거나 표면 거칠기를 높게 가공하는 공작 기계는? [19-4]

① 셰이퍼   ② 플레이너

③ 보링 머신   ④ 브로칭 머신

정답 ③

23. CNC 공작 기계 서보 기구의 제어 방식이 아닌 것은? [22-2]

① hybrid control system

② open-loop control system

③ closed-loop control system

④ semi open-loop control system

24. 금속 재료의 냉간 가공에 따른 성질 변화 중 옳지 않은 것은? [07-4]

① 인장 강도 증가 ② 경도 증가

③ 연신율 감소   ④ 인성 증가

25. 정반 위에 놓고 이동시키면서 공작물에 평행선을 긋거나 평행면의 검사용으로 사용되는 금긋기 공구는? [20-4]

① 펀치   ② 매직잉크

③ 디바이더   ④ 서피스 게이지

해설 서피스 게이지 : 선반 척에 공작물을 고정하고 중심을 맞추거나, 금긋기 작업을 할 때 사용된다.

26. 다음 중 금긋기 작업 시 유의해야 할 사항으로 틀린 것은? [18-2, 21-1]

① 금긋기 선은 깊게 여러 번 그어야 한다.

② 기준면과 기준선을 설정하고 금긋기 순서를 결정하여야 한다.

③ 같은 치수의 금긋기 선은 전후, 좌우를 구분하지 말고 한 번에 긋는다.

④ 금긋기가 끝나면 도면의 지시대로 되었는지 확인한 후, 다음 작업 공정에 들어간다.

해설 선은 굵기 0.07~0.12mm 정도 가늘고 선명하게 한 번에 그어야 한다.

26-1 금긋기 작업에서의 유의사항으로 옳지 않은 것은? [21-2]

① 금긋기 선은 굵고 선명하도록 반복하여 긋는다.

② 기준면과 기준선을 설정하고, 금긋기 순서를 결정하여야 한다.

③ 같은 치수의 금긋기 선은 전후, 좌우를 구분 없이 한 번만 긋는다.

④ 금긋기 선의 굵기는 일반적으로 0.07~0.12mm이다.

해설 금긋기 선은 가늘고 선명하게 한 번에 그어야 한다.

정답 ①

27. 줄 작업 시 줄 작업 용도에 따른 작업 방법이 아닌 것은? [06, 13-4]

① 직진법　　　　② 후퇴법
③ 사진법　　　　④ 병진법

해설 줄 작업 방법 : 직진법, 사진법, 병진법

27-1 줄 작업 시 용도에 따라 작업 방법을 선택한다. 이에 해당되지 않는 줄 작업 방법은? [18-4, 22-1]

① 직진법　　　　② 피닝법
③ 사진법　　　　④ 병진법

정답 ②

27-2 다음 중 줄(file)의 작업 방법이 아닌 것은? [19-4]

① 진원법　　　　② 직진법
③ 사진법　　　　④ 병진법

정답 ①

28. 일반적인 줄 작업에 대한 설명 중 틀린 것은? [14-2, 19-1, 21-4]

① 오른손 팔꿈치를 옆구리에 밀착시키고 팔꿈치가 줄과 수평이 되게 한다.

② 보통 줄의 사용 순서는 중목 → 황목 → 세목 → 유목의 순으로 작업한다.

③ 왼손은 줄의 균형을 유지하기 위해 손목을 수평으로 하고 손바닥으로 줄 끝을 가볍게 누르거나 손가락으로 싸준다.

④ 줄을 앞으로 밀 때 힘을 가하고, 뒤로 당길 때 힘을 주지 않는다.

해설 보통 줄의 사용 순서는 황목 → 중목 → 세목 → 유목의 순으로 작업한다.

28-1 일반적인 줄 작업에 대한 설명 중 틀린 것은? [09-4]

① 오른발은 30° 정도, 왼발은 70° 정도로 바이스 중심선을 향해 반우향 한다.

② 황목 → 중목 → 세목 → 유목의 순으로 사용한다.

③ 왼손은 줄의 균형을 유지하기 위해 손목을 수평으로 하고 손바닥으로 줄 끝을 가볍게 누르거나 손가락으로 싸준다.

④ 줄을 앞으로 밀 때 힘을 가하고, 뒤로 당길 때 힘을 주지 않는다.

해설 오른발은 70° 정도, 왼발은 30° 정도로 바이스 중심선을 향해 반우향 한다.

정답 ①

29. 다음 중 기계 가공 또는 줄 작업 이후에 정밀 다듬질이 필요할 때 하는 작업은 어느 것인가? [08-4, 16-4, 19-2]
① 다이스(dies) 작업
② 드레싱(dressing) 작업
③ 스크레이퍼(scraper) 작업
④ 숏 피닝(shot-peening) 작업

해설 스크레이퍼(scraper) 작업 : 줄 작업 또는 기계 가공면을 더욱 정밀하게 가공할 필요가 있을 때 소량의 금속을 국부적으로 깎아내는 작업으로, 공작 기계 베드, 미끄럼면, 측정용 정반 등의 최종 마무리에 사용된다. 열처리된 강철에는 작업이 어렵다.

30. 스크레이퍼(scraper) 작업의 주된 목적은? [14-4]
① 기계 가공한 면을 더욱 정밀하게 다듬질하기 위해
② 열처리 경화된 강철을 정밀하게 다듬질하기 위해
③ 기계 가공이 어려운 불규칙한 형상을 다듬질하기 위해
④ 기계 가공 전 표면을 마무리하기 위해

31. 다음 중 탭(tap)의 파손 원인으로 틀린 것은? [07-4, 10-4, 20-3]
① 탭이 경사지게 들어간 경우
② 3번 탭으로 최종 다듬질할 경우
③ 구멍이 너무 작거나 구부러진 경우
④ 막힌 구멍의 밑바닥에 탭의 선단이 닿았을 경우

해설 탭의 파손 시 3번 탭으로 최종 다듬질한다.

32. 탭 및 다이스 가공에 대한 설명 중 틀린 것은? [11-4, 15-4]
① 탭 작업은 구멍에 암나사를 가공하는 공작법이다.
② 보통 탭과 다이스에 의한 작업은 지름 25cm 정도까지 할 수 있다.
③ 환봉의 바깥쪽에 수나사를 가공할 때 사용하는 공구는 다이스이다.
④ 탭은 1~3번의 3개가 1조로 구성되어 있고, 작업은 번호 순서대로 탭을 사용하여 가공한다.

33. 보전 현장에서 주로 쓰는 공구 중 수기 가공 공구가 아닌 것은? [11-4]
① 스크레이퍼
② 다축 드릴링 머신
③ 바이스
④ 컴퍼스

34. 다음 중 용접의 장점이 아닌 것은 어느 것인가? [06-4]
① 두께의 제한이 없다.
② 기밀성, 수밀성, 유밀성이 우수하다.
③ 재질의 변형 및 잔류 응력이 존재하지 않는다.
④ 공정수가 감소되고 시간이 단축된다.

해설 재질의 변형과 잔류 응력이 존재한다.

35. 다음 중 일반적인 용접의 특성으로 틀린 것은? [19-4]
① 두께의 제한이 없다.
② 기밀성, 수밀성이 우수하다.
③ 이종 재료의 접합이 가능하다.
④ 변형이나 응력이 발생하지 않는다.

해설 용접은 재질의 변형과 잔류 응력이 존재한다.

3 과목

36. 다음 중 일반적인 용접의 특징으로 틀린 것은?   [16-2]
① 작업 공정수가 적어 경제적이다.
② 재료가 절약되고, 중량이 가벼워진다.
③ 품질 검사가 쉽고 변형이 발생되지 않는다.
④ 소음이 적어 실내에서의 작업이 가능하며, 복잡한 구조물에 제작이 쉽다.

37. 다음 중 기계나 설비를 제작할 때 용접 이음을 많이 하는 이유로 적당하지 않은 것은?   [18-2]
① 자재가 절약된다.
② 공정수가 감소된다.
③ 이음 효율이 향상된다.
④ 품질 검사가 용이하다.

38. 일반적인 저항 용접의 특징으로 옳은 것은?   [19-2]
① 산화 및 변질 부분이 크다.
② 다른 금속간의 결합이 용이하다.
③ 대전류를 필요로 하고 설비가 복잡하다.
④ 열손실이 크고, 용접부에 집중열을 가할 수 없다.

해설 저항 용접의 특징
㉠ 산화 및 변질 부분이 적다.
㉡ 다른 금속간의 접합이 곤란하다.
㉢ 대전류를 필요로 하고, 설비가 복잡하며, 값이 비싸다.
㉣ 열손실이 적고, 용접부에 집중열을 가할 수 있다.

39. 일반적인 탄산가스 아크 용접의 특징으로 틀린 것은?   [20-2]
① 가시 아크이므로 시공이 편리하다.
② 바람의 영향을 받지 않으므로, 방풍 장치가 필요 없다.
③ 전류 밀도가 높아 용입이 깊고 용접 속도를 빠르게 할 수 있다.
④ 용제를 사용하지 않아 슬래그의 혼입이 없고, 용접 후의 처리가 간단하다.

해설 탄산가스 용접은 반드시 방풍 장치가 필요하다.

40. 일반적인 용접에 대한 특징으로 틀린 것은?   [16-4, 20-3]
① 저온 취성이 생길 우려가 있다.
② 재질의 변형 및 잔류 응력이 발생한다.
③ 품질 검사가 곤란하고 변형과 수축이 생긴다.
④ 용접사의 기량에 따라 용접부의 품질이 좌우된다.

41. 다음 중 일반적인 용접의 특징으로 틀린 것은?   [19-1]
① 용접사의 기량에 따라 용접부의 품질이 좌우된다.
② 재료 두께의 제한이 있고, 이종 재료의 용접이 어렵다.
③ 용접 준비 및 작업이 비교적 간단하고 용접의 자동화가 용이하다.
④ 소음이 적어 실내에서 작업이 가능하며 복잡한 구조물 제작이 쉽다.

해설 용접은 두께의 제한이 없고, 이종 금속 재료의 용접이 가능하다.

42. 용접법의 분류 중에서 융접에 해당하지 않는 것은?   [18-4, 21-2]
① 저항 용접
② 스터드 용접
③ 피복 아크 용접
④ 서브머지드 아크 용접

43. 다음 중 용접의 분류에서 압접에 속하는 것은? [20-4]
① 스터드 용접
② 피복 아크 용접
③ 유도 가열 용접
④ 일렉트로 슬래그 용접

44. 다음 중 일반적인 아크 용접 시 변형과 잔류 응력을 경감시키는 방법이 아닌 것은 어느 것인가? [21-1]
① 용접 시공에 의한 경감법으로는 대칭법, 후진법을 쓴다.
② 용접 전 변형 방지책으로는 억제법, 역변형법을 쓴다.
③ 용접 금속부의 변형과 잔류 응력을 경감하는 방법으로는 소성법을 쓴다.
④ 모재의 열전도도를 억제하여 변형을 방지하는 방법으로는 도열법을 쓴다.
해설 소성 : 가한 힘이 그 재료에 대해 너무 크면 재료에 일어났던 변형은 힘을 제거한 다음에도 그대로 남게 되는 성질이다.

45. 아크 용접 시 아크 쏠림의 방지 대책으로 옳은 것은? [08-4, 14-4]
① 교류 용접을 하지 않고 직류 용접을 할 것
② 접지점을 될 수 있는 대로 용접부에 가까이 할 것
③ 아크를 길게 할 것
④ 받침쇠, 긴 가접부, 이음의 처음과 끝에 앤드탭을 이용할 것
해설 아크 쏠림 방지 대책
㉠ 직류 용접을 하지 않고 교류 용접을 할 것
㉡ 접지점을 될 수 있는 대로 용접부에 멀리 할 것
㉢ 아크를 될 수 있는 대로 짧게 할 것

46. 아크 쏠림(arc blow) 현상을 방지하는 방법으로 틀린 것은? [17-4]
① 아크 길이를 길게 한다.
② 접지점을 될 수 있는 대로 용접부에 멀게 한다.
③ 직류 용접으로 하지 않고 교류 용접으로 한다.
④ 용접봉 끝을 아크 쏠림 반대 방향으로 기울인다.

47. 피복 아크 용접에서 용접 결함과 그 원인을 연결한 것 중 틀린 것은? [15-2]
① 오버랩(over lap) - 용접 전류가 낮고 용접봉의 선택이 불량할 때
② 스패터(spatter) - 용접 전류가 낮고 아크 길이를 짧게 했을 때
③ 언더 컷(under cut) - 용접 전류가 높고 아크 길이가 너무 길 때
④ 용입 불량 - 용접 전류가 낮고 용접 속도가 너무 빠를 때

48. 다음 중 교류 아크 용접기의 종류가 아닌 것은? [07-4, 12-4]
① 가동 철심형 ② 가동 코일형
③ 엔진 구동형 ④ 탭 전환형

49. 교류 및 직류 아크 용접기의 특성을 비교 설명한 내용으로 틀린 것은? [13-4, 17-2]
① 교류 아크 용접기가 직류 아크 용접기보다 감전 위험성이 높다.
② 강전류일 때 자기 쏠림 현상은 직류 아크 용접기가 심하다.
③ 무부하 전압은 교류 아크 용접기가 높다.
④ 아크의 안정성은 교류 용접기가 직류 용접기보다 우수하다.

해설 아크의 안정성은 직류 용접기가 우수하므로 박판 용접을 하고, 정밀 작업에는 직류를 사용한다.

50. 교류 및 직류 아크 용접기의 특성을 비교 설명한 내용으로 틀린 것은? [21-4]
① 교류 아크 용접기는 자기 쏠림을 방지할 수 있다.
② 교류 아크 용접기가 직류 아크 용접기보다 감전 위험성이 높다.
③ 아크의 안정성은 교류 용접기가 직류 용접기보다 우수하다.
④ 무부하 전압은 직류 용접기에 비하여 교류 아크 용접기가 높다.
해설 아크의 안정성은 직류 용접기가 우수하므로 박판 용접, 정밀 작업에는 직류를 사용한다.

51. 다음 용접 방법 중 전기적 에너지에 의한 용접 방법이 아닌 것은? [10-4, 15-4]
① 아크 용접　② 저항 용접
③ 테르밋 용접　④ 플라스마 용접

52. 테르밋 용접법의 특징을 설명한 것이다. 맞는 것은? [11-4, 16-2, 22-2]
① 전기가 필요하다.
② 용접 작업 후의 변형이 작다.
③ 용접 작업의 과정이 복잡하다.
④ 용접용 기구가 복잡하여 이동이 어렵다.
해설 테르밋 용접은 열원을 외부에서 가하는 것이 아니라 테르밋 반응에 의해 생기는 열을 이용한다.

53. 일반적인 플라스마 아크 용접의 특징으로 틀린 것은? [16-4]

① 아크의 방향성과 집중성이 좋다.
② 설비비가 적게 들고 무부하 전압이 낮다.
③ 단층으로 용접할 수 있으므로 능률적이다.
④ 용접부의 기계적 성질이 좋고 변형이 적다.
해설 플라스마 아크 용접(PAW)은 플라스마 아크의 열을 이용하는 용접으로, 가스 텅스텐 아크 용접(GTAW)과 유사한 아크 용접 공정이다. 전기 아크는 전극과 공작물 사이에서 형성된다.

54. 다음 중 재료의 강도와 경도를 증가시키기 위하여 실시하는 열처리로 가장 적합한 것은? [17-2]
① 풀림　② 불림
③ 뜨임　④ 담금질

55. 다음 중 담금질에 관한 설명으로 틀린 것은? [15-2, 21-4]
① 냉각 속도는 판재가 구형보다 빠르다.
② 냉각액을 저어주면 냉각 능력은 많이 향상된다.
③ 담금질 경도는 강 중에 탄소량에 따라 변화한다.
④ 냉각액의 온도는 물은 차게(20℃), 기름은 뜨겁게(80℃) 해야 한다.

56. 일반적인 고주파 담금질의 특징으로 틀린 것은? [19-1]
① 직접 가열하므로 열효율이 높다.
② 열처리 불량이 적고 변형 보정을 필요로 하지 않는다.
③ 가열 시간이 길어서 경화면의 탈탄이나 산화가 많이 발생한다.
④ 직접 부분 담금질이 가능하므로 필요한 깊이만큼 균일하게 경화된다.

해설 고주파 담금질은 고주파 유도 전류에 의하여 바라고자 하는 소요 깊이까지 급가열하여 급랭 경화하는 법이다.

57. 담금질 직후 잔류 오스테나이트를 마텐자이트화시키는 작업으로 0℃ 이하의 온도에서 냉각하는 조작은? [21-2]
① 침탄법   ② 심랭 처리
③ 항온 열처리   ④ 고주파 경화

해설 심랭 처리법은 0℃ 이하에서 냉각시키는 조작이다.

57-1 다음 중 담금질 직후 잔류 오스테나이트를 없애기 위해 0℃ 이하로 냉각하는 열처리는 어느 것인가? [19-2]
① 뜨임 처리   ② 풀림 처리
③ 심랭 처리   ④ 항온 열처리

해설 뜨임에서 심랭 처리법은 0℃ 이하에서 냉각시키는 조작이다.

정답 ③

57-2 담금질한 강 중의 잔류 오스테나이트를 마텐자이트화시키는 작업으로 0℃ 이하의 온도에서 냉각시키는 조작은? [16-4]
① 질량 효과   ② 심랭 처리
③ 항온 열처리   ④ 고주파 경화

정답 ②

58. 담금질하여 경화된 강을 변태가 일어나지 않도록 A₁점(온도) 이하에서 가열한 후 서랭 또는 공랭하는 열처리 방법으로 재료에 인성을 부여하는 작업을 무엇이라 하는가? [08-4, 17-4, 22-2]
① 뜨임   ② 불림   ③ 풀림   ④ 질화

해설 뜨임(tempering) : 담금질된 강을 A_1 변태점 이하로 가열 후 냉각시켜 담금질로

인한 취성을 제거하고, 강도를 떨어뜨려 강인성을 증가시키기 위한 열처리이다.

58-1 경도와 취성을 줄이고 강인성을 부여하기 위해 담금질강을 A_1, 변태점 이하의 일정 온도로 가열한 후 냉각하는 열처리를 무엇이라 하는가? [07-4, 13-4]
① 뜨임   ② 담금질
③ 불림   ④ 풀림

정답 ①

58-2 강을 담금질하면 경도는 증가하나 취성이 커지므로 사용 목적에 알맞도록 A_1 변태점 이하의 적당한 온도로 재가열하여 인성을 증가시키고 경도를 감소시키는 열처리 방법은? [06-4, 15-4, 22-1]
① 뜨임   ② 불림   ③ 침탄   ④ 풀림

정답 ①

59. 용접으로 인한 잔류 응력을 제거하는 방법으로 가장 적합한 것은? [14-2, 22-1]
① 담금질   ② 풀림
③ 불림   ④ 뜨임

해설 용접의 잔류 응력 제거는 풀림으로 하며, 풀림은 내부 응력 제거에 이용된다.

59-1 다음 중 용접으로 인해 발생한 잔류 응력을 제거하는 방법으로 가장 적합한 열처리 방법은? [09-4, 18-1]
① 뜨임   ② 풀림   ③ 불림   ④ 담금질

정답 ②

60. 다음 결정 조직을 조정하고 연화시키기 위한 열처리로 맞는 것은? [16-2]
① 노멀라이징(normalizing)
② 어닐링(annealing)

3 과목

③ 템퍼링(tempering)
④ 퀜칭(quenching)

61. 일반 열처리 중 풀림의 목적과 거리가 가장 먼 것은?   [18-2, 20-4]
① 강을 연하게 한다.
② 내부 응력을 제거한다.
③ 강의 인성을 증대시킨다.
④ 냉간 가공성을 향상시킨다.

해설 풀림의 목적 : 내부 응력 제거, 조직 개선, 경도를 줄이고 조직을 연화, 경화된 재료의 조직 균일화

61-1 철강의 열처리 중 풀림 처리의 목적이 아닌 것은?   [19-4]
① 내부 응력을 제거한다.
② 강의 표면을 경화시킨다.
③ 냉간 가공성을 향상시킨다.
④ 경도를 줄이고 조직을 연화시킨다.

정답 ②

61-2 철강의 열처리 중 풀림 처리의 목적이 아닌 것은?   [11-4]
① 내부 응력을 제거한다.
② 조직을 개선한다.
③ 경도를 줄이고 조직을 연화시킨다.
④ 강의 표면을 경화시킨다.

정답 ④

62. 다음 중 표면 경화법이 아닌 것은 어느 것인가?   [15-4]
① 연화법   ② 침탄법
③ 질화법   ④ 금속 침투법

63. 다음 중 표면 경화 열처리 방법이 아닌 것은?   [20-3]

① 침탄법   ② 질화법
③ 오스템퍼링   ④ 고주파 경화법

해설 오스템퍼링(austempering) : 강(鋼)에 점성(粘性)과 강도를 부여하고, 담금질 균열을 방지하기 위해 오스테나이트 범위에서부터 열욕(熱浴) 속에서 급랭하여 그 온도에서 충분히 변태를 시킨 다음 실온(室溫)까지 서서히 식히는 열처리법이다.

64. 다음 중 기계의 축, 기어, 캠 등 부품에 강도 및 인성, 접촉부의 내마멸성을 증대시키기 위한 표면 경화 열처리법이 아닌 것은?   [16-4]
① 침탄법   ② 질화법
③ 화염 경화법   ④ 항온 열처리법

해설 항온 열처리법 : 오스테나이트 상태로 가열된 강을 고온에서 냉각 중 일정 시간 동안 유지하였다가 다시 냉각하는 방법으로 TTT 처리라 한다.

65. 다음의 열처리는 무엇에 대한 설명인가?   [12-4]

> "가공에 의한 영향을 제거하여 결정 입자를 미세하게 하며, 그 기계적 성질을 향상시키기 위해 탄소강을 오스테나이트 조직으로 될 때까지 가열 후 공기 중에서 서랭시키는 열처리"

① 템퍼링(tempering)
② 노멀라이징(normalizing)
③ 어닐링(annealing)
④ 퀜칭(quenching)

66. 내스케일성 및 고온 산화 방지를 위하여 실시하는 표면 경화 열처리 방법으로 강재를 가열하여 그 표면에 알루미늄을 확산 침투시키는 것은?   [20-2]
① 크로마이징   ② 칼로라이징
③ 세라다이징   ④ 실리코나이징

해설 • 크로마이징(chromizing) : 철강의 내식성을 증가시키기 위해 철강 표면에 크롬을 확산시키는 것. 표면 경도가 증대하고 내마모성이 향상된다.
• 칼로라이징(calorizing) : 강의 내열성과 내식성을 증가시키기 위해 분말 알루미늄 또는 이를 함유한 혼합 분말 속에서 강을 가열하여 강 표면에 알루미늄을 확산시키는 것이다.
• 세라다이징(sheradizing) : 아연 담금질
• 실리코나이징(siliconizing) : 내마모성을 증가시키기 위해 Si를 확산한 금속 침투법이다.

67. 다음 금속 침투법 중 철-알루미늄 합금층이 형성될 수 있도록 철강 표면에 알루미늄을 확산 침투시키는 것은? [21-1]
① 칼로라이징　② 세라다이징
③ 크로마이징　④ 실리코나이징

해설 • 크로마이징 : Cr을 침투 확산시켜 강의 내식성, 내마멸성을 증가시켜 공구 재료로 사용
• 칼로라이징 : Al을 침투 확산시켜 강의 내스케일성 증가 및 고온에서의 내산화성 증대
• 실리코나이징 : Si을 침투 확산시켜 강의 내식성, 내산성 증가
• 보로나이징 : B을 침투 확산시켜 강의 내마모성 증가
• 세라다이징 : Zn을 침투 확산시켜 강의 고온에서의 내산화성 증대

68. 강의 열처리 방법 중 암모니아 가스를 500℃ 정도로 장시간 가열하여 강의 표면을 경화시키는 방법은? [10-4]
① 침탄법
② 금속 침투법
③ 질화법
④ 청화법

69. 일반적인 질화법의 특징으로 틀린 것은? [18-4]
① 경화에 의한 변형이 크다.
② 질화 후의 열처리가 필요 없다.
③ 침탄법에 비해 경화층이 얇고 조작 시간이 길다.
④ 질화층을 깊게 하려면 긴 시간이 걸린다.

69-1 표면 경화 열처리 중 질화법의 특징으로 틀린 것은? [14-2]
① 경도는 침탄층보다 높다.
② 질화 후의 열처리가 필요 없다.
③ 경화에 의한 변형이 크다.
④ 질화층을 깊게 하려면 긴 시간이 걸린다.
정답 ③

70. 열처리 작업에서 발생되는 폐수 처리 방식이 아닌 것은? [18-1]
① 시안계 폐수 처리
② 변성로 폐수 처리
③ 크롬산계 폐수 처리
④ 중금속 이온 함유 폐수 처리

71. 도금 작업을 할 때에 도금액에 관한 설명 중 옳은 것은? [16-4]
① 도금액의 농도를 높이면 도금 속도가 늦어진다.
② 도금액 중에 금속분이 많으면 금속량 손실이 적어진다.
③ 도금액의 농도를 높이면 도금 색깔이 균일해진다.
④ 도금액의 농도를 높이면 도금액 조성의 변동이 커진다.

해설 도금액의 농도를 높이면 도금 속도가 빨라지고, 도금 색깔이 균일해지며, 도금액 조성의 변동이 작아진다. 또한 금속분이 많으면 금속량 손실이 많아진다.

2장 기계 보전

2-1 보전의 개요

1. 다음 정비용 측정 기구의 측정 방법으로 직접 측정에 대한 장점이 아닌 것은 어느 것인가? [14-2]
 ① 측정 범위가 다른 측정 방법보다 넓다.
 ② 측정물의 실제 치수를 직접 잴 수 있다.
 ③ 양이 적고 종류가 많은 제품을 측정하기에 적합하다.
 ④ 다량 제품 측정에 적합하다.

2. 측정하려고 하는 양의 변화에 대응하는 측정 기구의 지침의 움직임이 많고 적음을 가리키며, 일반적으로 측정기의 최소 눈금으로 표시하는 것은? [07-4, 15-4, 20-3]
 ① 감도
 ② 정밀도
 ③ 정확도
 ④ 우연 오차

3. 일반적인 직접 측정의 특징과 거리가 가장 먼 것은? [20-4]
 ① 기준 치수인 표준 게이지가 필요하다.
 ② 측정 범위가 다른 측정 방법보다 넓다.
 ③ 측정물의 실체 치수를 직접 잴 수 있다.
 ④ 양이 적고 종류가 많은 제품을 측정하는 데 적합하다.
 해설 간접 측정은 표준 게이지가 필요하다.

4. 다음 중 아베의 원리를 만족하는 측정기는? [19-1, 21-2]
 ① 게이지 블록
 ② 하이트 게이지
 ③ 외측 마이크로미터
 ④ 버니어 캘리퍼스
 해설 아베의 원리 : 길이를 측정할 때 측정자를 측정할 물체와 일직선상으로 배치함으로써 오차(誤差)를 최소화하는 것이다.

5. 측정자의 직선 또는 원호 운동을 기계적으로 확대하여 그 움직임을 지침의 회전 변위로 변환시켜 눈금으로 읽을 수 있는 길이 측정기는? [06-4, 10-4, 17-4]
 ① 게이지 블록 ② 하이트 게이지
 ③ 다이얼 게이지 ④ 버니어 캘리퍼스
 해설 다이얼 게이지 : 랙과 기어의 운동을 이용하여 작은 길이를 확대하여 표시하게 된 비교 측정기로 회전체나 회전축의 흔들림 점검, 공작물의 평행도 및 평면 상태의 측정, 표준과의 비교 측정 및 제품 검사 등에 사용된다.

6. 보전 현장에서 회전체 축의 정렬 또는 공작물의 평행도 등을 측정하기 위하여 사용되는 측정 기기는? [16-4]
 ① 한계 게이지 ② 마이크로미터

③ 다이얼 게이지 ④ 버니어 캘리퍼스

해설 회전체 축의 정렬 또는 공작물의 평행도, 축 흔들림, 축의 굽힘 측정 등에 사용되는 간접 측정기이다.

7. 축의 굽음(bending) 측정용으로 적합한 측정 공기구는? [15-2]
① 블록 게이지
② 다이얼 게이지
③ 외경 마이크로미터
④ 내경 마이크로미터

8. 회전축의 흔들림 검사를 위해 사용하는 측정기로 옳은 것은? [21-4]
① 한계 게이지
② 틈새 게이지
③ 하이트 게이지
④ 다이얼 게이지

9. 다음 측정기 중 강재의 얇은 편으로 된 것으로 작은 홈의 간극 등을 점검하는 데 사용되고 필러 게이지라고도 부르는 것은 어느 것인가? [15-2, 18-1]
① 틈새 게이지   ② 나사 게이지
③ 높이 게이지   ④ 다이얼 게이지

10. 다음 측정기 중 비교 측정기에 속하지 않는 것은? [18-2]
① 옵티미터
② 미니미터
③ 버니어 캘리퍼스
④ 공기 마이크로미터

해설 직접 측정 : 측정기를 직접 제품에 접촉시켜 실제 길이를 알아내는 방법으로 버니어 캘리퍼스(vernier calipers), 마이크로미터(micrometer), 측장기(測長器), 각도(角度)자 등이 사용된다.

10-1 다음 측정 기구에서 비교 측정기가 아닌 것은? [12-4]
① 다이얼 게이지
② 전기 마이크로미터
③ 공기 마이크로미터
④ M형 버니어 캘리퍼스
정답 ④

10-2 다음 측정기 중 비교 측정기에 속하지 않는 것은? [14-4]
① 옵티미터
② 버니어 캘리퍼스
③ 미니미터
④ 전기 마이크로미터
정답 ②

11. 측정 공구 중 비교 측정에 사용되는 측정기는? [09-4, 20-2]
① 마이크로미터
② 버니어 캘리퍼스
③ 측장기
④ 옵티미터

해설 비교 측정에 사용되는 측정기는 다이얼 게이지(dial gauge), 미니미터, 옵티미터, 공기 마이크로미터, 전기 마이크로미터 등이 있다.

12. 다음 중 비교 측정에 사용되는 측정기는? [22-1]
① 측장기
② 마이크로미터
③ 다이얼 게이지
④ 버니어 캘리퍼스

해설 비교 측정기에는 다이얼 게이지, 미니미터, 옵티미터, 공기 마이크로미터, 전기 마이크로미터 등이 있다.

정답 •→ **7.** ② **8.** ④ **9.** ① **10.** ③ **11.** ④ **12.** ③

3 과목

13. 다음 중 한계 게이지의 특징으로 틀린 것은? [18-4]
① 제품의 실제 치수를 읽을 수 없다.
② 조작이 간단하고 경험을 필요로 하지 않는다.
③ 측정 치수가 정해지고 한 개의 치수마다 한 개의 게이지가 필요하다.
④ 다량의 제품을 측정하기 어렵고, 양호와 불량의 판정을 쉽게 내릴 수 없다.

14. 다음 그림의 화살표로 지시한 버니어 캘리퍼스 측정값은 얼마인가? [12-4, 16-2]

① 9 mm   ② 9.1 mm
③ 9.15 mm   ④ 15 mm

15. 나사의 유효 지름을 측정하려 한다. 다음 중 정밀도가 가장 높은 측정법은 어느 것인가? [13-4, 16-2]
① 삼침법에 의한 측정
② 공구 현미경에 의한 측정
③ 나사 마이크로미터에 의한 측정
④ 투영기에 의한 측정

16. KS 규격에서 게이지 블록의 교정 등급과 거리가 가장 먼 것은? [21-1]
① K급   ② 3급
③ 2급   ④ 1급
해설 게이지 블록은 K급, 0급, 1급, 2급으로 구분한다.

17. 다음 배관용 공기구 중 파이프를 구부리는 공구로 가장 적합한 것은? [19-4]

① 오스터
② 파이프 커터
③ 파이프 바이스
④ 파이프 벤더
해설 파이프 벤더(pipe bender) : 파이프를 구부리는 공구로 180° 이상도 벤딩이 가능하다.

18. 베어링 체커의 사용에 대한 설명으로 맞는 것은? [08-4, 11-4, 19-2]
① 회전을 정지시키고 사용한다.
② 그라운드 잭은 지면에 연결한다.
③ 동력 전달 상태를 알 수 있다.
④ 입력 잭을 베어링에서 제일 가까운 곳에 접촉시킨다.
해설 베어링 체커는 베어링의 그리스 양을 측정하는 것으로 회전 중에 그라운드 잭은 기계의 몸체에, 입력 잭은 축에 접촉시켜 사용한다.

19. 액상 개스킷의 사용 방법 중 잘못된 것은? [06-4, 10-4, 20-3]
① 얇고 균일하게 칠한다.
② 바른 직후 접합해서는 안 된다.
③ 접합면에 수분 등 오물을 제거한다.
④ 사용 온도 범위는 대체적으로 40℃~400℃이다.
해설 액상 개스킷 : 합성 고무와 합성수지 및 금속 클로이드 등과 같은 고분자 화합물을 주성분으로 제조된 액체 상태 개스킷으로 어떤 상태의 접합 부위에도 쉽게 바를 수 있다. 상온에서 유동적인 접착성 물질이나 바른 후 일정한 시간이 경과하면 균일하게 건조되어 누설을 완전히 방지한다. 특히 이물질 제거와 오염, 기름을 제거 후 도포하여야 하며 다른 개스킷과 병용하여 사용하기도 한다.

정답 **13.** ④ **14.** ③ **15.** ① **16.** ② **17.** ④ **18.** ④ **19.** ②

20. 다음 중 내열성과 내화학성이 좋고 자체 윤활성을 보유하였으며, 다양한 운전 조건에서 뛰어난 성능을 갖는 패킹 재료는 어느 것인가? [14-4, 19-2]
① 테프론　　　　② 유리 섬유
③ 그라파이트　　④ 천연 섬유소

해설 테프론 : 합성수지인 4불화 에틸렌 수지(PTFE)는 내열성, 내유성, 내노화성이 우수하다.

21. 다음 중 비접촉성 실은? [08-4, 21-2]
① 오일 패킹
② 메커니컬 실
③ 셀프 실 패킹
④ 래빌린스 패킹

해설 비접촉성 실 : 래빌린스 패킹, 웨어링 링

22. 보전용 재료로 사용되는 O링의 구비 조건으로 틀린 것은? [15-2, 19-4]
① 내노화성이 좋은 것
② 내마모성이 좋을 것
③ 사용 온도 범위가 좁을 것
④ 상대 금속을 부식시키지 않을 것

해설 사용 온도 범위가 넓을 것

23. 다음 중 O-링의 구비 조건이 아닌 것은? [20-4]
① 내노화성이 좋은 것
② 상대 금속을 부식시킬 것
③ 사용 온도의 범위가 넓을 것
④ 내마모성을 포함한 기계적 성질이 좋을 것

해설 상대 금속을 부식시키지 않아야 한다.

24. 밀봉 장치용 재료 중 불소 수지(PTFE)의 특징으로 틀린 것은? [13-4]

① 내열성이 우수하여 300℃ 이상의 고온용 기계 장치의 밀봉재로 사용한다.
② 마찰계수가 적어 기동 토크가 작다.
③ 내화학 및 약품성이 있어 화학 공장에 널리 사용된다.
④ 전기 절연성이 우수하다.

해설 불소 수지는 안전 사용 온도가 260℃ 정도로 다른 밀봉용 재료에 비하여 상대적으로 낮다.

25. 다음 중 접착제의 구비 조건으로 틀린 것은? [08-4, 18-2]
① 액체성을 가질 것
② 윤활성을 가질 것
③ 모세관 작용을 할 것
④ 고체화하여 일정한 강도를 가질 것

해설 접착제의 구비 조건
　㉠ 액체성일 것
　㉡ 고체 표면의 좁은 틈새에 침투하여 모세관 작용을 할 것
　㉢ 액상의 접합체가 도포 직후 용매의 증발 냉각 또는 화학 반응에 의하여 고체화하여 일정한 강도를 가질 것

26. 공기 중에 액체 상태를 유지하고, 공기가 차단되면 중합이 촉진되어 경화, 접착되는 것으로 진동이 있는 차량, 항공기, 동력기 등의 체결용 요소 풀림과 누설 방지를 위한 접착제는? [22-2]
① 액상 개스킷
② 혐기성 접착제
③ 열 용융형 접착제
④ 금속 구조용 접착제

해설 혐기성 접착제 : 산소의 존재에 의해 경화가 억제되고 산소가 차단되면 경화하는 접착제로 진동이 있는 차량, 항공기, 동력기 등의 풀림 방지 및 가스, 액체의 누설 방지를 위해 사용된다. 침투성이 좋고

경화할 때에 감량되지 않으며 일단 경화되면 유류, 약품 종류, 각종 가스, 소금물, 유기 용제에 대하여 내성이 우수하고 반영구적으로 노화되지 않는다.

26-1 공기 중에서는 액체 상태를 유지하고 공기가 차단되면 중합이 촉진되어 경화가 일어나는 접착제는?   [12-4, 17-4, 21-4]
① 금속 구조용 접착제
② 혐기성 접착제
③ 열용융형 접착제
④ 유화액형 접착제

해설 공기가 차단되면 중합이 촉진되는 것은 혐기성 접착제이다.

정답 ②

26-2 진동이 있는 차량, 항공기, 동력기 등의 체결용 요소 풀림과 누설 방지를 위해 사용되는 접착제로 맞는 것은?   [08-4]
① 금속 구조용 접착제
② 혐기성 접착제
③ 액상 개스킷
④ 열 용융형 접착제

정답 ②

26-3 산소의 존재에 의해 경화가 억제되고 산소가 차단되면 경화하는 접착제로 진동이 있는 차량, 항공기, 동력기 등의 체결용 요소 풀림과 누설 방지를 위해 사용되는 것은?   [08-4, 17-2, 17-4]
① 금속 구조용 접착제
② 혐기성 접착제
③ 액상 개스킷
④ 열 용융형 접착제

정답 ②

27. 일반적인 혐기성 접착제의 사용 시 주의 사항으로 틀린 것은?   [18-1]
① 환기에 유의할 것
② 접착 부분을 깨끗이 할 것
③ 경화가 느리므로 굳은 후 접착할 것
④ 작업 중 신체와 접촉되지 않도록 할 것

28. 보전용 재료 중 방청 윤활유의 종류가 아닌 것은?   [09-4, 14-2, 17-2, 20-2]
① 1종(1호) : KP-7
② 1종(2호) : KP-8
③ 1종(3호) : KP-9
④ 1종(4호) : KP-10

해설 방청 윤활유

종류		기호	막의 성질	주 용도
1종	1호	KP-7	중점도 유막	금속 재료 및 제품의 방청
	2호	KP-8	저점도 유막	
	3호	KP-9	고점도 유막	
2종	1호	KP-10-1	저점도 유막	내연 기관 방청, 주로 보관 및 중하중을 일시적으로 운전하는 곳에 사용
	2호	KP-10-2	중점도 유막	
	3호	KP-10-3	고점도 유막	

29. 일반적인 세정제의 구비 조건으로 옳은 것은?   [21-1]
① 잔류물이 생기지 않을 것
② 독성이 많고 방청성이 없을 것
③ 휘발성으로 화재의 위험성이 있을 것
④ 환경 공해 및 인체에 악영향을 미칠 것

해설 세정제의 구비 조건
㉠ 환경 공해 및 인체에 악영향을 미치지 않을 것

ⓛ 녹과 부식, 탈지, 먼지 등의 세척력이 우수할 것
ⓒ 방청성을 겸할 것
ⓔ 비휘발성으로 화재의 위험성이 없을 것
ⓜ 독성이 적을 것
ⓗ 잔류물이 생기지 않을 것

30. 다음 메커니컬 실의 종류 중 스터핑 박스의 내측에 회전링을 설치하는 밀봉으로 유체의 누설 압력이 실의 외부에서 내부로 작용하며, 내류형이라고도 하는 것은 어느 것인가? [19-1, 22-2]
① 더블형
② 탠덤형
③ 인사이드형
④ 아웃사이드형

해설 인사이드형(inside type) : 스터핑 박스의 내측에 회전링을 설치하는 밀봉으로 유체의 누설 압력이 실의 외부에서 내부로 작용하며, 내류형이라고도 한다. 누설 방향이 원심력에 상반되는 방향이므로 밀봉 조건에 유리하여 사용하고 있는 방법이다. 밀봉 조건이 아웃사이드형보다 월등히 우수하고 또한 밀봉 유체가 접촉면의 발열을 제거하므로 냉각이 용이하다. 그러나 액체의 성질에 따라 강제 냉각이 필요한 것도 있다. 또 부식성이 강한 유체일 경우에는 고가의 재료를 써야 하는 단점도 있다.

31. 다음 중 메커니컬 실(mechanical seal)을 선정할 때 주의사항으로 가장 거리가 먼 것은? [19-1, 21-2]
① 밀봉면에 작용하는 밀봉력을 유지할 것
② 누유 방지를 위해 탈착이 불가능할 것
③ 밀봉 단면의 평형, 평면 상태를 유지할 것
④ 밀봉면 사이에서 윤활 유체의 기화를 방지할 것

해설 메커니컬 실은 장착, 탈착이 가능하여야 한다.

32. 고장의 유무에 관계없이 급유, 점검, 청소 등 점검표(check list)에 의해 설비를 유지 관리하는 보전 활동은? [22-2]
① 정기 보전
② 일상 보전
③ 재생 보전
④ 순회 보전

해설 열화 방지, 열화 측정, 열화 회복은 일상 점검이다.

33. 다음 ( ) 안에 들어갈 용어로 맞는 것은? [13-4]

설비의 건강 상태를 유지하고 고장이 일어나지 않도록 열화를 방지하기 위한 ( ), 열화를 측정하기 위한 정기 검사 또는 설비 진단, 열화를 조기에 복원시키기 위한 정비 등을 하는 것이 ( )이다.

① 개량 보전, 예방 보전
② 일상 점검, 보전 예방
③ 일상 보전, 예방 보전
④ 생산 보전, 사후 보전

34. 다음 중 고장 또는 유해한 성능 저하를 가져온 후에 수리를 행하는 보전 방식은 어느 것인가? [15-4, 21-4]
① 예방 보전 : PM(preventive maintenance)
② 사후 보전 : BM(breakdown maintenance)
③ 개량 보전 : CM(corrective maintenance)
④ 종합적 생산보전 : TPM(total productive maintenance)

해설 사후 보전(BM) : 설비에 고장이 발생한 후에 보전하는 것으로서 고장이 나는 즉시 그 원인을 정확히 파악하여 수리하는 것이다.

35. 일반적인 사후 보전의 단점이 아닌 것은? [20-4]

① 대형 설비 사고의 위험 가능성이 존재한다.

② 돌발일 경우 수리 시간 예측이 어렵다.

③ 보전 요원의 기능 및 기술 향상이 어렵다.

④ 제품 불량률이 낮고, 동일 고장의 반복적 발생 빈도가 낮다.

해설 사후 보전을 실시하면 제품 불량률이 높고, 동일 고장의 반복적 발생 빈도가 매우 높다.

36. 다음 중 고장, 불량이 발생하지 않도록 하기 위하여 평소에 점검, 정밀도 측정, 정기적인 정밀 검사, 급유 등의 활동을 통하여 열화 상태를 측정하고, 그 상태를 판단하여 사전에 부품 교환, 수리를 실시하는 정비는? [19-4]

① 예방 정비

② 사후 정비

③ 생산 정비

④ 개량 정비

해설 예방 정비란 시스템 고장을 미연에 방지하는 것을 목적으로 하며 점검, 검사, 시험, 재조정 등을 정기적으로 행하는 것

37. 설비의 라이프 사이클에 걸쳐서 설비 자체의 비용, 설비의 운전 유지에 사용되는 제 비용, 설비의 열화 손실과의 합계를 인하하는 것에 의해서 생산성을 높일 수 있는 보전 방식은? [20-3]

① 예방 보전

② 사후 보전

③ 보전 예방

④ 생산 보전

38. 고장이 없고 보전이 필요하지 않은 설비를 제작하는 보전 방식은? [17-4, 21-1]

① 예방 보전

② 보전 예방

③ 생산 보전

④ 사후 보전

39. 현재 보유하고 있는 설비가 신품일 때와 비교하여 점차로 열화되어 가는 것을 무엇이라고 하는가? [09-4, 21-2]

① 기술적 열화

② 경제적 열화

③ 절대적 열화

④ 상대적 열화

40. 일반적인 보전용 자재의 관리상 특징을 설명한 것으로 틀린 것은? [18-4]

① 불용 자재의 발생 가능성이 적다.

② 자재 구입의 품목, 수량, 시기의 계획을 수립하기 곤란하다.

③ 보전용 자재는 연간 사용 빈도가 낮으며, 소비 속도가 늦다.

④ 보전의 기술 수준 및 관리 수준이 보전 자재의 재고량을 좌우하게 된다.

41. 부하 시간에 대한 가동 시간의 비율을 나타낸 것은? [18-1]

① 속도 가동률

② 실질 가동률

③ 성능 가동률

④ 시간 가동률

42. 다음 설비 관계의 표준 중 설비의 열화 측정, 열화의 진행 방지 및 열화 회복과 가장 관계가 깊은 표준은? [18-4]

① 설비 성능 표준

② 설비 보전 표준

③ 보전 작업 표준

④ 설비 검사 표준

43. 보전비를 투입하여 설비를 원활한 상태로 유지하여 막을 수 있었던 생산상의 손실은? [19-2]

① 기회 손실   ② 보전 손실
③ 생산 손실   ④ 설비 손실

[해설] 기회 손실 : 설비의 고장 정지로 보전비를 들여서 설비를 만족한 상태로 유지하여 막을 수 있었던 제품의 판매 감소에 이어지는 경우의 손실로 기회 원가라고도 한다. 생산량 저하 손실, 휴지 손실, 준비 손실, 회복 손실, 납기 지연 손실, 안전 재해에 의한 재해 손실 등이 있다.

44. 신뢰도와 보전도를 종합한 평가 척도로 어느 특정 순간에 기능을 유지하고 있을 확률을 무엇이라 하는가? [19-1, 22-1]

① 용이성   ② 유용성
③ 보전성   ④ 신뢰성

[해설] 광의의 신뢰성 척도로서 유용성(availability)을 사용한다. 유용성이란 어떤 보전 조건 하에서 규정된 시간에 수리 가능한 시스템이나 설비, 제품, 부품 등이 기능을 유지하여 만족 상태에 있을 확률로 정의한다.

45. 인체 손상, 물적 손상 또는 받아들일 수 없는 결과를 초래할 것으로 평가되는 결함을 무엇이라 하는가? [17-2]

① 중결함
② 치명 결함
③ 완전 결함
④ 불확정 결함

46. 다음은 고장 종류에 대한 설명이다. 조립 정밀도에 의한 고장으로 볼 수 없는 것은? [14-2]

① 부착 기준면 불량에 의한 고장

② 연결부의 연결 상태 불량
③ 결합 부품의 편심으로 진동 발생
④ 열에 의해 부품의 마모

47. 다음 중 기업의 생산성 향상을 위하여 시행해야 할 사항으로 잘못된 것은 어느 것인가? [10-4]

① 설비의 고장, 정지, 성능 저하를 방지한다.
② 종업원의 근로 의욕을 높일 수 있도록 한다.
③ 작업 부주의 및 원료의 불량에 따른 품질 저하를 방지한다.
④ 제품 품질을 높이기 위해서 제품 원가를 높인다.

[해설] 생산성 향상을 위해서는 제품의 원가를 절감해야 한다.

47-1 설비 보전의 목표는 기업의 생산성 향상에 있다. 다음 기업의 생산성 향상을 위하여 시행해야 할 사항으로 잘못된 것은 어느 것인가? [18-2]

① 설비의 고장, 정지, 성능 저하를 방지한다.
② 작업 부주의 및 원료의 불량에 따른 품질 저하를 방지한다.
③ 종업원의 근로 의욕을 높일 수 있도록 한다.
④ 제품 품질을 높이기 위해서 제품 원가를 높인다.

[정답] ④

48. 설비를 가장 효율적으로 이용하기 위한 고장 로스의 방지 대책으로 가장 거리가 먼 것은? [08-4, 16-4]

① 바른 사용 조건을 준수한다.

② 강제 열화를 방치하지 않는다.
③ 보전 요원의 보전 품질을 높인다.
④ 설계 속도와 실제 속도의 차이를 줄인다.

해설 고장 로스의 방지 대책
 ㉠ 강제 열화를 방치하지 않는다.
 ㉡ 청소, 급유, 조임 등 기본 조건을 지킨다.
 ㉢ 바른 사용 조건을 준수한다.
 ㉣ 보전 요원의 보전 품질을 높인다.
 ㉤ 긴급 처리만 끝내지 말고, 반드시 근본적인 조치를 취한다.
 ㉥ 설비의 약점을 개선한다.
 ㉦ 고장 원인을 철저히 분석한다.

49. 설비의 효율화를 저해하는 6대 로스에 해당되지 않는 것은?   [11-4]
① 고장 로스
② 속도 저하 로스
③ 공정·일시 정지 로스
④ 동작 로스

해설 6대 로스 : 고장 로스, 작업 준비 조정 로스, 속도 저하 로스, 일시 정체 로스, 불량 수정 로스, 초기 로스

50. 고장 로스(loss)의 대책으로 잘못된 사항은?   [12-4]
① 고장 원인을 철저히 분석
② 보전 요원의 보전 품질을 높임
③ 바른 사용 조건을 준수
④ 미세한 결함을 시정

해설 미세한 결함의 시정은 일시 정체 로스의 대책이다.

51. 불량·수정 로스에서 불량을 해결하기 위한 대책으로 가장 거리가 먼 것은? [20-2]
① 요인 계통을 재검토할 것
② 현상의 관찰을 충분히 할 것
③ 원인을 한 가지로 정하고, 그 부분만 수정할 것
④ 요인 중에 숨은 결함의 체크 방법을 재검토 할 것

해설 불량·수정 로스 대책
 ㉠ 원인을 한 가지로 정하지 말고, 생각할 수 있는 요인에 대해 모든 대책을 세울 것
 ㉡ 현상의 관찰을 충분히 할 것
 ㉢ 요인 계통을 재검토할 것
 ㉣ 요인 중에 숨은 결함의 체크 방법을 재검토할 것

2-2 기계요소 보전

1. 부러진 볼트를 빼려고 한다. 사용되는 공구와 구멍 지름과 볼트 지름과의 관계에 대한 것으로 맞는 것은? [07-4]
① 스크루 엑스트렉터 : 30% 정도
② 스크루 엑스트렉터 : 60% 정도
③ 오스터 : 30% 정도
④ 오스터 : 60% 정도

2. 볼트, 너트의 죔 토크(torque)에 대한 식으로 맞는 것은? (단, T : 토크, F : 힘, l : 길이, A : 단면적, W : 중량) [08-4]
① $T = \dfrac{F}{A}$ [kgf-m]
② $T = l \times F$ [kgf-m]
③ $T = \dfrac{l}{F}$ [kgf-m]
④ $T = F \times W$ [kgf-m]
해설 $T = Fl$

3. 스패너에 의한 적정한 죔 방법 중 M12~14까지의 볼트를 죌 때 스패너 손잡이 부분의 끝을 꽉 잡고 힘을 충분히 주어야 하는데 이때 가해지는 적당한 힘은 얼마인가? [10-4, 14-2, 17-2, 19-4]
① 약 5kgf
② 약 20kgf
③ 약 50kgf
④ 100kgf 이상
해설 M12~20까지의 볼트 : 스패너 손잡이 부분의 끝을 꽉 잡고 팔의 힘을 충분히 써서 돌린다.
$l = 15$cm $F =$ 약 500N

4. 나사로 체결된 부품이 나사가 풀려서 손상되는 경우가 발생한다. 나사의 자립 상태를 유지할 수 있는 나사의 효율은? [17-4]

① 50% 미만
② 60% 이상
③ 70% 이하
④ 80% 이상

5. 너트의 풀림 방지용으로 사용되는 와셔로 적당하지 않은 것은? [19-1]
① 사각 와셔
② 이붙이 와셔
③ 스프링 와셔
④ 혀붙이 와셔
해설 사각 와셔는 목재용이다.

6. 다음 중 나사 체결 방법으로 옳지 않은 것은? [13-4, 22-1]
① 나사 체결 전 볼트의 강도 등급을 확인한다.
② 볼트 체결 방법은 토크법, 너트 회전각법, 가열법, 장력법이 있다.
③ 큰 장력으로 조일 수 있는 적절한 체결 방법은 텐셔너(장력법)를 이용하는 방법이다.
④ 토크법은 나사면의 마찰 계수 불균형을 무시할 수 있다.

7. 다음 중 너트의 일부를 절삭하여 미리 내측으로 변형을 준 후 볼트에 체결할 때 나사부가 압착하게 되는 이완 방지법은 어느 것인가? [09-4, 14-4, 17-4]
① 절삭 너트에 의한 방법
② 로크너트에 의한 방법
③ 특수 너트에 의한 방법
④ 분할 핀 고정에 의한 방법

8. 볼트, 너트의 풀림을 방지하는 여러 가지 방법이 있다. 그 중 와셔를 굽히거나, 구멍을 만들어 거기에 끼운 후 고정하는 방법

정답 **1.** ② **2.** ② **3.** ③ **4.** ① **5.** ① **6.** ④ **7.** ① **8.** ①

은? [18-2, 22-2]

① 폴 와셔에 의한 방법
② 스프링 와셔에 의한 방법
③ 이붙이 와셔에 의한 방법
④ 혀붙이 와셔에 의한 방법

해설 폴 와셔(pawl washer) : 폴이 붙은 와셔로, 너트(nut)의 이완(弛緩)을 방지하는 것이다.

8-1 와셔를 굽히거나 구멍을 만들어 그곳에 끼운 후 볼트, 너트의 풀림을 방지하는 와셔는? [18-4, 21-1]

① 폴(pawl) 와셔
② 고무(rubber) 와셔
③ 스프링(spring) 와셔
④ 중지판(lock plate) 와셔

정답 ①

9. 다음 중 볼트, 너트의 사용 방법으로 옳은 것은? [15-2]

① 리머 볼트 구멍에 보통 볼트를 체결하여도 무방하다.
② 볼트, 너트, 스프링 와셔는 재사용해도 상관없다.
③ 로크너트는 두꺼운 너트는 아래쪽, 얇은 너트는 위쪽에 체결한다.
④ 볼트, 너트를 수직으로 설치할 경우 너트는 점검하기 쉬운 쪽에 체결한다.

10. 볼트, 너트의 이완 방지 방법이 아닌 것은? [12-4, 18-1]

① 로크너트에 의한 방법
② 자동 죔 너트에 의한 방법
③ 볼트를 해머 렌치로 조이는 방법
④ 홈 달림 너트 분할 핀 고정에 의한 방법

11. 나사 풀림 방지 방법으로 옳지 않은 것은? [21-2]

① 로크너트(locknut)에 의한 방법
② 실(seal) 용접에 의한 방법
③ 스프링 와셔 또는 고무 와셔에 의한 방법
④ 홈붙이너트와 분할 핀 고정에 의한 방법

12. 볼트와 너트의 고착 원인으로 틀린 것은? [21-4]

① 수분의 침입
② 부식성 가스의 침입
③ 부식성 액체의 침입
④ 유성 페인트의 도포

해설 고착 방지법 : 녹에 의한 고착을 방지하려면 우선 나사의 틈새에 부식성 물질이 침입하지 못하게 해야 한다. 그 방법으로서 조립 현장에서 산화 연분을 기계유로 반죽한 적색 페인트를 나사 부분에 칠해서 죄는 방법이 쓰인다. 이 방법은 수분이나 다소의 부식성 가스가 있어도 침해되지 않고 2~3년은 충분히 견딘다. 또 유성 페인트를 나사 부분에 칠해서 조립하는 방법도 효과적이며 공장 배수관의 플랜지나 구조물의 볼트, 너트에도 이 방법이 효과적이다.

13. 다음 중 녹에 의한 볼트, 너트의 고착을 방지하는 방법으로 틀린 것은 어느 것인가? [08-4, 11-4, 16-2, 20-4]

① 유성페인트를 나사 부분에 칠한 후 죈다.
② 볼트, 너트를 죈 후 아주 높은 온도로 가열한 후 식힌다.
③ 나사 틈새에 부식성 물질이 침입하지 않도록 한다.
④ 산화 연분을 기계유로 반죽한 적색 페인트를 나사 부분에 칠한 후 죈다.

정답 ● 9. ④ 10. ③ 11. ② 12. ④ 13. ②

14. 체결용 기계요소 중 고착된 볼트의 제거 방법으로 틀린 것은? [16-4]

① 볼트에 충격을 주는 방법
② 너트에 충격을 주는 방법
③ 로크너트를 사용하는 방법
④ 정으로 너트를 절단하는 방법

[해설] 고착된 볼트의 분해법
  ㉠ 볼트나 너트를 두드려 푸는 방법
  ㉡ 너트를 정으로 잘라 넓히는 방법
  ㉢ 아버 프레스를 이용하는 방법
  ㉣ 비틀어 넣기 볼트를 빼내는 방법 등이 있다.
  ※ 로크너트는 풀림 방지에 사용된다.

15. 다음 중 축이음 핀의 빠짐 방지나 볼트, 너트의 풀림 방지로 쓰이는 것은 어느 것인가? [06-4, 15-4, 20-3]

① 코터
② 평행 핀
③ 분할 핀
④ 테이퍼 핀

[해설] 홈붙이너트는 분할 핀 고정에 의한 나사 풀림 방법이다. (KS B 1015)

16. 키 맞춤의 기본적인 주의사항 중 틀린 것은? [08-4, 13-4, 19-2]

① 키는 측면에 힘을 받으므로 폭, 치수의 마무리가 중요하다.
② 키 홈은 축과 보스를 기계 가공으로 축심과 완전히 직각으로 깎아낸다.
③ 키의 치수, 재질, 형상, 규격 등을 참조하여 충분한 강도의 규격품을 사용한다.
④ 키를 맞추기 전에 축과 보스의 끼워 맞춤이 불량한 상태인 경우 키 맞춤을 할 필요가 없다.

[해설] 키 홈은 축심과 평행으로 절삭한다.

17. 보스와 축의 둘레에 많은 키를 깎아 붙인 것과 같은 것으로 일반적인 키보다 훨씬

큰 동력을 전달시킬 수 있고 내구력이 커서 자동차, 공작 기계 발전용 증기 터빈 등에 이용되는 체결용 기계요소는? [20-2]

① 스플라인
② 테이퍼 핀
③ 미끄럼 키
④ 플랜지 너트

[해설] 스플라인 : 축으로부터 직접 여러 줄의 키(key)를 절삭하여, 축과 보스(boss)가 슬립 운동을 할 수 있도록 한 것으로 큰 동력을 전달한다.

18. 응력 집중에 의한 축의 파단 원인으로 가장 거리가 먼 것은? [07-4, 11-4, 16-4, 20-2]

① 키 홈의 마모
② 축의 가공 불량
③ 설계 형상의 오류
④ 커플링 중심내기 불량

[해설] 축의 파단 원인 : 풀리, 기어, 베어링 등 끼워 맞춤 불량, 관련 부품의 맞춤 불량이며 키 홈의 마모는 자연 열화이다.

19. 왕복 운동 기관 등에서 회전 운동과 직선 운동을 상호 변환시키는 축은? [21-4]

① 직선 축(straigt shaft)
② 유연 축(flexible shaft)
③ 크랭크 축(crank shaft)
④ 각 축(hexagonal shaft)

20. 다음 중 축 고장의 원인과 대책으로 틀린 것은? [19-4]

① 형상 구조 불량 시 노치 형상을 개선한다.
② 풀리, 기어, 베어링 등 끼워 맞춤 불량 시 재질을 변경한다.
③ 급유 불량 시 적당한 유종을 선택하고, 유량 및 급유 방법을 개선한다.
④ 자연 열화 시 축을 분해하여 외관 검사를 하고 테스트 해머로 가볍게 두드려 타격 음으로 균열의 유무를 판정한다.

3 과목

해설 축 고장의 원인과 대책

근본 원인	직접 원인	주요 원인	조치 요령
조립, 정비 불량	풀리, 기어, 베어링 등 끼워 맞춤 불량	끼워 맞춤 부위에 미동 마모가 생겨 진동, 풀림 때문에 사용 불능, 축의 파단의 원인	보스 내경을 절삭하고 축을 덧살 붙이기 또는 교체하여 정확한 끼워 맞춤을 함
	관련 부품의 맞춤 불량		
	위와 같은 현상이 지속될 경우	진동과 소음이 심하고 기어, 베어링의 수명이 급격히 저하, 시일 부위 누유	
	급유 불량	기어 마모 및 소음, 베어링 부위 발열	적당한 유 종 선택, 유량 및 급유 방법 개선
설계 불량	형상 구조 불량	노치 또는 응력 집중에 의한 파단	노치부 형상 개선
		한쪽으로 치우침, 발열 파단	개선
기타	자연 열화	끼워 맞춤 부위 마모, 녹, 흠, 변형, 휨 등이 발생	외관 검사로 판명, 수리 또는 교체

21. 축 고장의 직접 원인 중 설계 불량 요인이 아닌 것은?   [17-2]
① 재질 불량
② 급유 불량
③ 형상 구조 불량
④ 치수 강도 부족

22. 축 고장 시 설계 불량의 직접 원인이 아닌 것은?   [15-4, 18-4, 22-2]
① 재질 불량   ② 치수 강도 부족
③ 끼워 맞춤 불량   ④ 형상 구조 불량

해설 끼워 맞춤 불량은 조립, 정비 불량의 직접 원인이다.

23. 다음 축 고장의 원인 중 설계 불량에 포함되지 않는 것은?   [06-4, 17-4]
① 재질 불량   ② 자연 열화
③ 형상 구조 불량   ④ 치수 강도 부족

24. 축 고장의 원인 중 조립, 정비 불량의 직접 원인인 것은?   [09-4]
① 재질 불량
② 축이 휘어짐
③ 치수, 강도 부족
④ 형상 구조 불량

25. 축에서 가장 많이 발생하는 고장의 진행 형태를 순서대로 열거한 것은?   [15-2]
① 끼워 맞춤 불량 → 풀림 발생 → 미동 마모 → 기어 마모 → 치명적인 고장
② 끼워 맞춤 불량 → 풀림 발생 → 기어 마모 → 미동 마모 → 치명적인 고장
③ 풀림 발생 → 끼워 맞춤 불량 → 미동 마모 → 기어 마모 → 치명적인 고장
④ 끼워 맞춤 불량 → 미동 마모 → 풀림 발생 → 기어 마모 → 치명적인 고장

26. 다음 원통 커플링 중 주철제 원통 속에 두 축을 맞대어 끼워 키로 고정한 축이음으로, 주로 축 지름과 하중이 작은 경우에 쓰이며 인장력이 작용하는 축 이음에 부적합한 것은?   [20-3]
① 머프 커플링

② 클램프 커플링
③ 반겹치기 커플링
④ 마찰 원통 커플링

27. 다음 중 두 축의 중심선이 어느 각도로 교차되고 그 사이의 각도가 운전 중 다소 변하여도 자유로이 운동을 전달할 수 있는 축이음은? [22-1]
① 머프 커플링(muff coupling)
② 올덤 커플링(Oldham's coupling)
③ 클램프 커플링(clamp coupling)
④ 유니버설 커플링(universal coupling)

[해설] 유니버설 조인트 : 두 축이 만나는 각이 수시로 변화하는 경우 사용되는 커플링으로 공작 기계, 자동차 등의 축 이음에 많이 사용된다.

27-1 다음 중 두 축이 만나는 각이 수시로 변화하는 경우 사용되는 커플링으로 공작 기계, 자동차 등의 축 이음에 많이 사용되는 것은? [16-2]
① 유니버설 조인트
② 마찰 원통 커플링
③ 플랜지 플렉시블 커플링
④ 그리드 플렉시블 커플링

[정답] ①

28. 두 축의 중심선을 일치시키기 어렵거나, 전달 토크의 변동으로 충격을 받거나, 고속 회전으로 진동을 일으키는 경우에 충격과 진동을 완화시켜 주기 위하여 사용하는 커플링은? [18-2]
① 머프 커플링
② 클램프 커플링
③ 플렉시블 커플링
④ 마찰 원통 커플링

[해설] 플렉시블 커플링(flexible coupling) :

두 축의 중심선을 일치시키기 어렵거나, 또는 전달 토크의 변동으로 충격을 받거나, 고속 회전으로 진동을 일으키는 경우에 고무, 강선, 가죽, 스프링 등을 이용하여 충격과 진동을 완화시켜 주는 커플링이다.

29. 다음 중 펌프와 전동기가 커플링으로 연결되어 있을 때 축의 변형 및 열팽창 등을 고려하여 운전 중에 상호 회전 중심축이 일치하도록 기기를 배열하는 것을 무엇이라 하는가? [18-2]
① 새그
② 연마
③ 소프트 풋(soft foot)
④ 얼라인먼트(alignment)

30. 축 정렬 시 커플링 면간을 측정하는 게이지로 옳은 것은? [17-2]
① 틈새 게이지   ② 피치 게이지
③ 링 게이지   ④ 하이트 게이지

31. 축정열 작업을 위하여 그림과 같이 다이얼 게이지를 설치하고 두 축을 동시에 회전시켜 상, 하(0°, 180°)를 측정하였더니 10 μm눈금의 차이가 발생했다면 두 축의 상, 하 편심량은? [18-1]

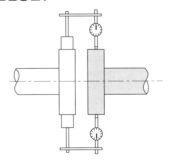

① 0 μm   ② 5 μm
③ 10 μm   ④ 20 μm

3
과목

32. 플랜지 커플링의 조립과 분해 시의 유의 사항 중 틀린 것은?　[18-4, 21-1]

① 조임 여유를 많이 두지 않는다.

② 축과 축의 흔들림은 0.03mm 이내로 한다.

③ 분해할 때 플랜지에 과도한 힘을 주지 않는다.

④ 축과 원주면에 대한 흔들림은 0.03mm 이내로 한다.

해설 플랜지 커플링의 조립과 분해할 때 유의 사항

　㉠ 분해할 때 플랜지에 과도한 힘을 주지 않는다. (특히 주물 제품)

　㉡ 조임 여유를 많이 두지 않는다. (커플링의 파손)

　㉢ 틈새가 많을 때 라이너를 물린다.

　㉣ 체결 볼트는 같은 볼트를 사용한다. (평형 문제, 커플링의 진동)

　㉤ 축과 플랜지의 조립 후 키를 조립한다.

　㉥ 축과 플랜지의 원주면에 대한 흔들림은 0.03mm 이내, 축과 축의 흔들림은 0.05mm 이내로 한다.

33. 축의 중심내기 방법 중 잘못된 것은 어느 것인가?　[10-4, 14-2]

① 죔형 커플링의 경우 스트레이트 에지를 이용하여 중심을 낸다.

② 체인 커플링의 경우 원주를 4등분한 다음 다이얼 게이지로 측정해서 중심을 맞춘다.

③ 플랜지의 면간의 차를 측정하여 중심 맞추기를 한다.

④ 플렉시블 커플링은 중심내기를 하지 않는다.

해설 플렉시블 커플링도 센터링을 해야 한다.

34. 회전축의 센터링이 불량할 경우 발생되는 현상으로 틀린 것은?　[21-2]

① 진동이 크다.

② 축의 강도가 향상된다.

③ 베어링부의 마모가 심하다.

④ 구동력의 전달이 원활하지 못하다.

해설 센터링 불량이 되면 베어링에 무리가 발생되어 열과 진동 소음, 마모 등이 발생되므로 구동 전달이 원활하지 않아 기계 성능이 저하된다.

35. 축의 센터링 불량 시 나타나는 현상이 아닌 것은?　[21-1]

① 진동이 크다.

② 기계 성능이 저하된다.

③ 구동 전달이 원활하다.

④ 베어링부의 마모가 심하다.

해설 센터링 불량이 되면 베어링에 무리가 발생되어 열과 진동 소음, 마모 등이 발생되므로 구동 전달이 원활하지 않아 기계 성능이 저하된다.

35-1 축의 센터링 불량 시 나타나는 현상이 아닌 것은?　[15-2]

① 진동이 크다.

② 기계 성능이 저하된다.

③ 커플링의 발열이 심하다.

④ 베어링부의 마모가 심하다.

정답 ③

36. 구름 베어링의 구성 요소 중 회전체 사이에 적절한 간격을 유지하여 마찰을 감소시켜 주는 것은?　[18-1, 20-4]

① 임펠러

② 마그넷

③ 리테이너

④ 블레이드

해설 리테이너(retainer) : 회전체 사이에 적절한 간격을 유지해주는 것

37. 일반적인 구름 베어링의 기본 요소가 아닌 것은? [20-4]
① 내륜　　　　② 외륜
③ 오일링　　　④ 리테이너

해설 구름 베어링을 구성하는 기본적인 요소는 회전체, 내륜(inner ring) 및 외륜 (outer ring)과 리테이너이다.

38. 볼 베어링에서 베어링 하중을 1/2로 하면 수명은 몇 배로 되는가? [14-4, 21-2]
① 4배　　　　② 6배
③ 8배　　　　④ 10배

해설 $L_n = 10^6 \dfrac{C}{P^r}$ (회전수)에서 $r = 3$이므로 8배이다.

39. 일반적으로 베어링을 열박음으로 장착할 때 몇 ℃ 이상으로 가열하면 베어링의 경도가 저하되는가? [19-1]
① 20　　　　② 80
③ 100　　　④ 130

해설 베어링의 경도가 저하되는 온도는 130 ℃이며, 베어링 조립 등을 위한 가열 최대 온도는 120℃, 최대 사용 온도는 100℃ 이다.

40. 구름 베어링에 예압을 주는 목적으로 가장 거리가 먼 것은? [20-3]
① 베어링의 강성을 증가시킨다.
② 전동체 선회 미끄럼을 억제한다.
③ 축의 흔들림에 의한 진동 및 이상음이 방치된다.
④ 전동체의 공전 미끄럼이나 자전 미끄럼을 증가시킨다.

해설 예압은 베어링 전동체의 공전 미끄럼이나 자전 미끄럼을 감소시킨다.

41. 구름 베어링에 예압을 주는 목적으로 가장 거리가 먼 것은? [16-4]
① 베어링의 강성을 증가시킨다.
② 전동체 선회 미끄럼을 억제한다.
③ 외부 진동에 의해 프레팅이 발생된다.
④ 축의 흔들림에 의한 진동 및 이상 음이 방지된다.

해설 베어링은 일반적인 운전 상태에서 약간의 틈새를 갖도록 선정되고 사용되나, 용도에 따른 여러 가지 효과를 목적으로 구름 베어링을 장착한 상태에서 음(−)의 틈새를 주어 의도된 내부 응력을 발생시키는 경우가 있다. 이와 같은 구름 베어링의 사용 방법을 예압법이라 한다.

42. 다음 베어링 중 외륜 궤도면의 한 쪽 궤도 홈 턱을 제거하여 베어링 요소의 분리 조립을 쉽게 하도록 한 베어링으로, 접촉각이 작아 깊은 홈 베어링보다 부하 하중을 적게 받는 베어링은? [19-1]
① 앵귤러 볼 베어링
② 마그네토 볼 베어링
③ 스러스트 볼 베어링
④ 자동 조심 볼 베어링

해설 마그네토 볼 베어링(magneto ball bearing) : 외륜 궤도면의 한쪽 궤도 홈 턱을 제거하여 베어링 요소의 분리 조립을 쉽게 하도록 한 베어링이다.

43. 베어링의 열 박음에서 가열 끼움을 하려고 할 때 가열 방법으로 가장 거리가 먼 것은? [20-2]
① 수증기로 가열
② 기름으로 가열
③ 액화 질소로 가열
④ 가스 토치로 가열

3 과목

해설 베어링 열 박음 중 축을 베어링 내륜에 열 박음할 경우 유욕법, 정압 프레스 이용법, 유도 가열기를 이용하는 법 등이 있다. 여기서 수증기는 물이므로 사용할 수 없고, 질소는 냉각제로 사용되며, 가스 토치로 가열할 경우 국부 변형, 재질 변형, 탄화 등으로 인하여 사용하지 않아야 한다. 그러나 가장 거리가 먼 것은 액화 질소 가열이다.

44. 기어 전동 장치에서 두 축이 평행한 기어는? [09-4, 20-3]
① 웜(worm) 기어
② 스큐(skew) 기어
③ 스퍼(spur) 기어
④ 베벨(bevel) 기어

해설 • 두 축이 평행한 경우 : 스퍼 기어, 헬리컬 기어, 2중 헬리컬 기어, 랙, 내접 기어
• 두 축의 중심선이 만나는 경우 : 베벨 기어, 크라운 기어
• 두 축이 평행하지도 않고 만나지도 않는 경우 : 스크루 기어, 하이포이드 기어, 웜 기어

45. 직선 운동을 회전 운동으로 변환하거나 회전 운동을 직선 운동으로 변화시키는 데 사용되는 기어는? [06-4]
① 스퍼 기어
② 헬러컬 기어
③ 베벨 기어
④ 랙과 피니언

46. 축(shaft)의 동력 전달 방향을 바꾸는 기어가 아닌 것은? [14-2, 21-4]
① 웜 기어
② 헬리컬 기어
③ 하이포이드 기어
④ 스파이럴 베벨 기어

해설 헬리컬 기어는 두 축이 평행하는 곳에 사용되므로 동력 전달 방향을 바꿀 수 없다.

47. 헬리컬 기어의 특성에 대한 설명으로 맞는 것은? [15-4]
① 진동이나 소음이 발생되기 쉽다.
② 기어 이의 모양이 직선으로 물림률이 크다.
③ 원통면 위의 잇줄이 나선 모양으로 이루어진다.
④ 이가 물리기 시작하여 끝날 때까지 선 접촉을 한다.

48. 다음 기어 중 서로 교차하지도 않고 평행하지도 않은 두 축 사이에 운동을 전달하는 기어는? [19-2]
① 스퍼 기어
② 나사 기어
③ 베벨 기어
④ 내접 기어

49. 다음 중 기어에 대하여 올바르게 설명한 것은? [10-4]
① 하이포이드 기어는 두 축의 중심선이 서로 교차한다.
② 웜 기어는 역회전이 가능하며, 소음과 진동이 적다.
③ 피치면이 평행인 베벨 기어를 크라운 기어라고 한다.
④ 스큐 기어는 큰 힘을 전달하는 데 적합하다.

해설 하이포이드 기어는 두 축의 중심선이 평행하지도 않고 교차하지도 않으며, 웜 기어는 역회전이 불가능하고 소음과 진동이 크다.

50. 웜 기어(worm gear)의 특징으로 틀린 것은? [19-4]
① 역전을 방지할 수 없고 소음이 크다.
② 웜과 웜 휠에 스러스트 하중이 생긴다.
③ 작은 용량으로 큰 감속비를 얻을 수 있다.
④ 웜 휠의 정밀 측정이 곤란하며, 가격이 비싸다.

해설 웜 기어 장치의 특성
ㄱ 소형, 경량으로 역전을 방지할 수 있다.
ㄴ 소음과 진동이 작고, 감속비가 크다. $\left(\frac{1}{10} \sim \frac{1}{100} \right)$
ㄷ 미끄럼이 크고, 전동 효율이 나쁘다.
ㄹ 중심 거리에 오차가 있으면 마멸이 심해 효율이 더 나빠지고, 웜과 웜 휠에 추력이 생긴다.
ㅁ 항상 웜이 입력축, 휠이 출력축이 된다.

50-1 다음 중 웜 기어(worm gear)에 대한 설명 중 틀린 것은? [16-2]
① 효율이 낮은 단점이 있다.
② 역전을 방지할 수 없고, 소음이 크다.
③ 작은 용량으로 큰 감속비를 얻을 수 있다.
④ 웜 휠의 정밀 측정이 곤란하며, 가격이 비싸다.

정답 ②

51. 기어 손상에서 이 부분이 파손되는 주원인이 아닌 것은? [17-2, 20-4, 21-1]
① 균열   ② 마모
③ 피로 파손   ④ 과부하 절손

해설 마모는 이의 열화 현상이다.
• 이의 파손 : 과부하 절손, 피로 파손, 균열, 소손

• 피로 파손 : 기어 이면의 열화에 의한 기어의 손상
• 기어 조립 후 운전 초기에 발생하는 트러블 현상 : 진행성 피팅, 스코어링, 접촉 마모

52. 다음 기어의 손상 중 표면 피로에 의한 손상만으로 연결된 것은? [07-4, 20-3]
① 압연 항복, 균열, 버닝
② 스폴링, 스코어링, 리플링
③ 습동 마모, 피닝 항복, 스코어링
④ 초기 피팅, 파괴적 피팅, 스폴링

53. 기어 손상의 분류에서 표면 피로의 주요 원인이 아닌 것은? [14-4, 18-1]
① 박리   ② 스코어링
③ 초기 피팅   ④ 파괴적 피팅

해설 표면 피로 : 초기 피팅, 파괴적 피팅, 피팅(스폴링)

53-1 기어의 손상 중 표면 피로가 아닌 것은? [08-4]
① 초기 피팅   ② 스코어링
③ 박리   ④ 파괴적 피팅

해설 스코어링 : 기어의 이뿌리 면과 이끝 면이 접촉하여 마모되며 운전 초기에 자주 발생하는 현상으로 급유량 부족, 윤활유 점도 부족, 내압 성능 부족일 때 발생한다.

정답 ②

54. 기어 손상의 분류에서 이 면의 열화에 대하여 소성 항복에 속하는 것은? [16-4]
① 피팅(pitting)
② 피닝(peening)
③ 스폴링(spalling)
④ 스코어링(scoring)

3 과목

해설 면의 열화에 대하여 소성 항복
- ㉠ 압연 항복(ridging)
- ㉡ 피닝 항복(case crushing)
- ㉢ 파상 항복(rippling)

55. 기어가 회전할 때 발생하는 이의 접촉 압력에 의해 최대 전단 응력이 발생하여 표면에 가는 균열이 생기고, 그 균열 속에 윤활유가 들어가 고압을 받아 이의 면에 일부가 떨어져 나가는 현상은? [18-4]
① 피팅
② 스코어링
③ 이의 절손
④ 어브레이전

56. 기어 전동 장치에서 기어 마모의 원인으로 적합하지 않은 것은? [10-4]
① 오일 공급의 부족으로 금속과 금속 간의 마찰
② 공급 오일 중에 연마 입자의 침투
③ 공급 오일의 유막 강도 증대
④ 오일 첨가제 성분에 의한 화학적 마모

해설 공급 오일의 유막 증대는 치형 마모의 원인이 아니다.

57. 기어를 이용한 동력 전달 시 언더컷에 의해 기어가 파손되는 경우가 많이 발생하는데 언더컷의 설명 중 틀린 것은? [11-4]
① 전위 기어를 사용하면 언더컷을 방지할 수 있다.
② 기어의 이 강도는 표준 기어가 전위 기어보다 크다.
③ 표준 기어에서는 잇수가 많을 때 언더컷이 일어난다.
④ 전위 계수가 크면 이 두께가 크게 된다.

58. 기어에서 백래시(backlash)가 필요한 이유가 아닌 것은? [17-4]
① 기어 제작 오차에 대한 여유
② 부하에 의한 기어 변형 여유
③ 기어 마모에 대한 오차 여유
④ 윤활을 원활히 하기 위한 여유

해설 기어 마모는 윤활과 관련 있다.

59. 기어에서 이의 간섭에 대한 방지책으로 틀린 것은? [18-2]
① 압력각을 크게 한다.
② 이끝을 둥글게 한다.
③ 이의 높이를 크게 한다.
④ 피니언의 이뿌리면을 파낸다.

해설 이의 높이를 낮게 해야 한다.

60. 스퍼 기어의 정확한 치형 맞물림에 대한 것으로 맞는 것은? [09-4, 12-4, 16-2]
① 치형 축 방향 길이 80% 이상, 유효 이 높이 20% 이상 닿아야 됨
② 치형 방향 길이 70% 이상, 유효 이 높이 30% 이상 닿아야 됨
③ 치형 방향 길이 60% 이상, 유효 이 높이 40% 이상 닿아야 됨
④ 치형 축 방향 길이 50% 이상, 유효 이 높이 50% 이상 닿아야 됨

61. 벨트 전동 장치에서 전달 동력에 대한 설명 중 틀린 것은? [08-4, 14-4]
① 마찰 계수의 값이 크면 클수록 큰 동력을 전달시킬 수 있다.
② 접촉각이 클수록 큰 동력을 전달시킬 수 있다.
③ 원심 장력이 크면 클수록 전달 동력이 증가된다.
④ 장력비가 클수록 전달 동력이 커진다.

62. 일반적인 V벨트 전동 장치의 특징으로 틀린 것은? [19-4, 22-2]

① 이음매가 없어 운전이 정숙하다.

② 지름이 작은 풀리에도 사용할 수 있다.

③ 홈의 양면에 밀착되므로 마찰력이 평 벨트보다 크다.

④ 설치 면적이 넓으므로 축간 거리가 짧은 경우에는 적합하지 않다.

해설 평 벨트에 비해 설치 면적이 작고, 축 간 거리가 짧다.

63. 다음 중 V벨트에 대한 설명 중 틀린 것은? [16-4]

① V벨트는 단면의 형상에 따라 6종류로 구분한다.

② 평 벨트보다 미끄럼이 적어 큰 회전력을 전달할 수 있다.

③ V벨트는 V벨트 풀리의 바닥 홈에 접하고 있어야 한다.

④ 풀리에 홈 각을 V벨트보다 더 작은 각도로 가공해야만 동력 손실을 줄일 수 있다.

해설 V벨트는 V벨트 풀리의 바닥 홈에 접하지 않아야 접촉 면적이 커 미끄럼이 적어진다.

64. 다음 〈보기〉는 V벨트 제품의 호칭을 나타낸 것이다. "2032"가 의미하는 것은 어느 것인가? [19-2]

─── 〈보기〉 ───
일반용 V벨트 A 80 또는 2032

① 명칭　　　② 종류

③ 호칭 번호　　　④ V벨트의 길이

해설 A는 V벨트의 종류인 단면 크기, 80은 호칭 번호, 2032는 벨트 유효 길이를 뜻한다.

65. 다음 중 벨트 전동 장치 중 미끄럼을 방지하기 위하여 안쪽 표면에 이가 있으며, 정확한 속도가 요구되는 경우에 사용하는 것은? [21-2]

① 보통 벨트　　　② 링크 벨트

③ 타이밍 벨트　　　④ 레이스 벨트

해설 타이밍 벨트(timing belt) : 미끄럼을 방지하기 위하여 안쪽 표면에 이가 있는 벨트로서, 정확한 속도가 요구되는 경우의 전동 벨트로 사용된다.

65-1 다음 중 미끄럼을 방지하기 위하여 안쪽 표면에 이가 있는 벨트로서, 정확한 속도가 요구되는 경우에 사용되는 전동 벨트는? [19-1]

① V벨트　　　② 평 벨트

③ 체인벨트　　　④ 타이밍 벨트

정답 ④

66. 다음 중 타이밍 벨트(timing belt)에 대한 설명으로 틀린 것은? [13-4]

① 큰 힘의 전동에 적합하다.

② 굴곡성이 좋아 작은 풀리에도 사용된다.

③ 정확한 회전 각속도비가 유지된다.

④ 축간 거리가 짧아 좁은 장소에도 설치가 가능하다.

67. 다음 중 체인을 거는 방법으로 틀린 것은? [14-4, 22-1]

① 두 축의 스프로킷 휠은 동일 평면에 있어야 한다.

② 수직으로 체인을 걸 때 큰 스프로킷 휠이 아래에 오도록 한다.

③ 수평으로 체인을 걸 때 이완측이 위로 오면 접촉각이 커지므로 벗겨지지 않는다.

정답 62. ④　63. ③　64. ④　65. ③　66. ①　67. ③

④ 이완측에는 긴장 풀리를 쓰는 경우도 있다.

해설 벨트는 이완측을 위로 두지만, 체인은 아래로 두어야 한다.

68. 다음 중 오프셋 링크에서 링크판과 부시를 일체화시킨 것으로, 오프셋 링크와 이음 핀으로 연결되어 있으며, 저속 중용량의 컨베이어, 엘리베이터용으로 사용되는 체인은? [18-4]
① 롤러체인 　　② 부시 체인
③ 핀틀 체인 　　④ 블록체인

69. 다음 중 운동 제어용 기계요소로 래칫 휠(ratchet wheel)의 역할 중 가장 거리가 먼 것은? (14-4)
① 역전 방지 작용 　② 조속 작용
③ 나눔 작용 　　　④ 완충 작용

해설 완충 작용은 스프링이 한다.

70. 다음 중 운동체와 정지체와의 기계적 접촉에 의해 운동체를 감속하고 정지 또는 정지 상태를 유지하는 기능을 가진 요소는 어느 것인가? [07-4, 18-4, 21-1]
① 클러치 　　　② 브레이크
③ 래칫 휠 　　　④ 감속기

해설 제동 요소는 브레이크이다.

71. 원판 브레이크의 제동력을 T 라고 할 때, 틀린 설명은? [15-2]
① 원판의 수량(Z)에 비례
② 접촉면의 마찰 계수(μ)에 비례
③ 원판 브레이크의 평균 반지름(R)에 비례
④ 축의 수직 방향으로 가해지는 힘(P)에 비례

72. 다음 브레이크 재료 중 허용 압력이 가장 큰 것은? [16-4, 19-2]
① 황동 　　　② 주철
③ 목재 　　　④ 파이버

해설 주철의 허용 압력 : $9.5 \sim 17.5 \mathrm{kgf/cm^2}$

73. 다음 중 브레이크의 용량 결정과 관련된 사항으로 가장 거리가 먼 것은 어느 것인가? [15-4, 19-1]
① 마찰 계수
② 마찰 면적
③ 브레이크의 중량
④ 브레이크 패드의 압력

해설 브레이크 용량 : 브레이크 드럼의 원주속도를 $v[\mathrm{m/s}]$, 브레이크 블록과 브레이크 드럼 사이의 압력을 $W[\mathrm{N}]$, 브레이크 블록의 접촉 면적을 $A[\mathrm{mm^2}]$라 하면,
$$W_t = \frac{\mu W \cdot v}{A} = \mu p v$$

74. 브레이크의 용량 결정과 거리가 먼 것은? [08-4]
① 접촉면의 크기
② 마찰 계수
③ 브레이크의 용량
④ 발열

75. 블록 브레이크의 제동력 기능 저하 방지 대책으로 틀린 것은? [16-4]
① 작동유 유압 시스템의 누설부를 점검한다.
② 브레이크 블록의 손상 및 탈락을 점검한다.
③ 브레이크 블록과 드럼부에 이물질 유입이 없도록 덮개를 씌운다.
④ 장기간 휴지 시 브레이크 드럼부에 녹방지를 위해 방청유를 도포한다.

정답 ●━ **68.** ③ 　**69.** ④ 　**70.** ② 　**71.** ④ 　**72.** ② 　**73.** ③ 　**74.** ④ 　**75.** ④

해설 어떤 경우라도 브레이크 드럼부에 방청유 등 오일을 도포하지 않는다.

76. 다음 브레이크 중 화물을 올릴 때는 제동 작용을 하지 않고, 화물을 내릴 때는 화물 자중에 의한 제동 작용을 하는 것은 어느 것인가? [10-4, 17-4, 20-4]
① 원판 브레이크(disc brake)
② 밴드 브레이크(band brake)
③ 블록 브레이크(block brake)
④ 나사 브레이크(screw brake)

해설 나사 브레이크를 자동 하중 브레이크라 한다.

77. 디스크 브레이크의 기름 누설의 원인으로 올바르지 않는 것은? [10-4, 21-2]
① 파이프 선단 형상 불량
② 파이프 너트 풀림
③ 실의 열화 및 파손
④ 에어 빼기 불충분

해설 에어 빼기 불충분은 불안정 원인이 된다.

78. 마찰형 클러치, 브레이크 중에서 습식 다판의 특징이 아닌 것은? [15-2, 21-4]
① 고속, 고빈도용으로 사용한다.
② 작은 동력 전달에 주로 쓰인다.
③ 접촉 면적을 크게 취할 수 있어 소형이다.
④ 오일 속에서 쓰이므로 작동이 매끄럽고 마찰면의 마모가 작다.

해설 다판식은 큰 동력의 제동에 사용된다.

79. 배관용 재료에 대한 설명으로 틀린 것은? [20-3]
① 스테인리스강 강관의 최고 사용 온도는 650℃~800℃ 정도이다.

② 합금강 강관은 주로 고온용으로 150℃~650℃ 정도에서 사용한다.
③ 동관은 고온에서 강도가 약하다는 결점이 있어 200℃ 이하에서 사용한다.
④ 고압 배관용 탄소강관은 고온에서도 강도가 유지되므로 800℃ 이상에서 사용한다.

해설 고압 배관용 탄소강관(SPPH) : 350℃ 이하에서 사용 압력이 높은 배관에서 사용하는 것으로 일반적으로 9.8MPa(100kgf/cm^2) 이상의 암모니아 합성용 배관, 내연기관의 연료 분사관, 화학 공업용 고압 배관 등에 주로 사용된다.

80. 배관의 부식을 방지하는 방법으로 적절하지 않은 것은? [16-4, 21-4]
① 온수의 온도를 50℃ 이상으로 한다.
② 가급적 동일계의 배관재를 선정한다.
③ 배관 내 유속을 1.5m/s 이하로 제어한다.
④ 배관 내 약제를 투입하여 용존 산소를 제어한다.

해설 배관의 온도가 높으면 부식이 가속된다.

81. 관은 그 속에 흐르는 유체의 온도 변화에 따라 수축, 팽창을 일으키는데 이러한 관의 신축 장해를 제거하기 위한 신축 이음쇠의 종류가 아닌 것은? [11-4]
① 벨로스형(bellows type)
② 슬리브형(sleeve type)
③ 스위블형(swivel type)
④ 플랜지형(flange type)

82. 관과 관을 연결시키고, 관과 부속 부품과의 연결에 사용되는 요소를 관 이음쇠라고 한다. 다음 중 관 이음쇠의 기능이 아닌

것은? [19-2]

① 관로의 연장

② 관로의 분기

③ 관의 상호 운동

④ 관의 온도 유지

해설 관 이음쇠 기능

㉠ 관로의 연장

㉡ 관로의 곡절

㉢ 관로의 분기

㉣ 관의 상호 운동

㉤ 관 접속의 착탈

83. 신축 이음에서 열팽창을 고려하여야 개스킷 선정 등 올바른 정비를 수행할 수 있다. 다음 중 온도에 따른 축의 신축량 λ를 구하는 공식은? (단, t : 온도차, l : 길이, α : 열팽창 계수이다.) [12-4]

① $\lambda = 2\alpha t l$ ② $\lambda = \pi \alpha t l$

③ $\lambda = \dfrac{t l}{\alpha}$ ④ $\lambda = \alpha t l$

84. 배관 이음 중 신축 이음법이 아닌 것은 어느 것인가? [06-4, 19-4, 22-2]

① 루프형 이음

② 파형관 이음

③ 미끄럼형 이음

④ 유니언형 이음

해설 유니언 조인트 : 중간에 있는 유니언 너트를 돌려서 자유로 착탈하는 이음쇠로 양측에 있는 유니언 나사와 유니언 플랜지 사이에 패킹을 끼워서 기밀을 유지한다. 설치 위치에서 관을 회전시키지 않아도 되고, 관의 방향에 약간 움직이는 여유가 있으면 자유롭게 설치하고 분해할 수 있다.

85. 다음 관이음 중 분리가 가능한 이음과 거리가 가장 먼 것은? [21-1]

① 나사 이음 ② 패킹 이음

③ 용접 이음 ④ 고무 이음

해설 용접은 반영구적 이음 방법이다.

86. 다음 중 관이음의 종류가 아닌 것은 어느 것인가? [16-2, 18-4]

① 용접 이음 ② 신축 이음

③ 롤러 관이음 ④ 나사형 이음

87. 파이프 끝의 관용 나사를 절삭하고 적당한 이음쇠를 사용하여 결합하는 것으로, 누설을 방지하고자 할 때 접착 콤파운드나 접착테이프를 감아 결합하는 이음은? [18-2]

① 패킹 이음 ② 나사 이음

③ 용접 이음 ④ 고무 이음

해설 나사 이음 : 파이프의 끝에 관용 나사를 절삭하고 적당한 이음쇠를 사용하여 결합하는 것으로, 누설을 방지하고자 할 때에는 접착 콤파운드나 접착테이프를 감아 결합한다. 수나사 부분은 관 끝에 암나사를 내고 비틀어 넣는 것이 아니라 다른 이음쇠나 소형 밸브를 비틀어 넣어서 사용한다.

88. 파이프 지름 D[mm], 내압을 P[N/mm^2], 파이프 재료의 허용인장응력을 σ_a[N/mm^2], 이음 효율 η, 부식에 대한 상수를 C[mm], 안전계수를 S라 할 때 파이프 두께 t[mm]를 구하는 식은? [15-4]

① $t = \dfrac{DPS}{2\sigma_a \eta} + C$

② $t = \dfrac{DPS\sigma_a}{2\eta} + C$

③ $t = \dfrac{P\eta S}{2D\sigma_a} + C$

④ $t = \dfrac{\sigma_a \eta S}{2DP} + C$

89. 긴 관로나 유체 기기의 가까이 설치하여 분해, 정비를 용이하게 할 수 있는 배관 이음쇠는? [14-2, 20-4]
① 니플(nipple)
② 엘보(elbow)
③ 소켓(socket)
④ 유니언(union)

해설

유니언

90. 배관 이음 중 관경이 비교적 크고 내압이 높은 경우 및 분해 조립이 가능한 이음법은? [10-4, 21-2]
① 용접 이음
② 플랜지 이음
③ 주철관 이음
④ 나사 이음

91. 관(pipe)의 플랜지 이음에 대한 설명으로 틀린 것은? [15-2, 19-1]
① 유체의 압력이 높은 경우 사용된다.
② 관의 지름이 비교적 큰 경우 사용된다.
③ 가끔 분해, 조립할 필요가 있을 때 편리하다.
④ 저압용일 경우 구리, 납, 연강 등을 사용한다.

해설 나사형 플랜지 : 관용나사로 플랜지를 강관에 고정하는 것이며, 지름 200mm 이하의 저압, 저온 증기나 약간 고압 수관에 사용된다.

92. 관이음의 종류에서 플랜지 이음을 사용하는 경우가 아닌 것은? [22-1]
① 신축성을 줄 경우
② 내압이 높을 경우
③ 관경이 비교적 큰 경우
④ 분해 작업이 필요한 경우

해설 플랜지 이음은 고정 이음이며, 신축성이 있는 것은 신축관 이음이다.

93. 다음 중 관경이 비교적 크거나 내압이 높은 배관을 연결할 때 나사 이음, 용접 등의 방법으로 부착하고 분해가 가능한 관 이음쇠는? [07-4, 13-4]
① 주철관 이음쇠
② 플랜지 이음쇠
③ 신축 이음쇠
④ 유니언 이음쇠

해설 플랜지 관 이음쇠 : 관 지름이 크고 고압관 또는 자주 착탈할 필요가 있는 경우에 사용된다.

3
과목

2-3 기계 장치 보전

1. 유량 교축용 밸브에 속하지 않은 것은 어느 것인가? [12-4]
① 버터플라이 밸브
② 글로브 밸브
③ 니들 밸브
④ 체크 밸브

해설 체크 밸브는 역지 밸브이다.

2. 토출관이 짧은 저양정(전양정 약 10m 이하) 펌프의 토출관에 설치하는 역류 방지 밸브로 적당한 것은? [12-4, 16-2, 20-2]
① 체크 밸브   ② 푸트 밸브
③ 반전 밸브   ④ 플랩 밸브

해설 플랩 밸브 : 토출관이 짧은 저양정 펌프에 사용되는 역류 방지 밸브

3. 수평 배관용으로 사용되며 유체의 역류를 방지하는 밸브로 맞는 것은? [15-2, 19-2]
① 스윙 체크 밸브
② 글로브 체크 밸브
③ 나비형 체크 밸브
④ 파일럿 조작 체크 밸브

해설 스윙 체크 밸브 : 가장 널리 사용되는 형식으로 T형, Y형, 웨이퍼(wafer)형이 있으며 대부분 T형이 사용된다. 수직, 수평 배관에 설치할 수 있으나, 수직 설치 시 열림 상태를 유지하려는 경향이 있으므로 디스크의 자중에 편심을 주어 낮은 압력에서도 쉽게 작동이 되도록 하여 준다.

4. 다음 중 역류 방지 밸브가 아닌 것은 어느 것인가? [17-2, 19-4]
① 콕 밸브(cock valve)
② 플랩 밸브(flap valve)
③ 체크 밸브(check valve)
④ 반전 밸브(reflex valve)

해설 역류 방지 밸브의 종류 : 스윙형 체크 밸브, 리프트형 체크 밸브, 듀얼 플레이트 체크 밸브, 경사 디스크 체크 밸브, 플랩 밸브, 반전 밸브 등

5. 게이트 밸브라고도 하며, 유체의 흐름에 대하여 수직으로 개폐하여 보통 전개, 전폐로 사용하는 밸브는? [06-4, 18-1, 22-2]
① 앵글 밸브   ② 체크 밸브
③ 글로브 밸브   ④ 슬루스 밸브

해설 슬루스 밸브 : 전개, 전폐용으로 사용한다.

6. 산성 등의 화학 약품을 차단하는 경우에 내약품, 내열 고무제의 격막 판을 밸브 시트에 밀어붙이는 밸브이며, 유체 흐름 저항이 적고 기밀 유지에 패킹이 필요 없으며 부식의 염려가 없는 밸브는? [18-4, 21-2]
① 폴립 밸브   ② 게이트 밸브
③ 리프트 밸브   ④ 다이어프램 밸브

7. 조름 밸브라고 하며 밸브 판을 회전시켜 유량을 조절하는 밸브는? [15-2]
① 감압 밸브   ② 앵글 밸브
③ 나비형 밸브   ④ 슬루스 밸브

7-1 다음 중 원형 밸브 판의 지름을 축으로 하여 밸브 판을 회전시켜 유량을 조절하는 밸브는? [18-2]
① 감압 밸브   ② 앵글 밸브
③ 나비형 밸브   ④ 슬루스 밸브

해설 나비형 밸브는 유량 조절 밸브이나 기밀을 완전하게 하는 것은 곤란하다.
정답 ③

8. 밸브의 종류와 용도를 짝지어 놓은 것 중 잘못된 것은? [20-3]
① 글로브 밸브 – 주로 교축용으로 사용한다.
② 슬루스 밸브 – 전개, 전폐용으로 사용한다.
③ 나비형 밸브 – 차단용으로 많이 사용한다.
④ 플랩 밸브 – 스톱 밸브 또는 역지 밸브로 사용한다.
해설 나비형 밸브는 유량 조절 밸브이며, 기밀을 완전하게 하는 차단용은 곤란하다.

9. 다음 중 리프트 밸브에 대한 설명으로 틀린 것은? [21-4]
① 개폐가 느리다.
② 유체의 흐름을 차단한다.
③ 유체의 에너지 손실이 크다.
④ 밸브와 밸브 시트의 맞댐이 용이하다.

10. 안전밸브의 디스크 형상에 영향을 주는 인자가 아닌 것은? [07-4]
① 양력과 반동력   ② 배압
③ 열응력   ④ 플러터링

11. 다음 중 전동 밸브가 개폐 도중에 멈추었다. 고장 원인이 될 수 있다고 생각되는 것을 고려하여 점검해야 하는 항목이 아닌 것은? [07-4]
① 스템(stem) 나사부의 윤활유 부족 또는 부적절
② 밸브 시트(seat)면의 손상

③ 스템 나사부의 움직임 불량
④ 밸브 내부의 구동부에 이물질에 의한 동작 방해

12. 고압 증기 압력 제어 밸브의 동작 시 방출되는 유체가 스프링에 직접 접촉될 때 스프링의 온도 상승으로 인한 탄성 계수의 변화로 설정 압력이 점진적으로 변하는 현상은? [09-4, 22-1]
① blow down
② crawl
③ huntion
④ back pressure
해설 • blow down : 보일러 물을 빼는 장치
• back pressure : 배압

13. 제어 밸브의 포지셔너를 점검하고자 한다. 내용이 잘못된 것은? [06-4, 13-4]
① nozzle flapper 부위에서 VENT가 발생되면 nozzle flapper를 교체한다.
② feedback bar와 캠 사이에 링크된 부분이 원활한지 점검한다.
③ 포지셔너 내부 캠 위치를 변경 설치하면 밸브의 제어 기능을 변경할 수 있다.
④ ZERO와 RANGE adjustment를 조정 후 반드시 잠금 장치를 조여서 drift를 방지한다.

14. 다음 중 고압 증기 안전밸브에서 심머링(simmering) 현상이 발생할 경우 조치 요령은? [10-4]
① 상부 조정 링의 상향 조정
② 상부 조정 링의 하향 조정
③ 하부 조정 링의 상향 조정
④ 하부 조정 링의 하향 조정
해설 •상부 링 : 심머링 조정
• 하부 링 : 충격 완화

15. 일반적인 밸브에 관한 사항으로 옳은 것은? [20-4]

① 밸브를 열고 닫을 때는 최대한 빠르게 실시한다.

② 이종 금속으로 제작된 밸브는 열팽창에 주의하여 사용한다.

③ 밸브를 전개할 때는 핸들이 정지할 때까지 완전히 회전시킨다.

④ 일반적인 수동 밸브는 '좌회전 닫기', '우회전 열기'로 만들어져 있다.

해설 밸브 개폐 시 천천히 실시해야 하고, 밸브를 전개할 때는 핸들이 정지하기 전에 여유를 두고 회전시켜야 하며, 일반적인 수동 밸브는 '우회전 닫기', '좌회전 열기'로 만들어져 있다.

16. 밸브의 제작 및 사용상 주의점이 아닌 것은? [17-4, 21-1]

① 리프트 밸브의 시트와 밸브 박스의 재질은 팽창 계수 차에 의해 밸브 시트가 이완되는 것을 방지하기 위해 다른 재질을 사용한다.

② 글로브 밸브를 관에 부착할 때에 밸브 박스 외측에 정확한 흐름의 방향을 표시한다.

③ 체크 밸브를 관에 부착할 때에 밸브 박스 외측에 정확한 흐름의 방향을 표시한다.

④ 산성 등 화학약품을 취급하는 곳에서는 다이어프램 밸브를 사용하여야 한다

해설 리프트 밸브의 시트와 밸브 박스의 재질을 팽창 계수 차에 의해 밸브 시트가 이완되는 것을 방지하기 위해 같은 재질을 사용한다.

17. 감압 밸브 주변의 배관에서 바이패스 (by-pass line)를 설치하려고 한다. 이때 바이패스 라인의 관경으로 가장 적당한 것은? [13-4]

① 1차(고압)측 관경보다 한 치수 적게 한다.

② 1차(고압)측 관경보다 한 치수 크게 한다.

③ 1차(고압)측 관경보다 2배 정도 크게 한다.

④ 1차(고압)측 관경보다 3배 정도 크게 한다.

18. 안지름이 750mm인 원형관에 양정이 50m, 유량 50m^3/min의 물을 수송하려 한다. 여기에 필요한 펌프의 수동력은 약 몇 PS인가? (단, 물의 비중량은 1000kgf/m^{3}이다.) [20-3]

① 325 ② 555

③ 780 ④ 800

해설 $L_w = \dfrac{\gamma Q H}{75}$ [Hp]

$= \dfrac{1000 \times 50 \times 50}{75 \times 60} = 555\,\text{PS}$

19. 펌프의 효율식 중 옳은 것은? [16-2]

① 수력 효율 $= \dfrac{\text{수동력}}{\text{축동력}}$

② 기계 효율 $= \dfrac{\text{축동력 - 기계 손실}}{\text{축동력}}$

③ 체적 효율 $= \dfrac{\text{펌프의 실제 양정}}{\text{이론 양정(깃수 유한)}}$

④ 펌프 전 효율 $= \dfrac{\text{펌프의 실제 유량}}{\text{임펠러를 지나는 유량}}$

해설 • 수력 효율 $= \dfrac{\text{펌프의 실제 양정}}{\text{이론 양정(깃수 유한)}}$

• 체적 효율 $= \dfrac{\text{펌프의 실제 유량}}{\text{임펠러를 지나는 유량}}$

• 펌프의 전 효율 $= \dfrac{\text{수동력}}{\text{축동력}}$

20. 원심 펌프의 임펠러에 의해 유체에 가해진 속도 에너지를 압력 에너지로 변환되도록 하고 유체의 통로를 형성해 주는 역할을 하는 일종의 압력 용기는? [18-4, 22-2]
① 웨어링　　② 케이싱
③ 안내 깃　　④ 스터핑 박스

해설 케이싱 : 임펠러에 의해 유체에 가해진 속도 에너지를 압력 에너지로 변환되도록 하고 유체의 통로를 형성해 주는 역할을 하는 일종의 압력 용기로 벌류트(volute) 케이싱과 볼(bowl) 케이싱으로 크게 분류한다.

21. 다음 중 펌프는 기동하지만 물이 나오지 않는 원인으로 틀린 것은? [17-4]
① 스트레이너가 막혀 있다.
② 흡입 양정이 지나치게 높다.
③ 임펠러의 회전 방향이 반대이다.
④ 베어링 케이스에 그리스를 가득 충진하였다.

22. 다음 중 펌프가 운전이 되고 있으나 물이 처음에는 나오다가 곧 나오지 않고 있을 때 그 원인 또는 대책으로 옳지 못한 것은 어느 것인가? [15-4, 19-1, 21-2]
① 웨어링이 마모되었기 때문에
② 마중물이 충분하지 못하기 때문에
③ 흡입 양정이 지나치게 높기 때문에
④ 배관 불량으로 흡입관 내에 에어 포켓이 생겼기 때문에

해설 웨어링이 마모되면 규정 수량, 규정 양정이 나오지 못한다. 마중물은 펌프는 기동하지만 물이 안 나오는 원인이 된다.

23. 펌프 운전 시 압력계가 정상보다 높게 나오는 원인으로 틀린 것은? [19-2]
① 파이프의 막힘

② 안전밸브의 불량
③ 밸브를 너무 막을 때
④ 실양정이 설계 양정보다 낮을 때

해설 실양정이 설계 양정보다 낮을 때는 압력계가 낮게 나타나고, 진동 소음이 발생하며, 유량이 적어진다.

24. 펌프 흡입관에 대한 설명으로 틀린 것은? [14-4, 17-2, 19-4]
① 흡입관 끝에 스트레이너를 설치한다.
② 관의 길이는 짧고 곡관의 수는 적게 한다.
③ 배관은 펌프를 향해 1/150 올림 구배를 한다.
④ 흡입관에서 편류나 와류가 발생하지 못하게 한다.

해설 배관은 공기가 발생하지 않도록 펌프를 향해 1/50 올림 구배를 한다.

25. 관로에서 유속의 급격한 변화에 의해 관내 압력이 상승 또는 하강하는 현상으로 옳은 것은? [22-1]
① 수격 현상
② 축류 현상
③ 벤투리 현상
④ 캐비테이션 현상

해설 수격 현상 : 관로에서 유속의 급격한 변화에 의해 관내 압력이 상승 또는 하강하는 현상으로 펌프의 송수관에서 정전에 의해 펌프의 동력이 급히 차단될 때, 펌프의 급가동 밸브의 급개폐 시 생긴다.

26. 펌프에서 수격 현상의 특징으로 틀린 것은? [16-4, 20-2]
① 밸브를 급격히 열거나 닫을 때 발생한다.
② 펌프의 동력이 급속히 차단될 때 나타

난다.
③ 펌프 내부에서 흡입 양정이 높거나 흐름 속도가 국부적으로 빨라져 기포가 발생하거나 유체가 증발한다.
④ 관로에서 유속의 급격한 변화에 의한 압력이 상승 또는 하강하는 현상이다.

27. 다음 중 수격 현상의 방지 방법으로 틀린 것은? [14-4]
① 펌프의 흡입 수두를 낮춘다.
② 플라이휠 장치를 설치한다.
③ 관로 유속을 저하시킨다.
④ 서지 탱크를 설치한다.

28. 다음 중 수격 현상의 방지책으로 틀린 것은? [21-1]
① 관로의 지름을 작게 하여 관내 유속을 증가시킨다.
② 플라이휠 장치를 설치하여 회전 속도가 갑자기 감속되는 것을 방지한다.
③ 관로에서 펌프 급정지 후에 압력이 강하되는 장소에 서지 탱크를 설치한다.
④ 관로 중에서 수평에 가까워지는 배관은 수주 분리가 일어나기 쉬우므로 펌프 부근에 관로 모양을 변경시킨다.
[해설] 관로의 지름을 크게 해서 유속을 감소시켜야 한다.

29. 관내 압력이 포화 증기압 이하로 되어 소음과 진동이 생기고 양수 불능의 원인이 되는 현상은? [14-2, 17-2, 21-1]
① 수격 작용   ② 서징
③ 캐비테이션   ④ 크래킹

30. 펌프를 사용할 때 발생하는 캐비테이션(cavitation)에 대한 대책으로 옳지 않은 것

은? [16-2]
① 흡입 양정을 길게 한다.
② 양흡입 펌프를 사용한다.
③ 펌프의 회전수를 낮게 한다.
④ 펌프의 설치 위치를 되도록 낮게 한다.
[해설] 캐비테이션 발생 방지 대책
㉠ 임펠러 입구에 인듀서(inducer)라고 하는 예압용의 임펠러를 장치하여 이곳으로 들어가는 물을 가압해서 흡입 성능을 향상시킨다.
㉡ 펌프 설치 높이를 최대로 낮추어 흡입 양정을 짧게 한다.
㉢ 펌프의 회전 속도를 작게 한다.
㉣ 단흡입이면 양흡입으로 고친다.
㉤ 펌프 흡입 측 밸브로 유량 조절을 하지 않는다.
㉥ 흡입부에 설치하는 스트레이너의 통수 면적을 크게 하고 수시로 청소한다.
㉦ 캐비테이션에 강한 재질을 사용한다.
㉧ 흡입판은 짧게 하는 것이 좋으나 부득이 길게 할 경우에는 흡입관을 크게 하여 손실을 감소시키고 밸브, 엘보 등 피팅류 숫자를 줄여 흡입관의 수두를 줄인다.
㉨ 펌프의 전양정에 과대한 역류를 만들면 사용 상태에서는 시방 양정보다 낮은 과대 토출량의 점에서 운전하게 되어 캐비테이션 현상 하에서 운전하게 되므로 전양정의 결정에 있어서는 캐비테이션을 고려하여 적합하게 만들어야 한다.
㉩ 이미 캐비테이션이 생긴 펌프에 대해서는 소량의 공기를 흡입 측에 넣어 소음과 진동을 적게 한다.

31. 다음 중 펌프 운전에서 캐비테이션(cavitation) 발생 없이 안전하게 운전되고 있는가를 나타내는 척도로 사용되는 것은 어느 것인가? [14-4, 18-1]
① HP(Horse Power)

② NS(Nonspecific Speed)
③ NPSH(Net Positive Suction Head)
④ MAPI(Machinery and Allied Products Institute)

해설 캐비테이션은 액체의 압력이 포화 증기압 이하로 될 때 발생한다. 펌프 내에서의 압력 강하는 흡입부 플랜지와 최저 압력점 사이에서 발생하는데, 이는 흡입부 플랜지와 임펠러 깃 입구 사이에서의 속도 증가, 마찰과 와류 때문이다. 압력 강하에 의한 캐비테이션 발생 여부를 판단하기 위해서는 펌프의 흡입 조건에 따라 정해지는 유효 흡입 수두(NPSHav)와 흡입 능력을 나타내는 필요 흡입 수두(NPSHre)의 계산이 필요하다.

32. 다음에서 펌프의 캐비테이션 방지 조건으로 잘못된 것은? [11-4]
① 유효 NPSH를 필요 NPSH보다 작게 맞춘다.
② 흡입 실양정을 작게 한다.
③ 편흡입 펌프를 양흡입 펌프로 바꾼다.
④ 회전수를 낮춘다.

33. 유압용 펌프에서 진동, 소음의 발생 원인으로 거리가 가장 먼 것은? [20-4]
① 임펠러 파손
② 볼 베어링 손상
③ 캐비네이션 발생
④ 그리스 과다 주입

해설 그리스 과다 주입은 발열의 원인이 된다.

34. 펌프 베어링 과열 시 원인 및 조치 사항으로 틀린 것은? [15-2, 21-4]
① 조립, 설치 불량 – 축 정열 작업
② 윤활유 부족 – 기준 이상 유량 보충

③ 패킹부의 맞춤 불량 – 그랜드 패킹의 조임 압력 조정
④ 윤활유의 부적합 – 사용 조건에 따른 윤활유 선정

해설 윤활유는 적정량 보충해야 하며, 기준 이상 유량을 보충하면 도리어 과열의 원인이 된다.

35. 공기의 유량과 압력을 이용한 장치 중 송풍기의 사용 압력을 올바르게 나타낸 것은? [17-2, 20-4]
① 0.1kgf/cm² 이하
② 0.1~1kgf/cm²
③ 1~10kgf/cm²
④ 10kgf/cm² 이상

해설 10kPa 이상 100kPa 미만의 것은 송풍기(blower), 10kPa 미만의 것은 팬(fan), 100kPa 이상의 압력을 발생시키는 것은 압축기이다.

36. 다음 중 통풍기 및 송풍기의 분류 중 용적형은 어느 것인가? [14-2, 18-1, 22-2]
① 터보 팬　② 다익 팬
③ 루트 블로어　④ 축류 블로어

37. 원심형 통풍기 중 베인 방향이 후향이고, 효율이 가장 높은 것은? [19-2]
① 터보 팬　② 왕복 팬
③ 실로코 팬　④ 플레이트 팬

해설 터보 팬(turbo fan)은 후향 베인이고, 압력은 350~500mmHg이며 효율이 가장 좋다.

38. 풍량의 변화에 대한 축 동력의 변화가 가장 큰 송풍기는 어느 것인가? [13-4]
① 터보 팬　② 레이디얼 팬
③ 다익 팬　④ 에어포일 팬

해설 원심형 통풍기의 특징

종류	베인 방향	압력	특징
실로코 통풍기	전향 베인	15~200 mmHg	• 풍량 변화에 풍압 변화가 적다. • 풍량이 증가하면 동력은 증가한다.
플레이트 팬	경향 베인	50~250 mmHg	베인의 형상이 간단하다.
터보 팬	후향 베인	350~500 mmHg	효율이 가장 좋다.

39. 다음 중 송풍기의 흡입 방법에 의한 분류에 포함되지 않는 것은?   [11-4, 17-4]
① 편 흡입형
② 풍로 흡입형
③ 흡입관 취부형
④ 실내 대기 흡입형

해설 흡입 방법에 의한 분류 : 실내 대기 흡입형, 흡입관 취부형, 풍로 흡입형
※ 편 흡입형은 임펠러 흡입구에 의한 분류이다.

40. 다음 중 송풍기의 구성 부분이 아닌 것은?   [16-4, 20-2]
① 케이싱   ② 피스톤
③ 임펠러   ④ 축 베어링

해설 송풍기(blower)의 일반적 주요 구성 부분은 케이싱, 임펠러, 축 베어링, 커플링, 베드 및 풍량 제어 장치 등으로 되어 있다.

41. 송풍기의 풍량을 조절하는 방법으로 옳지 않은 것은?   [18-4]
① 가변 피치에 의한 조절
② 송풍기의 회전수를 변화시키는 방법

③ 송풍기 축의 축 방향의 신장 조절
④ 흡입구 댐퍼에 의한 조절

42. 다음 중 고온 가스를 취급하는 송풍기 베어링 설치 방법을 연결한 것 중 맞는 것은?   [15-4]
① 전동기 측 베어링 – 고정, 반전동기 측 – 신장
② 전동기 측 베어링 – 고정, 반전동기 측 – 고정
③ 전동기 측 베어링 – 고정, 반전동기 측 – 신축
④ 전동기 측 베어링 – 신축, 반전동기 측 – 신축

해설 전동기 측 베어링은 고정하고, 반전동기 측 베어링은 신장되도록 한다.

43. 송풍기의 운전 중 점검 사항에 관한 내용으로 틀린 것은?   [20-3]
① 운전 온도는 70℃ 이하로 한다.
② 댐퍼의 전폐 상태를 점검한다.
③ 베어링의 진동 및 윤활유의 적정 여부를 점검한다.
④ 베어링의 온도는 주위 공기 온도보다 40℃ 이상 높지 않게 한다.

해설 댐퍼는 운전 전 점검 사항이다.

44. 송풍기 기동 후의 점검 사항으로 잘못된 것은?   [06-4, 10-4, 16-2, 19-4]
① 윤활유의 적정 여부 점검
② 임펠러의 이상 유무 점검
③ 베어링의 온도가 급상승하는지 유무 점검
④ 미끄럼 베어링의 오일 링 회전의 정상 유무 점검

해설 임펠러의 이상 유무 점검은 기동 전 점검사항이다.

45. 송풍기의 운전 중 점검 사항이 아닌 것은 어느 것인가? [18-2, 21-1]
① 베어링의 온도
② 베어링의 진동
③ 윤활유의 적정 여부
④ 임펠러의 부식 여부

해설 임펠러의 부식 여부는 정지 중에 점검한다.

46. 다음 중 송풍기의 베어링이 이상 발열로 온도가 높아지는 원인으로 해당되지 않는 것은? [06-4]
① V-belt의 장력이 너무 센 경우
② 윤활유의 양이 너무 많거나 적은 경우
③ V-belt가 마모된 경우
④ 오일 실을 잘못 조립하였을 경우

해설 V-belt가 마모되면 속도비가 떨어진다.

47. 송풍기에 진동이 많이 발생하는 원인이 아닌 것은? [09-4]
① 임펠러의 불균형
② 기초 볼트의 이완
③ 임펠러 이물질 부착
④ 송풍기 벨트 이완

해설 벨트가 이완되면 효율이 저하된다.

48. 송풍기를 설치한 곳의 기초 지반이 연약할 때 가장 큰 영향을 미치는 고장 발생의 현상은? [12-4, 15-2]
① 진동 발생이 크다.
② 댐퍼 조절이 나빠진다.
③ 풍량과 풍압이 작아진다.
④ 시동 시 과부하가 발생한다.

해설 기초 지반이 연약하면 진동이 발생한다.

49. 그림에서 나타낸 축류 송풍기의 특성으로 틀린 것은? [14-4]

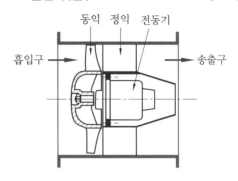

① 정익은 회전 방향의 흐름을 정압으로 회수하여 효율을 높인다.
② 풍량이 커질수록 축 동력도 상승한다.
③ 풍량은 동익의 각도와 회전 속도를 조절하여 제어한다.
④ 설치 공간이 타 송풍기에 비하여 상당히 적다.

해설 축류 송풍기(axial fan)는 낮은 풍압에 많은 풍량을 송풍하는 데 적합하며, 원래 저압으로 다량의 풍량이 요구될 때 적합한 송풍기이지만, 근래에는 고압용으로도 효율이 좋은 것이 제작되기에 이르러 그 적용 범위는 점점 확대되어 가고 있다. 대풍량의 풍량 제어의 경우 동력비의 점에서 유리하며, 축 동력은 풍량 0점에서 최고이며, 그 특성 곡선은 비교적 평탄하고 저항 변동에 의한 동력의 변동이 작다.

50. 송풍기의 양쪽 벨트 풀리의 축간 거리가 멀거나, 고속 회전을 할 때 벨트가 위 아래로 파도치는 현상은? [21-4]
① 점핑(jumping) 현상
② 채터링(chattering) 현상
③ 캐비테이션(cavitation) 현상
④ 플래핑(flapping) 현상

51. 다음 압축기의 종류 중 용적형 압축기에 속하는 것은? [18-1]
① 축류 압축기　② 왕복 압축기
③ 터보 압축기　④ 원심식 압축기

해설 왕복식의 장단점
　㉠ 고압 발생이 가능하다.
　㉡ 설치 면적이 넓다.
　㉢ 기초가 견고해야 한다.
　㉣ 윤활이 어렵다.
　㉤ 맥동 압력이 있다.
　㉥ 소용량이다.

51-1 다음 중 용적형 압축기는? [08-4]
① 축류 압축기
② 터보 압축기
③ 레이디얼 압축기
④ 왕복동 압축기

정답 ④

52. 다음 압축기의 종류 중 용적형 압축기에 속하지 않는 것은? [20-4]
① 축류식 압축기　② 왕복식 압축기
③ 나사식 압축기　④ 회전식 압축기

해설 축류식 압축기는 터보형이다.

53. 다음 중 터보형 압축기에 해당하는 것은? [18-4, 21-4]
① 나사식 압축기　② 왕복식 압축기
③ 축류식 압축기　④ 회전식 압축기

해설 축류식 압축기는 터보형 압축기이고, 나사식 압축기, 왕복식 압축기, 회전식 압축기는 용적식 압축기이다.

54. 왕복식 압축기와 비교한 원심식 압축기의 단점으로 옳은 것은? [18-1, 20-4]
① 윤활이 어렵다.

② 설치 면적이 넓다.
③ 맥동 압력이 있다.
④ 고압 발생이 어렵다.

해설 원심식의 장단점
　㉠ 설치 면적이 비교적 좁다.
　㉡ 기초가 견고하지 않아도 된다.
　㉢ 윤활이 쉽다.
　㉣ 맥동 압력이 없다.
　㉤ 대용량이다.
　㉥ 고압 발생이 어렵다.

54-1 다음 중 원심식과 비교한 왕복식 압축기의 장점은? [09-4, 17-2, 21-2]
① 고압 발생이 가능하다.
② 대용량이다.
③ 윤활이 쉽다.
④ 압력 맥동이 없다.

해설 왕복식 압축기 : 고압 발생이 가능하고 모터로부터 구동력을 크랭크축에 전달시켜 크랭크축의 회전에 의하여 실린더 내부의 피스톤 왕복 운동에 의해 흡입 밸브를 통하여 흡입된 공기를 토출 밸브를 통하여 압송한다.

구분	장점	단점
왕복식	• 고압 발생이 가능하다.	• 설치 면적이 넓다. • 기초가 견고해야 한다. • 윤활이 어렵다. • 맥동 압력이 있다. • 소용량이다.
원심식	• 설치 면적이 비교적 좁다. • 기초가 견고하지 않아도 된다. • 윤활이 쉽다. • 맥동 압력이 없다. • 대용량이다.	• 고압 발생이 어렵다.

정답 ①

54-2 원심식 압축기의 장점에 대한 설명으로 틀린 것은? [11-4, 15-2, 19-2, 19-4]
① 압력 맥동이 없다.
② 윤활이 용이하다.
③ 고압 발생에 적합하다.
④ 설치 면적이 비교적 적다.

해설 고압 발생은 왕복식 압축기의 장점이며, 원심식은 고압 발생이 어렵다.

정답 ③

55. 원심 압축기에서 발생할 수 있는 제 현상 중 초킹 현상을 바르게 설명한 것은 어느 것인가? [07-4]
① 토출 측의 저항이 증대하면 풍량이 감소하여 압력 상승이 생겨 진동이 심하게 발생하는 현상
② 압축기의 안내 깃 감속 익렬의 압력 상승은 충격파를 발생시켜 압력과 유량이 상승하지 않는 현상
③ 흡입 관로의 흡입 기계의 고유 진동수와 압축기의 고유 진동수가 일치하는 현상
④ 일렬의 양각이 커지면서 실속을 일으켜 깃에서 실속이 발생하는 현상

56. 원심 압축기에서 누설 손실이 생기는 것이 아닌 것은? [07-4]
① 회전차 입구와 케이싱 사이
② 축의 케이싱을 통과하는 부분과 평형 장치 사이의 틈
③ 다단의 경우 각 단의 격판과 축 사이의 틈
④ 베어링과 패킹 상자

57. 다음 중 왕복 공기 압축기의 토출 압력

저하가 발생하는 원인이 아닌 것은 어느 것인가? [10-4]
① 사용량이 과대하다.
② 모터 회전수가 증가했다.
③ 실린더 헤드 개스킷이 파손되었다.
④ 밸브의 상태가 나쁘다.

58. 압축기의 밸브 플레이트 교환 요령에 관한 설명으로 옳은 것은? [08-4, 12-4, 16-4]
① 교환 시간이 되었으면 사용 한계의 기준치 내에서도 교환한다.
② 마모 한계에 도달하였어도 파손되지 않았으면 사용한다.
③ 밸브 플레이트는 파손이 없으므로 계속 사용한다.
④ 마모된 플레이트는 뒤집어서 1회에 한해 재사용한다.

해설 마모 한계에 도달하였거나 교환 시간이 되었으면 사용 한계의 기준치 내에서도 교환한다. 마모된 것은 다시 사용하지 않는다.

59. 피스톤 압축기의 앤드 간극에 대한 설명으로 옳은 것은? [17-4, 22-1]
① 간극 치수는 1.5~3.0mm의 범위로 상부 간극보다 하부를 크게 한다.
② 간극 치수는 1.5~3.0mm의 범위로 하부 간극보다 상부를 크게 한다.
③ 간극 치수는 3.0~4.5mm의 범위로 하부 간극보다 상부를 크게 한다.
④ 간극 치수는 3.0~4.5mm의 범위로 상부 간극보다 하부를 크게 한다.

해설 자동차 엔진이나 피스톤 압축기의 앤드 간극은 하부 간극보다 상부 간극을 크게 한다.

정답 •— **55.** ② **56.** ④ **57.** ② **58.** ① **59.** ②

60. 압축기의 크로스 헤드 조립 방법으로 옳지 않은 것은? [16-2]
① 급유 홀은 깨끗한 압축 공기로 청소한다.
② 크로스 헤드의 양단 구배 부분은 깨끗이 청소하여 조립한다.
③ 핀 볼트의 양단에 사용하는 동판 와셔는 기름의 누설 방지용이다.
④ 크로스 헤드와 크랭크 케이스 가이드와의 틈새는 1.7mm~2.54mm가 적당하다.
해설 크로스 헤드와 크랭크 케이스 가이드와의 틈새는 0.17mm~0.254mm가 적당하다.

61. 압축기에서 발생한 고온의 압축 공기를 그대로 사용하면 패킹의 열화를 촉진하거나 수분 등이 발생하여 기기에 나쁜 영향을 주므로 이 압축 공기를 약 40°C 이하까지 냉각하는 기기는? [06-4]
① 공기 건조기 ② 세점기
③ 후부 냉각기 ④ 방열기
해설 온도 상승 방지를 위하여 냉각기를 사용한다.

62. 압축 공기 저장 탱크의 안전밸브 역할이 아닌 것은? [15-4, 18-2]
① 배출량의 조정
② 2차 압력을 조정
③ 토출 압력의 조정
④ 토출 정지 압력의 조정
해설 2차 압력을 조정하는 밸브는 감압 밸브이다.

63. 공기 압축기 부속품 중 공압 밸브의 올바른 조립 방법이 아닌 것은? [19-1]
① 밸브 시크 패킹은 반드시 조립하여 넣는다.
② 밸브의 조립 순서 불량은 밸브 고장의 원인이 된다.
③ 밸브의 고정 볼트는 기밀 유지를 위해 각 볼트마다 서로 다른 토크 값으로 잠근다.
④ 밸브의 홀더 볼트의 영구 고착을 방지하기 위해 나사부에 몰리브덴 방지제를 도포한다.
해설 밸브의 고정 볼트는 각 볼트마다 서로 같은 토크 값으로 잠근다.

64. 압축기의 설치 및 배관에서 배관의 일반적인 설치, 점검, 정비 및 사용상의 유의 사항으로 거리가 가장 먼 것은? [21-1]
① 관내의 용접가스 및 녹 등의 이물을 완전히 소재하고 부착한다.
② 배관 길이는 가능한 길게 되도록 부속 기기의 위치를 결정한다.
③ 압축기의 탱크간의 배관경은 제작회사 지정의 구경을 사용한다.
④ 압축기의 분해, 조립에 지장이 없는 위치에서 배관을 한다.
해설 배관 길이는 가능한 짧게 한다.

65. 압축기 토출 배관에 대한 설명 중 틀린 것은? [14-2, 20-3]
① 드라이 필터는 압축기와 탱크 사이에 설치한다.
② 토출 배관에는 흐름이 용이하도록 경사를 고려한다.
③ 배관 길이는 맥동을 방지하기 위해 공진 길이를 피하여 배관해야 한다.
④ 2대 이상의 압축기를 1개의 토출 관으로 배관 시 체크 밸브와 스톱 밸브를 설치한다.

해설 드라이 필터는 탱크를 지나서 설치하는 건조기와 서비스 유닛 사이에 설치한다.

66. 압축기의 배관에 대한 설명으로 옳은 것은? [09-4, 17-4, 20-2]
① 배관 길이는 가능한 길게 한다.
② 압축기와 탱크 사이의 배관은 클수록 좋다.
③ 배관 도중의 하부에는 반드시 드레인 밸브를 부착한다.
④ 압축기의 분해, 조립과 관계없이 배관의 지름을 크게 한다.
해설 탱크 하부, 배관 하부에는 물 등의 드레인을 배출시키는 드레인 밸브를 설치한다.

67. 압축 공기 배관의 누설 점검 방법 및 조치 방법으로 적당하지 않은 것은? [19-1]
① 배관 이음부는 비눗물을 칠하여 거품의 여부를 본다.
② 공장 휴업 시 조용한 실내에서 공기 누설 소리를 체크한다.
③ 밸브 나사 부위에 누설이 생겼을 경우 그 부위만 더 조인다.
④ 나사관의 경우 효과적인 보전을 위해 유니언 이음쇠를 적당히 배치한다.

68. 압축기 베어링의 사고와 원인 중 이상음의 발생 원인이 아닌 것은? [20-2]
① 오일 냉각 부족
② 기름의 노화 오염
③ 윤활유 종류의 부적합
④ 윤활유의 적정 유량 유지
해설 윤활유의 적정 유량 유지가 되면 소음이 발생되지 않아야 한다.

69. 공기압 장치 및 배관에서 응축수가 고이기 쉬운 곳이 아닌 것은? [13-4]
① 공기 탱크의 하부
② 오목상 배관의 상부
③ 분지관의 취출 하부
④ 구배를 둔 관의 말단부

70. 다음 중 유압 실린더가 불규칙하게 움직일 때의 원인과 대책으로 맞지 않는 것은 어느 것인가? [11-4, 22-1]
① 회로 중에 공기가 있다 – 회로 중의 높은 곳에 공기 벤트를 설치하여 공기를 뺀다.
② 실린더의 피스톤 패킹, 로드 패킹 등이 딱딱하다 – 패킹의 체결을 줄인다.
③ 실린더의 피스톤과 로드 패킹의 중심이 맞지 않다 – 실린더를 움직여 마찰 저항을 측정, 중심을 맞춘다.
④ 드레인 포트에 배압이 걸려 있다 – 드레인 포트의 압력을 빼어 준다.
해설 드레인 포트에 압력 형성은 실린더의 불규칙 운동과는 무관한 사항이다.

71. MOV 운전 중 토크 스위치 동작 시기가 틀린 것은? [06-4]
① 디스크 시트 또는 백 세팅 시
② 스템 고착 시
③ 밸브 스터핑 박스 밀봉부를 과도하게 조였을 때
④ 밸브 스템 회전 감지

72. 기어 감속기를 분류할 때 평행 축형 감속기에 속하는 것은? [20-4]
① 웜 기어
② 스퍼 기어
③ 하이포이드 기어

④ 스파이럴 베벨 기어

해설 • 두 축이 평행한 경우 : 스퍼 기어(spur gear), 헬리컬 기어, 2중 헬리컬 기어, 랙, 헬리컬 랙, 내접 기어
• 두 축의 중심선이 만나는 경우 : 베벨 기어, 크라운 기어
• 두 축이 평행하지도 않고 만나지도 않는 경우 : 스큐 기어, 하이포이드 기어, 웜 기어

72-1 기어 감속기의 분류에서 평행축형 감속기로만 짝지어진 것은?   [14-2, 18-1]
① 스퍼 기어, 헬리컬 기어
② 웜 기어, 하이포이드 기어
③ 웜 기어, 더블 헬리컬 기어
④ 스퍼 기어, 스트레이트 베벨 기어

정답 ①

73. 기어 감속기를 분류할 때 교쇄 축형 감속기에 속하는 것은?   [14-4, 18-2, 21-1]
① 스퍼 기어
② 헬리컬 기어
③ 웜 기어
④ 스트레이트 베벨 기어

74. 감속기에 사용하는 평 기어 언더컷을 방지하는 방법으로 옳지 않은 것은?   [21-4]
① 잇수 비를 작게 한다.
② 이 높이가 높은 기어로 제작한다.
③ 압력각을 20° 이상으로 증가시킨다.
④ 기어의 잇수를 한계 잇수 이상으로 설정한다.

75. 웜 기어 감속기의 경우 웜 휠의 이 닿기 면을 웜의 중심에서 출구 쪽으로 약간 어긋나게 하는 이유로 옳은 것은? [06-4, 19-1]

① 감속비를 높이기 위하여
② 백래시를 없애기 위하여
③ 접촉각을 조정하기 위하여
④ 윤활유의 공급이 잘 되게 하기 위하여

해설 웜 휠의 이 간섭 면을 중심에 대해 약간 어긋나게 해둔다. 이것은 웜이 회전해서 웜 기어에 미끄러져 들어갈 때 윤활유가 쐐기 모양으로 들어가기 쉽게 하는 이유이다.

75-1 웜 기어 감속기의 정비 시 웜 휠의 이 간섭 면을 약간 중심을 어긋나게 해둔다. 그 이유로 옳은 것은?   [15-2, 19-2]
① 상대적으로 마찰이 많은 웜 보호
② 이물질 제거를 용이하게 하기 위해
③ 원활한 윤활유 공급과 윤활 상태 유지
④ 부하 운전 시 웜의 휨 상태를 사전에 고려

정답 ③

76. 다음 중 사이클로이드 감속기의 특성이 아닌 것은?   [13-4]
① 평 기어 감속기에 비해 경량이다.
② 평 기어 감속기에 비해 소음이 적다.
③ 평 기어 감속기에 비해 효율이 높다.
④ 평 기어 감속기보다 감속비가 낮다.

77. 감속기의 점검 결과에 따른 조치 방법이 맞게 연결되지 않은 것은?   [07-4]
① 윤활유량이 하한선 아래 있음 – 오일 보충
② 진동 및 발열 소음 발생 – 오일 교환
③ 입·출력축의 중심선이 어긋나 있음 – 재조정 작업
④ 접촉면에 박리 현상 있음 – 수리하거나 교체

78. 다음 중 감속기의 양호한 조립 상태를 유지하기 위한 조치로 적절하지 못한 것은 어느 것인가? [08-4, 12-4, 20-2]
① 정확한 윤활의 유지
② 이면의 마모 상태 파악
③ 빈번한 분해 수리 실시
④ 이상의 조기 발견

해설 모든 설비는 오버 홀 등의 예방 보전이나 이상이 발생되었을 때에 한해서 분해 수리하여야 한다.

79. 감속기 운전 중 발열과 진동이 심하여 분해 점검 결과 감속기 축을 지지하는 베어링이 심하게 손상된 것을 발견했다. 구름 베어링의 손상과 원인을 짝지은 것 중 잘못된 것은? [10-4, 15-4]
① 위핑(wiping) : 간극의 협소, 축정열 불량
② 스코어링(scoring) : 축 전압에 의한 베어링 면에 아크 발생
③ 피팅(pitting) : 균열, 전식, 부식, 침식 등에 의하여 여러 개의 작은 홈 발생
④ 눌러 붙음(seizure) : 윤활유 부족, 부분 접촉 등으로 접촉부가 눌러 붙는 현상

해설 스코어링(scoring) : 이물질에 의한 긁힘 현상

80. 기어 감속기의 유지 관리를 위한 요점이 아닌 것은? [11-4, 17-2]
① 정확한 윤활의 유지
② 치면의 마모 상태 파악
③ 이상의 조기 발견
④ 소음이 발생하면 분해하여 기어를 교환

81. 유성 기어 감속기에 대한 설명으로 옳지 않은 것은? [21-2]

① 작동 시 구름 마찰을 한다.
② 윤활 시 1kW 이하의 소영에는 그리스 윤활을 할 수 있고, 그 이상의 것은 유욕 윤활 방법이 쓰인다.
③ 고정된 내접 기어에 유성 기어가 맞물려 회전하면서 감속한다.
④ 무단 변속기와 조합하여 큰 감속비를 얻을 수 있다.

82. 다음 중 무단 변속기에 관한 설명으로 틀린 것은? [18-4, 22-2]
① 체인식 무단 변속기의 변속 조작은 회전 중이 아니면 할 수 없다.
② 벨트식 무단 변속기는 유욕식이 아니므로 윤활 불량을 일으키기 쉽다.
③ 마찰 바퀴식 무단 변속기의 변속 조작은 반드시 정지 중에 해야 한다.
④ 체인식 무단 변속기는 보통 사용 상태에서 일반적으로는 1000~1500시간마다 오픈하여 체인의 느슨함을 체크하여야 한다.

해설 무단 변속기의 변속 조작은 반드시 운전 중에 해야 한다.

82-1 벨트식 무단 변속기에 관한 설명으로 틀린 것은? [13-4, 20-3]
① 구동 계통의 오염으로 인한 윤활 불량에 유의한다.
② 가변 피치 풀리가 유욕식이므로 정기적인 점검이 필요하다.
③ 벨트와 풀리(pulley)의 접촉 위치 변경에 의한 직경비를 이용한다.
④ 무단 변속에 사용되는 벨트의 수명은 일반적인 벨트보다 수명이 짧다.

해설 벨트식 무단 변속기의 정비 : 벨트의 수명은 표준 사용 방법으로 운전할 때의 1/3에서 2배 정도, 가변 피치 풀리의 습동부

3 과목

는 윤활 불량이 되기 쉽다. 광폭 벨트는 특
수하므로 예비품 관리를 잘해 두어야 한다.

정답 ②

83. 다음 기호의 명칭으로 옳은 것은 어느
것인가?   [18-2, 21-4]
① 유압 펌프
② 공기압 모터
③ 유압 전도 장치
④ 요동형 액추에이터

84. 광범위하고 높은 정밀도의 속도 제어가
요구되는 장소에 적합한 전동기의 종류로
맞는 것은?   [11-4]
① 유도 전동기   ② 동기 전동기
③ 정류자 전동기   ④ 직류 전동기

85. 다음 중 전동기 본체의 점검 항목이 아
닌 것은?   [18-1, 21-4]
① 이음 ② 진동 ③ 소손 ④ 발열

86. 전동기의 회전이 고르지 못할 때의 원인
은 다음 중 어느 것인가?   [08-4]
① 코일의 절연물이 열화되었거나 배선이
손상되었을 때
② 전압의 변동이 있거나 기계적 과부하
가 발생되었을 때
③ 리드선 및 접속부가 손상되었거나 서
머 릴레이가 작동되었을 때
④ 단선되었거나 냉각이 불량할 때

해설 모터가 고르지 못한 회전 고장 원인과
대책
㉠ 전원 전압의 변동 : 전선 및 간선 용량
부족에 의해 피크 시 전압 강하를 일으
킬 때가 있다. 전압 측정과 동일 간선의
가동 상황을 점검해서 필요하다면 근본
적인 해결을 도모하는 것이 좋다.

㉡ 기계적 과부하 : 기동 불능이 되지 않더
라도 부분적인 부하 변동이 있을 경우
• 회전체의 언밸런스
• 브레이크의 끌기
• 전동기 자체의 베어링 손상 등을 점
검해서 처치한다.

87. 다음 중 전동기 베어링부의 발열 원인이
아닌 것은?   [17-4, 21-2]
① 절연물의 열화에 의한 것
② 윤활제의 과부족에 의한 것
③ 베어링 조립 불량에 의한 것
④ 커플링의 중심내기 불량에 의한 것

해설 베어링의 발열 원인 : 윤활 불량, 베어
링 조립 불량, 체인, 벨트 등의 지나친 팽
팽함, 커플링의 중심내기 불량이나 적정
틈새가 없어 발생하는 스러스트 등
※ 전동기의 과열 원인
㉠ 3상 중 1상의 접촉 불량
㉡ 베어링 부위에 그리스 과다 충진
㉢ 과부하 운전
㉣ 빈번한 기동, 정지
㉤ 냉각 불충분

88. 전동기 내 베어링의 발열에 대한 원인이
아닌 것은?   [20-2]
① 윤활제의 부적합
② 베어링 조립 불량
③ 냉각 팬 축에 억지 끼워 맞춤
④ 체인, 벨트 등의 지나친 팽배함

해설 베어링과 축의 억지 끼워 맞춤은 발열
이 될 수 없다.

89. 다음 중 전동기의 과열 원인이 아닌 것
은?   [06-4]
① 공진
② 과부하 운전
③ 빈번한 기동, 정지
④ 베어링부에서의 발열

정답 • 83. ② 84. ④ 85. ③ 86. ② 87. ① 88. ③ 89. ①

해설 전동기의 과열 원인 : 3상 중 1상의 접촉이 불량, 베어링 부위에 그리스 과다 충진, 과부하 운전, 빈번한 기동, 정지, 냉각 불충분

90. 다음 중 전동기의 과열 원인과 가장 거리가 먼 것은? [18-4]
① 과부하 운전
② 빈번한 기동, 정지
③ 베어링부에서의 발열
④ 로터와 스테이터의 접촉

91. 단상 유도 전동기에서 과열되는 원인으로 옳지 않은 것은? [20-3]
① 냉각 불충분
② 빈번한 기동
③ 서머 릴레이 작동
④ 과부하(overload) 운전

해설 베어링의 발열 원인 : 윤활 불량, 베어링 조립 불량, 체인, 벨트 등의 지나친 팽팽함, 커플링의 중심내기 불량이나 적정 틈새가 없어 발생하는 스러스트 등

92. 전동기 과열의 원인과 가장 거리가 먼 것은? [19-2]
① 단선
② 과부하 운전
③ 빈번한 가동 및 정지
④ 베어링부에서의 발열

해설 단상 전동기일 경우 단선은 기동 불능 상태이다.

93. 단상 유도 전동기에서 무부하에서 기동하지만 부하를 걸면 과열되는 원인으로 옳지 않은 것은? [13-4]
① 과부하(overload)
② 전압 강하

③ 단락 장치의 고장
④ 회전자 코일 단선

94. 농형 3상 유도 전동기가 과열되는 직접 원인으로 거리가 가장 먼 것은? [20-4]
① 빈번한 기동을 하고 있다.
② 과부하 운전을 하고 있다.
③ 배선용 차단기가 작동하고 있다.
④ 전원 3상 중 1상이 단락되어 있다.

해설 배선용 차단기(NFB)가 작동되면 전원이 차단되어 기동이 되지 않으므로 발열은 발생되지 않는다.

94-1 3상 유도 전동기가 과열의 직접 원인이 아닌 것은? [15-2]
① 빈번한 기동을 하고 있다.
② 과부하 운전을 하고 있다.
③ 전원 3상 중 1상이 단락되어 있다.
④ 배선용 차단기(NFB)가 작동하고 있다.

정답 ④

95. 다음 중 전동기가 회전 중 진동 현상을 보이고 있다. 그 원인으로 가장 거리가 먼 것은? [19-4]
① 베어링의 손상
② 통풍창의 먼지 제거
③ 커플링, 풀리의 이완
④ 로터와 스테이터의 접촉

해설 진동 현상의 원인 : 베어링의 손상, 커플링, 풀리 등의 마모, 냉각 팬, 날개바퀴의 느슨해짐, 로터와 스테이터의 접촉이며, 냉각 불충분은 과열의 원인이다.

96. 전동기가 회전 중 진동 현상을 보이고 있다. 그 원인으로 틀린 것은 다음 중 어느 것인가? [10-4, 16-2]
① 냉각 불충분

② 베어링의 손상

③ 커플링, 풀리의 이완

④ 로터와 스테이터의 접촉

97. 3상 유도 전동기에서 1상이 단선될 경우 나타나는 고장 현상으로 틀린 것은 어느 것인가?   [15-4, 22-1]

① 슬립이 증가

② 부하 전류가 증가

③ 토크가 현저히 감소

④ 언밸런스에 의한 진동 증가

해설 언밸런스는 질량 불평형으로 전기적 연관성이 없다.

98. 전동기의 결함에 따른 원인으로 적합하지 않은 것은?   [14-2]

① 기동 불능일 때 : 퓨즈의 단락

② 전동기의 과열 시 : 과부하

③ 저속으로 회전 시 : 축받이의 고착

④ 회전이 원활하지 못할 때 : 회전자 동봉의 움직임

99. 3상 유도 전동기 내의 코일과 철심 사이에 완전 절연하기 위해 사용되는 것은 어느 것인가?   [18-2]

① 바니스   ② 유리

③ 에나멜   ④ 절연 종이

해설 절연 재료로 유리, 에나멜, 마이카 등을 사용하며, 코일과 철심 사이에 완전 절연하기 위해 절연 종이를 사용한다.

100. 전동기의 기동 불능 현상에 대한 원인이 아닌 것은?   [09-4, 19-1]

① 단선

② 기계적 과부하

③ 서머 릴레이 작동

④ 코일 절연물의 열화

해설 기동 불능 고장 원인과 대책

원인	대책
퓨즈 용단, 서머 릴레이, 노퓨즈 브레이크 등의 작동	퓨즈는 정격 전류가 일정 시간 이상 흘렀을 때 용단되는 것이며, 주로 회로의 보호에 쓰인다. 또 서머 릴레이, 노퓨즈 브레이커는 정격 전류에 의한 저항 열이 축적돼 일정 온도 이상이 되면 작동하여 주로 기기의 보호에 쓰인다. 작동 원인을 잘 확인한다.
단선	코일 그 자체의 단선, 리드선, 배선 등의 단선을 점검한다.
기계적 과부하	스위치를 넣어보면 커플링, 체인, 벨트, 기어 등의 백래시만 움직이고 그 뒤 소리를 낼 경우에는 구동계에 고장이 있으므로 점검해서 배제한다. 브레이크와의 인터로크가 개방돼 있지 않을 경우가 있으므로 회로를 점검해 본다.
전기 기기 종류의 고장	누름 버튼 스위치, 마그넷 스위치, 타이머 기타 제어 계기 기류의 작동 불량 등이 있으므로 점검해서 처치한다.
운전 조작 잘못	운전 조작 순서가 틀린 경우 • 전원 스위치를 잊고 안 넣는다. • 안전장치가 작동하고 있다. • 윤활 펌프가 작동하지 않거나 소정의 압력, 양 위치에 도달하지 않았을 경우이다.

101. 다음은 크레인의 전동기 고장 원인과 대책에 관한 설명이다. 틀린 것은?   [12-4]

① 전동기의 고장은 집전부와 회전자가 대부분이다.

② 접점부의 고장 원인은 절연 불량에 의한 것이 대부분이다.

③ 시동 시간이 길 때에는 부하를 줄여야 한다.

④ 시동이 되지 않을 때는 전압을 바꿔보고 회로의 불량을 검사한다.

해설 시동이 안 될 때는 전류를 바꿔보고 회로의 불량을 검사한다.

3 장 산업 안전

3-1 산업 안전의 개요

1. 안전 관리의 정의로 옳은 것은? [22-2]

① 사고로부터 피해를 최소화하기 위한 계획적이고 체계적인 활동

② 생산성 향상을 최우선 목표로 하는 계획적이고 조직적인 활동

③ 인간 존중의 정신에 입각한 과학적이며 주기적인 활동

④ 재해로부터 인간의 생명과 재산을 보호하기 위한 계획적이고 체계적인 제반 활동

해설 안전 관리의 정의 : 비능률적인 요소인 재해가 발생하지 않는 상태를 유지하기 위한 활동, 즉 재해로부터 인간의 생명과 재산을 보호하기 위한 계획적이고 체계적인 제반 활동

2. 안전 점검표(check list)에 포함되어야 할 사항이 아닌 것은? [22-1]

① 점검 대상

② 판정 기준

③ 점검 방법

④ 점검자 경력

해설 안전 점검표에는 점검 대상, 점검 부분, 점검 항목, 점검 시기, 판정 기준, 조치 사항 등이 포함되어야 한다.

3
과목

3-2 산업 설비 및 장비의 안전

1. 산업 안전 보건 표지 중 지시 표지의 색채로 옳은 것은? [22-2]

① 바탕 – 녹색, 관련 그림 – 흰색
② 바탕 – 흰색, 관련 그림 – 녹색
③ 바탕 – 흰색, 관련 그림 – 빨간색
④ 바탕 – 파란색, 관련 그림 – 흰색

해설 안전 보건 표지

지시 표시	부착 장소	형태 및 색체
보안경 착용	그라인더 작업장 입구	바탕은 파란색, 관련 그림은 흰색
방독 마스크 착용	유해물질 작업장 입구	
방진 마스크 착용	분진이 많은 곳	
보안면 착용	용접실 입구	

2. 목재 가공용 둥근톱 기계의 방호 장치 중 반발 예방 장치의 구성 요소에 해당하지 않는 것은? [22-1]

① 스토퍼
② 분할 날
③ 보조 안내판
④ 반발 방지 롤(roll)

해설 스토퍼는 고정식 톱날 접촉 예방 장치 구성 요소이며, 분할 날, 반발 방지 롤(roll), 보조 안내판은 반발 예방 장치의 구성 요소이다.

3-3   산업 안전 관계 법규

1. 산업안전보건법령상 안전 보건 관리 책임자를 두어야 하는 사업장에 해당되지 않는 것은?   [22-1]

① 공사 금액 30억 원의 건설업
② 상시근로자 200명의 농업
③ 상시근로자 100명의 식료품 제조업
④ 상시근로자 50명의 전기 장비 제조업

해설 안전 보건 총괄 책임자를 지정하는 업종
㉠ 건설업
㉡ 제조업 중 제1차 금속 산업
㉢ 조립 금속 제품 기계 및 정비 제조업 선박 건조
㉣ 기타 광업 중 토사석 채취업
㉤ 1차 금속 산업과 조립 금속 제품 기계 및 정비 제조업 선박 건조 사업을 제외한 업종 중 근로자 50인 이상인 업체. 단, 제조업인 경우 100인 이상

2. 산업안전보건법령상 보일러에 압력 방출 장치를 2개 설치하는 경우 한 개는 최고 사용 압력 이하에서 작동하고, 다른 하나는 최고 사용 압력의 몇 배 이하에서 작동되어야 하는가?   [22-2]

① 1배
② 1.02배
③ 1.05배
④ 1.2배

해설 사업주는 압력 방출 장치를 1개 또는 2개 이상 설치하고, 최고 사용 압력 이하에서 작동되도록 하여야 한다. 다만, 압력 방출 장치가 2개 이상 설치된 경우에 최고 사용 압력 이하에서 1개가 작동되고, 다른 압력 방출 장치는 최고 사용 압력 1.05배 이하에서 작동되도록 부착하여야 한다.

3
과목

4 과목

공유압 및 자동 제어

1장 공유압

1-1 공유압의 개요

1. 다음 중 국제단위계(SI 단위)의 기본 단위 (basic unit)에 속하지 않는 것은 어느 것 인가? [11-4, 16-2]
① ℃ ② m
③ mol ④ cd

해설 국제단위계의 기본 단위는 길이 m, 질량 kg, 시간 s, 전류 A, 열역학적 온도 K, 물질량 mol, 광도 cd이다.

2. 다음 중 압력의 단위가 아닌 것은 어느 것 인가? [06-4]
① N/m^2
② kgf/cm^2
③ dyn/cm
④ psi

3. 다음 중 SI 단위계에서 압력을 표시하는 기호는? [19-1, 22-2]
① 바(bar) ② 뉴턴(N)
③ 와트(W) ④ 파스칼(Pa)

4. 다음 중 압력의 단위가 아닌 것은 어느 것 인가? [13-4]
① kgf/cm^2 ② kPa
③ bar ④ N

해설 N은 힘의 단위이다.

5. 다음 중 1atm과 같지 않은 것은? [18-4]
① 1013kPa ② 760mmHg
③ 1.0132bar ④ $10332kgf/m^2$

5-1 다음 중 표준 기압(atm)과 관계없는 것 은? [13-4]
① 760mmHg ② $10336kgf/m^2$
③ 1.013bar ④ 1013kPa

해설 1atm=1013hPa
정답 ④

6. 다음 압력의 단위 중 그 크기가 다른 것 은? [17-4]
① 1bar
② 100kPa
③ $1.2kgf/cm^2$
④ $7.50062×10^2$mmHg

해설 1bar=750Torr=$1.01972kgf/cm^2$ =750mmHg

7. 다음은 압력의 단위이다. 그 크기가 다른 것은 어느 것인가? [10-4]
① 1bar ② 750Torr
③ 100kPa ④ $1kgf/cm^2$

해설 1bar=750Torr=$1.01972kgf/cm^2$ =750mmHg

8. 다음 중 힘의 단위로 옳은 것은? [19-4]
① J ② N
③ K ④ mol

해설 J는 에너지, K는 온도, mol은 원자, 분자, 이온과 같이 물질의 기본 단위 입자를 묶어 그 개수를 세는 단위이다.

8-1 다음 중 힘의 단위는? [14-2]
① kg ② kgf
③ kgf·s ④ kgf·m

정답 ②

9. 다음 중 일반적으로 압력계에서 표시하는 압력은? [21-1]
① 압력 강화 ② 절대 압력
③ 차동 압력 ④ 게이지 압력

해설 대기 압력을 0으로 측정한 압력을 게이지 압력이라 하고, 완전한 진공을 0으로 하여 측정한 압력을 절대 압력이라 한다.

10. 다음 중 압력을 측정하는데 있어서 완전 진공 상태를 "0" 으로 기준삼아 측정하는 압력은? [14-2, 20-2]
① 대기 압력 ② 절대 압력
③ 표준 압력 ④ 게이지 압력

11. 다음 중 압력에 대한 설명으로 틀린 것은? [21-1]
① 대기 압력보다 낮은 압력을 진공압이라 한다.
② 게이지 압력에서는 국소 대기압보다 높은 압력을 정압(+)이라 한다.
③ 압력을 비중량으로 나누면 길이 단위가 되며, 이를 양정 또는 수두(m)가 된다.
④ 사용 압력을 완전한 진공으로 하고 그

상태를 0으로 하여 측정한 압력을 게이지 압력이라 한다.

12. 다음 중 압력에 관한 설명으로 틀린 것은? [09-4, 20-3]
① 진공도는 항상 절대 압력으로 나타낸다.
② 절대 압력＝계기 압력＋표준 대기압이다.
③ 절대 진공도＝표준 대기압＋진공계 압력이다.
④ 대기압보다 높으면 정압, 낮으면 부압이라 한다.

13. 다음 중 유체 비중량의 정의로 옳은 것은? [22-1]
① 단위체적당 유체가 갖는 무게
② 단위 체적이 갖는 유체의 질량
③ 단위 중량이 갖는 체적, 단위질량당의 체적
④ 물체의 밀도를 순수한 물의 밀도로 나눈 값

해설 • 비중 : 물체의 밀도를 물의 밀도로 나눈 값
• 비체적 : 단위질량당 체적

13-1 단위체적당 유체가 갖는 중량(무게)으로 정의되는 것은? [16-2]
① 밀도 ② 비중
③ 비중량 ④ 비체적

정답 ③

14. 다음 중 비중에 대한 설명으로 옳은 것은? [14-4, 21-2]
① 비중은 무차원 수이다.
② 단위는 N/m³을 사용한다.

③ 물의 밀도를 측정하고자 하는 물질의 밀도로 나눈 값이다.

④ 표준 대기압 0℃의 물의 비중량에 대한 비로 표시한다.

해설 비중은 물체의 밀도를 물의 밀도로 나눈 값이다.

15. 유체의 성질에 관련된 용어의 정의로 옳은 것은? [18-1]

① 유체의 밀도는 단위중량당 체적이다.

② 유체의 비중량은 단위체적당 질량이다.

③ 유체의 비체적은 단위체적당 중량이다.

④ 비중은 물체의 밀도를 순수한 물의 밀도로 나눈 것이다.

해설 비중은 물체의 밀도를 물의 밀도로 나눈 값으로 유체의 밀도를 ρ, 물의 밀도를 ρ' 라고 하면, 비중 S는 $S = \dfrac{\rho}{\rho'}$, 즉 물의 비중을 1로 보고 유체의 상대적 무게를 나타낸 것이다.

16. 유체의 성질에 관한 설명으로 옳지 않은 것은? [22-2]

① 밀도는 단위체적당 유체의 질량이다.

② 비중량은 단위체적당 유체의 중량이다.

③ 비체적은 단위체적당 유체의 중량이다.

④ 비중은 물체의 물과 같은 체적을 갖는 다른 물질과의 비중량 또는 밀도와의 비이다

해설 단위 질량인 물체가 차지하는 부피로 밀도의 역수이다.

16-1 단위질량당 유체의 체적을 무엇이라

하는가? [16-4, 18-4, 20-2]

① 밀도 ② 비중

③ 비체적 ④ 비중량

정답 ③

17. 다음 중 공유압의 동력은 무엇을 나타내는가? [19-1]

① 일 ② 거리

③ 일률 ④ 에너지

18. 유체의 흐름에서 층류와 난류로 구분할 때 사용하는 것은? [12-4, 20-3]

① 점도 지수 ② 동점도 계수

③ 레이놀즈수 ④ 체적 탄성 계수

19. 일반적으로 파이프 관로 내의 유체를 층류와 난류로 구별되게 하는 이론적 경계값은? [16-4]

① 레이놀즈수 $Re = 1220$ 정도

② 레이놀즈수 $Re = 2320$ 정도

③ 레이놀즈수 $Re = 3320$ 정도

④ 레이놀즈수 $Re = 4220$ 정도

해설 유체의 흐름에서는 점성에 의한 힘이 층류가 되게끔 작용하며, 관성에 의한 힘은 난류를 일으키는 방향으로 작용하고 있다. 이 관성력과 점성력의 비를 취한 것이 레이놀즈수(Re)이다.

20. 오리피스(orifice)에 대한 설명으로 옳은 것은? [11-4, 18-2, 21-4]

① 길이가 단면 치수에 비해 비교적 긴 교축이다.

② 유체의 압력 강하는 교축부를 통과하는 유체 온도에 따라 크게 영향을 받는다.

③ 유체의 압력 강하는 교축부를 통과하

는 유체 점도의 영향을 거의 받지 않
는다.

④ 유체의 압력 강하는 교축부를 통과하
는 유체 점도에 따라 크게 영향을 받
는다.

[해설] ①, ②, ④항은 초크(choke)의 설명이다.

20-1 다음 중 오리피스에 대한 설명으로 맞
는 것은?   [06-4]

① 길이가 단면 치수에 비해 비교적 긴 교
축이다.

② 교축부를 통과하는 유체는 온도의 영
향을 거의 받지 않는다.

③ 교축부를 통과하는 유체는 온도에 따
라 크게 영향을 받는다.

④ 교축부를 통과하는 유체는 점도에 따
라 크게 영향을 받는다.

[정답] ②

21. 다음 설명에 해당되는 것은?   [19-4]

비압축성 유체를 밀폐된 공간에 담아 유체의
한쪽에 힘을 가하여 압력을 증가시키면, 유체
내의 압력은 모든 방향에 같은 크기로 전달된
다. 안정도 판별법에 있어서의 이득 여유(gain
margine)는 위상이 (   )가 되는 주파수에서
이득이 1에 대하여 어느 정도 여유가 있는지를
표시하는 값이다.

① 레이놀즈수   ② 연속 방정식
③ 파스칼의 원리   ④ 베르누이의 정리

21-1 다음 설명에 해당되는 법칙은 무엇인
가?   [20-2]

밀폐된 용기 내에 있는 유체의 압력은 모두
같다.

① 연속의 법칙
② 베르누이 법칙

③ 파스칼의 법칙
④ 벤투리의 법칙

[해설] 파스칼의 원리는 정지된 유체 내에서
압력을 가하면 이 압력은 유체를 통하여
모든 방향으로 일정하게 전달된다는 것
이다.

[정답] ③

21-2 공유압 장치에서 압력 전달에 관한 것
을 설명한 원리는?   [19-1]

① 연속 방정식   ② 오일러의 법칙
③ 파스칼의 원리 ④ 베르누이의 법칙

[정답] ③

21-3 파스칼의 원리를 이용한 유압잭의 원
리에 대한 설명으로 옳은 것은?   [14-4]

① 파스칼의 원리는 힘을 증폭할 수 없다.

② 파스칼의 원리로 먼 곳으로 힘을 전달
할 수 있다.

③ 압력의 크기는 면적에 비례한다.

④ 압력의 크기에 반비례하여 힘을 증폭
한다.

[정답] ②

21-4 밀폐된 용기 속에 가득 찬 유체에 가
해지는 힘에 의해 면에 수직 방향이고, 크
기가 동일한 힘이 내부에서 동시에 전달되
는 원리는?   [08-4]

① 벤투리(Venturi)의 원리

② 파스칼(Pascal)의 원리

③ 베르누이(Bernoulli)의 원리

④ 오일러(Euler)의 원리

[정답] ②

21-5 다음 중 유체 정역학의 기본 원리로
액체에 전해지는 압력은 모든 방향에 동일
하며, 용기의 각 면에 직각으로 작용한다는

원리는? [07-4]

① 오일러의 정리
② 파스칼의 원리
③ 베르누이의 정리
④ 에너지 보존의 법칙

정답 ②

21-6 파스칼의 원리에 대한 설명으로 틀린 것은? [09-4]

① 정지하고 있는 유체의 압력은 그 표면에 수직으로 작용한다.
② 정지하고 있는 유체의 압력 세기는 모든 방향으로 같게 작용한다.
③ 정지하고 있는 유체의 압력은 그 유체 내의 어디서나 같다.
④ 정지하고 있는 유체의 체적은 압력에 반비례하고 절대 온도에 비례한다.

정답 ④

22. 압력을 P, 면적을 A, 힘을 F로 나타낼 때, 각각의 표현 공식으로 옳은 것은 다음 중 어느 것인가? [15-2, 20-4]

① $P = \dfrac{A}{F}$ ② $F = P^2 \times A$

③ $F = P \times A$ ④ $A = \dfrac{P}{F}$

해설 파스칼의 방정식 : $P = \dfrac{F}{A}$

23. 기체의 온도를 일정하게 유지하면서 압력 및 체적이 변화할 때, 압력과 체적은 서로 반비례한다는 법칙은? [15-2, 19-2, 21-2]

① 보일의 법칙
③ 샤를의 법칙
② 베르누이 법칙
④ 보일-샤를의 법칙

해설 보일의 법칙 : $P_1 V_1 = P_2 V_2 =$ 일정

24. 다음 중 공기의 상태 변화에서 압력이 일정할 때 체적과 온도와의 관계를 설명한 법칙은? [17-2]

① 보일의 법칙 ② 샤를의 법칙
③ 연속의 법칙 ④ 보일-샤를의 법칙

25. Boyle-Charles의 법칙의 설명으로 틀린 것은? [17-4]

① 압력이 일정하면 일정량의 공기의 체적은 절대 온도에 정비례한다.
② 온도가 일정할 때 주어진 공기의 부피는 절대 온도에 반비례한다.
③ 온도가 일정하면 일정량의 기체 압력과 체적의 곱은 항상 일정하다.
④ 일정량의 기체의 체적은 압력에 반비례하고 절대 온도에 정비례한다.

해설 • 보일의 법칙 : 온도가 일정하면 일정량의 기체의 압력과 체적의 곱은 항상 일정하다.
$P_1 V_1 = P_2 V_2 =$ 일정
• 샤를의 법칙 : 압력이 일정하면 일정량의 기체의 체적은 절대 온도에 정비례한다.

26. 다음 설명에 해당하는 이론은? [18-1]

> 에너지의 손실이 없다고 가정할 경우, 유체의 위치 에너지, 속도 에너지, 압력 에너지의 합은 일정하다.

① 연속의 법칙
② 베르누이 정리
③ 파스칼의 원리
④ 보일-샤를의 법칙

해설 베르누이 정리

$$\frac{V^2}{2g} + \frac{P}{\gamma} + Z = 일정$$

여기서, V : 유체의 속도, g : 중력 가속도,
P : 유체의 압력, γ : 비중량,
Z : 유체의 위치

26-1 다음 중 베르누이 정리에 관한 관계식으로 옳은 것은 어느 것인가? (단, V : 유속(m/s), g : 중력 가속도(m/s²), γ : 유체의 비중량(N/m³), P : 압력(Pa), Z : 높이(m)이다.) [15-4, 21-4, 22-1]

① $\dfrac{P}{\gamma} + \dfrac{V^2}{g} + Z = 일정$

② $\dfrac{P}{\gamma} + \dfrac{V^2}{2g} + Z = 일정$

③ $\dfrac{Z}{\gamma} + \dfrac{V^2}{2g} + P = 일정$

④ $\dfrac{\gamma}{P} + \dfrac{2g}{V^2} + Z = 일정$

정답 ②

27. 다음 설명에 해당되는 법칙은? [20-4]

> 비압축성 유체가 관내를 흐를 때 유량이 일정할 경우 유체의 속도는 단면적에 반비례한다. 안정도 판별법에 있어서의 이득 여유(gain margine)는 위상이 (   )가 되는 주파수에서 이득이 1에 대하여 어느 정도 여유가 있는지를 표시하는 값이다.

① 렌츠의 법칙
② 보일의 법칙
③ 샤를의 법칙
④ 연속의 법칙

해설 연속의 방정식 $Q = AV$

27-1 "비압축성 유체가 관내를 흐를 때 유량이 일정할 경우 유체의 속도는 단면적에 반비례한다."와 관련된 법칙은? [15-4]

① 렌츠의 법칙
② 보일의 법칙
③ 샤를의 법칙
④ 연속의 법칙

정답 ④

28. 연속의 법칙을 설명한 것 중 잘못된 것은? [18-2]

① 질량 보전의 법칙을 유체의 흐름에 적용한 것이다.
② 관내의 유체는 도중에 생성되거나 손실되지 않는다는 것이다.
③ 점성이 없는 비압축성 유체의 에너지 보존법칙을 설명한 것이다.
④ 유량을 구하는 식에서 배관의 단면적이나 유체의 속도를 구할 수 있다.

29. 다음 중 동력 전달 비용이 1kW당 가장 높은 것은? [21-1]

① 유압식
② 전기식
③ 공기압식
④ 기계·유압식

해설 공기압식이 사용 유체를 대기에 방출시키기 때문에 효율도 제일 적고, 운전비용도 제일 높다.

30. 공기압의 특징으로 옳은 것은? [19-2]

① 응답성이 우수하다.
② 윤활 장치가 필요 없다.
③ 과부하에 대하여 안전하다.
④ 균일한 속도를 얻을 수 있다

해설 공압은 압축성 등의 이유로 과부하에 대한 안정성이 보장된다.

31. 다음 중 공압 장치의 장점으로 틀린 것은? [12-4]

① 압축 공기의 에너지를 쉽게 얻을 수 있다.
② 인화의 위험성이 없다.
③ 제어 방법 및 취급이 간단하다.
④ 균일한 속도를 얻을 수 있다.

32. 공압의 특성으로 맞는 것은? [07-4]
① 인화의 위험이 없다.
② 작업 속도가 느리다.
③ 온도의 변화에 민감하다.
④ 저속에서 균일한 속도를 얻을 수 있다.

33. 공압 에너지를 저장할 때에는 긍정적인 효과로 나타나지만 실린더의 저속 운전 시 속도의 불안정성을 야기하는 공기압의 특성은? [18-2, 21-4]
① 배기 시 소음
② 공기의 압축성
③ 과부하에 대한 안정성
④ 압력과 속도의 무단 조절성
해설 공기압은 압축성 에너지로 에너지 축적은 매우 좋으나 위치 제어성이 나쁘다.

33-1 다음 중 공기압의 특징으로 옳지 않은 것은? [22-1]
① 비압축성이다.
② 에너지로서 저장성이 있다.
③ 균일한 속도를 얻기 힘들다.
④ 폭발 및 화재의 위험이 적다.
정답 ①

33-2 다음 중 공압이 유압에 비해 갖는 장점은? [18-4]
① 공기의 압축성을 이용하여 많은 에너지를 저장할 수 있다.
② 유압에 비해 큰 압력을 이용하므로 큰 힘을 낼 수 있다.
③ 저속(50mm/s 이하)에서 스틱-슬립 현상이 발생하여 안정된 속도를 얻을 수 있다.
④ 유압보다 공기 중의 수분의 영향을 덜 받는다.
정답 ①

33-3 압축 공기의 특성을 설명한 것 중 틀린 것은? [17-4]
① 압축 공기는 비압축성이다.
② 압축 공기는 저장하기 편리하다.
③ 압축 공기는 폭발 및 화재의 위험이 없다.
④ 압축 공기는 온도 변화에 따른 특성 변화가 작다.
정답 ①

33-4 공기압의 특징으로 틀린 것은? [17-2]
① 제어가 간단하다.
② 에너지의 축적이 용이하다.
③ 액추에이터의 동작 속도가 빠르다.
④ 비압축성 에너지로 위치 제어성이 좋다.
정답 ④

33-5 다음 중 공유압에 대한 설명으로 옳은 것은? [16-2]
① 기름 탱크는 유압 에너지를 저장한다.
② 공압 신호의 전달 속도는 1000m/s 이상이다.
③ 공압은 압축성을 이용하여 많은 공압 에너지를 저장할 수 있다.
④ 공압은 압축성이기 때문에 20mm/s 이하의 저속이 가능하다.
정답 ③

33-6 유압과 비교하여 공압 장치의 단점으로 가장 거리가 먼 것은? [15-2]
① 배기 소음이 크다.
② 에너지 축적이 곤란하다.
③ 큰 힘을 얻을 수 없다.
④ 응답성이 떨어진다.
정답 ②

34. 다음 중 출력이 가장 큰 제어 방식은 어느 것인가? [18-1]

① 기계 방식
② 유압 방식
③ 전기 방식
④ 공기압 방식

35. 유압의 특징으로 틀린 것은? [20-4]

① 온도와 점도에 영향을 받지 않는다.
② 공기압에 비해 큰 힘을 낼 수 있다.
③ 작동체의 속도를 무단 변속할 수 있다.
④ 방청과 윤활이 자동적으로 이루어진다.

해설 유압은 온도와 점도에 가장 큰 영향을 받는다.

35-1 다음 중 유압의 특징이 아닌 것은 어느 것인가? [06-4]

① 작동체의 속도를 무단 변속할 수 있다.
② 공압에 비해 큰 힘을 낼 수 있다.
③ 정확한 위치 제어가 가능하다.
④ 온도와 점도에 영향을 받지 않는다.

정답 ④

36. 유압의 장점을 설명한 것으로 맞는 것은? [09-4]

① 공압보다 작동 속도가 빠르다.
② 입력에 대한 출력의 응답이 빠르다.
③ 전기 회로에 비해 구성 작업이 용이하다.
④ 외부 누설과 관계없다.

해설 유압의 장점은 크기에 비해 큰 힘의 발생, 부하와 무관한 정밀한 운동, 큰 부하 상태에서의 시동이 가능하다.

37. 다음 유압의 특징에 관한 설명 중 틀린 것은? [14-2]

① 에너지의 변환 효율이 공압보다 나쁘다.
② 속도 제어가 우수하다.
③ 큰 출력을 낼 수 있다.
④ 작동 속도가 공압에 비해 늦다.

38. 다음 중 유압 장치의 특징으로 틀린 것은? [08-4, 10-4, 15-2]

① 소형 장치로 큰 출력을 얻을 수 있다.
② 무단 변속이 가능하고 정확한 위치 제어를 시킬 수 있다.
③ 전기, 전자의 조합으로 자동 제어가 가능하다.
④ 인화의 위험성이 없다.

39. 공유압 시스템의 특징에 관한 설명 중 틀린 것은? [14-4]

① 공압은 환경 오염의 우려가 없다.
② 공압은 초기 에너지 생산 비용이 많이 든다.
③ 유압은 소형 장치로 큰 출력을 낼 수 있다.
④ 유압은 공압보다 작동 속도가 빠르다.

해설 유압은 전기, 기계, 공압보다 작동 속도가 느리다.

40. 다음 중 유압 시스템의 특징으로 옳은 것은? [22-2]

① 무단 변속이 가능하다.
② 원격 조작이 불가능하다.
③ 온도의 변화에 둔감하다.
④ 고압에서도 누유의 위험이 없다.

해설 유압은 무단 변속이 가능하고, 원격 조작도 가능하나 온도 변화에 예민하고, 누유 및 화재 폭발의 위험이 있다.

4 과목

정답 ● 34. ② 35. ① 36. ② 37. ① 38. ④ 39. ④ 40. ①

40-1 유공압의 특징으로 옳은 것은? [11-4]

① 순간 역전 운동이 불가능하다.

② 무단 변속 제어가 가능하다.

③ 유지 보수나 작동이 복잡하다.

④ 과부하에 대한 안전장치가 반드시 필요하다.

해설 유공압 시스템은 제어의 용이성과 정확도, 힘의 증폭, 일정한 힘과 토크, 단순성, 안전성, 경제성에서 이점이 있을 뿐만 아니라, 순간 역전 운동, 과부하에 대한 자동 보호, 무단 변속 제어의 특징이 있다.

정답 ②

41. 공기압 및 유압에 관한 설명으로 틀린 것은? [21-2]

① 공기압은 인화나 폭발의 위험이 없다.

② 공기압은 공기탱크에 에너지를 저장할 수 있다.

③ 유압은 위치 제어성이 우수하고, 이송 속도도 매우 빠르다.

④ 유압은 가스나 스프링 등을 이용한 축압기에 소량의 에너지 저장이 가능하다.

해설 유압은 위치 제어성이 우수하나, 이송 속도는 매우 느리다.

42. 다음 중 공유압의 원리 설명 중 옳지 않은 것은? [07-4]

① 여러 대의 유압 장치를 구동하는 경우 공동의 펌프로 유압 에너지를 제공한다.

② 가압 유체의 흐름의 방향을 제어하는 곳에 방향 제어 밸브를 사용한다.

③ 가압 유체의 속도 조절에는 유량 제어 밸브를 사용한다.

④ 가압 유체의 에너지 변환에는 액추에이터를 사용한다.

43. 공유압 시스템의 특징에 관한 설명 중 틀린 것은? [19-1]

① 공압은 환경 오염의 우려가 없다.

② 유압은 공압보다 작동 속도가 빠르다.

③ 유압은 소형 장치로 큰 출력을 낼 수 있다.

④ 공압은 초기 에너지 생산 비용이 많이 든다.

해설 유압은 전기, 기계, 공압보다 작동 속도가 느리다.

44. 다음 중 공유압의 특징으로 옳은 것은 어느 것인가? [08-4, 17-2]

① 공압 장치는 균일한 속도를 얻기 쉽다.

② 공압 장치는 폭발과 인화의 위험이 있다.

③ 유압 장치는 진동이 많고 응답성이 나쁘다.

④ 유압 장치는 소형 장치로 큰 출력을 얻을 수 있다.

해설 공압은 압축성을 이용하기 때문에 균일한 속도를 얻기 어려우나 화재나 폭발의 위험이 없다. 유압은 공압에 비해 응답성이 좋다.

1-2 유압 기기

1. 유압 장치의 동력 전달 순서로 맞는 것은? [10-4]
① 전동기→ 유압 펌프 → 유압 제어 밸브 → 유압 액추에이터 → 일
② 전동기→ 유압 제어 밸브 → 유압 펌프 → 유압 액추에이터 → 일
③ 유압 펌프 → 가열기 → 유압 제어 밸브 → 유압 액추에이터 → 일
④ 유압 펌프→ 유압 제어 밸브 → 유압 액추에이터 → 축압기 → 일

해설 전동기의 전기 에너지가 유압 펌프를 구동하는 기계 에너지로 변환되고, 유압 펌프에 의해 유체 에너지가 생성되어 제어 밸브를 거쳐 유압 액추에이터로 공급되어, 액추에이터에서 기계적인 일을 하게 된다.

2. 유압 펌프의 1회전당 토출량을 나타내는 단위는? [06-4, 21-4]
① cc/min   ② cc/rev
③ L/min   ④ L/rpm

3. 다음 중 용적식 유압 펌프가 아닌 것은 어느 것인가? [16-2, 20-4]
① 나사 펌프   ② 베인 펌프
③ 벌류트 펌프   ④ 왕복동 펌프

4. 다음 중 용적형 유압 펌프가 아닌 것은 어느 것인가? [15-4, 20-3]
① 기어 펌프   ② 베인 펌프
③ 터빈 펌프   ④ 왕복동 펌프

5. 비용적형 유압 펌프가 아닌 것은? [21-2]
① 원심 펌프   ② 축류 펌프

③ 피스톤 펌프   ④ 사류 펌프
해설 피스톤 펌프는 용적식 펌프이다.

6. 다음 중 220bar 이상의 고압에 주로 이용되는 펌프는? [11-4, 19-2]
① 기어 펌프   ② 나사 펌프
③ 베인 펌프   ④ 피스톤 펌프

해설 펌프의 특징

베인 펌프	기어 펌프	피스톤 펌프
• 평균해서 높다. • 고성능 베인 펌프이다. (max 175kgf/cm²)	평균해서 낮다. 단, 최근에 일부 고압화되어 있다. (max 270kgf/cm²)	일반적으로 최고압이다.

7. 다음 펌프 중 고속에서 효율이 가장 좋은 것은? [16-2]
① 기어 펌프
② 베인 펌프
③ 트로코이드 펌프
④ 회전 피스톤 펌프

8. 피스톤 펌프 중 구동축과 실린더 블록의 축을 동일 축선 상에 놓고 그 축선 상에 대해 기울어져 고정 경사판이 부착되어 있는 방식은? [19-4]
① 사축식   ② 사판식
③ 회전 캠형   ④ 회전 피스톤형

해설 • 사축식(bent axis) : 구동축과 실린더 블록의 중심축이 경사진 것
• 사판식(swash plate) : 구동축과 실린더 블록을 동일 축 상에 배치하고 경사판의 각도를 바꾼 것

9. 가변 토출량형 유압 피스톤 펌프 토출 라인에 릴리프 밸브를 설치한 이유는? [17-4]
① 원격 제어
② 무부하 회로
③ 회로 내 최대 압력 설정
④ 회로 내 압력 증압 및 감압 압력 설정

10. 유압 펌프는 송출량이 일정한 정용량형 펌프와 송출량을 변화시킬 수 있는 가변 용량형 펌프가 있다. 다음 중 정용량형과 가변 용량형 펌프를 모두 갖는 구조는 어느 것인가? [10-4]
① 압력 평형식 베인 펌프
② 회전 피스톤식
③ 기어식
④ 나사식

[해설] 회전 플런저식은 정용량형과 가변 용량형 펌프가 있다. 이 중에서 가변 용량형은 플런저의 행정 거리를 바꿀 수 있는 구조로 유압용으로 많이 사용된다.

11. 기어 펌프의 폐입 현상에 따른 증상이 아닌 것은? [17-4]
① 축동력 증가
② 캐비테이션 발생
③ 토출 유량 증대
④ 기어의 진동 발생

12. 기어 펌프에서 회전수가 증가함에 따라 발생하는 공동 현상(cavitation)의 원인으로 틀린 것은? [15-2]
① 저점도 오일에 의한 영향
② 흡입 관로의 저항에 의한 압력 손실
③ 기어 이의 물림이 끝나는 부분의 진공의 영향
④ 기어의 편심으로 이끝원 위의 불규칙한 압력 분포

13. 트로코이드(trochoid) 유압 펌프에 대한 설명으로 옳은 것은? [14-4, 17-4]
① 폐입 현상이 크게 발생된다.
② 고속 초고압용으로 적합하다.
③ 초승달 모양의 스페이서가 있다.
④ 내측 로터의 이의 수보다 외측 로터의 이의 수가 1개 더 많다.

[해설] 트로코이드 펌프 : 내접 기어 펌프와 비슷한 모양으로 안쪽 기어 로터가 전동기에 의하여 회전하면 바깥쪽 로터도 따라서 회전하며, 안쪽 로터의 잇수가 바깥쪽 로터보다 1개가 적으므로, 바깥쪽 로터의 모양에 따라 배출량이 결정된다.

14. 유압 펌프 중 트로코이드(trochoid) 펌프에 대한 설명으로 맞는 것은? [11-4]
① 폐입 현상이 크게 발생된다.
② 초승달 모양의 스페이서가 있다.
③ 내측 기어보다 외측 기어의 이의 수가 1개 많다.
④ 고속 초고압용으로 적합하다.

15. 다음 그림과 같이 세 개의 회전자가 연속적으로 접촉하여 회전하며 1회전당 토출량은 많으나 토출량의 변동이 큰 특징을 가진 펌프는? [16-4, 20-2]

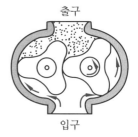

① 로브 펌프
② 스크루 펌프
③ 내접 기어 펌프
④ 트로코이드 펌프

해설 로브 펌프(robe pump) 작동 원리는 기어 펌프와 같으며, 세 개의 회전자(rotor)가 연속적으로 접촉하여 회전하므로 소음 발생이 적다. 1회전당 토출량(cc/rev)은 기어 펌프보다 많으나 토출량의 변동이 약간 크다.

16. 베인 펌프의 일반적인 특징에 대한 설명으로 옳지 않은 것은?　[22-1]
① 기어 펌프에 비해 소음이 작다.
② 베인의 마모로 인한 압력 저하가 적다.
③ 피스톤 펌프에 비해 토출 압력의 맥동 현상이 적다.
④ 가공 정밀도가 낮아도 된다는 장점이 있고, 유압유의 점도와 이물질에 예민하지 않다.

해설 베인 펌프의 특징
㉠ 토출 압력의 맥동과 소음이 적다.
㉡ 스타트 토크가 작아 급속 스타트가 가능하다.
㉢ 단일 무게당 용량이 커 형상 치수가 최소이다.
㉣ 베인의 마모로 인한 압력 저하가 적어 수명이 길다.
㉤ 비평형 베인 펌프는 송출 압력이 $70kgf/cm^2$ 이하이다.
㉥ 구조가 간단하고 취급이 용이하다.

17. 베인 펌프의 일반적인 특징으로 틀린 것은?　[17-2]
① 소음이 작다.
② 토출 측의 맥동 현상이 적다.
③ 압력이 떨어질 염려가 없다.
④ 출력에 비해 형상 치수가 크다.

18. 베인 펌프의 특징에 관하여 가장 거리가 먼 것은?　[08-4, 14-4]
① 베인의 마모로 인한 압력 저하가 적다.

② 기어 펌프나 피스톤 펌프에 비해 토출 압력의 맥동이 적다.
③ 기어 펌프에 비하여 소음이 적다.
④ 시동 토크가 커서 급속 시동이 어렵다.

19. 유압 펌프의 압력 선정 시 고려할 사항은?　[14-2, 18-2]
① 가열, 누설, 압력, 추종성
② 누설, 무게, 압력, 크기, 안정성
③ 무게, 압력, 양정, 크기, 난연성
④ 압력, 인화성, 토출량, 공동 현상

20. 다음 중 유압 펌프에 관한 설명으로 옳은 것은?　[22-2]
① 기어 펌프는 외접식과 내접식이 있으며, 가변용량형 펌프이다.
② 유압 펌프는 유압 에너지를 기계적 에너지로 변환시켜주는 장치이다.
③ 유압 펌프에서 내부 누유가 많이 발생할수록 용적 효율은 감소한다.
④ 베인 펌프는 기어 펌프나 피스톤 펌프에 비해 토출 압력의 맥동이 크며, 고정 용량형만 있다.

해설 유압 펌프는 모터나 내연 기관 등의 기계적 에너지를 유압 에너지로 변환시켜주는 장치이다. 용적 효율(체력 효율)은 실제 토출 유량을 이론 토출 유량으로 나눈 값이므로 내부 누유가 많아지면 실제 토출 유량이 감소하여 용적 효율은 감소된다. 기어 펌프는 구조상 고정 용량형 펌프이며, 베인 펌프는 맥동이 거의 없으며 고정형과 가변 용량형이 있다.

20-1 다음 중 유압 펌프의 설명으로 맞는 것은?　[12-4]
① 기어 펌프는 외접식과 내접식이 있으며 가변 용량형 펌프이다.

② 베인 펌프는 고정 용량형만 사용된다.

③ 유압 펌프는 유압 에너지를 기계적 에너지로 변환시켜주는 장치이다.

④ 유압 펌프에서 내부 누유가 많이 발생할수록 용적 효율은 감소한다.

해설 기어 펌프는 구조상 고정 용량형 펌프이며, 용적 효율(체력 효율)은 실제 토출 유량을 이론 토출 유량으로 나눈 값이므로 내부 누유가 많아지면 실제 토출 유량이 감소하여 용적 효율은 감소된다. 또 토출 압력이 커질수록 감소한다. 유압 펌프는 모터나 내연 기관 등의 기계적 에너지를 유압 에너지로 변환시켜주는 장치이다.

정답 ④

21. 다음 중 펌프 장치에서 발생하는 현상이 아닌 것은? [09-4]

① 공동 현상(cavitation)

② 수격 현상(water hammering)

③ 채터링 현상(chattering)

④ 맥동 현상(surging)

해설 채터링 현상 : 릴리프 밸브 등에서 높은 음을 발생시키는 일종의 자력 진동 현상

22. 전효율 80%, 토출 압력이 60bar, 토출 유량이 100L/min인 경우 펌프의 필요(소요) 출력은 몇 kW인가? [22-2]

① 10

② 12.5

④ 17.5

③ 20

해설 $L_p = \dfrac{PQ}{612 \times \eta} = \dfrac{60 \times 100}{612 \times 0.8} = 12.25\,\text{kW}$

23. 다음 중 밸브를 선정하는데 직접적으로 고려해야 할 사항으로 가장 거리가 먼 것은? [14-4, 22-1]

① 실린더의 속도

② 요구되는 스위칭 횟수

③ 허용할 수 있는 압력 강하

④ 실린더와 밸브 사이의 최소 거리

해설 실린더와 밸브 사이의 거리는 짧아야 되지만 밸브 선정과는 관계없다.

24. 다음 중 포핏(poppet)형 밸브의 구성 요소가 아닌 것은? [09-4]

① 디스크

② 원추

③ 볼

④ 스풀

25. 포핏 밸브 중 디스크 시트 밸브에 대한 특징으로 틀린 것은? [16-2]

① 내구성이 좋다.

② 구조가 복잡하다.

③ 밀봉이 우수하다.

④ 반응 시간이 짧다.

해설 디스크 시트 밸브(disc seat valve)

㉠ 밀봉이 우수하며 간단한 구조로 되어 있고 작은 거리만 움직여도 유체가 통하기에 충분한 단면적을 얻을 수 있어 반응 시간이 짧다.

㉡ 이물질에 민감하지 않기 때문에 내구성이 좋으며 배출 오버랩(exhaust over lap) 형태이나 구조가 간단한 디스크 시트가 하나로 배출 오버랩이 일어나지 않는다.

㉢ 운동 속도가 작은 경우에도 유체 손실이 일어나지 않으며, 유니버설 플랜지 판에 조립 부착하면 각각의 모듈을 쉽게 교환할 수 있다.

26. 다음 중 압력 제어 밸브의 역할은 어느 것인가? [14-2, 18-4]

① 일의 속도를 조절

② 일의 시간을 조절

③ 일의 방향을 조절

④ 일의 크기를 조절

해설 • 일의 속도 : 유량 제어 밸브
  • 일의 방향 : 방향 제어 밸브
  • 일의 크기 : 압력 제어 밸브

27. 유압 시스템에서 사용되는 비례 제어 밸브를 기능에 따라 나눌 때 해당되지 않는 것은? [20-4]
  ① 방향 제어 밸브
  ② 시간 지연 밸브
  ③ 압력 제어 밸브
  ④ 유량 제어 밸브

28. 밸브의 기능상 분류에서 시퀀스 밸브는 무엇인가? [18-4]
  ① 방향 제어
  ② 속도 제어
  ③ 압력 제어
  ④ 유량 제어

29. 다음 설명으로 해당되는 특성은 어느 것인가? [19-1]

> 압력 제어 밸브의 조정 핸들을 조작하여 압력을 설정한 후 압력을 변화시켰다가 다시 핸들을 조작하여 원래의 설정 값에 복귀시켰을 때 최초의 압력 값과는 오차가 발생된다.

  ① 유량 특성
  ② 릴리프 특성
  ③ 압력 조절 특성
  ④ 히스테리시스 특성

30. 유압 제어 밸브의 사용 목적이 아닌 것은? [07-4]
  ① 힘의 제어가 용이하다.
  ② 속도 제어가 용이하다.
  ③ 큰 에너지의 축적이 용이하다.
  ④ 운전 방향의 전환이 용이하다.

31. 다음 중 압력 제어 유압 밸브가 아닌 것은? [16-4]
  ① 체크 밸브
  ② 릴리프 밸브
  ③ 언로딩 밸브
  ④ 카운터 밸런스 밸브

해설 체크 밸브는 논 리턴 밸브이다.

32. 유압 시스템에서 사용하는 압력 제어 밸브가 아닌 것은? [10-4, 18-1, 21-4]
  ① 리듀싱 밸브
  ② 시퀀스 밸브
  ③ 언로딩 밸브
  ④ 디셀러레이션 밸브

해설 디셀러레이션 밸브는 구조는 방향 제어 밸브이나, 기능은 유량 제어 밸브이다.

33. 압력 제어 밸브가 가지고 있는 특성이 아닌 것은? [16-4]
  ① 유량 특성
  ② 폐입 특성
  ③ 압력 조절 특성
  ④ 히스테리시스 특성

해설 폐입 특성은 기어 펌프에서 발생되는 특성이다.

34. 다음 중 유압 회로 중 최고 압력을 제한하여 회로 내의 과부하를 방지하는 유압 기기는? [21-2]
  ① 셔틀 밸브
  ② 체크 밸브
  ③ 릴리프 밸브
  ④ 디셀러레이션 밸브

해설 릴리프 밸브 : 회로의 최고 압력을 제한하는 밸브로서 회로의 압력을 일정하게 유지시키는 밸브이다.

4 과목

정답 **27.** ② **28.** ③ **29.** ④ **30.** ③ **31.** ① **32.** ④ **33.** ② **34.** ③

34-1 유압 장치에서 가장 많이 사용되는 압력 제어 밸브로 회로의 최고 압력을 제한하는 밸브는?　　　　[09-4]
① 압력 스위치
② 릴리프 밸브
③ 시퀀스 밸브
④ 압력 보상형 유량 조절 밸브
정답 ②

34-2 유압 시스템의 최대 작동압을 결정하는 밸브는?　　　　[13-4]
① 압력 시퀀스 밸브
② 압력 무부하 밸브
③ 압력 릴리프 밸브
④ 감압 밸브
해설 시스템을 보호하는 최대압은 릴리프 밸브에서 설정된다.
정답 ③

35. 직동형 압력 릴리프 밸브의 특징으로 옳은 것은?　　　　[20-2]
① 구조가 복잡하다.
② 압력 조정 범위가 넓다.
③ 채터링을 일으키기 쉽다.
④ 주로 고압용으로 사용한다.
해설 채터링 현상(chattering) : 릴리프 밸브 등에서 포핏이 밸브 시트를 때려서 비교적 높은 소리를 내는 일종의 자려 진동 현상을 말한다.

36. 밸브 내부에서 연속적인 진동으로 밸브 시트 등을 타격하여 소음을 발생시키는 현상은?　　　　[10-4, 21-1]
① 공동 현상
② 크래킹 현상
③ 채터링 현상
④ 맥동 현상

37. 감압 밸브와 릴리프 밸브에 대한 설명으로 틀린 것은?　　　　[19-1]
① 감압 밸브는 평상시 열려 있고, 릴리프 밸브는 평상시 닫혀 있다.
② 감압 밸브는 출구 측 압력에 의해 제어되고, 릴리프 밸브는 입구 측 압력에 의해 제어된다.
③ 릴리프 밸브는 출구 측에서 입구 측으로의 역방향 흐름이 가능하고, 감압 밸브는 불가능하다.
④ 릴리프 밸브는 압력계가 입구 측에 설치되어 있고, 감압 밸브는 압력계가 출구 측에 설치되어 있다.
해설 릴리프 밸브는 유압 회로의 상류 압력을 조정하고, 감압 밸브는 하류 압력을 조정한다.

37-1 릴리프 밸브와 감압 밸브의 특징 비교 중 옳지 않은 것은?　　　　[11-4]
① 릴리프 밸브는 유압 회로 전체 압력을 설정하고, 감압 밸브는 부분 압력을 설정한다.
② 릴리프 밸브는 안전밸브 기능을 하고, 감압 밸브는 압력 유지 기능을 한다.
③ 릴리프 밸브는 설정 압력을 초과하면 개방되고, 감압 밸브는 설정압보다 높아지면 유로가 닫힌다.
④ 릴리프 밸브는 유압 회로의 출구 측 압력을 조정하고, 감압 밸브는 입구 측 압력을 조정한다.
정답 ④

38. 유압의 압력 릴리프 밸브로 사용할 수 없는 기능은?　　　　[17-2]
① 감압 기능
② 시퀀스 기능
③ 카운터 밸런스 기능

④ 유압 시스템의 최대 압력 설정 기능

해설 감압 기능은 감압 밸브가 가지고 있다.

39. 벤트 포트를 이용하여 3개의 서로 다른 압력을 원격으로 제어하려고 할 때 사용해야 하는 압력 제어 밸브는? [15-4, 19-4]
① 카운터 밸런스 밸브
② 직동형 릴리프 밸브
③ 외부 파일럿형 무부하 밸브
④ 평형 피스톤형 릴리프 밸브

해설 카운터 밸런스 밸브, 직동형 릴리프 밸브는 포트 수가 2개이며, 외부 파일럿형 무부하 밸브는 2개의 압력을 제어할 수 있다.

40. 실린더에 인장 하중이 걸리는 하중이 걸리는 경우, 피스톤이 끌리게 되는데 이를 방지하기 위해 인장 하중이 걸리는 측에 압력 릴리프 밸브를 이용하여 저항을 형성한다, 이러한 목적을 위해 사용되는 밸브는 어느 것인가? [20-4]
① 안전밸브(safety valve)
② 브레이크 밸브(brake valve)
③ 시퀀스 밸브(sequence valve)
④ 카운터 밸런스 밸브(counter balance valve)

해설 카운터 밸런스 밸브는 자중에 의해 낙하되는 경우, 즉 인장 하중이 발생되는 곳에 배압을 발생시켜 이를 방지하기 위한 것으로 릴리프 밸브와 체크 밸브를 내장한다.

41. 다음 중 밸브 기능에 대한 설명으로 옳은 것은? [15-2]
① 카운터 밸런스 밸브는 한 방향의 흐름이 자유롭게 흐르도록 한 밸브로서 체크 밸브가 내장되어 있다.
② 시퀀스 밸브는 소형 피스톤과 스프링과의 평형을 이용하여 유압 신호를 전기 신호로 전환시킨다.
③ 카운터 밸런스 밸브는 압력 제어 밸브이며, 시퀀스 밸브는 방향 제어 밸브이다.
④ 카운터 밸런스 밸브는 무부하이며, 시퀀스 밸브는 배압 발생 밸브이다.

42. 방향 전환 밸브의 구조에 관한 설명이 옳지 않은 것은? [22-1]
① 로크 회로에는 스풀 형식보다 포핏 형식을 사용하는 것이 장시간 확실한 로크를 할 수 있다.
② 스풀 형식은 각종 유압 흐름의 형식을 쉽게 설계할 수 있고, 각종 조작 방식을 용이하게 적용할 수 있다.
③ 포핏 형식은 밸브의 추력을 평행시키는 방법이 곤란하고, 조작의 자동화가 어려우므로 고압용 유압 방향 전환 밸브로서는 널리 사용되지 않는다.
④ 로터리 형식은 일반적으로 회전축에 평형이 되는 방향으로 측압이 걸리고, 로터리에 작은 압유 통로를 뚫어야 하기 때문에 밸브 본체가 비교적 소형이 된다.

43. 방향 제어 밸브의 구조 중 스풀 방식의 밸브에 대한 설명으로 틀린 것은? [18-2]
① 다양한 조작 방식을 쉽게 적용시킬 수 있다.
② 전환 밸브에서 가장 널리 사용되는 형식이다.
③ 다양한 유압 흐름의 형식을 쉽게 설계할 수 있다.
④ 밸브 습동 부분에서의 내부 누설이 없고, 조작이 확실하다.

44. 밸브의 오버랩에 대한 설명으로 옳은 것은? [15-4, 19-2]

① 방향 제어 밸브는 일반적으로 제로 오버랩을 갖는다.

② 밸브의 작동 시 포지티브 오버랩 밸브는 서지 압력이 발생할 수 있다.

③ 밸브의 전환 시 모든 연결구가 순간적으로 연결되는 형태가 제로 오버랩이다.

④ 포지티브 오버랩에서 밸브의 전환 시 액추에이터는 부하에 종속된 움직임을 갖는다.

해설 포핏 밸브는 네거티브 오버랩만 발생하여 네거티브 오버랩을 사용할 경우 카운터 밸런스 밸브나 파일럿 작동 체크 밸브를 같이 사용한다.

• 제로 오버랩은 주로 서보 밸브에서 사용된다.

• 네거티브 오버랩은 슬라이드 밸브에서 사용된다.

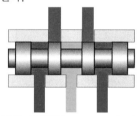

제로 오버랩(zero overlap)

포지티브 오버랩(positive overlap)

네거티브 오버랩(negative overlap)

45. 실린더를 임의의 위치에서 고정시킬 수 있도록 밸브의 중립 위치에서 모든 포트를 막은 형식의 4/3way 밸브 종류는 어느 것인가? [08-4, 12-4, 22-2]

① 오픈 센터형

② 탠덤 센터형

③ 세미오픈 센터형

④ 클로즈드 센터형

해설 클로즈드 센터형(closed center type) : 이 밸브는 중립 위치에서 모든 포트를 막는 형식으로 실린더를 임의의 위치에서 고정시킬 수가 있으나, 밸브의 전환을 급격하게 작동하면 서지압이 발생하므로 주의를 요한다.

46. 공동 현상을 방지할 목적으로 펌프 흡입구 또는 유압 회로의 부(−)압 발생 부분에 사용하여 일정 압력 이하로 내려가면 포핏이 열려 압유를 보충하도록 하는 밸브는 어느 것인가? [14-4, 20-3]

① 감속 밸브

② 압력 제어 밸브

③ 흡입형 체크 밸브

④ 카운터 밸런스 밸브

47. 유압 시스템에서 사용되는 비례 제어 밸브를 기능에 따라 나눌 때 해당되지 않는 것은? [08-4, 16-4, 20-4]

① 방향 제어 밸브

② 시간 제어 밸브

③ 압력 제어 밸브

④ 유량 제어 밸브

해설 밸브를 기능에 따라 분류하면 방향 제어 밸브, 유량 제어 밸브, 압력 제어 밸브로 나눈다.

48. 유압 액추에이터의 설명 중 옳지 않은 것은? [16-2]

① 단동 실린더는 단순히 압력만 받아서 전진 및 후진한다.

② 편로드 복동 실린더는 후진 실린더가 전진 속도보다 빠르다.

③ 다중 피스톤 실린더는 전진 및 후진 행정에서 연속적인 실린더 운동처럼 작동한다.

④ 텔레스코프 실린더는 각각의 로드 슬리브의 체적이 감소되므로 전진 속도는 점점 증가한다.

49. 실린더 양쪽에 유효 면적의 차를 이용하여 추력 및 속도를 변화시키는 유압 실린더는? [10-4]

① 텔레스코프(telescopic) 실린더

② 램(ram)형 실린더

③ 편로드(single rod) 실린더

④ 차동(differential) 실린더

해설 차동 실린더는 면적의 비를 이용하여 실린더의 후진 속도를 더욱 빠르게 할 수 있다. 보통 후진 속도가 전진 속도보다 2배 빠르다.

50. 로드 자체가 피스톤의 역할을 하며, 로드가 굵기 때문에 부하에 의한 휨의 영향이 적은 실린더 타입은? [16-4]

① 램형   ② 사판형
③ 양측 로드형   ④ 텔레스코프형

해설 램형 실린더(ram type cylinder) : 피스톤이 없이 로드 자체가 피스톤의 역할을 하게 된다. 로드는 피스톤보다 약간 작게 설계한다. 로드의 끝은 약간 턱이 지게 하거나 링을 끼워 로드가 빠져나가지 못하도록 한다. 이 실린더는 피스톤형에 비하여 로드가 굵기 때문에 부하에 의해 휨 염려

가 적으며, 패킹이 바깥쪽에 있기 때문에 실린더 안벽의 긁힘이 패킹을 손상시킬 우려가 없으며, 공기구멍을 두지 않아도 된다.

51. 유압 실린더에서 피스톤과 실린더 커버가 충돌하여 발생하는 충격의 경감, 실린더 수명 연장, 충격파 발생 방지를 목적으로 하는 장치는? [18-4]

① 쿠션 장치   ② 에어 브리저
③ 피스톤 패킹   ④ 더스트 와이퍼

52. 편로드 유압 실린더의 설계에 관한 내용 중 잘못된 것은? [09-4, 15-4]

① 실린더의 팽창 과정과 수축 과정에서 속도는 수축 과정이 더 빠르다.

② 패킹을 내유성 고무로 사용할 경우 그 기호는 H로 표기된다.

③ 유압 실린더의 호칭에는 규격 번호 또는 명칭, 구조 형식, 지지 형식의 기호, 행정 길이 등이 포함된다.

④ 실린더 튜브 양단은 단조한 둥근 뚜껑으로 하는 것이 좋고, 양쪽 다 분리할 수 없도록 한다.

53. 유압 텔레스코프형 다단 실린더에 대한 설명으로 틀린 것은? [07-4, 20-2]

① 긴 행정 거리가 요구되는 경우에 사용한다.

② 정확한 위치 제어를 행하는 경우에 사용한다.

③ 유압유가 유입되면 순차적으로 실린더가 동작한다.

④ 유압 실린더 내부에 다시 별개의 실린더를 내장한 구조이다.

해설 텔레스코프형 실린더 : 짧은 실린더 본체로 긴 행정 거리를 필요로 하는 경우에 사용할 수 있는 다단 튜브형 로드를 가진

실린더로 실린더의 내부에 또 하나의 다른 실린더를 내장하고, 유체가 유입하면 순차적으로 실린더가 이동하도록 되어 있다. 단동과 복동이 있으며 전체 길이에 비하여 긴 행정이 얻어진다. 그러나 속도 제어가 곤란하고, 전진 끝단에서 출력이 저하되는 단점이 있다. 후진 시 출력 및 속도를 크게 하거나 길게 하는데 가장 적합한 실린더는 단동 텔레스코프 실린더이다.

54. 다단 튜브형 로드를 갖고 있어서 긴 행정 거리를 얻을 수 있는 실린더는? [20-4]
① 격판 실린더
② 탠덤 실린더
③ 양로드형 실린더
④ 텔레스코프형 실린더

55. 유압 실린더를 설치하는 방법으로 피스톤 로드의 중심선에 대하여 직각 방향으로 실린더 양측에 피벗(pivot)을 두어 지지하는 방식은? [22-2]
① 다리형(foot type)
② 플랜지형(flange type)
③ 크래비스형(clevis type)
④ 트러니언형(trunnion type)

56. 실린더를 선정할 때 참고해야 할 사항이 아닌 것은? [18-2, 21-2]
① 스트로크
② 유압 펌프의 종류
③ 실린더의 작동 속도
④ 부하와 크기와 그것을 움직이는 데 필요한 힘

57. 실린더에 반지름 방향의 하중이 작용할 때 발생하는 현상으로 옳은 것은? [20-4]
① 실린더의 추력이 증대된다.

② 피스톤 로드 베어링이 빨리 마모된다.
③ 피스톤 컵 패킹의 내구 수명이 증대된다.
④ 실린더의 공기 공급 포트에서 누설이 증대된다.

해설 실린더는 축방향 하중, 즉 추력을 받도록 설계되어 있으며, 반지름 방향, 즉 레이디얼 하중이 작용되면 실린더 로드에 좌굴 하중이 발생되고 베어링의 수명이 단축된다.

58. 일반적으로 유압 실린더에서 좌굴 하중을 고려한 안전 계수는? [14-4, 19-1]
① 0.5~1 ② 1.5~2
③ 2.5~3.5 ④ 7~10

59. 유압 피스톤의 직경이 50mm이고 사용 압력이 60kgf/cm²일 때 실린더가 낼 수 있는 추력은? (단, 실린더의 효율은 무시한다.) [21-4]
① 296kgf ② 589kgf
③ 1178kgf ④ 1500kgf

해설 $A = \frac{\pi d^2}{4} = \frac{\pi \times 5^2}{4} = 19.625\,\mathrm{m}^2$

$P = \frac{F}{A}$

$F = A \times P = 19.625 \times 60 = 1177.8\,\mathrm{kgf}$

60. 유압 모터의 토크를 구하는 식으로 옳은 것은? (단, T : 유압 모터의 출력 토크(kgf·cm), q : 유압 모터의 1회전당 배출량(cm³/rev), P : 작동유의 압력(kgf/cm²)이다.) [18-1]
① $T = \frac{qP}{2\pi}$ ② $T = \frac{2\pi}{qP}$
③ $T = \frac{qP}{2\pi N}$ ④ $T = \frac{2\pi N}{qP}$

61. 다음 중 유압 모터의 종류가 아닌 것은 어느 것인가? [15-2, 19-4, 20-4]
① 기어 모터
② 베인 모터
③ 스크루 모터
④ 회전 피스톤 모터

해설 유압 모터에는 기어 모터, 베인 모터, 회전 피스톤 모터가 있다.

62. 유압 모터 중 구조면에서 가장 간단하며 출력 토크가 일정하고, 정·역회전이 가능하고 토크 효율이 약 75~85%, 최저 회전수는 150rpm 정도이며, 정밀 서보 기구에는 부적합한 것은? [13-4, 19-1]
① 기어 모터(gear motor)
② 베인 모터(vane motor)
③ 액시얼 피스톤 모터(axial piston motor)
④ 레이디얼 피스톤 모터(radial piston motor)

해설 베인 모터는 최저 회전수 200rpm이다.

63. 유압 에너지를 저장할 수 있는 유압 기기는? [18-2]
① 압축기
② 기름 탱크
③ 저장 탱크
④ 어큐뮬레이터

해설 유압 에너지를 저장할 수 있는 곳은 어큐뮬레이터, 즉 축압기뿐이다.

63-1 유압 에너지를 저장하는 데 사용되는 유압 장치는? [16-4]
① 냉각기
② 여과기
③ 증압기
④ 축압기

정답 ④

63-2 유압 에너지를 저장할 수 있는 유압 기기는? [12-4]
① 압축기
② 저장 탱크
③ 기름 탱크
④ 어큐뮬레이터

정답 ④

63-3 압력을 축적하는 용기로 구조가 간단하고 용도도 광범위하여 유압 장치에 많이 활용되는 것은? [20-4]
① 냉각기
② 여과기
③ 오일 탱크
④ 어큐뮬레이터

정답 ④

64. 축압기(accumulator)의 기능이 아닌 것은? [20-2]
① 맥동압의 제거
② 서지압의 흡수
③ 회로압의 증대
④ 압력 에너지 저장

해설 축압기는 에너지 보조원, 충격 압력 흡수용, 맥동 흡수용, 점진적인 압력 형성, 특수 유체(독성, 유해성, 부식성 액체 등)의 이송을 위해 사용된다.

64-1 유압 시스템에서 축압기(accumulator)의 사용 목적으로 적합하지 않은 것은 어느 것인가? [06-4, 11-4, 19-4]
① 충격 압력을 흡수하는 경우
② 맥동 흡수용으로 사용하는 경우
③ 압력 증대용으로 사용하는 경우
④ 에너지 보조원으로 사용하는 경우

해설 축압기는 에너지의 저장, 충격 흡수, 압력의 점진적 증대 및 일정 압력의 유지에 이용된다. 축압기는 위의 4가지 기능 가운데서 어느 것이든 할 수 있으나, 실제의 사용에 있어서는 어느 1가지만 하게 되어 있다.

정답 ③

64-2 축압기(accumulator)의 사용 목적이 아닌 것은? [22-1]
① 누유 방지
② 맥동 흡수
③ 압력 보상
④ 유압 에너지 축적

4 과목

해설 누유 방지는 밀봉 장치인 실, 즉 개스 킷이나 오일 링 등이 한다.

정답 ①

64-3 다음 중 축압기(accumulator)를 사용하는 목적이 아닌 것은? [09-4]
① 충격 완충
② 유압 펌프의 맥동 제거
③ 압력 보상
④ 유압 장치 온도 상승 방지

정답 ④

65. 다음 중 고무 튜브형 또는 인라인형이라고 하는 어큐뮬레이터에 대한 설명으로 옳은 것은? [19-1]
① 대용량형 제작이 용이하다.
② 일정한 온도로 유지시킬 수 있다.
③ 스프링 특성상 저압용에 사용된다.
④ 배관에 연결하여 맥동 방지에 사용된다.

해설 블래더형 축압기 : 플렉시블 백(flexible bag) 또는 블래더(bladder)는 합성 고무로 되어 있고, 그 안에 오일과 가스가 분리되게 되어 있으며, 축압기 윗부분에는 가스 충전 시스템이 부착되어 있다. 고무 백은 관성이 작고 응답성도 매우 좋으며, 보수도 간단히 할 수 있게 되어 있다. 또, 스프링이 작용되는 포핏 밸브는 배출 오일이 천천히 흐르도록 계량하며, 사용 전에 미리 충전할 수 있다.

66. 어큐뮬레이터 취급 시 주의사항으로 틀린 것은? [19-2]
① 봉입 가스는 불활성 가스 또는 공기압(저압용)을 사용한다.
② 충격 완충용은 가급적 충격이 발생하는 곳에서 멀리 설치한다.
③ 어큐뮬레이터에 부속품 등을 용접하거

나 가공, 구멍 뚫기 등을 하지 않는다.
④ 펌프와 어큐뮬레이터 사이에 유압유가 펌프로 역류하지 않도록 체크 밸브를 설치한다.

해설 충격 완충용 어큐뮬레이터는 가급적 충격이 발생하는 곳에서 가깝게 설치한다.

67. 축압기의 취급 상 주의사항으로 적절하지 않은 것은? [22-2]
① 봉입 가스로 반드시 산소를 사용한다.
② 운반, 결합, 분리 등을 할 경우 반드시 봉입된 가스를 빼고 한다.
③ 축압기에 부속품 등을 용접하거나 가공, 구멍 뚫기 등을 해서는 안 된다.
④ 가스 봉입형은 작동유를 내용적의 10 정도 미리 넣은 다음 가스의 소정 압력으로 봉입한다.

해설 축압기의 봉입 가스는 질소를 사용한다.

68. 다음 중 오일 탱크에 관한 설명으로 틀린 것은? [17-4, 21-2]
① 오일 탱크의 크기는 펌프 토출량과 동일하게 제작한다.
② 에어 블리저의 용량은 펌프 토출량의 2배 이상으로 제작한다.
③ 스트레이너의 유량은 펌프 토출량의 2 배 이상의 것을 사용한다.
④ 오일 탱크의 유면계를 운전할 때 잘 보이는 위치에 설치한다.

해설 오일 탱크의 크기는 펌프 토출량의 3 배 이상으로 제작한다.

69. 다음 중 일반적인 유압 발생 장치에서 기름 탱크의 용량을 결정하는 기준으로 적절한 것은? [17-2, 21-4]
① 펌프 토출량의 3배 이상

② 펌프의 토출량과 같은 크기

③ 스트레이너 유량의 3배 이상

④ 공기 청정기 통기 용량의 3배 이상

해설 • 공기 청정기의 통기 용량 : 유압 펌프 토출량의 2배 이상

• 스트레이너의 유량 : 유압 펌프 토출량의 2배 이상

• 기름 탱크의 용량 : 유압 펌프 토출량의 3배 이상

70. 다음 중 유압 작동유의 역할이 아닌 것은? [10-4]

① 유압 유닛에 의하여 부여된 압력을 액추에이터로 전달하는 역할

② 유압 기기 틈새로부터 누설을 방지하는 실링 작용의 역할

③ 비압축성 유체의 성질을 이용한 수분 분리 작용의 역할

④ 유압 기기에서 발생되는 열을 제거하는 냉각 작용의 역할

해설 유압 작동유의 주 역할은 동력 전달 (압력) 매체의 역할이며, 부수적으로 윤활, 실링, 방청, 방식, 냉각 작용의 역할을 한다.

71. 다음 중 유압 작동유로서 필요한 요소가 아닌 것은? [15-4, 19-4]

① 비압축성일 것

② 윤활성이 좋을 것

③ 적절한 점도가 유지될 것

④ 화학적으로 반응이 좋을 것

해설 화학적으로 안정되고 불활성이어야 되며, 반응이 없어야 한다.

72. 유압 작동유의 구비 조건으로 옳은 것은? [15-2]

① 거품이 많이 발생할수록 좋다.

② 산화가 많이 일어날수록 좋다.

③ 압축성이 클수록 좋다.

④ 기름 중의 공기를 속히 분리시킬 수 있는 것이 좋다.

해설 거품과 산화는 발생되지 않아야 하고, 압축성은 없는 것이 좋다.

73. 스트레이너가 설치되는 장소는? [18-1]

① 펌프의 흡입부

② 유압 장치의 복귀관

③ 유량 제어 밸브의 출구 측

④ 유압 실린더와 방향 제어 밸브 사이

74. 유압 작동유의 점도가 너무 높을 경우에 대한 설명으로 틀린 것은? [15-4]

① 작동유의 비활성

② 동력 손실의 증대

③ 기계적 마찰 부분의 마모 증대

④ 내부 마찰의 증대와 온도 상승

75. 유압유 중에 공기가 아주 작은 기포 상태로 섞여지는 현상 또는 섞여져 있는 상태를 무엇이라 하는가? [12-4]

① 캐비테이션(cavitation)

② 채터링(chattering)

③ 점핑(jumping)

④ 에어레이션(aeration)

76. 곧고 긴 유압 배관의 유동에 의한 압력 손실 수두를 계산하는 식은 다음 중 무엇인가? [13-4, 20-3]

① 연속 방정식

② 프란틀(Prandtl)식

③ 블라시우스(Blasius)식

④ 다르시-바이스바흐(Darcy-Weisbach)식

정답 ► **70.** ③ **71.** ④ **72.** ④ **73.** ① **74.** ③ **75.** ④ **76.** ④

해설 다르시–바이스바흐식은 곧고 긴 유압 배관의 유동에 의한 압력 손실 수두를 계산하는 식으로 $H_L = f\dfrac{L}{d}\dfrac{v^2}{2g}$ 이다.

77. 피스톤에 O링을 사용한 실린더에 압력이 존재하면 실린더 배럴과 피스톤의 간극 사이로 O링이 밀려나오는데 이를 방지하는 데 사용하는 패킹은?　　　[14-2, 19-2]
① 개스킷　　　② V 패킹
③ 백업 링　　　④ 래버린스 실

해설 백업 링은 공유압 기기의 기밀용으로 사용되는 O링이나 패킹 등의 밀폐력을 높이거나 보조하기 위한 것이다.

78. 다음 중 O링의 구비 조건으로 틀린 것은?　　　[20-3]
① 내유성이 좋을 것
② 내마모성이 좋을 것
③ 사용 온도 범위가 넓을 것
④ 압축 영구 변형이 많을 것

79. 다음 중 미세 필터에 사용되는 재료로 부적합한 것은?　　　[15-4]
① 금속망　　　② 규소물
③ 유리 섬유　　　④ 플라스틱 섬유

80. 다음 중 고저압에 관계없이 대관경의 관로용에 사용되며 분해 보수가 용이한 관이음은?　　　[14-2]
① 나사 이음
② 플랜지 이음
③ 용접형 이음
④ 플레어형 이음

해설 분해 보수가 용이한 관이음으로 저압, 고압에 관계없이 사용되며, 관 끝 부분의 플랜지를 볼트로 체결하는 방식이다.

81. 다음 중 유압 부속 기기의 설명 중 틀린 것은?　　　[07-4, 14-4]
① 축압기는 펌프 유량 보충, 누설 보상, 정전 시 비상원 등으로 사용된다.
② 증압기는 표준 유압 펌프 하나만으로 얻을 수 있는 압력보다 높은 압력을 발생시키는 데 사용된다.
③ 오일 탱크는 유압유 저장, 열교환, 오염물질 제거, 공기 배출의 기능이 있다.
④ 실(seal)은 정적실과 동적실로 나누며, 정적실은 패킹이라고도 한다.

해설 정적실은 개스킷, 동적실은 패킹이라고도 한다.

1-3 공압 기기

1. 공기압 장치의 기본 구성 요소가 아닌 것은? [15-2]
① 공기탱크
② 공기 압축기
③ 애프터 쿨러(after cooler)
④ 어큐뮬레이터(accumulator)

해설 어큐뮬레이터(accumulator)는 유압 기기로서 유압 에너지를 저장하는 장치이다.

2. 일반적인 공압 발생 장치의 기기 순서로 옳은 것은? [18-4]
① 공기 압축기 → 냉각기 → 저장 탱크 → 에어드라이어 → 공압 조정 유닛
② 공기 압축기 → 저장 탱크 → 에어드라이어 → 후부 냉각기 → 배관 및 공압 조정 유닛
③ 공기 압축기 → 에어드라이어 → 저장 탱크 → 후부 냉각기 → 배관 및 공압 조정 유닛
④ 공기 압축기 → 공압 조정 유닛 → 에어드라이어 → 저장 탱크 → 후부 냉각기 → 배관

해설 압축 공기의 준비 단계가 순서대로 올바르게 표현된 것은 압축기 → 냉각기 → 저장 탱크 → 건조기 → 서비스 유닛이다.

2-1 압축 공기의 준비 단계가 순서대로 올바르게 표현된 것은? [12-4]
① 압축기 → 건조기 → 저장 탱크 → 서비스 유닛
② 압축기 → 저장 탱크 → 건조기 → 서비스 유닛
③ 압축기 → 서비스 유닛 → 저장 탱크 → 건조기

④ 압축기 → 저장 탱크 → 서비스 유닛 → 건조기

정답 ②

3. 기계적 에너지를 공기의 압력 에너지로 변환하는 기기는? [19-2]
① 공기 압축기
② 공기압 모터
③ 루브리케이터
④ 공기압 실린더

해설 모터, 실린더인 액추에이터는 유체 압력 에너지를 기계적 에너지로, 압축기는 기계적 에너지를 유체 압력 에너지로 변환한다.

4. 다음 중 공기압 발생 장치의 원리가 다른 것은? [06-4]
① 베인 압축기
② 나사형 압축기
③ 터보 압축기
④ 피스톤 압축기

5. 다음 중 회전식 공기 압축기가 아닌 것은? [12-4, 18-2]
① 베인형
② 스크롤형
③ 루트 블로어
④ 다이어프램형

해설 다이어프램형은 왕복식이다.

6. 스크루 압축기의 특징에 관한 설명 중 틀린 것은? [14-4]
① 회전축이 고속 회전이 가능하고 진동이 적다.
② 저주파 소음이 없어서 소음 대책이 필요 없다.
③ 연속적으로 압축 공기가 토출되므로 맥동이 적다.
④ 압축기의 스크루 마찰부는 급유에 유의한다.

4 과목

정답 **1.** ④ **2.** ① **3.** ① **4.** ③ **5.** ④ **6.** ④

해설 스크루 압축기는 압축실 내의 접동부가 적으므로 무급유 제작 및 사용이 가능하다.

7. 나사형 회전자의 회전 운동을 이용하며 고속 회전이 가능하고, 소음이 적으며, 맥동 현상이 발생되지 않고 큰 용량의 공기탱크가 필요 없는 것은?　[21-4]
① 베인 압축기
② 스크루 압축기
③ 피스톤 압축기
④ 2단 피스톤 압축기

8. 공기압 발생 장치의 설명 중 옳지 않은 것은?　[13-4]
① 압축기는 공기압 발생 장치로 사용된다.
② 압축기는 흡입 공기를 소정의 압력까지 압축하고, 이를 외부로 압출하는 2가지 기능을 해야 한다.
③ 압축기의 종류에는 피스톤식, 스크루식, 기어식 그리고 베인식이 있다.
④ 압축기는 통상적으로 사용 압력이 게이지 압력으로 $1kgf/cm^2$ 이상의 압축 공기를 생산하는 것을 말한다.
해설 압축기에는 기어식이 사용되지 않는다.

9. 다음 중 공기 압축기의 종류가 아닌 것은?　[07-4, 11-4, 21-1]
① 왕복 피스톤형 압축기
② 트로코이드형 압축기
③ 스크루형 압축기
④ 터보형 압축기
해설 트로코이드 펌프(trochoid pump) : 내접 기어 펌프와 비슷한 모양으로 안쪽 기어 로터가 전동기에 의하여 회전하면 바깥쪽 로터도 따라서 같은 방향으로 회전하

며, 안쪽 로터의 잇수가 바깥쪽 로터보다 1개가 적으므로, 바깥쪽 로터의 모양에 따라 배출량이 결정된다. 기어의 마모가 적고 소음이 적다.

10. 다음 중 2개의 회전자를 서로 90° 위상으로 설치하여 회전자간의 미소한 틈을 유지하고 역방향으로 회전시키는 공기 압축기는?　[22-2]
① 베인형　　　② 스크롤형
③ 스크루형　　④ 루트 블로어형

11. 다음 중 공기압 발생 장치의 원리가 다른 것은?　[06-4, 16-2]
① 베인 압축기
② 터보 압축기
③ 나사형 압축기
④ 피스톤 압축기

12. 다음 중 공압 발생 장치에 포함되지 않는 것은?　[18-1]
① 냉각기　　　② 압축기
③ 증압기　　　④ 에어 탱크
해설 증압기는 표준 유압 펌프 하나만으로 얻을 수 있는 압력보다 높은 압력을 발생시키는 데 사용된다.

13. 다음 중 압축기 흡입 필터의 눈 막힘 발생 시 나타나는 현상으로 가장 거리가 먼 것은?　[17-2]
① 용적 효율이 저하된다.
② 윤활유의 소비가 증가된다.
③ 실린더와 피스톤이 마모된다.
④ 토출 라인의 드레인과 진동이 감소된다.
해설 압축기 흡입 필터의 눈 막힘이 발생되면 진동이 증대된다.

14. 다음 중 공기 압축기의 운전 방법 중 압력 릴리프 밸브를 사용하는 방법은 어느 것인가? [14-2, 17-4, 21-2]
① 배기 조절   ② 흡입 조절
③ 그립-암 조절   ④ ON/OFF 조절

해설 배기 조절 방법은 설정 압력 이상이 공기 압축기에서 만들어지면 압력 릴리프 밸브를 설정 압력 이상을 모두 배기시킨다.

15. 다음 중 압축 공기의 소모량에 따라 공기 압축기의 운전을 조절하는 방식이 아닌 것은? [19-1]
① 저속 조절   ② 전압 조절
③ 무부하 조절   ④ ON/OFF 조절

해설 무부하 제어(no-load regulation)
㉠ 배기 제어 : 가장 간단한 제어 방법으로 압력 안전밸브(pressure relief V/V)로 압축기를 제어한다. 탱크 내의 설정된 압력이 도달되면 안전밸브가 열려 압축 공기를 대기 중으로 방출시키며, 체크 밸브가 탱크의 압력이 규정값 이하로 되는 것을 방지한다.
㉡ 차단 제어(shut-off regulation) : 피스톤 압축기에서 널리 사용되는 제어로서 흡입 쪽을 차단하여 공기를 빨아들이지 못하게 하며, 기압보다 낮은 압력(진공압)에서 계속 운전된다.
㉢ 그립-암(grip-arm) 제어 : 피스톤 압축기에서 사용되는 것으로 흡입 밸브를 열어 압축 공기를 생산하지 않도록 하는 방법이다.

16. 공기 압축기의 선정 시에는 사용 공기량의 수요 증가 또는 손실 공기량을 고려하여 몇 배 크기의 압축기를 선정하는 것이 바람직한가? [10-4]
① 1.5~2배 정도 크기
② 2.5~3배 정도 크기

③ 3.5~4배 정도 크기
④ 4.5~5배 정도 크기

17. 공기 압축기의 설치 조건으로 틀린 것은? [16-4]
① 고온, 다습한 장소에 설치한다.
② 지반이 견고한 장소에 설치한다.
③ 옥외 설치 시 직사광선을 피한다.
④ 고장 수리가 가능하도록 충분한 설치 공간을 확보한다.

해설 압축기의 설치 조건
㉠ 저온, 저습 장소에 설치하여 드레인 발생 억제
㉡ 지반이 견고한 장소에 설치(하중 5 t/m² 을 받을 수 있어야 되고, 접지 설치)
㉢ 유해물질이 적은 곳에 설치
㉣ 압축기 운전 시 진동 고려(방음, 방진벽 설치)
㉤ 우수, 염풍, 일광의 직접 노출을 피하고 흡입 필터 부착

18. 공기 압축기 토출부 직후에 설치하여 공기를 강제적으로 냉각시켜 공압 관로 중의 수분을 분리·제거하는 기기는? [16-4, 20-3]
① 냉각기
② 드레인 분리기
③ 메인 라인 필터
④ 오일 미스트 세퍼레이터

해설 냉각기는 압축기 토출부 직후에 설치하여 공기를 강제적으로 냉각시켜 공압 관로 중의 수분을 분리·제거하는 기기로 공랭식, 수랭식, 강제식이 있다.

19. 공기 냉각기(애프터 쿨러)에 관한 설명으로 틀린 것은? [20-4]
① 공기 압축기 후단, 에어 드라이어 앞단에 설치한다.

② 공랭식은 냉각 효과를 높이기 위해 방열판을 설치하며, 수랭식에 비해 교환 열량이 크다.

③ 압축기에서 나온 뜨거운 압축 공기를 냉각함으로써 수증기의 약 60% 정도를 제거한다.

④ 공랭식을 사용하면 냉각수를 사용하지 않아도 되므로 보수가 쉽고 유지비가 적게 든다.

해설 공랭식 냉각기는 수랭식에 비해 교환 열량이 적다.

20. 수랭식 공기 냉각기와 비교하여 공랭식 공기 냉각기의 장점이 아닌 것은? [19-4]
① 보수가 용이하다.
② 냉각 효율이 좋다.
③ 유지비가 적게 든다.
④ 단수나 동결의 염려가 없다.

해설 공랭식 냉각기 : 공기 배관에 방열용의 냉각 핀(fin)을 붙이고, 팬으로 송풍하여 냉각하게 되어 있으며, 공기가 잘 통하도록 벽으로부터 어느 정도 떨어지게 설치해야 한다. 냉각수의 설비가 필요 없으므로 단수나 동결의 염려가 없고 보수가 쉬우며 유지비가 적게 드는 장점이 있다.

21. 다음 압축 공기 청정화 기기의 설명 중 옳지 않은 것은? [06-4]
① 후부 냉각기(after cooler)는 액추에이터의 후부에 설치한다.
② 압축 공기가 현저하게 오염되어 있을 때에는 오일 미스트 분리기를 사용한다.
③ 제습기에는 냉동식과 흡수식 및 흡착식이 있다.
④ 드레인 자동 배출 방법에는 플로트식과 차압식이 있다.

해설 후부 냉각기는 압축기의 후부에 설치한다.

22. 압축 공기 저장 탱크의 구성요소가 아닌 것은? [22-1]
① 배수기
② 압력계
③ 유량계
④ 압력 안전밸브

해설 공압 탱크에는 압력 게이지, 안전밸브, 드레인 밸브가 설치되어 있다.

23. 다음 중 압축 공기 중에 포함되어 있는 수분을 제거하기 위한 건조기의 종류가 아닌 것은? [11-4]
① 수랭식 건조기
② 흡수식 건조기
③ 흡착식 건조기
④ 냉동식 건조기

해설 건조기에는 흡수식, 흡착식, 냉동식이 있다.

23-1 다음 중 압축 공기의 건조 방식이 아닌 것은? [08-4]
① 흡수식
② 흡착식
③ 냉동 건조식
④ 고온 건조식

정답 ④

24. 실리카 겔(SiO_2 : 실리콘 디옥사이드)과 같은 물질을 사용하여 압축 공기 속의 수분을 제거하는 방식은? [18-4]
① 고온 건조
② 저온 건조
③ 흡수식 건조
④ 흡착식 건조

해설 흡착식 드라이어 : 습기에 대하여 강력한 친화력을 갖는 실리카 겔, 활성 알루미나 등의 고체 흡착 건조제를 두 개의 타워 속에 가득 채워 습기와 미립자를 제거하여 건조 공기를 토출하며, 건조제를 재생(제습청정)시키는 방식이다. 최대 −70℃ 정도까지의 저노점을 얻을 수 있다.

25. 다음 공기압 서비스 유닛에서 기기 순서가 바르게 나열된 것은? [19-2]
① 필터 → 압력 조절기 → 윤활 장치
② 윤활 장치 → 필터 → 압력 조절기
③ 윤활 장치 → 압력 조절기 → 필터
④ 압력 조절기 → 필터 → 윤활 장치

해설 공기압이 건조기에서 서비스 유닛 내에 있는 필터를 통과한 후 압력계가 붙은 감압밸브인 압력 조절기를 통과한 후 윤활기를 거쳐 밸브로 공급된다.

25-1 다음 중 공기압 조정 유닛의 구성 요소로 맞는 것은? [08-4, 13-4]
① 필터, 압력 조절기, 냉각기
② 윤활기, 압력 조절기, 건조기
③ 필터, 윤활기, 축압기
④ 필터, 윤활기, 압력 조절기

정답 ④

25-2 공압용 서비스 유닛(service unit)의 구성 요소로 짝지어진 것은? [07-4]
① 공압 필터 – 압력 조절기 – 윤활기
② 공압 필터 – 냉각기 – 윤활기
③ 윤활기 – 압력 조절기 – 냉각기
④ 공압 필터 – 압력계 – 건조기

정답 ①

26. 다음 중 공압에서 드레인이 발생하는 이유는? [10-4]
① 사용 압력의 과다
② 밸브의 가공 공차
③ 수증기의 응축
④ 조작 오류

27. 공압 시스템의 서비스 유닛에 대한 설명으로 틀린 것은? [15-2]
① 서비스 유닛은 필터, 압력 조절 밸브, 윤활기로 구성된다.
② 압력 조절 밸브는 입구 측의 최대 압력보다 높게 설정해야 한다.
③ 작동 속도가 빠르거나 직경이 큰 실린더를 사용하는 경우 윤활기를 사용한다.
④ 필터 통과 시 압력 강하가 0.4~0.6bar 이상이면 필터를 청소하거나 교환해야 한다.

28. 공압 장치에서는 압축된 공기를 사용하여 필요에 따라 윤활을 한다. 압축 공기를 사용하는 윤활의 목적이 아닌 것은 어느 것인가? [09-4]
① 기기의 윤활
② 마모의 감소
③ 공기 사용량 절감
④ 부식 방지

29. 다음 중 윤활기에 대한 설명으로 옳은 것은? [20-2]
① 윤활기는 파스칼의 원리를 적용한 것이다.
② 과도하게 윤활의 양이 많아도 부품들의 동작에 영향이 없다.
③ 공압 기기에 충분한 윤활제를 공급하는 것이다.
④ 윤활된 공기는 실린더 운동에 소모되어 환경오염에 영향이 없다.

해설 ㉠ 윤활기는 가능한 한 실린더에서 가까이 설치한다.
㉡ 극히 고속의 왕복 운동일 때 윤활이 필요하다.
㉢ 윤활기의 용기는 트리클로로에틸렌으로 세척해서는 안 되고 광물성 기름으로 세척해야 한다.

정답 → **25.** ① **26.** ③ **27.** ② **28.** ③ **29.** ③

29-1 다음은 윤활기에 대한 설명이다. 맞는 것은? [16-2]
① 윤활기는 파스칼의 원리를 적용한 것이다.
② 과도하게 윤활의 양이 많아도 부품들의 동작에 영향이 없다.
③ 직경이 125mm 이상인 실린더를 사용하는 경우 윤활이 필요하다.
④ 윤활된 공기는 실린더 운동에 소모되어 환경오염에 영향이 없다.
정답 ③

30. 다음 공압 기기 중 방향 제어 밸브의 응답 시간 특성 설명 중 옳지 않은 것은 어느 것인가? [13-4]
① 응답 속도는 직동식이 파일럿식보다 상대적으로 더 빠르다.
② 응답 속도는 교류식이 직류식보다 더 빠르다.
③ 응답 안정성은 직류식이 교류식보다 더 좋다.
④ 직동형 밸브에서 밸브의 크기가 클수록 응답속도는 더 빠르다.
해설 ①, ②, ③항은 옳음, ④항은 근거 없음

31. 공압에서 압력 제어 밸브의 종류와 용도의 연결이 틀린 것은? [14-2, 17-4]
① 감압 밸브 – 압력을 일정하게 유지
② 압력 스위치 – 압력 상태를 연속적으로 지시
③ 시퀀스 밸브 – 작동 순서에 따른 액추에이터의 동작
④ 릴리프 밸브 – 시스템의 최대 허용 압력 초과 방지

32. 다음 중 공압 실린더를 사용한 클림핑 장치에서 정전과 같은 비정상 시에 클램프가 풀리지 않도록 할 수 있는 방향 제어 밸브는? [18-2]
① 판 슬라이드 플로트 위치형 밸브
② 판 슬라이드 올 포트 블록형 밸브
③ 5포트 2위치 스프링 오프셋형 싱글 솔레노이드 밸브
④ 5포트 3위치 exhaust 센터형 더블 솔레노이드 밸브

33. 공기압 유량 제어 밸브에 대한 설명으로 틀린 것은? [21-2]
① 공기압 회로의 유량을 저정하고자 할 때 사용하는 것은 교축 밸브이다.
② 공기압 실린더의 속도 제어를 위해 방향 제어 밸브와 실린더의 중간에 설치하는 것은 속도 제어 밸브이다.
③ 공기압의 속도 제어는 배기 교축에 의한 속도 제어 회로를 주로 채택한다.
④ 공기압 실린더의 배기 유량을 감소시켜 실린더의 속도를 증가시키는 것은 급속 배기 밸브이다.
해설 공기압 실린더의 배기 유량을 감소시키면 실린더의 속도는 감속이 되며, 급속 배기 밸브는 배기 유량을 증가시키는 밸브이다.

34. 공압 실린더의 배기압을 빨리 제거하여 실린더의 전진이나 복귀 속도를 빠르게 하기 위한 목적으로 실린더와 최대한 가깝게 설치하여 사용하는 밸브는? [07-4, 18-2]
① 급속 배기 밸브 ② 배기 교축 밸브
③ 압력 제어 밸브 ④ 쿠션 조절 밸브
해설 실린더의 속도를 증가시키는데 사용할 수 있는 밸브는 급속 배기 밸브이다.

34-1 실린더의 속도를 증가시키는데 사용할 수 있는 밸브는? [17-2]
① 2압 밸브
② 급속 배기 밸브
③ 교축 릴리프 밸브
④ 압력 시퀀스 밸브
정답 ②

35. 관성으로 인한 충격으로 실린더가 손상되는 것을 방지하기 위해 쿠션 장치가 내장된 공기압 실린더에 부착하여 함께 사용하면 쿠션 효과가 감소되는 것은? [22-2]
① 급속 배기 밸브
② 압력 조절 밸브
③ 교축 릴리프 밸브
④ 파일럿 체크 밸브
해설 쿠션 장치는 실린더 끝단의 속도를 감속시키는 장치이고, 급속 배기 밸브는 실린더의 속도를 증속시키는 요소이므로 서로 상반되는 기능을 갖는 것이다.

35-1 공압 실린더를 이용하여 무거운 물체를 움직일 경우 관성으로 인한 충격으로 실린더가 손상되는 것을 방지하기 위해 피스톤의 끝단에 쿠션 장치를 내장한 공압 실린더를 사용한다. 이러한 실린더를 사용하는 경우, 함께 사용하면 쿠션 효과가 감소되는 요소는? [10-4]
① 파일럿 체크 밸브
② 급속 배기 밸브
③ 교축 릴리프 밸브
④ 압력 조절 밸브
정답 ②

36. 급속 배기 밸브의 사용 목적은? [20-4]
① 실린더 피스톤을 보호한다.
② 실린더의 이동 속도를 느리게 한다.

③ 실린더의 이동 속도를 빠르게 한다.
④ 실린더의 피스톤이 원하는 위치에 정지시키고자 사용한다.
해설 급속 배기 밸브(quick release valve or quick exhaust valve) : 액추에이터의 배출 저항을 적게 하여 속도를 빠르게 하는 밸브로 가능한 액추에이터 가까이에 설치하며, 충격 방출기는 급속 배기 밸브를 이용한 것이다.

37. 공기의 흐름을 한쪽 방향으로만 자유롭게 흐르게 하고, 반대 방향으로의 흐름을 저지하는 밸브는? [07-4, 15-2]
① 차단(shut-off) 밸브
② 스풀(spool) 밸브
③ 체크(check) 밸브
④ 포핏(poppet) 밸브
해설 체크 밸브(check valve) : 역류 방지 밸브로 흡입형, 스프링 부하형, 유량 제한형, 파일럿 조작형으로 나눈다.

38. 압축 공기가 2개의 입구 중 어느 하나에만 입력이 있어도 신호가 출구로 나가게 되는 밸브는? [18-4]
① 2압 밸브　② 셔틀 밸브
③ 차단 밸브　④ 체크 밸브

39. 다음 공기압 밸브 중 OR 논리를 만족시키는 밸브는? [12-4, 19-2]
① 2압 밸브
② 셔틀(shuttle) 밸브
③ 파일럿 조작 체크 밸브
④ 3/2-way 정상 상태 열림형 밸브
해설 셔틀 밸브(shuttle valve, OR valve) : 3 방향 체크 밸브, OR 밸브, 고압 우선 셔틀 밸브라고도 하는데, 체크 밸브를 2개 조합한 구조로 되어 있어 1개의 출구 A와 2개의 입구 X, Y가 있고, 공압 회로에서 그

종류의 공압 신호를 선택하여 마스터 밸브에 전달하는 경우에 사용된다.

39-1 다음 중 OR 밸브라고도 불리는 밸브는? [10-4]
① 셔틀 밸브   ② 체크 밸브
③ 2압 밸브   ④ 감압 밸브

해설 공압 밸브 중 OR 논리를 만족시키는 밸브는 셔틀(shuttle) 밸브이다.

정답 ①

40. 두 개의 입구 X와 Y를 갖고 있으며 출구는 A 하나이다. 입구 X, Y에 각기 다른 압력을 인가했을 때 고압이 A로 출력되는 특징을 갖는 공압 논리 밸브는? [15-4, 21-1]
① 급속 배기 밸브
② 교축 릴리프 밸브
③ 고압 우선 셔틀 밸브
④ 저압 우선 셔틀 밸브

해설 셔틀 밸브 또는 OR 밸브에서 2개의 공압 신호가 동시에 입력되면 압력이 높은 쪽이 먼저 출력되므로 고압 우선 셔틀 밸브라고도 한다.

41. 공압 밸브에 대한 설명 중 옳지 않은 것은? [11-4, 19-4]
① 2압 밸브는 안전 제어, 검사 기능 등에 사용된다.
② 2개의 압력 공기 중 압력이 높은 공압 신호만 출력되는 밸브를 셔틀 밸브라 한다.
③ 2개의 압축 공기가 입력되어야만 출구로 압축 공기가 흐르는 밸브를 2압 밸브라 한다.
④ 셔틀 밸브에서 2개의 공압 신호가 동시에 입력되면 압력이 낮은 쪽이 먼저 출력된다.

해설 셔틀 밸브에서 2개의 공압 신호가 동시에 입력되면 압력이 높은 쪽이 먼저 출력되므로 고압 우선 셔틀 밸브라고도 한다.

42. 다음 중 공압 기기에 관한 설명이 틀린 것은? [20-3]
① 감압 밸브 : 2차 측의 압력을 일정하게 한다.
② 셔틀 밸브 : 안전장치, 검사 기능, 연동 제어에 사용된다.
③ 압력 스위치 : 공기 압력 신호를 전기 신호로 변환한다.
④ 시퀀스 밸브 : 액추에이터의 동작을 정해진 순서에 따라 작동시킨다.

해설 셔틀 밸브는 양쪽 제어(double control) 밸브 또는 양쪽 체크 밸브(double check valve)라고 한다. 두 개의 입구 X와 Y를 갖고 있으며 출구는 A 하나이다. 이 밸브는 서로 다른 위치에 있는 신호 밸브(signal valve)로 부터 나오는 신호를 분류하고, 제2의 신호 밸브로 공기가 빠져나가는 것을 방지해 주기 때문에 OR 요소라고도 한다. 만약 실린더나 밸브가 두 개 이상의 위치로 부터 작동되어야만 할 때는 이 셔틀 밸브(OR 밸브)를 꼭 사용하여야 한다.

42-1 밸브의 종류와 사용 목적의 연결이 틀린 것은? [16-4]
① 감압 밸브 : 2차 측의 압력을 일정하게 한다.
② 셔틀 밸브 : 안전장치, 검사 기능, 연동 제어에 사용된다.
③ 압력 스위치 : 공기 압력 신호를 전기 신호로 변환한다.
④ 시퀀스 밸브 : 액추에이터의 동작을 정해진 순서에 따라 작동시킨다.

정답 ②

43. 두 개의 입구와 한 개의 출구가 있는 밸브로 두 개의 입구에 압력이 모두 작용해야 출력이 발생하는 밸브는? [08-4, 22-2]

① 스톱(stop) 밸브
② 셔틀(shuttle) 밸브
③ 급속 배기(quick exhaust) 밸브
④ 2압(two pressure) 밸브

해설 2압 밸브 : AND 요소로서 두 개의 입구 X와 Y 두 곳에 동시에 공압이 공급되어야 하나의 출구 A에 압축 공기가 흐르고, 압력 신호가 동시에 작용하지 않으면 늦게 들어온 신호가 A 출구로 나가며, 두 개의 신호가 다른 압력일 경우 작은 압력 쪽의 공기가 출구 A로 나가게 되어, 안전 제어, 검사 등에 사용된다.

43-1 압축 공기가 두 개의 입구에 모두 작용할 때 출구에 압축 공기가 나오는 동작을 하는 밸브는? [20-2]

① 2압 밸브   ② OR 밸브
③ 감압 밸브   ④ 분류 밸브

정답 ①

44. 다음 중 공압 센서의 특징으로 틀린 것은? [16-2]

① 자장의 영향에 둔감하다.
② 높은 작동 힘이 요구되는 곳에 사용된다.
③ 폭발 방지를 필요로 하는 장소에서도 사용된다.
④ 물체의 재질이나 색에 영향을 받지 않고 검출할 수 있다.

45. 대기압보다 낮은 압력을 이용하여 부품을 흡착하여 이동시키는 데 사용하는 공기압 기구는? [16-2, 19-2]

① 진공 패드   ② 액추에이터
③ 배압 감지기   ④ 공기 배리어기

해설 진공 패드 : 흡입 컵(suction cup)을 부착하여 여러 종류의 물체를 운반하는 데에 사용하는 것으로 흡입 노즐은 벤투리(venturi) 원리에 의하여 작동된다.

46. 다음 중 공압 액추에이터가 아닌 것은 어느 것인가? [08-4]

① 공압 실린더   ② 공기 압축기
③ 공압 모터   ④ 요동 액추에이터

47. 공압 단동 실린더가 될 수 없는 실린더는? [17-4]

① 램형 실린더
② 벨로스 실린더
③ 양 로드 실린더
④ 다이어프램 실린더

해설 양 로드 실린더 : 전진과 후진 시 추력이 같은 장점을 갖는 실린더이다.

48. 전진과 후진 시 추력이 같은 장점을 갖는 실린더는? [21-4]

① 탠덤 실린더
② 양 로드 실린더
③ 다위치형 실린더
④ 텔레스코프형 실린더

48-1 다음 중 공기압 작업 요소 중에서 전진과 후진 시의 추력이 같은 장점을 갖는 실린더는? [14-2]

① 탠덤형   ② 양 로드형
③ 다위치형   ④ 텔레스코프형

정답 ②

49. 다음 그림과 같이 실린더 튜브 내에 자석이 설치되어 있고 실린더 외부에도 환형의 자석이 설치되어 자력 커플링으로 결속

4 과목

된 환형의 몸체가 실린더 튜브를 따라 이송할 수 있는 실린더는? [13-4, 20-3]

① 충격 실린더
② 탠덤 실린더
③ 로드리스 실린더
④ 양 로드형 실린더

해설 그림은 로드리스 실린더이다.

50. 다음 중 충격 실린더의 사용 목적으로 가장 적합한 것은? [09-4, [17-2]

① 균일한 속도를 얻기 위해
② 순간적인 큰 힘을 얻기 위해
③ 스틱립 현상을 방지하기 위해
④ 충격을 흡수하여 기기를 보호하기 위해

51. 다음 중 공기압 작업 요소의 설명이 틀린 것은? [18-1, 21-2]

① 격판 실린더는 격판에 부착된 피스톤 로드가 미끄럼 실링되어 있다.
② 회전 실린더는 피니언과 랙 등의 구조를 이용하여 회전 운동을 할 수 있다.
③ 탠덤 실린더는 2개의 복동 실린더가 1개의 실린더 형태로 된 것이다.
④ 다위치 제어 실린더는 2개 또는 그 이상의 복동 실린더로 구성된다.

52. 행정 거리가 200mm와 300mm인 두 개의 복동 실린더로 다위치 제어 실린더를 구성하여 부품을 핸들링하려고 한다. 다위치 제어 실린더로 구현할 수 없는 위치는 얼마인가? [15-2]

① 200mm
② 300mm

③ 500mm
④ 600mm

해설 행정 거리가 200mm와 300mm인 두 개의 복동 실린더로 다위치 제어 실린더를 구성하여 구현할 수 있는 위치는 0, 200, 300, 500(200+300)mm의 4위치이다.

53. 공기압 실린더의 설치 형식이 아닌 것은? [12-4, 21-1]

① 풋형
② 플랜지형
③ 타이로드형
④ 트러니언형

해설 설치 형식에 따른 분류 : 풋형, 플랜지형, 트러니언형, 피벗형

54. 실린더 고정 방법 중 L형 고정 방식인 것은? [06-4]

① 풋(foot)형
② 볼(ball)형
③ 클레비스(clevis)형
④ 트러니언(trunnion)형

55. 실린더의 설치 시 요동이 허용되는 방법은? [20-3]

① 풋형
② 나사형
③ 플랜지형
④ 트러니언형

56. 실린더의 이론 출력을 계산하기 위해 필요한 요소가 아닌 것은? [15-4, 20-2]

① 공기 압력
② 실린더 행정 거리
③ 실린더 튜브 내경
④ 피스톤 로드 내경

해설 실린더의 출력은 공기 압력, 실린더 튜브 내경이나 피스톤 외경, 로드의 외경에 의해 결정된다.

57. 다음 중 공기압 모터의 특징으로 옳은 것은? [22-1]

① 공기압 모터는 과부하에 대하여 비교적 안전하다.
② 요동형 공기압 모터는 회전각의 제한이 없다.
③ 공기압 모터를 사용하면 고속을 얻기가 어렵다.
④ 공기압 모터의 회전 속도는 무단으로 조절할 수 없다.

해설 • 공압 모터의 장점
  ㉠ 값이 싼 제어 밸브만으로 속도, 토크를 자유롭게 조절할 수 있다.
  ㉡ 과부하 시에도 아무런 위험이 없고, 폭발성도 없다.
  ㉢ 시동, 정지, 역전 등에서 어떤 충격도 일어나지 않고 원활하게 이루어진다.
  ㉣ 에너지를 축적할 수 있어 정전 시 비상용으로 유효하다.
  ㉤ 이물질에 강하고 회전 속도가 빠르다.
• 공압 모터의 단점
  ㉠ 에너지 변환 효율이 낮다.
  ㉡ 공기의 압축성에 의해 제어성은 그다지 좋지 않다.
  ㉢ 배기음이 크다.
  ㉣ 일정 회전수를 고정도로 유지하기 어렵다.

58. 공압 모터의 특성이 아닌 것은? [15-4]

① 과부하에 안전함
② 속도 범위가 넓음
③ 고속을 얻기가 어려움
④ 무단 속도 및 출력 조절이 가능

59. 공압 모터의 특징이 아닌 것은? [18-4]

① 배기음이 크다.
② 제어성이 우수하다.
③ 에너지 변환 효율이 낮다.
④ 부하에 의해 회전수 변동이 크다.

60. 다음 중 공기압 모터의 특징으로 틀린 것은? [19-2]

① 폭발 및 과부하에 안전하다.
② 회전 방향을 쉽게 바꿀 수 있다.
③ 속도를 무단으로 조절할 수 있다.
④ 구동 초기에 최고 회전 속도를 얻을 수 있다.

해설 공압은 압축성을 이용한 것이므로 운전 초기에 적당한 압력이 형성되어야 원활한 회전이 된다.

61. 다음 중 공압 모터의 특징으로 틀린 것은? [19-4]

① 시동 정지 시 충격 발생이 없다.
② 장시간 운전 시 폭발의 위험이 있다.
③ 회전 속도를 자유롭게 조절할 수 있다.
④ 에너지를 축적할 수 있어 정전 시 비상용으로 유효하다.

해설 공압은 폭발의 위험이 없다.

62. 공압 모터의 사용상 주의점과 거리가 먼 것은? [11-4]

① 고속 회전 및 저온에서의 사용 시 결빙에 주의한다.
② 배관 및 밸브는 될 수 있는 한 유효 단면적이 큰 것을 사용한다.
③ 모터의 진동 소음 문제로 밸브는 가급적 모터에서 먼 곳에 설치한다.
④ 윤활기를 반드시 사용하고 윤활유 공급이 중단되어도 소손되지 않도록 한다.

해설 밸브는 가급적 액추에이터의 가까운 곳에 설치한다.

4 과목

63. 케이싱으로부터 편심된 회전자에 날개가 끼워져 있는 구조이며, 날개와 날개 사이에 발생하는 수압 면적 차에 의해 토크를 발생시키는 공압 모터는? [16-4]
① 기어형　　　② 베인형
③ 터빈형　　　④ 피스톤형

해설 케이싱 안쪽에 베어링이 있고 그 안에 편심 로터가 있으며, 이 로터에는 가늘고 긴 홈(slot)이 있어서 날개(vane)를 안내하는 역할을 한다.

64. 요동형 실린더가 아닌 것은? [21-1]
① 베인형 실린더
② 피스톤형 실린더
③ 스크루형 실린더
④ 로킹 암 실린더

해설 로킹 암 실린더는 존재하지 않는다.

65. 공유압 변환기의 사용 시 주의사항으로 적절한 것은? [16-2, 21-2]
① 수평 방향으로 설치한다.
② 발열 장치 가까이 설치한다.
③ 반드시 액추에이터보다 낮게 설치한다.
④ 액추에이터 및 배관 내의 공기를 충분히 뺀다.

해설 공유압 변환기의 사용상의 주의점
㉠ 공유압 변환기는 액추에이터보다 높은 위치에 수직 방향으로 설치한다.
㉡ 액추에이터 및 배관 내의 공기를 충분히 뺀다.
㉢ 열원 가까이에서 사용하지 않는다.

66. 다음 중 공기압 파이프 연결기가 아닌 것은? [21-1]
① 나사 연결기
② 링형 연결기
③ 플랜지 연결기
④ 클램프형 연결기

해설 • 파이프 연결기 : 링형 연결기, 클램프 링 연결기, 블록형 연결기, 플랜지형 연결기
• 호스 연결기 : 소켓형, 플러그형
• 튜브 연결기 : 나사 연결기, 가시 나사 연결기, 플라스틱용 급속 연결기, CS 연결기

67. 다음 중 공기압 파이프 이음 방법이 아닌 것은? [16-2]
① 나사 이음
② 용접 이음
③ 플레어 이음
④ 플랜지 이음

1-4 공유압 기호 및 회로

1. 다음 중 공유압 회로도를 보고 알 수 없는 것은? [16-4]
① 관로의 실제 길이
② 유체 흐름의 방향
③ 유체 흐름의 순서
④ 공유압 기기의 종류

해설 공유압 회로도에서는 관로의 길이를 알 수 없다.

2. 다음 기호 중에서 공압 필터를 나타내는 것은? [10-4]

①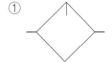
②
③
④

해설 ①은 윤활기, ②는 건조기, ③은 드레인 배출기(KS B 0045)

3. 다음 유체 조정 기기 도면 기호의 명칭은 무엇인가? [16-2, 19-4]

① 루브리케이터
② 드레인 배출기
③ 에어 드라이어
④ 기름 분무 분리기

해설 이 기호는 건조기 기호이다.

4. 방향 제어 밸브의 조작 명칭과 기호의 연결이 틀린 것은? [09-4, 17-4, 21-2]

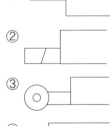

해설 ①은 공기압 조작 방식이다.

5. 방향 제어 밸브의 조작 방식 기호 중 기계적 방식이 아닌 것은? [08-4]

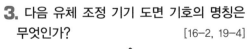

해설 ②는 솔레노이드 방식이다.

6. 다음 방향 전환 밸브의 전환 조작 중 파일럿 조작을 나타내는 것은? [14-2]

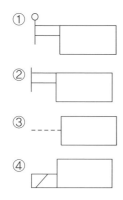

① 1   ② 2

7. 다음 밸브의 제어 라인에 부여하는 숫자로 옳은 것은?   [18-4]

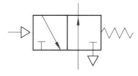

① 1   ② 2
③ 10   ④ 13

해설 밸브의 기호 표시법

라인	ISO 1219	ISO 5509/11
작업 라인	A, B, C – –	2, 4, 6 – –
공급 라인	P	1
드레인 라인	R, S, T	3, 5, 7
제어 라인	Y, Z, X	10, 12, 14

8. 다음 중 공기압 요소의 표시 방법 중 숫자를 이용한 방법에서 2.4라는 숫자의 의미로 옳은 것은 어느 것인가? (단, 제어 대상은 실린더이다.)   [16-4, 20-2]

① 2번 실린더의 전진 단에 설치된 요소
② 2번 실린더의 후진 단에 설치된 요소
③ 2번 실린더의 전진 운동에 관계되는 요소
④ 2번 실린더의 후진 운동에 관계되는 요소

해설 두 번째 숫자에서 짝수는 전진, 홀수는 후진을 뜻한다.

9. 다음의 공기압 기호에 관한 설명으로 틀린 것은?   [07-4, 20-4]

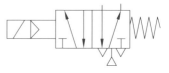

① 5포트 2위치 방향 제어 밸브이다.
② 플런저 조작 방식의 방향 제어 밸브이다.
③ 조작력을 가하지 않은 초기 상태가 오른쪽이다.
④ 절환 위치에 따라 2개의 배기 포트를 번갈아 사용한다.

해설 공기압 간접 작동 파일럿 솔레노이드 조작 방식의 방향 제어 밸브이다.

10. 다음 그림과 같이 솔레노이드 작동 스프링 복귀형의 4포트 2위치 밸브에서 B포트를 막으면 어떤 밸브가 되는가?   [09-4, 17-4]

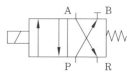

① 2포트 2위치 정상 상태 열림형 밸브
② 2포트 2위치 정상 상태 닫힘형 밸브
③ 3포트 2위치 정상 상태 열림형 밸브
④ 3포트 2위치 정상 상태 닫힘형 밸브

11. 그림과 같은 밸브의 B포트를 막았을 때와 같은 기능을 하는 밸브는?   [22-1]

①
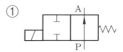

②

③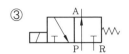

④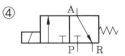

12. 다음 밸브의 간략 기호는? [20-2]

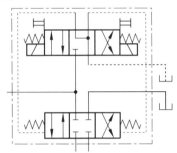

①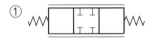

②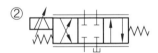

③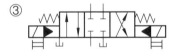

④

해설 이 밸브는 솔레노이드 간접 작동 4/3 밸브로 초기 상태가 올포트 블록이며, 수동 조작이 가능한 것이다.

13. 실린더의 속도를 급속히 증가시키는 목적으로 사용하는 밸브는? [18-1, 21-4]

①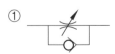

②

③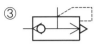

④

해설 급속 배기 밸브(quick release valve or quick exhaust valve) : 액추에이터의 배출 저항을 적게 하여 속도를 빠르게 하는 밸브로, 가능한 액추에이터 가까이에 설치하며, 충격 방출기는 급속 배기 밸브를 이용한 것이다.

13-1 아래 기호의 명칭은 무엇인가? [06-4]

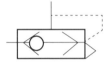

① 셔틀 밸브
② 2압 밸브
③ 체크 밸브
④ 급속 배기 밸브

정답 ④

14. 다음 기호 중에서 공기압 모터를 나타낸 것은? [15-4, 21-1]

①

②

③

④

4 과목

해설 ② : 고정 체적형 한 방향 유압 펌프
③ : 고정 체적형 한 방형 유압 펌프 모터
④ : 가변형 한 방향 유압 모터

14-1 다음 기호 중에서 공기압 모터를 나타낸 것은? [11-4]

①   ②

③   ④

정답 ③

15. 많은 공압 기기를 사용하는 공장의 주관로에 대한 공압 배관 방법으로 올바른 것은 어느 것인가? [08-4]
① 주관로는 압력 강하를 보상하기 위하여 스트레이트로 편도 배관을 한다.
② 주관로는 보수의 용이성을 고려하여 플렉시블한 고무 호스로 배관을 한다.
③ 주관로 크기를 결정할 때 소요 공기량 산출 기준은 모든 액추에이터의 체적으로 나누어 결정한다.
④ 주관로는 1~2% 정도의 기울기를 주고, 가장 낮은 곳에 드레인 자동 배수 밸브를 설치한다.

16. 공압을 이용한 시퀀스 제어에서 발생하는 신호의 간섭을 제거할 수 있는 방법으로 틀린 것은? [07-4, 15-4]
① 공압 타이머를 이용한 방법
② 압력 조절 밸브를 이용한 방법
③ 오버 센터를 이용한 방법
④ 방향성 롤러 레버를 이용한 방법

17. 캐스케이드 회로에 대한 설명으로 틀린 것은? [13-4, 19-1]
① 제어에 특수한 장치나 밸브를 사용하지 않고 일반적으로 이용되는 밸브를 사용한다.
② 작동 시퀀스가 복잡하게 되면 제어 그룹의 개수가 많아지게 되어 배선이 복잡하고, 제어 회로의 작성도 어렵게 된다.
③ 작동에 방향성이 없는 리밋 스위치를 이용하고, 리밋 스위치가 순서에 따라 작동되어야만 제어 신호가 출력되기 때문에 높은 신뢰성을 보장할 수 있다.
④ 캐스케이드 밸브가 많아지게 되면 제어 에너지의 압력 상승이 발생되어 제어에 걸리는 스위칭 시간이 짧아지는 단점이 있다.

해설 캐스케이드 밸브가 많아지게 되면 캐스케이드 밸브는 직렬로 연결되어 있기 때문에 제어 에너지의 압력 강하가 발생되어 제어에 걸리는 스위칭 시간이 길어지는 단점이 있다.

18. 공유압 실린더의 속도를 제어하는 방법으로 맞는 것은? [13-4]
① 유압 실린더의 속도 제어는 릴리프 밸브를 조정하여 압력을 변화시켜 제어한다.
② 공압 실린더의 속도 제어는 감압 밸브를 조정하여 압력을 변화시켜 제어한다.
③ 공압 실린더의 속도 제어는 방향 제어 밸브를 조정하여 유량을 변화시켜 제어한다.
④ 유압 실린더의 속도 제어는 유량 제어 밸브를 조정하여 유량을 변화시켜 제어한다.

해설 공유압 실린더의 출력은 압력으로 제어하고, 속도는 유량으로 제어한다.

19. 다음 중 일반적인 단동 실린더의 속도 제어에 적합한 방법은? [17-2]
① 재생 제어
② 미터 인 제어
③ 미터 아웃 제어
④ 블리드 오프 제어

20. 다음 중 조작하고 있는 동안만 열리는 접점으로 조작 전에는 항상 닫혀 있는 접점은 어느 것인가? [20-3]
① a접점　　　② b접점
③ c접점　　　④ d접점

21. 미리 정해진 순서에 따라 동일한 유압원을 이용하여 여러 가지 기계 조작을 순차적으로 수행하는 회로는? [12-4, 16-4, 21-3]
① 증압 회로
② 시퀀스 회로
③ 언로드 회로
④ 카운터 밸런스 회로

해설 두 개 이상의 실린더를 제어하거나 정해진 순서에 의해 작업을 진행할 때 앞 작업의 종료를 확인하고 다음 작업을 지속적으로 진행하는 회로를 시퀀스 회로라 한다.

22. 다음 중 공유압 장치의 전기 시퀀스 제어 회로를 설계할 때 고려 사항으로 틀린 것은? [20-3]
① 대상 시스템의 동작 순서는 고려하지 않는다.
② 비용, 설비 관리자의 수준이 고려되어야 한다.
③ 설계 전 충분히 대상 시스템을 파악해야 한다.
④ 설계 절차에 따라 순차적으로 진행되어야 한다.

23. 다음 그림과 같은 공압 회로의 명칭은 무엇인가? [14-4]

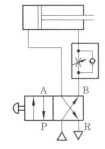

① 미터 아웃 속도 제어 회로
② 급속 배기 밸브 제어 회로
③ 미터 인 속도 제어 회로
④ 블리드 오프(bleed-off) 회로

해설 이것은 미터 아웃 전진 속도 제어 회로이다.

24. 다음 회로에 대한 설명 중 옳은 것은 어느 것인가? [12-4, 18-2, 22-2]

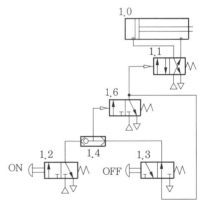

① 1.3 밸브를 누르면 1.0 실린더가 전진하고, 1.2 밸브를 누르면 1.0 실린더가 후진한다.
② 1.2 밸브와 1.3 밸브를 동시에 동작시켜야 실린더가 전진하고, 두 밸브를 동시에 놓아야 즉시 후진한다.
③ 1.2 밸브와 1.3 밸브를 동시에 동작시켜야 실린더가 전진하고, 두 밸브 중 하나를 놓으면 즉시 후진한다.

4 과목

④ 1.2 밸브를 누르면 1.0 실린더가 전진하고, 1.2 밸브를 놓아도 계속 전진하며, 1.3 밸브를 누르면 1.0 실린더가 후진하고, 1.3 밸브를 놓아도 계속 후진한다.

해설 공압의 자기 유지 회로로서 1.2 밸브를 누르면 1.0 실린더가 전진하고, 1.2 밸브를 놓아도 계속 전진한다. 1.3 밸브를 누르면 1.0 실린더가 후진하고, 1.3 밸브를 놓아도 계속 후진한다.

25. 공유압 시퀀스 회로에서 시퀀스가 차질이 일어나지 않도록 또 차질이 일어날 경우 절대로 다음 공정에 들어가지 않도록 방지하는 것은? [16-2]
① 기억 회로　　② 우선 회로
③ 인터로크 회로　④ 자기 유지 회로

해설 인터로크 회로 : 이 회로는 복수의 작동일 때 어떤 조건이 구비될 때까지 작동을 저지시키는 회로로, 기기를 안전하고 확실하게 운전시키기 위한 판단 회로이다.

26. 다음 압력 제어 밸브 기호의 명칭은 어느 것인가? [19-1]

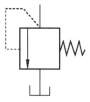

① 분류 밸브　　② 릴리프 밸브
③ 무부하 밸브　④ 시퀀스 밸브

26-1 다음 유압 기호는 무엇을 표시하는가? [10-1]

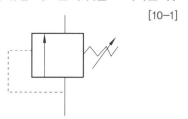

① 릴리프 밸브
② 리듀싱 밸브
③ 파일럿 체크 밸브
④ 유량 조정 밸브

정답 ①

27. 다음의 기호는 무엇인가? [06-4]

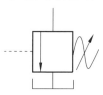

① 시퀀스 밸브
② 카운터 밸런스 밸브
③ 언로드 밸브
④ 리듀서 밸브

28. 다음 기호에 대한 설명이 틀린 것은 어느 것인가? [17-4]

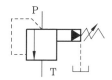

① 내부 드레인이다.
② 파일럿 작동형이다.
③ 정상 상태에서 닫혀 있다.
④ 1차 압력을 일정하게 한다.

29. 다음 밸브의 명칭과 역할은? [22-1]

① 감압 밸브 : 실린더 전진 시 압력 제어
② 릴리프 밸브 : 회로의 압력을 일정하게 유지

③ 일방향 유량 제어 밸브 : 실린더 후진 속도 제어

④ 카운터 밸런스 밸브 : 실린더 자중에 의한 낙하 방지

해설 카운터 밸런스 밸브는 자중에 의해 낙하되는 경우, 즉 인장 하중이 발생되는 곳에 배압을 발생시켜 이를 방지하기 위한 것으로 릴리프 밸브와 체크 밸브를 내장한다.

30. 다음 유압 회로도에서 ⓐ 기기의 역할로 옳은 것은? [20-3]

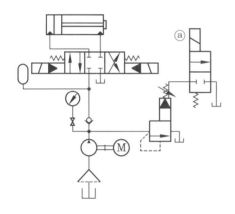

① 회로 내 발생되는 서지 압력을 흡수한다.
② 기계 정지 시간에 유압유를 탱크로 언로드 시킨다.
③ 실린더의 전진 완료 후, 클램프 압력을 유지한다.
④ 실린더 전후진 시 속도를 일정하게 제어한다.

31. 유압 액추에이터의 속도를 제어하기 위한 방법이 아닌 것은? [13-4]
① 미터 인   ② 미터 아웃
③ 급속 배기   ④ 블리드 오프

해설 유압은 배기하지 않는다.

32. 다음 유압 회로도를 구성하는 각 기기의 명칭을 나타낸 것 중 틀린 것은? [14-4]

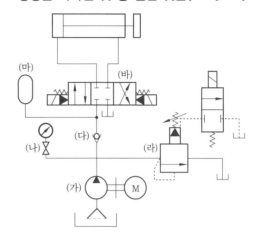

① (가) : 정용량형 펌프
② (나) : 스톱 밸브, (다) : 체크 밸브
③ (라) : 릴리브 밸브, (마) : 보조 탱크
④ (바) : 4포트 3위치 방향 제어 밸브

해설 (마)는 축압기, (사)는 2포트 2위치 방향 제어 밸브이다.

33. 유압 실린더의 속도 조절 방식 중 유량 조절밸브를 사용하지 않고 피스톤이 전진할 때 펌프의 송출 유량과 실린더 로드 측의 배출 유량이 합류하여 유입되므로 실린더의 전진 속도가 빨라지는 회로는? [22-1]
① 재생 회로
② 미터 인 회로
③ 미터 아웃 회로
④ 블리드 오프 회로

해설 재생 회로[regenerative circuit, 차동 회로 (differential circuit)] : 전진할 때의 속도가 펌프의 배출 속도 이상이 요구되는 것과 같은 특수한 경우에 사용된다.

34. 유압 실린더의 속도 조절 방식 중 외부에 유량 조절 밸브를 사용하지 않고 유압

4 과목

실린더의 속도를 빠르게 하여 작업 속도를 단축하는 회로는? [17-2]
① 차동 회로
② 미터 인 회로
③ 미터 아웃 회로
④ 블리드 오프 회로

35. 실린더 입구의 분기 회로에 유량 제어 밸브를 설치하여 실린더 입구 측의 불필요한 압유를 배출시켜 작동 효율을 증진시킨 속도 제어 회로는? [21-4]
① 로크 회로
② 미터 인 회로
③ 미터 아웃 회로
④ 블리드 오프 회로

해설 블리드 오프 회로는 속도 제어 정도가 복잡하지 않은 회로로 병렬연결이다.

36. 다음 중 유압 실린더에서 부하가 일정하고 정부하인 경우 손실이 가장 적은 속도 제어는? [09-4]
① 미터 인 회로
② 미터 아웃 회로
③ 블리드 오프 회로
④ 로크 회로

37. 유량 제어 밸브를 실린더의 입구 측에 설치하는 방법인 미터 인 회로의 특징으로 틀린 것은? [15-2]
① 압력 보상형의 경우 실린더 속도는 펌프 송출량에 무관하고 일정하다.
② 릴리프 밸브를 통하여 펌프에서 송출되는 여분의 유량이 탱크로 방유되므로 동력 손실이 크다.
③ 부(-)의 하중이 작용하면 피스톤이 자주(自走)할 염려가 있다.

④ 실린더의 유출되는 유량을 제어하여 피스톤 속도를 제어하는 회로이다.

38. 액추에이터의 운동 속도를 제어하는 방식 중에서 액추에이터에서 유출되는 유량을 제어하는 속도를 조절하는 방식은? [06-4]
① 블리드 오프(bleed off) 방식
② 언로딩(unloading) 방식
③ 미터-인(meter-in) 방식
④ 미터-아웃(meter-out) 방식

39. 다음 유압 속도 제어 회로의 특징이 아닌 것은? [19-4]

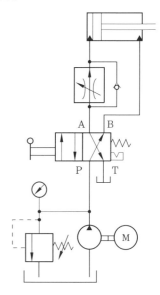

① 펌프 송출압은 릴리프 밸브의 설정압으로 정해진다.
② 유량 제어 밸브를 실린더의 작동 행정에서 실린더 오일이 유입되는 입구 측에 설치한 회로이다.
③ 펌프에서 송출되는 여분의 유량은 릴리프 밸브를 통하여 탱크로 방류되므로 동력 손실이 크다.
④ 실린더 입구의 압력 쪽 분기 회로에 유

량 제어 밸브를 설치하여 불필요한 압
유를 배출시켜 작동 효율을 증진시킨다.

해설 유량 제어 밸브에서 유량을 적게 통과
시켜 속도를 제어시키므로 불필요한 압유
는 배출되지 않는다.

40. 다음 유압 속도 제어 회로의 특징이 아
닌 것은?   [16-2]

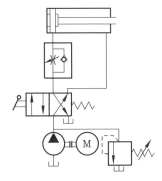

① 피스톤 측에만 부하 압력이 형성된다.
② 저속에서 일정한 속도를 얻을 수 있다.
③ 작동 효율이 가장 우수하여 경제적
　이다.
④ 끌리는 힘이 작용 시 카운터 밸런스 회
　로가 필요하다.

41. 유압 실린더의 속도 제어 중 실린더에서
방향 제어 밸브로 유출되는 유압 작동유의
유량을 조정하고 제어하는 방식은 어느 것
인가?   [08-4, 12-4]
① 미터 인 속도 제어 방식
② 미터 아웃 속도 제어 방식
③ 브리드 오프 속도 제어 방식
④ 파일럿 체크 속도 제어 방식

해설 실린더에서 방향 제어 밸브로 유출되
는 유압 작동유의 유량을 조정하여 제어하
는 방식, 즉 실린더에서 아웃되는 유량을
조정하여 실린더의 속도를 제어하는 것이
미터 아웃 속도 제어 방식이다.

42. 다음의 속도 제어 회로에서 압력 릴리프
밸브에 설정한 시스템의 최대 압력을 초과
하는 압력이 만들어질 가능성이 있는 방법
은 어느 것인가?   [17-2]

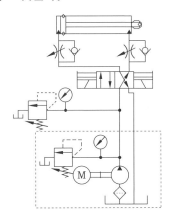

① 미터 인 회로
② 미터 아웃 회로
③ 블리드 오프 회로
④ 카운터 밸런스 회로

43. 유압 동조 회로에 대한 방법으로 틀린
것은?   [08-4, 18-1]
① 유압 모터에 의한 방법
② 방향 제어 밸브에 의한 방법
③ 유량 제어 밸브에 의한 방법
④ 유압 실린더를 직렬로 접속하는 방법

해설 동조 회로 : 같은 크기 2개의 유압 실
린더에 같은 양의 압유를 유입시켜도 실린
더의 치수, 누유량, 마찰 등이 완전히 일
치하지 않기 때문에 완전한 동조 운동이란
불가능한 일이다. 또 같은 양의 압유를 2
개의 실린더에 공급한다는 것도 어려운 일
이다. 이 동조 운동의 오차를 최소로 줄이
는 회로를 동조 회로라 한다. 랙과 피니언
에 의한 동조 회로, 실린더의 직렬 결합에
의한 동조 회로, 2개의 펌프를 사용한 동
조 회로, 2개의 유량 조절 밸브에 의한 동
조 회로, 2개의 유압 모터에 의한 동조 회

4
과목

로, 유량 제어 밸브와 축압기에 의한 동조 회로가 있다.

44. 다음 중 유압 회로에서 발생하는 서지 (surge) 압력을 흡수할 목적으로 사용되는 회로는? [16-2]
① 동조 회로
② 압력 시퀀스 회로
③ 블리드 오프 회로
④ 어큐뮬레이터 회로

해설 유압 회로에 축압기를 이용하면 축압기는 보조 유압원으로 사용되며, 이것에 의해 동력을 크게 절약할 수 있고, 압력 유지, 서지압의 방지, 회로의 안전, 사이클 시간 단축, 완충 작용은 물론, 보조 동력원으로 효율을 증진시킬 수 있고, 콘덴서 효과로 유압 장치의 내구성을 향상시킨다.

45. 유압의 유량 조절 밸브를 이용하여 구성할 수 없는 회로는? [16-2]
① 브레이크 회로
② 블리드 오프 회로
③ 미터-인 속도 제어 회로
④ 미터-아웃 속도 제어 회로

해설 브레이크 회로는 릴리프 밸브를 사용하여 서지압을 제거시키는 데 주로 사용된다.

46. 유압 모터의 관성력으로 인한 펌프 작용을 방지하기 위해 필요한 보상 회로의 명칭은 무엇인가? [18-2]
① 브레이크 회로
② 유압 모터 병렬 회로
③ 유압 모터 직렬 회로
④ 일정 토크 구동 회로

47. 다음 회로의 명칭으로 옳은 것은 어느 것인가? [19-2]

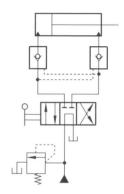

① 로크 회로
② 중압 회로
③ 축압 회로
④ 무부하 회로

해설 로크 회로 : 실린더 행정 중에 임의 위치에서, 혹은 행정 끝에서 실린더를 고정시켜 놓을 필요가 있을 때 피스톤의 이동을 방지하는 회로이다.

2 장 자동화

2-1 자동화 시스템의 개요

1. 자동화 시스템을 사용하는 일반적인 목적이 아닌 것은? [12-4]
① 생산성 향상
② 원가의 절감
③ 품질의 균일화
④ 생산 설비의 고급화

2. 다음 중 자동화의 장점이 아닌 것은 어느 것인가? [13-4, 18-2, 21-4]
① 생산성을 향상시킨다.
② 제품의 품질을 균일하게 한다.
③ 시설 투자 비용을 줄일 수 있다.
④ 원가를 절감하여 이익을 극대화할 수 있다.
[해설] 자동화를 하면 자동화에 따른 시설 투자비가 많아지고 운영비를 예측할 수 없게 된다.

3. 자동화 시스템의 5대 요소에 속하는 것이 아닌 것은? [11-4]
① 센서 ② 프로세서
③ 액추에이터 ④ 하드웨어

4. 다음 자동화 장치의 기본적인 구성 중 입력되는 제어 신호를 분석·처리하여 필요한 제어 명령을 내려주는 것은? [20-3]

① 센서(sensor)
② 프로그램(program)
③ 액추에이터(actuator)
④ 시그널 프로세서(signal processor)

5. 센서로부터 입력되는 제어 정보를 분석·처리하여 필요한 제어 명령을 내려주는 장치인 제어 신호 처리 장치의 명칭은? [18-1]
① 네트워크 ② 프로세서
③ 하드웨어 ④ 액추에이터
[해설] 센서로부터 입력되는 제어 정보를 분석·처리하여 필요한 제어 명령을 내려주는 장치인 제어 신호 처리 장치를 프로세서라 하며, PLC는 프로세서의 한 종류이다.

6. 자동화의 기본 요소가 아닌 것은? [20-3]
① 감지 장치 ② 작동 장치
③ 저장 장치 ④ 제어 장치

7. 연속적인 물리량인 온도를 측정하는 열전대의 출력 신호의 형태는? [12-4, 18-4]
① 2진 신호 ② 전류 신호
③ 디지털 신호 ④ 아날로그 신호
[해설] 열전대의 출력 신호는 아날로그 전압 신호이다.

4 과목

정답 ● **1.** ④ **2.** ③ **3.** ④ **4.** ④ **5.** ② **6.** ③ **7.** ④

8. 공장 자동화 시스템의 일반적인 공정 순서로 옳은 것은? [14-4]
① 가공 → 설계 → 조립 → 보관 → 출하
② 설계 → 가공 → 조립 → 보관 → 출하
③ 출하 → 가공 → 조립 → 보관 → 설계
④ 설계 → 보관 → 조립 → 가공 → 출하

9. 다음 중 자동화 시스템의 자동화가 적용되는 분야나 산업별로 구분한 것이 아닌 것은 어느 것인가? [19-1]
① OA(office automation)
② HA(home automation)
③ FA(factory automation)
④ LCA(low cost automation)
[해설] LCA(low cost automation)는 저투자성 자동화, 즉 경제적 분류이다.

10. 다음 중 저투자성 자동화(low cost automation)의 특징으로 옳지 않은 것은 어느 것인가? [22-1]
① 단계별로 자동화를 한다.
② 생산의 탄력성이 좋아진다.
③ 자신이 직접 자동화를 한다.
④ 최소한의 시간을 투입하여 자동화를 한다.

11. 자동화 시스템 중 센서로부터 입력되는 제어 정보를 분석 처리하여 필요한 제어 명령을 내려주는 장치는? [15-2]
① 액추에이터
② 신호 입력 요소
③ 제어 신호 처리 장치
④ 네트워크 장치

12. FMS(flexible manufacturing system)에서 추구하는 생산 방식은? [14-2]

① 수공업 생산
② 대량 생산
③ 다품종 소량 생산
④ 단순 공구 사용 생산
[해설] FMS(flexible manufacturing system ; 유연 생산 시스템)에서 추구하는 생산 방식은 다품종 소량 생산 방식이다.

13. 자동화의 종류 중 다품종 생산을 위한 유연성 생산 시스템을 나타내는 용어는 어느 것인가? [22-2]
① FA ② CIM
③ FMS ④ IMS
[해설] FMS : 다양한 제품을 동시에 처리하고 높은 생산성 요구에 대응하는 생산 관리 시스템

13-1 다품종 생산을 위한 유연성 생산 시스템을 무엇이라 하는가? [09-4]
① FA ② FMS
③ CIM ④ IMS
[정답] ②

14. 다음 FMS 형태 중 생산성이 가장 좋은 방법은? [17-4]
① 전형적 FMS
② Job-shop형
③ 트랜스퍼 라인
④ 플렉시블 생산 셀(FMC)
[해설] 트랜스퍼 라인은 유연성은 가장 떨어지나 생산량은 가장 많다.

15. 다음 중 자동화된 기계 장치를 제어하는 전기 회로의 구성 방법으로 적절하지 않은 것은? [21-1]
① 단속, 연속 운전이 가능하게 회로가 구성되어야 한다.

② 자동, 수동 운전이 가능하게 회로가 구성되어야 한다.

③ 작업자 보호, 장치 보호 등의 회로가 구성되어야 한다.

④ 제어부, 구동부는 혼재되어 회로가 구성되어야 한다.

> **해설** 단속, 연속, 수동, 자동 운전은 부가 조건이며, 작업자 설비 보호 장치는 반드시 있어야 하며, 자동화에서 제어부와 구동부가 혼재되어 회로가 구성되어야 할 필요는 없다.

16. 센서의 종류 중 용도에 따른 분류에 속하지 않는 센서는? [11-4]

① 제어용 센서 ② 감시용 센서
③ 검사용 센서 ④ 광학적 센서

> **해설** 제어용, 감시용, 검사용은 용도에 따른 분류이고, 광학적은 변환 원리에 따른 분류이다.

17. 제어 시스템은 에너지 요소, 신호 입력 요소, 신호 처리 요소, 신호 출력 요소로 구성되는 신호 전달 체계를 갖는다. 다음 전기 회로 구성 요소 중에서 푸시 버튼 스위치는 신호 전달 체계에서 어느 부분에 해당되는가? [07-4, 17-2]

① 에너지 요소
② 신호 입력 요소
③ 신호 처리 요소
④ 신호 출력 요소

18. 비접촉식 검출 요소(센서, 스위치)가 아닌 것은? [21-4]

① 광전 스위치 ② 리밋 스위치
③ 유도형 센서 ④ 용량형 센서

> **해설** 리밋 스위치는 접촉식 센서이다.

19. 물체가 접근하면 진폭이 감소하는 고주파 LC발진기에 의해 센서 표면에 전자계를 형성하고 감지하는 센서는? [15-4, 21-1]

① 광전 센서
② 리드 스위치
③ 용량형 센서
④ 유도형 센서

> **해설** 유도형 센서는 물리적인 값, 즉 자계의 변화를 이용하여 검출하는 센서로 물체가 접근하면 진폭이 감소하는 고주파 LC 발진기에 의해 센서 표면에 전자계를 형성하고 감지 거리 이내에 물체가 감지되면 출력을 보낸다. 검출 속도가 빠르며 수명이 길고 와전류 형성에 의한 금속 물체를 검출한다.

20. 다음 중 유도형 센서의 특징이 아닌 것은 어느 것인가? [16-2, 21-2]

① 전력 소모가 적다.
② 자석 효과가 없다.
③ 감지 물체 안에 온도 상승이 없다.
④ 비금속 재료 감지용으로 사용된다.

> **해설** 유도형 센서의 장점
> ㉠ 신호의 변환이 빠르다.
> ㉡ 마모가 없고 수명이 길다.
> ㉢ 먼지나 진동 등 외부 영향에 민감하지 않아 주변 환경이 열악하여도 사용할 수 있다.
> ㉣ 소모 전력이 적다(수 μW).
> ㉤ 자석 효과가 없다.
> ㉥ HF 필드이므로 간섭이 없다.
> ㉦ 감지 물체 안에 온도 상승이 없다.

21. 외부의 물리적 변화에 의해 발생하는 스트레인 게이지의 신호 형태는? [21-4]

① 저항   ② 전류
③ 전압   ④ 충전량

4 과목

22. 리드 스위치(reed switch)의 일반적인 특성이 아닌 것은? [16-4]

① 소형, 경량이다.

② 스위칭 시간이 짧다.

③ 반복 정밀도가 높다.

④ 회로 구성이 복잡하다.

해설 리드 스위치(reed switch)는 가는 접점이라는 의미로 전화 교환기용의 고신뢰도 스위치로 개발되어 현재는 자석과 조합한 자석 센서로 광범위하게 사용되고 있다. 실린더에 부착하여 소형화를 할 수 있으며, 물체에 직접 접촉하지 않고 동작을 위한 별개의 전원을 부가할 필요가 없이 그 위치를 검출하여 전기적 신호를 발생시키는 장치로 자동화에 많이 응용되고 있다.

• 리드 센서의 특징
　㉠ 접점부가 완전히 차단되어 있으므로 가스나 액체 중 고온 고습 환경에서 안정하게 동작한다.
　㉡ ON/OFF 동작 시간이 비교적 빠르고($<1\mu s$), 반복 정밀도가 우수하여 ($\pm 0.2mm$) 접점의 신뢰성이 높고 동작 수명이 길다.
　㉢ 사용 온도 범위가 넓다($-270 \sim +150℃$).
　㉣ 내전압 특성이 우수하다($>10kV$).
　㉤ 리드의 겹친 부분은 전기 접점과 자기 접점으로의 역할도 한다.
　㉥ 가격이 비교적 저렴하고 소형, 경량이며, 회로가 간단해진다.
　㉦ 인접한 거리에서의 연속된 리드 스위치 사용을 허용하지 않는다.

23. 어떤 목적에 적합하도록 되어 있는 대상에 필요한 조작을 가하는 것을 무엇이라 하는가? [19-1]

① 제어　　　　　② 시스템

③ 자동화　　　　④ 신호 처리

해설 제어(control) : "시스템 내의 하나 또는 여러 개의 입력 변수가 약속된 법칙에 의하여 출력 변수에 영향을 미치는 공정"으로 정의하고, 개회로 제어 시스템(open loop control system)의 특징을 갖는다.

24. 제어(control)에 관한 정의로 옳지 않은 것은? [21-4]

① 작은 에너지로 큰 에너지를 조절하기 위한 시스템을 말한다.

② 사람이 직접 개입하지 않고 어떤 작업을 수행시키는 것을 말한다.

③ 기계의 재료나 에너지의 유동을 중계하는 것으로 수동인 것이다.

④ 기계나 설비의 작동을 자동으로 변화시키는 구성 성분의 전체를 의미한다.

25. 신호의 유무, on/off, yes/no, 1/0 등과 같은 신호를 이용하는 제어계는? [21-1]

① 2진 제어계

② 10진 제어계

③ 동기 제어계

④ 아날로그 제어계

26. 실제의 시간과 관계된 신호에 의하여 제어가 행해지는 제어계는? [22-1]

① 논리 제어계　　② 동기 제어계

③ 비동기 제어계　④ 시퀀스 제어계

해설 동기 제어계(synchronous control system) : 실제의 시간과 관계된 신호에 의하여 제어가 행해지는 시스템이다.

26-1 실제의 시간과 관계된 신호에 의하여 제어가 이루어지는 것은? [17-4, 20-2]

① 논리 제어계　　② 동기 제어계

③ 메모리 제어계　④ 파일럿 제어계

정답 ②

27. 다음 중 시간과 관계없이 입력 신호의 변화에 의해서만 제어가 행해지는 제어계는 어느 것인가? [16-4, 20-4]

① 논리 제어계   ② 동기 제어계
③ 비동기 제어계   ④ 시퀀스 제어계

[해설] 시간에 관계되면 동기 제어, 관계없으면 비동기 제어계이다.

28. 제어 시스템에서 처리되는 정보 표시 형태에 따른 제어계가 아닌 것은? [22-2]

① 2진 제어계   ② 디지털 제어계
③ 시퀀스 제어계   ④ 아날로그 제어계

29. 요구되는 입력 조건이 만족되면 그에 상응하는 출력 신호가 나타나는 제어는? [17-2]

① 논리 제어
② 동기 제어
③ 시퀀스 제어
④ 시간 종속 시퀀스 제어

[해설] • 논리 회로 logic : AND, OR, NOT 등의 논리 기능을 가진 회로
• 기능 선도 : AND, OR, 스텝부, 명령부의 명령을 이용하여 순차 제어를 표시하는 데 적절하게 쓰이는 동작 상태 표현법으로, 제어 문제를 표시하는 방법 중 하나로 널리 사용되고 있으며, 특히 순차 제어 문제를 표시하는 데 적절한 방법이다. 스텝을 표시하는 부분은 두 개 부분으로 A에는 스텝 번호, B에는 주석이 기록된다.

29-1 요구되는 입력 조건이 충족되면 그에 상응하는 출력 신호가 나타나는 제어는 무엇인가? [13-4]

① 동기 제어   ② 비동기 제어
③ 논리 제어   ④ 시퀀스 제어

[정답] ③

30. 다음 중 AND 논리의 공압식 표현이 아닌 것은? [18-1]

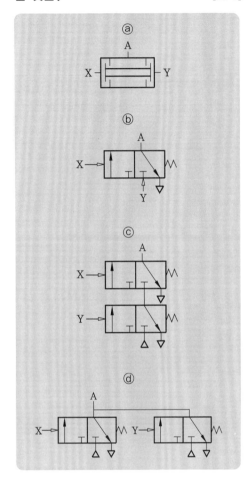

① ⓐ   ② ⓑ
③ ⓒ   ④ ⓓ

31. 다음 진리표를 만족하는 밸브는? (단, a와 b는 입력, y는 출력이다.) [15-4, 21-4]

a	b	y
0	0	0
0	1	1
1	0	1
1	1	1

4 과목

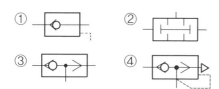

① ② ③ ④

32. 다음 공기압 회로에서 압력 A와 B에 대한 출력 Y의 동작과 같은 논리 회로는 어느 것인가? [20-3]

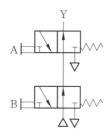

① AND   ② NOR
③ NOT   ④ NAND

33. 입력 신호와 출력 신호가 서로 반대의 값으로 되는 논리는? [19-2]

① OR   ② AND
③ NOT   ④ XOR

해설 논리 제어에서 입력이 존재하지 않을 때에만 출력이 존재하는 논리이다.

33-1 논리 제어에서 입력이 존재하지 않을 때에만 출력이 존재하는 논리는? [15-2]

① OR   ② AND
③ NOT   ④ XOR

정답 ③

34. 다음 중 입력이 $X_1 = 1$이고 $X_2 = 0$일 때 또는 $X_1 = 0$이고 $X_2 = 1$인 경우에만 출력이 나오는 공압 회로는? [06-4]

① NOT 회로   ② NOR 회로
③ XOR 회로   ④ NAND 회로

35. 다음 중 신호를 기억할 수 있는 회로는 어느 것인가? [14-2]

① AND 회로   ② OFF 회로
③ OR 회로   ④ 플립플롭 회로

해설 플립플롭 회로는 신호와 출력의 관계가 기억 기능을 겸비한 것이다.

36. 제어량이 온도, 압력, 유량 및 액면 등과 같은 일반 공업량일 때 발생하는 신호의 형태에 의한 제어는? [18-2, 21-2]

① 2진 신호   ② 논리 제어
③ 디지털 제어   ④ 아날로그 제어

37. 다음 중 미리 정해 놓은 순서 또는 일정한 논리에 의하여 정해진 순서에 따라 제어의 각 단계를 순차적으로 진행하는 제어는 어느 것인가? [21-4]

① 동기 제어   ② 시퀀스 제어
③ 비동기 제어   ④ ON-OFF 제어

37-1 제어 프로그램에 의해 정해진 작업 순서대로, 순차적으로 공정이 진행되는 회로는 어느 것인가? [15-4]

① 시퀀스 제어
② 메모리 제어
③ 파일럿 제어
④ 시간에 따른 제어

정답 ①

38. 다음은 시퀀스 제어에 관한 설명이다. 틀린 것은? [06-4]

① 피드백 신호가 반드시 있어야 한다.
② 입력 신호가 필요하다.
③ 순차적인 제어 출력을 발생한다.
④ 프로그램 제어의 한 형태이다.

해설 시퀀스 제어는 피드백이 없다.

정답 ● **32.** ② **33.** ③ **34.** ③ **35.** ④ **36.** ④ **37.** ② **38.** ①

39. 전 단계의 작업 완료 여부를 리밋 스위치 또는 센서를 이용하여 확인한 후 다음 단계의 작업을 수행하는 것으로서 공장 자동화(FA)에 많이 이용되는 제어 방법은 어느 것인가? [18-2]
① 메모리 제어
② 시퀀스 제어
③ 파일럿 제어
④ 시간에 따른 제어

해설 시퀀스 제어는 전체 계통에 연결된 스위치가 동시에 동작할 수 있다.

40. 순차적인 작업에서 전 단계의 작업 완료 여부를 리밋 스위치나 센서 등을 이용하여 확인한 후 다음 단계의 작업을 수행하는 제어는? [18-1, 21-2]
① 논리 종속 시퀀스 제어
② 동기 종속 시퀀스 제어
③ 시간 종속 시퀀스 제어
④ 위치 종속 시퀀스 제어

41. 제어하고자 하는 하나의 변수가 계속 측정되어 다른 변수, 즉 지령치와 비교되며, 그 결과가 첫 번째의 변수를 지령치에 맞도록 수정하는 제어 방법이 아닌 것은 어느 것인가? [19-4]
① servo 제어
② feed-back 제어
③ open-loop 제어
④ closed-loop 제어

해설 open-loop 제어만 개회로 제어이며, 나머지는 되먹임 제어이다.

42. 개회로 제어에 대한 설명이다. 맞는 것은 어느 것인가? [08-4]
① 오차에 적절히 대처하는 능력이 있다.
② 오차를 자동적으로 대처해 나간다.
③ 피드백 신호를 통해 목표값에 도달한다.
④ 외란에 의해서 발생되는 오차에 대한 대처 능력이 없다.

43. 제어 동작이 출력 상태와 무관하게 이루어지는 제어 시스템으로써 제어 장치로 구성된 각 기기들은 자기에게 정해진 작업만을 수행하며 외란에 의한 오차에 대처할 능력이 없는 제어 방식은? [06-4, 19-1]
① 디지털 제어(digital control)
② 아날로그 제어(analog control)
③ 오픈 루프 제어(open loop control)
④ 크로즈드 루프 제어(closed loop control)

44. 개회로 제어(open loop control)에 해당하는 것은? [07-4, 18-4]
① 수직 다관절 로봇의 모션 제어
② CNC 공작 기계 이송 테이블 제어
③ 서보 모터를 이용한 단축 위치 제어
④ PLC에 의한 공압 솔레노이드 밸브 제어

해설 제어(control) : "시스템 내의 하나 또는 여러 개의 입력 변수가 약속된 법칙에 의하여 출력 변수에 영향을 미치는 공정"으로 정의하고 개회로 제어 시스템(open loop control system)의 특징을 갖는다.

45. 다음 제어 방식 중 의미가 다른 하나는 어느 것인가? [19-2]
① 궤환 제어
② 개루프 제어
③ 폐루프 제어
④ 피드백 제어

해설 제어, 오픈 루프 제어, 개회로 제어, 개루프 제어는 같은 용어이며, 피드백 제어, 폐루프 제어, 되먹임 제어 등은 자동 제어이다.

4 과목

46. 다음 중 자동 제어에 해당하는 작업은 어느 것인가?   [16-2, 20-2]

① 실린더 전후진 위치에 리밋 스위치를 설치하여 반복 작업을 한다.
② 아크 용접 로봇이 서보 모터를 이용하여 입력된 경로대로 용접 작업을 수행한다.
③ 요동형 액추에이터에 센서를 설치하여 제한된 각도에서 반복적으로 회전 운동을 한다.
④ 캠이 회전 운동을 하면서 리밋 스위치를 작동시키면 그 신호를 받아 실린더가 동작한다.

[해설] 나머지는 시퀀스 회로이다.

47. 속도, 전압 등과 같은 제어량에 대해 일정한 희망치를 계속적으로 유지시키는 제어는 어느 것인가?   [14-4, 18-1]

① 논리 제어
② 개회로 제어
③ 피드백 제어
④ 릴레이 시퀀스 제어

48. 되먹임 제어에 대한 설명으로 틀린 것은 어느 것인가?   [19-4]

① 닫힘 루프 제어라고도 한다.
② 피드백 신호를 통해 목표값에 도달한다.
③ 외란에 의해서 발생되는 오차에 대한 대처 능력이 없다.
④ 안정도, 대역폭, 감도, 이득 등의 제어 특성에 영향을 미친다.

[해설] 되먹임 제어는 외란에 의해서 발생되는 오차를 계속 수정하여 목표값에 도달한다.

49. 다음 중 폐회로 제어계에서 설정값과 피드백 변수의 비교 연산 결과 발생하는 값은 어느 것인가?   [20-4, 21-1]

① 외란
② 기준값
③ 목표값
④ 제어 편차

[해설] 제어 편차(control error) : 목표량과 제어량의 차이

50. 폐회로 제어에 대한 설명으로 옳은 것은 어느 것인가?   [10-4, 21-1]

① 피드백 신호가 없다.
② 2진 신호를 사용한다.
③ 외란 변수가 작을 때 사용한다.
④ 실제값과 기준값의 비교 기능이 있다.

[해설] 폐회로 제어
 ㉠ 여러 개의 외란 변수가 존재할 때 사용한다.
 ㉡ 외란 변수들의 특징과 값이 변화할 때 사용한다.
 ㉢ 반드시 센서 등을 이용하여 목표값과 실제값을 비교한다.

51. 외란의 영향에 대하여 이를 제거하기 위한 적절한 조작을 가하는 제어는?   [19-2]

① 동기 제어
② 비동기 제어
③ 시퀀스 제어
④ 폐회로 제어

[해설] 폐회로 제어 : 외란에 의해서 발생되는 오차를 계속 수정하여 목표값에 도달한다.

52. 되먹임(feed back) 제어의 설명 중 틀린 것은?   [14-4]

① 정확성이 증가하고 대역폭이 증가한다.
② 계의 특성 변화에 대한 입력 대 출력비의 강도가 감소한다.
③ 구조가 간단하고 설치비가 싸다.
④ 비선형과 외형에 대한 효과가 감소한다.

[해설] 되먹임 제어는 구조가 복잡하고, 설치비가 고가이다.

53. 다음 중 서보 제어의 의미로 옳은 것은 어느 것인가? [17-2]

① 증폭 제어

② 느린 정밀 제어

③ 오픈(open) 회로 제어

④ 빠르고 정확한 폐회로 제어

해설 서보란 servant(하인)에서 유래된 것으로 빠르고 정확한 피드백 제어를 의미한다.

53-1 다음 중 서보 제어의 의미로 맞는 것은 어느 것인가? [11-4]

① 오픈(open) 회로 제어

② 증폭 제어

③ 느린 정밀 제어

④ 빠른 폐회로 제어

정답 ④

54. 일상생활이나 산업 현장에서의 피드백 제어에 해당되는 작업은? [17-4, 22-1]

① 아파트 현관 램프가 일정 기간 동안 켜졌다가 저절로 꺼진다.

② 4/2-Way 밸브를 조작하여 공압 실린더로 목재를 클림핑한다.

③ 유량 제어 밸브를 사용하여 유압 모터의 축을 일정한 속도로 회전시킨다.

④ 아크 용접 로봇이 AC 서보 모터를 이용하여 속도, 위치 데이터를 측정하며, 지정된 용접선을 따라 용접한다.

해설 ① : 타이머를 이용한 시간 지연 회로

② : 자기 유지 회로

③ : 유량 제어 회로

55. 시스템의 특성을 나타내는 라플라스 변환식에서 입력과 출력의 관계를 나타내는 것은? [06-4]

① 전달 함수　　② 도함수

③ 피드백　　　④ 블리드 오프

56. 피드백 제어계의 응답 특성을 설명한 것으로 옳은 것은? [15-4]

① 응답이 처음으로 희망값에 도달하는 시간은 응답 시간이다.

② 응답이 정해진 허용 범위 이내로 정착되는 시간은 상승 시간이 한다.

③ 응답 중에 생기는 입력과 출력의 최대 편차량은 오버 슈트이다.

④ 응답이 최초로 희망값의 70.7%에 도달하는 데 필요한 시간은 지연 시간이다.

해설 응답이 허용 오차 범위 내에 들어가며, 허용 오차 범위를 벗어나지 않는 최초의 시간을 정정 시간, 계단 응답이 최종 값의 10에서 90%까지 도달하는 데 필요한 시간으로 정의하는 것 또는 계단 응답이 최종값의 50%에 달했을 때 기울기의 역수를 상승 시간이라고 한다.

57. 다음 주파수 응답의 도시법 중 보드 선도에 대한 설명으로 맞는 것은? [06-4]

① 각 주파수가 0에서부터 ∞까지 주파수 전달 함수의 궤적이다.

② 주파수 전달 함수에 대하여 자연 로그를 취한 후 10배한 값으로 정한다.

③ 일반적으로 이득을 가로축, 각 주파수를 세로축에 표시한다.

④ 각 주파수의 값에 대한 주파수 전달 함수의 크기 및 위상각의 곡선이다.

58. 자동 제어에 있어서 보드 선도는 주파수와 진폭비 및 위상 지연을 나타낸다. 보통의 시스템에서 나타나는 진폭비와 위상 지연은 얼마로 보는가? [14-2, 19-4]

① -3dB, 90도　　② -6dB, 120도

③ -1.5dB, 45도　　④ -9dB, 60도

해설 자동 제어의 기준점으로 진폭비(입력 대 출력비)는 보통 −3dB, 2계 미분 방정식의 위상 지연이다.

59. 다음 그림과 같은 블록 선도에서 종합 전달 함수 $\dfrac{C}{R}$는? [09-4, 14-2, 19-4]

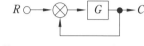

① $\dfrac{G}{1-G}$ ② $\dfrac{G}{1+G}$

③ $1-G$ ④ $1+G$

60. 응답은 매우 빠르지만 단독으로 사용하지 않는 제어 방법은? [15-2]

① P 제어 ② I 제어
③ D 제어 ④ K 제어

해설 P 제어는 비례 제어, I 제어는 적분 제어로 리셋 제어라고도 한다. D 제어는 미분 제어 또는 레이트(rate) 제어라 하며, 입력의 변화 속도에 비례하는 출력을 내는 제어로 단독으로 사용할 수 없고, P 또는 PI와 같이 사용한다.

61. 다음 중 미분 조절기로서 제어 편차의 증가율이 제어 변수의 값이 되는 제어 방법은 어느 것인가? [19-2]

① D 동작 ② I 동작
③ K 동작 ④ P 동작

62. PID 제어에 있어서 에러를 없애주는 제어 장치는? [07-4, 14-4, 18-4]

① 증폭기
② 비례 제어기
③ 미분 제어기
④ 적분 제어기

63. 다음 중 PLC 장비의 설치 환경 조건으로 적합한 것은? [07-4, 15-2]

① 제어기 주변의 온도가 −30~0℃가 유지되어야 한다.
② 소자의 성능 저하 방지를 위해 주위 고습도를 유지한다.
③ 급격한 온도의 변화로 이슬 맺힘이 없어야 한다.
④ 분진과 진동이 발생하는 장비가 가까이 있어야 한다.

64. PLC(programmable logic controller)의 출력 인터페이스에 사용할 수 없는 것은 어느 것인가? [18-2, 22-2]

① 램프(lamp)
② 릴레이(relay)
③ 리밋 스위치(limit switch)
④ 솔레노이드 밸브(solenoid valve)

해설 리밋 스위치는 입력 요소이다.

65. 다음 중 PLC와 같은 장치가 속하는 부분은? [15-4, 21-1]

① 센서 ② 네트워크
③ 프로세서 ④ 동력 제어부

해설 센서로부터 입력되는 제어 정보를 분석·처리하여 필요한 제어 명령을 내려주는 장치인 제어 신호 처리 장치를 프로세서라 하며, PLC는 프로세서의 한 종류이다.

66. 다음 중 처리 장치의 기능을 하나 혹은 몇 개의 반도체 칩에 집적한 것은 어느 것인가? [06-4]

① 제어용 컴퓨터
② 마이크로컴퓨터
③ 마이크로프로세서
④ 디지털 제어

67. 서로 이웃한 컴퓨터와 터미널을 연결시킨 네트워크 구성 형태이며, 통신 회선 장애가 있거나 하나의 제어기라도 고장이 있을 때에는 모든 시스템이 정지될 수 있는 네트워크는? [08-4, 18-2, 22-2]
① 성형(star) ② 환형(ring)
③ 망형(mesh) ④ 트리형(tree)

68. 핸들링의 정의로 옳은 것은? [20-3]
① 소재에 소정의 치수, 형상, 정도, 성능 등을 부여하는 공정이나 작업
② 두 개 이상의 부품에서 1개의 반제품 또는 제품을 만드는 고정이나 작업
③ 완성된 제품이나 프로세스가 정해진 목적에 합치하는가를 확인하는 공정이나 작업
④ 물체를 외관적으로 변화시키지 않고 필요 할 때에 필요한 장소에 이동, 운반, 저장, 보관시키는 데 관련된 공정이나 작업

69. 다음 중 핸들링에 대한 설명으로 틀린 것은? [20-2]
① 핸들링 기능은 가공 작업이다.
② 핸들링은 수동이나 기계에 의해 이루어진다.
③ 핸들링은 생산 공정에서 작업물의 광범위한 조정 역할이다.
④ 핸들링은 일반적으로 작업물, 공구, 부품의 조정과 이송이다.

해설 핸들링(handling)이란 간단한 이송, 분리 및 클램핑 장치 등의 단순한 핸들링뿐 아니라 산업용 로봇에 장착되는 복잡한 구조의 산업용 핸들링까지도 포함한다.

70. 핸들링(handling)의 용어를 설명한 것 중 옳지 않은 것은? [12-4]

① 반전(turnover) - 180°의 회전이나 선회에 의해 위치를 변경하는 것으로 부품을 거꾸로 위치시키거나 전후를 역전시키는 것
② 전환(diversion) - 기계로 공급되고 있는 부품을 교체하는 것
③ 회전(rotation) - 부품 자체의 중앙부를 기준으로 위치를 변경시키는 것
④ 선회(swivelling) - 부품으로부터 떨어진 지점을 중심으로 위치를 변경시키는 것

해설 전환(diversion) : 기계로 공급되고 있는 부품의 방향을 변경시키는 것

71. 핸들링(handling)에서 생산 작업과 관련된 자재나 작업물의 모든 이동 기능을 이송(feeding)이라 한다. 이 이송에 해당되지 않은 것은? [13-4, 19-1]
① 취합(merging)
② 계량(metering)
③ 분류(distributing)
④ 위치 결정(position control)

해설 이 외에 진출(advancing), 위치 및 추출(locating and ejecting)이 있다.

72. 기계를 사용하여 특정 가공물을 핸들링하고자 할 때 기계적 제한 사항이 아닌 것은 어느 것인가? [20-4]
① 모양 ② 색상
③ 재질 ④ 구조적 특성

해설 색상은 포토 센서를 이용하여 해결되므로 전기·전자적 제한 사항이다.

73. 공장 자동화 장치에서 사용되는 공유압 실린더의 역할로만 짝지어진 것은? [20-2]
① 잡기(clamp), 이송, 회전
② 홈 파기, 구멍 뚫기, 나사내기
③ 설계, 정보 이송, 데이터 가공

④ 도장하기, 졸비하기, 도면 그리기

해설 실린더는 직선, 회전 실린더는 회전 운동을 한다.

74. 일정한 간격으로 연속 이송되는 얇은 금속판에 구멍을 내기 위한 작업에 적합한 핸들링 장치는? [21-4]
① 리니어 인덱싱
② 밀링 이송 인덱싱
③ 수직 로터리 인덱싱
④ 수평 로터리 인덱싱

75. 다음 중 직각 좌표상에서 두 축을 동시에 제어할 때 두 축이 한 점에서 다른 점까지 움직이는 궤적을 원이 되도록 제어하는 방법은? [14-4, 17-4]
① 머니퓰레이터(manipulator)
② 원호 보간(circle interpolation)
③ 직선 보간(linear interpolation)
④ 티칭 플레이 백(teaching play back)

75-1 직각 좌표 상에서 두 축을 동시에 제어할 때 한 점에서 다른 점까지 움직이는 궤적이 원이 되도록 제어하는 방법에 대한 용어로 맞는 것은? [08-4]
① 포인트 투 포인트(point to point)
② 티칭 플레이 백(teaching play back)
③ 원호 보간(interpolation)
④ 머니퓰레이터(manipulator)

정답 ③

76. 위치 데이터를 서보 오프 상태에서 수동 조작하여 위치를 확인한 후 데이터를 입력하는 제어 방법은? [17-2, 18-1, 22-2]
① 서보 레디(servo ready)
② 직선 보간(linear interpolation)
③ 포인트 투 포인트(point to point)
④ 티칭 플레이 백(teaching play back)

77. 다음 중 작업 경험 등을 반영하여 적절한 작업을 행하는 제어 기능을 가진 로봇은 어느 것인가? [07-4, 09-4]
① 플레이 백 로봇 ② 학습 제어 로봇
③ 감각 제어 로봇 ④ 수치 제어 로봇

78. 감각 기능 및 인식 기능에 의해 행동 결정을 할 수 있는 로봇은? [22-1]
① 지능 로봇   ② 시퀀스 로봇
③ 감각 제어 로봇 ④ 플레이 백 로봇

79. 로봇 운영 방식에 대한 용어 설명 중 틀린 것은? [14-2, 19-2]
① 서보 레디(SVRDY : servo ready) : 아날로그 타입에서 드라이버로 출력하는 속도 명령으로서 최대 ±10V이다.
② 매뉴얼 데이터 입력(MDI : manual data input) 방식 : 이미 정의된 위치 데이터를 수동 키(key) 조작에 의해 직접 입력하는 방식이다.
③ 티칭 플레이 백(TPB : teaching play back) 방식 : 위치 데이터를 서보 오프(servo off) 상태에서 수동 조작하여 위치를 확인한 후 입력하는 방식이다.
④ 포인트 투 포인트(PTP : point to point) : 직각 좌표 상에서 두 축을 동시에 제어할 때 두 축이 한 점에서 다른 점까지 움직이는 데 있어서 궤적에 상관없이 중간점들이 지정되지 않은 채 제어되는 방식이다.

해설 • 서보 레디(SVRDY : servo ready) : 전원 공급 후 컨트롤러가 이상 유무를 확인하기 전에 드라이버 측에서 컨트롤러를 보내는 준비 신호이다.

- 서보 알람(SVSLM : servo alarm) : 컨트롤러에서 이상 유무를 확인한 후 이상 발생 시 나타나는 신호이다.
- 전압 커맨드(VC : voltage command) : 아날로그 타입에서 드라이버로 출력하는 속도 명령으로서 최대 ±10V이다.

80. 롤러 체인 free flow 컨베이어형 자동 조립 라인에서 파렛이 작업 위치에 인입되어도 스토퍼 실린더가 상승하지 않아서 파렛의 흐름을 정지시키지 못하고 있을 때의 트러블 원인은? [14-2, 22-2]

① 컨베이어의 이송 속도를 제어하는 인버터의 고장으로 이송 속도가 제어되지 않는다.
② 롤러 체인의 틈새로 스크루 볼트가 박혀서 체인 구동 모터가 과부하 트립되고 있다.
③ 스토퍼 실린더를 구동하는 솔레노이드 밸브의 코일이 소손되어 밸브가 절환되지 않는다.
④ 제어반 내 PLC CPU의 운전 Key S/W를 RUN 모드가 아닌 STOP 모드에 두어, PLC가 정지되었다.

해설 파렛이 작업 위치에 인입되어도 스토퍼 실린더가 상승하지 않는 이유는 스토퍼 실린더가 불가 상태로 솔레노이드 밸브의 이상에 원인이 있다. 컨베이어가 구동이 안 되거나 PLC가 STOP 모드이면 파렛은 이송이 불가능하고, 컨베이어의 이송 속도가 빠르고 높음과 스토퍼 실린더는 관계가 없다.

81. 컨베이어를 설계하는 원칙으로 적절하지 않은 것은? [18-4]

① 속도의 원칙
② 혼재의 원칙
③ 균일성의 원칙
④ 이송 능력의 한계

82. 로봇의 감지 장치에 대한 설명으로 틀린 것은? [19-4]

① 물체의 위치는 외계 조건이다.
② 가속도와 회전력은 내계 조건이다.
③ 퍼텐쇼미터의 출력은 디지털 신호이다.
④ 촉각 센서는 물체의 형상과 접촉 여부를 감지한다.

해설 출력은 아날로그 신호이다.

83. 무인 반송차(AGV)의 특징 중 틀린 것은 어느 것인가? [18-2, 21-2]

① 보관 능력이 향상된다.
② 레이아웃의 자유도가 낮다.
③ 정지 정밀도를 확보할 수 있다.
④ 자기 진단과 컴퓨터 교신 능력이 있다.

84. 다음 중 간헐 반송 기기에 해당하는 것은 어느 것인가? [21-2]

① 무인 반송차
② 체인 컨베이어
③ 벨트 컨베이어
④ 드라이브인 랙

84-1 다음 중 간헐 반송 기기에 해당하는 것은? [10-4]

① 무인 반송자
② 체인 컨베이어
③ 롤러 컨베이어
④ 벨트 컨베이어

정답 ①

85. 일반적으로 가정이나 산업 현장에서 사용하고, 시간에 따라 크기와 방향이 변화하는 특징을 갖고 있는 전기는? [10-4]

① 교류
② 직류
③ 와류
④ 맥류

해설 일반적으로 가정이나 산업 현장에서 사용하는 교류(AC)는 시간에 따라 크기와 방향이 변하지만, 건전지와 같은 직류(DC)는 시간에 따라 크기가 일정하게 유지된다.

4 과목

86. 전기 타임 릴레이의 구성 요소 중 공압의 체크 밸브와 같은 기능을 가지고 있는 것은? [11-4, 19-4, 22-1]
① 접점   ② 가변 저항
③ 커패시터   ④ 다이오드

해설 공압의 체크 밸브와 같이 역류 방지 기능을 가지고 있는 것은 다이오드이다.

87. 다음 중 전기 회로에서 수동 소자가 아닌 것은? [20-2]
① 저항   ② 인덕터
③ 커패시티   ④ OP-AMP

해설 OP-AMP는 증폭기로 능동 소자이다.

87-1 전기 회로에서 수동 소자가 아닌 것은 어느 것인가? [06-4]
① 저항   ② 자기 인덕턴스
③ 커패시턴스   ④ 정전압원

정답 ④

88. 다음 중 릴레이의 기능이 아닌 것은 어느 것인가? [12-4]
① 전달 기능   ② 선택 기능
③ 증폭 기능   ④ 변환 기능

해설 릴레이 기능 : 전달 기능, 증폭 기능, 연산 기능, 변환 기능

89. 다음 중 전기의 기본이 되는 전하량의 단위는? [15-2, 20-4]
① 줄(J)   ② 볼트(V)
③ 쿨롱(C)   ④ 암페어(A)

90. 전선의 굵기를 경정하는 3요소가 옳게 짝지어진 것은? [17-2]
① 전선 허용 저항, 전압 강하, 기계적 강도

② 전선 허용 전류, 전압 강하, 기계적 강도
③ 전선 허용 전압, 전압 강하, 기계적 강도
④ 전선 내의 발열량, 전압 강하, 기계적 강도

91. 부하에 전기 에너지를 공급하기 위해서는 도체를 통해 전원에서 부하까지 전류가 흘러야 한다. 이때 이 전류의 크기에 영향을 미치는 요소가 아닌 것은? [21-2]
① 도체 저항   ② 부하 저항
③ 전원 저항   ④ 절연 저항

92. 다음 회로의 명칭으로 옳은 것은 어느 것인가? [18-1]

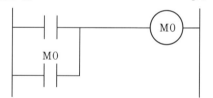

① 인터로크 회로   ② 카운터 회로
③ 타이머 회로   ④ 자기 유지 회로

93. 전기 제어 회로에서 릴레이 접점을 통해 자신의 릴레이 코일에 전기 신호를 계속 흐르게 하여 릴레이 코일의 여자 상태가 지속되게 하는 회로는? [22-2]
① 동조 회로   ② 비동기 회로
③ 인터로크 회로   ④ 자기 유지 회로

93-1 릴레이를 사용한 전기 제어 회로에서 릴레이 자신의 접점을 통해 전기 신호를 자신의 릴레이 코일에 계속 흐르게 하여 릴레이 코일의 여자 상태를 유지하는 회로는 어느 것인가? [18-2]

① 동조 회로　　② 비동기 회로
③ 인터로크 회로　④ 자기 유지 회로
정답 ④

94. 다음 회로에 대한 설명으로 틀린 것은 어느 것인가?　　　　　　　　[19-1]

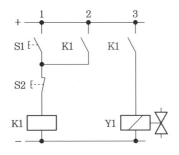

① 리셋(reset) 우선 자기 유지 회로이다.
② 라인 3의 Y1은 솔레노이드 밸브이다.
③ 스위치 S1은 자기 유지 회로를 구성하기 위한 세트(set) 스위치이다.
④ 라인 2와 3의 접점 K1은 동일한 릴레이의 동일한 접점으로 할 수 없다.

95. 전기 기계에서 히스테리시스 손을 감소시키기 위하여 사용하는 강판은?　[20-2]
① 청동판
② 황동판
③ 규소강판
④ 스테인리스 강판

해설 히스테리시스 손 : 교류에 의하여 자성체, 즉 철과 같은 것을 자화하면 자속 밀도는 히스테리시스 곡선을 그리고, 이를 요하는 에너지는 열에너지로 바뀌어 철심 중에서 소비된다. 이것을 히스테리시스 손이라 한다.

96. 다음 중 변압기에 관한 설명으로 틀린 것은?　　　　　　　　　　　[20-4]
① 변압기는 전압과 전류를 바꾸고 있지만 유도 저항에 비례한다.

② 정격 2차 전압에 권수비를 곱한 것을 정격 1차 전압이라 한다.
③ 변압기는 전압과 전류를 바꾸고 있지만 전력으로서는 바꾸지 않는다.
④ 입력에 대한 출력량의 비를 변압기 효율이라 하며, 클수록 효율이 좋다.

해설 변압기(electric transformer) : 전자기 유도 현상을 이용하여 교류의 전압이나 전류의 값을 변화시키는 장치이다.

97. 변압기의 원리로 맞는 것은?　　[09-4]
① 자기 유도 작용
② 전자 유도 작용
③ 주파수 변조 작용
④ 정전기 유도 작용

98. 다음 중 변압기유의 요구 사항으로 옳은 것은?　　　　　　　　　　　[20-3]
① 산화가 잘 될 것
② 절연 내력이 작을 것
③ 점도가 낮고 비열이 클 것
④ 인화점과 응고점이 낮을 것

99. 변압기의 특성 중 2차 측의 무부하 전압과 정격 부하 시 단자 전압과의 차를 정격 전압을 기준으로 백분율(%)로 나타낸 것의 명칭은?　　　　　　　　　　　[17-4]
① 변압기의 정격(rating)
② 실횻값(effective value)
③ 선간 전압(line voltage)
④ 전압 변동률(voltage regulation)

100. 변압기의 결선에 대한 설명 중 옳지 않은 것은?　　　　　　[14-2, 19-4]
① V-V 결선은 $\Delta-\Delta$ 에서 1상을 제거한 것이다.

4 과목

② $\Delta-\Delta$ 결선은 권수비가 같은 단상 변압기 3대를 이용하여 3상 전압 변환을 실시하는 것이다.

③ Y-Y 결선은 성형 결선이라고도 하며, 중성점을 접지할 수 없어 유기 기전력에 제3고조파를 포함한다.

④ $\Delta-Y$, Y-Δ 결선은 중성점을 접지할 수 있어 제3고조파 전압이 나타나지 않으나 1차, 2차의 선간 전압에는 30°의 위상차가 존재한다.

해설 Y-Y 결선은 성형 결선이라고도 하며 중성점을 접지할 수 있어 유기 기전력에 제3고조파를 포함한다.

101. 다음 중 동기 전동기의 장점이 아닌 것은? [07-4, 14-2]
① 기동 시 조작이 용이하다.
② 부하의 변화로 속도가 변하지 않는다.
③ 높은 역률로 운전할 수 있다.
④ 전원 주파수가 일정하면 회전 속도도 일정하다.

102. 유도 기전력을 설명한 것으로 틀린 것은? [11-4, 19-1]
① 자속 밀도에 비례한다.
② 도선의 길이에 비례한다.
③ 도선이 움직이는 속도에 비례한다.
④ 도체를 자속과 평행으로 움직이면 기전력이 발생한다.

해설 유도 기전력의 발생은 도체를 자속과 직각으로 두고 도체를 움직여 자속을 끊으면 그 도체에서 기전력이 발생한다.

103. 다음 중 교류 전동기에 속하지 않는 것은? [10-4]
① 동기 전동기 ② 유도 전동기
③ 펄스 전동기 ④ 가동 복권 전동기

104. 토크가 증가하면 가장 급격히 속도가 감소하는 전동기는? [06-4]
① 직류 분권 전동기
② 직류 복권 전동기
③ 직류 직권 전동기
④ 3상 유도 전동기

105. 다음 중 DC 모터의 구성품 중 회전하는 정류자에 전류를 흘려주는 소모성 접촉물은 어느 것인가? [08-4, 15-2]
① 코일 ② 브러시
③ 회전자 ④ 베어링

106. 다음 중 직류 전동기에서 전기자의 권선에 생기는 교류를 직류로 바꾸는 부분의 명칭은? [21-1]
① 계자 ② 전기자
③ 정류자 ④ 타여자

해설 계자, 전기자 : 자속을 생성한다.

107. 다음 중 선형 스텝 모터에서 이송 거리를 S, 스핀들 리드를 h, 회전각이 a일 경우, 이송 거리에 대한 식으로 옳은 것은 어느 것인가? [14-4, 19-2]
① $S = \dfrac{360°}{a} \times h$
② $S = \dfrac{h}{360°} \times a$
③ $S = \dfrac{h}{360° \times a}$
④ $S = \dfrac{a}{360° \times h}$

108. 스테핑 모터(stepping motor)의 일반적인 특징으로 옳은 것은? [17-2]
① 회전 각도의 오차가 적다.

정답 ● 101. ① 102. ④ 103. ④ 104. ③ 105. ② 106. ③ 107. ② 108. ①

② 관성이 큰 부하에 적합하다.

③ 진동 및 공진의 문제가 없다.

④ 대용량의 기기를 만들 수 없다.

해설 스테핑 모터는 진동 및 공진의 문제가 있고, 관성이 큰 부하에 부적합하며, 대용량의 기기를 만들 수 있다.

109. 스테핑 모터의 특징으로 옳지 않은 것은? [22-1]

① 정지 시 홀딩 토크가 없다.

② 회전 속도는 입력 주파수에 비례한다.

③ 회전 각도는 입력 펄스의 수에 비례한다.

④ 피드백 루프 없이 속도와 위치 제어 응용이 가능하다.

해설 홀딩 토크란 정지 토크를 말하며, 스테핑 모터는 정지 토크, 즉 홀딩 토크가 크다.

110. 서보 모터(servo motor)의 전동기 및 제어 장치 구비 조건으로 적절하지 않은 것은 어느 것인가? [12-4, 22-2]

① 유지 보수가 용이할 것

② 고속 운전에 내구성을 가질 것

③ 저속 영역에서 안전한 특성을 가질 것

④ 회전수 변동이 크고 토크 리플(torque ripple)이 클 것

해설 • 서보 모터
  ㉠ 응답성이 좋다.
  ㉡ 제어성이 좋고 정역 특성이 동일하다.
  ㉢ 빈번한 기동, 정지, 정역 변환 등이 가능하도록 견고하다.
  ㉣ 물체의 위치나 각도의 추적에 많이 이용한다.
  ㉤ 서보 모터는 서보 기구에서 조작부이다.
• 서보 모터의 구비 조건
  ㉠ 속도 응답성이 크고 대출력이며, 과부하 내량이 우수할 것
  ㉡ 제어성이 좋을 것

㉢ 빈번한 시동, 정지, 제동, 역전 등의 운전이 연속적으로 이루어지더라도 기계적 강도가 크고, 내열성이 우수해야 한다.

㉣ 시간 낭비가 적을 것, 기계적인 마찰이 작고, 전기적, 자기적으로 균일할 것

㉤ 정전과 역전의 특성이 같으며, 모터의 특성 자체가 안정할 것

㉥ 부착 부위나 사용 환경에 충분히 적합할 수 있어야 하며, 보수하기도 용이해야 하지만 높은 신뢰도를 보장할 것

㉦ 관성이 작고, 전기적, 기계 시간 상수가 작아야 하므로 회전자의 철심을 없앤 코어리스(coreless) 구조로 하여 회전자의 중량을 작게 하거나, 회전자의 지름을 작게 하고 축 방향으로 길게 한 구조를 이용한다.

111. 유도 전동기의 특성에 대한 설명으로 옳은 것은? [18-2]

① 회전수는 주파수에 반비례한다.

② 무부하 상태에서 슬립은 1% 이하이다.

③ 동기 속도로 회전할 때 슬립 S는 1이다.

④ 슬립은 회전자 속도가 동기 속도에 비해 얼마나 빠른가를 나타낸다.

112. 3상 유도 전동기의 슬립을 구하는 식으로 옳은 것은? [18-1]

① 슬립 $= \dfrac{동기\ 속도 + 전부하\ 속도}{동기\ 속도} \times 100\%$

② 슬립 $= \dfrac{동기\ 속도 - 전부하\ 속도}{동기\ 속도} \times 100\%$

③ 슬립 $= \dfrac{(전부하\ 속도 + 동기\ 속도)^2}{전부하\ 속도} \times 100\%$

④ 슬립 $= \dfrac{(전부하\ 속도 - 동기\ 속도)^2}{전부하\ 속도} \times 100\%$

4 과목

113. 3상 유도 전동기의 동기 속도와 슬립을 나타내는 식으로 맞는 것은? [14-2]

① 동기 속도 $= \dfrac{(120 \times 극수)}{주파수}$

슬립 $= \left[\dfrac{(동기\ 속도 - 전부하\ 속도)}{동기\ 속도}\right] \times 100\%$

② 동기 속도 $= \dfrac{(120 \times 주파수)}{극수}$

슬립 $= \left[\dfrac{(전부하\ 속도 - 동기\ 속도)}{전부하\ 속도}\right] \times 100\%$

③ 동기 속도 $= \dfrac{(120 \times 주파수)}{극수}$

슬립 $= \left[\dfrac{(동기\ 속도 - 전부하\ 속도)}{동기\ 속도}\right] \times 100\%$

④ 동기 속도 $= \dfrac{(120 \times 극수)}{주파수}$

슬립 $= \left[\dfrac{(전부하\ 속도 - 동기\ 속도)}{전부하\ 속도}\right] \times 100\%$

해설 4극 3상 유도 전동기의 실제 측정 회전수가 1690rpm이라면,

동기 속도 $= \dfrac{(120 \times 주파수)}{극수}$

$= \dfrac{(120 \times 60)}{4} = 1800\,\mathrm{rpm}$

슬립 $= \left[\dfrac{(1800 - 1690)}{1800}\right] \times 100 = 6.1\%$ 이다.

114. 다음 모터의 정·역 회로에서 사용된 것은? [13-4, 18-4]

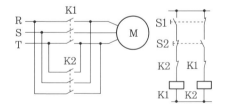

① 인터로크 회로 ② 시간 지연 회로
③ 양수 안전 회로 ④ 자기 유지 회로

해설 문제에서 사용한 회로는 인터로크 회로이다.

115. 3상 유도 전동기가 원래의 속도보다 저속으로 회전할 경우 원인으로 적절하지 않은 것은? [18-4]

① 과부하 ② 퓨즈 단락
③ 베어링 불량 ④ 축받이의 불량

116. 단상, 삼상 전동기의 고장 중 기동 불능일 때, 다음 중 그 원인으로 가장 거리가 먼 것은? [16-4]

① 퓨즈 단락
② 베어링 고착
③ 전압의 부적당
④ 내부 결손 오류

해설 전압이 높으면 고속, 낮으면 저속으로 회전한다.

117. 3상 전동기의 과열 원인이 아닌 것은 어느 것인가? [12-4, 19-1]

① 공진 현상 발생
② 과부하 운전
③ 빈번한 기동, 정지
④ 베어링부에서의 발열

해설 전동기의 과열 원인
  ㉠ 3상 중 1상의 접촉이 불량
  ㉡ 베어링 부위에 그리스 과다 충진
  ㉢ 과부하 운전
  ㉣ 빈번한 기동, 정지
  ㉤ 냉각 불충분

118. 단상 유도 전동기가 저속으로 회전될 때의 원인으로 옳은 것은? [21-2]

① 퓨즈 단락
② 베어링 불량
③ 섬버 릴레이 작동
④ 코일의 소손

해설 퓨즈 단락, 섬버 릴레이 작동, 코일의 소손은 모터 작동 불능 상태다.

2-2 자동화 시스템의 보전

1. 다음 중 자동화 보수 관리의 목적으로 틀린 것은? [18-4]
① 생산성 향상
② 신속한 고장 수리
③ 기계의 사용 연수가 감소
④ 자동화 시스템을 항상 양호의 상태로 유지

해설 보수 관리의 목적
　㉠ 자동화 시스템을 항상 최량의 상태로 유지한다.
　㉡ 고장의 배제와 수리를 신속하고, 확실하게 한다.

2. 자동화 시스템으로 구성된 설비의 가동률을 높이기 위해서는 예방 보전이 절실히 요구된다. 예방 보전을 위한 현장 작업자와 보전 담당자의 역할 분담으로 가장 적합한 것은? [06-4, 19-1]
① 현장 작업자는 일상 점검, 정기 점검 및 수리, 개선 보전 활동을 하고, 보전 담당자는 이상 발견 및 보고, 청소 급유를 충실히 하여야 한다.
② 현장 작업자는 정기 점검 및 수리, 개선 보전 활동을 하고, 보전 담당자는 일상 점검, 이상 발견 및 보고, 청소 급유를 충실히 하여야 한다.
③ 현장 작업자는 개선 보전 활동, 정기 점검 및 수리, 청소 급유를 충실히 하고, 보전 담당자는 이상 발견 및 보고, 일상 점검을 하여야 한다.
④ 현장 작업자는 일상 점검, 이상 발견 및 보고, 청소 급유를 충실히 하고, 보전 담당자는 정기 점검 및 수리, 개선 보전 활동을 하여야 한다.

3. 설비 개선의 사고법 중 자동화 등의 방법으로 인간이 하는 일을 기계로 대체하여 정밀로 향상 등에 의한 작업의 단순화가 용이하게 하기 위한 사고법은? [14-4, 19-2]
① 기능의 사고법
② 미결함의 사고법
③ 조정의 조절화 사고법
④ 바람직한 모습의 사고법

해설 • 미결함의 사고법 : 결과에 대한 영향이 적다고 일반적으로 생각되는 것을 철저하게 제거하는 사고법
• 조정의 조절화 사고법 : 자동화 등의 방법으로 인간이 하는 일을 기계로 대체하여 정밀도 향상 등에 의한 작업의 단순화가 용이하게 하기 위한 사고법
• 기능의 사고법 : 모든 현상에 대하여 체득한 것을 근거로 바르게 또한 반사적으로 행동할 수 있는 힘이며, 장시간에 걸쳐 지속될 수 있는 능력

4. 다음 중 설비의 가동률 저하에 가장 큰 영향을 미치는 것은? [11-4, 20-3]
① 설비의 자동화 방식에 따른 효율
② 설비의 고장 정지에 의한 가동 중지
③ 설비의 작업 조건에 따른 운전 특성
④ 설비의 제어 방식에 따른 연산 처리

5. 간이 설비 진단을 적용할 대상 설비의 선정 방식이 아닌 것은? [13-4]
① 생산에 직결되어 있는 설비
② 고장이 발생되면 상당한 손실이 예측되는 설비
③ 진단할 항목이 기술적으로 확립되어 있지 않은 것

4 과 목

④ 정비비가 높은 설비

해설 진단할 항목이 기술적으로 확립되어 있는 것 등을 판정 가이드에 따라 설비 단위에 비중을 두고 진단 대상 설비를 선정한다.

6. 돌발적, 만성적으로 발생하는 설비의 효율에 악영향을 미치는 6대 로스(loss)가 아닌 것은? [22-1]
① 속도 로스 ② 불량 로스
③ 양품 로스 ④ 정지 로스

6-1 돌발적, 만성적으로 발생하는 설비의 6대 로스(loss)가 아닌 것은? [17-4]
① 속도 로스 ② 수율 로스
③ 양품 로스 ④ 준비 · 저장 로스
정답 ③

7. 불량 로스에 해당하는 것은? [20-2]
① 고장 정지 로스
② 속도 저하 로스
③ 작업 준비 · 조정 로스
④ 초기 유동 관리 수율 로스

해설 생산 개시 시점으로부터 안정화될 때까지의 사이에 발생하는 로스로서 가공 조건의 불안정성, 지그 및 금형의 정비 불량, 작업자의 기능 등에 따라 그 발생량은 다르지만 의외로 많이 발생한다.

8. 설비의 신뢰성을 나타내는 척도가 아닌 것은? [20-4]
① 고장률
② 생산량
③ 평균 고장 간격 시간
④ 평균 고장 수리 시간

해설 • 평균 고장 간격 : 고장률의 역수로 전 고장 수에 대한 전 사용 시간의 비

• 평균 고장 시간 : 시스템이나 설비가 사용되어 최초 고장이 발생할 때까지의 평균 시간
• 고장률 : 일정 기간 중 발생하는 단위 시간당 고장 횟수

9. 고장과 고장 사이의 평균 시간을 나타내는 것은? [18-4]
① MTBF ② MTBM
③ MTTF ④ MTTR

해설 • MTBF(평균 고장 간격 시간) : 각 고장까지의 시간의 합을 고장 발생 수로 나눈 값
• MTTR(평균 고장 수리 시간) : 각 고장 수리 시간의 합을 고장 발생 수로 나눈 값
• MTTF(평균 고장 시간) : 시스템이나 설비가 사용되어 최초 고장이 발생할 때까지의 평균 시간

9-1 다음 중 시스템, 기기 및 부품의 고장 간(故障間) 작동 시간의 평균치를 의미하는 것은? [15-2]
① MTTR(mean time to repair)
② MTBF(mean time between failure)
③ 신뢰도(reliability)
④ 고장률(failure rate)

해설 고장 간(故障間) 작동 시간의 평균치를 MTBF(mean time between failure)라고 한다.
정답 ②

10. 다음 중 설비 보전의 효과 측정을 위한 척도로 사용되는 지표의 설명으로 옳은 것은 어느 것인가? [12-4, 21-1]
① 설비 가동률은 경제성을 표현한다.
② 고장 강도율은 유용성을 의미한다.
③ 고장 도수율은 신뢰성을 의미한다.

④ 제품 단위당 보전비는 보전성을 의미한다.

해설 설비 가동률은 보전성, 제품 단위당 보전비는 경제성을 의미한다.

11. 설비의 생산성을 높이는 가장 효율적인 보전을 생산 보전(productive maintenance)이라 한다. 생산 보전을 수행하기 위한 수단으로 고장이 발생되지 않도록 열화를 방지하고, 측정함으로써 열화를 조기에 복원시키기 위한 점검, 정비 등을 사전에 행하는 보전 방법은? [09-4]
① 개량 보전(corrective maintenance)
② 예방 보전(preventive maintenance)
③ 사후 보전(break-down maintenance)
④ 품질 보전(maintenance of quality)

12. 시스템 고장을 미연에 방지하는 것을 목적으로 하며 점검, 검사, 시험, 재조정 등을 정기적으로 행하는 보전 방식은? [16-4]
① 개량 보전   ② 보전 예방
③ 사후 보전   ④ 예방 보전

13. 예방 보전의 효과로 틀린 것은? [17-2]
① 예비품 재고량의 감소
② 보상비나 보험료가 증가
③ 작업에 대한 계몽 교육, 관리 수준의 향상
④ 비능률적인 돌발 고장 수리로부터 계획 수리로 이행 가능

14. 보전이 필요 없는 시스템 설계가 기본 개념인 보전 방식은? [07-4, 21-1]
① 개량 보전   ② 보전 예방
③ 사후 보전   ④ 예방 보전

해설 보전 예방 : 고장이 발생하지 않도록

설비를 설계, 제작, 설치하여 운용하는 보전 방법

15. 다음 중 고장이 발생하지 않도록 설비를 설계, 제작, 설치하여 운용하는 보전 방법은 어느 것인가? [18-1]
① 개량 정비   ② 사후 정비
③ 예방 정비   ④ 보전 예방

16. 보전 방법의 발전 과정에서 가장 최근에 등장한 시스템 보전 방법은? [08-4]
① 고장 발생 후 수리하는 사후 정비
② 정기적인 점검과 부품 교환의 예방 정비
③ 설비 자체의 체질을 개선하는 개량 정비
④ 고장이 발생하지 않는 설비를 만드는 보전 예방

17. 공장의 모든 보전 요원을 한 사람의 관리자 밑에서 조직하여 제조 부문과의 교류나 연결성은 적어지지만 독자적으로 중점적인 인원 배치나 보전 기술 향상책을 취하고 관리를 하기 쉬운 보전 조직은? [17-2]
① 절충 보전형   ② 집중 보전형
③ 부문 보전형   ④ 지역 보전형

18. 자동화 시스템의 고장 추적을 위해 각 구동 요소의 스텝에 따른 작동 순서를 파악할 수 있는 선도는? [10-4, 20-2]
① 블록 선도(block diagram)
② 제어 선도(control diagram)
③ 변위-단계 선도(displacement-step diagram)
④ 변위-시간 선도(displacement-time diagram)

정답 ●— **11.** ②   **12.** ④   **13.** ②   **14.** ②   **15.** ④   **16.** ④   **17.** ②   **18.** ③

해설 변위-단계 선도(displacement-step diagram)는 액추에이터의 동작 순서를 선도로 나타낸 것이다.

19. 다음 중 케이블 절연 진단 방법이 아닌 것은? [09-4, 11-4]
① 교류 전류 시험
② 부분 방전 시험
③ 내전압 시험
④ 연동 시험

20. 공유압 장치의 주요 점검 요소가 아닌 것은? [21-4]
① 누유
② 계기류
③ 노이즈
④ 부하 상태

21. 공압 시스템의 보수 유지에 대한 설명으로 틀린 것은? [17-4]
① 배관 내 이물질을 제거할 때에는 플러싱 머신을 사용한다.
② 마모된 부품은 시스템의 기능 장애, 공압 누설 등의 원인이 된다.
③ 배관 등에 이물질이 누적되면 압력 강하와 부정확한 스위칭이 될 수 있다.
④ 가속력이 큰 경우에는 완충 장치를 부착하여 작동력을 흡수하도록 한다.

해설 플러싱은 유압 시스템에 적용하는 것이다.

22. 시퀀스 제어 방식으로 구성된 공압 시스템의 고장 발생 시의 대처 방법으로 적당하지 않은 것은? [13-4]
① 운동-단계 선도를 이용하여 정지된 동작 순서를 확인한다.

② 정지된 동작 순서의 전후 제어 신호 상태를 확인한다.
③ 고장 원인이 전기 계통, 밸브 혹은 실린더인지를 파악한다.
④ 전원과 압축 공기의 공급을 먼저 차단하여 안전을 확보한다.

해설 고장에 대한 대처 순서는 다음과 같다.
ㄱ 정지된 동작 순서를 확인
ㄴ 정지된 동작 전후의 신호 상태 확인
ㄷ 전원과 공기의 압력 확인
ㄹ 전원을 차단 후 공압 기기를 수동으로 작동
ㅁ 고장 원인의 파악
ㅂ 고장 처리
ㅅ 재가동

23. 다음 중 압축기에서 생산된 압축 공기를 공기압 기기에 공급하기 위한 배관을 소홀히 할 경우 발생하는 문제가 아닌 것은 어느 것인가? [09-4, 13-4]
① 압력 강하 발생
② 유량의 부족
③ 탱크의 압력 상승
④ 수분에 의한 부식

24. 다음 중 공압 밸브 중 포핏 밸브의 제어 위치가 전환되지 않는 이유로 적당하지 않은 것은? [19-4]
① 실링 시트의 손상
② 공급 공기 압력이 너무 높음
③ 실링 플레이트에 구멍이 발생
④ 과도한 마찰로 인한 기계적인 스위칭 동작에 이상이 발생

해설 포핏 밸브는 공급 압력이 고압일수록 동작이 양호해질 수 있다.

25. 다음 중 솔레노이드 밸브에 전압은 가해져 있는데 아마추어가 작동하지 않고 있을

때의 원인으로 가장 적합한 것은? [15-4]
① 스러스트 하중이 작용
② 배기공이 막혀 배압이 발생
③ 실링 시트, 스프링 손상으로 스위칭이 오동작
④ 아마추어 고착, 고전압, 고온도 등으로 인한 코일 소손 및 저전압 공급

26. 공기압 솔레노이드 밸브에서 전압이 걸려 있는데 아마추어가 작동하지 않는 원인으로 적절하지 않은 것은? [19-2]
① 전압이 너무 높다.
② 코일이 소손되었다.
③ 아마추어가 고착되었다.
④ 압축 공기 공급 압력이 낮다.

해설 솔레노이드는 여자되어 있으나 동작되지 않는 것은 아마추어 고착, 고전압, 고온도 등으로 인한 코일 소손 및 저전압 공급 등이 원인이다.

27. 다음 중 DC 솔레노이드를 사용할 때는 스파크가 발생되지 않도록 스파크 방지 회로를 채택해 주어야 한다. 그 방법이 아닌 것은? [16-4]
① 모터를 이용하는 방법
② 저항을 이용하는 방법
③ 다이오드를 이용하는 방법
④ 저항과 콘덴서를 이용하는 방법

해설 이외에 배리스터를 이용하는 방법, 제너다이오드를 이용하는 방법이 있다.

28. 노즐 플래퍼형 서보 유압 밸브에서 전기 신호를 기계적 변위로 바꾸어 주는 역할을 하는 것은? [11-4, 20-4]
① 노즐
② 플래퍼
③ 토크 모터

④ 플래퍼 스프링

해설 원래 수압 프레스에 이용되던 것으로 현재 대형 프레스에 이용된다.

29. 다음 중 펌프가 소음을 내는 이유로 적절하지 않은 것은? [07-4, 21-1]
① 유중에 기포가 있는 경우
② 흡입관이 막혀 있는 경우
③ 펌프의 회전이 너무 빠른 경우
④ 작동유의 점도가 너무 낮은 경우

해설 펌프 소음의 원인 : 펌프 흡입 불량, 공기 흡입 밸브, 필터 막힘, 펌프 부품의 마모 손상, 이물질 침입, 작동유 점성 증대, 구동 방식 불량, 펌프 고속 회전, 외부 진동

30. 펌프에서 소음이 발생하는 원인으로 옳은 것은? [18-1]
① 펌프 출구에서 공기의 유입
② 펌프의 속도가 지나치게 느림
③ 유압유의 점도가 지나치게 낮음
④ 입구 관로의 연결이 헐겁거나 손상됨

31. 유압 펌프가 기름을 토출하지 않아 흡입 쪽을 검사하였다. 검사 방법과 가장 거리가 먼 것은? [18-4]
① 점도의 적정 여부
② 스트레이너의 막힘 여부
③ 오일 탱크 내의 오일량 적정량 여부
④ 전동기 축과 펌프 축의 중심 일치 여부

해설 유압 펌프의 고장과 대책
• 펌프가 기름을 토출하지 않는다.
  ㉠ 펌프의 회전 방향 확인
  ㉡ 흡입쪽 검사 : 오일 탱크에 오일량의 적정량 여부, 석션 스트레이너의 막힘 여부, 흡입관으로 공기를 빨아들이지 않는지, 점도의 적정 여부

ⓒ 펌프의 정상 상태 검사 : 축의 파손 여부, 내부 부품의 파손 여부를 위한 분해·점검, 분해 조립 시 부품의 누락 여부

• 압력이 상승하지 않는다.
ⓐ 펌프로부터 기름이 토출되는지의 여부
ⓑ 유압 회로 점검 : 유압 배관의 적정 여부, 언로드 회로 점검(펌프의 압력은 부하로 인하여 상승하며, 무부하 상태에서는 압력이 상승하지 않는다.)
ⓒ 릴리프 밸브의 점검 : 압력 설정은 올바른지, 릴리프 밸브의 고장 여부
ⓓ 언로드 밸브의 점검 : 밸브의 설정 압력은 올바른지, 밸브의 고장 여부, 솔레노이드 밸브를 사용할 때에는 전기 신호의 확인 및 밸브의 작동 여부를 검사한다.
ⓔ 펌프의 점검 : 축, 카트리지 등의 파손이나 헤드 커버 볼트의 조임 상태 등을 분해하여 점검한다.

• 펌프의 소음
ⓐ 위 항의 현상과 관계가 있다. 섹션 스트레이너의 밀봉 여부, 섹션 스트레이너가 너무 적지 않은지
ⓑ 공기의 흡입 : 탱크 안 오일의 기포 등이 없는지 점검, 유면 및 섹션 스트레이너의 위치 점검, 흡입관의 이완과 패킹의 안전 여부, 펌프의 헤드 커버 조임 볼트의 이완 여부
ⓒ 환류관의 점검 : 환류관의 출구와 흡입관의 입구의 간격 적정 여부, 환류관의 출구가 유면 이하로 들어가 있는지
ⓓ 릴리프 밸브의 점검 : 떨림 현상이 발생하고 있지 않은지, 유량의 적정 여부
ⓔ 펌프의 점검 : 전동기축과 펌프축의 중심 일치 여부, 파손 부품(특히 카트리지) 확인 및 분해 점검
ⓕ 진동 : 설치면의 강도 충분 여부, 배관 등의 진동 여부, 설치 장소의 불량으로 진동이나 소음 여부

• 기름 누출 : 조임부의 볼트 이완, 패킹, 오일 실, 오일 링의 점검(오일 실 파손의 원인은 축 중심이 일치하지 않거나 드레인 압력이 너무 높을 때이다.)
• 펌프의 온도 상승 : 냉각기의 성능과 유량의 적정 여부
• 펌프가 회전하지 않음(펌프의 소손, 축의 절손) : 분해하여 소손 여부를 조사하고 신품과 교환한다.
• 전동기의 과열 : 전동기의 용량 적정 여부, 릴리프 밸브의 설정 압력 적정 여부
• 펌프의 이상 마모 : 유압유의 적정 여부(점도가 너무 낮거나 온도가 너무 높다.) 유압유의 열화

32. 다음 중 유압 펌프 토출 유량의 직접적인 감소 원인으로 가장 거리가 먼 것은 어느 것인가? [14-4, 20-3]
① 공기의 흡입이 있다.
② 작동유의 점성이 너무 높다.
③ 작동유의 점성이 너무 낮다.
④ 유압 실린더 속도가 빨라졌다.

[해설] 유압 펌프 토출 유량이 많아야 속도가 증가한다.

33. 유압 시스템의 토출 유량이 감소했을 때 점검 사항이 아닌 것은? [22-1]
① 펌프의 회전 방향
② 탱크 내 유면 높이
③ 릴리프 밸브의 조정 상태
④ 전동기와 펌프의 축 오정렬

[해설] 전동기와 펌프의 축 오정렬이 되면 모터와 펌프에 진동 및 소음이 발생되며, 베어링 및 커플링이 파손된다.

34. 유압 시스템에서 작동유의 과열 원인이 아닌 것은? [08-4, 13-4]
① 높은 작동 압력

② 유량이 적음
③ 오일쿨러의 고장
④ 펌프 내의 마찰 감소

해설 펌프 내의 마찰 증대 시 작동유는 과열된다.

35. 유압 실린더가 불규칙적으로 작동할 때의 원인으로 적절한 것은? [21-4]
① 모터 고장
② 솔레노이드 소손
③ 작동유의 점도 변화
④ 펌프 케이싱의 지나친 조임

36. PLC에서 출력 신호는 존재하는데, 공압 실린더가 움직이지 않을 때, 그 원인으로 적절하지 않은 것은? [18-1]
① 전선이 단선되어 있다.
② 밸브의 솔레노이드가 소손되었다.
③ 공기 중에 수분 함유량이 보통보다 적다.
④ 공급 압력이 게이지 압력으로 0bar를 지시하고 있다.

해설 출력 신호가 있는 것도 전압이 발생한다는 것이고, 이는 전선으로 솔레노이드와 연결되어 있어야 실린더의 동작이 가능하다. 따라서 실린더가 움직이지 않는 것도 이 과정에서의 문제이므로 전선, 솔레노이드를 확인하여야 하고, 여기에 문제가 없으면 솔레노이드 밸브의 스풀 등에 의하여 작동되지 않는지, 또 여기에도 문제가 없으면 실린더에 압축 공기 공급 여부(압력), 실린더 내부 누설, 실린더의 부하 등을 확인하여야 한다.

36-1 PLC(programmable logic controller) 출력 신호가 나오고 있는데 공압 실린더가 움직이지 않는 상황과 거리가 먼 것은 어느 것인가? [10-4]
① 전선이 단선되어 있다.
② 공급 압력이 게이지 압력으로 0bar를 지시하고 있다.
③ 밸브의 솔레노이드가 동작하지 않는다.
④ 공기 중에 수분 함유량이 보통보다 적다.

정답 ④

부록

CBT 대비 실전 문제

1회 CBT 대비 실전 문제 ⚙

1과목 설비 진단 및 계측

1. 유량 측정에서 사용되는 이론으로 "압력 에너지+운동에너지+위치에너지=일정" 하다는 이론은? [21-1]

① 레이놀즈 정리
② 베르누이 정리
③ 플레밍의 법칙
④ 나이키스트 안정 판별법

해설 베르누이의 정리(Bernoulli's theorem) : 손실이 없는 경우에 유체의 위치, 속도 및 압력 수두의 합은 일정하다로 표시된다.

2. 소음 방지 대책에 관한 설명으로 옳은 것은 어느 것인가? [21-1]

① 흡음재를 사용하며, 재료의 흡음률은 흡수된 에너지와 입사된 에너지의 비로 나타낸다.
② 기계 주위에 차음벽을 설치하며, 투과율은 흡수 에너지와 투과된 에너지의 비로 나타낸다.
③ 차음 효과를 증가시키기 위하여 차음벽의 무게와 주파수를 2배 증가시키면 투과 손실은 오히려 감소한다.
④ 차음벽의 무게나 내부 감쇠에 의한 차음 효과는 주파수가 증가함에 따라 감소한다.

해설 ㉠ 소음 방지 방법 : 흡음, 차음, 진동 차단, 진동 댐핑, 소음기

㉡ 투과율 : $\tau = \dfrac{투과음의\ 세기}{입사음의\ 세기}$

㉢ 높은 주파수는 파장이 짧아 음을 높게 느끼고, 낮은 주파수는 파장이 길어서 음을 낮게 느낀다.

3. 진동의 에너지를 표현하는 방식으로 적합한 것은? [08-4]

① 실횻값
② 양진폭
③ 평균값
④ 편진폭

해설 실횻값 : 진동 에너지를 표현하는 데 적합하며, 피크값의 $\dfrac{1}{\sqrt{2}}$(0.707)배이다.

4. 음원으로부터 단위시간당 방출되는 총 음에너지를 무엇이라 하는가? [18-2, 21-1]

① 음원
② 음향 출력
③ 음압 실횻값
④ 음의 전파 속도

해설 음원으로부터 단위시간당 방출되는 총 음에너지를 음향 출력이라 하며, 표시 기호는 W로 한다.

5. 다음 중 교류 신호에서 반복 파형의 한 주기 사이에서 어느 순간 지점의 위치를 나타내는 것은? [14-2, 21-1]

① 위상
② 주기
③ 진폭
④ 주파수

해설 사인파에서 파동은 한 주기마다 같은 모양을 반복하며 진행하므로 파동의 진행을 회전하는 원운동에 대응시켜서 나타낸 것을 위상(phase)이라고 한다.

6. 다음 중 회전수가 100rpm 이상의 기어에 진동을 이용하여 진단할 경우 진단 대상이 아닌 것은? [21-1]

① 웜 기어
② 스퍼 기어
③ 헬리컬 기어
④ 직선 베벨 기어

해설 진동을 이용하여 기어의 진단을 할 경우 진단 대상이 되는 기어는 주로 회전수가 100rpm 이상의 기어로 스퍼 기어, 헬리컬 기어, 직선 베벨 기어이다. 웜 기어는 진동에 의한 기어 진단 대상이 되지 않는다.

7. 정전 용량식 센서에서 마주보는 두 전극 사이에 정전 용량(C)을 구하는 식으로 옳은 것은? [21-1]

① $C = \dfrac{\varepsilon d}{A}$
② $C = \dfrac{\varepsilon A}{d}$
③ $C = \dfrac{d}{\varepsilon A}$
④ $C = \dfrac{A}{\varepsilon d}$

8. 온도 변환기의 요구 기능으로 적절하지 않은 것은? [21-1]

① 입출력 간은 직류적으로 절연되어 있어야 할 것
② 외부의 노이즈(noise) 영향을 받지 않는 회로일 것
③ 입력 임피던스가 낮고, 장거리 전송이 가능할 것
④ 주위 온도 변화, 전원 변동 등이 출력에 영향을 주지 말 것

해설 온도 변환기의 요구 기능
㉠ mV 레벨 신호를 안정하게 놓은 레벨까지 증폭할 수 있을 것
㉡ 입력 임피던스(impedance)가 높고, 장거리 전송이 가능할 것
㉢ 온도와 열전대의 열기전력 관계 또는 온도와 측온 저항체의 저항값 변화에서 생기는 비직선 특성을 보정하여 온도와 출력 신호의 관계를 직선화시킬 수 있는 리니어 라이저(linear riser)를 갖고 있을 것
㉣ 외부의 노이즈(noise) 영향을 받지 않는 회로일 것
㉤ 주위 온도 변화, 전원 변동 등이 출력에 영향을 주지 말 것
㉥ 입출력 간은 직류적으로 절연되어 있어야 할 것

9. 다음 중 회전 기계에서 주파수 영역에 따라 발생하는 이상 현상이 틀린 것은 어느 것인가? [16-4, 21-1]

① 저주파 - 기초 볼트 풀림이나 베어링 마모로 인해서 발생되는 풀림
② 저주파 - 회전자(rotor)의 축심 회전의 질량 분포가 부적정하여 발생하는 진동
③ 고주파 - 강제 급유되는 미끄럼 베어링을 갖는 회전자(rotor)에서 발생되는 오일 휩
④ 고주파 - 유체 기계에서 국부적 압력 저하에 의하여 기포가 발생하는 공동 현상으로 인한 진동

해설 오일 휩(oil whip) : 저주파로 강제 급유되는 미끄럼 베어링을 갖는 로터에 발생하며, 베어링 역학적 특성에 기인하는 진동으로서 축의 고유 진동수가 발생한다.

10. 사운드 레벨 미터의 전기 음향 성능을 규정하는 기준 상대 습도는? [21-1]

① 40%
② 50%
③ 60%
④ 70%

해설 KS C IEC 61672-1의 사운드 레벨 미터의 전기 음향 성능을 규정하는 기준 환경 조건 : 온도 23℃, 정압 101.325kPa, 상대 습도 50%이다.

부록

11. 단면적이 3cm²이고 길이가 10m인 동선의 전기 저항은? (단, 구리의 고유 저항은 $1.72 \times 10^{-8} \Omega\text{m}$이다.) [21-1]

① $2.86 \times 10^{-3}[\Omega]$

② $2.86 \times 10^{-4}[\Omega]$

③ $5.73 \times 10^{-3}[\Omega]$

④ $5.73 \times 10^{-4}[\Omega]$

해설 $R = \rho \dfrac{l}{S}[\Omega]$

$\qquad = 1.72 \times 10^{-8} \times \dfrac{10}{3 \times 10^{-4}}$

$\qquad = 5.73 \times 10^{-4}[\Omega]$

12. 설비 진단 기술에 관한 설명으로 틀린 것은? [21-1]

① 설비의 열화를 검출하는 기술이다.

② 설비의 생산량 증가 방법을 찾는 기술이다.

③ 설비의 성능을 평가하고, 수명을 예측하는 기술이다.

④ 현재 설비 상태를 파악하고, 고장 원인을 찾는 기술이다.

해설 설비의 생산량 증가 방법은 공정 관리와 로스 관리에 있다.

13. 측정하고자 하는 진동 데이터에 1000Hz의 높은 주파수 성분이 있을 때 에일리어싱 영향을 제거하기 위하여 필요한 샘플링 시간은? [21-1]

① 0.1ms ② 0.5ms

③ 1.0ms ④ 2.0ms

해설 $\triangle t \le \dfrac{1}{2f_{\max}} \le \dfrac{1}{2 \times 1000} = 0.5\text{ms}$

14. 다음 중 주위 온도나 압력 등의 영향, 계기의 고정 자세 등에 의한 오차에 해당되는 것은? [21-1]

① 개인 오차 ② 과실 오차

③ 이론 오차 ④ 환경 오차

해설 • 이론 오차 : 측정 원리나 이론상 발생되는 오차이다.

• 계기 오차 : 계기 오차에는 측정기 본래의 기차(器差)에 의한 것과 히스테리시스차에 의한 것이 있다.

• 개인 오차 : 눈금을 읽거나 계측기를 조정할 때 개인차에 의한 오차이다.

• 환경 오차 : 주위 온도, 압력 등의 영향, 계기의 고정 자세 등에 의한 오차로서 일반적으로 불규칙적이다.

• 과실 오차 : 계측기의 이상이나 측정자의 눈금 오독 등에 의한 오차이다.

15. 미세 결함의 검출 능력이 뛰어난 자기 탐상법은?

① 형광자분

② 습식자분

③ 건식자분

④ 염료 습식자분

16. 음에 관한 설명으로 틀린 것은? [21-1]

① 음은 파장이 작고, 장애물이 작을수록 회절이 잘된다.

② 방음벽 뒤에서도 들을 수 있는 것은 음의 회절 현상 때문이다.

③ 음파가 한 매질에서 타 매질로 통과할 때 구부러지는 현상을 음의 굴절이라 한다.

④ 음파가 장애물에 입사되면 일부는 반사되고, 일부는 장애물을 통과하면서 흡수되고, 나머지는 장애물을 투과하게 된다.

해설 음은 파장이 크고, 장애물이 작을수록 회절이 잘된다.

정답 ● 11. ④ 12. ② 13. ② 14. ④ 15. ① 16. ①

17. 진동 주파수 분석 시 안티-에일리어싱 (anti-aliasing)에 사용되는 적합한 필터는 어느 것인가? [21-1]

① 시간 윈도 ② 사이드 로브
③ 하이패스 필터 ④ 저역 통과 필터

해설 안티 에일리어싱 필터(anti-aliasing filter)에는 저역 통과 필터(low pass filter)가 있으며, 샘플러(sampler)와 A/D 변환기 앞에 설치하여 입력 신호의 주파수 범위를 한정시키고 있다.

18. 작동 시퀀스의 형태에 따른 분류에 해당 하지 않는 것은? [21-1]

① 기억 제어(memory control)
② 이벤트 제어(event control)
③ 프로그램 제어(program control)
④ 타임 스케줄 제어(time schedule control)

해설 시퀀스의 분류

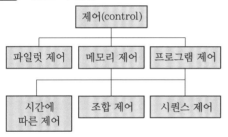

19. 다음 중 진동 차단에 이용되는 재료가 아닌 것은? [11-4, 21-1]

① 고무 ② 패드
③ 스프링 ④ 콘크리트

해설 진동 차단기의 재료로는 주로 강철 스 프링, 고무, 패드 등을 활용한다.

20. 비파괴 검사법과 시험 원리가 틀리게 짝 지어진 것은?

① 방사선 투과 검사 – 투과성
② 와전류 탐상 검사 – 전자 유도 작용

③ 자분 탐상 검사 – 자분의 침투력
④ 초음파 탐상 검사 – 펄스 반사법

해설 자분 탐상 검사는 자속으로 결함을 검 출한다.

2과목 설비 관리

21. 치공구 관리 기능 중 보전 단계에서 실 시하는 내용이 아닌 것은? [21-1]

① 공구의 검사
② 공구의 보관과 공급
③ 공구의 제작 및 수리
④ 공구의 설계 및 표준화

해설 보전 단계에서는 공구의 제작 수리, 공구의 검사, 공구의 보관 대출, 공구의 연삭이며, 공구의 설계 및 표준화는 계획 단계이다.

22. 다음 중 자주 보전의 전계 단계 중 전달 교육에 의해 설비의 이상적 모습과 설비의 기능 구조를 알고 보전 기능을 몸에 익히는 단계는? [21-1]

① 제4단계 총 점검
② 제5단계 자주 점검
③ 제6단계 정리 정돈
④ 제7단계 철저한 자주 관리

해설 제4단계의 진행 방법
㉠ 설비의 기초 교육을 받는다.
㉡ 작업자에게 전달한다.
㉢ 배운 것을 실천하여 이상을 발견한다.
㉣ '눈으로 보는 관리'를 추진한다.

23. 다음 중 간접비의 변화를 정확히 추적하 기 위해 제품 생산에 수행되는 활동들 또는 공정에 초점을 두고 원가를 추정하는 방법 은 무엇인가? [10-4, 16-4, 21-1]

부록

① 총 원가   ② 기회 원가
③ 제조 원가   ④ 활동 기준 원가

해설 제품 생산을 위하여 수행되는 활동들 또는 공정에 초점을 두고 뭔가를 추정하는 방법은 활동 기준 원가(ABC : activity-based cost)이다.

24. 다음 중 한계 게이지의 특징으로 틀린 것은?   [21-1]
① 제품의 실제 치수를 읽을 수 없다.
② 다량 제품 측정에 적합하고 불량의 판정을 쉽게 할 수 있다.
③ 측정 치수가 정해지고 한 개의 치수마다 한 개의 게이지가 필요하다.
④ 면의 각종 모양 측정이나 공작 기계의 정도 검사 등 사용 범위가 넓다.

해설 면의 각종 모양 측정 등의 형상 공차 : 검사나 공작 기계의 정도 검사 등을 할 수 없으며, 사용 범위가 좁다.

25. 설비 분류 방법에서 기호법의 대표적인 기억식 기호법이 틀린 것은?
① L : Lathe
② P : Press
③ C : Centering
④ M : Machining center

해설 기억식 기호법 : 뜻이 있는 기호법의 대표적인 것으로서 기억이 편리하도록 항목의 이름 첫 글자라든가, 그 밖의 문자를 기호로 한다.

26. 다음 중 재고 관리에서 재고가 일정 수준(방주점)에 이르면 일정 발주량을 발주하는 방식은?   [21-1]
① 정량 발주 방식 ② 정기 발주 방식
③ 정수 발주 방식 ④ 사용고 발주 방식

해설 정량 발주 방식 : 주문점법이라고도 하

며, 규정 재고량까지 소비하면 일정량만큼 주문하는 것으로, 발주량은 일정하나 발주 시기가 변한다.

27. 다음 중 설비 열화의 대책으로 틀린 것은 어느 것인가?   [21-1]
① 열화 방지   ② 열화 지연
③ 열화 회복   ④ 열화 측정

해설 설비 열화의 대책으로서는 열화 방지(일상 보전), 열화 측정(검사), 열화 회복(수리)이 있다.

28. TPM(total productive maintenance)의 5가지 활동에 포함되지 않는 것은 어느 것인가?   [21-1]
① 자주적 대집단 활동으로 실시할 것
② 작업자의 기능 수준 향상을 도모할 것
③ 설비의 효율화를 저해하는 6대 로스를 추방할 것
④ 설비에 강한 작업자를 육성하여 보전 체계를 확립할 것

해설 자주적 소집단 활동을 통해 PM을 추진할 것

29. 다음 중 고장 해석을 위해 제시되는 방법의 결과가 목적 달성에 최적인 대안 선정이 가능한 방법은?   [16-4, 21-1]
① 상황 분석법   ② 의사 결정법
③ 요인 분석법   ④ 행동 개발법

해설 설비의 고장 분석 방법 : 상황 분석법, 특성 요인 분석법, 행동 개발법, 의사 결정법, 변화 기획법

30. 다음 중 제품별 배치의 특징으로 틀린 것은?   [21-1]
① 작업의 흐름 편별이 용이하다.
② 공정이 단순화되고 직접 확인 관리를

할 수 있다.

③ 건물에 설비 배치를 합리적으로 할 수 있고, 작업의 융통성이 많다.

④ 공정이 확정되므로 검사 횟수가 적어도 되며 품질 관리가 쉽다.

해설 제품별 배치는 합리적 설비 배치가 어렵고, 작업의 융통성이 적다.

31. 윤활유의 열화 판정법 중 간이 측정법에 해당되지 않는 것은? [15-2, 21-1]

① 사용유의 성상을 조사한다.

② 리트머스 시험지로 산성 여부를 판단한다.

③ 냄새를 맡아보아 불순물의 함유 여부를 판단한다.

④ 시험관에 같은 양의 기름과 물을 넣고 심하게 교반 후 분리 시간으로 항유화성(抗乳化性)을 조사한다.

해설 윤활유의 성상에 대한 분석은 직접 판별법에 속한다.

32. 그리스를 생산하는 데 기유에 섞어 겔 상태로 만들어내는 것을 무엇이라 하는가?

① 첨가제

② 산화 안정제

③ 증주제

④ 혼화 안정제

해설 그리스의 주성분은 증주제, 기유, 첨가제이다.

33. 적합한 윤활유의 열화 방지법은?

① 첨가제는 항상 첨가하여야 한다.

② 윤활유 부족 시 이종 윤활유와 혼합 사용한다.

③ 고온에서 성능 시험을 한다.

④ 갱유 시 완전히 세척한 후 윤활유를 공급한다.

해설 열화 방지법 : 신기계 도입 시에는 충분히 세척을 한 후 사용하며, 윤활유를 혼합하여 사용하지 않아야 하며, 고온은 가능한 피하고, 열화 상태에 따라 적합한 첨가제를 투여한다.

34. 시료 1g 중에 함유된 전산성 성분을 중화하는 데 소요되는 KOH의 mg 수를 무엇이라 하는가?

① 전산가

② 알칼리가

③ 주도

④ 적하점

해설 전산기란 석유 제품의 산도를 나타내는 것으로 수산화칼륨은 전산가를 측정하는 데 꼭 필요한 화학 약품이다.

35. 일반적인 그리스 윤활의 특징으로 틀린 것은? [21-1]

① 밀봉 효과가 크다.

② 냉각 효과가 낮다.

③ 이물질 혼합 시 제거가 곤란하다.

④ 내수성이 약하고 적하 유출이 많다.

해설 그리스는 윤활유에 비해 내수성이 강하고, 적하 유출이 적다.

36. 윤활 관리 중 생산성 제고의 효과라고 볼 수 없는 것은? [13-4, 21-1]

① 노동의 절감

② 윤활유 사용 소비량의 절약

③ 기계의 효율 향상 및 정밀도의 유지

④ 수명 연장으로 기계 설비 손실액의 절감

해설 윤활 관리가 합리적으로 이루어진다고 할 때 기대되는 효과로서 윤활유 사용 소비량의 절약은 자원 절약 효과에 해당된다.

부록

37. 다음 중 윤활유의 오염도 분석 주기로 옳은 것은?

① 점도 : 1~3개월
② 전산가 : 1~3개월
③ 색상 : 3개월
④ 방청성 : 1개월

해설 현장에서 전산가 등 오일 오염도를 측정할 때에는 스폿 시험을 한다.

38. 다음 중 온도 변화에 따른 점도의 변화를 적게 하기 위하여 사용되는 첨가제는 어느 것인가? [14-4, 17-4, 21-1]

① 청정 분산제   ② 산화 방지제
③ 유동점 강화제   ④ 점도 지수 향상제

해설 점도 지수 향상제 : 온도 변화에 따른 점도 변화의 비율을 낮게 하기 위하여 VI 향상제를 사용한다.

39. 윤활 관리의 원칙과 가장 거리가 먼 것은 어느 것인가? [16-4, 21-1]

① 적정량을 결정한다.
② 적합한 급유 방법을 결정한다.
③ 적정한 장소에 공급하여 준다.
④ 기계가 필요로 하는 적정 윤활제를 선정한다.

해설 적유, 적법, 적량, 적기

40. 윤활유 시료를 채취하여 동점도를 측정하려 할 때 점도계의 정수(C) : 0.50이고, 시료의 유출 시간(t) : 368초일 때 동점도 (cSt)는 얼마인가?

① 368   ② 92
③ 184   ④ 62

해설 동점도 계산식
$V[\text{cSt}] = C[\text{cSt/s}] \times t[\text{s}]$이므로
$V = 0.5 \times 368$초$= 184$이다.

41. 압축기의 설치 및 배관에서 배관의 일반적인 설치, 점검, 정비 및 사용상의 유의사항으로 거리가 가장 먼 것은? [21-1]

① 관내의 용접가스 및 녹 등의 이물을 완전히 소재하고 부착한다.
② 배관 길이는 가능한 길게 되도록 부속 기기의 위치를 결정한다.
③ 압축기의 탱크 간의 배관경은 제작 회사 지정의 구경을 사용한다.
④ 압축기의 분해, 조립에 지장이 없는 위치에서 배관을 한다.

해설 배관 길이는 가능한 짧게 한다.

42. 다음 금속 침투법 중 철 – 알루미늄 합금층이 형성될 수 있도록 철강 표면에 알루미늄을 확산 침투시키는 것은? [21-1]

① 칼로라이징
② 세라다이징
③ 크로마이징
④ 실리코나이징

해설 • 세라다이징 : Zn
• 크로마이징 : Cr
• 실리코나이징 : Si
• 보로나이징 : B

43. 밸브의 제작 및 사용상 주의해야 할 사항으로 틀린 것은? [17-4, 21-1]

① 산성 등 화학 약품을 취급하는 곳에서는 다이어프램 밸브를 사용하여야 한다.
② 글로브 밸브를 관에 부착할 때에 밸브 박스 외측에 정확한 흐름의 방향을 표시하도록 한다.
③ 체크 밸브는 밸브체의 움직임에 따라 역류 방지까지 약간의 시간의 늦음이

발생할 수도 있다.

④ 리프트 밸브의 시트와 밸브 박스의 재질은 팽창 계수 차에 의해 밸브 시트가 이완되는 것을 방지하기 위해 다른 재질을 사용한다.

해설 리프트 밸브의 시트와 밸브 박스의 재질을 팽창 계수 차에 의해 밸브 시트가 이완되는 것을 방지하기 위해 같은 재질을 사용한다.

44. MSDS의 목적은?
① 근로자의 알 권리 확보
② 경영자의 경영권 확보
③ 화학 물질 제조상 비밀 정보 확보
④ 화학 물질 제조자의 정보 제공

해설 MSDS란 물질 안전 보건 자료로 근로자의 취급 화학 물질에 대한 알 권리와 안전하고 쾌적한 작업 환경을 조성함에 그 배경이 있다.

45. 기어 감속기를 분류할 때 교쇄축형 감속기에 속하는 것은? [14-4, 18-2, 21-1]
① 스퍼 기어
② 헬리컬 기어
③ 하이포이드 기어
④ 스트레이트 베벨 기어

해설 스퍼 기어와 헬리컬 기어는 평행축 감속기, 하이포이드 기어는 평행도 아니고 교쇄축형도 아닌 감속기이다.

46. 판매 업무에 직접 종사하는 근로자가 받아야 하는 정기 안전 보건 교육은 매 분기당 몇 시간 이상인가?
① 3시간
② 6시간
③ 8시간
④ 16시간

해설 근로자 안전 보건 정기 교육

교육 대상		교육 시간
사무실 종사 근로자		매분기 3시간 이상
사무직 종사자 외의 근로자	판매 업무에 직접 종사하는 근로자	매분기 3시간 이상
	판매 업무에 직접 종사하는 외의 근로자	매분기 6시간 이상
관리감독자의 지위에 있는 사람		연간 16시간 이상

47. 다음 중 수격 현상의 방지책으로 틀린 것은? [21-1]
① 관로의 지름을 작게 하여 관내 유속을 증가시킨다.
② 플라이 휠 장치를 설치하여 회전 속도가 갑자기 감속되는 것을 방지한다.
③ 관로에서 펌프 급정지 후에 압력이 강하되는 장소에 서지 탱크를 설치한다.
④ 관로 중에서 수평에 가까워지는 배관은 수주 분리가 일어나기 쉬우므로 펌프 부근에 관로 모양을 변경시킨다.

해설 관로의 지름을 크게 하여 유속을 감소시켜야 한다.

48. 일반적인 기어의 도시에서 선의 사용 방법으로 틀린 것은? [21-1]
① 잇봉우리원은 굵은 실선으로 표시한다.
② 이끝원은 가는 일점쇄선으로 표시한다.
③ 피치원은 가는 일점쇄선으로 표시한다.
④ 잇줄 방향은 통상 3개의 가는 실선으로 표시한다.

해설 이끝원은 굵은 실선으로 작도한다.

부록

49. 다음 중 운동체와 정지체의 기계적 접촉에 의해 운동체를 감속 또는 정지시키고, 정지 상태를 유지하는 기능을 가진 요소는 어느 것인가? [07-4, 18-4, 21-1]
① 클러치
② 감속기
③ 래칫 휠
④ 브레이크

해설 제동 요소는 브레이크이다.

50. 와셔를 굽히거나 구멍을 만들어 그곳에 끼운 후 볼트, 너트의 풀림을 방지하는 와셔는? [18-4, 21-1]
① 폴(pawl) 와셔
② 고무(rubber) 와셔
③ 스프링(spring) 와셔
④ 중지판(lock plate) 와셔

해설 폴 와셔(pawl washer) : 폴이 붙은 와셔로 너트(nut)의 이완(弛緩)을 방지하는 것이다.

51. 다음 중 일반적인 아크 용접 시 변형과 잔류 응력을 경감시키는 방법이 아닌 것은 어느 것인가? [21-1]
① 용접 시공에 의한 경감법으로는 대칭법, 후진법을 쓴다.
② 용접 전 변형 방지책으로는 억제법, 역변형법을 쓴다.
③ 용접 금속부의 변형과 잔류 응력을 경감하는 방법으로는 소성법을 쓴다.
④ 모재의 열전도도를 억제하여 변형을 방지하는 방법으로는 도열법을 쓴다.

해설 소성 : 가한 힘이 그 재료에 대해 너무 크면 재료에 일어났던 변형은 힘을 제거한 다음에도 그대로 남게 되는 성질이다.

52. 송풍기의 운전 중 점검 사항이 아닌 것은 어느 것인가? [18-2, 21-1]
① 베어링의 온도
② 베어링의 진동
③ 임펠러의 부식 여부
④ 윤활유의 적정 여부

해설 임펠러의 부식 여부는 정지 중에 점검한다.

53. 일반적인 세정제의 구비 조건으로 옳은 것은? [21-1]
① 잔류물이 생기지 않을 것
② 독성이 많고 방청성이 없을 것
③ 휘발성으로 화재의 위험성이 있을 것
④ 환경 공해 및 인체에 악영향을 미칠 것

해설 세정제의 구비 조건
㉠ 환경 공해 및 인체에 악영향을 미치지 않을 것
㉡ 녹과 부식, 탈지, 먼지 등의 세척력이 우수할 것
㉢ 방청성을 겸할 것
㉣ 비휘발성으로 화재의 위험성이 없을 것
㉤ 독성이 적을 것
㉥ 잔류물이 생기지 않을 것

54. 축의 센터링 불량 시 나타나는 현상이 아닌 것은? [21-1]
① 진동이 크다.
② 기계 성능이 저하된다.
③ 구동 전달이 원활하다.
④ 베어링부의 마모가 심하다.

해설 센터링 불량이 되면 베어링에 무리가 발생되어 열과 진동 소음, 마모 등이 발생되므로 구동 전달이 원활하지 않아 기계 성능이 저하된다.

55. 기어 손상에서 이 부분이 파손되는 주원인이 아닌 것은? [17-2, 20-4, 21-1]
① 균열
② 마모
③ 피로 파손
④ 과부하 절손

해설 마모는 이의 열화 현상이다.
㉠ 이의 파손 : 과부하 절손, 피로 파손, 균열, 소손
㉡ 피로 파손 : 기어 이면의 열화에 의한 기어의 손상
㉢ 기어 조립 후 운전 초기에 발생하는 트러블 현상 : 진행성 피팅, 스코어링, 접촉 마모

56. 다음 중 금긋기 작업 시 유의해야 할 사항으로 틀린 것은? [18-2, 21-1]
① 금긋기선은 깊게 여러 번 그어야 한다.
② 기준면과 기준선을 설정하고 금긋기 순서를 결정하여야 한다.
③ 같은 치수의 금긋기 선은 전·후, 좌·우를 구분하지 말고 한 번에 긋는다.
④ 금긋기가 끝나면 도면의 지시대로 되었는지 확인한 후 다음 작업 공정에 들어간다.

해설 선은 굵기 0.07~0.12mm 정도 가늘고 선명하게 한 번에 그어야 한다.

57. 다음 중 밀링 머신으로 절삭(가공)하기 곤란한 것은? [21-1]
① 총형 절삭
② 곡면 절삭
③ 널링 절삭
④ 키 홈 절삭

해설 널링 절삭은 선반 가공에서 이루어진다.

58. 다음 관이음 중 분리가 가능한 이음과 거리가 가장 먼 것은? [21-1]
① 나사 이음
② 패킹 이음
③ 용접 이음
④ 고무 이음

해설 용접은 반영구적 이음 방법이다.

59. 플랜지 커플링의 조립과 분해 시의 유의사항 중 옳은 것은? [18-4, 21-1]
① 조임 여유를 많이 둔다.
② 축과 축의 흔들림은 0.03mm 이내로 한다.
③ 분해할 때 플랜지에 과도한 힘을 준다.
④ 축과 원주면에 대한 흔들림은 0.03mm 이내로 한다.

해설 플랜지 커플링의 조립과 분해 시 유의사항
㉠ 분해할 때 플랜지에 과도한 힘을 주지 않는다(특히 주물 제품).
㉡ 조임 여유를 많이 두지 않는다(커플링의 파손).
㉢ 틈새가 많을 때 라이너를 물린다.
㉣ 체결 볼트는 같은 볼트를 사용한다(평형 문제, 커플링의 진동).
㉤ 축과 플랜지의 조립 후 키를 조립한다.
㉥ 축과 플랜지의 원주면에 대한 흔들림은 0.03mm 이내, 축과 축의 흔들림은 0.05mm 이내로 한다.

60. 아세틸렌 발생기실은 화기를 사용하는 설비로부터 몇 미터를 초과하는 장소에 설치하여야 하는가?
① 1m ② 2m
③ 3m ④ 4m

해설 발생기실은 건물의 최상층에 위치하여야 하며, 화기를 사용하는 설비로부터 3m를 초과하는 장소에 설치하여야 한다.

부록

4과목 공유압 및 자동화

61. 다음 중 공압 단동 실린더가 사용되는 응용 분야가 아닌 것은?

① 고정
② 추출
③ 이송
④ 회전

해설 회전은 공압 모터 또는 공압 요동 모터에서 가능하다.

62. 다음 중 공유압 기호의 표시 방법 및 해석과 기본 사항에 대한 설명 중 옳지 않은 것은?

① 기호는 원칙적으로 통상 운휴 상태 또는 기능적인 중립 상태를 나타낸다. 단, 회로도 속에서는 예외도 인정된다.
② 기호는 기기의 실제 구조를 나타낸다.
③ 기호 속의 문자(숫자는 제외)는 기호의 일부분이다.
④ 기호는 압력, 유량 등의 수치 또는 기기의 설정값을 표시하는 것은 아니다.

해설 기호는 기기의 실제 구조, 압력, 유량 등의 수치 또는 기기의 설정값을 표시하는 것은 아니다.

63. 외접 기어 펌프의 토출량에 대한 설명 중 틀린 것은?

① 기어의 회전수와 비례한다.
② 기어의 모듈과 비례한다.
③ 이의 폭 크기에 반비례한다.
④ 체적 효율은 $\dfrac{\text{실제 유량}}{\text{이론 유량}}$

해설 $Q = \dfrac{\pi}{4}(D_0^2 - D_1^2)LN$

여기서, L : 기어의 너비, N : 회전수

64. 다음 중 자동화된 기계 장치를 제어하는 전기 회로의 구성 방법으로 적절하지 않은 것은? [21-1]

① 단속, 연속 운전이 가능하게 회로가 구성되어야 한다.
② 자동, 수동 운전이 가능하게 회로가 구성되어야 한다.
③ 작업자 보호, 장치 보호 등의 회로가 구성되어야 한다.
④ 제어부, 구동부는 혼재되어 회로가 구성되어야 한다.

해설 단속, 연속, 수동, 자동 운전은 부가 조건이며, 작업자 설비 보호 장치는 반드시 있어야 하며, 자동화에서 제어부와 구동부가 혼재되어 회로가 구성되어야 할 필요는 없다.

65. 폐회로 제어에 대한 설명으로 옳은 것은 무엇인가? [10-4, 21-1]

① 피드백 신호가 없다.
② 2진 신호를 사용한다.
③ 외란 변수가 작을 때 사용한다.
④ 실제값과 기준값의 비교 기능이 있다.

해설 폐회로 제어
　㉠ 여러 개의 외란 변수가 존재할 때 사용한다.
　㉡ 외란 변수들의 특징과 값이 변화할 때 사용한다.
　㉢ 반드시 센서 등을 이용하여 목표값과 실제값을 비교한다.

66. 공기압 실린더의 설치 형식이 아닌 것은 무엇인가? [12-4, 21-1]

① 풋형
② 플랜지형
③ 타이로드형
④ 트러니언형

61. ④　**62.** ②　**63.** ③　**64.** ④　**65.** ④　**66.** ③

해설 설치 형식에 따른 분류 : 풋형, 플랜지형, 트러니언형, 피벗형

67. 물체가 접근하면 진폭이 감소하는 고주파 LC 발진기에 의해 센서 표면에 전자계를 형성하고 감지하는 센서는? [15-4, 21-1]
① 광전 센서
② 리드 스위치
③ 용량형 센서
④ 유도형 센서

해설 유도형 센서는 물리적인 값, 즉 자계의 변화를 이용하여 검출하는 센서로 물체가 접근하면 진폭이 감소하는 고주파 LC 발진기에 의해 센서 표면에 전자계를 형성하고 감지 거리 이내에 물체가 감지되면 출력을 보낸다. 검출 속도가 빠르며 수명이 길고 와전류 형성에 의한 금속 물체를 검출한다.

68. 다음 중 펌프가 소음을 내는 이유로 적절하지 않은 것은? [07-4, 21-1]
① 유중에 기포가 있는 경우
② 흡입관이 막혀 있는 경우
③ 펌프의 회전이 너무 빠른 경우
④ 작동유의 점도가 너무 낮은 경우

해설 펌프 소음의 원인 : 펌프 흡입 불량, 공기 흡입 밸브, 필터 막힘, 펌프 부품의 마모 손상, 이물질 침입, 작동유 점성 증대, 구동 방식 불량, 펌프 고속 회전, 외부 진동

69. 다음 중 공기압 파이프 연결기가 아닌 것은? [21-1]
① 나사 연결기
② 링형 연결기
③ 플랜지 연결기
④ 클램프형 연결기

해설 •파이프 연결기 : 링형 연결기, 클램프 링 연결기, 블록형 연결기, 플랜지형 연결기
•호스 연결기 : 소켓형 연결기, 플러그형 연결기
•튜브 연결기 : 나사 연결기, 가시 나사 연결기, 플라스틱용 급속 연결기, CS 연결기

70. 다음 중 신호의 유무, on/off, yes/no, 1/0 등과 같은 신호를 이용하는 제어계는 어느 것인가? [21-1]
① 2진 제어계
② 10진 제어계
③ 동기 제어계
④ 아날로그 제어계

71. 다음 중 압력에 대한 설명으로 틀린 것은 어느 것인가? [21-1]
① 대기 압력보다 낮은 압력을 진공압이라 한다.
② 게이지 압력에서는 국소 대기압보다 높은 압력을 정압(+)이라 한다.
③ 압력을 비중량으로 나누면 길이 단위가 되며, 이를 양정 또는 수두(m)라 한다.
④ 사용 압력을 완전한 진공으로 하고 그 상태를 0으로 하여 측정한 압력을 게이지 압력이라 한다.

해설 사용 압력을 완전한 진공으로 하고 그 상태를 0으로 하여 측정한 압력은 절대 압력이다.

72. 두 개의 입구 X와 Y를 갖고 있으며 출구는 A 하나이다. 입구 X, Y에 각기 다른 압력을 인가했을 때 고압이 A로 출력되는 특징을 갖는 공압 논리 밸브는? [15-4, 21-1]

부록

① 급속 배기 밸브
② 교축 릴리프 밸브
③ 고압 우선형 셔틀 밸브
④ 저압 우선 셔틀 밸브

해설 셔틀 밸브 또는 OR 밸브에서 2개의 공압 신호가 동시에 입력되면 압력이 높은 쪽이 먼저 출력되므로 고압 우선 셔틀 밸브라고도 한다.

73. 다음 중 공기 압축기의 종류가 아닌 것은 어느 것인가? [07-4, 21-1]

① 터보형 압축기
② 스크루형 압축기
③ 왕복 피스톤 압축기
④ 트로코이드형 압축기

해설 트로코이드 펌프(trochoid pump) : 내접 기어 펌프와 비슷한 모양으로 안쪽 기어 로터가 전동기에 의하여 회전하면 바깥쪽 로터도 따라서 같은 방향으로 회전하며, 안쪽 로터의 잇수가 바깥쪽 로터보다 1개가 적으므로, 바깥쪽 로터의 모양에 따라 배출량이 결정된다. 기어의 마모가 적고 소음이 적다.

74. 다음 기호 중에서 공기압 모터를 나타낸 것은? [15-4, 21-1]

① 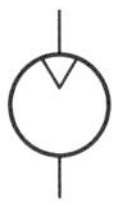
② 
③ 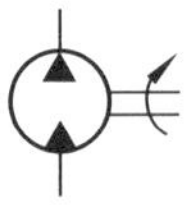
④ 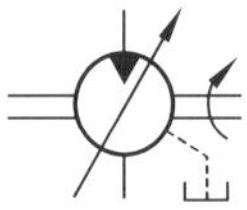

해설 ② : 고정 체적형 한 방향 유압 펌프
③ : 고정 체적형 한 방향 유압 펌프 모터
④ : 가변형 한 방향 유압 모터

75. 핸들링에서 생산 작업과 관련된 자재나 작업물의 모든 이동 기능을 이송이라 한다. 다음 중 이송에 해당되지 않는 것은?

① 선회
② 회전
③ 전환
④ 정렬

76. 다음 중 PLC와 같은 장치가 속하는 부분은? [15-4, 21-1]

① 센서
② 네트워크
③ 프로세서
④ 동력 제어부

해설 센서로부터 입력되는 제어 정보를 분석·처리하여 필요한 제어 명령을 내려 주는 장치인 제어 신호 처리 장치를 프로세서라 하며, PLC는 프로세서의 한 종류이다.

77. 직류 전동기에서 전기자의 권선에 생기는 교류를 직류로 바꾸는 부분의 명칭은 어느 것인가? [21-1]

① 계자
② 전기자
③ 정류자
④ 타여자

해설 계자, 전기자 : 자속을 생성한다.

78. 다음 중 폐회로 제어계에서 설정값과 피드백 변수의 비교 연산 결과 발생하는 값은 무엇인가? [20-4, 21-1]

① 외란
② 기준값
③ 목표값
④ 제어 편차

해설 제어 편차(control error) : 목표량과 제어량의 차이이다.

정답 73. ④ 74. ① 75. ④ 76. ③ 77. ③ 78. ④

79. 다음 중 모든 현상에 대하여 바르게 반사적으로 행동할 수 있는 힘에 해당하는 것은 어느 것인가?

① 미결함의 사고법
② 조정의 조절화의 사고법
③ 기능의 사고법
④ 복원

해설 • 미결함의 사고법 : 결과에 대한 영향이 적다고 일반적으로 생각되는 것을 철저하게 제거하는 사고
• 조정의 조절화 사고법 : 자동화 등의 방법으로 인간이 하는 일을 기계로 대체하여 정밀도 향상 등에 의한 작업의 단순화가 용이하게 하기 위한 사고법
• 기능의 사고법 : 모든 현상에 대하여 체득한 것을 근거로 바르게 또한 반사적으로 행동할 수 있는 힘이며, 장시간에 걸쳐 지속될 수 있는 능력
• 복원 : 결함이 있는 현재의 상태를 원래의 바른 상태로 되돌리는 일

80. 밸브 내부에서 연속적인 진동으로 밸브 시트 등을 타격하여 소음을 발생시키는 현상은? [10-4, 21-1]

① 공동 현상
② 크래킹 현상
③ 채터링 현상
④ 맥동 현상

해설 채터링(chattering) 현상 : 릴리프 밸브 등에서 포핏이 밸브 시트를 때려서 비교적 높은 소리를 내는 일종의 자력 진동 현상을 말한다.

부록

2 회 CBT 대비 실전 문제

1과목 설비 진단 및 계측

1. 다음과 같이 진동 진폭의 파라미터가 주어졌을 때 관계식으로 옳은 것은? [21-2]

- 진동 변위 : $D[\mu m]$
- 진동 속도 : $V[mm/s]$
- 진동 주파수 : $f[Hz]$

① $V = 2\pi f D$

② $V = 2\pi f D \times 10^{-3}$

③ $V = \dfrac{D}{2\pi f}$

④ $V = \dfrac{D}{2\pi f} \times 10^{-3}$

해설 D의 단위는 μm이고, V의 단위는 mm/s이므로 $V = 2\pi f D \times 10^{-3}$이다.

2. 다음 중 주파수의 단위로 사용되는 것은 어느 것인가? [07-4, 21-2]

① cycle/s ② m/s

③ rad/s ④ m/s²

해설 주파수(frequency) : 1초당 사이클 수 f, 단위는 Hz이다.

3. 푸리에(fourier) 변환의 특징으로 틀린 것은 어느 것인가? [18-1, 21-2]

① FFT 분석에서는 항상 양부호(positive)의 주파수 성분이 나타난다.

② 충격 신호와 같은 임펄스 신호(Impulse signal)는 푸리에 변환이 불가능하다.

③ 시간 대역이나 주파수 대역에서 유한한 신호는 다른 대역(주파수나 시간)에서 무한한 폭을 갖는다.

④ 어떤 대역에서 주기성을 갖는 규칙적인 신호라 할지라도 다른 대역에서는 불규칙적 신호로 나타날 수 있다.

4. 용적식 유량계가 아닌 것은? [21-2]

① 터빈 유량계(turbine flow meter)

② 회전 디스크 유량계(nutating disk flow meter)

③ 회전 날개 유량계(rotary vane flow meter)

④ 로브 임펠러 유량계(lobed impeller flow meter)

해설 터빈식 유량계는 회전수를 검출해서 유량을 구하는 방식으로 액체용과 기체용이 있고, 액체용에는 가동부의 모양에 따라 회전자형과 피스톤형 등이 있으며, 공업용으로는 회전자형을 많이 사용한다.

5. 베어링 소음의 발생원에 따른 특성 주파수의 관계식이 옳지 않은 것은? (단, r_1=내륜의 반경, r_2=외륜의 반경, r_B=볼(ball) 또는 롤러(roller)의 반경, r_n=볼(ball) 또는 롤러(roller)의 수, n_r=내륜의 회전 속도(rps)이다.) [08-4, 21-2]

① 베어링의 편심 혹은 불균형에 의한 회

전 소음 주파수(f_r) : $f_r = n_r$

② 볼, 롤러 또는 케이스 표면의 불균일에 의한 소음 주파수(f_c) : $f_c = n_r \times \dfrac{r_1}{r_1 + r_2}$

③ 볼 또는 롤러의 자체 회전에 의한 소음 주파수(f_B) : $f_B = \dfrac{r_2}{r_B} \times n_r \times \dfrac{r_1}{r_1 + r_2}$

④ 내륜 표면의 불균일에 의한 소음 주파수(f_1) : $f_1 = n_r \times \dfrac{r_1}{r_1 + r_2} \times r_n$

6. 다음 중 설비 진단의 개념과 거리가 먼 것은 어느 것인가? [08-4, 21-2]
① 단순한 점검의 계기화
② 수리 및 개량법의 결정
③ 신뢰성 및 수명의 예측
④ 이상이나 결함의 원인 파악

7. 다음 중 파장 주파수에 대한 설명으로 틀린 것은? [13-4, 21-2]
① 파장은 음파의 1주기 거리로 정의된다.
② 주파수는 음파가 매질을 1초 동안 통과하는 진동 횟수를 말한다.
③ 주파수는 소리의 속도에 반비례하고 파장에 비례한다.
④ 파장은 소리의 속도에 비례하고, 주파수에 반비례한다.

해설 주파수는 1초 동안에 발생한 진동 횟수이며, 소리는 공기와 같은 매체를 통하여 전달되는 소밀파이다. 고압력파는 음압의 변화에 따라 변하며, 주파수는 소리의 속도에 비례하고, 파장에 반비례한다.

8. 계측기 장치 방법에 대한 설명으로 틀린 것은?
① flow sheet 방식은 계측기 관리상의

교정 등에 사용되는 것으로 전문가가 특별히 관리한다.
② 원격 측정식 계측기는 기계식, 전기식, 유압식 등이 있다.
③ 집중 관리 계측 방식은 설비 규모가 커지고, 대량 생산이 이루어지면서 사용한다.
④ 직접 측정식 계측기는 스톱워치, 형틀 시험기, 압력계, 마이크로미터 등이 있다.

9. 진동에서 진폭 표시의 파라미터가 아닌 것은? [17-4, 21-2]
① 댐퍼　　② 변위
③ 속도　　④ 가속도

해설 진폭은 변위, 속도, 가속도의 3가지 파라미터로 표현한다.

10. 다음 중 고유 진동수와 강제 진동수가 일치할 경우 진폭이 크게 발생하는 현상은 어느 것인가? [08-4, 18-2, 21-2]
① 공진　　② 울림
③ 강제 진동　　④ 반발 진동

해설 공진(resonance) : 물체가 갖는 고유 진동수와 외력의 진동수가 일치하여 진폭이 증가하는 현상이며, 이때의 진동수를 공진 주파수라고 한다.

11. 극히 작은 전류에 의해서 최대 눈금 편위를 일으킬 수 있으므로 전압계로 사용하는 계기는? [16-4, 21-2]
① 유도형　　② 전류력계형
③ 가동 코일형　　④ 가동 철편형

해설 전기적인 측정량, 즉 전압, 전류, 전력 등의 측정은 전기자기적인 원리에 의하여 이들의 측정량을 힘으로 변환한다. 힘을 발생하는 기구에 따라 가동 코일형, 가동 철편형, 유도형 및 전류력계형, 정전형 등

부록

이 있다. 이들 중에서 가장 많이 사용되는
계기로는 가동 코일형과 가동 철편형이 있
다. 가동 코일형은 정밀급에 널리 쓰이며,
가동 철편형은 배전반용 계기로 널리 쓰
인다.

12. 회전체의 회전수를 측정하기 위하여, 반
사 테이프와 광원을 이용하여 반사광을 검
출하여 회전수를 구하는 방식은?　[21-2]
① 광전식 검출법
② 주파수 계산법
③ 전자식 검출법
④ 회전 주기 측정법

[해설] 회전 주기 측정 방식은 회전체의 회전
주기를 측정하여 그 역수로 회전수를 구하
는 방법으로 회전체에 회귀성(回歸性) 반
사 테이프(테이프 표면에 구면 렌즈를 나
열한 것으로 투사광이 테이프면에 수직이
아니더라도 광원 방향으로 빛을 반사한다)
를 붙이고 초점 조정이 용이한 적색 가시
광의 LED(발광 다이오드)를 광원으로 이
용하여 그 반사광을 포토트랜지스터로 검
출하여 펄스 신호로 변환시켜 측정하는 것
이다.

13. 회전수 계측 센서 중 광학식 엔코더의
특징이 아닌 것은?　[21-2]
① 처리 회로가 간단하다.
② 진동 및 충격에 약하다.
③ 고분해능화가 용이하다.
④ 디지털 신호이므로 노이즈 마진이 작다.

[해설] 노이즈 마진은 아날로그 신호에서 발
생된다.

14. 시퀀스 제어의 동작을 기술하는 방식 중
조건과 그에 대응하는 조작을 매트릭스형으
로 표시하는 방식은?　[18-1, 21-2]
① 논리 회로(logic circuit)

② 플로 차트(flow chart)
③ 동작 선도(motion diagram)
④ 디시전 테이블(decision table)

[해설] 디시전 테이블은 프로그램 작성 장치
와 제어 장치로 이루어지는 시퀀스 제어
장치로, 디시전 테이블과 디시전 테이블
실행 엔진을 생성하는 디시전 테이블 에디
터를 구비한 시퀀스 제어 장치이다.

15. 소음 방지 방법이 아닌 것은?　[21-2]
① 차음　　　　② 공명
③ 흡음　　　　④ 소음기

[해설] 공명 : 2개의 진동체의 고유 진동수가
같을 때 한쪽을 울리면 다른 쪽도 울리는
현상이다.

16. 강제 진동 주파수 f와 고유 진동 주파
수 f_n의 주파수비를 $R = \dfrac{f}{f_n}$ 라 할 때 고유
진동 주파수에 대한 진동 차단 효과가 가장
좋은 것은?　[21-2]
① $R=1$　　　② $R=\sqrt{2}$
③ $R=3$　　　④ $R=10$

[해설] 진동 차단 효과

$R = \dfrac{\text{외부 진동 주파수}}{\text{시스템 고유 주파수}}$	진동 차단 효과
1.4 이하	증폭
1.4~3	무시할 정도
3~6	낮음
6~10	보통
10 이상	높음

17. 핵연료봉과 같은 높은 방사선 물질의 검
사에 적합한 비파괴 검사법은?
① 입자 가속기를 이용한 고에너지 X선
투과 검사
② Co-60을 이용한 γ선 투과 검사

③ 직접법을 이용한 중성자 투과 검사

④ 전사법을 이용한 중성자 투과 검사

18. 계측계의 동작 특성 중 정특성이 아닌 것은?   [17-4, 21-2]

① 감도

② 직선성

③ 시간 지연

④ 히스테리시스 오차

[해설] 정특성에는 감도, 직선성, 히스테리시스 오차가 있고, 동특성에는 시간 지연, 과도 특성이 있다.

19. 제어 장치에 속하며 목표값에 의한 신호와 검출부로부터 얻어진 신호에 의해 제어 장치가 소정의 작동을 하는데 필요한 신호를 만들어서 조작부에 보내주는 부분을 뜻하는 제어 용어는?   [18-4, 21-2]

① 외란   ② 조절부

③ 작동부   ④ 제어량

20. 다음 중 조사선량의 단위는?

① 퀴리(Ci)   ② 시버트(Sv)

③ 그레이(Gy)   ④ 뢴트겐(R)

2과목 설비 관리

21. 다음 중 한계 게이지의 특징으로 틀린 것은?   [21-2]

① 제품의 실제 치수를 읽을 수 없다.

② 측정에 숙련을 요하지 않고 간단하게 사용할 수 있다.

③ 소량 제품 측정에 적합하고 불량을 판정하는 데 일정 시간이 소요된다.

④ 측정 치수가 정해지고 한 개의 치수마

다 한 개의 게이지가 필요하다.

[해설] 다량 제품 측정에 적합하고, 불량의 판정을 쉽게 할 수 있다.

22. 설비의 분류에서 판매 설비로만 짝지어진 것은?   [21-1]

① 전기 장치, 운반 장치

② 발전 설비, 수처리 시설

③ 항만 설비, 공장 연구 설비

④ 서비스 숍, 서비스 스테이션

[해설] 판매 설비는 영업에 관련된 설비와 시설이다.

23. 설비 예산의 체계에서 예산의 성격에 따라 구분할 때 수 사업 연도에 걸치는 경우의 연차별 개요로 구분되는 예산은?

① 세목 예산   ② 기준 예산

③ 실행 예산   ④ 개괄 예산

24. 보전 업무에 대한 기술 기능에서 조건 변화에 따른 설비 개량, 설비 성능 및 수명 향상, 설비의 재설계를 통한 보전도 제고 등에 관련이 있는 것은?   [21-2]

① 고장 분석 개발

② 보전 업무 분석

③ 부품 대체 분석

④ 보전도 향상 연구

[해설] 보전도 : 수리 가능한 체계나 설비가 고장난 후, 규정된 조건 아래서 수리될 때 규정 시간 내에 수리가 완료될 확률이다.

25. 일반적인 예방 보전의 특징으로 틀린 것은 어느 것인가?   [21-2]

① 경제적 손실이 크다.

② 돌발 고장 발생이 생길 수 있다.

③ 보전 요원의 기술 및 기능이 강화된다.

부록

④ 대수리 기간 중에 발생되는 생산 손실이 크다.

[해설] 예방 보전은 보전 요원의 기술 및 기능의 향상이 어렵다.

26. 다음 중 어떤 설비가 일정 조건 하에서 일정 기간 동안 기능을 고장 없이 수행할 확률은? [21-2]
① MTBF ② MTTF
③ 보전성 ④ 신뢰성

[해설] 신뢰성(reliability) : '어떤 특정 환경과 운전 조건 하에서 어느 주어진 시점 동안 명시된 특정 기능을 성공적으로 수행할 수 있는 확률', '언제나 안심하고 사용할 수 있다', '고장이 없다', '신뢰할 수 있다'라는 것으로, 이것을 양적으로 표현할 때는 신뢰도라고 한다.

27. 다음 중 TPM 관리와 전통적 관리를 비교했을 때 TPM 관리의 특징으로 옳은 것은 어느 것인가? [21-2]
① output 지향
② 결과 중심 시스템
③ 개선을 위한 자기 동기 부여
④ 제한적이고 터널식인 의사소통

[해설] TPM은 input 지향으로 원인 추구 시스템이며 사전 활동(예방 활동)이다.

28. 일반적인 자주 보전 전개 스텝 7단계 중 5단계에 해당하는 것은? [21-2]
① 초기 청소
② 자주 점검
③ 자주 보전의 시스템화
④ 발생원 곤란 개소 대책

[해설] 자주 보전 전개 스텝 7단계
• 제1단계 : 조기 청소
• 제2단계 : 발생원 대책, 청소 곤란 요소 대책
• 제3단계 : 청소·급유 기준의 작성과 실시
• 제4단계 : 총점검
• 제5단계 : 자주 점검
• 제6단계 : 정리 정돈
• 제7단계 : 철저한 자주 관리

29. 치공구 관리 기능 중 계획 단계에 해당하지 않는 것은? [21-2]
① 공구의 검사
② 공구의 연구 시험
③ 공구의 설계 및 표준화
④ 공구의 소요량의 계획 및 보충

[해설] 계획 단계
㉠ 공구의 설계 및 표준화
㉡ 공구의 연구 시험
㉢ 공구 소요량의 계획, 보충

30. 품질 관리 도구 중 중심선과 관리 한계선을 설정한 그래프로서 품질의 산포를 판별하여 공정이 정상 상태인지, 이상 상태인지를 판독하기 위한 방법은? [21-2]
① 관리도 ② 체크 시트
③ 파레토도 ④ 히스토그램

[해설] 관리도 : 현상 파악에 사용되는 수법 중 공정이 정상 상태인지, 이상 상태인지를 판독하기 위한 방법이다.

31. 다음 윤활유의 열화 판정 중 직접 판정법에 대한 설명으로 틀린 것은 어느 것인가? [08-4, 14-2, 18-4, 21-2]
① 신유의 성상을 사전에 명확히 파악한다.
② 사용유의 대표적 시료를 채취하여 성상을 조사한다.
③ 투명한 2장의 유리관에 기름을 넣고 투시해서 이물질의 유무를 조사한다.

④ 신유와 사용유의 성상을 비교 검토 후 관리 기준을 정하고 교환하도록 한다.

해설 간이 판별에 속한다. 윤활유의 성상에 대한 분석은 직접 판별법에 속한다.

32. 베어링 윤활에서 윤활유와 비교한 그리스 윤활의 특징으로 틀린 것은? [21-2]
① 급유 간격이 짧다.
② 회전 저항이 크다.
③ 순환 급유가 곤란하다.
④ 혼입물 제거가 곤란하다.

해설 그리스 윤활은 급유 간격이 길다.

33. 윤활 관리 조직의 체계는 윤활 관리부서와 윤활 실시 부서로 구분할 때 윤활 관리부서에서 실시하는 업무로 가장 적합한 것은 어느 것인가? [17-4, 21-2]
① 오일의 교환 주기 결정
② 급유 장치의 예비품 관리
③ 윤활 대장 및 각종 기록 작성
④ 윤활제 선정 및 열화 기준의 판정

34. 다음 기어의 손상 중 윤활유의 성능과 가장 관계있는 것은? [13-4, 18-2, 21-2]
① 피팅(pitting)
② 파단(breakage)
③ 스폴링(spalling)
④ 스코어링(scoring)

해설 스코어링 또는 스키핑 : 톱니 사이의 유막이 터져서 금속 접촉을 일으켜 나타나는 스크래치이다.

35. 다음 중 극압 윤활에 대한 설명으로 틀린 것은? [16-4, 21-2]
① 충격 하중이 있는 곳에 필요하다.
② 완전 윤활 또는 후막 윤활이라고도 한다.

③ 첨가제로 유황, 염소, 인 등이 사용된다.
④ 고하중으로 금속의 접촉이 일어나는 곳에 필요하다.

해설 극압 윤활(extreme-pressure lubrication) : 일명 고체 윤활이라고 하는 이것은 하중이 더욱 증대되고 마찰 온도가 높아지면 결국 흡착 유막으로서는 하중을 지탱할 수 없게 되어 유막은 파괴되고 마침내 금속의 접촉이 일어나 접촉 금속 부문에 융착과 소부 현상이 일어나게 되는 것이다.

36. 유압 작동유가 갖추어야 할 성질이 아닌 것은? [21-2]
① 체적 탄성 계수가 클 것
② 캐비테이션이 잘 일어날 것
③ 산화 안전성 및 유화 안정성이 클 것
④ 온도 변화에 따른 점도 변화가 적을 것

해설 관내 압력이 포화 증기압 이하로 되어 소음과 진동이 생기고 펌프 불능의 원인이 되는 현상이다.

37. 그리스의 내열성을 평가하는 기준이 되고 그리스 사용 온도가 결정되는 윤활제의 성질은? [21-2]
① 주도 ② 적점
③ 이유도 ④ 혼화 안정도

해설 적하점(적점, dropping point) : 그리스를 가열했을 때 반고체 상태의 그리스가 액체 상태로 되어 떨어지는 최초의 온도를 말한다. 그리스의 적하점은 내열성을 평가하는 기준이 되고 그리스의 사용 온도가 결정된다.

38. 압축 공기를 이용하여 소량의 오일을 미스트화시켜 베어링, 기어, 체인 드라이브 등에 윤활을 하고, 압축 공기는 냉각제 역할을 하도록 고안된 윤활 방식은? [21-2]

부록

정답 **32.** ① **33.** ④ **34.** ④ **35.** ② **36.** ② **37.** ② **38.** ④

① 적하 급유법
② 패드 급유법
③ 심지 급유법
④ 분무식 급유법

해설 분무 급유법은 압축 공기의 벤투리 원리를 이용한 것이다.

39. 다음 중 윤활제의 기능과 관계가 없는 것은? [21-2]
① 냉각 작용
② 산화 작용
③ 마찰 감소 작용
④ 마모 감소 작용

해설 윤활제는 산화나 열에 대한 안정성이 높이야 한다.

40. 압축기의 내부 윤활유의 요구 성능으로 가장 거리가 먼 것은? [21-2]
① 부식 방지성이 좋을 것
② 적정한 점도를 가질 것
③ 산화 안정성이 양호할 것
④ 생성 탄소가 경질일 것

해설 생성 탄소는 연질이어야 한다.

3과목 기계 일반 및 기계 보전

41. 다음 중 아베의 원리를 만족하는 측정기는 어느 것인가? [19-1, 21-2]
① 게이지 블록
② 하이트 게이지
③ 외측 마이크로미터
④ 버니어 캘리퍼스

해설 아베의 원리 : 길이를 측정할 때 측정자를 측정할 물체와 일직선상으로 배치함으로써 오차(誤差)를 최소화하는 것이다.

42. 디스크 브레이크에서 기름 누설의 원인으로 옳지 않은 것은? [10-4, 21-2]
① 에어빼기 불충분
② 파이프 너트 풀림
③ 파이프 선단 형상 불량
④ 실(seal)의 열화 및 파손

해설 에어빼기 불충분은 불안정 원인이 된다.

43. 전동기 베어링부의 발열 원인이 아닌 것은 어느 것인가? [17-4, 21-2]
① 절연물의 열화에 의한 것
② 윤활제의 부족에 의한 것
③ 베어링 조립 불량에 의한 것
④ 커플링의 중심내기 불량에 의한 것

해설 베어링의 발열 원인 : 윤활 불량, 베어링 조립 불량, 체인, 벨트 등의 지나친 팽팽함, 커플링의 중심내기 불량이나 적정 틈새가 없어 발생하는 스러스트 등

44. 다음 중 벨트 전동 장치 중 미끄럼을 방지하기 위하여 안쪽 표면에 이가 있으며, 정확한 속도가 요구되는 경우에 사용하는 것은? [21-2]
① 보통 벨트 ② 링크 벨트
③ 타이밍 벨트 ④ 레이스 벨트

해설 타이밍 벨트(timing belt)는 미끄럼을 방지하기 위하여 안쪽 표면에 이가 있는 벨트로서, 정확한 속도가 요구되는 경우의 전동 벨트로 사용된다.

45. 볼 베어링에서 베어링 하중을 1/2로 하면 수명은 몇 배로 되는가? [14-4, 21-2]
① 4배 ② 6배
③ 8배 ④ 10배

해설 $L_n = 10^6 \dfrac{C}{P^r}$(회전수)에서 $r=3$이므로 8배이다.

46. 회전축의 센터링이 불량할 경우 발생되는 현상으로 틀린 것은? [21-2]
① 진동이 크다.
② 축의 강도가 향상된다.
③ 베어링부의 마모가 심하다.
④ 구동력의 전달이 원활하지 못하다.

해설 센터링 불량이 되면 베어링에 무리가 발생되어 열과 진동 소음, 마모 등이 발생되므로 구동 전달이 원활하지 않아 기계 성능이 저하된다.

47. 배관 이음 중 관경이 비교적 크고 내압이 높은 경우에 사용되며, 분해 조립이 가장 용이한 이음법은? [10-4, 21-2]
① 용접 이음   ② 신축 이음
③ 납땜 이음   ④ 플랜지 이음

48. 산업 재해가 발생한 경우 산업 재해 조사표를 작성하여 관할 지방고용노동관서의 장에게 제출하여야 하는 기간은 발생일로부터 언제까지인가?
① 지체 없이   ② 1주 이내
③ 2주 이내   ④ 1개월 이내

해설 사업주는 산업 재해로 사망자가 발생하거나 3일 이상의 휴업이 필요한 부상을 입거나 질병에 걸린 사람이 발생한 경우에는 법 제57조 제3항에 따라 해당 산업 재해가 발생한 날부터 1개월 이내에 별지 제30호 서식의 산업 재해 조사표를 작성하여 관할 지방고용노동관서의 장에게 제출(전자 문서로 제출하는 것을 포함한다)해야 한다.

49. 용접법의 분류 중에서 융접에 해당하지 않는 것은? [18-4, 21-2]
① TIG 용접
② 저항 용접
③ 피복 아크 용접
④ 서브머지드 아크 용접

50. 다음 중 비접촉성 실은? [08-4, 21-2]
① 오일 패킹
② 메커니컬 실
③ 셀프 실 패킹
④ 레빌린스 패킹

해설 비접촉성 실 : 레빌린스 패킹, 웨어링 링

51. 보유하고 있는 설비가 신품일 때와 비교하여 점차 열화되어 가는 것을 나타내는 용어는? [09-4, 21-2]
① 기술적 열화   ② 경제적 열화
③ 절대적 열화   ④ 상대적 열화

52. 다음 중 메커니컬 실(mechanical seal)을 선정할 때 주의 사항으로 가장 거리가 먼 것은? [19-1, 21-2]
① 밀봉면에 작용하는 밀봉력을 유지할 것
② 누유 방지를 위해 탈착이 불가능할 것
③ 밀봉 단면의 평형한 평면 상태를 유지할 것
④ 밀봉면 사이에서 윤활 유체의 기화를 방지할 것

해설 메커니컬 실은 장착, 탈착이 가능하여야 한다.

53. 나사 풀림 방지 방법으로 옳지 않은 것은 어느 것인가? [21-2]
① 로크너트(locknut)에 의한 방법
② 실(seal) 용접에 의한 방법
③ 스프링 와셔 또는 고무 와셔에 의한 방법
④ 홈붙이너트와 분할 핀 고정에 의한 방법

정답 46. ② 47. ④ 48. ④ 49. ② 50. ④ 51. ③ 52. ② 53. ②

54. 담금질 직후 잔류 오스테나이트를 마텐자이트화시키는 작업으로 0℃ 이하의 온도에서 냉각하는 조작은? [16-4, 19-2, 21-2]
① 침탄법　　　　② 심랭 처리
③ 항온 열처리　　④ 고주파 경화

해설 심랭 처리법은 0℃ 이하에서 냉각시키는 조작이다.

55. 연삭 작업의 경우 작업 시작 전 및 연삭 숫돌 교체 후 시험 운전 시간으로 옳은 것은 어느 것인가?
① 작업 시작 전 : 1분 이상, 연삭숫돌 교체 후 1분 이상
② 작업 시작 전 : 1분 이상, 연삭숫돌 교체 후 2분 이상
③ 작업 시작 전 : 1분 이상, 연삭숫돌 교체 후 3분 이상
④ 작업 시작 전 : 2분 이상, 연삭숫돌 교체 후 5분 이상

해설 연삭숫돌을 사용하는 작업의 경우 작업을 시작하기 전 1분 이상, 연삭숫돌을 교체한 후에는 3분 이상 시험 운전을 하고 해당 기계에 이상이 있는지를 확인해야 한다.

56. 드릴의 각부 명칭과 그 역할에 대한 설명으로 틀린 것은? [16-2, 21-2]
① 생크(shank) – 드릴을 드릴 머신에 고정하는 부분
② 사심(dead center) – 드릴 끝부분으로 가공물을 절삭하는 부분
③ 홈 나선각(helix angle) – 드릴의 중심축과 홈의 비틀림이 이루는 각
④ 마진(margin) – 드릴의 홈을 따라서 나타나는 좁은 날이며, 드릴을 안내하는 역할

해설 사심(dead center) : 드릴 끝에서 절삭날이 만나는 점

57. 다음 중 코일 스프링의 작도법 중 틀린 것은? [21-2]
① 일반적으로 무하중 상태에서 그린다.
② 스프링이 왼쪽 감김일 경우 감긴 방향을 명기한다.
③ 스프링의 중간 부분 일부를 생략할 경우에는 생략하는 부분의 선 지름의 중심선을 가는 일점쇄선으로 나타낸다.
④ 스프링의 종류 모양만을 도시할 경우 굵은 일점쇄선을 사용한다.

해설 스프링의 종류 및 모양만을 간략하게 도시할 경우에는 스프링의 중심선을 굵은 실선으로 그린다.

58. 금긋기 작업에서의 유의사항으로 옳지 않은 것은? [21-2]
① 금긋기 선은 굵고 선명하도록 반복하여 긋는다.
② 기준면과 기준선을 설정하고 금긋기 순서를 결정하여야 한다.
③ 같은 치수의 금긋기 선은 전후, 좌우를 구분 없이 한 번만 긋는다.
④ 금긋기 선의 굵기는 일반적으로 0.07 ~ 0.12mm이다.

해설 금긋기 선은 가늘고 선명하게 한 번에 그어야 한다.

59. 펌프 운전 중 물이 처음에는 나오다가 곧 나오지 않을 때의 원인으로 옳지 않은 것은? [15-4, 19-1, 21-2]
① 웨어링이 마모되었기 때문에
② 마중물이 충분하지 못하기 때문에
③ 흡입 양정이 지나치게 높기 때문에
④ 배관 불량으로 흡입관 내에 에어 포켓이 생겼기 때문에

해설 웨어링이 마모되면 규정 수량, 규정 양정이 나오지 못한다. 마중물은 펌프는

기동하지만, 물이 안 나오는 원인이 된다.

60. 다음 중 안전 교육의 3단계에 해당하지 않는 것은?
① 지식 교육 　② 기능 교육
③ 반복 교육 　④ 태도 교육

해설 안전 교육의 3단계
- 제1단계-지식교육 : 강의, 시청각 교육 등을 통한 지식의 전달과 이해
- 제2단계-기능 교육 : 시범, 실습, 현장 실습 교육 등을 통한 경험 체득과 이해
- 제3단계-태도 교육 : 생활 지도, 작업 동작 지도 등을 통한 안전의 습관화

4과목 공유압 및 자동화

61. 미리 정해진 순서에 따라 동일한 유압원을 이용하여 여러 가지 기계 조작을 순차적으로 수행하는 회로는? [12-4, 16-4, 21-3]
① 증압 회로
② 시퀀스 회로
③ 언로드 회로
④ 카운터 밸런스 회로

해설 두 개 이상의 실린더를 제어하거나 정해진 순서에 의해 작업을 진행할 때 앞 작업의 종료를 확인하고 다음 작업을 지속적으로 진행하는 회로를 시퀀스 회로라 한다.

62. 실린더를 선정할 때 참고해야 할 사항이 아닌 것은? [18-2, 21-2]
① 스트로크
② 유압 펌프의 종류
③ 실린더의 작동 속도
④ 부하와 크기와 그것을 움직이는 데 필요한 힘

63. 부하에 전기 에너지를 공급하기 위해서는 도체를 통해 전원에서 부하까지 전류가 흘러야 한다. 이때 이 전류의 크기에 영향을 미치는 요소가 아닌 것은? [21-2]
① 도체 저항 　② 부하 저항
③ 전원 저항 　④ 절연 저항

64. 다음 중 비중에 대한 설명으로 옳은 것은? [14-4, 21-2]
① 비중은 무차원 수이다.
② 단위는 N/m^3을 사용한다.
③ 물의 밀도를 측정하고자 하는 물질의 밀도로 나눈 값이다.
④ 표준 대기압 0℃의 물의 비중량에 대한 비로 표시한다.

해설 비중은 물체의 밀도를 물의 밀도로 나눈 값이다.

65. 기체의 온도를 일정하게 유지하면서 압력 및 체적이 변화할 때, 압력과 체적은 서로 반비례한다는 법칙은? [15-2, 19-2, 21-2]
① 보일의 법칙
③ 샤를의 법칙
② 베르누이 법칙
④ 보일-샤를의 법칙

해설 보일의 법칙 : $P_1 V_1 = P_2 V_2 =$ 일정

66. 단상 유도 전동기가 저속으로 회전될 때의 원인으로 옳은 것은? [21-2]
① 퓨즈 단락
② 베어링 불량
③ 서머 릴레이 작동
④ 코일의 소손

해설 퓨즈 단락, 서머 릴레이 작동, 코일의 소손은 모터 작동 불능 상태다.

부록

67. 다음 중 공기 압축기의 운전 방법 중 압력 릴리프 밸브를 사용하는 방법은 어느 것인가? [14-2, 17-4, 21-2]

① 배기 조절 ② 흡입 조절
③ 그립 – 암 조절 ④ ON/OFF 조절

해설 배기 조절 방법은 설정 압력 이상이 공기 압축기에서 만들어지면 압력 릴리프 밸브를 설정 압력 이상을 모두 배기시킨다.

68. 다음 중 간헐 반송 기기에 해당하는 것은 어느 것인가? [21-2]

① 무인 반송자 ② 체인 컨베이어
③ 벨트 컨베이어 ④ 드라이브인 랙

69. 공기압 유량 제어 밸브에 대한 설명으로 틀린 것은? [21-2]

① 공기압 회로의 유량을 지정하고자 할 때 사용하는 것은 교축 밸브이다.
② 공기압 실린더의 속도 제어를 위해 방향 제어 밸브와 실린더의 중간에 설치하는 것은 속도 제어 밸브이다.
③ 공기압의 속도 제어는 배기 교축에 의한 속도 제어 회로를 주로 채택한다.
④ 공기압 실린더의 배기 유량을 감소시켜 실린더의 속도를 증가시키는 것은 급속 배기 밸브이다.

해설 공기압 실린더의 배기 유량을 감소시키면 실린더의 속도는 감속이 되며, 급속 배기 밸브는 배기 유량을 증가시키는 밸브이다.

70. 공기압 및 유압에 관한 설명으로 틀린 것은? [21-2]

① 공기압은 인화나 폭발의 위험이 없다.
② 공기압은 공기탱크에 에너지를 저장할 수 있다.

③ 유압은 위치 제어성이 우수하고, 이송속도도 매우 빠르다.
④ 유압은 가스나 스프링 등을 이용한 축압기에 소량의 에너지 저장이 가능하다.

해설 유압은 위치 제어성이 우수하나, 이송속도는 매우 느리다.

71. 작업물이 일정 속도로 계속 이동하는 상태에서 가공이나 조립이 이루어지는 운반 방법은?

① 간헐 운반 ② 스텝 운반
③ 매거진 운반 ④ 연속 운반

72. 3상 유도 전동기에서 속도 변화를 시키지 못하는 요소는?

① 전압 ② 주파수
③ 슬립 ④ 극수

해설 전압과 주파수를 변화하여 전동기의 속도를 고효율로 만들기 위하여 사용하는 것은 인버터이다.

73. 순차적인 작업에서 전 단계의 작업 완료 여부를 리밋 스위치나 센서 등을 이용하여 확인한 후 다음 단계의 작업을 수행하는 제어는? [18-1, 21-2]

① 논리 종속 시퀀스 제어
② 동기 종속 시퀀스 제어
③ 시간 종속 시퀀스 제어
④ 위치 종속 시퀀스 제어

74. 무인 반송차(AGV)의 특징 중 틀린 것은 어느 것인가? [18-2, 21-2]

① 보관 능력이 향상된다.
② 레이아웃의 자유도가 크다.
③ 정지 정밀도를 확보할 수 있다.
④ 자기 진단과 컴퓨터 교신 능력이 있다.

정답 ► **67.** ① **68.** ① **69.** ④ **70.** ③ **71.** ④ **72.** ① **73.** ④ **74.** ①

75. 다음 중 공기압 작업 요소의 설명이 틀린 것은? [18-1, 21-2]
① 격판 실린더는 격판에 부착된 피스톤 로드가 미끄럼 실링되어 있다.
② 회전 실린더는 피니언과 랙 등의 구조를 이용하여 회전 운동을 할 수 있다.
③ 탠덤 실린더는 2개의 복동 실린더가 1개의 실린더 형태로 된 것이다.
④ 다위치 제어 실린더는 2개 또는 그 이상의 복동 실린더로 구성된다.

76. 다음 중 유도형 센서의 특징이 아닌 것은 어느 것인가? [16-2, 21-2]
① 전력 소모가 적다
② 자석 효과가 없다.
③ 감지 물체 안에 온도 상승이 없다.
④ 비금속 재료 감지용으로 사용된다.

해설 유도형 센서의 장점
㉠ 신호의 변환이 빠르다.
㉡ 마모가 없고 수명이 길다.
㉢ 먼지나 진동 등 외부 영향에 민감하지 않아 주변 환경이 열악하여도 사용할 수 있다.
㉣ 소모 전력이 적다(수 μW).
㉤ 자석 효과가 없다.
㉥ HF 필드이므로 간섭이 없다.
㉦ 감지 물체 안에 온도 상승이 없다.

77. 방향 제어 밸브의 조작 명칭과 기호의 연결이 틀린 것은? [09-4, 17-4, 21-2]
① 전자 방식 :
② 페달 방식 :
③ 플런저 방식 :
④ 누름 버튼 방식 :

해설 ①은 공기압 조작 방식이다.

78. 공유압 변환기의 사용 시 주의 사항으로 적절한 것은? [16-2, 21-2]
① 수평 방향으로 설치한다.
② 발열 장치 가까이 설치한다.
③ 반드시 액추에이터보다 낮게 설치한다.
④ 액추에이터 및 배관 내의 공기를 충분히 뺀다.

해설 공유압 변환기의 사용상의 주의점
㉠ 공유압 변환기는 액추에이터보다 높은 위치에 수직 방향으로 설치한다.
㉡ 액추에이터 및 배관 내의 공기를 충분히 뺀다.
㉢ 열원 가까이에서 사용하지 않는다.

79. 다음 중 오일 탱크에 관한 설명으로 틀린 것은? [17-4, 21-2]
① 오일 탱크의 크기는 펌프 토출량과 동일하게 제작한다.
② 에어 블리저의 용량은 펌프 토출량의 2배 이상으로 제작한다.
③ 스트레이너의 유량은 펌프 토출량의 2배 이상의 것을 사용한다.
④ 오일 탱크의 유면계를 운전할 때 잘 보이는 위치에 설치한다.

해설 오일 탱크의 크기는 펌프 토출량의 3배 이상으로 제작한다.

80. 제어량이 온도, 압력, 유량 및 액면 등과 같은 일반 공업량일 때 발생하는 신호의 형태에 의한 제어는? [18-2, 21-2]
① 2진 신호
② 논리 제어
③ 디지털 제어
④ 아날로그 제어

부록

3회 CBT 대비 실전 문제

1과목 **설비 진단 및 계측**

1. 다음 중 진동 전달 경로 차단에 사용되는 일반적인 방법에 대한 설명으로 옳은 것은 어느 것인가? [06-4, 13-4, 17-2, 21-4]
① 2단계 진동 제어는 저주파 진동 제어에 역효과를 줄 수 있다.
② 스프링형 진동 차단기는 강성이 충분히 있어야 한다.
③ 진동체에 질량을 가하여 고유 진동수를 높이면 효과적이다.
④ 스프링형 진동 차단기에 사용하는 스프링은 고유 진동수가 가능한 높아야 한다.

해설 • 진동 차단기 사용 : 차단기의 강성이 충분히 작아서 이의 고유 진동수가 차단하고, 진동의 최저 진동수보다 적어도 반 이상 작아야 한다.
• 질량이 큰 거더의 이용 : 진동 보호 대상체를 스프링 차단기 위에 놓인 거더 위에 설치하는 경우 블록의 질량은 차단기의 고유 진동수를 낮추는 역할을 한다.
• 기초의 진동을 제어하는 방법 : 설치대에 큰 질량을 가해주는 것으로 강철 보강제와 댐핑 재료를 함께 사용한다.

2. 마스킹(masking) 효과에 관한 설명으로 틀린 것은? (17-4) (21-4)
① 저음이 고음을 잘 마스킹 한다.
② 두 음의 주파수가 비슷할 때는 마스킹 효과가 대단히 작아진다.
③ 마스킹 효과는 음파의 간섭에 의해 일어나는 현상이다.
④ 두 음의 주파수가 거의 같을 때는 맥동이 생겨 마스킹 효과가 감소한다.

해설 크고 작은 소리를 동시에 들을 때 큰 소리는 듣고 작은 소리는 듣지 못하는 유파의 간섭에 의해 생긴다.

3. 다음 중 간이 진단 기술이 아닌 것은 어느 것인가? [11-4, 21-4]
① 점검원이 수행하는 점검 기술
② 운전자에 의한 설비 감시 기술
③ 설비의 결함 진전을 예측하는 예측 기술
④ 사람 접근이 가능한 설비를 대상으로 하는 점검 기술

해설 간이 진단 기술이란 설비의 1차 진단 기술을 의미하며, 정밀 진단 기술은 전문 부서에서 열화 상태를 검출하여 해석하는 정량화 기술을 의미한다.

4. 다음 중 진동의 측정 단위로 적절하지 않은 것은? [12-4, 19-1, 21-4]
① m
② m/s
③ m/s²
④ m²/s²

해설 m는 변위, m/s는 속도, m/s²는 가속도의 단위이다.

5. 다음 중 진동 파형에서 양진폭(피크-피크)을 V_{p-p}라 할 때 실횻값(VRMS)은 얼마인가? [17-4, 21-4]

① $2V_{p-p}$
② πV_{p-p}
③ $2\sqrt{2}\,V_{p-p}$
④ $\dfrac{1}{2\sqrt{2}}V_{p-p}$

해설 실횻값 : 진동 에너지를 표현하는 데 적합하며, 피크값의 $\dfrac{1}{\sqrt{2}}$(0.707)배이다.

6. 다음 중 탄성 변형을 이용하는 변환기가 아닌 것은? [21-4]

① 벨로스
② 스프링
③ 부르동관
④ 벤투리관

해설 탄성체 방식에는 다이어프램식, 벨로스식, 부르동관식, 스프링 등이 있다.

7. 방진에 사용되는 패드의 종류 중 많은 수의 모세관을 포함하고 있어 습기를 흡수하려는 경향이 있으며, PVC 등 플라스틱 재료를 밀폐해서 사용하는 재료는? [21-4]

① 강철
② 코르크
③ 스펀지 고무
④ 파이버 글라스

해설 파이버 글라스 패드의 강성은 주로 파이버의 밀도와 직경에 의해 결정된다. 또한 모세관 현상에 의해 습기를 흡수하려는 성질이 있으므로 플라스틱 등으로 밀폐하여 사용한다.

8. 소음계로 소음 측정 시 주의 사항으로 틀린 것은? [21-4]

① 청감 보정 회로를 사용한다.
② 반사음 영향에 대한 대책을 세운다.
③ 암소음 영향에 대한 보정값을 고려한다.
④ 변동이 적은 소음은 fast에, 변동이 심한 소음은 slow에 놓고 측정한다.

해설 변동이 적은 소음은 slow에, 변동이 심한 소음은 fast에 놓고 측정한다.

9. 유체의 동력학적 성질을 이용하여 유량 또는 유속을 압력으로 변환하는 차압 검출 기구가 아닌 것은? [21-4]

① 노즐
② 부르동관
③ 오리피스
④ 벤투리관

해설 차압 검출 기구 : 오리피스, 노즐, 벤투리관, 피토관 등

10. 진동의 에너지를 표현하는 값으로 가장 적절한 것은? [14-2, 18-1, 21-1, 21-4]

① 실횻값
② 편진폭
③ 양진폭
④ 평균값

해설 실횻값 : 진동 에너지를 표현하는 데 적합하며, 정현파의 경우 피크값의 $\dfrac{1}{\sqrt{2}}$이다.

11. 와전류형 변위 센서를 사용하여 측정할 수 없는 것은? [21-4]

① 회전수
② 가속도 진동
③ 축(shaft)의 팽창량
④ 축(shaft)의 중심 변화

해설 가속도 진동은 가속도 센서로 측정한다.

12. 주파수 변환 신호 처리 시 발생하는 에러 현상으로 어떤 최고 입력 주파수를 설정했을 때 이보다 높은 주파수 성분을 가진 신호를 입력한 경우에 생기는 문제를 뜻하는 현상은? [21-4]

① 확대(zooming)
② 엘리어싱(aliasing)
③ 필터링(filtering)

부록

④ 시간 와인더(time winder)

[해설] 엘리어싱(aliasing)은 주파수 상실이라고도 한다.

13. 다음 중 진동의 종류별 설명으로 틀린 것은?　　　　　　　[14-2, 21-4]
① 선형 진동 – 진동의 진폭이 증가함에 따라 모든 진동계가 운동하는 방식이다.
② 자유 진동 – 외란이 가해진 후에 계가 스스로 진동을 하고 있는 경우이다.
③ 비감쇠 진동 – 대부분의 물리계에서 감쇠의 양이 매우 적어 공학적으로 감쇠를 무시한다.
④ 규칙 진동 – 기계 회전부에 생기는 불평형, 커플링부의 중심 어긋남 등의 원인으로 발생하는 진동이다.

[해설] • 선형 진동 : 기본 요소(스프링, 질량, 감쇠기)가 선형 특성일 때 발생하는 진동
• 비선형 진동 : 기본 요소 중의 하나가 비선형적일 때 발생하는 진동으로 진동의 진폭이 증가함에 따라 모든 진동계가 운동하는 방식

14. 다음 중 조절계의 제어 동작에서 입력에 비례하는 크기의 출력을 내는 제어 방식은 어느 것인가?　　　　　[18-1, 21-4]
① 비례 제어　　　② 적분 제어
③ 미분 제어　　　④ ON-OFF 제어

15. 다음 중 고유 진동수와 강제 진동수가 일치하는 경우 진폭이 크게 발생하는 현상은 무엇인가?　　　　　[08-4, 18-2, 21-4]
① 공진　　　　　② 풀림
③ 상호 간섭　　　④ 캐비테이션

[해설] 공진(resonance) : 물체가 갖는 고유 진동수와 외력의 진동수가 일치하여 진폭

이 증가하는 현상이며, 이때의 진동수를 공진 주파수라고 한다.

16. 다음 중 면적식 유량계의 특징으로 틀린 것은?　　　　　　　[19-1, 21-4]
① 압력 손실이 적다.
② 기체 유량을 측정할 수 없다.
③ 부식성 유체의 측정이 가능하다.
④ 액체 중에 기포가 들어가면 오차가 생기므로 기포 빼기가 필요하다.

[해설] 면적식 유량계 : 유량에 따라 테이퍼관 내부를 상하로 이동하는 부자의 위치에 의해 유량을 지시하는 유량계

17. 열침투 탐상 시험과 비교하여 자분 탐상 시험의 장점으로 옳은 것은?
① 절연체인 재료도 탐상할 수 있다.
② 비철금속 재료도 탐상할 수 있다.
③ 페인트 처리된 강 재료도 탐상할 수 있다.
④ 표면이 복잡한 형상의 시험체도 쉽게 탐상할 수 있다.

18. 정현파의 최댓값을 기준으로 진동의 크기가 1일 때 실횻값의 크기는?　　[21-4]
① 2　　② $\frac{1}{2}$　　③ $\frac{1}{\sqrt{2}}$　　④ $\frac{1}{\pi}$

19. 다음 중 음의 발생에 대한 설명 중 틀린 것은?　　　　　　　[17-2, 21-4]
① 기체 본체의 진동에 의한 소리는 이차 고체음이다.
② 음의 발생은 크게 고차음과 기체음 두 가지로 분류할 수 있다.
③ 선풍기 또는 송풍기 등에서 발생하는 음은 난류음이다.
④ 기류음은 물체의 진동에 의한 기계적 원인으로 발생한다.

해설 • 기류음 : 직접적인 공기의 압력 변화에 의한 유체역학적 원인에 의해 발생한다. 나팔 등의 관악기, 폭발음, 음성 등
• 난류음 : 선풍기, 송풍기 등의 소리
• 맥동음 : 압축기, 진공 펌프, 엔진의 배기음 등

20. 초음파를 이용하여 두께 측정이 가장 용이한 것은?

① 투과법
② 공진법
③ 수직 펄스 반사법
④ 사각 펄스 반사법

해설 공진법 : 검사 재료에 송신하는 송신파의 파장을 연속적으로 교환시켜 반파장의 정수가 판 두께와 동일하게 될 때 송신파와 반사파가 공진하여 정상파가 되는 원리를 이용하여 판 두께 측정, 부식 정도, 내부 결함 등을 알아내는 방법이다.

2과목 설비 관리

21. 뜻이 있는 기호법의 대표적인 것으로서 항목의 첫 글자나 그 밖의 문자를 기호로 하는 방법은? [06-4, 19-1, 21-4]

① 순번식 기호법
② 기억식 기호법
③ 세구분식 기호법
④ 삼진 분류 기호법

해설 기억식 기호법 : 뜻이 있는 기호법의 대표적인 것으로서 기억이 편리하도록 항목의 이름 첫 글자라든가, 그 밖의 문자를 기호로 한다.

22. 다음은 품질 관리를 설명한 것이다. 옳은 것은?

① 정성적 표시는 좋은 목표의 조건이다.
② 주제가 정해지면 목표를 설정하게 되는데 목표는 "불량을 죽이자"로 설정한다.
③ 레이더 차트는 목표 설정할 때 이용되는 QC 수법 중 하나이다.
④ 자기 분임조가 지닌 능력 이상의 목표 설정

23. 프로젝트의 착수에서 완성에 이르는 일반적인 순서 중 프로젝트의 가치가 평가되는 단계는? [17-4, 21-4]

① 연구 개발
② 조달과 건설
③ 프로젝트 확립
④ 경제성의 결정

24. 다음 중 TPM의 다섯 가지 활동이 아닌 것은? [21-4]

① 대집단 활동을 통해 PM 추진
② 설비의 효율화를 위한 개선 활동
③ 최고 경영층부터 제일선까지 전원 참가
④ 설비에 관계하는 사람 모두 빠짐없이 활동

해설 자주적 소집단 활동을 통해 PM 추진

25. 어떤 설비가 i개의 부품으로 직렬 연결되어 있을 때, 평균 고장(수리) 시간(MTTR)을 나타내는 식은? [21-4]

① $\dfrac{\Sigma \lambda_i}{\Sigma \lambda_i \Sigma \text{수리 시간}_i}$

② $\dfrac{\Sigma \lambda_i \Sigma \text{수리 시간}_i}{\Sigma \lambda_i}$

③ $\dfrac{\Sigma \lambda^2_i}{\Sigma \lambda_i \Sigma \text{수리 시간}_i}$

④ $\dfrac{\Sigma \text{수리 시간}_i}{\Sigma \lambda_i \Sigma \lambda_i}$

부록

26. 다음 설명에서 괄호 안에 해당하는 측정 방식의 종류는? [21-4]

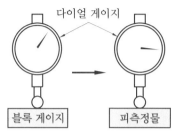

다이얼 게이지

블록 게이지 → 피측정물

> 그림과 같이 다이얼 게이지를 이용하여 길이를 측정할 때 블록 게이지에 올려놓고 측정한 값과 피측정물로 바꾸어 측정한 값의 차를 측정하고, 사용한 블록 게이지의 높이를 알면 피측정물의 높이를 구할 수 있다. 이처럼 이미 알고 있는 양으로부터 측정량을 구하는 방법을 ( )이라 한다.

① 편위법　　　② 영위법
③ 치환법　　　④ 보상법

해설 치환법(substitution method) : 이미 알고 있는 양으로부터 측정량을 아는 방법을 치환법이라 한다.
　　※ 이 문항은 출제 기준 중 계측 제어, 즉 1과목에 해당되며, 블록 게이지가 아니라 게이지 블록이라 하는 등의 오류가 있다.

27. 만성 로스 개선 방법 중 설비나 시스템의 불합리 현상을 원리 및 원칙에 따라 물리적 성질과 메커니즘을 밝히는 사고방식은? [15-4, 18-1, 21-4]

① FTA　　　② FMEA
③ QM 분석　　　④ PM 분석

해설 PM 분석은 물리적 관점에서 과학적 사고를 갖는 분석이다.

28. 평균 이자법 산출 시 연간 비용을 구하는 식으로 옳은 것은? [21-4]

① 총 자본비+회수 금액+투자액
② 총 자본비+회수 금액+가동비
③ 상각비+평균 이자+가동비
④ 상각비+평균 이자+투자액

해설 연간 비용=가동비+평균 이자+상각비

29. 다음 중 설비의 공사 관리 기법 중 PERT 기법에 대한 설명으로 틀린 것은 어느 것인가? [06-4, 14-2, 21-4]

① 전형적 시간(most likely time)은 공사를 완료하는 최빈치를 나타낸다.
② 낙관적 시간(optimistic time)은 공사를 완료할 수 있는 최단 시간이다.
③ 비관적 시간(pessimistic time)은 공사를 완료할 수 있는 최장 시간이다.
④ 위급 경로(critical path)는 공사를 완료하는 데 가장 시간이 적게 걸리는 경로를 말한다.

해설 위급 경로 또는 주 공정 경로(critical path)는 공사를 완료하는 데 가장 시간이 많이 걸리는 경로다.

30. 특정 환경과 운전 조건 하에서 주어진 시점 동안 규정된 기능을 성공적으로 수행할 확률을 나타내는 것은? [21-4]

① 고장률(failure)
② 신뢰도(reliability)
③ 가동률(operating ratio)
④ 보전도(maintainability)

해설 신뢰성(reliability) : 어떤 특정 환경과 운전 조건 하에서 어느 주어진 시점 동안 명시된 특정 기능을 성공적으로 수행할 수 있는 확률이다. 이것을 쉽게 말하면 "언제나 안심하고 사용할 수 있다", "고장이 없다", "신뢰할 수 있다"라는 것으로 이것을 양적으로 표현할 때는 신뢰도라고 한다.

31. 다음 중 윤활유의 열화에서 내부 변화인 윤활유 자체의 변질에 해당되는 것은 어느 것인가? [16-2, 21-4]

① 산화   ② 유화
③ 희석   ④ 이물질 혼입

해설 산화란 어떤 물질이 산소와 화합하는 것을 말한다(공기 중의 산소 흡수). 즉, 공기 중의 산소를 차단하는 것이 산화 방지에 중요한 방법이다. 윤활유가 산화를 하면 윤활유 색의 변화와 점도 증가 및 산가의 증가, 그리고 표면 장력의 저하를 가져온다(슬러지 증가로 인해 점도 증가).

32. 다음 중 윤활 관리의 경제적 효과로 옳은 것은? [18-4, 21-4]

① 윤활제 소비량의 증가 효과
② 고장으로 인한 생산성 및 기회 손실의 증가 효과
③ 설비의 수명 감소로 인한 설비 투자 비용의 절감 효과
④ 기계·설비의 유지 관리에 필요한 보수비 절감 효과

해설 윤활 관리의 경제적 효과
㉠ 기계나 설비의 유지 관리비(수리비 및 정비 작업비) 절감
㉡ 부품의 수명 연장과 교환 비용 감소에 의한 경비 절약
㉢ 완전 운전에 의한 유지비의 경감과 생산 가동 시간의 증가
㉣ 기계의 급유에 필요한 비용 절약
㉤ 윤활제 구입 비용의 감소
㉥ 마찰 감소에 의한 에너지 소비량의 절감
㉦ 자동화를 통한 관리자의 노동력 감소

33. 그리스의 시험 방법에 대한 설명이 틀린 것은? [21-4]

① 주도 : 그리스의 굳은 정도, 유동성을 표시하는 시험이다.
② 수분 : 그리스에 함유되어 있는 수분의 함유량을 측정하는 시험이다.
③ 적점 : 그리스가 온도 상승에 따라 적하되는 최저의 온도, 내열성을 확인하는 시험이다.
④ 동판 부식 : 그리스에 함유된 부식성 유황 물질로 인한 금속의 부식 여부 및 이물질 양을 측정하는 시험이다.

해설 기름 중에 함유되어 있는 유리 유황 및 부식성 물질로 인한 금속의 부식 여부에 관한 시험

34. 다음 윤활유의 급유법 중 윤활유를 미립자 또는 분무 상태로 급유하는 방법으로 여러 개의 다른 마찰면을 동시에 자동적으로 급유할 수 있는 것은? [18-4, 21-4]

① 바늘 급유법   ② 원심 급유법
③ 버킷 급유법   ④ 비말 급유법

해설 비말 급유법은 순환 급유법이다.

35. 다음 중 왕복동 공기 압축기의 외부 윤활유에 요구되는 성능으로 틀린 것은 어느 것인가? [08-4, 14-2, 18-4, 21-4]

① 적정 점도를 가질 것
② 저점도 지수 오일일 것
③ 산화 안정성이 좋을 것
④ 방청성, 소포성이 좋을 것

해설 고점도 지수 기름이어야 좋다.

36. 다음 중 윤활 관리의 4원칙이 아닌 것은 어느 것인가? [19-2, 21-4]

① 적소   ② 적유
③ 적법   ④ 적량

해설 윤활의 4원칙은 적유, 적기, 적량, 적법이다.

부록

37. 다음 중 윤활유를 SOAP 분석 방법 중 플라스마를 이용하여 분석하는 방식은 무엇인가? [19-1, 21-2]
① ICP법
② 회전 전극법
③ 원자 흡광법
④ 페로그래피(ferrography)법

38. 페로그래피(ferrography)에 대한 설명으로 옳은 것은? [09-4, 21-4]
① 점도 시험 방법이다.
② 마멸 입자 분석법이다.
③ 패취 시험 방법이다.
④ 수분 함유량 시험 방법이다.

해설 마멸 입자를 분석하기 위해 페로그래피 측정 장비를 널리 사용하며, 마찰 운동부로부터 채취한 시료유에 포함된 이물질을 오일로부터 분리한 다음 현미경이나 이미지 분석기로 마멸 입자의 크기, 형상, 개수, 컬러 등에 대한 영상 정보를 획득하여 설비 보전에 활용하는 기술(CSI 장비 N5200에서 거름종이를 거친 다음 현미경으로 측정하여 크기 및 개수를 측정하는 기술)

39. 그리스를 가열했을 때 반고체 상태의 그리스가 액체 상태로 되어 떨어지는 최초의 온도는? [21-4]
① 주도
② 적하점
③ 이유도
④ 산화 안정도

해설 적하점(적점 dropping point) : 그리스를 가열했을 때 반고체 상태의 그리스가 액체 상태로 되어 떨어지는 최초의 온도를 말한다. 그리스의 적하점은 내열성을 평가하는 기준이 되고 그리스의 사용 온도가 결정된다.

40. 다음 중 이면에 높은 응력이 반복 작용된 결과 이면 상에서 국부적으로 피로된 부분이 박리되어 작은 구멍을 발생하는 현상은 무엇인가? [21-4]
① 피팅 ② 긁힘
③ 스코어링 ④ 리플링

해설 피팅(pitting) : 이면에 높은 응력이 반복 작용된 결과 이면 상에 국부적으로 피로된 부분이 박리되어 작은 구멍을 발생하는 현상으로 운전 불능의 위험이 생기는데, 이 현상은 윤활유의 성상 이면의 거칠음 등에는 거의 무관하다.

3과목 기계 일반 및 기계 보전

41. 감속기에 사용하는 평기어 언더컷을 방지하는 방법으로 옳지 않은 것은? [21-4]
① 잇수비를 작게 한다.
② 이 높이가 높은 기어로 제작한다.
③ 압력각을 20° 이상으로 증가시킨다.
④ 기어의 잇수를 한계 잇수 이상으로 설정한다.

42. 교류 및 직류 아크 용접기의 특성을 비교 설명한 내용으로 틀린 것은? [21-4]
① 교류 아크 용접기는 자기 쏠림을 방지할 수 있다.
② 교류 아크 용접기가 직류 아크 용접기보다 감전 위험성이 높다.
③ 아크의 안정성은 교류 용접기가 직류 용접기보다 우수하다.
④ 무부하 전압은 직류 용접기에 비하여 교류 아크 용접기가 높다.

해설 아크의 안정성은 직류 용접기가 우수하므로 박판 용접, 정밀 작업에는 직류를 사용한다.

정답 37. ① 38. ② 39. ② 40. ① 41. ② 42. ③

43. 프레스에 양수 조작식 방호 장치를 설치하는 경우 누름 버튼의 상호간 내측 거리는 얼마이어야 하는가?

① 100mm 이하　② 200mm 이하
③ 300mm 이상　④ 400mm 이상

해설 양수 조작식 방호 장치를 설치하는 경우 누름 버튼 또는 조작 레버의 상호 간 내측 거리는 300mm 미만일 경우 작업자가 한 손으로 조작할 위험성이 있어 300mm 이상으로 한다.

44. 다음 중 담금질에 관한 설명으로 틀린 것은? [15-2, 21-4]

① 냉각 속도는 판재가 구형보다 빠르다.
② 냉각액을 저어주면 냉각 능력은 많이 향상된다.
③ 담금질 경도는 강중의 탄소량에 따라 변화한다.
④ 냉각액의 온도는 물은 차게(20℃), 기름은 뜨겁게(80℃) 해야 한다.

45. 일반적인 줄 작업의 주의 사항으로 틀린 것은? [14-2, 19-1, 21-4]

① 보통 줄의 사용 순서는 중목 → 황목 → 세목 → 유목의 순으로 작업한다.
② 오른손 팔꿈치를 옆구리에 밀착시키고, 팔꿈치가 줄과 수평이 되게 한다.
③ 눈은 항상 가공물을 보며 작업하고 줄을 당길 때는 가공물에 압력을 주지 않는다.
④ 왼손은 줄의 균형을 유지하기 위해 손목을 수평으로 하고, 손바닥으로 줄 끝을 가볍게 누르거나 손가락으로 감싸준다.

해설 보통 줄의 사용 순서는 황목 → 중목 → 세목 → 유목의 순으로 작업한다.

46. 송풍기의 양쪽 벨트 풀리의 축간 거리가 멀거나, 고속 회전을 할 때 벨트가 위 아래로 파도치는 현상은? [21-4]

① 점핑(jumping) 현상
② 채터링(chattering) 현상
③ 캐비테이션(cavitation) 현상
④ 플래핑(flapping) 현상

47. 펌프 베어링 과열 시 원인 및 조치 사항으로 틀린 것은? [15-2, 21-4]

① 조립, 설치 불량 – 축 정열 작업
② 윤활유 부족 – 기준 이상 유량 보충
③ 패킹부의 맞춤 불량 – 그랜드 패킹의 조임 압력 조정
④ 윤활유의 부적합 – 사용 조건에 따른 윤활유 선정

해설 윤활유는 적정량 보충해야 하며, 기준 이상 유량을 보충하면 도리어 과열의 원인이 된다.

48. 볼트와 너트의 고착 원인으로 틀린 것은 어느 것인가? [21-4]

① 수분의 침입
② 부식성 가스의 침입
③ 부식성 액체의 침입
④ 유성 페인트의 도포

해설 고착 방지법 : 녹에 의한 고착을 방지하려면 우선 나사의 틈새에 부식성 물질이 침입하지 못하게 해야 한다. 그 방법으로서 조립 현장에서 산화 연분을 기계유로 반죽한 적색 페인트를 나사 부분에 칠해서 죄는 방법이 쓰인다. 이 방법은 수분이나 다소의 부식성 가스가 있어도 침해되지 않고 2~3년은 충분히 견딘다. 또 유성 페인트를 나사 부분에 칠해서 조립하는 방법도 효과적이며, 공장 배수관의 플랜지나 구조물의 볼트, 너트에도 이 방법이 효과적이다.

부록

49. 다음 중 전동기 본체의 점검 항목이 아 닌 것은? [18-1, 21-4]
① 이음 ② 진동 ③ 소손 ④ 발열

50. 다음 중 터보형 압축기에 해당하는 것은 어느 것인가? [18-4, 21-4]
① 나사식 압축기 ② 왕복식 압축기
③ 축류식 압축기 ④ 회전식 압축기

해설 축류식 압축기는 터보형이며 나사식 압축기는 왕복식 압축기, 회전식 압축기는 용적식이다.

51. 마찰형 클러치, 브레이크 중에서 습식 다판의 특징이 아닌 것은? [15-2, 21-4]
① 고속, 고빈도용으로 사용한다.
② 작은 동력 전달에 주로 쓰인다.
③ 접촉 면적을 크게 취할 수 있어 소형이다.
④ 오일 속에서 쓰이므로 작동이 매끄럽 고 마찰면의 마모가 작다.

해설 다판식은 큰 동력의 제동에 사용된다.

52. 배관의 도시법에 대한 설명으로 틀린 것 은 어느 것인가? [21-4]
① 관내 흐름의 방향은 관을 표시하는 선 에 붙인 화살표의 방향으로 표시한다.
② 관은 원칙적으로 1줄의 실선으로 도시 하고, 동일 도면 내에서는 같은 굵기의 선을 사용한다.
③ 관은 파단하여 표시하지 않도록 하며, 부득이하게 파단할 경우 2줄의 평행선 으로 도시할 수 있다.
④ 표시 항목은 관의 호칭 지름, 유체의 종류·상태, 배관계의 식별, 배관계의 시방, 관의 외면에 실시하는 설비·재료 순으로, 필요한 것을 글자·글자 기호를 사용하여 표시한다.

해설 관을 파단할 경우 1줄의 파단선으로 도시한다.

53. 연소의 3요소가 아닌 것은?
① 산소 ② 질소
③ 점화원 ④ 가연성 물질

해설 연소의 3요소는 가연성 물질, 산소, 점화원으로 이것 중 한 가지라도 없으면 화재는 발생하지 않는다.

54. 공기 중에서는 액체 상태를 유지하고 공 기가 차단되면 중합이 촉진되어 경화가 일 어나는 접착제는? [12-4, 17-4, 21-4]
① 혐기성 접착제
② 열용융형 접착제
③ 유화액형 접착제
④ 금속 구조용 접착제

해설 공기가 차단되면 중합이 촉진되는 것 은 혐기성 접착제이다.

55. 보통 선반에서 테이퍼를 절삭하는 방법 이 아닌 것은? [08-4, 17-4, 21-4]
① 심압대를 편위시키는 방법
② 테이퍼 장치를 사용하는 방법
③ 복식 공구대를 경사시키는 방법
④ 척의 조(jaw)를 편위시키는 방법

해설 선반에서 각도가 작고 길이가 긴 공작 물의 테이퍼 가공 시에는 심압대를 편심시 키고, 각도가 크고 길이가 짧은 테이퍼 가 공 시에는 복식 공구대를 이용한다.

56. 왕복 운동 기관 등에서 회전 운동과 직 선 운동을 상호 변환시키는 축은? [21-4]
① 직선 축(straigt shaft)
② 유연 축(flexible shaft)
③ 크랭크 축(crank shaft)
④ 각 축(hexagonal shaft)

57. 다음 중 고장 또는 유해한 성능 저하를 가져온 후에 수리를 행하는 보전 방식은 어느 것인가? [15-4, 21-4]
① 예방 보전 : PM(Preventive Maintenance)
② 사후 보전 : BM(Breakdown Maintenance)
③ 개량 보전 : CM(Corrective Maintenance)
④ 종합적 생산 보전 : TPM(Total Productive Maintenance)

해설 사후 보전(BM) : 설비에 고장이 발생한 후에 보전하는 것으로서 고장이 나는 즉시 그 원인을 정확히 파악하여 수리하는 것이다.

58. 축(shaft)의 동력 전달 방향을 바꾸는 기어가 아닌 것은? [14-2, 21-4]
① 웜 기어
② 헬리컬 기어
③ 하이포이드 기어
④ 스파이럴 베벨 기어

해설 헬리컬 기어는 두 축이 평행하는 곳에 사용되므로 동력 전달 방향을 바꿀 수 없다.

59. 회전축의 흔들림 검사를 위해 사용하는 측정기로 옳은 것은? [21-4]
① 한계 게이지
② 틈새 게이지
③ 하이트 게이지
④ 다이얼 게이지

60. 산업안전보건법령상 중대 재해가 아닌 것은?
① 사망자가 2명 발생한 재해
② 부상자가 동시에 10명 발생한 재해
③ 직업성 질병자가 동시에 5명 발생한 재해

④ 3개월의 요양이 필요한 부상자가 동시에 3명 발생한 재해

해설 중대 재해의 범위
㉠ 사망자가 1명 이상 발생한 재해
㉡ 3개월 이상의 요양이 필요한 부상자가 동시에 2명 이상 발생한 재해
㉢ 부상자 또는 직업성 질병자가 동시에 10명 이상 발생한 재해

4과목 공유압 및 자동화

61. 공압 에너지를 저장할 때에는 긍정적인 효과로 나타나지만, 실린더의 저속 운전 시 속도의 불안정성을 야기하는 공기압의 특성은 무엇인가? [18-2, 21-4]
① 배기 시 소음
② 공기의 압축성
③ 과부하에 대한 안정성
④ 압력과 속도의 무단 조절성

62. 베르누이 정리를 식으로 옳은 것은? (단, V : 유체의 속도, g : 중력 가속도, p : 유체의 압력, γ : 비중량, Z : 유체의 위치이다.) [15-4, 21-4]
① $\left(\dfrac{V^2}{2g}\right)+\left(\dfrac{P}{\gamma}\right)+Z=$일정
② $\left(\dfrac{V^2}{2g}\right)+\left(\dfrac{P}{\gamma}\right)-Z=$일정
③ $\left(\dfrac{V^2}{2g}\right)-\left(\dfrac{P}{\gamma}\right)+Z=$일정
④ $\left(\dfrac{2g}{V^2}\right)-\left(\dfrac{P}{\gamma}\right)+Z=$일정

63. 오리피스(orifice)에 관한 설명으로 옳은 것은? [06-4, 21-4]

① 길이가 단면 치수에 비해 비교적 긴 교축이다.
② 유체의 압력 강하는 교축부를 통과하는 유체 온도에 따라 크게 영향을 받는다.
③ 유체의 압력 강하는 교축부를 통과하는 유체 점도의 영향을 거의 받지 않는다.
④ 유체의 압력 강하는 교축부를 통과하는 유체 점도에 따라 크게 영향을 받는다.
해설 ①, ②, ④항은 초크(choke)의 설명이다.

64. 유압 실린더가 불규칙적으로 작동할 때의 원인으로 적절한 것은?   [21-4]
① 모터 고장
② 솔레노이드 소손
③ 작동유의 점도 변화
④ 펌프 케이싱의 지나친 조임

65. 다음 진리표를 만족하는 밸브는? (단, a와 b는 입력, y는 출력이다.)   [15-4, 21-4]

a	b	y
0	0	0
0	1	1
1	0	1
1	1	1

①

②

③

④

66. 다음 유도 전동기의 $Y-\Delta$ 기동 방법에 대한 설명으로 틀린 것은?

① $Y-\Delta$ 기동기는 운전 시에 Δ 결선으로 한다.
② Y 결선으로 하면, Δ 결선의 1/3배의 전류가 흐른다.
③ 제 3 고조파 전압이 나타나지 않으나 1차, 2차의 선간 전압에는 30°의 위상차가 존재한다.
④ 5kW 이하의 소용량 전동기에 적합하다.

67. 다음 중 공장 자동화(FA)의 목적과 거리가 먼 것은?
① 저비용 고효율 생산
② 제품의 품질 균일화
③ 고품질 대량 생산
④ 다품종 소량 생산

68. 유압 펌프의 1회전당 토출량을 나타내는 단위는?   [06-4, 21-4]
① cc/s   ② cc/rev
③ cc/min   ④ L/rpm

69. 외부의 물리적 변화에 의해 발생하는 스트레인 게이지의 신호 형태는?   [21-4]
① 저항   ② 전류
③ 전압   ④ 충전량

70. 제어(control)에 관한 정의로 옳지 않은 것은?   [21-4]
① 작은 에너지로 큰 에너지를 조절하기 위한 시스템을 말한다.
② 사람이 직접 개입하지 않고 어떤 작업을 수행시키는 것을 말한다.
③ 기계의 재료나 에너지의 유동을 중계하는 것으로 수동인 것이다.
④ 기계나 설비의 작동을 자동으로 변화시키는 구성 성분의 전체를 의미한다.

71. 유압 시스템에서 사용하는 압력 제어 밸브가 아닌 것은? [10-4, 18-1, 21-4]
① 리듀싱 밸브
② 시퀀스 밸브
③ 언로딩 밸브
④ 디셀러레이션 밸브

해설 디셀러레이션 밸브의 구조는 방향 제어 밸브이나, 기능은 유량 제어 밸브이다.

72. 실린더 입구의 분기 회로에 유량 제어 밸브를 설치하여 실린더 입구 측의 불필요한 압유를 배출시켜 작동 효율을 증진시킨 속도 제어 회로는? [21-4]
① 로크 회로
② 미터 인 회로
③ 미터 아웃 회로
④ 블리드 오프 회로

해설 블리드 오프 회로는 속도 제어 정도가 복잡하지 않는 회로로 병렬연결이다.

73. 다음 중 일반적인 유압 발생 장치에서 기름 탱크의 용량을 결정하는 기준으로 적절한 것은? [17-2, 21-4]
① 펌프 토출량의 3배 이상
② 펌프의 토출량과 같은 크기
③ 스트레이너 유량의 3배 이상
④ 공기 청정기 통기 용량의 3배 이상

해설 • 공기 청정기의 통기 용량 : 유압 펌프 토출량의 2배 이상
• 스트레이너의 유량 : 유압 펌프 토출량의 2배 이상
• 기름 탱크의 용량 : 유압 펌프 토출량의 3배 이상

74. 다음 중 미리 정해 놓은 순서 또는 일정한 논리에 의하여 정해진 순서에 따라 제어의 각 단계를 순차적으로 진행하는 제어는 어느 것인가? [21-4]
① 동기 제어
② 시퀀스 제어
③ 비동기 제어
④ ON-OFF 제어

75. 비접촉식 검출 요소(센서, 스위치)가 아닌 것은? [21-4]
① 광전 스위치
② 리밋 스위치
③ 유도형 센서
④ 용량형 센서

해설 리밋 스위치는 접촉식 센서이다.

76. 실린더의 속도를 급속히 증가시키는 목적으로 사용하는 밸브는? [18-1, 21-4]

①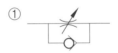

②

③

④

해설 급속 배기 밸브(quick release valve or quick exhaust valve) : 액추에이터의 배출 저항을 적게 하여 속도를 빠르게 하는 밸브로 가능한 액추에이터 가까이에 설치하며, 충격 방출기는 급속 배기 밸브를 이용한 것이다.

77. 다음 중 자동화의 장점이 아닌 것은 어느 것인가? [13-4, 18-2, 21-4]
① 생산성을 향상시킨다.

② 제품의 품질을 균일하게 한다.

③ 시설 투자 비용을 줄일 수 있다.

④ 원가를 절감하여 이익을 극대화할 수 있다.

해설 자동화를 하면 자동화에 따른 시설 투자비가 많아지고, 운영비를 예측할 수 없게 된다.

78. 일정한 간격으로 연속 이송되는 얇은 금속판에 구멍을 내기 위한 작업에 적합한 핸들링 장치는? [21-4]

① 리니어 인덱싱

② 밀링 이송 인덱싱

③ 수직 로터리 인덱싱

④ 수평 로터리 인덱싱

79. 유압 피스톤의 직경이 50mm이고 사용 압력이 60kgf/cm²일 때 실린더가 낼 수 있는 추력은? (단, 실린더의 효율은 무시한다.) [21-4]

① 296kgf

② 589kgf

③ 1178kgf

④ 1500kgf

해설 $A = \dfrac{\pi d^2}{4} = \dfrac{\pi \times 5^2}{4} = 19.625 \, \text{m}^2$

$P = \dfrac{F}{A}$

$F = A \times P = 19.625 \times 60 = 1177.5 \, \text{kgf}$

80. 전진과 후진 시 추력이 같은 장점을 갖는 실린더는? [21-4]

① 탠덤 실린더

② 양 로드 실린더

③ 다위치형 실린더

④ 텔레스코프형 실린더

4회 CBT 대비 실전 문제

1과목 설비 진단 및 계측

1. 진동의 완전한 1사이클에 걸린 총 시간을 나타내는 용어는? [08-4, 12-4, 19-1, 22-1]
① 진동수 ② 진동 주기
③ 각 진동수 ④ 진동 위상

해설

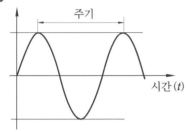

주기

시간(t)

2. 다음 중 진동 측정기의 측정값으로 널리 사용되는 것은? [16-4, 22-1]
① 실횻값 ② 편진폭
③ 양진폭 ④ 산술 평균값

해설 현재 사용 중인 많은 진동 측정 기기들은 측정된 압력을 r.m.s.값으로서 나타낸다.

3. 석영과 같은 일부 크리스털은 압력을 받으면 전위를 발생시키는데 이런 효과를 나타내는 용어는? [14-2, 22-1]
① 열전 효과(thermoelectric effect)
② 광전 효과(photoelectric effect)
③ 광기전력 효과(photovoltaic effect)
④ 압전 효과(piezoelectric effect)

해설 석영과 같은 일부 크리스털은 변위차에 의해 압력을 받으면 전압이 발생한다. 이를 압전 효과라 한다.

4. 다음 중 외란이 가해진 후에 계가 스스로 진동하고 있을 때 이 진동을 나타내는 용어는 무엇인가? [17-4, 19-1, 22-1]
① 공진 ② 강제 진동
③ 고유 진동 ④ 자유 진동

해설 자유 진동 : 외란이 가해진 후에 계가 스스로 진동을 하고 있는 경우

5. 다음 중 계측계에서 입력 신호인 측정량이 시간적으로 변동할 때, 출력 신호인 계측기 지시 특성을 나타내는 것은 어느 것인가? [06-4, 14-4, 17-2, 22-1]
① 부특성 ② 정특성
③ 동특성 ④ 변환 특성

해설 프로세스의 특성 중 계측계에서 입력 신호인 측정량이 시간적으로 변동할 때 출력 신호인 계기 지시 특성을 동특성이라 한다. 시간 영역에서는 인벌류션 적분이고, 주파수 영역에서는 전달 함수와 관련된 특성이며, 이때 출력 신호의 시간적인 변화 상태를 응답이라 한다.

6. 진동 센서의 설치 위치에 대한 설명으로 적절하지 않은 것은? [15-4, 18-2, 22-1]
① 회전축의 중심부에 설치한다.

② 레이디얼 베어링 장착부의 수직 방향에 설치한다.
③ 레이디얼 베어링 장착부의 수평 방향에 설치한다.
④ 스러스트 베어링 장착부의 축 방향에 설치한다.

해설 회전축의 중심부에는 진동 센서를 설치 할 수 없다

7. 진동 차단기의 기본 요구 조건으로 틀린 것은? [22-1]
① 걸어준 하중을 충분히 견딜 수 있어야 한다.
② 온도, 습도, 화학적 변화 등에 견딜 수 있어야 한다.
③ 진동 보호 대상체보다 강성이 충분히 커서 차단 능력이 있어야 한다.
④ 차단하려는 진동의 최저 주파수보다 작은 고유 진동수를 가져야 한다.

해설 차단기는 강성이 아주 작아야 한다.

8. 가속도 센서의 고정 방법 중 사용할 수 있는 주파수 영역이 넓고 정확도 및 장기적 안정성이 좋으며, 먼지, 습기, 온도의 영향이 적은 것은? [19-4, 22-1]
① 나사 고정
② 밀랍 고정
③ 마그네틱 고정
④ 에폭시 시멘트 고정

해설 가속도 센서는 베어링으로부터 진동에 대해 직접적인 통로에 설치되어야 한다. 가속도 센서의 나사 고정은 높은 주파수 특성을 파악할 수 있다. 주파수 영역은 나사 고정 31kHz, 접착제 29kHz, 비왁스 28kHz, 마그네틱 7kHz, 손 고정 2kHz의 영역이므로 나사 고정, 접착제 고정, 비왁스 고정 순이다.

9. 다음 중 초음파 레벨계의 특성으로 틀린 것은? [22-1]
① 비접촉식 측정이 가능하다.
② 소형 경량이고 설치 및 운전이 간단하다.
③ 가동부가 없고 점검 및 보수가 가능하다.
④ 온도에 민감하지 않아 온도 보정을 필요로 하지 않는다.

해설 초음파 레벨계에서 음파의 전파 속도가 온도에 의해 현저하게 변하는 경우는 보정이 필요하다.

10. 산업 분야에서 일반적으로 널리 사용하는 압력으로 대기 압력을 기준으로 하는 것은 무엇인가? [22-1]
① 차압
② 상대 압력
③ 절대 압력
④ 게이지 압력

해설 게이지 압력=절대 압력−대기압

11. 음파가 한 매질에서 타 매질로 통과할 때 구부러지는 현상은? [09-4, 22-1]
① 음의 굴절
② 음의 회절
③ 맥놀이(beat)
④ 도플러 효과

해설 음의 굴절은 음파가 한 매질에서 다른 매질로 통과할 때 구부러지는 현상을 말한다. 각각 서로 다른 매질을 음이 통과할 때 그 매질 중의 음속은 서로 다르게 된다.

12. 다음 필터 중 저역을 통과시키며 특정 주파수 이상은 감쇠(차단)시켜 주는 필터로 가장 적합한 것은? [18-1, 22-1]
① 로 패스 필터
② 밴드 패스 필터
③ 하이 패스 필터
④ 주파수 패스 필터

정답 7. ③ 8. ① 9. ④ 10. ④ 11. ① 12. ①

해설 • low pass filter(LPF) : 설정된 주파
수 이하의 주파수 성분만 통과
• high pass filter(HPF) : 설정된 주파수
이상의 주파수 성분만 통과
• band pass filter : 설정된 주파수 대역
의 성분만 통과

13. 일반적인 터빈식 유량계의 특징으로 틀린 것은?   [19-2, 22-1]
① 내구력이 있고 수리가 용이하다.
② 용적식 유량계보다 압력 손실이 적다.
③ 용적식 유량계에 비해서 대형이며, 구조가 복잡하고 비용이 많이 소요된다.
④ 고온·저온·고압의 액체나 식품·약품 등의 특수 유체에 사용된다.

해설 • 터빈식 유량계 : 유체의 흐름 속에 날개가 있는 회전자(rotor)를 설치해 놓으면 유속에 거의 비례하는 속도로 회전하며, 이 회전수를 검출해서 유량을 구하는 유량계이다.
• 용적식 유량계 : 유입구와 유출구 사이에 유체가 흐르고 흐름에 따라 계량실에 있는 회전자가 회전하고 회전수를 계측하여 유량을 측정하는 유량계이다.

14. 소음의 물리적 성질에 대한 설명으로 틀린 것은?   [22-1]
① 파동은 매질의 변형 운동으로 이루어지는 에너지 전달이다.
② 파면은 파동의 위상이 같은 점들을 연결한 면이다.
③ 음선은 음의 진행 방향을 나타내는 선으로 파면에 수평이다.
④ 음파는 공기 등의 매질을 전파하는 소밀파(압력파)이다.

해설 음선 : 음의 진행 방향을 나타내는 선으로 파면에 수직이다.

15. 검사 대상체의 내부와 외부의 압력차를 이용하여 결함을 탐상하는 비파괴 검사법은 무엇인가?   [22-1]
① 누설 검사
② 와류 탐상 검사
③ 침투 탐상 검사
④ 초음파 탐상 검사

해설 누설 탐상 검사(LT : leaking testing) : 시편 내부 및 외부의 압력차를 이용하여 유체의 누출 상태를 검사하거나 유출량을 검출하는 검사 방법이다. 이 검사법은 검사 속도가 빠르며 비용이 적게 들고 검사 속도에 비해 감도가 좋다. 그러나 결함의 원인 및 형태를 알 수 없고 개방되어 있는 시스템에서는 사용할 수 없으며, 수압 시험이 시험체에 손상을 줄 수 있다.

16. 다음 비파괴 검사법 중 맞대기 용접부의 내부 기공을 검출하는 데 가장 적합한 것은 어느 것인가?   [22-1]
① 침투 탐상 검사
② 와류 탐상 검사
③ 자분 탐상 검사
④ 방사선 투과 검사

해설 방사선 투과 시험은 소재 내부의 불연속의 모양, 크기 및 위치 등을 검출하는 데 많이 사용된다. 금속, 비금속 및 그 화합물의 거의 모든 소재를 검사할 수 있다.

17. 진동 차단기의 선택 시 유의 사항으로 옳지 않은 것은?   [12-4, 22-1]
① 강철 스프링을 이용하는 경우에는 측면 안정성을 고려하여 직경이 큰 것이 안전하다.
② 하중이 크거나 정적 변위가 5mm 이상인 경우 강철 스프링의 사용이 바람직하다.

부록

③ 고무 제품은 측면으로 미끄러지는 하중에 적합하나 온도에 따라 강성이 변하므로 주의를 요한다.

④ 파이버 글라스 패드의 강성은 주로 파이버의 질량과 모세관에 의하여 결정된다.

해설 파이버 글라스 패드의 강성은 주로 파이버의 밀도와 직경에 의해 결정된다. 또한 모세관 현상에 의해 습기를 흡수하려는 성질이 있으므로 플라스틱 등으로 밀폐하여 사용한다.

18. 다음 중 발음원이 이동할 때 그 진행 방향 쪽에서는 원래의 음보다 고음으로, 진행 반대쪽에서는 저음으로 되는 현상은 무엇인가? [06-4, 17-4, 22-1]

① 마스킹 효과
② 도플러 효과
③ 음의 회절 효과
④ 음의 반사 효과

해설 도플러 효과 : 음원이 이동할 경우 음원이 이동하는 방향 쪽에서는 원래 음보다 고주파 음(고음)으로 들리고, 음이 이동하는 반대쪽에서는 저주파 음(저음)으로 들리는 현상을 도플러 효과라 한다. 도플러 효과로 인해 파원이 다가오는 경우 주파수가 높아지는 것을 느낄 수 있다.

19. 다음 중 센서에서 입력된 신호를 전기적 신호로 변환하는 방법에 해당하지 않는 것은 어느 것인가? [18-2, 22-1]

① 변조식 변환
② 전류식 변환
③ 직동식 변환
④ 펄스 신호식 변환

20. 코일 간의 전자 유도 현상을 이용한 것으로서 발신기와 수신기로 구성되어 있으며,

회전 각도 변위를 전기 신호로 변환하여 회전체를 검출하는 수신기는?[10-4, 19-1, 22-1]

① 싱크로(synchro)
② 리졸버(resolver)
③ 퍼텐쇼미터(potentiometer)
④ 엡솔루트 인코더(absolute encoder)

해설 회전각을 전달할 때 수신기를 구동하는 에너지를 발신기에서 공급하는 것을 토크용 싱크로라 한다. 또 수신기를 서보에 의하여 구동하기 위해서 발신기와 수신기의 회전 각도차를 전압 신호로서 꺼내는 것을 제어용 싱크로라 한다.

2과목 설비 관리

21. 설비가 가동하여야 할 시간에 고장, 생산 조정 준비(set up) 및 교체 또는 초기 수율 저하에 의해 얼마의 시간이 손실되느냐를 나타내는 지수는? [22-1]

① 양품률
② 시간 가동률
③ 성능 가동률
④ 설비 종합 효율

해설 시간 가동률 : 설비를 가동시켜야 하는 시간에 대한 실제 가동한 비율로

$$\frac{가동\ 시간}{부하\ 시간} = \frac{부하\ 시간 - 정지\ 시간}{부하\ 시간}$$

이다.

22. 윤활유 오염도 측정법의 종류가 아닌 것은 어느 것인가? [22-1]

① 중량법
② 계수법
③ SOAP법
④ 오염 지수법

해설 SOAP법 : 윤활유 속에 함유된 금속 성분을 분광 분석기에 의해 정량 분석하여 윤활부의 마모량을 검출하는 적당한 방법

23. 윤활제를 형태에 따라 분류할 때 대분류가 가장 적절하게 구분되어진 것은 어느 것인가? [22-1]
① 광유, 합성유, 지방유
② 합성유, 그리스, 고체 윤활제
③ 윤활유-그리스-고체 윤활유
④ 내연 기관용 윤활유, 공업용 윤활유, 기타 윤활제

해설 윤활제는 기체 윤활제, 액체 윤활제, 고체 윤활제로 나눈다.

24. 다음 중 그리스 증주제에 해당하는 것은 어느 것인가? [22-1]
① Na
② PbO
③ 흑연
④ 피마자유

해설 증주제는 그리스의 특성을 결정하는 것으로 미세한 섬유상의 망상 구조물이나 입자 등이 액체 윤활유 중에 균일하게 분산되어 반고체상을 형성시킨다.

25. 점도 지수를 구하는 식은? [06-4, 22-1]

- U : 시료유의 40℃ 때의 점도
- L : 100℃일 때의 시료유와 같은 점도를 가진 $VI=0$의 표준유의 40℃ 때의 점도
- H : 100℃일 때의 시료유와 같은 점도를 가진 $VI=100$의 표준유의 40℃ 때의 점도

① 점도 지수 $= \dfrac{L-U}{L-H} \times 100$

② 점도 지수 $= \dfrac{L+U}{L+H} \times 100$

③ 점도 지수 $= (L-U) \times (L-H) \times 100$

④ 점도 지수 $= (L+U) \times (L+H) \times 100$

26. 설비 관리 조직의 분업 방식 중 모든 기능을 전문 부분에서 책임지게 하고 그 부분을 다시 하부 기능에 의해 분업하는 방식은 무엇인가? [17-4, 22-1]
① 기능 분업
② 지역 분업
③ 공정별 분업
④ 전문 기술 분업

27. 플러싱(flushing) 시기로 적절하지 않은 것은? [12-4, 16-4, 22-1]
① 윤활유 보충 시
② 기계 장치의 신설 시
③ 윤활계의 검사 시
④ 윤활 장치의 분해 보수 시

28. 그리스의 성질인 주도에 대한 설명으로 틀린 것은? [22-1]
① 윤활유의 점도에 해당하는 것으로서 무르고 단단한 정도를 나타낸 값이다.
② 미국 윤활그리스협회(NLGI)는 주도 번호 000호부터 6호까지 9종류로 분류하고 있으며, 000호는 액상, 6호는 고상이다.
③ 주도는 기유 점도와는 독립된 성질이며, 오히려 증주제의 종류와 양에 관계가 있다.
④ 주도와 기유 점도는 온도와는 무관하며, 증주제가 같으면 내열성을 나타내는 적점은 주도가 바뀌어도 별로 변하지 않는다.

해설 주도와 기유 점도는 온도와 밀접한 관계를 갖고 있으며, 주도가 바뀌면 당연히 적점도 바뀌게 된다.

29. 다음 중 부하가 많을 경우에 각 부하의 최대 수요 전력의 합을 각 부하를 종합했을 때의 최대 수요 전력으로 나눈 것은 어느 것인가? [18-1, 22-1]

① 부하율   ② 부등률
③ 수요율   ④ 설비 이용률

해설 부등률(diversity factor) : 최대 수용 전력의 합을 합성 최대 수용 전력으로 나눈 값으로 수전 설비 용량 선정에 사용되며, 부등률이 클수록 설비의 이용률이 크므로 유리한 이 값은 항상 1보다 크다.

$$부등률 = \frac{수용\ 설비\ 각각\ 최대\ 전력\ 합[kW]}{합성\ 최대\ 수용\ 전력[kW]}$$

30. 기어용 윤활유의 필요한 특성에 해당하지 않는 것은? [07-4, 22-1]

① 발포성
② 내하중성, 내마모성
③ 열안정성, 산화 안정성
④ 적정한 점도 유지 및 저온 유동성

해설 발포성은 없어야 되고, 소포성은 커야 된다.

31. 보전도 공학의 영역에서 설계 기준 개발, 보전 개념 계발, 보전 기능 개발, 보전도 할당 및 보전도 설계 개선 등과 가장 관련성이 큰 것은? [22-1]

① 보전도 계획
② 보전도 분석
③ 보전도 설계
④ 보전도 합리화

32. 생산 공정에서 취급되는 재료, 반제품 또는 완제품을 공정에 받아들이거나 공정 도중 또는 최종 작업 단계에서 대상물의 작업 기준 합치 여부를 조사하기 위해 사용되는 공구는? [14-2, 22-1]

① 주조
② 단조
③ 검사구
④ 치구 부착구

해설 검사구란 생산 공정에 있어 취급되는 재료, 반제품 혹은 완제품을 공정에 받아들일 때 측정 도중 또는 공정의 최종 작업 단계에 있어 이것들이 작업에서 정하는 기준에 합치하는가 아닌가를 조사하기 위해 사용되는 공구를 말한다.

33. 예방 보전의 효과로 틀린 것은? [22-1]

① 설비의 정확한 상태를 파악한다.
② 고장 원인의 정확한 파악이 가능하다.
③ 보전 작업의 질적 향상 및 신속성을 가져온다.
④ 설비 갱신 기간의 연장에 의한 설비 투자액이 증가한다.

해설 설비 갱신 기간의 연장에 의한 설비 투자액이 감소한다.

34. 목표를 설정할 때 이용되는 QC 수법으로 가장 거리가 먼 것은? [15-2, 22-1]

① 체크 시트에 의한 방법
② 막대그래프에 의한 방법
③ 히스토그램에 의한 방법
④ 레이더 차트에 의한 방법

35. 보전성에 대한 설명 중 설계와 제작에 대한 특성을 나타낼 수 있는 확률로 옳지 않은 것은? [22-1]

① 보전이 규정된 절차와 주어진 재료 등의 자원을 가지고 실행될 때 어떤 부품이나 시스템이 주어진 시간 내에서 지정된 상태를 유지 또는 회복할 수 있는 확률
② 설비가 적정 기술을 가지고 있는 사람

에 의해 규정된 절차에 따라 운전하고 있을 때 보전이 주어진 기간 내 주어진 횟수 이상으로 요구되지 않는 확률

③ 설비가 규정된 절차에 따라 주어진 조건에서 운전 및 보전될 때 부품이나 설비의 운전 상태가 주어진 안전사고 수준 이하로 되지 않을 확률

④ 보전이 규정된 절차와 주어진 재료 등의 자원을 가지고 실행될 때 어떤 부품이나 시스템으로부터 생산된 생산량이 어느 불량률 이상 되지 않는 확률

해설 보전성과 안전사고는 관계가 없다.

36. 극압 윤활을 위한 극압제로 사용하지 않는 것은? [18-2, 22-1]

① H   ② Cl
③ S   ④ P

해설 윤활유의 극압제로는 일반적으로 염소(Cl), 유황(S), 인(P) 등을 사용한다.

37. 유체 윤활에서 마찰 저항을 결정하는 요소는? [22-1]

① 설계상의 오류
② 윤활제의 유성
③ 유체의 점성 저항
④ 마찰면의 다듬질 정도

38. 다음 중 복동형 왕복 압축기의 운전부 윤활(외부 윤활)에 대한 설명으로 틀린 것은 어느 것인가? [19-2, 22-1]

① 산화 안정성이 좋아야 한다.
② 녹 발생을 억제할 수 있어야 한다.
③ 터빈유를 사용하는 것이 바람직하다.
④ 지방유를 혼합한 윤활유를 사용하면 좋다.

해설 외부 윤활유의 요구 성능
㉠ 적정 점도
㉡ 높은 점도 지수
㉢ 산화 안정성이 우수
㉣ 양호한 수분성
㉤ 방청성, 소포성
㉥ 유동성이 낮을 것

39. 다음 중 생산량이 많고 표준화되어 작업의 균형이 유지되며 재료의 흐름이 원활한 경우에 많이 이용되는 설비 배치 형태는 어느 것인가? [18-1, 22-1]

① 갱 시스템
② 제품별 배치
③ 기능별 배치
④ 제품 고정형 배치

해설 제품별 배치(product layout) : 일명 라인(line)별 배치라고도 하며, 공정의 계열에 따라 각 공정에 필요한 기계가 배치되는 형식으로 생산량이 많고 표준화되고 작업의 균형이 유지되며, 재료의 흐름이 원활할 경우 잘 이용된다.

40. 다음 중 수리 공사에 대한 설명으로 틀린 것은? [17-4, 22-1]

① 일반 보수 공사는 조업상 요구에 의한 개량 공사이다.
② 사후 수리 공사는 설비 검사를 하지 않은 생산 설비의 수리이다.
③ 돌발 수리 공사는 설비 검사에 의해 계획하지 못했던 고장의 수리이다.
④ 예방 수리 공사는 설비 검사에 의해서 계획적으로 하는 수리이다.

해설 일반 보수 공사는 제조의 부속 설비의 공정, 사무, 연구, 시험, 복리, 후생 등의 수리 공사이고, 조업상의 요구에 의한 개량 공사는 개수 공사라 한다.

3과목 기계 일반 및 기계 보전

41. 나사 체결에 관한 설명으로 옳지 않은 것은? [13-4, 22-1]
① 나사 체결 전 볼트의 강도 등급을 확인한다.
② 볼트 체결 방법은 토크법, 너트 회전각법, 가열법, 장력법이 있다.
③ 토크법은 나사면의 마찰 계수 불균형을 무시할 수 있다.
④ 가장 큰 장력으로 조일 수 있는 적절한 체결 방법은 텐셔너(장력법)를 이용하는 방법이다.

42. 다음 중 두 축의 중심선이 어느 각도로 교차되고 그 사이의 각도가 운전 중 다소 변하여도 자유로이 운동을 전달할 수 있는 축이음은? [22-1]
① 머프 커플링(muff coupling)
② 올덤 커플링(oldham coupling)
③ 클램프 커플링(clamp coupling)
④ 유니버설 커플링(universal coupling)

해설 유니버설 조인트 : 두 축이 만나는 각이 수시로 변화하는 경우 사용되는 커플링으로 공작 기계, 자동차 등의 축 이음에 많이 사용된다.

43. 기계 제도 중 기어의 도시 방법에 대한 설명으로 옳지 않은 것은? [22-1]
① 잇봉우리원은 굵은 실선으로 표시한다.
② 피치원은 가는 일점쇄선으로 표시한다.
③ 이골원은 가는 이점쇄선으로 표시한다.
④ 잇줄 방향은 통상 3개의 가는 실선으로 표시한다.

해설 기어에서 이끝원은 굵은 실선으로 작도한다.

44. 다음 중 비교 측정에 사용되는 측정기는 어느 것인가? [22-1]
① 측장기
② 마이크로미터
③ 다이얼 게이지
④ 버니어 캘리퍼스

해설 비교 측정기에는 다이얼 게이지, 미니미터, 옵티미터, 공기 마이크로미터, 전기 마이크로미터 등이 있다.

45. 해당 근로자 또는 작업장에 대해 사업주가 유해 인자에 대한 측정 계획을 수립한 후 시료를 채취하고 분석, 평가하는 것은?
① 안전 보건 진단
② 작업 환경 측정
③ 위험성 평가
④ 건강 검진

해설 작업 환경 측정 : 작업 환경 실태를 파악하기 위하여 해당 근로자 또는 작업장에 대하여 사업주가 유해 인자에 대한 측정 계획을 수립한 후 시료를 채취하고 분석·평가하는 것

46. 회전하는 압연 롤러 사이에 물리는 것에 해당하는 재해 형태는?
① 깔림
② 맞음
③ 끼임
④ 압박

해설 • 깔림-뒤집힘(물체의 쓰러짐이나 뒤집힘) : 기대어져 있거나 세워져 있는 물체 등이 쓰러져 깔린 경우 및 지게차 등의 건설 기계 등이 운행 또는 작업 중 뒤집어진 경우
• 맞음 : 기계 등에 고정되어 있던 물체가 중력, 원심력, 관성력 등에 의하여 고정

정답 ● 41. ③ 42. ④ 43. ③ 44. ③ 45. ② 46. ③

부에서 이탈하거나 설비 등으로부터 물질이 분출되어 사람을 가해하는 경우

- 끼임 : 두 물체 사이의 움직임에 의하여 일어난 것으로 직선 운동하는 물체 사이의 끼임, 회전부와 고정체 사이의 끼임, 롤러 등 회전체 사이에 물리거나 회전체·돌기부 등에 감긴 경우

47. 신뢰도와 보전도를 종합한 평가 척도로 어느 특정 순간에 기능을 유지하고 있을 확률을 나타내는 것은? [19-1, 22-1]

① 용이성   ② 유용성
③ 보전성   ④ 신뢰성

해설 유용성(availability)은 광의의 신뢰성 척도로서 사용한다. 유용성이란 어떤 보전 조건 하에서 규정된 시간에 수리 가능한 시스템이나 설비, 제품, 부품 등이 기능을 유지하여 만족 상태에 있을 확률로 정의한다.

48. 축계 기계 요소의 도시 방법으로 옳지 않은 것은? [22-1]

① 축은 길이 방향으로 단면 도시를 하지 않는다.
② 긴 축은 중간을 파단하여 짧게 그리지 않는다.
③ 축 끝에는 모따기 및 라운딩을 도시할 수 있다.
④ 축에 있는 널링의 도시는 빗줄로 표시할 수 있다.

해설 긴 축은 중간을 파단하여 짧게 그린다.

49. 사업장의 근로자 산업 재해 발생 건수, 재해율 등을 공표하여야 하는 사업장에 해당하지 않는 것은?

① 사망 재해자가 연간 2명 발생한 사업장
② 중대 재해 발생률이 규모별 같은 업종

의 평균 발생률 이상인 사업장
③ 산업 재해의 발생에 관한 보고를 최근 3년 이내 2회 하지 않은 사업장
④ 직업성 질병자가 동시에 10명 발생한 재해가 발생한 사업장

해설 공표 대상 사업장
㉠ 사망 재해자가 연간 2명 이상 발생한 사업장
㉡ 사망만인율(死亡萬人率, 연간 상시 근로자 1만 명당 발생하는 사망 재해자 수의 비율)이 규모별 같은 업종의 평균 사망만인율 이상인 사업장
㉢ 중대 산업 사고가 발생한 사업장
㉣ 산업 재해 발생 사실을 은폐한 사업장
㉤ 산업 재해의 발생에 관한 보고를 최근 3년 이내 2회 이상 하지 않은 사업장

50. 강을 담금질하면 경도는 증가하나 취성이 커지므로 사용 목적에 알맞도록 A_1 변태점 이하의 적당한 온도로 재가열하여 인성을 증가시키고 경도를 감소시키는 열처리 방법은? [06-4, 15-4, 22-1]

① 뜨임   ② 불림
③ 침탄   ④ 풀림

해설 뜨임(tempering) : 담금질된 강을 A_1 변태점 이하로 가열한 후 냉각시켜 담금질로 인한 취성을 제거하고 강도를 떨어뜨려 강인성을 증가시키기 위한 열처리법이다.

51. 다음 중 용접으로 인해 발생한 잔류 응력을 제거하는 방법으로 가장 적합한 것은 어느 것인가? [14-2, 22-1]

① 뜨임   ② 풀림
③ 불림   ④ 담금질

해설 용접의 잔류 응력 제거는 풀림으로 하며, 풀림은 내부 응력 제거에 이용되는 것이다.

52. 다음 중 3상 유도 전동기에서 1상이 단선될 경우 나타나는 고장 현상이 아닌 것은 어느 것인가?　[15-4, 22-1]
① 슬립 증가
② 부하 전류 증가
③ 토크가 현저히 감소
④ 언밸런스에 의한 진동 증가

해설 언밸런스는 질량 불평형으로 전기적 연관성이 없다.

53. 고압 증기 압력 제어 밸브의 동작 시 방출되는 유체가 스프링에 직접 접촉될 때 스프링의 온도 상승으로 인한 탄성 계수의 변화로 설정 압력이 점진적으로 변하는 현상은 무엇인가?　[09-4, 22-1]
① crawl
② hunting
③ blow down
④ back pressure

해설 • blow down : 보일러 물을 빼는 장치
• back pressure : 배압

54. 관로에서 유속의 급격한 변화에 의해 관내 압력이 상승 또는 하강하는 현상으로 옳은 것은?　[22-1]
① 수격 현상
② 축류 현상
③ 벤투리 현상
④ 캐비테이션 현상

해설 수격 현상 : 관로에서 유속의 급격한 변화에 의해 관내 압력이 상승 또는 하강하는 현상으로 펌프의 송수관에서 정전에 의해 펌프의 동력이 급히 차단될 때, 펌프의 급가동 밸브의 급개폐 시 생긴다.

55. 다음 선반 가공을 할 때 절삭 속도가 120m/min이고 공작물의 지름이 60mm일 경우 회전수는 약 몇 rpm으로 하여야 하는가?　[22-1]
① 64
② 164

③ 637
④ 1637

해설 $V = \dfrac{\pi DN}{1000}$

$N = \dfrac{1000\,V}{\pi D} = \dfrac{1000 \times 120}{\pi \times 60} ≒ 637\,\text{rpm}$

56. 다음 중 유압 실린더가 불규칙하게 움직일 때의 원인과 대책으로 옳지 않은 것은 어느 것인가?　[11-4, 22-1]
① 회로 중에 공기가 있다 - 회로 중 높은 곳에 공기 벤트를 설치하여 공기를 뺀다.
② 실린더의 피스톤 패킹, 로트 패킹 등이 딱딱하다 - 패킹의 체결을 줄인다.
③ 드레인 포트에 배압이 걸려 있다 - 드레인 포트의 압력을 빼준다.
④ 실린더의 피스톤과 로드 패킹의 중심이 맞지 않다 - 실린더를 움직여 마찰 저항을 측정하고, 중심을 맞춘다.

해설 드레인 포트는 밸브에 있으며, 드레인 포트의 압력 형성은 실린더의 불규칙 운동과는 무관하다.

57. 관이음의 종류에서 플랜지 이음을 사용하는 경우가 아닌 것은?　[22-1]
① 신축성을 줄 경우
② 내압이 높을 경우
③ 관경이 비교적 큰 경우
④ 분해 작업이 필요한 경우

해설 플랜지 이음은 고정 이음이며, 신축성이 있는 것은 신축관 이음이다.

58. 다음 중 줄 작업 방법이 아닌 것은 어느 것인가?　[18-4, 22-1]
① 직진법
② 피닝법
③ 사진법
④ 병진법

해설 줄 작업 방법 : 직진법, 사진법, 병진법

59. 다음 중 체인을 거는 방법으로 틀린 것은 어느 것인가?　　　　[14-4, 22-1]
① 두 축의 스프로킷 휠은 동일 평면에 있어야 한다.
② 수직으로 체인을 걸 때 큰 스프로킷 휠이 아래에 오도록 한다.
③ 수평으로 체인을 걸 때 이완측이 위로 오면 접촉각이 커지므로 벗겨지지 않는다.
④ 이완측에는 긴장 풀리를 쓰는 경우도 있다.

[해설] 벨트는 이완측을 위로 두지만 체인은 아래로 두어야 한다.

60. 피스톤 압축기의 앤드 간극에 대한 설명으로 옳은 것은?　　　　[17-4, 22-1]
① 간극 치수는 1.5~3.0mm의 범위로 상부 간극보다 하부 간극을 크게 한다.
② 간극 치수는 1.5~3.0mm의 범위로 하부 간극보다 상부 간극을 크게 한다.
③ 간극 치수는 3.0~4.5mm의 범위로 하부 간극보다 상부 간극을 크게 한다.
④ 간극 치수는 3.0~4.5mm의 범위로 상부 간극보다 하부 간극을 크게 한다.

[해설] 자동차 엔진이나 피스톤 압축기의 앤드 간극은 하부 간극보다 상부 간극을 크게 한다.

4과목　공유압 및 자동화

61. 유압 실린더의 속도 조절 방식 중 유량 조절 밸브를 사용하지 않고 피스톤이 전진할 때 펌프의 송출 유량과 실린더 로드 측의 배출 유량이 합류하여 유입되므로 실린더의 전진 속도가 빨라지는 회로는 어느 것인가?　　　　[22-1]

① 재생 회로
② 미터 인 회로
③ 미터 아웃 회로
④ 블리드 오프 회로

[해설] 재생 회로[regenerative circuit, 차동 회로 (differential circuit)] : 전진할 때의 속도가 펌프의 배출 속도가 펌프의 배출 속도 이상이 요구되는 것과 같은 특수한 경우에 사용된다.

62. 다음 중 저투자성 자동화(low cost automation)의 특징으로 옳지 않은 것은 어느 것인가?　　　　[22-1]
① 단계별로 자동화를 한다.
② 생산의 탄력성이 좋아진다.
③ 자신이 직접 자동화를 한다.
④ 최소한의 시간을 투입하여 자동화를 한다.

63. 다음 중 기압 모터의 특징으로 옳은 것은 어느 것인가?　　　　[22-1]
① 공기압 모터는 과부하에 대하여 비교적 안전하다.
② 요동형 공기압 모터는 회전각의 제한이 없다.
③ 공기압 모터를 사용하면 고속을 얻기가 어렵다.
④ 공기압 모터의 회전 속도는 무단으로 조절할 수 없다.

[해설] • 공압 모터의 장점
　㉠ 값이 싼 제어 밸브만으로 속도, 토크를 자유롭게 조절할 수 있다.
　㉡ 과부하 시에도 아무런 위험이 없고, 폭발성도 없다.
　㉢ 시동, 정지, 역전 등에서 어떤 충격도 일어나지 않고 원활하게 이루어진다.
　㉣ 에너지를 축적할 수 있어 정전 시 비

부록

상용으로 유효하다.

⑪ 이물질에 강하고 회전 속도가 빠르다.

• 공압 모터의 단점

㉠ 에너지 변환 효율이 낮다.

㉡ 공기의 압축성에 의해 제어성은 그 다지 좋지 않다.

㉢ 배기음이 크다.

㉣ 일정 회전수를 고정도로 유지하기 어렵다.

64. 공장 자동화와 정보 자동화의 특징을 연결한 것 중 잘못된 것은?

① 공장 자동화 적용 분야 : CAM, 로봇, 자동 운반 등

② 정보 자동화 적용 분야 : CAD, group technology, 제조 계획 및 관리

③ 공장 자동화 요소 기술 : 제어 기술, 시스템 설정 기술

④ 정보 자동화 요소 기술 : 정보 통신 기술, 하드웨어 기술

해설 자동화에 있어서 공장 자동화의 적용 분야는 CAM, robot, 자동 운반이고, 정보 자동화의 적용 분야는 CAD, group technology, 제조 계획 및 관리이다.

65. 유압 시스템의 토출 유량이 감소했을 때 점검 사항이 아닌 것은? [22-1]

① 펌프의 회전 방향

② 탱크 내 유면 높이

③ 릴리프 밸브의 조정 상태

④ 전동기와 펌프의 축 오정렬

해설 전동기와 펌프의 축 오정렬이 되면 모터와 펌프에 진동 및 소음이 발생되며, 베어링 및 커플링이 파손된다.

66. 축압기(accumulator)의 사용 목적이 아닌 것은? [22-1]

① 누유 방지

② 맥동 흡수

③ 압력 보상

④ 유압 에너지 축적

해설 누유 방지는 밀봉 장치인 실, 즉 개스킷이나 오일 링 등이 한다.

67. 베인 펌프의 일반적인 특징에 대한 설명으로 옳지 않은 것은? [22-1]

① 기어 펌프에 비해 소음이 작다.

② 베인의 마모로 인한 압력 저하가 적다.

③ 피스톤 펌프에 비해 토출 압력의 맥동 현상이 적다.

④ 가공 정밀도가 낮아도 된다는 장점이 있고, 유압유의 점도와 이물질에 예민하지 않다.

68. 감각 기능 및 인식 기능에 의해 행동 결정을 할 수 있는 로봇은? [22-1]

① 지능 로봇 ② 시퀀스 로봇

③ 감각 제어 로봇 ④ 플레이 백 로봇

69. 스테핑 모터의 특징으로 옳지 않은 것은 어느 것인가? [22-1]

① 정지 시 홀딩 토크가 없다.

② 회전 속도는 입력 주파수에 비례한다.

③ 회전 각도는 입력 펄스의 수에 비례한다.

④ 피드백 루프 없이 속도와 위치 제어 응용이 가능하다.

해설 홀딩 토크란 정지 토크를 말하며, 스테핑 모터는 정지 토크, 즉 홀딩 토크가 크다.

70. 전기 타임 릴레이의 구성 요소 중 공기압의 체크 밸브와 같은 기능을 가지고 있는 것은? [11-4, 19-4, 22-1]

정답 ● 64. ④ 65. ④ 66. ① 67. ④ 68. ① 69. ① 70. ④

① 접점　　　② 가변 저항
③ 커패시터　　④ 다이오드

해설 공압의 체크 밸브와 같이 역류 방지 기능을 가지고 있는 것은 다이오드이다.

71. 다음 밸브의 명칭과 역할은?　　[22-1]

① 감압 밸브 : 실린더 전진 시 압력 제어
② 릴리프 밸브 : 회로의 압력을 일정하게 유지
③ 일방향 유량 제어 밸브 : 실린더 후진 속도 제어
④ 카운터 밸런스 밸브 : 실린더 자중에 의한 낙하 방지

해설 카운터 밸런스 밸브는 자중에 의해 낙하되는 경우, 즉 인장 하중이 발생되는 곳에 배압을 발생시켜 이를 방지하기 위한 것으로 릴리프 밸브와 체크 밸브를 내장한다.

72. 실제의 시간과 관계된 신호에 의하여 제어가 행해지는 제어계는?　　[22-1]
① 논리 제어계
② 동기 제어계
③ 비동기 제어계
④ 시퀀스 제어계

해설 동기 제어계(synchronous control system) 실제의 시간과 관계된 신호에 의하여 제어가 행해지는 시스템이다.

73. 다음 중 유체 비중량의 정의로 옳은 것은 어느 것인가?　　[22-1]
① 단위체적당 유체가 갖는 무게
② 단위 체적이 갖는 유체의 질량

③ 단위 중량이 갖는 체적, 단위질량당의 체적
④ 물체의 밀도를 순수한 물의 밀도로 나눈 값

해설 • 비중 : 물체의 밀도를 물의 밀도로 나눈 값
• 비체적 : 단위질량당 체적

74. 방향 전환 밸브의 구조에 관한 설명이 옳지 않은 것은?　　[22-1]
① 로크 회로에는 스풀 형식보다 포핏 형식을 사용하는 것이 장시간 확실한 로크를 할 수 있다.
② 스풀 형식은 각종 유압 흐름의 형식을 쉽게 설계할 수 있고, 각종 조작 방식을 용이하게 적용할 수 있다.
③ 포핏 형식은 밸브의 추력을 평행시키는 방법이 곤란하고, 조작의 자동화가 어려우므로 고압용 유압 방향 전환 밸브로서는 널리 사용되지 않는다.
④ 로터리 형식은 일반적으로 회전축에 평형이 되는 방향으로 측압이 걸리고, 또한 로터리에 작은 압유 통로를 뚫어야 하기 때문에 밸브 본체가 비교적 소형이 된다.

75. 그림과 같은 밸브의 B포트를 막았을 때와 같은 기능을 하는 밸브는?　　[22-1]

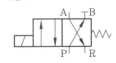

①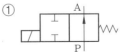

②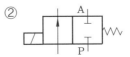

③

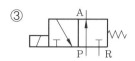

④

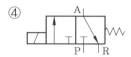

76. 다음 중 밸브를 선정하는 데 직접적으로 고려해야 할 사항으로 가장 적절하지 않은 것은? [14-4, 22-1]
① 실린더의 속도
② 요구되는 스위칭 횟수
③ 허용할 수 있는 압력 강하
④ 실린더와 밸브 사이의 최소 거리

[해설] 실린더와 밸브 사이의 거리는 짧아야 되지만 밸브 선정과는 관계가 없다.

77. 돌발적, 만성적으로 발생하는 설비의 효율에 악영향을 미치는 6대 로스(loss)가 아닌 것은? [22-1]
① 속도 로스
② 불량 로스
③ 양품 로스
④ 정지 로스

78. 일상생활이나 산업 현장에서의 피드백 제어에 해당되는 작업은? [17-4, 22-1]
① 아파트 현관 램프가 일정 기간 동안 켜졌다가 저절로 꺼진다.
② 4/2-Way 밸브를 조작하여 공압 실린더로 목재를 클램핑한다.
③ 유량 조정 밸브만을 사용하여 유압 모터의 축을 일정한 속도로 회전시킨다.
④ 아크 용접 로봇이 AC 서보 모터를 이용하여 속도, 위치 데이터를 측정하며, 지정된 용접선을 따라 용접한다.

[해설] ① : 타이머를 이용한 시간 지연 회로
② : 자기 유지 회로
③ : 유량 제어 회로

79. 압축 공기 저장 탱크의 구성 요소가 아닌 것은? [22-1]
① 배수기
② 압력계
③ 유량계
④ 압력 안전밸브

[해설] 공압 탱크에는 압력 게이지, 안전밸브, 드레인 밸브가 설치되어 있다.

80. 다음 중 베르누이 정리에 관한 관계식으로 옳은 것은 어느 것인가? (단, V : 유속 (m/s), g : 중력 가속도(m/s²), γ : 유체의 비중량(N/m³), P : 압력(Pa), Z : 높이(m) 이다.) [15-4, 21-4, 22-1]

① $\dfrac{P}{\gamma} + \dfrac{V^2}{g} + Z = $ 일정

② $\dfrac{P}{\gamma} + \dfrac{V^2}{2g} + Z = $ 일정

③ $\dfrac{Z}{\gamma} + \dfrac{V^2}{2g} + P = $ 일정

④ $\dfrac{\gamma}{P} + \dfrac{2g}{V^2} + Z = $ 일정

5회 CBT 대비 실전 문제

1과목 설비 진단 및 계측

1. 질량 불평형(언밸런스, unbalance)의 진동 특성으로 틀린 것은? [22-2]

① 수평, 수직 방향에 최대의 진폭이 발생한다.

② 회전 주파수의 $1f$ 성분의 탁월한 주파수가 나타난다.

③ 길게 돌출된 로터의 경우에는 축방향 진폭은 발생하지 않는다.

④ 언밸런스 양과 회전수가 증가할수록 진동 레벨이 높게 나타난다.

[해설] 길게 돌출된 로터를 제외한 수평, 수직 방향에서 최대의 진폭이 발생한다.

2. 소음기(silencer, muffler)를 사용할 때 저감되는 소음의 종류는? [22-2]

① 고체음

② 기계적 발생음

③ 전자적 발생 소음

④ 공기음(air-borne sound)

[해설] 소음기는 공기음을 흡수하여 소리 에너지를 열로 바꿔 소음을 저감시키는 것이다.

3. 시정수 τ의 정의로 옳은 것은? [22-2]

① 출력이 최종값의 50%가 되기까지의 시간

② 출력이 최종값의 63%가 되기까지의 시간

③ 출력이 최종값의 90%가 되기까지의 시간

④ 출력이 최종값의 10%에서 90%까지의 경과 시간

[해설] 시정수(time constant) : 물리량이 시간에 대해 지수 관수적으로 변화하여 정상치에 달하는 경우, 양이 정상치의 63.2%에 달할 때까지의 시간

4. 측정 대상에 제한 없이 기체·액체를 측정할 수 있으며, 유체의 조성, 밀도, 온도, 압력 등의 영향을 받지 않고 유량에 비례한 주파수로 체적 유량을 측정할 수 있는 유량계는? [18-2, 22-2]

① 면적식 유량계

② 와류식 유량계

③ 용적식 유량계

④ 터빈식 유량계

[해설] 와류식 유량계(vortex flow meter)는 측정 대상에 제한 없이 기체·액체의 어느 것도 측정할 수 있으며, 유체의 조성·밀도·온도·압력 등의 영향을 받지 않고 유량에 비례한 주파수로서 체적 유량을 측정할 수 있다. 그러나 공통적으로 깨끗한 유체가 바람직하므로 필요에 따라 스트레이너 설치 등의 배려가 필요하다.

5. 소음과 관련된 용어에 대한 설명으로 틀린 것은? [22-2]

부록

① 음파 : 공기 등의 매질을 전파하는 소밀파

② 파면 : 파동의 위상이 같은 점들을 연결한 면

③ 파동 : 매질의 변형 운동으로 이루어지는 에너지 전달

④ 음의 회절 : 음파가 한 매질에서 타 매질로 통과할 때 구부러지는 현상

해설 • 음의 회절 : 장애물 뒤쪽으로 음이 전파되는 현상

• 음의 굴절 : 음파가 한 매질에서 타 매질로 통과할 때 구부러지는 현상

6. 주파수가 50Hz, 100Hz인 다음 두 개의 파동이 중첩되면 나타나는 파동은? (단, 두 파형의 진폭은 같다.) [09-4, 22-2]

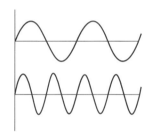

①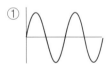

②

③

④

7. 오일 분석법의 종류가 아닌 것은? [22-2]

① 회전 전극법   ② 원자 흡광법

③ 저주파 흡광법   ④ 페로그래피법

해설 오일 분석법

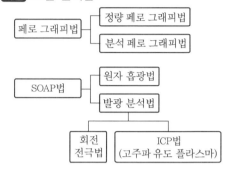

8. 차압 기구인 오리피스에서 차압을 뽑아내는 방식이 아닌 것은? [17-2, 22-2]

① 코너 탭   ② 축류 탭

③ 플랜지 탭   ④ 벤투리 탭

해설 차압 유량계에서 차압을 뽑아내는 방식에는 3종류로, 코너 탭(corner tap), 플랜지 탭(flange tap), 축류 탭(veneer contracts tap)이 있다.

9. 다음 중 가동 코일형 속도 센서의 측정 원리는? [22-2]

① 연속의 법칙

② 피켓 펜스 법칙

③ 질량 보존의 법칙

④ 패러데이의 전자 유도 법칙

해설 영구 자석형은 가동 코일형으로 이 속도 센서의 측정 원리는 Faraday's의 전자 유도 법칙을 이용한 것이다.

10. 소음 방지 방법의 3가지 기본 방법이 아닌 것은? [22-2]

① 차음   ② 흡음

③ 소음기   ④ 진동 전이

정답 ● 6. ② 7. ③ 8. ④ 9. ④ 10. ④

해설 소음 방지 방법 : 흡음, 차음, 소음기, 진동 차단, 진동 댐핑

11. 다음 중 동적 배율에 관한 설명으로 틀린 것은? [14-4, 22-2]
① 고무의 동적 배율은 1 이상이다.
② 고무의 영률이 커질수록 동적 배율은 작아진다.
③ 동적 스프링 정수가 커질수록 동적 배율은 커진다.
④ 정적 스프링 정수가 커질수록 동적 배율은 작아진다.

해설 동적 배율이란 동적 강성에 대한 정적 강성의 비율로 동적 배율 = $\dfrac{\text{동적 강성}}{\text{정적 강성}}$ 이며, 금속 스프링은 1, 천연고무는 1.2, 합성고무는 1.4~1.8이다.

12. 압전형 가속도 센서의 특징으로 틀린 것은 어느 것인가? [18-2, 22-2]
① 소형으로 가볍다.
② 사용 용도 범위가 넓다.
③ 주파수 범위는 광대역이다.
④ 저감도이므로 센서를 손으로 고정하여 사용한다.

해설 매우 고감도이므로 손으로 고정할 수 없다.

13. 다음 정현파에서 a, b, c, d 중 의미가 틀린 것은? [22-2]

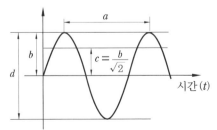

① a : 주기

② b : 편진폭
③ c : 진폭의 평균값
④ d : 양진폭

해설 c : 진폭의 실횻값

진폭의 평균값 = $\dfrac{2b}{\pi}$

14. 그림과 같이 스프링을 설치하였을 경우 합성 스프링 상수 k를 구하는 식으로 옳은 것은? (단, k_1과 k_2는 각각의 스프링 상수이다.) [15-4, 18-2, 22-2]

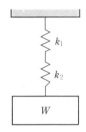

① $k = k_1 + k_2$ ② $k = k_1 \times k_2$
③ $k = \dfrac{1}{k_1 + k_2}$ ④ $k = \dfrac{1}{\dfrac{1}{k_1} + \dfrac{1}{k_2}}$

해설 • 병렬 : $k = k_1 + k_2$
• 직렬 : $k = \dfrac{1}{\dfrac{1}{k_1} + \dfrac{1}{k_2}}$

15. 다음 중 발음원이 이동할 때 원래 발음원보다 그 진행 방향 쪽에서는 고음으로, 진행 방향 반대쪽에서는 저음으로 되는 현상은? [06-4, 17-4, 22-1, 22-2]
① 도플러(Doppler) 효과
② 마스킹(masking) 효과
③ 호이겐스(Huygens) 효과
④ 음의 간섭(interference) 효과

해설 도플러 효과 : 음원이 이동할 경우 음원이 이동하는 방향 쪽에서는 원래 음보다 고주파 음(고음)으로 들리고, 음이 이동하

는 반대쪽에서는 저주파 음(저음)으로 들리는 현상을 도플러 효과라 한다. 도플러 효과로 인해 파원이 다가오는 경우 주파수가 높아지는 것을 느낄 수 있다.

16. 다음 중 기계 진동의 크기 또는 양을 평가하는 데 사용되는 측정 변수가 아닌 것은 무엇인가? [22-2]
① 무게   ② 변위
③ 속도   ④ 가속도

해설 진동 측정에 중요한 진동계의 3요소는 진폭, 주파수, 위상이며, 진폭은 변위, 속도, 가속도의 3가지 파라미터로 표현한다.

17. 표면에 열린 결함만을 검출할 수 있는 비파괴 검사는? [22-2]
① 자분 탐상 검사
② 침투 탐상 검사
③ 방사선 투과 검사
④ 초음파 탐상 검사

해설 침투 탐상 검사(penetrant testing) : 금속, 비금속에 적용하여 표면의 개구 결함을 검출한다.

18. 다음 중 광전 센서의 특징으로 틀린 것은 어느 것인가? [22-2]
① 검출 거리가 짧다.
② 응답 속도가 빠르다.
③ 비접촉으로 검출할 수 있다.
④ 분해능이 높은 검출이 가능하다.

해설 광센서는 비접촉식으로 거의 모든 물체를 먼 거리에서도 빠른 응답 속도로 검출할 수 있고, 진동, 자기의 영향이 적고, 광파이버로 이용할 경우에는 접근하기 어려운 위치나 미세한 물체도 분해능이 높게 검출할 수 있다. 그러나 발광부나 수광부에 유리나 렌즈 등을 사용하여 기름이나 먼지 등에 의해 이들의 표면이 10%만 흐

려도 감도가 약 1/3 정도 감소되며, 외부의 강한 빛에 의한 오동작도 발생된다.

19. 구면(형)파(spherical wave)에 대한 설명으로 옳은 것은? [22-2]
① 음파의 진행 반대 방향으로 에너지를 전송하는 파이다.
② 음파의 파면들이 서로 평행한 파에 의해 발생하는 파이다.
③ 음원에서 모든 방향으로 동일한 에너지를 방출할 때 발생하는 파이다.
④ 둘 또는 그 이상 음파의 구조적 간섭에 의해 시간적으로 일정하게 음압의 최고와 최저가 반복되는 패턴의 파이다.

해설 ②는 평면파, ④는 정재파

20. 와류 탐상 검사의 장점에 해당하지 않는 것은? [22-2]
① 검사를 자동화할 수 있다.
② 비접촉법으로 할 수 있다.
③ 검사체의 도금 두께 측정이 가능하다.
④ 형상이 복잡한 것도 쉽게 검사할 수 있다.

2과목 설비 관리

21. TPM의 우선순위 활동인 자주 보전의 효과 측정을 위한 방법에 해당되지 않는 것은 어느 것인가? [22-2]
① 기준서 작성 현황 파악
② MTBF(평균 가동 시간)의 연장
③ OPL(one point lesson) 작성 현황 확인
④ FMCEA(고장 유형, 영향 및 심각도 분석)

22. 설비의 보전성에서 수리율을 나타내는 것은? [22-2]

① MTTR
② MTBF
③ $\dfrac{1}{\text{MTTR}}$
④ $\dfrac{1}{\text{MTBF}}$

해설 MTTR $= \dfrac{1}{\mu}$

23. 다음 윤활 방식 중 비순환 급유 방법이 아닌 것은? [14-2, 16-2, 22-2]
① 손 급유법
② 유욕 급유법
③ 적하 급유법
④ 사이펀 급유법

해설 • 비순환 급유법 : 손 급유법, 적하 급유법, 가시 부상 유적 급유법 등
• 순환 급유법 : 패드 급유법, 체인 급유법, 유륜식 급유법, 유욕 급유법 등

24. 설비의 경제성을 평가하기 위한 방법으로 옳지 않은 것은? [22-2]
① 자본 회수법
② MAPI 방식
③ MTTR 방식
④ 연평균 비교법

해설 MTTR : 평균 수리 시간

25. 공기 압축기의 윤활 관리에 대한 설명으로 틀린 것은? [22-2]
① 터보형 공기 압축기에서는 내부 윤활이 필요하다.
② 회전식 압축기에서는 로터나 베인에서 윤활 작용을 한다.
③ 왕복식 압축기에서는 ISO VG 68 터빈유를 사용한다.
④ 왕복식 압축기에서는 실린더 라이너와 피스턴 링에서 감마 작용을 한다.

해설 터보형 공기 압축기는 원심형으로 마모나 마찰 손실이 적어 내부 윤활이 필요하지 않는다.

26. 다음 중 윤활유 급유법 중 기계의 운동부가 기름 탱크 내의 유면에 미소하게 접촉하면 기름의 미립자 또는 분무 상태로 기름 단지에서 떨어져 마찰면에 튀겨 급유하는 것은? [17-2, 22-2]
① 패드 급유법
② 비말 급유법
③ 그리스 급유법
④ 사이펀 급유법

27. 다음 중 품질 보전의 전개 순서를 가장 바르게 나열한 것은? [22-2]

ㄱ. 표준화   ㄴ. 목표 설정
ㄷ. 요인 해석   ㄹ. 현상 분석
ㅁ. 검토 및 실시

① ㄴ → ㄹ → ㄷ → ㄱ → ㅁ
② ㄴ → ㄹ → ㄷ → ㅁ → ㄱ
③ ㄹ → ㄴ → ㄷ → ㅁ → ㄱ
④ ㄹ → ㄷ → ㄴ → ㄱ → ㅁ

해설 품질 보전의 전개 순서 : 현상 분석 → 목표 설정 → 요인 해석 → 검토 → 실시 → 결과 확인 → 표준화

28. 유압 작동유에 필요한 성질이 아닌 것은 어느 것인가? [19-1, 22-2]
① 산화 안정성이 좋아야 한다.
② 마모 방지성이 좋아야 한다.
③ 부식 방지성 및 방청성을 가져야 한다.
④ 온도 변화에 따른 점도의 변화가 커야 한다.

해설 점도는 적당하여야 하고, 점도 지수는 커야 한다.

29. 다음 중 신뢰성의 평가 척도로 가장 적절하지 않은 것은? [22-2]
① 고장률

② LT(lead time)

③ MTTF(mean time to failure)

④ MTBF(mean time betwean failure)

해설 • MTTF : 평균 고장 시간
• MTBF : 평균 고장 간격

30. 설비 배치의 형태에 관한 설명 중 틀린 것은? [18-2, 22-2]

① 제품별 배치는 작업의 흐름 판별이 용이하다.

② 기능별 설비 배치는 소품종 대량 생산의 경우에 알맞은 배치 형식이다.

③ 총체적 설비 배치 계획은 공장 입지 선정, 건물 배치 계획, 부서 배치 계획 및 설비 배치 계획 단계로 실시된다.

④ GT셀(group technology cell)은 여러 종류의 기계에 그룹에 속하는 대부분의 부품 가공을 할 수 있는 경우의 설비 배치이다.

해설 기능별 설비 배치는 다품종 소량 생산 배치 형식이다.

31. 그리스의 시험 방법 중 그리스의 장기간 보존 시 기유와 증주제의 분리 정도를 알기 위한 것은? [13-4, 17-2, 22-2]

① 적점 측정

② 누설도 측정

③ 이유도 측정

④ 산화 안정도 측정

해설 • 적점 : 그리스의 온도가 상승하여 반고체 상태에서 액체 상태로 변하게 되는 최초 온도로서 내열성의 판단 기준이 된다.
• 누설도 : 베어링에서 그리스가 외부로 유실되는 점도이다.
• 산화 안정도 : 외적 요인에 의해 산화되려는 것을 억제하는 성질, 비금속 증주제를 사용하는 그리스가 금속 증주제보다 산화 안정성이 뛰어나다.

32. 다음과 같이 공업용 윤활유에 표시된 "VG"의 의미는? [22-2]

ISO VG 46

① 비중 등급   ② 주도 등급

③ 점도 한계   ④ 점도 등급

해설 점도 등급은 ISO VG(ISO Viscosity Grade)이다.

33. 다음 중 벤투리 원리를 이용한 윤활 방식은? [22-2]

① 분무 급유법

② 원심 급유법

③ 칼라 급유법

④ 비말 급유법

34. 윤활유의 열화 방법 중 간이 측정에 의한 방법이 아닌 것은? [22-2]

① 냄새를 맡아보고 판단한다.

② 손으로 기름을 찍어 보고 점도의 대소를 판단한다.

③ 사용유의 대표적 시료를 채취하여 성상을 조사한다.

④ 기름을 소량의 증류수로 씻어낸 수분을 취하여 리트머스 시험지를 적셔 산성 여부를 판단한다.

해설 윤활유의 성상에 대한 분석은 직접 판별법에 속한다.

35. 윤활 기술자가 라인적 조직 관계가 있는 경우, 윤활 기술자의 직무로 가장 거리가 먼 것은? [06-4, 14-4, 22-2]

① 구매 경비의 절약

② 윤활 관계의 개선 시험

③ 급유 장치의 보수와 설치

④ 사용 윤활유의 선정 및 품질 관리

정답 • 30. ② 31. ③ 32. ④ 33. ① 34. ③ 35. ①

36. 종합적 생산 보전(TPM)에서 개별 설비의 종합적인 이용 효율을 나타내는 지수인 설비의 종합 이용 효율 계산하는 데 필요한 항목이 아닌 것은? [22-2]
① 양품률　　　② 노동 효율
③ 시간 가동률　④ 성능 가동률

해설 종합 효율=시간 가동률×성능 가동률 ×양품률

37. 다음 중 윤활제의 첨가제 중 산화에 의하여 금속 표면에 붙어있는 슬러지나 탄소 성분을 녹여 기름 중의 미세한 입자 상태로 분산시켜 내부를 깨끗이 유지하는 역할을 하는 것은? [22-2]
① 소포제
② 청정 분산제
③ 유성 향상제
④ 유동점 강하제

해설 청정 분산제 : 슬러지 등이 오일 중에 침전되지 않도록 분산시켜 엔진 내부를 깨끗하게 하고, 발생되는 산을 중화시켜 부식 마모가 일어나지 않도록 하는 첨가제이다.

38. 설비의 라이프 사이클에 걸쳐 설비 자체의 비용, 보전비, 유지비 및 설비 열화 손실과의 합계를 낮춰 기업의 생산성을 높일 수 있도록 하는 보전은? [22-2]
① 개량 보전　　② 사후 보전
③ 생산 보전　　④ 예방 보전

해설 생산 보전 : 생산성이 높은 보전, 즉 최경제 보전

39. 공사를 완급도에 따라 구분할 때 구두 연락으로 즉시 착공하고, 착공 후 전표를 제출하는 공사는? [18-4, 22-2]

① 예비 공사　　② 긴급 공사
③ 준급 공사　　④ 계획 공사

해설 긴급 공사 : 즉시 착수해야 할 공사로 구두 연락으로 즉시 착공하고, 착공 후 전표를 낸다. 여력표에 남기지 않는다.

40. 다음 중 연소 관리 중 연소의 합리화를 위해서는 연소율을 적당히 유지하는 것이 필요하다. 부하가 과대한 경우의 대책으로 틀린 것은? [18-4, 22-2]
① 연소 방식을 개량한다.
② 이용할 노상 면적을 작게 한다.
③ 연도를 개조하여 통풍이 잘되게 한다.
④ 연료의 품질 및 성질이 양호한 것을 사용한다.

해설 부하가 과대한 경우의 대책
㉠ 연료의 품질 및 성질이 양호한 것을 사용한다.
㉡ 연도를 개조하여 통풍이 잘되게 한다.
㉢ 연소 방식을 개량한다.
㉣ 연소실의 증대를 꾀한다.

3과목 기계 일반 및 기계 보전

41. 다음 메커니컬 실의 종류 중 스터핑 박스의 내측에 회전 링을 설치하는 밀봉으로 유체의 누설 압력이 실의 외부에서 내부로 작용하며, 내류형이라고도 하는 것은 어느 것인가? [19-1, 22-2]
① 더블형
② 탠덤형
③ 인사이드형
④ 아웃사이드형

해설 인사이드형(inside type) : 스터핑 박스의 내측에 회전 링을 설치하는 밀봉으로 유체의 누설 압력이 실의 외부에서 내부로

정답 **36.** ② **37.** ② **38.** ③ **39.** ② **40.** ② **41.** ③

작용하며, 내류형이라고도 한다.

42. 다음 중 테르밋 용접법의 특징으로 옳은 것은? [11-4, 16-2, 22-2]
① 전기가 필요하다.
② 용접 작업 후의 변형이 작다.
③ 용접 작업의 과정이 복잡하다.
④ 용접용 기구가 복잡하여 이동이 어렵다.

해설 테르밋 용접은 열원을 외부에서 가하는 것이 아니라 테르밋 반응에 의해 생기는 열을 이용한다.

43. 축 고장 시 설계 불량의 직접 원인으로 거리가 가장 먼 것은? [15-4, 18-4, 22-2]
① 재질 불량
② 치수 강도 부족
③ 끼워 맞춤 불량
④ 형상 구조 불량

해설 끼워 맞춤 불량은 조립, 정비 불량의 직접 원인이다.

44. 볼 · 너트의 풀림을 방지하는 방법 중 와셔를 굽히거나, 구멍을 만들어 그곳에 끼운 후 고정하는 방법은? [22-2]
① 폴 와셔에 의한 방법
② 스프링 와셔에 의한 방법
③ 이붙이 와셔에 의한 방법
④ 혀붙이 와셔에 의한 방법

해설 폴 와셔(pawl washer) : 폴이 붙은 와셔. 너트(nut)의 이완(弛緩)을 방지하는 것이다.

45. 다음 중 관이음의 종류 중 신축 이음에 사용하는 이음쇠의 형태가 아닌 것은 어느 것인가? [06-4, 19-4, 22-2]
① 루프형

② 파형관형
③ 미끄럼형
④ 유니언형

해설 유니언 조인트 : 중간에 있는 유니언 너트를 돌려서 자유로 착탈하는 이음쇠로 양측에 있는 유니언 나사와 유니언 플랜지 사이에 패킹을 끼워서 기밀을 유지한다.

46. 고장의 유무에 관계없이 급유, 점검, 청소 등 점검표(check list)에 의해 설비를 유지 관리하는 보전 활동은? [22-2]
① 정기 보전
② 일상 보전
③ 재생 보전
④ 순회 보전

해설 열화 방지, 열화 측정, 열화 회복은 일상점검이다.

47. 다음 중 선반 가공에서 발생하는 구성인선을 방지하기 위한 방법으로 틀린 것은 어느 것인가? [17-4, 22-2]
① 절삭 깊이를 적게 한다.
② 절삭 속도를 느리게 한다.
③ 공구의 경사각을 크게 한다.
④ 윤활성이 좋은 절삭 유제를 사용한다.

해설 공작 기계의 회전 속도가 낮을 경우 이송을 크게 해야 구성인선 발생이 억제된다.

48. 공기 중에 액체 상태를 유지하고, 공기가 차단되면 중합이 촉진되어 경화, 접착되는 것으로 진동이 있는 차량, 항공기, 동력기 등의 체결용 요소 풀림과 누설 방지를 위한 접착제는? [22-2]
① 액상 개스킷
② 혐기성 접착제

③ 열 용융형 접착제

④ 금속 구조용 접착제

[해설] 혐기성 접착제 : 산소의 존재에 의해 경화가 억제되고 산소가 차단되면 경화하는 접착제로 진동이 있는 차량, 항공기, 동력기 등의 풀림 방지 및 가스, 액체의 누설 방지를 위해 사용된다. 침투성이 좋고 경화할 때에 감량되지 않으며 일단 경화되면 유류, 약품 종류, 각종 가스, 소금물, 유기 용제에 대하여 내성이 우수하고 반영구적으로 노화되지 않는다.

49. 게이트 밸브라고도 하며 유체의 흐름에 대하여 수직으로 개폐하여 보통 전개, 전폐로 사용하는 밸브는? [06-4, 18-1, 22-2]

① 앵글 밸브　　② 체크 밸브

③ 글로브 밸브　④ 슬루스 밸브

[해설] 슬루스 밸브 : 전개, 전폐용으로 사용한다.

50. 기어 제도의 도시 방법 중 선의 사용 방법이 틀린 것은? [22-2]

① 피치원은 가는 실선으로 표시한다.

② 이골원은 가는 실선으로 표시한다.

③ 잇봉우리원은 굵은 실선으로 표시한다.

④ 잇줄 방향은 통상 3개의 가는 실선으로 표시한다.

[해설] 피치원은 가는 일점 쇄선으로 표시한다.

51. 큰 구멍의 다듬질에 사용되며 날과 자루가 별도로 되어 있어 조립하여 사용하는 리머는? [17-2, 22-2]

① 셀(shell) 리머

② 브리지(bridge) 리머

③ 팽창(expansion) 리머

④ 조정(adjustable) 리머

[해설] 셀 리머는 자루를 끼워서 사용하며, 큰 구멍의 다듬질용으로 쓰인다.

52. 다음 통풍기 및 송풍기의 분류 중 용적형은 어느 것인가? [14-2, 18-1, 22-2]

① 터보 팬

② 다익 팬

③ 루트 블로어

④ 축류 블로어

53. 산업안전보건법령상 산업 재해를 방지하기 위하여 필요한 조치를 해야 하는 자가 아닌 것은?

① 기구를 제조하는 자

② 기계를 수입하는 자

③ 원재료를 판매하는 자

④ 건설물을 발주하는 자

[해설] 사업주 등의 의무 : 다음에 해당하는 자는 발주·설계·제조·수입 또는 건설에 사용되는 물건으로 인하여 발생하는 산업 재해를 방지하기 위하여 필요한 조치를 하여야 한다.

 • 기계·기구와 그 밖의 설비를 설계·제조 또는 수입하는 자

 • 원재료 등을 제조·수입하는 자

 • 건설물을 발주·설계·건설하는 자

54. 무단 변속기에 대한 설명으로 틀린 것은 어느 것인가? [18-4, 22-2]

① 체인식 무단 변속기의 변속 조작은 회전 중이 아니면 할 수 없다.

② 벨트식 무단 변속기는 유욕식이 아니므로 윤활 불량을 일으키기 쉽다.

③ 마찰 바퀴식 무단 변속기의 변속 조작은 반드시 정지 중에 해야 한다.

④ 체인식 무단 변속기는 보통 사용 상태에서 일반적으로는 1000~1500시간마

부록

다 오픈하여 체인의 느슨함을 체크하여야 한다.

해설 무단 변속기의 변속 조작은 반드시 운전 중에 해야 한다.

55. 다음은 중대 재해에 관련된 내용이다. 괄호에 알맞은 내용은?

> (㉠)개월 이상의 요양이 필요한 부상자가 동시에 (㉡)명 이상 발생한 재해를 중대 재해라 한다.

① ㉠ 1, ㉡ 1
② ㉠ 2, ㉡ 2
③ ㉠ 3, ㉡ 2
④ ㉠ 3, ㉡ 3

해설 중대 재해의 범위
㉠ 사망자가 1명 이상 발생한 재해
㉡ 3개월 이상의 요양이 필요한 부상자가 동시에 2명 이상 발생한 재해
㉢ 부상자 또는 직업성 질병자가 동시에 10명 이상 발생한 재해

56. CNC 공작 기계 서보 기구의 제어 방식이 아닌 것은? [22-2]
① hybrid control system
② open-loop control system
③ closed-loop control system
④ semi open-loop control system

57. 일반적인 V벨트 전동 장치의 특징으로 틀린 것은? [19-4, 22-2]
① 이음매가 없어 운전이 정숙하다.
② 지름이 작은 풀리에도 사용할 수 있다.
③ 홈의 양면에 밀착되므로 마찰력이 평벨트보다 크다.
④ 설치 면적이 넓으므로 축간 거리가 짧은 경우에는 적합하지 않다.

해설 평벨트에 비해 설치 면적이 작고, 축간 거리가 짧다.

58. 원심 펌프의 임펠러에 의해 유체에 가해진 속도 에너지를 압력 에너지로 변환되도록 하고 유체의 통로를 형성해 주는 역할을 하는 일종의 압력 용기는? [18-4, 22-2]
① 웨어링
② 케이싱
③ 안내 깃
④ 스터핑 박스

해설 케이싱 : 임펠러에 의해 유체에 가해진 속도 에너지를 압력 에너지로 변환되도록 하고 유체의 통로를 형성해 주는 역할을 하는 일종의 압력 용기로 벌류트(volute) 케이싱과 볼(bowl) 케이싱으로 크게 분류한다.

59. 차량에 중량물을 적재하던 중 결속을 위하여 고무 로프를 당기던 고무 로프가 파단되어 그 파편에 작업자가 상해를 입은 경우 가해물과 기인물이 맞게 연결된 것은?
① 기인물 - 고무 로프, 가해물 - 파편
② 기인물 - 파편, 가해물 - 고무 로프
③ 기인물 - 차량, 가해물 - 고무 로프
④ 기인물 - 중량물, 가해물 - 고무 로프

해설 차량 적재 작업 과정에서 적재된 중량물의 결속을 위하여 고무 로프를 당기던 중 고무 로프가 파단되어 재해가 발생된 경우에는 고무 로프를 기인물로 한다.

60. 담금질하여 경화된 강을 변태가 일어나지 않는 A₁점(온도) 이하에서 가열한 후 서랭 또는 공랭하는 열처리 방법으로 재료에 인성을 부여하는 작업으로 가장 적합한 것은? [22-2]
① 뜨임
② 불림
③ 풀림
④ 질화

해설 뜨임(tempering) : 담금질된 강을 A_1 변태점 이하로 가열한 후 냉각시켜 담금질로 인한 취성을 제거하고 강도를 떨어뜨려 강인성을 증가시키기 위한 열처리법이다.

61. 관성으로 인한 충격으로 실린더가 손상되는 것을 방지하기 위해 쿠션 장치가 내장된 공기압 실린더에 부착하여 함께 사용하면 쿠션 효과가 감소되는 것은? [22-2]
① 급속 배기 밸브
② 압력 조절 밸브
③ 교축 릴리프 밸브
④ 파일럿 체크 밸브

해설 쿠션 장치는 실린더 끝단의 속도를 감속시키는 장치이고, 급속 배기 밸브는 실린더의 속도를 증속시키는 요소이므로 서로 상반되는 기능을 갖는 것이다.

62. SI 단위계에서 압력을 나타내는 기호는 어느 것인가? [19-1, 22-2]
① 줄(J)
② 뉴턴(N)
③ 와트(W)
④ 파스칼(Pa)

63. 두 개의 입구와 한 개의 출구가 있는 밸브로 두 개의 입구에 압력이 모두 작용해야 출력이 발생하는 밸브는? [08-4, 22-2]
① 스톱(stop) 밸브
② 체크(check) 밸브
③ 2압(two pressure) 밸브
④ 급속 배기(quick exhaust) 밸브

해설 2압 밸브 : AND 요소로서 두 개의 입구 X와 Y 두 곳에 동시에 공압이 공급되어야 하나의 출구 A에 압축 공기가 흐르고, 압력 신호가 동시에 작용하지 않으면 늦게 들어온 신호가 A 출구로 나가며, 두 개의 신호가 다른 압력일 경우 작은 압력 쪽의 공기가 출구 A로 나가게 되어, 안전 제어, 검사 등에 사용된다.

64. 유체의 성질에 관한 설명으로 옳지 않은 것은? [22-2]
① 밀도는 단위체적당 유체의 질량이다.
② 비중량은 단위체적당 유체의 중량이다.
③ 비체적은 단위체적당 유체의 중량이다.
④ 비중은 물체의 물과 같은 체적을 갖는 다른 물질과의 비중량 또는 밀도와의 비이다

해설 비체적은 단위질량당 체적이다.

65. 롤러 체인 free flow 컨베이어형 자동 조립 라인에서 팔레트가 작업 위치에 인입되어도 스토퍼 실린더가 상승하지 않아서 팔레트의 흐름을 정지시키지 못하고 있을 때 트러블 원인은? [14-2, 22-2]
① 컨베이어의 이송 속도를 제어하는 인버터의 고장으로 이송 속도가 제어되지 않는다.
② 롤러 체인의 틈새로 스크루 볼트가 박혀서 체인 구동 모터가 과부하 트립되고 있다.
③ 스토퍼 실린더를 구동하는 솔레노이드 밸브의 코일이 소손되어 밸브가 절환되지 않는다.
④ 제어반 내 PLC CPU의 운전 Key S/W를 RUN 모드가 아닌 STOP 모드에 두어, PLC가 정지되었다.

해설 스토퍼 실린더가 상승하지 않는 이유는 솔레노이드 밸브의 이상에 원인이 있다. 컨베이어가 구동이 되지 않거나 PLC가 STOP 모드이면 팔레트는 이송이 불가능하고, 컨베이어의 이송 속도가 빠르고 높음과 스토퍼 실린더는 관계가 없다.

66. 전기 제어 회로에서 릴레이 접점을 통해

자신의 릴레이 코일에 전기 신호를 계속 흐르게 하여 릴레이 코일의 여자 상태가 지속되게 하는 회로는? [22-2]

① 동조 회로
② 비동기 회로
③ 인터로크 회로
④ 자기 유지 회로

67. 다음 중 유압 시스템의 특징으로 옳은 것은? [22-2]

① 무단 변속이 가능하다.
② 원격 조작이 불가능하다.
③ 온도의 변화에 둔감하다.
④ 고압에서도 누유의 위험이 없다.

해설 유압은 무단 변속이 가능하고, 원격 조작도 가능하나 온도 변화에 예민하고, 누유 및 화재 폭발의 위험이 있다.

68. 다음 회로에 관한 설명으로 옳은 것은 어느 것인가? [12-4, 18-2, 22-2]

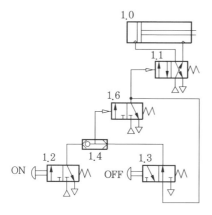

① 1.3 밸브를 누르면 1.0 실린더가 전진하고, 1.2 밸브를 누르면 1.0 실린더가 후진한다.
② 1.2 밸브와 1.3 밸브를 동시에 동작시켜야 실린더가 전진하고, 두 밸브를 동시에 놓아야 즉시 후진한다.

③ 1.2 밸브와 1.3 밸브를 동시에 동작시켜야 실린더가 전진하고, 두 밸브 중 하나를 놓으면 즉시 후진한다.
④ 1.2 밸브를 누르면 1.0 실린더가 전진하고, 1.2 밸브를 놓아도 계속 전진하며 1.3 밸브를 누르면 1.0 실린더가 후진하고, 1.3 밸브를 놓아도 계속 후진한다.

해설 순수 공압의 자기 유지 회로이다.

69. 다음 중 유압 펌프에 관한 설명으로 옳은 것은? [22-2]

① 기어 펌프는 외접식과 내접식이 있으며 가변 용량형 펌프이다.
② 유압 펌프는 유압 에너지를 기계적 에너지로 변환시켜주는 장치이다.
③ 유압 펌프에서 내부 누유가 많이 발생할수록 용적 효율은 감소한다.
④ 베인 펌프는 기어 펌프나 피스톤 펌프에 비해 토출 압력의 맥동이 크며, 고정 용량형만 있다.

해설 유압 펌프는 모터나 내연 기관 등의 기계적 에너지를 유압 에너지로 변환시켜주는 장치이다. 용적 효율(체력 효율)은 실제 토출 유량을 이론 토출 유량으로 나눈 값이므로 내부 누유가 많아지면 실제 토출 유량이 감소하여 용적 효율은 감소된다. 기어 펌프는 구조상 고정 용량형 펌프이며, 베인 펌프는 맥동이 거의 없으며, 고정형과 가변 용량형이 있다.

70. 전효율 80%, 토출 압력이 60bar, 토출 유량이 100L/min인 경우 펌프의 필요(소요) 출력은 몇 kW인가? [22-2]

① 10
② 12.5
④ 17.5
③ 20

해설 $L_p = \dfrac{PQ}{612 \times \eta} = \dfrac{60 \times 100}{612 \times 0.8} = 12.25\,\text{kW}$

71. 유압 실린더를 설치하는 방법으로 피스톤 로드의 중심선에 대하여 직각 방향으로 실린더 양측에 피벗(pivot)을 두어 지지하는 방식은? [22-2]
① 다리형(foot type)
② 플랜지형(flange type)
③ 클레비스형(clevis type)
④ 트러니언형(trunnion type)

72. 2개의 회전자를 서로 90° 위상으로 설치하여 회전자 간의 미소한 틈을 유지하고 역방향으로 회전시키는 공기 압축기는 어느 것인가? [22-2]
① 베인형
② 스크롤형
③ 스크루형
④ 루트 블로어형

73. 다음 중 실린더를 임의의 위치에서 고정시킬 수 있도록 밸브의 중립 위치에서 모든 포트를 막은 형식의 4/3way 밸브 종류는 어느 것인가? [08-4, 12-4, 22-2]
① 오픈 센터형
② 탠덤 센터형
③ 세미오픈 센터형
④ 클로즈드 센터형

해설 클로즈드 센터형(closed center type) 이 밸브는 중립 위치에서 모든 포트를 막는 형식으로 실린더를 임의의 위치에서 고정시킬 수가 있으나, 밸브의 전환을 급격하게 작동하면 서지압이 발생하므로 주의를 요한다.

74. 서로 이웃한 컴퓨터와 터미널을 연결시킨 네트워크 구성 형태이며, 통신 회선 장애가 있거나 하나의 제어기라도 고장이 있을 경우 모든 시스템이 정지될 수 있는 네트워크는? [08-4, 18-2, 22-2]
① 성형(star)
② 환형(ring)
③ 망형(mesh)
④ 트리형(tree)

75. 서보 모터(servo motor)의 전동기 및 제어 장치 구비 조건으로 적절하지 않은 것은 어느 것인가? [22-2]
① 유지 보수가 용이할 것
② 고속 운전에 내구성을 가질 것
③ 저속 영역에서 안전한 특성을 가질 것
④ 회전수 변동이 크고 토크 리플(torque ripple)이 클 것

해설 • 서보 모터
㉠ 응답성이 좋다.
㉡ 제어성이 좋고 정역 특성이 동일하다.
㉢ 빈번한 기동, 정지, 정역 변환 등이 가능하도록 견고하다.
㉣ 물체의 위치나 각도의 추적에 많이 이용한다.
㉤ 서보 모터는 서보 기구에서 조작부이다.
• 서보 모터의 구비 조건
㉠ 속도 응답성이 크고 대출력이며 과부하 내량이 우수할 것
㉡ 제어성이 좋을 것
㉢ 빈번한 시동, 정지, 제동, 역전 등의 운전이 연속적으로 이루어지더라도 기계적 강도가 크고, 내열성이 우수할 것
㉣ 시간 낭비가 적을 것
㉤ 기계적인 마찰이 작고, 전기적, 자기적으로 균일할 것
㉥ 정전과 역전의 특성이 같으며 모터의 특성 자체가 안정할 것
㉦ 부착 부위나 사용 환경에 충분히 적합할 수 있어야 하며 보수하기도

부록

용이해야 하지만 높은 신뢰도를 보장할 것

◎ 관성이 작고, 전기적, 기계 시간 상수가 작아야 하므로 회전자의 철심을 없앤 코어리스(coreless) 구조로 하여 회전자의 중량을 작게 하거나, 회전자의 지름을 작게 하고 축방향으로 길게 한 구조를 이용한다.

76. 제어 시스템에서 처리되는 정보 표시 형태에 따른 제어계가 아닌 것은? [22-2]

① 2진 제어계
② 디지털 제어계
③ 시퀀스 제어계
④ 아날로그 제어계

77. 위치 데이터를 서보 오프 상태에서 수동 조작하여 위치를 확인한 후 데이터를 입력하는 제어 방법은? [17-2, 18-1, 22-2]

① 서보 레디(servo ready)
② 직선 보간(linear interpolation)
③ 포인트 투 포인트(point to point)
④ 티칭 플레이 백(teaching play back)

해설 • 서보 레디(servo ready) : 전원 공급 후 컨트롤러가 이상 유무를 확인하기 전에 드라이버 측에서 컨트롤러로 보내는 준비 신호이다.
• 포인트 투 포인트(point to point) : 직각 좌표 상에서 두 축을 동시에 제어할 때 두 축이 한 점에서 다른 점까지 움직이는 데 있어서 궤적에 상관없이 중간점들이 지정되지 않는 채 제어하는 방식이다.

78. 축압기의 취급 상 주의 사항으로 적절하지 않은 것은? [22-2]

① 봉입 가스로 반드시 산소를 사용한다.
② 운반, 결합, 분리 등을 할 경우 반드시 봉입된 가스를 빼고 한다.
③ 축압기에 부속품 등을 용접하거나 가공, 구멍 뚫기 등을 해서는 안 된다.
④ 가스 봉입형은 작동유를 내용적의 10 정도 미리 넣은 다음 가스의 소정 압력으로 봉입한다.

해설 축압기의 봉입 가스는 질소를 사용한다.

79. 다음 중 자동화의 종류 중 다품종 생산을 위한 유연성 생산 시스템을 나타내는 용어는? [22-2]

① FA   ② CIM
③ FMS   ④ IMS

해설 FMS : 다양한 제품을 동시에 처리하고 높은 생산성 요구에 대응하는 생산 관리 시스템이다.

80. PLC(programmable logic controller)의 출력 인터페이스에 적합하지 않은 것은 어느 것인가? [18-2, 22-2]

① 램프(lamp)
② 버저(buzzer)
③ 리밋 스위치(limit switch)
④ 솔레노이드 밸브(solenoid valve)

해설 리밋 스위치는 입력 요소이다.

6회 CBT 대비 실전 문제

1과목 설비 진단 및 계측

1. 설비 진단 기술 도입의 일반적인 효과가 아닌 것은? [09-4, 16-2]
① 경향 관리를 실행함으로써 설비의 수명을 예측하는 것이 가능하다.
② 중요 설비, 부위를 상시 감시함에 따라 돌발적인 중대 고장 방지가 가능해진다.
③ 정밀 진단을 통해서 설비 관리가 이루어지므로 오버홀(overhaul)의 횟수가 증가하게 된다.
④ 점검원의 경험적인 기능과 진단 기기를 사용하면 보다 정량화 할 수 있어 누구라도 능숙하게 되면 설비의 이상 판단이 가능해진다.

해설 설비 진단 기술 중 고장이 정도를 정량화 할 수 있어 누구라도 능숙하게 되면 동일 레벨의 이상 판단이 가능해지며, 정밀 진단을 통해서 설비 관리가 이루어지므로 오버홀(overhaul)의 횟수가 감소하게 된다.

2. 다음 중 진동의 분류에서 외란이 가해진 후에 계가 스스로 진동하는 것은 [13-4]
① 자유 진동 ② 강제 진동
③ 감쇠 진동 ④ 선형 진동

3. 댐핑 처리를 하는 경우 효과가 적은 진동 시스템은? [15-4]
① 시스템이 고유 진동수를 변경하고자

하는 경우
② 시스템이 충격과 같은 힘에 의해서 진동되는 경우
③ 시스템이 많은 주파수 성분을 갖는 힘에 의해 강제 진동되는 경우
④ 시스템이 자체 고유 진동수에서 강제 진동을 하는 경우

해설 진동 시 고유 진동수에서 자유 진동이나 강제 진동이 생길 경우 진동값이 최대가 된다.

4. 다음 그림의 정현파 신호에서 (가), (나)의 명칭은? [17-4]

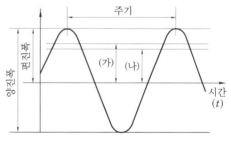

① 실횻값, 평균값 ② 실횻값, 최댓값
③ 최댓값, 평균값 ④ 평균값, 최댓값

해설 진동 에너지를 표현하는 데 적합한 것은 실횻값이며, 평균값은 진동량을 평균한 값으로 정현파의 경우 피크값의 2/π이다.

5. 다음 중 진동의 전달 경로 차단 방법과 가장 거리가 먼 것은? [15-2, 19-1]
① 진동 차단기 설치
② 기초(base)의 진동을 제어하는 방법

부록

③ 질량이 큰 경우 거더(girder)의 이용

④ 언밸런스(unbalance)의 양을 크게 하는 방법

해설 전달 경로 대책
㉠ 진동 차단기
㉡ 질량이 큰 경우 거더(girder)의 이용
㉢ 2단계 차단기의 사용
㉣ 기초(base)의 진동을 제어하는 방법

6. 다음 진동 센서 중 진동의 변위를 전기신호로 변환하여 진동을 검출하는 센서는 어느 것인가? [14-2]

① 와전류형　　② 동전형

③ 압전형　　④ 서보형

7. 회전기계에 발생하는 언밸런스(unbalance), 미스 얼라인먼트(misalignment) 등의 이상 현상을 검출할 수 있는 설비 진단 기법은 어느 것인가? [09]

① 진동법　　　② 페로그래피법

③ X선 투과법　　④ 원자흡광법

해설 설비 진단 기법에는 진동법, 오일 분석법, 응력법이 있다.

8. 다음 중 소음의 물리적 성질을 잘못 표현한 것은? [16-4, 19-2]

① 파면(wave front) : 파동의 높이가 같은 점들을 연결한 면

② 음선(sound ray) : 음의 진행 방향을 나타내는 선으로 파면에 수직

③ 음파(sound wave) : 공기 등의 매질을 전파하는 소밀파(압력파)

④ 파동(wave motion) : 음에너지의 전달이 매질의 변형운동으로 이루어지는 에너지 전달

해설 파면 : 파동의 위상이 같은 점들을 연결한 면

9. 재료의 흡음률을 나타내는 식으로 옳은 것은? [14-4]

① 흡음률 $= \dfrac{\text{입사 에너지}}{\text{흡수된 에너지}}$

② 흡음률 $= \dfrac{\text{흡수된 에너지}}{\text{입사 에너지}}$

③ 흡음률 $= \dfrac{\text{투과된 에너지}}{\text{입사 에너지}}$

④ 흡음률 $= \dfrac{\text{입사 에너지}}{\text{투과된 에너지}}$

10. 기류음은 난류음과 맥동음으로 나눌 수 있다. 다음 중 맥동음을 일으키는 것이 아닌 것은? [19-4]

① 압축기　　② 선풍기

③ 진공 펌프　　④ 엔진의 배기관

해설 • 난류음 : 선풍기, 송풍기 등의 소리
• 맥동음 : 압축기, 진공 펌프, 엔진의 배기관 등

11. 소음 방지 방법의 3가지 기본 방법이 아닌 것은? [22-2]

① 차음　　② 흡음

③ 소음기　　④ 진동 전이

해설 소음 방지 방법
㉠ 흡음 ㉡ 차음 ㉢ 소음기 ㉣ 진동 차단
㉤ 진동 댐핑

12. 소음계 사용에 관한 설명으로 틀린 것은? [20-4]

① 소음의 주파수 분석에는 옥타브 분석기가 활용된다.

② 측정 지점에 바람이 많으면, 바람마개(wind screen)를 부착한다.

③ 충격성 소음의 경우 소음계의 동특성을 slow 상태로 놓고 측정한다.

④ 측정 시 소음계에서 0.5m 이상 떨어져 측정자의 인체에서의 반사음을 고려해야 한다.

해설 충격성 소음의 경우 소음계의 동특성을 fast 상태로 놓고 측정한다.

13. 용접부의 검사법 중 비파괴 검사(시험)법에 해당되지 않는 것은?

① 외관 검사　　② 침투 검사
③ 화학 시험　　④ 방사선 투과 시험

해설 화학 시험은 파괴 시험으로 부식 시험 등을 한다.

14. 자기 검사(MT)에서 피검사물의 자화 방법이 아닌 것은?

① 코일법　　　② 극간법
③ 직각 통전법　④ 펄스 반사법

해설 자화 방법의 종류에는 축 통전법, 직각 통전법, 관통법, 코일법, 극간법 등이 있고, 펄스 반사법은 초음파 검사 방법이다.

15. 다음 열거하는 설비 결함을 가장 쉽게 발견할 수 있는 기기는? [09]

> 베어링 결함, 파이프 누설, 저장 탱크 틈새, 공기 누설, 왕복동 압축기 밸브 결함

① 초음파 측정기　② 진동 측정기
③ 윤활 분석기　　④ 소음 측정기

16. 초음파 탐상법의 종류에 속하지 않는 것은?

① 투과법　　　② 펄스 반사법
③ 공진법　　　④ 극간법

해설 초음파 탐상법의 종류에는 투과법, 펄스 반사법, 공진법 등이 사용된다.

17. 측정 물체와 비접촉 방식으로 온도를 측정하는 온도계는? [10, 18-1]

① 압력식 온도계　② 열전 온도계
③ 저항 온도계　　④ 방사 온도계

해설 액체 봉입 유리 온도계, 압력 온도계, 저항 온도계, 열전 온도계는 접촉식 온도계이고 광 고온계와 방사 온도계는 비접촉식 온도계이다.

18. 유체의 흐름 속에 날개가 있는 회전자를 설치하고, 유속에 따른 회전자의 회전수를 검출해서 유량을 구하는 것은 다음 중 어느 것인가? [07, 11, 14-4, 19-4]

① 와류식 유량계　② 터빈식 유량계
③ 전자식 유량계　④ 면적식 유량계

해설 터빈식 유량계 : 유체의 흐름 속에 날개가 있는 회전자(rotor)를 설치해 놓으면 유속에 거의 비례하는 속도로 회전한다. 그 회전수를 검출해서 유량을 구하는 유량계이다.

19. 비파괴 검사법과 시험 원리가 틀리게 짝지어진 것은?

① 방사선 투과 검사 – 투과성
② 와전류 탐상 검사 – 전자 유도 작용
③ 자분 탐상 검사 – 자분의 침투력
④ 초음파 탐상 검사 – 펄스 반사법

해설 자분 탐상 검사는 자속으로 결함을 검출한다.

20. 다음 중 옴의 법칙으로 맞는 것은 어느 것인가? [15-4, 18-4]

① 전류(I) = 전압(V) + 저항(R)
② 전압(V) = 전류(I) × 저항(R)
③ 저항(R) = 전압(V) × 전류(I)
④ 전류(I) = 전압(V) × 저항(R)

정답 　**13.** ③　**14.** ④　**15.** ①　**16.** ④　**17.** ④　**18.** ②　**19.** ③　**20.** ②

2과목 설비 관리

21. 시스템을 구성하는 기본적 요소로 ㈎에 들어갈 내용으로 적합한 것은?   [18-1]

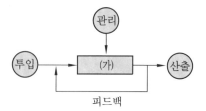

① 연산 기구   ② 제어 기구
③ 중앙 기구   ④ 처리 기구

22. 설비 프로젝트 분류 중 설비의 갱신이나 개조에 의한 경비 절감을 목적으로 하는 투자는?   [14-4, 16-2, 19-2, 21-2]
① 제품 투자   ② 확장 투자
③ 전략적 투자   ④ 합리적 투자

해설 •합리적 투자 : 설비의 갱신이나 개조에 의한 경비 절감을 목적으로 하는 프로젝트
•확장 투자 : 현 제품의 판매량 확대를 위한 프로젝트
•제품 투자 : 현재 제품에 대한 개량 투자와 신제품 개발 투자로 구분
•전략적 투자 : 위험 감소 투자와 후생 투자로 구분

23. 설비의 효율성을 결정짓는 하나의 속성으로서 "시스템이 어떤 특정 환경과 운전 조건 하에서 어느 주어진 시간 동안 명시된 특정 기능을 성공적으로 수행할 수 있는 확률"을 무엇이라고 하는가?   [06, 18-4]
① 고장도   ② 신뢰도
③ 보전도   ④ 시스템도

해설 신뢰성(reliability)이란 "어떤 특정 환경과 운전 조건 하에서 어느 주어진 시점 동안 명시된 특정 기능을 성공적으로 수행할 수 있는 확률"이다. 이것을 쉽게 말하면 '어제나 안심하고 사용할 수 있다.', '고장이 없다', '신뢰할 수 있다.'라는 것으로 이것을 양적으로 표현할 때는 신뢰도라고 한다.

24. 설비 성능 열화의 원인과 열화의 내용이 바르지 못한 것은?   [13-4, 17-2]
① 자연 열화 - 방치에 의한 녹 발생
② 노후 열화 - 방치에 의한 절연 저하 등 재질 노후화
③ 재해 열화 - 폭풍, 침수, 폭발에 의한 파괴 및 노후화 촉진
④ 사용 열화 - 취급, 반자동 등의 운전 조건 및 오조작에 의한 열화

해설 설비의 성능 열화에는 원인에 따라 크게 사용 열화, 자연 열화, 재해 열화가 있으며 절연 열화 등 재질 노후화는 자연 열화에 기인한다.

25. 설비 보전에 대한 효과로 볼 수 없는 것은?   [17-4]
① 보전비가 감소한다.
② 고장으로 인한 납기 지연이 적어진다.
③ 제작 불량이 적어지고 가동률이 향상된다.
④ 예비 설비의 필요성이 증가되어 자본 투자가 많아진다.

해설 설비 보전에 대한 효과 : 설비 고장으로 인한 정지 손실 감소(특히 연속 조업 공장에서는 이것에 의한 이익이 크다), 보전비 감소, 제작 불량 감소, 가동률 향상, 예비 설비의 필요성이 감소되어 자본 투자가 감소, 예비품 관리가 좋아져 재고품 감소, 제조 원가 절감, 종업원의 안전, 설비의 유지가 잘되어 보상비나 보험료 감소, 고장으로 인한 납기 지연 감소

26. 설비 대장에 구비해야 할 조건으로 가장 거리가 먼 것은? [16-2]
① 설비의 설치 장소
② 설비 구입자 및 설치자
③ 설비에 대한 개략적인 기능
④ 설비에 대한 개략적인 크기

해설 설비 대장 구비 조건
① 설비에 대한 개략적인 크기
② 설비에 대한 개략적인 기능
③ 설비의 입수 시기 및 가격
④ 설비의 설치 장소
⑤ 1품목 1매 원칙으로 설비 대장에 기입한다.

27. 소재를 가공해서 희망하는 형상으로 만드는 공작 작업에 사용되는 도구로서 주조, 단조, 절삭 등에 사용하는 것은? [19-1]
① 공구   ② 측정기
③ 검사구   ④ 안전 보호구

해설 공구 : 소재를 가공해서 희망하는 형상으로 만드는 공작 작업에 사용하는 도구를 공구라 하며, 주조, 단조, 용접, 절삭공구 등 각종 작업에 각각 전용적으로 쓰이는 공구가 있다.

28. TPM(Total Productive Maintenance)의 다섯 가지 활동이 아닌 것은 다음 중 어느 것인가? [11-4, 16-2]
① 설비의 효율화를 위한 개선 활동
② 자주적 대집단 활동을 통해 PM 추진
③ 최고 경영층부터 제일선까지 전원 참가
④ 설비에 관계하는 사람 모두 빠짐없이 활동

해설 자주적 소집단 활동을 통해 PM 추진

29. 만성 로스 개선으로 PM 분석의 특징으로 틀린 것은? [13-4]

① 원인에 대한 대책은 산발적 대책
② 현상 파악은 세분화하여 파악하므로 해석이 용이
③ 요인 발견 방법은 인과성을 밝혀 기능적으로 발췌
④ 원인 추구 방법은 물리적 관점에서 과학적 사고 방식

해설 PM 분석의 만성 로스 분석 방식은 투망식이다. 줄 낚시식은 특성 요인 분석 방식이다.

30. 자주 보전 전개 스텝 7단계 중 제6단계에 속하는 것은? [19-4]
① 자주 점검
② 자주 관리의 철저
③ 자주 보전의 시스템화
④ 발생원 곤란 개소

해설 자주 보전의 7단계 : 초기 청소 → 발생원 곤란 개소 대책 → 점검·급유 기준 작성 → 총점검 → 자주 점검 → 자주 보전의 시스템화 → 자주 관리의 철저

31. 다음 윤활 중 완전 윤활 또는 후막 윤활이라고도 하며, 가장 이상적인 유막에 의해 마찰면이 완전히 분리되는 것은 어느 것인가? [12-4, 19-2]
① 경계 윤활   ② 극압 윤활
③ 유체 윤활   ④ 혼합 윤활

해설 유체 윤활 : 완전 윤활 또는 후막 윤활이라고도 하며, 이것은 가장 이상적인 유막에 의해 마찰면이 완전히 분리되어 베어링 간극 중에서 균형을 이루게 된다. 이러한 상태는 잘 설계되고 적당한 하중, 속도, 그리고 충분한 상태가 유지되면 이때의 마찰은 윤활유의 점도에만 관계될 뿐 금속의 성질에는 거의 무관하여 마찰계수는 0.01~0.005로서 최저이다.

32. 다음은 윤활유의 기능 중 무엇에 대한 설명인가? [11-4]

> 실린더 내의 분사가스 누설을 방지하거나 외부로부터 물이나 먼지 등의 침입을 막아주는 작용

① 감마 작용 ② 밀봉 작용
③ 방청 작용 ④ 세정 작용

33. 다음 중 석유계 윤활유에 속하지 않는 것은? [19-2]
① 파라핀계 윤활유
② 동식물계 윤활유
③ 나프텐계 윤활유
④ 혼합계(파라핀+나프텐) 윤활유

해설 • 석유계 윤활유 : 파라핀계, 나프텐계 혼합 윤활유
• 비광유계 윤활유 : 동식물계, 합성 윤활유

34. 윤활유의 점도에 대한 설명으로 틀린 것은? [19-4]
① 동점도의 단위는 센티 스톡(cSt)이다.
② 액체가 유동할 때 나타나는 내부 저항이다.
③ 절대점도는 동점도를 밀도로 나눈 것이다.
④ 기계의 윤활 조건이 동일하다면 마찰열, 마찰손실, 기계효율을 좌우한다.

해설 동점도 $= \dfrac{\text{절대점도}}{\text{밀도}}$

35. 다음은 그리스 윤활과 오일 윤활의 특성을 비교한 내용이다. 옳지 않은 것은 어느 것인가? [19-2]
① 윤활제 누설은 오일 윤활에 비해 그리스 윤활이 많다.
② 냉각 효과는 오일 윤활에 비해 그리스

윤활이 좋지 않다.
③ 오염 방지는 오일 윤활에 비해 그리스 윤활이 용이하다.
④ 윤활제 교환은 그리스 윤활에 비해 오일 윤활이 용이하다.

해설 오일 윤활과 그리스 윤활의 비교

구분	윤활유의 윤활	그리스의 윤활
회전수	고·중속용	중·저속용
회전 저항	비교적 적음	비교적 큼
냉각 효과	대	소
누유	대	소
밀봉 장치	복잡	간단
순환 급유	용이	곤란
급유 간격	비교적 짧다.	비교적 길다.
윤활제의 교환	용이	번잡
세부의 윤활	용이	곤란
혼입물 제거	용이	곤란

36. 윤활유의 열화에서 내부 변화에 의한 인자로 윤활유 자체의 변질에 해당하는 것은 다음 중 어느 것인가? [16-2, 21-4]
① 산화 ② 유화
③ 희석 ④ 이물질 혼입

해설 산화란 어떤 물질이 산소와 화합하는 것을 말한다(공기 중의 산소 흡수). 즉 공기 중의 산소를 차단하는 것이 산화 방지에 중요한 방법이다. 윤활유가 산화를 하면 윤활유 색의 변화와 점도 증가 및 산가의 증가 그리고 표면장력의 저하를 가져온다(슬러지 증가로 인해 점도 증가).

37. 공압 장치의 액추에이터 습동 부분에 윤활제를 공급하는 장치로 옳은 것은 어느 것

인가?   [18-2, 20-4]
① 미니메스   ② 오일 스톤
③ 에어브리더   ④ 루브리케이터

해설 공압 장치에서 루브리케이터는 윤활기
이다.

38. 온도 변화에 따른 점도의 변화를 적게
하기 위하여 사용되는 첨가제는 어느 것인
가?   [14-4, 17-4, 21-1]
① 청정 분산제   ② 산화 방지제
③ 유동점 강화제   ④ 점도지수 향상제

해설 점도지수 향상제 : 온도 변화에 따른
점도 변화의 비율을 낮게 하기 위하여 VI
향상제를 사용한다.

39. 윤활유의 점도에 해당하는 것으로 그리
스의 굳은 정도를 나타내는 것은?   [17-2]
① 비중   ② 주도
③ 유동점   ④ 점도지수

해설 주도(penetration) : 그리스의 주도는
윤활유의 점도에 해당하는 것으로서 그리
스의 굳은 정도를 나타내며, 이것은 규정
된 원추를 그리스 표면에 떨어뜨려 일정
시간(5초)에 들어간 깊이를 측정하여 그
깊이(mm)에 10을 곱한 수치로서 나타낸다.

40. 고압 고속의 베어링에 윤활유를 기름 펌
프에 의해 강제적으로 밀어 공급하는 방법
으로, 고압으로 몇 개의 베어링을 하나의
계통으로 하여 기름을 순환시키는 급유 방
법은?   [21-1]
① 체인 급유법
② 버킷 급유법
③ 중력 순환 급유법
④ 강제 순환 급유법

해설 강제 순환 급유법에서 유압은 일반적
으로 1~4kgf/cm² 범위로 공급된다.

3과목   기계 일반 및 기계 보전

41. 다음 기하 공차 도시법의 설명 중 틀린
것은?   [16-4, 19-4]

○	0.01	
//	0.09/50	A

① A는 데이텀을 지시한다.
② 진원도 공차값 0.01mm이다.
③ 지정 길이 50mm에 대하여 평행도 공
  차값 0.09mm이다.
④ 지정 길이 50mm에 대하여 원통도 공
  차값 0.09mm이다.

해설 전체 진원도 공차값 0.01mm, 지정 길
이 50mm에 대하여 평행도 공차값 0.09mm
이다.

42. 축의 도시 방법으로 틀린 것은? [09-4]
① 축이나 보스의 끝 구석 라운드 가공부
  는 필요시 확대하여 기입하여 준다.
② 축은 일반적으로 길이 방향으로 절단
  하지 않으며 필요시 부분 단면은 가능
  하다.
③ 긴 축은 단축하여 그릴 수 있으나 길이
  는 실제길이를 기입한다.
④ 원형 축의 일부가 평면일 경우 일점쇄
  선을 대각선으로 표시한다.

해설 원형 축의 일부가 평면일 경우 가는 실
선을 대각선으로 표시한다.

43. 기어 제도의 도시 방법 중 선의 사용 방
법이 틀린 것은?   [22-2]
① 피치원은 가는 실선으로 표시한다.
② 이골원은 가는 실선으로 표시한다.
③ 이봉우리원은 굵은 실선으로 표시한다.
④ 잇줄 방향은 통상 3개의 가는 실선으
  로 표시한다.

부록

해설 피치원은 가는 일점쇄선으로 표시한다.

44. 일반적인 철강재 스프링 재료가 갖추어야 할 조건으로 틀린 것은? [18-2]
① 가공하기 쉬운 재료이어야 한다.
② 높은 응력에 견딜 수 있어야 한다.
③ 피로 강도와 파괴 인성치가 낮아야 한다.
④ 표면 상태가 양호하고 부식에 강해야 한다.

해설 피로 강도와 파괴 인성치가 높아야 한다.

45. 다음 중 공작 기계의 구비 조건이 아닌 것은? [14-2, 20-3]
① 가공 능력이 좋아야 한다.
② 강성(rigidity)이 없어야 한다.
③ 기계 효율이 좋고, 고장이 적어야 한다.
④ 가공된 제품의 정밀도가 높아야 한다.

해설 공작 기계는 강성이 커야 한다.

46. 기계의 축, 기어, 캠 등 부품에 강도 및 인성, 접촉부의 내마멸성을 증대시키기 위한 표면 경화 열처리법이 아닌 것은? [16-4]
① 침탄법
② 질화법
③ 화염 경화법
④ 항온 열처리법

해설 항온 열처리법 : 오스테나이트 상태로 가열된 강을 고온에서 냉각 중 일정시간 동안 유지하였다가 다시 냉각하는 방법으로 TTT 처리라 한다.

47. 액상 개스킷의 사용 방법 중 잘못된 것은? [06-4, 10-4, 20-3]
① 얇고 균일하게 칠한다.
② 바른 직후 접합해서는 안 된다.
③ 접합면에 수분 등 오물을 제거한다.
④ 사용 온도 범위는 대체적으로 40℃∼400℃이다.

해설 액상 개스킷 : 합성고무와 합성수지 및 금속 클로이드 등과 같은 고분자 화합물을 주성분으로 제조된 액체 상태 개스킷으로 어떤 상태의 접합 부위에도 쉽게 바를 수 있다. 상온에서 유동적인 접착성 물질이나 바른 후 일정한 시간이 경과하면 균일하게 건조되어 누설을 완전히 방지한다. 특히 이물질 제거와 오염, 기름을 제거 후 도포하여야 하며 다른 개스킷과 병용하여 사용하기도 한다.

48. 고장, 불량이 발생하지 않도록 하기 위하여 평소에 점검, 정밀도 측정, 정기적인 정밀 검사, 급유 등의 활동을 통하여 열화 상태를 측정하고, 그 상태를 판단하여 사전에 부품 교환, 수리를 실시하는 정비는? [19-4]
① 예방 정비
② 사후 정비
③ 생산 정비
④ 개량 정비

해설 예방 정비란 시스템 고장을 미연에 방지하는 것을 목적으로 하며 점검, 검사, 시험, 재조정 등을 정기적으로 행하는 것이다.

49. 스패너에 의한 적정한 죔 방법 중 M12∼14까지의 볼트를 죌 때 스패너 손잡이 부분의 끝을 꽉 잡고 힘을 충분히 주어야 하는데 이때 가해지는 적당한 힘은 얼마인가? [10-4, 14-2, 17-2, 19-4]
① 약 5kgf
② 약 20kgf
③ 약 50kgf
④ 100kgf 이상

해설 M12∼20까지의 볼트 : 스패너 손잡이 부분의 끝을 꽉 잡고 팔의 힘을 충분히 써서 돌린다.
$l=15$cm $F=$약 500N

50. 두 축의 중심선을 일치시키기 어렵거나, 전달 토크의 변동으로 충격을 받거나, 고속 회전으로 진동을 일으키는 경우에 충격과

진동을 완화시켜 주기 위하여 사용하는 커플링은? [18-2]

① 머프 커플링
② 클램프 커플링
③ 플렉시블 커플링
④ 마찰 원통 커플링

[해설] 플렉시블 커플링(flexible coupling) : 두 축의 중심선을 일치시키기 어렵거나, 또는 전달 토크의 변동으로 충격을 받거나, 고속 회전으로 진동을 일으키는 경우에 고무, 강선, 가죽, 스프링 등을 이용하여 충격과 진동을 완화시켜 주는 커플링이다.

51. 다음 기어 중 서로 교차하지도 않고 평행하지도 않은 두 축 사이에 운동을 전달하는 기어는? [19-2]

① 스퍼 기어
② 나사 기어
③ 베벨 기어
④ 내접 기어

[해설] ㉠ 두 축이 평행한 경우 : 스퍼 기어, 헬리컬 기어, 2중 헬리컬 기어, 래크, 내접 기어
㉡ 두 축의 중심선이 만나는 경우 : 베벨 기어, 크라운 기어
㉢ 두 축이 평행하지도 않고 만나지도 않는 경우 : 스크루 기어, 하이포이드 기어, 웜 기어

52. 관과 관을 연결시키고, 관과 부속 부품과의 연결에 사용되는 요소를 관 이음쇠라고 한다. 다음 중 관 이음쇠의 기능이 아닌 것은? [19-2]

① 관로의 연장
② 관로의 분기
③ 관의 상호 운동
④ 관의 온도 유지

[해설] 관 이음쇠 기능
㉠ 관로의 연장
㉡ 관로의 곡절

㉢ 관로의 분기
㉣ 관의 상호 운동
㉤ 관 접속의 착탈

53. 안지름이 750mm인 원형관에 양정이 50m, 유량 50m³/min의 물을 수송하려 한다. 여기에 필요한 펌프의 수동력은 약 몇 PS인가? (단, 물의 비중량은 1000kgf/m³이다.) [20-3]

① 325
② 555
③ 780
④ 800

[해설] $L_w = \dfrac{\gamma QH}{75}$ [Hp]

$= \dfrac{1000 \times 50 \times 50}{75 \times 60} = 555\,\mathrm{PS}$

54. 원심형 통풍기 중 베인 방향이 후향이고, 효율이 가장 높은 것은? [19-2]

① 터보 팬
② 왕복 팬
③ 실로코 팬
④ 플레이트 팬

[해설] 터보 팬(turbo fan)은 후향 베인이고, 압력은 350~500 mmHg이며 효율이 가장 좋다.

55. 기어 감속기의 분류에서 평행축형 감속기로만 짝지어진 것은? [14-2, 18-1]

① 스퍼 기어, 헬리컬 기어
② 웜 기어, 하이포이드 기어
③ 웜 기어, 더블 헬리컬 기어
④ 스퍼 기어, 스트레이트 베벨 기어

[해설] ㉠ 두 축이 평행한 경우 : 스퍼 기어, 헬리컬 기어, 2중 헬리컬 기어, 래크, 내접 기어
㉡ 두 축의 중심선이 만나는 경우 : 베벨 기어, 크라운 기어
㉢ 두 축이 평행하지도 않고 만나지도 않는 경우 : 스크루 기어, 하이포이드 기어, 웜 기어

56. 전동기의 과열 원인이 아닌 것은? [06-4]

① 공진

② 과부하 운전

③ 빈번한 기동, 정지

④ 베어링부에서의 발열

[해설] 전동기의 과열 원인 : 3상 중 1상의 접촉이 불량, 베어링 부위에 그리스 과다 충진, 과부하 운전, 빈번한 기동, 정지, 냉각 불충분

57. 산업안전보건 표지의 종류가 아닌 것은?

① 안내 표지   ② 주의 표지

③ 경고 표지   ④ 지시 표지

[해설] 산업안전보건 표지는 크게 금지, 지시, 경고, 안내 표지로 구분한다.

58. 프레스의 작업 시작 전 점검 사항이 아닌 것은?

① 권과 방지 장치의 기능

② 클러치 및 브레이크의 기능

③ 전단기의 칼날 및 테이블의 상태

④ 칼날에 의한 위험방지 기구의 기능

[해설] 프레스 등을 사용하여 작업을 할 때 : 클러치 및 브레이크의 기능, 크랭크축 · 플라이휠 · 슬라이드 · 연결봉 및 연결 나사의 풀림 여부, 1행정 1정지 기구 · 급정지 장치 및 비상정지 장치의 기능, 슬라이드 또는 칼날에 의한 위험방지 기구의 기능, 프레스의 금형 및 고정 볼트 상태, 방호장치의 기능, 전단기(剪斷機)의 칼날 및 테이블의 상태

59. 화학 설비 및 그 부속 설비의 사용 전 안전 검사 내용을 점검한 후 해당 화학 설비를 사용해야 하는 경우에 해당하지 않는 경우는?

① 수리를 한 경우

② 작업자가 변경될 경우

③ 처음으로 사용하는 경우

④ 계속하여 1개월 이상 사용하지 아니한 후 다시 사용하는 경우

[해설] 화학 설비 및 그 부속 설비의 사용 전의 점검

• 처음으로 사용하는 경우

• 분해하거나 개조 또는 수리를 한 경우

• 계속하여 1개월 이상 사용하지 아니한 후 다시 사용하는 경우

60. 공정안전보고서의 작성 대상인 위험 설비 및 시설에 해당하지 않는 시설은?

① 원유 정제 처리시설

② 질소질 비료 제조시설

③ 농업용 약제 원제(原劑) 제조업

④ 액화석유가스의 충전 · 저장 시설

[해설] 공정안전보고서의 제출 대상

• 원유 정제 처리업

• 질소질 비료 제조업

• 복합비료 제조업(단순혼합 또는 배합에 의한 경우는 제외)

• 화학 살균 · 살충제 및 농업용 약제 원제(原劑) 제조업

• 화약 및 불꽃제품 제조업

※ 차량 등의 운송 설비와 액화석유가스의 충전 · 저장 시설은 제출 대상이 아니다.

4과목 공유압 및 자동화

61. 다음 설명에 해당되는 법칙은? [20-2]

> 밀폐된 용기 내에 있는 유체의 압력은 모두 같다.

① 연속의 법칙

② 베르누이 법칙

③ 파스칼의 법칙

④ 벤투리관의 법칙

해설 파스칼의 원리는 정지된 유체 내에서 압력을 가하면 이 압력은 유체를 통하여 모든 방향으로 일정하게 전달된다는 것이다.

62. 단위체적당 유체가 갖는 중량(무게)으로 정의되는 것은? [16-2]
① 밀도　　　② 비중
③ 비중량　　④ 비체적

해설 • 비중 : 물체의 밀도를 물의 밀도로 나눈 값
• 비체적 : 단위질량당 체적

63. 공기압의 특징으로 옳은 것은? [19-2]
① 응답성이 우수하다.
② 윤활 장치가 필요 없다.
③ 과부하에 대하여 안전하다.
④ 균일한 속도를 얻을 수 있다

해설 공압은 압축성 등의 이유로 과부하에 대한 안정성이 보장된다.

64. 피스톤 펌프 중 구동축과 실린더 블록의 축을 동일 축선 상에 놓고 그 축선 상에 대해 기울어져 고정 경사판이 부착되어 있는 방식은? [19-4]
① 사축식　　② 사판식
③ 회전 캠형　④ 회전 피스톤형

해설 • 사축식(bent axis) : 구동축과 실린더 블록의 중심축이 경사진 것
• 사판식(swash plate) : 구동축과 실린더 블록을 동일 축 상에 배치하고 경사판의 각도를 바꾼 것

65. 트로코이드(trochoid) 유압 펌프에 대한 설명으로 옳은 것은? [14-4, 17-4]
① 폐입 현상이 크게 발생된다.
② 고속 초고압용으로 적합하다.

③ 초승달 모양의 스페이서가 있다.
④ 내측 로터의 이의 수보다 외측 로터의 이의 수가 1개 더 많다.

해설 트로코이드 펌프 : 내접 기어 펌프와 비슷한 모양으로 안쪽 기어 로터가 전동기에 의하여 회전하면 바깥쪽 로터도 따라서 회전하며, 안쪽 로터의 잇수가 바깥쪽 로터보다 1개가 적으므로, 바깥쪽 로터의 모양에 따라 배출량이 결정된다.

66. 포핏 밸브 중 디스크 시트 밸브에 대한 특징으로 틀린 것은? [16-2]
① 내구성이 좋다.
② 구조가 복잡하다.
③ 밀봉이 우수하다.
④ 반응시간이 짧다.

해설 디스크 시트 밸브(disc seat valve)
• 밀봉이 우수하며 간단한 구조로 되어 있고 작은 거리만 움직여도 유체가 통하기에 충분한 단면적을 얻을 수 있어 반응시간이 짧다.
• 이물질에 민감하지 않기 때문에 내구성이 좋으며 배출 오버랩(exhaust overlap) 형태이나 구조가 간단한 디스크 시트가 하나로 배출 오버랩이 일어나지 않는다.
• 운동 속도가 작은 경우에도 유체 손실이 일어나지 않으며, 유니버설 플랜지판에 조립 부착하면 각각의 모듈을 쉽게 교환할 수 있다.

67. 실린더 양쪽에 유효 면적의 차를 이용하여 추력 및 속도를 변화시키는 유압 실린더는? [10-4]
① 텔레스코프(telescopic) 실린더
② 램(ram)형 실린더
③ 편로드(single rod) 실린더
④ 차동(differential) 실린더

해설 차동 실린더는 면적의 비를 이용하여 실린더의 후진속도를 더욱 빠르게 할 수 있다. 보통 후진속도가 전진속도보다 2배 빠르다.

68. 유압 에너지를 저장할 수 있는 유압 기기는? [18-2]
① 압축기 ② 기름 탱크
③ 저장 탱크 ④ 어큐뮬레이터

해설 유압 에너지를 저장할 수 있는 곳은 어큐뮬레이터, 즉 축압기뿐이다.

69. 공압 발생 장치에 포함되지 않는 것은 어느 것인가? [18-1]
① 냉각기 ② 압축기
③ 증압기 ④ 에어 탱크

해설 증압기는 표준 유압 펌프 하나만으로 얻을 수 있는 압력보다 높은 압력을 발생시키는 데 사용된다.

70. 공압 실린더의 배기압을 빨리 제거하여 실린더의 전진이나 복귀 속도를 빠르게 하기 위한 목적으로 실린더와 최대한 가깝게 설치하여 사용하는 밸브는? [07-4, 18-2]
① 급속 배기 밸브
② 배기 교축 밸브
③ 압력 제어 밸브
④ 쿠션 조절 밸브

해설 실린더의 속도를 증가시키는 데 사용할 수 있는 밸브는 급속 배기 밸브이다.

71. 공압 단동 실린더가 될 수 없는 실린더는? [17-4]
① 램형 실린더
② 벨로스 실린더
③ 양 로드 실린더

④ 다이어프램 실린더

해설 양 로드 실린더 : 전진과 후진 시 추력이 같은 장점을 갖는 실린더이다.

72. 다음 중 공·유압 회로도를 보고 알 수 없는 것은? [16-4]
① 관로의 실제 길이
② 유체 흐름의 방향
③ 유체 흐름의 순서
④ 공·유압 기기의 종류

해설 공·유압 회로도에서는 관로의 길이를 알 수 없다.

73. 다음 유압 회로도를 구성하는 각 기기의 명칭을 나타낸 것 중 틀린 것은? [14-4]

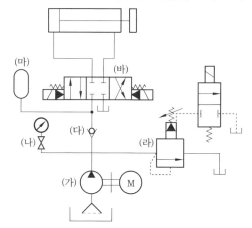

① (가) : 정용량형 펌프
② (나) : 스톱 밸브, (다) : 체크 밸브
③ (라) : 릴리브 밸브, (마) : 보조 탱크
④ (바) : 4포트 3위치 방향 제어 밸브

해설 (마)는 축압기, (사)는 2포트 2위치 방향 제어 밸브이다.

74. 연속적인 물리량인 온도를 측정하는 열전대의 출력 신호의 형태는? [12-4, 18-4]
① 2진 신호 ② 전류 신호

③ 디지털 신호   ④ 아날로그 신호

해설 열전대의 출력 신호는 아날로그 전압 신호이다.

75. 어떤 목적에 적합하도록 되어 있는 대상에 필요한 조작을 가하는 것을 무엇이라 하는가?   [19-1]
① 제어   ② 시스템
③ 자동화   ④ 신호처리

해설 제어(control) : "시스템 내의 하나 또는 여러 개의 입력 변수가 약속된 법칙에 의하여 출력 변수에 영향을 미치는 공정"으로 제어를 정의하고 개회로 제어 시스템 (open loop control system) 특징을 갖는다.

76. 핸들링에 대한 설명으로 틀린 것은 어느 것인가?   [20-2]
① 핸들링 기능은 가공 작업이다.
② 핸들링은 수동이나 기계에 의해 이루어진다.
③ 핸들링은 생산 공정에서 작업물의 광범위한 조정 역할이다.
④ 핸들링은 일반적으로 작업물, 공구, 부품의 조정과 이송이다.

해설 핸들링(handling)이란 간단한 이송, 분리 및 클램핑 장치 등의 단순한 핸들링뿐 아니라 산업용 로봇에 장착되는 복잡한 구조의 산업용 핸들링까지도 포함한다.

77. 직류 전동기에서 전기자의 권선에 생기는 교류를 직류로 바꾸는 부분의 명칭은 어느 것인가?   [21-1]
① 계자   ② 전기자
③ 정류자   ④ 타여자

해설 계자, 전기자 : 자속을 생성한다.

78. 유도 기전력을 설명한 것으로 틀린 것은?   [11-4, 19-1]
① 자속 밀도에 비례한다.
② 도선의 길이에 비례한다.
③ 도선이 움직이는 속도에 비례한다.
④ 도체를 자속과 평행으로 움직이면 기전력이 발생한다.

해설 유도 기전력의 발생은 도체를 자속과 직각으로 두고 도체를 움직여 자속을 끊으면 그 도체에서 기전력이 발생한다.

79. 자동화 보수 관리의 목적으로 틀린 것은?   [18-4]
① 생산성 향상
② 신속한 고장 수리
③ 기계의 사용 연수가 감소
④ 자동화 시스템을 항상 양호의 상태로 유지

해설 보수 관리의 목적
㉠ 자동화 시스템을 항상 최량의 상태로 유지한다.
㉡ 고장의 배제와 수리를 신속하고, 확실하게 한다.

80. 유압 펌프 토출 유량의 직접적인 감소 원인으로 가장 거리가 먼 것은 다음 중 어느 것인가?   [14-4, 20-3]
① 공기의 흡입이 있다.
② 작동유의 점성이 너무 높다.
③ 작동유의 점성이 너무 낮다.
④ 유압 실린더 속도가 빨라졌다.

해설 유압 펌프 토출 유량이 많아야 속도가 증가한다.

부록

7회 CBT 대비 실전 문제

설비 진단 및 계측

1. 설비 진단 기술의 필요성을 나열한 것 중 틀린 것은?　　　　　　　　　[10-4, 14-2]
① 고장 손실의 증대를 방지
② 점검자의 기술 수준에 따른 격차 해소
③ 설비의 수명 연장
④ 설비 결함의 정성적인 점검이 불가능할 때

해설 간이 진단은 점검원의 경험적인 기능(정성적)에 의한 점검 중요

2. 다음 중 진동의 분류에서 틀리게 설명한 것은?　　　　　　　　　　　　　[19-2]
① 자유 진동 : 외부로부터 힘이 가해진 후에 스스로 진동하는 상태
② 강제 진동 : 외부로부터 반복적인 힘에 의하여 발생하는 진동
③ 불규칙 진동 : 회전부에 생기는 불평형, 커플링부의 중심 어긋남 등이 원인으로 발생하는 진동
④ 선형 진동 : 진동하는 계의 모든 기본 요소(스프링, 질량, 감쇠기)가 선형 특성일 때 생기는 진동

해설 불규칙 진동(random vibration) : 가진이 불규칙할 때 발생하는 운동의 진동으로 풍속, 도로의 거침, 지진시의 지면의 운동 등이 불규칙 가진의 예들이다. 불규칙 진동의 경우에는 계의 진동 응답도 불규칙하

며, 응답은 오진 통계량으로 나타난다.

3. 진동의 크기를 바르게 표현한 것은 어느 것인가?　　　　　　　　　　　　[20-2]
① 편진폭(피크값) : 정측의 최댓값에서 부측의 최댓값까지의 값이다.
② 전진폭 : 정측이나 부측에서 진동량 절댓값의 최댓값이다.
③ 실횻값 : 진동 에너지를 표한하는 것에 적합한 RMS값이다.
④ 평균값 : 진동량을 평균한 값으로 정현파의 경우 피크값의 $\frac{1}{\sqrt{2}}$이다.

해설 • 편진폭(피크값) : 정축이나 부측에서 진동량 절댓값의 최댓값
• 전진폭(양진폭) : 정측의 최댓값에서 부축의 최댓값
• 실횻값 : 진동 에너지를 표현하는 데 적합하며 정현파의 경우 피크값의 $\frac{1}{\sqrt{2}}$
• 평균값 : 진동량을 평균한 값으로 정현파의 경우 최댓값의 $\frac{2}{\pi}$

4. 진동 방지용 차단기의 강성에 대한 설명으로 맞는 것은?　　　　　　　　[15-4]
① 진동 보호 대상체의 구조적 강성보다 작아야 한다.
② 하중을 충분히 바칠 수 있어야 하고, 강성은 커야 한다.

③ 차단하려는 진동의 최저 주파수보다 큰 고유 진동수를 가져야 한다.
④ 시스템의 고유 진동수가 진동 모드의 주파수보다 크도록 해야 한다.

[해설] 진동 차단 대책
- 강성은 작아야 한다.
- 작은 고유 진동수를 가져야 한다.
- 진동 모드의 주파수보다 작도록 해야 한다.

5. 용적식 유량계의 특징이 아닌 것은?
① 액체의 종류·성질에 따른 영향이 적다.
② 점도가 높은 액체나 점도 변화가 큰 액체의 측정에 적당하다.
③ 전후에 직관부가 필요하다.
④ 맥동의 영향을 거의 받지 않는다.

[해설] 전후에 직관부를 필요로 하지 않아 맥동의 영향도 거의 받지 않는다.

6. 기계의 진동을 측정하고 분석하는 진동 상태 감시 시스템을 통하여 제공하는 정보가 아닌 것은?
① 설비 근본 원인 제거
② 설비 보호의 강화
③ 문제의 조기 발견
④ 인간에 대한 안정성의 향상

[해설] 설비 근본 원인 제거는 선행 보전에서 수행하는 업무이다.

7. 소음의 물리적 성질 중 음파의 종류를 설명한 것으로 틀린 것은? [18-4]
① 평면파 : 음파의 파면들이 서로 평행한 파
② 발산파 : 음원으로부터 거리가 멀어질수록 더욱 넓은 면적으로 퍼져나가는 파
③ 구면파 : 음원에서 모든 방향으로 동일한 에너지를 방출할 때 발생하는 파

④ 진행파 : 둘 또는 그 이상 음파의 구조적 간섭에 의해 시간적으로 일정하게 음압의 최고와 최저가 반복되는 패턴의 파

[해설] 진행파 : 음파의 진향 방향으로 에너지를 전송하는 파

8. 계측기 장치 방법에 대한 설명으로 틀린 것은?
① flow sheet 방식은 계측기 관리상의 교정 등에 사용되는 것으로 전문가가 특별히 관리한다.
② 원격 측정식 계측기는 기계식, 전기식, 유압식 등이 있다.
③ 집중 관리 계측 방식은 설비 규모가 커지고, 대량 생산이 이루어지면서 사용한다.
④ 직접 측정식 계측기는 스톱워치, 형틀 시험기, 압력계, 마이크로미터 등이 있다.

9. 진동에서 진폭 표시의 파라미터가 아닌 것은? [17-4, 21-2]
① 댐퍼   ② 변위
③ 속도   ④ 가속도

[해설] 진폭은 변위, 속도, 가속도의 3가지 파라미터로 표현한다.

10. 두 물체의 고유 진동수가 같을 때, 한쪽을 울리면 다른 쪽도 울리는 현상은 무엇인가? [07-4, 19-4]
① 공명   ② 고체음
③ 맥동음   ④ 난류음

[해설] 공명 : 2개의 진동체의 고유 진동수가 같을 때 한쪽을 울리면 다른 쪽도 울리는 현상

11. 다음 중 소음 방지를 위한 기본적인 방법이 아닌 것은? [13-4, 18-1]
① 흡음　　　　　② 차음
③ 공진　　　　　④ 진동 차단

해설 공진 : 가진력의 주파수와 설비의 고유 진동수가 일치하여 발생하는 현상

12. 소음 측정 레벨이 72dB(A)이고, 암소음 레벨이 60dB(A)일 때 암소음에 대한 보정값은 얼마 인가? [10-4]
① -3dB　　　　　② -2dB
③ -1dB　　　　　④ 0dB

해설 측정 소음도가 배경 소음보다 10dB 이상 크면 보정 없이 측정 소음도를 대상 소음도로 한다.

13. 금속 표면에 사용되는 검사법으로 비교적 간단하고 비용이 싸며, 특히 자기 탐상 검사가 되지 않는 금속 재료에 주로 사용되는 검사법은?
① 방사선 비파괴 검사
② 누수 검사
③ 침투 비파괴 검사
④ 초음파 비파괴 검사

해설 침투 비파괴 검사(PT : Penetrant Testing) : 자기 탐상 검사가 되지 않는 제품의 표면에 발생된 미세균열이나 작은 구멍을 검출하기 위해 이곳에 침투액을 표면장력의 작용으로 침투시킨 후에 세척액으로 세척한 후 현상액을 사용하여 결함부에 스며든 침투액을 표면에 나타나게 하는 검사로 형광이나 염료 침투 검사의 2가지가 이용된다.

14. 다음 중 자분 탐상 시험을 의미하는 것은?
① UT　　　　　② PT
③ MT　　　　　④ RT

해설 비파괴 검사의 종류에는 방사선 투과 시험(RT), 초음파 탐상 시험(UT), 자분 탐상 시험(MT), 침투 탐상 시험(PT), 와류 탐상 시험(ET), 누설 시험(LT), 변형도 측정 시험(ST), 육안 시험(VT), 내압 시험(PRT)이 있다

15. 다음 비파괴 검사법 중 맞대기 용접부의 내부 기공을 검출하는 데 가장 적합한 것은? [22-1]
① 침투 탐상 검사
② 와류 탐상 검사
③ 자분 탐상 검사
④ 방사선 투과 검사

해설 방사선 투과 시험은 소재 내부의 불연속의 모양, 크기 및 위치 등을 검출하는 데 많이 사용된다. 금속, 비금속 및 그 화합물의 거의 모든 소재를 검사할 수 있다.

16. 초음파 탐상법에 속하지 않는 것은?
① 펄스 반사법　　② 투과법
③ 공진법　　　　④ 관통법

해설 초음파 탐상법에는 펄스 반사법, 투과법, 공진법 등이 있다.

17. 일명 PD 미터(positive displacement flowmeter)라고도 부르며 오벌 기어형과 루츠형이 대표적인 유량계는? [16-4]
① 용적식 유량계　② 전자식 유량계
③ 면적식 유량계　④ 차압식 유량계

해설 용적식 유량계 : 유체의 흐름에 따라 회전하는 회전자(또는 왕복하는 운동자)로 케이스 사이의 공극(계량실)에 유체를 연속적으로 취입해서 송출 동작을 반복하여 회전자의 운동 횟수로 유량을 구하는 것이다.

$$Q_v = kN$$

여기서, Q_v : 용적 유량

k : 회전자가 1회전할 때의 토출량

N : 회전자의 회전수

18. 다음 중 도체의 저항 값에 비례하는 것은 어느 것인가? [18-1]

① 도체의 길이 ② 도체의 단면적

③ 도체의 색상 ④ 도체의 절연재

해설 $R = \rho \dfrac{l}{S}$ 이므로 저항은 길이에 비례, 단면적에 반비례한다.

19. 신호 변환기 중 전기 신호 방식의 특징이 아닌 것은? [19-4]

① 응답이 빠르고, 전송 지연이 거의 없다.

② 전송 거리의 제한을 받지 않고 컴퓨터와 결합에 용이하다.

③ 가격이 저렴하고 구조가 단순하며 비교적 견고하여 내구성이 좋다.

④ 열기전력, 저항 브리지 전압을 직접 전기적으로 측정할 수 있다.

해설 전기 신호 방식은 공기압식에 비해 가격이 비싸고, 내구성은 주의를 요하며, 보수에 전문적인 고도의 기술이 필요하다.

20. 다음 중 공정 제어 방식의 종류로서 제어량(출력)을 입력 쪽으로 되돌려 보내서 목표값(입력)과 비교하여 그 편차가 작아지도록 수정 동작을 행하는 제어 방식은 어느 것인가? [17-4]

① 비율 제어 ② 속도 센서

③ 피드백 제어 ④ 오버라이드 제어

해설 피드백 제어 : 피드백에 의하여 제어량과 목표값을 비교하고 그들이 일치되도록 정정 동작을 하는 제어이다.

2과목 설비 관리

21. 생산의 3요소가 아닌 것은?

① 사람 ② 설비 [07-4, 21-4]

③ 재료 ④ 생산성

해설 생산의 3요소 : 사람, 재료, 설비

22. 원자재의 양, 질, 비용, 납기 등의 확보가 곤란할 경우 원자재를 자사생산(自社生産)으로 바꾸어 기업 방위를 도모하는 투자를 무엇이라 하는가? [16-4, 17-4, 20-2]

① 후생 투자 ② 합리적 투자

③ 공격적 투자 ④ 방위적 투자

해설 위험 감소 투자

• 방위적 투자 : 원자재의 양, 질, 비용, 납기 등의 확보가 곤란할 경우 원자재를 자사 생산으로 바꾸어 기업 방위를 도모하는 것

• 공격적 투자 : 적극적인 기술 혁신을 통하여 신제품 개발, 생산이 다른 회사보다 늦지 않도록 하기 위한 투자

23. 설비의 신뢰성 평가 척도 중 하나로 일정 기간 중 발생하는 단위시간당 고장 횟수를 무엇이라고 하는가? [18-1]

① 고장률

② 보전율

③ 평균 고장 간격

④ 평균 고장 시간

해설 고장률은 일정 기간 중에 발생하는 단위시간당 고장 횟수로 나타내며, 고장률은 1000시간당의 백분율로 나타내는 것이 보통이다. 고장률을 $\lambda(t)$라고 하면 다음과 같다.

$$\lambda(t) = \frac{\text{그 기간의 고장 횟수}}{\text{그 기간의 동작 시간 합계}}$$

부록

24. 다음 중 설비 열화의 대책으로 틀린 것은? [21-1]

① 열화 방지   ② 열화 지연
③ 열화 회복   ④ 열화 측정

해설 설비 열화의 대책으로서는 열화 방지(일상 보전), 열화 측정(검사), 열화 회복(수리)이 있다.

25. 설비 보전에서 효과 측정을 위한 척도로 널리 사용되는 지수이다. 다음 중 계산식이 틀린 것은? [15-2, 19-4]

① 고장도수율 = $\dfrac{\text{고장 횟수}}{\text{부하시간}} \times 100$

② 고장강도율 = $\dfrac{\text{고장 정지시간}}{\text{부하시간}} \times 100$

③ 설비가동률 = $\dfrac{\text{정미 가동시간}}{\text{부하시간}} \times 100$

④ 제품단위당 보전비 = $\dfrac{\text{보전비 총액}}{\text{부하시간}} \times 100$

해설 제품단위당 보전비 = $\dfrac{\text{보전비 총액}}{\text{생산량}}$

26. 뜻이 있는 기호법의 대표적인 것으로서 항목의 첫 글자라든가 그 밖의 문자를 기호로 하는 방법은? [06-4, 19-1, 21-4]

① 순번식 기호법
② 세구분식 기호법
③ 기억식 기호법
④ 삼진분류 기호법

해설 기억식 기호법 : 뜻이 있는 기호법의 대표적인 것으로서 기억이 편리하도록 항목의 이름 첫 글자라든가, 그 밖의 문자를 기호로 한다.

27. 치공구 관리 기능 중 계획 단계에 해당하지 않는 것은? [21-2]

① 공구의 검사
② 공구의 연구 시험
③ 공구의 설계 및 표준화
④ 공구의 소요량의 계획 및 보충

해설 계획 단계
  ㉠ 공구의 설계 및 표준화
  ㉡ 공구의 연구 시험
  ㉢ 공구 소요량의 계획, 보충

28. TPM 관리와 전통적 관리를 비교했을 때 다음 중 TPM 관리의 내용과 가장 거리가 먼 것은? [19-1]

① Output 지향
② 원인 추구 시스템
③ 사전 활동(예방 활동)
④ 개선을 위한 자기 동기 부여

해설 • TPM 관리 : Input 지향
  • 전통적 보전 : Output 지향

29. 만성 로스의 발생 형태를 설명한 것이 아닌 것은? [10-4, 16-4]

① 불규칙적으로 발생
② 만성적으로 발생
③ 짧은 시간으로 되풀이 발생
④ 일정 산포를 형성

해설 ①은 돌발 로스의 발생 형태이다.

30. 품질 관리 도구 중 중심선과 관리 한계선을 설정한 그래프로써 품질의 산포를 판별하여 공정이 정상 상태인지, 이상 상태인지를 판독하기 위한 방법은? [21-2]

① 관리도   ② 체크 시트
③ 파레토도   ④ 히스토그램

해설 관리도 : 현상 파악에 사용되는 수법 중 공정이 정상 상태인지, 이상 상태인지를 판독하기 위한 방법

31. 마멸은 기계 부품의 수명을 단축하는 가장 큰 원인 중 하나이다. 다음 중에서 마멸의 설명과 거리가 먼 것은?　[14-2, 19-4]
① 마찰과 마멸은 동일한 현상이다.
② 마멸은 열적 원인으로도 일어날 수 있다.
③ 마찰은 반드시 마멸을 동반하는 것이 아니다.
④ 마멸은 외력에 의해 물체 표면의 일부가 분리되는 현상이다.

해설 마찰(friction)이란 접촉하고 있는 두 물체가 상대 운동을 하려고 하거나 또는 상대 운동을 하고 있을 때 그 접촉면에서 운동을 방해하려는 저항이 생기는 현상이며, 마멸은 물질의 표면이 문질러지거나 깎이거나 소모되는 것이다.

32. 마찰열로 인한 베어링의 고착 등을 방지하기 위해 유막을 형성하여 주는 윤활유의 작용은?　[19-2, 21-2]
① 감마 작용　　② 청정 작용
③ 방청 작용　　④ 응력 분산 작용

해설 감마 작용 : 마모를 감소시키는 작용

33. 윤활기유에서 나프텐계와 비교하여 파라핀계의 특성으로 틀린 것은?　[20-4]
① 밀도가 높다.　② 휘발성이 낮다.
③ 인화점이 높다.　④ 잔류 탄소가 많다.

해설 파라핀계와 나프텐계의 비교

구분	파라핀계 원유	나프텐계 원유
밀도	낮다	높다
인화점	높다	낮다
색상	밝다	어둡다
잔류 탄소	많다	적다
아닐린점 (용해성)	높다	낮다

34. 일반적인 그리스 윤활의 특징으로 옳지 않은 것은?　[20-4]
① 급유, 교환, 세정 등이 어렵다.
② 초기 회전 시 회전 저항이 크다.
③ 유동성이 좋고 온도 상승 제어가 쉽다.
④ 흡착력이 강하므로 고하중에 잘 견딘다.

해설 그리스는 유동성이 나쁘고 냉각 효과가 나쁘므로 온도 상승 제어가 어렵다.

35. 무단변속기에 사용되는 윤활유가 가져야 할 윤활 조건 중 가장 거리가 먼 것은 어느 것인가?　[18-2, 20-4]
① 기포가 적을 것
② 내하중성이 클 것
③ 점도지수가 낮을 것
④ 산화안정성이 좋을 것

해설 모든 윤활유의 점도는 적당하고, 점도지수는 높아야 한다.

36. 윤활유 중에 연료유나 다량의 수분이 혼입되었을 때 일어나는 현상으로 윤활 성능을 저하시키는 것은?　[16-4, 20-4]
① 산화　　　　② 탄화
③ 동화　　　　④ 희석

해설 탄화는 윤활유가 고온에 있을 때, 산화는 공기 중에 산소와 접촉이 많을 때 발생

37. 윤활유 마모 분석 방법 중 SOAP 분석법의 종류가 아닌 것은?　[19-2, 19-4]
① ICP법
② 원자 흡광법
③ 회전 전극법
④ 페로그래피법

해설 페로그래피법 : 오일 분석법 중 채취한 오일 샘플링을 용제로 희석하고, 자석에

부록

의하여 검출된 마모 입자의 크기, 형상 및 재질을 분석하여 이상 원인을 규명하는 설비 진단 기법

38. 그리스를 가열했을 때 반고체 상태의 그리스가 액체 상태로 되어 떨어지는 최초의 온도는? [21-4]

① 주도
② 적하점
③ 이유도
④ 산화 안정도

해설 적하점(적점, dropping point) : 그리스를 가열했을 때 반고체 상태의 그리스가 액체 상태로 되어 떨어지는 최초의 온도를 말한다. 그리스의 적하점은 내열성을 평가하는 기준이 되고 그리스의 사용 온도가 결정된다.

39. 모양을 유지시키기에 충분한 경도의 그리스를 규정 치수로 절단한 후 25℃에서의 주도를 무엇이라 하는가? [18-2]

① 고형 주도
② 혼화 주도
③ 불혼화 주도
④ $\frac{1}{4}$ 주도

해설 고형 주도 : 굳은 그리스의 주도로 절단기에 의해 절단된 표면에 대하여 측정된 주도로서 고형 시료를 25℃에서 측정한 주도로서 주도가 85 이하인 그리스에 적용한다.

40. 압축기의 내부 윤활유의 요구 성능으로 가장 거리가 먼 것은? [21-2]

① 부식 방지성이 좋을 것
② 적정한 점도를 가질 것
③ 산화 안정성이 양호할 것
④ 생성 탄소가 경질일 것

해설 생성 탄소는 연질이어야 한다.

<table>
<tr><td>3과목</td><td>기계 일반 및 기계 보전</td></tr>
</table>

41. 나사의 종류를 표시하는 기호 중에서 유니파이 가는 나사를 나타내는 것은 다음 중 어느 것인가? [07-4, 10-4, 14-2]

① UNC
② UNF
③ Tr
④ M

해설 UNF는 가는 나사, Tr은 사다리꼴 나사, M은 미터계 나사

42. 배관의 도시법에 대한 설명으로 틀린 것은? [21-4]

① 관내 흐름의 방향은 관을 표시하는 선에 붙인 화살표의 방향으로 표시한다.
② 관은 원칙적으로 1줄의 실선으로 도시하고, 동일 도면 내에서는 같은 굵기의 선을 사용한다.
③ 관은 파단하여 표시하지 않도록 하며, 부득이하에 파단할 경우 2줄의 평행선으로 도시할 수 있다.
④ 표시 항목은 관의 호칭 지름, 유체의 종류·상태, 배관계의 식별, 배관계의 시방, 관의 외면에 실시하는 설비·재료 순으로 필요한 것을 글자·글자 기호를 사용하여 표시한다.

해설 관을 파단할 경우 1줄의 파단선으로 도시한다.

43. 일반적인 기어의 도시에서 선의 사용 방법으로 틀린 것은? [21-1]

① 이봉우리원은 굵은 실선으로 표시한다.
② 이끝원은 가는 일점쇄선으로 표시한다.
③ 피치원은 가는 일점쇄선으로 표시한다.

④ 잇줄 방향은 통상 3개의 가는 실선으로 표시한다.

해설 이끝원은 굵은 실선으로 작도한다.

44. 코일 스프링의 작도법 중 옳지 못한 것은? [07-4]
① 무하중 상태에서 그리는 것을 원칙으로 한다.
② 하중과 높이(또는 길이) 또는 처짐과의 관계를 표시할 필요가 있을 때에는 선도 또는 표로 나타낸다.
③ 그림 안에 기입하기 힘든 사항은 표제란에 기입한다.
④ 그림에서 단서가 없는 코일 스프링이나 벌류트 스프링은 모두 오른쪽으로 감은 것으로 나타낸다.

해설 그림 안에 기입하기 힘든 사항은 요목표에 기입한다.

45. 다음 중 선반의 기본적인 가공(절삭) 방법에 속하지 않는 것은? [18-1]
① 외경 절삭   ② 널링 가공
③ 수나사 절삭   ④ 더브테일 가공

해설 더브테일 가공은 밀링 가공에서 이루어진다.

46. 일반 열처리 중 풀림의 목적과 거리가 가장 먼 것은? [18-2, 20-4]
① 강을 연하게 한다.
② 내부 응력을 제거한다.
③ 강의 인성을 증대시킨다.
④ 냉간 가공성을 향상시킨다.

해설 풀림의 목적 : 내부 응력 제거, 조직 개선, 경도를 줄이고 조직을 연화, 경화된 재료의 조직 균일화

47. 내열성과 내화학성이 좋고, 자체 윤활성을 보유하였으며, 다양한 운전 조건에서 뛰어난 성능을 갖는 패킹 재료는 다음 중 어느 것인가? [14-4, 19-2]
① 테프론
② 유리 섬유
③ 그라파이트
④ 천연 섬유소

해설 테프론 : 합성수지인 4불화 에틸렌 수지(PTFE)는 내열성, 내유성, 내노화성이 우수하다.

48. 보전비를 투입하여 설비를 원활한 상태로 유지하여 막을 수 있었던 생산상의 손실은? [19-2]
① 기회 손실   ② 보전 손실
③ 생산 손실   ④ 설비 손실

해설 기회 손실 : 설비의 고장 정지로 보전비를 들여서 설비를 만족한 상태로 유지하여 막을 수 있었던 제품의 판매 감소에 이어지는 경우의 손실로 기회 원가라고도 한다. 생산량 저하 손실, 휴지 손실, 준비 손실, 회복 손실, 납기 지연 손실, 안전 재해에 의한 재해 손실 등이 있다.

49. 너트의 풀림 방지용으로 사용되는 와셔로 적당하지 않은 것은? [19-1]
① 사각 와셔   ② 이붙이 와셔
③ 스프링 와셔   ④ 혀붙이 와셔

해설 사각 와셔는 목재용이다.

50. 플랜지 커플링의 조립과 분해 시의 유의 사항 중 틀린 것은? [18-4, 21-1]
① 조임 여유를 많이 두지 않는다.
② 축과 축의 흔들림은 0.03mm 이내로 한다.
③ 분해할 때 플랜지에 과도한 힘을 주지

부록

않는다.

④ 축과 원주면에 대한 흔들림은 0.03mm 이내로 한다.

해설 플랜지 커플링의 조립과 분해할 때 유의사항
- 분해할 때 플랜지에 과도한 힘을 주지 않는다(특히 주물 제품).
- 조임 여유를 많이 두지 않는다(커플링의 파손).
- 틈새가 많을 때 라이너를 물린다.
- 체결 볼트는 같은 볼트를 사용한다(평형 문제, 커플링의 진동).
- 축과 플랜지의 조립 후 키를 조립한다.
- 축과 플랜지의 원주면에 대한 흔들림은 0.03mm 이내, 축과 축의 흔들림은 0.05mm 이내로 한다.

51. 웜 기어(worm gear)의 특징으로 틀린 것은? [19-4]

① 역전을 방지할 수 없고 소음이 크다.
② 웜과 웜 휠에 스러스트 하중이 생긴다.
③ 작은 용량으로 큰 감속비를 얻을 수 있다.
④ 웜 휠의 정밀 측정이 곤란하며, 가격이 비싸다.

해설 웜 기어 장치의 특성
- 소형, 경량으로 역전을 방지할 수 있다.
- 소음과 진동이 작고, 감속비가 크다 (1/10 ~1/100).
- 미끄럼이 크고, 전동 효율이 나쁘다.
- 중심거리에 오차가 있으면 마멸이 심해 효율이 더 나빠지고 웜과 웜 휠에 추력이 생긴다.
- 항상 웜이 입력축, 휠이 출력축이 된다.

52. 파이프 끝의 관용 나사를 절삭하고 적당한 이음쇠를 사용하여 결합하는 것으로, 누설을 방지하고자 할 때 접착 콤파운드나 접착 테이프를 감아 결합하는 이음은? [18-2]

① 패킹 이음
② 나사 이음
③ 용접 이음
④ 고무 이음

해설 나사 이음 : 파이프의 끝에 관용 나사를 절삭하고 적당한 이음쇠를 사용하여 결합하는 것으로, 누설을 방지하고자 할 때에는 접착콤파운드나 접착테이프를 감아 결합한다. 수나사 부분은 관 끝에 암나사를 내고 비틀어 넣는 것이 아니라 다른 이음쇠나 소형 밸브를 비틀어 넣어서 사용한다.

53. 펌프 운전 시 압력계가 정상보다 높게 나오는 원인으로 틀린 것은? [19-2]

① 파이프의 막힘
② 안전밸브의 불량
③ 밸브를 너무 막을 때
④ 실양정이 설계 양정보다 낮을 때

해설 실양정이 설계 양정보다 낮을 때는 압력계가 낮게 나타나고, 진동 소음이 발생하며, 유량이 적어진다.

54. 풍량의 변화에 대한 축 동력의 변화가 가장 큰 송풍기는 어느 것인가? [13-4]

① 터보 팬
② 레이디얼 팬
③ 다익 팬
④ 에어포일 팬

해설

종류	베인 방향	압력	특징
실로코 통풍기	전향 베인	15~200 mmHg	• 풍량 변화에 풍압 변화가 적다. • 풍량이 증가하면 동력은 증가한다.
플레이트 팬	경향 베인	50~250 mmHg	• 베인의 형상이 간단하다.
터보 팬	후향 베인	350~500 mmHg	• 효율이 가장 좋다.

정답 51. ① 52. ② 53. ④ 54. ①

55. 웜 기어 감속기의 경우 웜 휠의 이 닿기 면을 웜의 중심에서 출구 쪽으로 약간 어긋나게 하는 이유로 옳은 것은? [06-4, 19-1]

① 감속비를 높이기 위하여
② 백래시를 없애기 위하여
③ 접촉각을 조정하기 위하여
④ 윤활유의 공급이 잘 되게 하기 위하여

해설 웜 휠의 이 간섭 면을 중심에 대해 약간 어긋나게 해둔다. 이것은 웜이 회전해서 웜 기어에 미끄러져 들어갈 때 윤활유가 쐐기 모양으로 들어가기 쉽게 하는 이유이다.

56. 전동기 과열의 원인과 가장 거리가 먼 것은? [19-2]

① 단선
② 과부하 운전
③ 빈번한 가동 및 정지
④ 베어링 부에서의 발열

해설 단상 전동기일 경우 단선은 기동 불능 상태이다.

57. 산업안전관리의 중요성 측면에 해당하지 않는 것은?

① 인도주의적 측면
② 사회적 책임 측면
③ 법규 준수 측면
④ 생산성 향상 측면

58. 기계의 원동기 · 회전축 · 기어 · 풀리 · 플라이휠 · 벨트 및 체인 등 근로자가 위험에 처할 우려가 있는 부위에 설치하는 것이 아닌 것은?

① 덮개   ② 슬리브
③ 건널 다리   ④ 안전 블록

해설 기계의 원동기 · 회전축 · 기어 · 풀리 · 플라이휠 · 벨트 및 체인 등 근로자가 위험에 처할 우려가 있는 부위에 덮개 · 울 · 슬리브 및 건널 다리 등을 설치하여야 한다. 안전 블록은 프레스에 금형을 교체할 때 사용한다.

59. 아세틸렌 용접 장치의 안전에 관한 것 중 틀린 것은?

① 출입구의 문은 두께 1.5mm 이상의 철판이나 그 이상의 강도를 가진 구조로 해야 한다.
② 발생기실은 화기를 사용하는 설비로부터 1.5m를 초과하는 장소에 설치하여야 한다.
③ 옥외에 발생기실을 설치할 경우 그 개구부는 다른 건축물로부터 1.5m를 초과하는 장소에 설치하여야 한다.
④ 용접 작업 시 게이지 압력이 127kPa을 초과하는 압력의 아세틸렌을 발생시켜 사용해서는 안 된다.

해설 아세틸렌 용접 장치의 안전
• 아세틸렌 용접 장치를 사용하여 금속의 용접 · 용단 또는 가열작업을 하는 경우에는 게이지 압력이 127kPa을 초과하는 압력의 아세틸렌을 발생시키지 않아야 한다.
• 발생기실은 건물의 최상층에 위치하여야 하며, 화기를 사용하는 설비로부터 3m를 초과하는 장소에 설치하여야 한다.
• 발생기실을 옥외에 설치한 경우에는 그 개구부를 다른 건축물로부터 1.5m 이상 떨어지도록 하여야 한다.
• 발생기실의 출입구의 문은 불연성 재료로 하고 두께 1.5mm 이상의 철판이나 그 밖에 그 이상의 강도를 가진 구조로 할 것

60. 산업안전보건법령상 사업주의 의무가 아닌 것은?

① 근로 조건의 개선
② 쾌적한 작업 환경의 조성
③ 근로자의 안전 및 건강을 유지
④ 산업 재해에 관한 조사 및 통계의 유지, 관리

해설 사업주 등의 의무 : 사업주는 다음 각 호의 사항을 이행함으로써 근로자의 안전 및 건강을 유지·증진시키고 국가의 산업 재해 예방 정책을 따라야 한다.
1. 이 법과 이 법에 따른 명령으로 정하는 산업 재해 예방을 위한 기준
2. 근로자의 신체적 피로와 정신적 스트레스 등을 줄일 수 있는 쾌적한 작업 환경의 조성 및 근로 조건 개선
3. 해당 사업장의 안전 및 보건에 관한 정보를 근로자에게 제공

4과목 공유압 및 자동화

61. 일반적으로 파이프 관로 내의 유체를 층류와 난류로 구별되게 하는 이론적 경계값은? [16-4]
① 레이놀즈수 Re=1220 정도
② 레이놀즈수 Re=2320 정도
③ 레이놀즈수 Re=3320 정도
④ 레이놀즈수 Re=4220 정도

해설 유체의 흐름에서는 점성에 의한 힘이 층류가 되게끔 작용하며, 관성에 의한 힘은 난류를 일으키는 방향으로 작용하고 있다. 이 관성력과 점성력의 비를 취한 것이 레이놀즈수(Re)이다.

62. 공기의 상태 변화에서 압력이 일정할 때 체적과 온도와의 관계를 설명한 법칙은 어느 것인가? [17-2]
① 보일의 법칙

② 샤를의 법칙
③ 연속의 법칙
④ 보일 샤를의 법칙

해설 • 보일의 법칙 : 온도가 일정하면 일정량의 기체의 압력과 체적의 곱은 항상 일정하다.
$$P_1 V_1 = P_2 V_2 = 일정$$
• 샤를의 법칙 : 압력이 일정하면 일정량의 기체의 체적은 절대 온도에 정비례한다.

63. 공압 에너지를 저장할 때에는 긍정적인 효과로 나타나지만 실린더의 저속 운전 시 속도의 불안정성을 야기하는 공기압의 특성은? [18-2, 21-4]
① 배기 시 소음
② 공기의 압축성
③ 과부하에 대한 안정성
④ 압력과 속도의 무단 조절성

해설 공기압은 압축성 에너지로 에너지 축적은 매우 좋으나 위치 제어성이 나쁘다.

64. 다음 그림과 같이 세 개의 회전자가 연속적으로 접촉하여 회전하며 1회전당 토출량은 많으나 토출량의 변동이 큰 특징을 가진 펌프는? [16-4, 20-2]

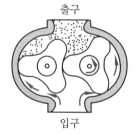

① 로브 펌프
② 스크루 펌프
③ 내접 기어 펌프
④ 트로코이드 펌프

해설 로브 펌프(robe pump) 작동 원리는 기어 펌프와 같으며, 세 개의 회전자(rotor)기 연속적으로 접촉하여 회전하므로 소음 발생이 적다. 1회전당 토출량(cc/rev)은 기어 펌프보다 많으나 토출량의 변동이 약간 크다.

65. 다음 중 압력 제어 밸브의 역할은?
① 일의 속도를 조절　　　　[14-2, 18-4]
② 일의 시간을 조절
③ 일의 방향을 조절
④ 일의 크기를 조절

해설 • 일의 속도 : 유량 제어 밸브
　 • 일의 방향 : 방향 제어 밸브
　 • 일의 크기 : 압력 제어 밸브

66. 실린더를 임의의 위치에서 고정시킬 수 있도록 밸브의 중립 위치에서 모든 포트를 막은 형식의 4/3way 밸브 종류는 어느 것인가?　　　　[08-4, 12-4, 22-2]
① 오픈 센터형
② 탠덤 센터형
③ 세미오픈 센터형
④ 클로즈드 센터형

해설 클로즈드 센터형(closed center type) : 이 밸브는 중립 위치에서 모든 포트를 막는 형식으로 실린더를 임의의 위치에서 고정시킬 수가 있으나, 밸브의 전환을 급격하게 작동하면 서지압이 발생하므로 주의를 요한다.

67. 로드 자체가 피스톤의 역할을 하며 로드가 굵기 때문에 부하에 의한 휨의 영향이 적은 실린더 타입은?　　　　[16-4]
① 램형
② 사판형

③ 양측 로드형
④ 텔레스코프형

해설 램형 실린더(ram type cylinder) : 피스톤이 없이 로드 자체가 피스톤의 역할을 하게 된다. 로드는 피스톤보다 약간 작게 설계한다. 로드의 끝은 약간 턱이 지게 하거나 링을 끼워 로드가 빠져나가지 못하도록 한다. 이 실린더는 피스톤형에 비하여 로드가 굵기 때문에 부하에 의해 휠 염려가 적으며, 패킹이 바깥쪽에 있기 때문에 실린더 안벽의 긁힘이 패킹을 손상시킬 우려가 없으며, 공기구멍을 두지 않아도 된다.

68. 축압기(accumulator)의 기능이 아닌 것은?　　　　[20-2]
① 맥동압의 제거
② 서지압의 흡수
③ 회로압의 증대
④ 압력 에너지 저장

해설 축압기의 기능
　㉠ 에너지 보조원
　㉡ 충격 압력 흡수용
　㉢ 맥동 흡수용
　㉣ 점진적인 압력 형성
　㉤ 특수 유체(독성, 유해성, 부식성 액체 등)의 이송을 위해 사용된다.

69. 공기압 유량 제어 밸브에 대한 설명으로 틀린 것은?　　　　[21-2]
① 공기압 회로의 유량을 저장하고자 할 때 사용하는 것은 교축 밸브이다.
② 공기압 실린더의 속도 제어를 위해 방향 제어 밸브와 실린더의 중간에 설치하는 것은 속도 제어 밸브이다.
③ 공기압의 속도 제어는 배기 교축에 의한 속도 제어 회로를 주로 채택한다.
④ 공기압 실린더의 배기 유량을 감소시켜 실린더의 속도를 증가시키는 것은

부록

급속 배기 밸브이다.

해설 공기압 실린더의 배기 유량을 감소시키면 실린더의 속도는 감속이 되며, 급속 배기 밸브는 배기 유량을 증가시키는 밸브이다.

70. 공기의 흐름을 한쪽 방향으로만 자유롭게 흐르게 하고 반대 방향으로의 흐름을 저지하는 밸브는? [07-4, 15-2]
① 차단(shut-off) 밸브
② 스풀(spool) 밸브
③ 체크(check) 밸브
④ 포핏(poppet) 밸브

해설 체크 밸브(check valve) : 역류 방지 밸브로 흡입형, 스프링 부하형, 유량 제한형, 파일럿 조작형으로 나눈다.

71. 행정거리가 200mm와 300mm인 두 개의 복동 실린더로 다위치 제어 실린더를 구성하여 부품을 핸들링하려고 한다. 다위치 제어 실린더로 구현할 수 없는 위치는?
① 200mm   ② 300mm   [15-2]
③ 500mm   ④ 600mm

해설 행정거리가 200mm와 300mm인 두 개의 복동 실린더로 다위치 제어 실린더를 구성하여 구현할 수 있는 위치는 0, 200, 300, 500(200+300)mm의 4위치이다.

72. 다음 유체 조정 기기 도면 기호의 명칭은 무엇인가? [16-2, 19-4]

① 루브리케이터
② 드레인 배출기
③ 에어 드라이어

④ 기름 분무 분리기

해설 이 기호는 건조기 기호이다.

73. 실린더 입구의 분기 회로에 유량 제어 밸브를 설치하여 실린더 입구 측의 불필요한 압유를 배출시켜 작동 효율을 증진시킨 속도 제어 회로는? [21-4]
① 로크 회로
② 미터 인 회로
③ 미터 아웃 회로
④ 블리드 오프 회로

해설 블리드 오프 회로는 속도 제어 정도가 복잡하지 않는 회로로 병렬연결이다.

74. 자동화 시스템의 자동화가 적용되는 분야나 산업별로 구분한 것이 아닌 것은 어느 것인가? [19-1]
① OA(Office Automation)
② HA(Home Automation)
③ FA(Factory Automation)
④ LCA(Low Cost Automation)

해설 LCA(Low Cost Automation)는 저투자성 자동화, 즉 경제적 분류이다.

75. 실제의 시간과 관계된 신호에 의하여 제어가 이루어지는 것은? [17-4, 20-2]
① 논리 제어계
② 동기 제어계
③ 메모리 제어계
④ 파일럿 제어계

해설 동기 제어계(synchronous control system) : 실제의 시간과 관계된 신호에 의하여 제어가 행해지는 시스템이다.

76. 공장자동화 장치에서 사용되는 공유압 실린더의 역할로만 짝지어진 것은? [20-2]

① 잡기(clamp), 이송, 회전
② 홈 파기, 구멍 뚫기, 나사내기
③ 설계, 정보 이송, 데이터 가공
④ 도장하기, 조립하기, 도면 그리기

해설 실린더는 직선, 회전 실린더는 회전 운동을 한다.

77. 다음 회로의 명칭으로 옳은 것은 어느 것인가? [18-1]

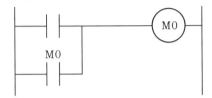

① 인터로크 회로
② 카운터 회로
③ 타이머 회로
④ 자기 유지 회로

해설 자기 유지 회로 : 전기 제어 회로에서 릴레이 자신의 접점을 통해 전기 신호를 자신의 릴레이 코일에 계속 흐르게 하여 릴레이 코일의 여자 상태를 유지하는 회로이다.

78. 스테핑 모터(stepping motor)의 일반적인 특징으로 옳은 것은? [17-2]

① 회전 각도의 오차가 적다.
② 관성이 큰 부하에 적합하다.
③ 진동 및 공진의 문제가 없다.
④ 대용량의 기기를 만들 수 없다.

해설 스테핑 모터는 진동 및 공진의 문제가 있고, 관성이 큰 부하에 부적합하며, 대용량의 기기를 만들 수 없다.

79. 고장과 고장 사이의 평균시간을 나타내는 것은? [18-4]

① MTBF ② MTBM
③ MTTF ④ MTTR

해설 • MTBF(평균 고장 간격 시간) : 각 고장까지의 시간의 합을 고장 발생수로 나눈 값
• MTTR(평균 고장 수리 시간) : 각 고장 수리 시간의 합을 고장 발생수로 나눈 값
• MTTF(평균 고장 시간) : 시스템이나 설비가 사용되어 최초 고장이 발생할 때까지의 평균 시간

80. 유압 시스템에서 작동유의 과열 원인이 아닌 것은? [08-4, 13-4]

① 높은 작동 압력
② 유량이 적음
③ 오일쿨러의 고장
④ 펌프 내의 마찰 감소

해설 펌프 내의 마찰 증대 시 작동유는 과열된다.

부록

8회 CBT 대비 실전 문제

1과목 설비 진단 및 계측

1. 설비의 제1차 건강 진단 기술로서 현장 작업원이 주로 수행하는 진단 기술은? [19-1]

① 간이 진단 기술
② 성능 정량화 기술
③ 고장 검출 해석 기술
④ 스트레스 정량화 기술

해설 간이 진단 기술이란 설비의 1차 진단 기술을 의미하며, 정밀 진단 기술은 전문 부서에서 열화 상태를 검출하여 해석하는 정량화 기술을 의미한다.

2. 다음 그림은 설치대로부터 강체로 진동이 전달되는 1자유도 진동 시스템을 나타낸 것이다. 이때 변위 전달률을 바르게 나타낸 것은? [13-4, 19-4]

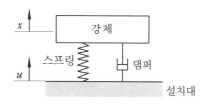

① 변위 전달률 = $\dfrac{\text{강체의 변위 진폭}}{\text{설치대의 변위 진폭}}$

② 변위 전달률 = $\dfrac{\text{설치대의 변위 진폭}}{\text{강체의 변위 진폭}}$

③ 변위 전달률 = $\dfrac{\text{스프링의 변위 진폭}}{\text{댐퍼의 변위 진폭}}$

④ 변위 전달률 = $\dfrac{\text{댐퍼의 변위 진폭}}{\text{스프링의 변위 진폭}}$

해설 변위 전달률 : 설치대로부터 기계로 진동이 전달되는 경우 설치대는 주위의 진동에 의해서 변위를 일으키며, 따라서 이 경우에 설치대의 변위에 대한 진동자의 변위의 비로서 정의된 변위 전달률에 의해서 진동의 전달을 해석한다.

3. 다음 중 진동하는 동안 마찰이나 다른 저항으로 에너지가 손실되지 않는 진동은 어느 것인가? [19-2, 20-3]

① 비감쇠 진동
② 실횻값 진동
③ 양진폭 진동
④ 편진폭 진동

해설 진동계에서 에너지가 손실되지 않는 진동은 비감쇠 진동이라 하며, 에너지가 손실되는 진동은 감쇠 진동으로 부족 감쇠, 과도 감쇠, 임계 감쇠가 있다.

4. 다음 중 진동 측정기의 측정값으로 널리 사용되는 것은? [16-4, 22-1]

① 실횻값
② 편진폭
③ 양진폭
④ 산술 평균값

해설 현재 사용 중인 많은 진동 측정 기기들은 측정된 압력을 R.M.S.값으로 나타낸다.

5. 기계 진동의 가장 일반적인 원인으로서 진동 특성이 회전 주파수의 1차 성분이 탁

월하게 나타날 경우 회전 기계의 열화 원인은?

① 미스얼라인먼트
② 언밸런스
③ 기계적 풀림
④ 공진

해설 회전체의 회전 중심과 무게 중심이 일치하지 않을 때 나타나는 현상은 언밸런스이다. $1f$ 의 주파수 성분은 언밸런스가 주원인이다.

6. 다음 중 탄성 변형을 이용하는 변환기가 아닌 것은? [21-4]

① 벨로스
② 스프링
③ 부르동관
④ 벤투리관

해설 탄성체 방식에는 다이어프램식, 벨로스식, 부르동관식, 스프링 등이 있다.

7. 회전체의 회전 중심과 무게 중심이 일치하지 않을 때 나타나는 현상은? [13-4]

① 언밸런스(unbalance)
② 미스얼라인먼트(mis alignement)
③ 오일 휠(oil whirl)
④ 공진(resonance)

해설 회전체의 회전 중심과 무게 중심이 일치하지 않을 때 나타나는 현상은 언밸런스이다.

8. 소음의 회절에 대한 설명으로 옳은 것은 어느 것인가? [08-4]

① 파장이 작고 장애물이 클수록 회절은 잘된다.
② 물체의 틈 구멍에 있어서는 틈 구멍이 클수록 회절은 잘된다.
③ 음파가 한 매질에서 타 매질로 통과할 때 구부러지는 현상이다
④ 장애물 뒤쪽으로 음이 전파되는 현상

이다.

해설 음의 회절 : 장애물 뒤쪽으로 음이 전파되는 현상이다.

9. 유체의 동력학적 성질을 이용하여 유량 또는 유속을 압력으로 변환하는 차압 검출 기구가 아닌 것은? [21-4]

① 노즐
② 부르동관
③ 오리피스
④ 벤투리관

해설 차압 검출 기구 : 오리피스, 노즐, 벤투리관, 피토관 등

10. 다음 중 음의 발생에 대한 설명으로 틀린 것은? [17-2, 21-4]

① 기체 본체의 진동에 의한 소리는 이차 고체음이다.
② 음의 발생은 크게 고차음과 기체음 두 가지로 분류할 수 있다.
③ 선풍기 또는 송풍기 등에서 발생하는 음은 난류음이다.
④ 기류음은 물체의 진동에 의한 기계적 원인으로 발생한다.

해설 • 기류음 : 직접적인 공기의 압력 변화에 의한 유체역학적 원인에 의해 발생한다. 나팔 등의 관악기, 폭발음, 음성 등
• 난류음 : 선풍기, 송풍기 등의 소리
• 맥동음 : 압축기, 진공 펌프, 엔진의 배기음 등

11. 소음 방지법 중 흡음에 관련된 내용으로 잘못된 것은? [09-4, 15-4]

① 직접 소음은 거리가 2배 증가함에 따라 6dB 감소한다.
② 소음원에 가까운 거리에서는 직접 음에 의한 소음이 압도적이다.
③ 흡음재의 시공 시 벽체와의 공간은 저주파 흡음 특성을 저해하므로 주의해야

한다.

④ 흡음재의 내구성 부족 시 유공판으로 보호해야 하며, 이때 개공률과 구멍의 크기 및 배치가 중요하다.

해설 흡음이란 음파의 파동 에너지를 감쇠시켜 매질 입자의 운동 에너지를 열에너지로 전환하는 것이다. 흡음 재료는 밀도와 투과 손실이 극히 작은 것이 일반적이다.

12. 반사 소음기의 특징으로 적합하지 않는 것은? [16-4]

① 팽창식 체임버(chamber)를 흔히 사용한다.

② 넓은 주파수 폭 소음에 대하여 높은 효과를 갖는다.

③ 덕트 소음 제어에서 효과적으로 사용이 가능하다.

④ 체임버(chamber)에 의해서 입사 소음 에너지를 반사하여 소멸시킨다.

해설 넓은 주파수 폭을 갖는 흡음식 소음기와는 달리 반사 소음기는 일반적으로 좁은 주파수 폭 소음에 대해서 높은 효과를 갖는다.

13. 침투 탐상 검사법의 장점이 아닌 것은?

① 시험 방법이 간단하다.

② 고도의 숙련이 요구되지 않는다.

③ 검사체의 표면이 침투제와 반응하여 손상되는 제품도 탐상할 수 있다.

④ 제품의 크기, 형상 등에 크게 구애받지 않는다.

해설 • 침투 탐상 검사의 장점
  ㉠ 시험 방법이 간단하고 고도의 숙련이 요구되지 않는다.
  ㉡ 제품의 크기, 형상 등에 크게 구애를 받지 않는다.
  ㉢ 국부적 시험, 미세한 균열도 탐상이

가능하고 판독이 쉬우며 비교적 가격이 저렴하다.
  ㉣ 철, 비철, 플라스틱, 세라믹 등 거의 모든 제품에 적용이 용이하다.
• 침투 탐상 검사의 단점
  ㉠ 시험 표면이 열려 있는 상태이어야 검사가 가능하며, 너무 거칠거나 기공이 많으면 허위 지시 모양을 만든다.
  ㉡ 시험 표면이 침투제 등과 반응하여 손상을 입는 제품은 검사할 수 없고 후처리가 요구된다.
  ㉢ 주변 환경, 특히 온도에 민감하여 제약을 받고 침투제가 오염되기 쉽다.

14. 자분 탐상법의 특징 설명으로 틀린 것은?

① 시험편의 크기, 형상 등에 구애를 받는다.

② 내부 결함의 검사가 불가능하다.

③ 작업이 신속 간단하다.

④ 정밀한 전처리가 요구되지 않는다.

해설 비파괴 검사의 종류인 자분 탐상법의 장점은 신속 정확하며, 결함 지시 모양이 표면에 직접 나타나기 때문에 육안으로 관찰할 수 있고, 검사 방법이 쉽지만 비자성체는 사용이 곤란하다.

15. 금속 내부에 균열이 발생되었을 때 방사선 투과 검사 필름에 나타나는 것은?

① 검은 반점

② 날카로운 검은 선

③ 흰색

④ 검출이 안 됨

해설 방사선 투과 검사 결과 필름상의 균열은 그 파면이 투과 방향과 거의 평행할 때는 날카로운 검은 선으로 밝게 보이나 직각일 때에는 거의 알 수 없다.

16. 다음 중 도선을 절단하지 않고 교류 전류를 측정할 수 있는 것은? [13-4]

① 절연 저항계 ② 클램프 미터
③ 회로 시험계 ④ 전압계

해설 클램프형 : 구조가 비교적 간단하기 때문에 수 mA~수천 A까지 교류 센서로서 많이 사용되고 있으며, 용도에 따라 여러 가지 형태가 있다.

17. 온도 측정에 사용되는 측온 저항체 중 백금의 특징이 아닌 것은? [16-4]

① 산화가 쉽다.
② 사용 범위가 넓다.
③ 자계의 영향이 크다.
④ 표준용으로 사용이 가능하다.

해설 구리가 산화되기 쉽다.

18. 다음 중 광학식 인코더의 내부 구성 요소가 아닌 것은? [06-4]

① 발광부 ② 고정판
③ 회전원판 ④ 리졸버

해설 리졸버 : 위치나 속도 검출 센서

19. 초음파를 이용하여 두께 측정이 가장 용이한 것은?

① 투과법
② 공진법
③ 수직 펄스 반사법
④ 사각 펄스 반사법

해설 공진법 : 검사 재료에 송신하는 송신파의 파장을 연속적으로 교환시켜 반파장의 정수가 판두께와 동일하게 될 때 송신파와 반사파가 공진하여 정상파가 되는 원리를 이용하여 판두께 측정, 부식 정도, 내부 결함 등을 알아내는 방법이다.

20. 미지 저항을 측정하기 위한 휘트스톤 브리지 회로에 사용되는 측정 방법은 어느 것인가? [14-4, 19-4]

① 편위법 ② 영위법
③ 치환법 ④ 보상법

해설 영위법(zero method) : 측정하려고 하는 양과 같은 종류로서 크기를 조정할 수 있는 기준량을 준비하고 기준량을 측정량에 평행시켜 계측기의 지시가 0위치를 나타낼 때의 기준량의 크기로부터 측정량의 크기를 간접으로 측정하는 방식으로 마이크로미터나 휘트스톤 브리지, 전위차계 등이 있다.

2과목 설비 관리

21. 설비의 라이프사이클에 걸쳐 설비 자체의 비용, 보전비, 유지비 및 설비 열화 손실과의 합계를 낮춰 기업의 생산성을 높일 수 있도록 하는 보전은? [22-2]

① 개량 보전 ② 사후 보전
③ 생산 보전 ④ 예방 보전

해설 생산 보전 : 생산성이 높은 보전, 즉 최경제 보전

22. 공장에서 설비를 배치할 때 가장 중요한 평가 기준이 되는 것은? [15-4]

① 새 공장 건설의 예측화
② 기계 설비의 가동률의 최적화
③ 배치 변경을 위한 융통성의 최대화
④ 각 설비 간의 자재 이동 및 취급의 최소화

해설 설비 배치의 최대 관심은 각 작업장 간의 자재 이동 및 취급의 최소화이다.

부록

23. 욕조 곡선상의 우발 고장 기간에 발생되는 고장의 감소 대책으로 가장 거리가 먼 것은? [14-4]
① 최선의 예방 보전
② 예비품 관리
③ 극한 상황을 고려한 설계
④ 교육 훈련 강화

해설 우발 고장기 : 이 기간 동안은 고장 정지시간을 감소시키는 것이 가장 중요하므로 설비 보전원의 고장 개소의 감지 능력 향상을 위한 교육 훈련이 필요하게 된다. 또한, 거의 일정한 고장률을 저하시키기 위해서는 개선, 개량이 절대 필요하며, 예비품 관리가 중요하게 된다.

24. 설비의 성능 유지 및 이용에 관한 활동을 무엇이라 하는가? [16-2]
① 공사 관리   ② 품질 관리
③ 설비 보전   ④ 설비 배치

25. 상비품 품목 결정 방식 중 상비품의 재고 방식을 계획 구입 방식이라고 한다. 다음 계획 구입 방식의 특성으로 틀린 것은 어느 것인가? [18-4]
① 관리 수속이 복잡하다.
② 재고 금액이 많아진다.
③ 구입 단가가 경제적이다.
④ 재질 변경에 대한 손실이 많다.

해설 계획 구입 방식은 재고 금액이 적어지는 특징이 있다.

26. 다음 중 직접 측정의 특징으로 틀린 것은? [18-4]
① 측정 범위가 다른 측정 방법보다 넓다.
② 측정물의 실제 치수를 직접 잴 수 있다.
③ 양이 많고 종류가 적은 제품을 측정하기에 적합하다.

④ 눈금을 잘못 읽기 쉽고 측정하는 데 시간이 많이 걸린다.

해설 직접 측정은 측정 양은 적지만, 측정 부위가 많은 곳에 사용된다.

27. 연소 목적에 맞도록 연료, 설비, 부하, 작업 방법 등에 대해서 기술적 경제적으로 가장 효과를 올릴 수 있도록 관리하는 것은? [10-4, 15-4]
① 연료 관리   ② 연소 관리
③ 열 폐기 관리   ④ 배열 회수 관리

해설 열관리 방법 중에 연소 관리에 대한 설명이다.

28. 설비의 종합 효율을 산출하기 위한 공식으로 맞는 것은? [15-2, 19-2]
① 종합 효율=시간 가동률×성능 가동률×양품률
② 종합 효율=속도 가동률×실질 가동률×양품률
③ 종합 효율 $=\dfrac{\text{속도 가동률}\times\text{성능 가동률}}{\text{양품률}}$
④ 종합 효율 $=\dfrac{\text{시간 가동률}\times\text{실질 가동률}}{\text{양품률}}$

29. 자주 보전을 하기 위한 설비에 강한 작업자의 요구 능력 중 수리할 수 있는 능력에 해당되지 않는 것은? [19-1]
① 오버홀 시 보조할 수 있다.
② 부품의 수명을 알고 교환할 수 있다.
③ 고장의 원인을 추정하고 긴급 처리를 할 수 있다.
④ 공장 주변 환경의 중요성을 이해하고, 깨끗하게 청소할 수 있다.

해설 수리할 수 있는 능력
㉠ 부품의 수명을 알고 교환할 수 있다.

정답 ► **23.** ① **24.** ③ **25.** ② **26.** ③ **27.** ② **28.** ① **29.** ④

ⓒ 고장의 원인을 추정하고 긴급처리를 할 수 있다.
ⓒ 오버홀 시 보조할 수 있다.

30. 현상 파악을 위해 공정에서 취한 계량치 데이터가 여러 개 있을 때 데이터가 어떤 값을 중심으로 어떤 모습으로 산포하고 있는가를 조사하는 데 사용하는 그림은 어느 것인가? [18-4, 20-3, 20-4, 21-1]
① 관리도　　② 산점도
③ 파레토도　　④ 히스토그램

해설 히스토그램 : 공정에서 취한 계량치 데이터가 여러 개 있을 때 데이터가 어떤 값을 중심으로 어떤 모습으로 산포하고 있는가를 조사하는 데 사용하는 그림이다. 그림의 형태, 규정값과의 관계, 평균치와 표준차, 공정능력 등 되도록 많은 정보를 얻을 수 있다.

31. 윤활 관리 중 생산성 제고의 효과라고 볼 수 없는 것은? [13-4, 21-1]
① 노동의 절감
② 윤활유 사용 소비량의 절약
③ 기계의 효율 향상 및 정밀도의 유지
④ 수명 연장으로 기계 설비 손실액의 절감

해설 윤활 관리가 합리적으로 이루어진다고 할 때 기대되는 효과로서 윤활유 사용 소비량의 절약은 자원 절약 효과에 해당된다.

32. 윤활 관리의 기본적인 4원칙에 포함되지 않는 것은? [20-4]
① 적유　　② 적법
③ 적기　　④ 적압

해설 윤활의 4원칙 : 적유, 적기, 적량, 적법

33. 윤활유의 물리 화학적 성질 중 가장 기본이 되는 것으로 액체가 유동할 때 나타나는 내부 저항을 의미하는 것은? [21-2]
① 점도　　② 인화점
③ 발화점　　④ 유동점

해설 점도 : 윤활유의 가장 기본적인 성질로 유체역학적 유막 형성에 기여하는 성질

34. 다음 윤활유의 급유법 중 윤활유를 미립자 또는 분무 상태로 급유하는 방법으로 여러 개의 다른 마찰면을 동시에 자동적으로 급유할 수 있는 것은? [18-4, 21-4]
① 바늘 급유법　　② 원심 급유법
③ 버킷 급유법　　④ 비말 급유법

해설 비말 급유법은 순환 급유법이다.

35. 유압 펌프에서 유압 작동유가 토출되지 않는 원인으로 틀린 것은? [14-2, 19-2]
① 오일 점도가 낮다.
② 오일 흡입 라인의 누설이 있다.
③ 펌프(베인 펌프) 회전 속도가 낮다.
④ 오일 탱크 내의 유량이 부족하다.

해설 오일 점도가 낮을 경우 토출 유량이 적어질 수 있으나 펌핑은 가능하다.

36. 윤활유의 열화 방지법으로 틀린 것은 어느 것인가? [19-2]
① 교환 시는 열화유를 완전히 제거한다.
② 신 기계 도입 시 충분한 세척(flushing)을 실시한다.
③ 윤활유에 협잡물 혼입 시 충분히 사용 후 교환한다.
④ 사용유는 원심 분리기 백토 처리 등의 재생법을 사용하여 재사용 한다.

해설 윤활유에 협잡물 혼입 시 즉시 교환한다.

37. 유분석을 위한 시료 채취 시 주의사항으로 옳지 않은 것은? [07-4, 17-2, 20-2]

① 시료는 가동 중인 설비에서 채취한다.

② 탱크 바닥에서 채취한다.

③ 필터 전, 기계요소를 거친 지점에서 채취한다.

④ 샘플링 line이나 밸브, 채취 기구는 샘플링 전에 충분히 flushing을 한다.

해설 시료는 탱크 바닥과 유면 중간 부위에서 채취한다.

38. 그리스를 장시간 사용하지 않고 방치해 놓거나, 사용 과정에서 오일이 그리스로부터 이탈되는 현상은? [20-3, 21-1]

① 주도   ② 이유도

③ 동점도   ④ 수세 내수도

해설 이유도 : 장기간 보유 시 그리스의 혼합물인 기유와 중주제가 분리되는 정도(기유 분리성)

39. 공기 압축기의 윤활 트러블 원인이 아닌 것은? [16-2, 19-4]

① 냉각   ② 탄소

③ 마모   ④ 드레인

해설 공기 압축기는 토출 공기의 청정과 윤활유의 열화에도 냉각이 절대 필요하다.

40. 미끄럼 베어링의 급유법으로 가장 적합하지 않은 방식은? [15-4, 20-2]

① 분무식   ② 순환식

③ 유욕식   ④ 전손식

해설 미끄럼 베어링에 있어서 윤활에 필요한 점성 유막을 만들려면 고정면과 운동면 사이에 상대적인 미끄러짐이 존재하여야 하고, 이면 간의 유막이 쐐기형으로 되어 있어야 하므로 분무식 급유는 부적당하다.

3과목 기계 일반 및 기계 보전

41. 일반적인 핀의 호칭법에 대한 설명으로 틀린 것은? [18-2]

① 분할 핀의 호칭 길이는 긴 쪽의 길이로 표시한다.

② 테이퍼 핀의 호칭 지름은 작은 쪽의 지름으로 표시한다.

③ 평행 핀의 길이는 양 끝의 라운드 부분을 제외한 길이로 표시한다.

④ 분할 핀의 호칭 지름은 핀이 끼워지는 구멍의 지름으로 표시한다.

해설 분할 핀의 호칭 길이는 짧은 쪽의 길이로 표시한다.

42. 축계 기계요소의 도시 방법으로 옳지 않은 것은? [22-1]

① 축은 길이 방향으로 단면 도시를 하지 않는다.

② 긴 축은 중간을 파단하여 짧게 그리지 않는다.

③ 축 끝에는 모따기 및 라운딩을 도시할 수 있다.

④ 축에 있는 널링의 도시는 빗줄로 표시할 수 있다.

해설 긴 축은 중간을 파단하여 짧게 그린다.

43. 기계 제도 중 기어의 도시 방법에 대한 설명으로 옳지 않은 것은? [22-1]

① 이봉우리원은 굵은 실선으로 표시한다.

② 피치원은 가는 일점쇄선으로 표시한다.

③ 이골원은 가는 이점쇄선으로 표시한다.

④ 잇줄 방향은 통상 3개의 가는 실선으로 표시한다.

해설 기어에서 이끝원은 굵은 실선으로 작도한다.

---

44. 스프링의 제도 방법 중 옳지 않은 것은 어느 것인가? [09-4, 16-2]
① 하중이 가해진 상태에서 그려서 치수를 기입 시에는 하중을 기입한다.
② 도면에서 특별히 지시가 없는 코일 스프링은 오른쪽 감김을 나타낸다.
③ 겹판 스프링은 스프링 판이 수평된 상태에서 그리는 것을 원칙으로 한다.
④ 부품도, 조립도 등에서 양 끝을 제외한 동일 모양 부분을 생략하는 경우에는 가는 실선으로 표시한다.
[해설] 조립도나 설명도 등에는 단면만을 나타낼 수도 있다.

45. 줄 작업 시 줄 작업 용도에 따른 작업 방법이 아닌 것은? [06-4, 13-4]
① 직진법 ② 후퇴법
③ 사진법 ④ 병진법
[해설] 줄 작업 방법 : 직진법, 사진법, 병진법

46. 측정하려고 하는 양의 변화에 대응하는 측정 기구 지침의 움직임이 많고 적음을 가리키며, 일반적으로 측정기의 최소 눈금으로 표시하는 것은? [07-4, 15-4, 20-3]
① 감도 ② 정밀도
③ 정확도 ④ 우연 오차

47. 접착제의 구비 조건으로 틀린 것은 어느 것인가? [08-4, 18-2]
① 액체성을 가질 것
② 윤활성을 가질 것
③ 모세관 작용을 할 것
④ 고체화하여 일정한 강도를 가질 것
[해설] 접착제의 구비 조건
㉠ 액체성일 것
㉡ 고체 표면의 좁은 틈새에 침투하여 모

세관 작용을 할 것
㉢ 액상의 접합체가 도포 직후 용매의 증발 냉각 또는 화학반응에 의하여 고체화하여 일정한 강도를 가질 것

48. 기업의 생산성 향상을 위하여 시행해야 할 사항으로 잘못된 것은? [10-4]
① 설비의 고장, 정지, 성능 저하를 방지한다.
② 종업원의 근로 의욕을 높일 수 있도록 한다.
③ 작업 부주의 및 원료의 불량에 따른 품질 저하를 방지한다.
④ 제품 품질을 높이기 위해서 제품 원가를 높인다.
[해설] 생산성 향상을 위해서는 제품의 원가를 절감해야 한다.

49. 체결용 기계요소 중 고착된 볼트의 제거 방법으로 틀린 것은? [16-4]
① 볼트에 충격을 주는 방법
② 너트에 충격을 주는 방법
③ 로크너트를 사용하는 방법
④ 정으로 너트를 절단하는 방법
[해설] 고착된 볼트의 분해법 : 볼트나 너트를 두드려 푸는 방법, 너트를 정으로 잘라 넓히는 방법, 아버 프레스를 이용하는 방법, 비틀어 넣기 볼트를 빼내는 방법 등이 있다. 로크너트는 풀림 방지에 사용된다.

50. 축의 중심내기 방법 중 잘못된 것은 어느 것인가? [10-4, 14-2]
① 죔형 커플링의 경우 스트레이트에지를 이용하여 중심을 낸다.
② 체인 커플링의 경우 원주를 4등분한 다음 다이얼게이지로 측정해서 중심을 맞춘다.

부록

③ 플랜지의 면간의 차를 측정하여 중심 맞추기를 한다.

④ 플렉시블 커플링은 중심내기를 하지 않는다.

해설 플렉시블 커플링도 센터링을 해야 한다.

51. 기어 전동 장치에서 기어 마모의 원인으로 적합하지 않은 것은? [10-4]

① 오일 공급의 부족으로 금속과 금속 간의 마찰

② 공급 오일 중에 연마 입자의 침투

③ 공급 오일의 유막 강도 증대

④ 오일 첨가제 성분에 의한 화학적 마모

해설 공급 오일의 유막 증대는 기어 마모의 원인이 아니다.

52. 관(pipe)의 플랜지 이음에 대한 설명으로 틀린 것은? [15-2, 19-1]

① 유체의 압력이 높은 경우 사용된다.

② 관의 지름이 비교적 큰 경우 사용된다.

③ 가끔 분해, 조립할 필요가 있을 때 편리하다.

④ 저압용일 경우 구리, 납, 연강 등을 사용한다.

해설 나사형 플랜지 : 관용나사로 플랜지를 강관에 고정하는 것이며, 지름 200mm 이하의 저압, 저온 증기나 약간 고압 수관에 사용된다.

53. 펌프 흡입관에 대한 설명으로 틀린 것은? [14-4, 17-2, 19-4]

① 흡입관 끝에 스트레이너를 설치한다.

② 관의 길이는 짧고 곡관의 수는 적게 한다.

③ 배관은 펌프를 향해 1/150 올림 구배를 한다.

④ 흡입관에서 편류나 와류가 발생하지 못하게 한다.

해설 배관은 공기가 발생하지 않도록 펌프를 향해 1/50 올림 구배를 한다.

54. 고온가스를 취급하는 송풍기 베어링 설치 방법을 연결한 것 중 맞는 것은? [15-4]

① 전동기측 베어링-고정, 반전동기측-신장

② 전동기측 베어링-고정, 반전동기측-고정

③ 전동기측 베어링-고정, 반전동기측-신축

④ 전동기측 베어링-신축, 반전동기측-신축

해설 전동기측 베어링은 고정하고 반전동기측 베어링은 신장되도록 한다.

55. 감속기 운전 중 발열과 진동이 심하여 분해점검 결과 감속기 축을 지지하는 베어링이 심하게 손상된 것을 발견했다. 구름 베어링의 손상과 원인을 짝지은 것 중 잘못된 것은? [10-4, 15-4]

① 위핑(wiping) : 간극의 협소, 축정열 불량

② 스코어링(scoring) : 축 전압에 의한 베어링 면에 아크 발생

③ 피팅(pitting) : 균열, 전식, 부식, 침식 등에 의하여 여러 개의 작은 홈 발생

④ 눌러 붙음(seizure) : 윤활유 부족, 부분 접촉 등으로 접촉부가 눌러 붙는 현상

해설 scoring : 이물질에 의한 긁힘 현상

56. 전동기가 회전 중 진동현상을 보이고 있다. 그 원인으로 가장 거리가 먼 것은 어느 것인가? [19-4]

① 베어링의 손상

② 통풍창의 먼지 제거

③ 커플링, 풀리의 이완

④ 로터와 스테이터의 접촉

해설 진동현상의 원인 : 베어링의 손상, 커플링, 풀리 등의 마모, 냉각 팬, 날개바퀴의 느슨해짐, 로터와 스테이터의 접촉이며, 냉각 불충분은 과열의 원인이다.

57. 중대 재해에 해당하지 않는 것은?

① 사망자가 1명 이상 발생한 재해

② 부상자가 동시에 10명 이상 발생한 재해

③ 직업성 질병자가 동시에 10명 이상 발생한 재해

④ 2개월 이상의 요양이 필요한 부상자가 동시에 2명 이상 발생한 재해

해설 중대 재해의 범위

• 사망자가 1명 이상 발생한 재해

• 3개월 이상의 요양이 필요한 부상자가 동시에 2명 이상 발생한 재해

• 부상자 또는 직업성 질병자가 동시에 10명 이상 발생한 재해

58. 근로자가 상시 정밀 작업을 하는 장소의 작업면 조도는 몇 럭스(lux) 이상이어야 하는가?

① 750lux ② 300lux

③ 150lux ④ 75lux

해설 근로자가 상시 작업하는 장소의 작업면 조도(照度)

• 초정밀 작업 : 750lux 이상

• 정밀 작업 : 300lux 이상

• 보통 작업 : 150lux 이상

• 그 밖의 작업 : 75lux 이상

59. 유해 · 위험 방지를 위해 방호 조치가 필요한 기계 · 기구가 아닌 것은?

① 원심기 ② 예초기

③ 롤러기 ④ 래핑기

해설 유해 · 위험 방지를 위한 방호 조치가 필요한 기계 · 기구 : 예초기, 원심기, 공기 압축기, 금속 절단기, 지게차, 포장기계(진공포장기, 래핑기로 한정한다.)

60. 산업안전보건법령상 자율 검사 프로그램에 포함되어야 하는 내용이 아닌 것은?

① 안전 검사 대상 기계 보유 현황

② 안전 검사 대상 기계의 검사 주기

③ 작업자 보유 현황과 작업을 할 수 있는 장비

④ 향후 2년간 안전 검사 대상 기계의 검사 수행 계획

해설 자율 검사 프로그램의 내용

• 안전 검사 대상 기계 등의 보유 현황

• 검사원 보유 현황과 검사를 할 수 있는 장비 및 장비 관리 방법(자율안전검사기관에 위탁한 경우에는 위탁을 증명할 수 있는 서류를 제출)

• 안전 검사 대상 기계 등의 검사 주기 및 검사 기준

• 향후 2년간 안전 검사 대상 기계 등의 검사 수행 계획

• 과거 2년간 자율 검사 프로그램 수행 실적(재신청의 경우만 해당)

4과목 공유압 및 자동화

61. 오리피스(orifice)에 대한 설명으로 옳은 것은? [11-4, 18-2, 21-4]

① 길이가 단면 치수에 비해 비교적 긴 교축이다.

② 유체의 압력 강하는 교축부를 통과하는 유체 온도에 따라 크게 영향을 받는다.

③ 유체의 압력 강하는 교축부를 통과하는 유체 점도의 영향을 거의 받지 않는다.

④ 유체의 압력 강하는 교축부를 통과하는 유체 점도에 따라 크게 영향을 받는다.

해설 ①, ②, ④항은 초크(choke)의 설명이다.

62. 베르누이 정리 식으로 옳은 것은? (단, V : 유체의 속도, g : 중력 가속도, p : 유체의 압력, γ : 비중량, Z : 유체의 위치이다.) [15-4, 21-4]

① $\left(\dfrac{V^2}{2g}\right)+\left(\dfrac{P}{\gamma}\right)+Z=$일정

② $\left(\dfrac{V^2}{2g}\right)+\left(\dfrac{P}{\gamma}\right)-Z=$일정

③ $\left(\dfrac{V^2}{2g}\right)-\left(\dfrac{P}{\gamma}\right)+Z=$일정

④ $\left(\dfrac{2g}{V^2}\right)-\left(\dfrac{P}{\gamma}\right)+Z=$일정

해설 베르누이 정리 : 에너지의 손실이 없다고 가정할 경우, 유체의 위치 에너지, 속도 에너지, 압력 에너지의 합은 일정하다.

63. 베인 펌프의 일반적인 특징으로 틀린 것은? [17-2]

① 소음이 작다.
② 토출측의 맥동 현상이 적다.
③ 압력이 떨어질 염려가 없다.
④ 출력에 비해 형상 치수가 크다.

해설 베인 펌프의 특징
㉠ 토출 압력의 맥동과 소음이 적다.
㉡ 스타트 토크가 작아 급속 스타트가 가능하다.
㉢ 단일 무게당 용량이 커 형상 치수가 최소이다.
㉣ 베인의 마모로 인한 압력 저하가 적어 수명이 길다.
㉤ 비평형 베인 펌프는 송출 압력이 $70\,\mathrm{kgf/cm^2}$ 이하이다.
㉥ 구조가 간단하고 취급이 용이하다.

64. 밸브의 오버랩에 대한 설명으로 옳은 것은? [15-4, 19-2]

① 방향 제어 밸브는 일반적으로 제로 오버랩을 갖는다.
② 밸브의 작동 시 포지티브 오버랩 밸브는 서지 압력이 발생할 수 있다.
③ 밸브의 전환 시 모든 연결구가 순간적으로 연결되는 형태가 제로 오버랩이다.
④ 포지티브 오버랩에서 밸브의 전환 시 액추에이터는 부하에 종속된 움직임을 갖는다.

해설 포핏 밸브는 네거티브 오버랩만 발생하여 네거티브 오버랩을 사용할 경우 카운터 밸런스 밸브나 파일럿 작동 체크 밸브를 같이 사용한다.
• 제로 오버랩은 주로 서보 밸브에서 사용된다.
• 네거티브 오버랩은 슬라이드 밸브에서 사용된다.

65. 실린더에 인장 하중이 걸리는 하중이 걸리는 경우, 피스톤이 끌게 되는데 이를 방지하기 위해 인장 하중이 걸리는 측에 압력 릴리프 밸브를 이용하여 저항을 형성한다, 이러한 목적을 위해 사용되는 밸브는 다음 중 어느 것인가? [20-4]

① 안전밸브(safety valve)
② 브레이크 밸브(brake valve)
③ 시퀀스 밸브(sequence valve)
④ 카운터 밸런스 밸브(counter balance valve)

해설 카운터 밸런스 밸브는 자중에 의해 낙하되는 경우, 즉 인장 하중이 발생되는 곳에 배압을 발생시켜 이를 방지하기 위한 것으로 릴리프 밸브와 체크 밸브를 내장한다.

정답 ● 62. ① 63. ④ 64. ② 65. ④

66. 유압 모터 중 구조면에서 가장 간단하며 출력 토크가 일정하고 정·역회전이 가능하고 토크 효율이 약 75~85%, 최저 회전수는 150rpm 정도이며, 정밀 서보 기구에는 부적합한 것은? [13-4, 19-1]
① 기어 모터(gear motor)
② 베인 모터(vane motor)
③ 액시얼 피스톤 모터(axial piston motor)
④ 레이디얼 피스톤 모터(radial piston motor)

[해설] 베인 모터는 최저 회전수 200rpm이다.

67. 실린더에 반지름 방향의 하중이 작용할 때 발생하는 현상으로 옳은 것은? [20-4]
① 실린더의 추력이 증대된다.
② 피스톤 로드 베어링이 빨리 마모된다.
③ 피스톤 컵 패킹의 내구 수명이 증대된다.
④ 실린더의 공기 공급 포트에서 누설이 증대된다.

[해설] 실린더는 축방향 하중, 즉 추력을 받도록 설계되어 있으며 반지름 방향, 즉 레이디얼 하중이 작용되면 실린더 로드에 좌굴 하중이 발생되고 베어링의 수명이 단축된다.

68. 오일 탱크에 관한 설명으로 틀린 것은 어느 것인가? [17-4, 21-2]
① 오일 탱크의 크기는 펌프 토출량과 동일하게 제작한다.
② 에어 블리저의 용량은 펌프 토출량의 2배 이상으로 제작한다.
③ 스트레이너의 유량은 펌프 토출량의 2배 이상의 것을 사용한다.
④ 오일 탱크의 유면계를 운전할 때 잘 보이는 위치에 설치한다.

[해설] 오일 탱크의 크기는 펌프 토출량의 3배 이상으로 제작한다.

69. 다음 공기압 밸브 중 OR 논리를 만족시키는 밸브는? [12-4, 19-2]
① 2압 밸브
② 셔틀(shuttle) 밸브
③ 파일럿 조작 체크 밸브
④ 3/2-way 정상 상태 열림형 밸브

[해설] 셔틀 밸브(shuttle valve, OR valve) : 3방향 체크 밸브, OR 밸브, 고압 우선 셔틀 밸브라고도 하는데, 체크 밸브를 2개 조합한 구조로 되어 있어 1개의 출구 A와 2개의 입구 X, Y가 있고, 공압 회로에서 그 종류의 공압 신호를 선택하여 마스터 밸브에 전달하는 경우에 사용된다.

70. 대기압보다 낮은 압력을 이용하여 부품을 흡착하여 이동시키는 데 사용하는 공기압 기구는? [16-2, 19-2]
① 진공 패드
② 액추에이터
③ 배압 감지기
④ 공기 배리어기

[해설] 진공 패드 : 흡입 컵(suction cup)을 부착하여 여러 종류의 물체를 운반하는 데 사용하는 것으로 흡입 노즐은 벤투리(venturi) 원리에 의하여 작동된다.

71. 다음 중 공기압 모터의 특징으로 틀린 것은 어느 것인가? [19-2]
① 폭발 및 과부하에 안전하다.
② 회전 방향을 쉽게 바꿀 수 있다.
③ 속도를 무단으로 조절할 수 있다.
④ 구동 초기에 최고 회전 속도를 얻을 수 있다.

[해설] 공압은 압축성을 이용한 것이므로 운전 초기에 적당한 압력이 형성되어야 원활한 회전이 된다.

부록

72. 다음 밸브의 제어 라인에 부여하는 숫자로 옳은 것은? [18-4]

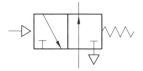

① 1　　② 2　　③ 10　　④ 13

해설 밸브의 기호 표시법

라인	ISO 1219	ISO 5509/11
작업 라인	A, B, C − −	2, 4, 6 − −
공급 라인	P	1
드레인 라인	R, S, T	3, 5, 7
제어 라인	Y, Z, X	10, 12, 14

73. 다음 유압 속도 제어 회로의 특징이 아닌 것은? [19-4]

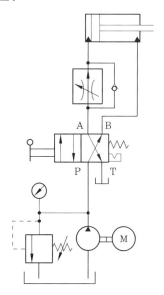

① 펌프 송출압은 릴리프 밸브의 설정압으로 정해진다.
② 유량 제어 밸브를 실린더의 작동 행정에서 실린더 오일이 유입되는 입구 측에 설치한 회로이다.
③ 펌프에서 송출되는 여분의 유량은 릴리프 밸브를 통하여 탱크로 방류되므로

동력 손실이 크다.
④ 실린더 입구의 압력 쪽 분기 회로에 유량 제어 밸브를 설치하여 불필요한 압유를 배출시켜 작동 효율을 증진시킨다.

해설 유량 제어 밸브에서 유량을 적게 통과시켜 속도를 제어시키므로 불필요한 압유는 배출되지 않는다.

74. 센서로부터 입력되는 제어 정보를 분석·처리하여 필요한 제어 명령을 내려 주는 장치인 제어 신호 처리 장치의 명칭은 무엇인가? [18-1]

① 네트워크　　② 프로세서
③ 하드웨어　　④ 액추에이터

해설 센서로부터 입력되는 제어 정보를 분석·처리하여 필요한 제어 명령을 내려 주는 장치인 제어 신호 처리 장치를 프로세서라 하며, PLC는 프로세서의 한 종류이다.

75. 요구되는 입력 조건이 만족되면 그에 상응하는 출력 신호가 나타나는 제어는?

① 논리 제어 [17-2]
② 동기 제어
③ 시퀀스 제어
④ 시간 종속 시퀀스 제어

해설 논리 회로 logic : AND, OR, NOT 등의 논리 기능을 가진 회로이다.

76. 로봇의 감지 장치에 대한 설명으로 틀린 것은? [19-4]

① 물체의 위치는 외계 조건이다.
② 가속도와 회전력은 내계 조건이다.
③ 퍼텐쇼미터의 출력은 디지털 신호이다.
④ 촉각 센서는 물체의 형상과 접촉 여부를 감지한다.

해설 출력은 아날로그 신호이다.

정답 ● 72. ③ 73. ④ 74. ② 75. ① 76. ③

77. 전기 기계에서 히스테리시스 손을 감소시키기 위하여 사용하는 강판은? [20-2]

① 청동 판 ② 황동 판
③ 규소 강판 ④ 스테인리스 강판

해설 히스테리시스 손 : 교류에 의하여 자성체, 즉 철과 같은 것을 자화하면 자속 밀도는 히스테리시스 곡선을 그리고, 이를 요하는 에너지는 열에너지로 바뀌어 철심 중에서 소비된다. 이것을 히스테리시스 손이라 한다.

78. 3상 유도 전동기의 동기 속도와 슬립을 나타내는 식으로 맞는 것은? [14-2]

① 동기 속도 $= \dfrac{(120 \times 극수)}{주파수}$

슬립 $= \left[\dfrac{(동기\ 속도 - 전부하\ 속도)}{동기\ 속도} \right] \times 100\%$

② 동기 속도 $= \dfrac{(120 \times 주파수)}{극수}$

슬립 $= \left[\dfrac{(전부하\ 속도 - 동기\ 속도)}{전부하\ 속도} \right] \times 100\%$

③ 동기 속도 $= \dfrac{(120 \times 주파수)}{극수}$

슬립 $= \left[\dfrac{(동기\ 속도 - 전부하\ 속도)}{동기\ 속도} \right] \times 100\%$

④ 동기 속도 $= \dfrac{(120 \times 극수)}{주파수}$

슬립 $= \left[\dfrac{(전부하\ 속도 - 동기\ 속도)}{전부하\ 속도} \right] \times 100\%$

해설 4극 3상 유도 전동기의 실제 측정 회전수가 1690rpm이라면,

동기 속도 $= \dfrac{(120 \times 주파수)}{극수}$

$= \dfrac{(120 \times 60)}{4} = 1800 \ \text{rpm}$

슬립 $= \left[\dfrac{(1800 - 1690)}{1800} \right] \times 100 = 6.1\%$ 이다.

79. 시스템, 기기 및 부품의 고장간(故障間) 작동 시간의 평균치를 의미하는 것은 어느 것인가? [15-2]

① MTTR(Mean Time To Repair)
② MTBF(Mean Time Between Failure)
③ 신뢰도(Reliability)
④ 고장률(Failure Rate)

해설 고장간(故障間) 작동 시간의 평균치를 MTBF(Mean Time Between Failure)라고 한다.

80. PLC에서 출력 신호는 존재하는데, 공압 실린더가 움직이지 않을 때, 그 원인으로 적절하지 않은 것은? [18-1]

① 전선이 단선되어 있다.
② 밸브의 솔레노이드가 소손되었다.
③ 공기 중에 수분 함유량이 보통보다 적다.
④ 공급 압력이 게이지 압력으로 0 bar를 지시하고 있다.

해설 출력 신호가 있는 것도 전압이 발생한다는 것이고 이는 전선으로 솔레노이드와 연결되어 있어야 실린더의 동작이 가능하다. 따라서 실린더가 움직이지 않는 것도 이 과정에서의 문제이므로 전선, 솔레노이드를 확인하여야 하고, 여기에 문제가 없으면 솔레노이드 밸브의 스풀 등에 의하여 작동되지 않는지, 또 여기에도 문제가 없으면 실린더에 압축 공기 공급 여부(압력), 실린더 내부 누설, 실린더의 부하 등을 확인하여야 한다.

부록

9회 CBT 대비 실전 문제

1과목 **설비 진단 및 계측**

1. 오일 분석법 중 채취한 오일 샘플링을 용제로 희석하고, 자석에 의하여 검출된 마모 입자의 크기, 형상 및 재질을 분석하여 이상 원인을 규명하는 설비 진단 기법은 어느 것인가?　　　　　　　　　　　　　[16-2]
① 원자 흡광법　　② 회전 전극법
③ 페로그래피법　④ 오일 SOAP법

2. 다음 중 진동의 종류별 설명으로 틀린 것은?　　　　　　　　　　　　[14-2, 21-4]
① 선형 진동 – 진동의 진폭이 증가함에 따라 모든 진동계가 운동하는 방식이다.
② 자유 진동 – 외란이 가해진 후에 계가 스스로 진동을 하고 있는 경우이다.
③ 비감쇠 진동 – 대부분의 물리계에서 감쇠의 양이 매우 적어 공학적으로 감쇠를 무시한다.
④ 규칙 진동 – 기계 회전부에 생기는 불평형, 커플링부의 중심 어긋남 등의 원인으로 발생하는 진동이다.

해설 ·선형 진동 : 기본 요소(스프링, 질량, 감쇠기)가 선형 특성일 때 발생하는 진동
·비선형 진동 : 기본 요소 중의 하나가 비선형적일 때 발생하는 진동으로 진동의 진폭이 증가함에 따라 모든 진동계가 운동하는 방식

3. 진동에서 진폭 표시의 파라미터가 아닌 것은?　　　　　　　　　　[17-4, 21-2]
① 댐퍼　　　　　② 변위
③ 속도　　　　　④ 가속도

해설 진폭은 변위, 속도, 가속도의 3가지 파라미터로 표현한다.

4. 진동을 측정할 때 사용되는 단위는 어느 것인가?　　　　　　　　　　[15-4]
① 폰(phone)
② 와트(watt)
③ 칸델라(candela)
④ 데시벨(decibel)

해설 진동을 측정할 때 사용하는 단위는 mm, mm/s, mm/s^2, dB 등이다

5. 진동 차단기의 종류가 아닌 것은? [19-2]
① 강철 스프링　　② 공기 스프링
③ 심 플레이트　　④ 합성고무 절연제

해설 심 플레이트는 두 축의 중심 높이가 다를 경우 낮은 축 베이스에 사용한다.

6. 다음 중 진동수 f, 변위 진폭의 최대치 A의 정현 진동에 있어서 속도 진폭은 얼마인가?　　　　　　　　　　　　[11-4]
① $2\pi f A^2$　　　　② $(2\pi)^2 f A$
③ $(2\pi f)^2 A$　　　④ $2\pi f A$

해설 $\omega = 2\pi f,\ X = A\sin\omega t = A\sin(2\pi f)t$

$\dfrac{dx}{dt} = \dfrac{d}{dt}A\sin(2\pi f)t = (2\pi f)A\cos(2\pi f)t$

∴ 진폭은 $2\pi f A$

7. 회전 기계의 질량 불평형 상태의 스펙트럼에서 가장 크게 나타나는 주파수 성분은 어느 것인가?　　　　　　　[20-3]

① 1X　　　　② 2X
③ 3X　　　　④ 1.5X~1.7X

해설 질량 불평형은 수평 방향에서 1X 성분이 크게 나타난다.

8. 소음의 물리적 현상에서 둘 또는 그 이상의 같은 성질의 파동이 동시에 어느 한 점을 통과할 때 그 점에서의 진폭은 개개의 파동의 진폭을 합한 것과 같은 원리는 다음 중 어느 것인가?　　　　　　　[20-3]

① 중첩의 원리　　② 도플러의 원리
③ 청감 보정 원리　④ 호이겐스의 원리

해설 굴절이나 공진은 소음의 중첩 원리에 적용되지 않는다.

9. 주파수가 약간 다른 두 개의 음원으로부터 나오는 음은 보강 간섭과 소멸 간섭을 교대로 이루어 어느 순간에 큰 소리가 들리면 다음 순간에는 조용한 소리로 들리는 현상은 무엇인가?　　　　[19-2]

① 공명　　　　② 맥놀이
③ 마스킹　　　④ 투과 손실

해설 맥놀이 : 주파수가 약간 다른 두 개의 음원으로부터 나오는 음은 보강 간섭과 소멸 간섭을 교대로 이루어 어느 순간에 큰 소리가 들리면 다음 순간에는 조용한 소리로 들리는 현상으로, 맥놀이 수는 두 음원의 주파수 차와 같다.

10. 소음 방지 대책에 관한 설명으로 옳은 것은?　　　　　　　[21-1]

① 흡음재를 사용하며, 재료의 흡음률은 흡수된 에너지와 입사된 에너지의 비로 나타낸다.
② 기계 주위에 차음벽을 설치하며, 투과율은 흡수 에너지와 투과된 에너지의 비로 나타낸다.
③ 차음 효과를 증가시키기 위하여 차음벽의 무게와 주파수를 2배 증가시키면 투과 손실은 오히려 감소한다.
④ 차음벽의 무게나 내부 감쇠에 의한 차음 효과는 주파수가 증가함에 따라 감소한다.

해설 • 소음 방지 방법 : 흡음, 차음, 진동 차단, 진동 댐핑, 소음기
• 투과율 : $\tau = \dfrac{\text{투과음의 세기}}{\text{입사음의 세기}}$
높은 주파수는 파장이 짧아 음을 높게 느끼고, 낮은 주파수는 파장이 길어서 음을 낮게 느낀다.

11. 음파가 한 매질에서 타 매질로 통과할 때 구부러지는 현상은?　[09-4, 22-1]

① 음의 굴절　　② 음의 회절
③ 맥놀이(beat)　④ 도플러 효과

해설 음의 굴절은 음파가 한 매질에서 다른 매질로 통과할 때 구부러지는 현상을 말한다. 각각 서로 다른 매질을 음이 통과할 때 그 매질 중의 음속은 서로 다르게 된다.

12. 소음을 측정하기 위해 공장에서 준비해야 할 자료가 아닌 것은?　　[20-2]

① 공장 배치도　　② 기계 배치도
③ 생산 현황도　　④ 작업 공정도

해설 소음 측정 시 준비하여야 할 자료
㉠ 공장 주변도　　㉡ 공장 배치도

정답 **7.** ①　**8.** ①　**9.** ②　**10.** ①　**11.** ①　**12.** ③

© 공장 평면도   ② 기계 배치도
⑩ 공장 건물 설치도 ⑭ 작업 공정도
⊗ 기계 장치의 성능, 출력, 회전수 등의
  일람표

13. 비파괴 검사 중 자기 검사법을 적용할
수 없는 것은?
① 오스테나이트계 스테인리스강
② 연강
③ 고속도강
④ 주철

해설 자기 검사(MT)는 자성이 있는 물체만
을 검사할 수 있으므로 비자성체인 오스테
나이트계 스테인리스강(18-8)은 자기 검
사법을 적용할 수 없다.

14. X선 투과 검사에서 결함이 있는 곳과 없
는 곳의 투과 X선의 강도비는 어떻게 결정
되는가?
① 결함의 길이와 물질의 흡수 계수에 의
  하여 결정된다.
② 입사 X선의 세기와 정비례한다.
③ 입사 X선의 세기와 반비례한다.
④ 결함의 길이와 물질의 흡수 계수에는
  관계없이 관 전압에 의하여 결정된다.

해설 투과 X선의 강도비는 입사 X선의 세
기와는 관계없고 결함의 길이와 물질의 흡
수 계수에 의하여 결정된다.

15. 검사 대상체의 내부와 외부의 압력차를
이용하여 결함을 탐상하는 비파괴 검사법
은?   [22-1]
① 누설 검사   ② 와류 탐상 검사
③ 침투 탐상 검사 ④ 초음파 탐상 검사

해설 누설 탐상 검사(LT : Leaking Testing)
: 시편 내부 및 외부의 압력차를 이용하여
유체의 누출 상태를 검사하거나 유출량을

검출하는 검사 방법이다. 이 검사법은 검
사 속도가 빠르며 비용이 적게 들고 검사
속도에 비해 감도가 좋다. 그러나 결함의
원인 및 형태를 알 수 없고 개방되어 있는
시스템에서는 사용할 수 없으며, 수압 시
험이 시험체에 손상을 줄 수 있다.

16. 다음 비파괴 검사법 중 맞대기 용접부의
내부 기공을 검출하는 데 가장 적합한 것
은?   [22-1]
① 침투 탐상 검사 ② 와류 탐상 검사
③ 자분 탐상 검사 ④ 방사선 투과 검사

해설 방사선 투과 시험은 소재 내부의 불연
속의 모양, 크기 및 위치 등을 검출하는 데
많이 사용된다. 금속, 비금속 및 그 화합
물의 거의 모든 소재를 검사할 수 있다.

17. 2개의 다른 금속선으로 폐회로를 만들
어 열기전력을 발생시키고, 폐회로에 전류
가 흐르게 하는 원리를 이용한 온도계는?
① 열전쌍   ② 서미스터   [18-1]
③ 볼로미터   ④ 광파이버

해설 열기전력(thermo electromotive force)
현상을 제베크 효과(Seebeck effect)라 하
며, 이 효과를 이용하여 온도를 측정하기
위한 소자가 열전대(thermocouple)이다.

18. 비접촉형 퍼텐쇼미터의 특징으로 틀린
것은?   [18-2]
① 섭동 잡음이 전혀 없다.
② 고속 응답성이 우수하다.
③ 회전 토크나 마찰이 크다.
④ 섭동에 의한 아크가 발생하지 않으므
  로 방폭성이 있다.

해설 퍼텐쇼미터는 비접촉형이므로 마찰이
없으나 출력 감도가 불균형적이라는 단점
을 갖고 있다.

19. 센서에서 입력된 신호를 전기적 신호로 변환하는 방법에 해당하지 않는 것은 어느 것인가? [18-2, 22-1]
① 변조식 변환　② 전류식 변환
③ 직동식 변환　④ 펄스 신호식 변환

20. 코일간의 전자 유도 현상을 이용한 것으로서 발신기와 수신기로 구성되어 있으며, 회전각도 변위를 전기 신호로 변환하여 회전체를 검출하는 수신기는 다음 중 어느 것인가? [10-4, 19-1, 22-1]
① 싱크로(synchro)
② 리졸버(resolver)
③ 퍼텐쇼미터(potentiometer)
④ 앱솔루트 인코더(absolute encoder)

해설 회전각을 전달할 때 수신기를 구동하는 에너지를 발신기에서 공급하는 것을 토크용 싱크로라 한다. 또 수신기를 서보에 의하여 구동하기 위해서 발신기와 수신기의 회전 각도 차를 전압 신호로서 꺼내는 것을 제어용 싱크로라 한다.

2과목　설비 관리

21. 다음 보기의 내용과 가장 관계가 깊은 것은? [20-3]

───〈보기〉───
증기 발생 장치, 발전 설비, 수처리 시설, 공업용 원수, 취수 설비, 냉각탑 설비

① 판매 설비　② 사무용 설비
③ 유틸리티 설비　④ 연구 개발 설비

22. 설비 배치 계획이 필요한 경우가 아닌 것은? [17-4, 20-2]
① 신제품의 제조

② 작업장의 확장
③ 새 공장의 건설
④ 작업자 신규 채용

해설 설비 배치 계획이 필요한 경우
㉠ 새 공장의 건설
㉡ 새 작업장의 건설
㉢ 작업장의 확장
㉣ 작업장의 축소
㉤ 작업장의 이동
㉥ 신제품의 제조
㉦ 설계 변경
㉧ 작업 방법의 개선 등

23. 다음 중 설비의 투자 결정에서 발생되는 기본 문제에 고려할 사항이 아닌 것은 어느 것인가? [15-4, 19-1]
① 대상은 수익 수준에 큰 차이가 없는 조건인 설비 교체에 사용한다.
② 자금의 시간적 가치는 현재의 자금이 미래 자금보다 가치가 높아야 한다.
③ 미래의 불확실한 현금 수익을 비교적 명백한 현금 지출에 관련시켜 평가한다.
④ 투자의 경제적 분석에 있어서 미래의 기대액은 그 금액과 상응되는 현재의 가치로 환산되어야 한다.

해설 설비 투자 결정의 고려사항
㉠ 미래의 불확실한 현금 유입을 비교적 명백한 현금 지출에 관련시켜 평가해야 한다.
㉡ 자금의 시간적 가치는 현재의 자금이 동액의 미래 자금보다 가치가 높다.
㉢ 투자의 경제적 분석에 있어서 미래의 기대액은 그 금액과 상응되는 현재의 가치로 환산되어야 한다.

24. 공사 기간을 단축하기 위하여 활용되는 기법이 아닌 것은? [19-2]
① GT(Group Technology)법

② LP(Linear Programming)법

③ MCX(Minimum Cost Expediting)법

④ SAM(Siemens Approximation Method) 법

> **해설** 공사 기간 단축법 : SAM(Siemens Approximation Method), LP(Linear Programming), MCX(Minimum Cost Expediting)

25. 다음 중 상비품의 요건으로 틀린 것은 어느 것인가? [15-4, 19-1]

① 단가가 낮을 것

② 사용량이 적으며 단기간만 사용될 것

③ 여러 공정의 부품에 공통적으로 사용될 것

④ 보관상(중량, 체적, 변질 등) 지장이 없을 것

> **해설** 상비품의 요건
> ㉠ 여러 공정의 부품에 공통적으로 사용될 것
> ㉡ 사용량이 비교적 많으며, 계속적으로 사용될 것
> ㉢ 단가가 낮을 것
> ㉣ 보관상(중량, 체적, 변질 등) 지장이 없을 것 등이다.

26. 한계 게이지의 특징으로 틀린 것은 어느 것인가? [21-1]

① 제품의 실제 치수를 읽을 수 없다.

② 다량 제품 측정에 적합하고 불량의 판정을 쉽게 할 수 있다.

③ 측정 치수가 정해지고 한 개의 치수마다 한 개의 게이지가 필요하다.

④ 면의 각종 모양 측정이나 공작 기계의 정도 검사 등 사용 범위가 넓다.

> **해설** 면의 각종 모양 측정 등의 형상 공차 검사나 공작 기계의 정도 검사 등을 할 수 없으며, 사용 범위가 좁다.

27. 연소 관리에서 연소율을 적당히 유지하기 위해 부하가 과소한 경우의 대책으로 옳은 것은? [19-1]

① 연소실을 크게 한다.

② 연료의 품질을 저하시킨다.

③ 이용할 노상면적을 크게 한다.

④ 연도를 개조하여 통풍이 잘되게 한다.

> **해설** 부하가 과소한 경우의 대책
> ㉠ 이용할 노상 면적을 작게 한다.
> ㉡ 연료의 품질을 저하시킨다.
> ㉢ 연소 방식을 개선한다.
> ㉣ 연소실의 구조를 개선한다.

28. 프로세스형 설비의 9대 로스에 속하지 않는 것은? [14-2]

① 재료 수율 로스

② 속도 저하 로스

③ 공정 불량 로스

④ 시가동 로스

> **해설** 재료 수율 로스는 프로세스형 설비의 20대 로스에 속한다.

29. 부하가 많을 경우에 각 부하의 최대 수요 전력의 합을 각 부하를 종합했을 때의 최대 수요전력으로 나눈 것은? [18-1, 22-1]

① 부하율

② 부등률

③ 수요율

④ 설비 이용률

> **해설** 부등률(diversity factor) : 최대 수용 전력의 합을 합성 최대 수용 전력으로 나눈 값으로 수전 설비 용량 선정에 사용되며, 부등률이 클수록 설비의 이용률이 크므로 유리한 이 값은 항상 1보다 크다.
>
> $$부등률 = \frac{수용\ 설비\ 각각\ 최대\ 전략\ 합(kW)}{합성\ 최대\ 수용\ 전력(kW)}$$

30. 품질 개선 활동을 현상 파악에 사용되는 수법 중 불량품, 결점, 사고 건수 등의 현상이나 원인별로 데이터를 내고 수량이 많은 순서로 나열하여 크기를 막대그래프로 나타내는 것은? [19-4, 20-2]

① 관리도   ② 산정도
③ 파레토도   ④ 히스토그램

> 해설 파레토도 : 불량품, 결점, 클레임, 사고건수 등을 그 현상이나 원인별로 데이터를 내고 수량이 많은 순서로 나열하여 그 크기를 막대그래프로 나타낸 것이다.

31. 윤활 관리의 목적이 아닌 것은? [09-4]

① 설비 가동률의 증대
② 준비 교체 효율 향상
③ 설비 수명의 연장
④ 유지비의 절감

> 해설 윤활 관리의 목적
> • 설비 가동률 증가
> • 유지비 절감
> • 설비 수명 증가
> • 윤활비 절감
> • 동력비의 절감 등을 통해 제조 원가 절감 및 생산량의 증대

32. 윤활 관리의 실시 방법 중에 재고 관리에 대한 해당 내용으로 틀린 것은? [13-4]

① 적절한 방법으로 저장한다.
② 적절한 시기에 사용유를 교환한다.
③ 윤활제의 반입과 불출을 합리적으로 관리한다.
④ 윤활제를 합리적 방법으로 구입한다.

> 해설 적절한 시기에 사용유를 교환하는 것은 사용유 관리에 해당한다.

33. 다음 그리스에 대한 설명 중 틀린 것은 어느 것인가? [14-2]

① 그리스 보충은 베어링 온도가 70℃를 초과할 경우 베어링 온도가 15℃ 상승할 때마다 보충 주기를 1/2로 단축해야 한다.
② 일반적으로 증주제의 타입 및 기유의 종류가 동일하면 혼용이 가능하나 첨가제간 상호 역반을 일으킬 수 있으므로 혼용에 주의해야 한다.
③ 그리스 NLGI 주도 000호는 매우 단단하여 미끄럼 베어링용, 6호는 반유동상으로 집중 급유용으로 사용된다.
④ 그리스 기유(base oil), 특성을 결정해 주는 증주제와 제반 성능을 향상시키기 위해 첨가해 주는 첨가제로 구성되어 있다.

> 해설 주도 000호는 반유동상으로 집중 급유용, 6호는 매우 단단하며 미끄럼 베어링용으로 사용된다.

34. 윤활유의 열화에 미치는 인자로서 가장 거리가 먼 것은? [20-4]

① 산화(oxidation)
② 동화(assimilation)
③ 탄화(carbonization)
④ 유화(emulsification)

35. 윤활유의 열화 판정법 중 간이측정법에 해당되지 않는 것은? [15-2, 21-1]

① 사용유의 성상을 조사한다.
② 리트머스 시험지로 산성 여부를 판단한다.
③ 냄새를 맡아보아 불순물의 함유 여부를 판단한다.
④ 시험관에 같은 양의 기름과 물을 넣고 심하게 교반 후 분리 시간으로 항유화성(抗乳化性)을 조사한다.

부록

36. 기계 설비의 운전 시 사고 발생의 원인으로 윤활 부위, 윤활 조건, 윤활 환경 등에 따른 분류로 나뉜다. 이 중 윤활 환경적 요인으로 가장 거리가 먼 것은 다음 중 어느 것인가? [14-4, 17-2, 20-2]
① 오일의 열화와 오탁
② 전도열이 높은 경우
③ 기온에 의한 현저한 온도 변화
④ 마찰면의 방열이 불충분한 경우

해설 윤활유의 열화와 오탁은 윤활 조건 요인에 해당된다.

37. 윤활제의 인화점 측정 방식이 아닌 것은? [16-2]
① 태그 밀폐식
② 콘라드손(conradson) 개방식
③ 클리브랜드(cleveland) 개방식
④ 펜스키 마텐스(pensky martens) 밀폐식

해설 인화점 측정법 : 태그(tag) 밀폐식(ASTMD56), 클리브랜드(cleveland) 개방식(KSM2056), 펜스키 마텐스(pensky martens) 밀폐식(KSM2019)

38. 그리스 분석 시험 중 산화 안정도 시험의 설명으로 옳은 것은? [15-4, 19-4]
① 그리스류에 혼입된 협잡물을 크기별로 확인하는 시험
② 그리스의 전단 안정성, 즉 기계적 안정성을 평가하는 시험
③ 그리스를 장기간 사용하지 않고 방치해 놓거나 사용 과정에서 오일이 그리스로부터 이탈되는 온도를 측정하는 시험
④ 그리스 수명을 평가하는 시험으로 산소의 존재하에서 산소 흡수로 인한 산소압 강하를 측정하여 내산화성을 조사, 평가하는 시험

해설 산화 안정도 : 외적 요인에 의해 산화되려는 것을 억제하는 성질. 비금속 증주제를 사용하는 그리스가 금속 증주제보다 산화 안정성이 뛰어나다.

39. 공기 압축기의 윤활 관리에 대한 설명으로 틀린 것은? [22-2]
① 터보형 공기 압축기에서는 내부 윤활이 필요하다.
② 회전식 압축기에서는 로터나 베인에서 윤활 작용을 한다.
③ 왕복식 압축기에서는 ISO VG 68 터빈유를 사용한다.
④ 왕복식 압축기에서는 실린더 라이너와 피스턴 링에서 감마 작용을 한다.

해설 터보형 공기 압축기는 원심형으로 마모나 마찰 손실이 적어 내부 윤활이 필요하지 않는다.

40. 기어 윤활에 관한 설명 중 틀린 것은 어느 것인가? [14-4, 17-2, 20-2]
① 고속 기어에는 저점도의 윤활유가 적합하다.
② 웜 기어는 미끄럼 속도가 빠르고 운전 온도도 높게 되므로 산화 안정성이 우수한 순광유가 일반적으로 사용된다.
③ 기어는 높은 하중을 받아 미끄러질 때 마찰면의 마모를 방지하기 위하여 내하중성이 있는 극압유가 요구된다.
④ 하이포이드 기어는 일반적으로 중하중을 받으므로 불활성 극압 윤활유가 적당하다.

해설 하이포이드 기어의 윤활 : 상대 기어 간의 미끄럼이 크고 중하중을 받아 스커핑의 우려가 있으므로 활성 극압 기어유를 사용한다.

기계 일반 및 기계 보전

41. 여러 줄 나사의 리드를 기입하는 방법으로 옳은 것은? [15-2]
① 2줄 M12X1.5-L1/2
② 3줄 M12+R12.7
③ 3줄 Tr32X1.5-L1/2
④ 2줄 TW32(리드12.7)

해설 여러 줄 나사를 표시할 때에는 호칭 뒤에 괄호로 표시한다.

42. 베어링의 안지름 기호가 08일 때 베어링 안지름은? [17-2]
① 8mm ② 16mm
③ 32mm ④ 40mm

해설 ㉠ 안지름 1~9mm, 500mm 이상 : 번호가 안지름
㉡ 안지름 10mm : 00, 12mm : 01, 15mm : 02, 17mm : 03, 20mm : 04
㉢ 안지름 20~495mm는 5mm 간격으로 안지름을 5로 나눈 숫자로 표시

43. 기계 제도 중 기어의 도시 방법에 대한 설명으로 옳지 않은 것은? [22-1]
① 이봉우리원은 굵은 실선으로 표시한다.
② 피치원은 가는 일점쇄선으로 표시한다.
③ 이골원은 가는 이점쇄선으로 표시한다.
④ 잇줄 방향은 통상 3개의 가는 실선으로 표시한다.

해설 기어에서 이끝원은 굵은 실선으로 작도한다.

44. 스프링의 도시 방법으로 틀린 것은 어느 것인가? [19-4]
① 그림 안에 기입하기 힘든 사항은 표에 일괄하여 표시한다.

② 코일 스프링, 벌류트 스프링은 일반적으로 무하중 상태에서 그린다.
③ 겹판 스프링은 일반적으로 스프링 판이 수평인 상태에서 그린다.
④ 그림에서 단서가 없는 코일 스프링이나 벌류트 스프링은 모두 왼쪽으로 감은 것으로 나타낸다.

해설 그림에서 단서가 없는 코일 스프링이나 벌류트 스프링은 모두 오른쪽으로 감은 것으로 나타낸다.

45. 일반적인 저항 용접의 특징으로 옳은 것은? [19-2]
① 산화 및 변질 부분이 크다.
② 다른 금속 간의 결합이 용이하다.
③ 대전류를 필요로 하고 설비가 복잡하다.
④ 열손실이 크고, 용접부에 집중열을 가할 수 없다.

해설 저항 용접의 특징
• 산화 및 변질 부분이 적다.
• 다른 금속 간의 접합이 곤란하다.
• 대전류를 필요로 하고 설비가 복잡하며, 값이 비싸다.
• 열손실이 적고, 용접부에 집중열을 가할 수 있다.

46. 다음 측정기 중 비교 측정기에 속하지 않는 것은? [18-2]
① 옵티미터
② 미니미터
③ 버니어캘리퍼스
④ 공기 마이크로미터

해설 직접 측정 : 측정기를 직접 제품에 접촉시켜 실제 길이를 알아내는 방법으로 버니어 캘리퍼스(vernier calipers), 마이크로미터(micrometer), 측장기(測長器), 각도(角度)자 등이 사용된다.

47. 보전용 재료 중 방청 윤활유의 종류가 아닌 것은? [09-4, 14-2, 17-2, 20-2]

① 1종(1호) : KP-7

② 1종(2호) : KP-8

③ 1종(3호) : KP-9

④ 1종(4호) : KP-10

해설 방청 윤활유

종류		기호	막의 성질	주 용도
1종	1호	KP-7	중점도 유막	금속 재료 및 제품의 방청
	2호	KP-8	저점도 유막	
	3호	KP-9	고점도 유막	
2종	1호	KP-10-1	저점도 유막	내연기관 방청, 주로 보관 및 중하중을 일시적으로 운전하는 곳에 사용
	2호	KP-10-2	중점도 유막	
	3호	KP-10-3	고점도 유막	

48. 설비의 효율화를 저해하는 6대 로스에 해당되지 않는 것은? [11-4]

① 고장 로스

② 속도 저하 로스

③ 공정 · 일시 정지 로스

④ 동작 로스

해설 6대 로스 : 고장 로스, 작업 준비 조정 로스, 속도 저하 로스, 일시 정체 로스, 불량 수정 로스, 초기 로스

49. 키 맞춤의 기본적인 주의사항 중 틀린 것은? [08-4, 13-4, 19-2]

① 키는 측면에 힘을 받으므로 폭, 치수의 마무리가 중요하다.

② 키 홈은 축과 보스를 기계 가공으로 축 심과 완전히 직각으로 깎아낸다.

③ 키의 치수, 재질, 형상, 규격 등을 참조하여 충분한 강도의 규격품을 사용한다.

④ 키를 맞추기 전에 축과 보스의 끼워 맞춤이 불량한 상태인 경우 키 맞춤을 할 필요가 없다.

해설 키 홈은 축심과 평행으로 절삭한다.

50. 다음 베어링 중 외륜 궤도면의 한 쪽 궤도 홈 턱을 제거하여 베어링 요소의 분리 조립을 쉽게 하도록 한 베어링으로, 접촉각이 작아 깊은 홈 베어링보다 부하 하중을 적게 받는 베어링은? [19-1]

① 앵귤러 볼 베어링

② 마그네토 볼 베어링

③ 스러스트 볼 베어링

④ 자동 조심 볼 베어링

해설 마그네토 볼 베어링 (magneto ball bearing) : 외륜 궤도면의 한쪽 궤도 홈 턱을 제거하여 베어링 요소의 분리 조립을 쉽게 하도록 한 베어링이다.

51. 기어 손상의 분류에서 표면 피로의 주요 원인이 아닌 것은? [14-4, 18-1]

① 박리 ② 스코어링

③ 초기 피칭 ④ 파괴적 피칭

해설 표면 피로 : 초기 피팅, 파괴적 피팅, 피팅(스폴링)

52. 토출관이 짧은 저양정(전양정 약 10m 이하) 펌프의 토출관에 설치하는 역류 방지 밸브로 적당한 것은? [12-4, 16-2, 20-2]

① 체크 밸브 ② 푸트 밸브

③ 반전 밸브 ④ 플랩 밸브

해설 플랩 밸브 : 토출관이 짧은 저양정 펌프에 사용되는 역류 방지 밸브이다.

53. 펌프에서 수격 현상의 특징으로 틀린 것은? [16-4, 20-2]

① 밸브를 급격히 열거나 닫을 때 발생한다.

② 펌프의 동력이 급속히 차단될 때 나타난다.

③ 펌프 내부에서 흡입 양정이 높거나 흐름 속도가 국부적으로 빨라져 기포가 발생하거나 유체가 증발한다.

④ 관로에서 유속의 급격한 변화에 의한 압력이 상승 또는 하강하는 현상이다.

[해설] 수격 현상 : 관로에서 유속의 급격한 변화에 의해 관내 압력이 상승 또는 하강하는 현상으로, 펌프의 송수관에서 정전에 의해 펌프의 동력이 급히 차단될 때, 펌프의 급가동 밸브의 급개폐 시 생긴다.

54. 다음 압축기의 종류 중 용적형 압축기에 속하는 것은? [18-1]

① 축류 압축기   ② 왕복 압축기

③ 터보 압축기   ④ 원심식 압축기

[해설] 왕복식 압축기의 장단점

㉠ 고압 발생이 가능하다.

㉡ 설치 면적이 넓다.

㉢ 기초가 견고해야 한다.

㉣ 윤활이 어렵다.

㉤ 맥동 압력이 있다.

㉥ 소용량이다.

55. 벨트식 무단 변속기에 관한 설명으로 틀린 것은? [13-4, 20-3]

① 구동 계통의 오염으로 인한 윤활 불량에 유의한다.

② 가변 피치 풀리가 유욕식이므로 정기적인 점검이 필요하다.

③ 벨트와 풀리(pulley)의 접촉 위치 변경에 의한 직경비를 이용한다.

④ 무단 변속에 사용되는 벨트의 수명은 일반적인 벨트보다 수명이 짧다.

[해설] 벨트식 무단 변속기의 정비 : 벨트의 수명은 표준 사용 방법으로 운전할 때의 1/3에서 2배 정도, 가변 피치 풀리의 습동부는 윤활 불량이 되기 쉽다. 광폭 벨트는 특수하므로 예비품 관리를 잘해 두어야 한다.

56. 3상 유도 전동기 내의 코일과 철심 사이에 완전 절연하기 위해 사용되는 것은 다음 중 어느 것인가? [18-2]

① 바니스   ② 유리

③ 에나멜   ④ 절연 종이

[해설] 절연 재료로 유리, 에나멜, 마이카 등을 사용하며, 코일과 철심 사이에 완전 절연하기 위해 절연 종이를 사용한다.

57. 산업재해보상보험법령상 업무상 재해로 볼 수 없는 것은?

① 퇴근 후 동호회 활동 중 발생한 사고

② 춘계 사내 체육대회 참석 중 발생한 사고

③ 사업장 내 탁구장에서 휴게시간 중 발생한 사고

④ 통근버스를 이용한 출퇴근 중 발생한 교통사고

[해설] 업무상의 재해의 인정 기준

㉮ 업무상 사고

• 근로자가 근로 계약에 따른 업무나 그에 따르는 행위를 하던 중 발생한 사고

• 사업주가 제공한 시설물 등을 이용하던 중 그 시설물 등의 결함이나 관리 소홀로 발생한 사고

• 사업주가 주관하거나 사업주의 지시에 따라 참여한 행사나 행사 준비 중에 발생한 사고

부록

• 휴게시간 중 사업주의 지배 관리 하에 있다고 볼 수 있는 행위로 발생한 사고

(내) 출퇴근 재해

• 사업주가 제공한 교통수단이나 그에 준하는 교통수단을 이용하는 등 사업주의 지배 관리 하에서 출퇴근하는 중 발생한 사고

• 그 밖에 통상적인 경로와 방법으로 출퇴근하는 중 발생한 사고

• 업무상의 재해의 구체적인 인정 기준은 대통령령으로 정한다.

58. 금속의 용접 · 용단 또는 가열에 사용되는 가스 등의 용기를 취급하는 경우 용기의 온도는 몇 ℃ 이하로 유지하여야 하는가?

① 10℃　　　　② 20℃
③ 30℃　　　　④ 40℃

해설 용기의 온도는 40℃ 이하로 유지해야 한다.

59. 안전 인증 대상 기계에 해당하는 것은?

① 리프트　　　② 연마기
③ 분쇄기　　　④ 밀링

해설 • 안전 인증 대상 기계 및 설비 : 프레스, 전단기 및 절곡기(折曲機), 크레인, 리프트, 압력 용기, 롤러기, 사출 성형기(射出成形機), 고소(高所) 작업대, 곤돌라
• 자율 안전 확인 대상 기계 및 설비 : 연삭기(研削機) 또는 연마기(휴대형은 제외), 산업용 로봇, 혼합기, 파쇄기 또는 분쇄기, 식품가공용 기계(파쇄 · 절단 · 혼합 · 제면기만 해당), 컨베이어, 자동차정비용 리프트, 공작 기계(선반, 드릴기, 평삭 · 형삭기, 밀링만 해당), 고정형 목재가공용 기계(둥근톱, 대패, 루타기, 띠톱, 모따기 기계만 해당), 인쇄기

60. 작업 장소의 높이 또는 깊이가 얼마 이

상일 때 추락할 위험이 있어 안전대를 착용하여야 하는가?

① 1m　　　　② 2m
③ 2.5m　　　④ 3m

해설 안전대(安全帶) : 높이 또는 깊이 2m 이상의 추락할 위험이 있는 장소에서 하는 작업에 착용한다.

4과목 　공유압 및 자동화

61. 다음 중 압력의 단위가 아닌 것은 어느 것인가?　　　　　　　　　　[13-4]

① kgf/cm^2　　② kPa
③ bar　　　　④ N

해설 N은 힘의 단위이다.

62. 다음 설명에 해당하는 이론은?　[18-1]

> 에너지의 손실이 없다고 가정할 경우, 유체의 위치 에너지, 속도 에너지, 압력 에너지의 합은 일정하다.

① 연속의 법칙
② 베르누이 정리
③ 파스칼의 원리
④ 보일-샤를의 법칙

해설 베르누이 정리

$$\frac{V^2}{2g} + \frac{P}{\gamma} + Z = 일정$$

여기서, V : 유체의 속도, g : 중력 가속도, P : 유체의 압력, γ : 비중량, Z : 유체의 위치

63. 유공압의 특징으로 옳은 것은?　[11-4]

① 순간 역전 운동이 불가능하다.
② 무단 변속 제어가 가능하다.
③ 유지 보수나 작동이 복잡하다.

④ 과부하에 대한 안전장치가 반드시 필요하다.

해설 유공압 시스템은 제어의 용이성과 정확도, 힘의 증폭, 일정한 힘과 토크, 단순성, 안전성, 경제성에서 이점이 있을 뿐만 아니라, 순간 역전 운동, 과부하에 대한 자동 보호, 무단 변속 제어의 특징이 있다.

64. 다음 중 펌프 장치에서 발생하는 현상이 아닌 것은? [09-4]
① 공동 현상(cavitation)
② 수격 현상(water hammering)
③ 채터링 현상(chattering)
④ 맥동 현상(surging)

해설 채터링 현상 : 릴리프 밸브 등에서 높은 음을 발생시키는 일종의 자력 진동 현상

65. 다음 중 유압 작동유로서 필요한 요소가 아닌 것은? [15-4, 19-4]
① 비압축성일 것
② 윤활성이 좋을 것
③ 적절한 점도가 유지될 것
④ 화학적으로 반응이 좋을 것

해설 화학적으로 안정되고 불활성이어야 되며, 반응이 없어야 한다.

66. O링의 구비 조건으로 틀린 것은?[20-3]
① 내유성이 좋을 것
② 내마모성이 좋을 것
③ 사용 온도 범위가 넓을 것
④ 압축 영구 변형이 많을 것

67. 일반적인 공압 발생 장치의 기기 순서로 옳은 것은? [18-4]
① 공기 압축기→냉각기→저장 탱크→에어드라이어→공압 조정 유닛

② 공기 압축기→저장 탱크→에어드라이어→후부 냉각기→배관 및 공압 조정 유닛
③ 공기 압축기→에어드라이어→저장 탱크→후부 냉각기→배관 및 공압 조정 유닛
④ 공기 압축기→공압 조정 유닛→에어드라이어→저장 탱크→후부 냉각기→배관

해설 압축 공기의 준비 단계가 순서대로 올바르게 표현된 것은 압축기→냉각기→저장 탱크→건조기→서비스 유닛이다.

68. 스크루 압축기의 특징에 관한 설명 중 틀린 것은? [14-4]
① 회전축이 고속 회전이 가능하고 진동이 적다.
② 저주파 소음이 없어서 소음 대책이 필요 없다.
③ 연속적으로 압축 공기가 토출되므로 맥동이 적다.
④ 압축기의 스크루 마찰부는 급유에 유의하다.

해설 스크루 압축기는 압축실 내의 접동부가 적으므로 무급유 제작 및 사용이 가능하다.

69. 스테핑 모터의 특징으로 옳지 않은 것은? [22-1]
① 정지 시 홀딩 토크가 없다.
② 회전 속도는 입력 주파수에 비례한다.
③ 회전 각도는 입력 펄스의 수에 비례한다.
④ 피드백 루프 없이 속도와 위치 제어 응용이 가능하다.

해설 홀딩 토크란 정지 토크를 말하며, 스테핑 모터는 정지 토크, 즉 홀딩 토크가 크다.

부록

70. 다음 공압 기기 중 방향 제어 밸브의 응답 시간 특성 설명 중 옳지 않은 것은 어느 것인가? [13-4]
① 응답 속도는 직동식이 파일럿식보다 상대적으로 더 빠르다.
② 응답 속도는 교류식이 직류식보다 더 빠르다.
③ 응답 안정성은 직류식이 교류식보다 더 좋다.
④ 직동형 밸브에서 밸브의 크기가 클수록 응답 속도는 더 빠르다.
해설 ①, ②, ③항은 옳음, ④항은 근거 없음

71. 케이싱으로부터 편심된 회전자에 날개가 끼워져 있는 구조이며, 날개와 날개 사이에 발생하는 수압면적 차에 의해 토크를 발생시키는 공압 모터는? [16-4]
① 기어형 ② 베인형
③ 터빈형 ④ 피스톤형
해설 케이싱 안쪽에 베어링이 있고 그 안에 편심 로터가 있으며, 이 로터에는 가늘고 긴 홈(slot)이 있어서 날개(vane)를 안내하는 역할을 한다.

72. 공기압 요소의 표시 방법 중 숫자를 이용한 방법에서 2.4라는 숫자의 의미로 옳은 것은 어느 것인가? (단, 제어 대상은 실린더이다.) [16-4, 20-2]
① 2번 실린더의 전진 단에 설치된 요소
② 2번 실린더의 후진 단에 설치된 요소
③ 2번 실린더의 전진 운동에 관계되는 요소
④ 2번 실린더의 후진 운동에 관계되는 요소
해설 두 번째 숫자에서 짝수는 전진, 홀수는 후진을 뜻한다.

73. 유압 실린더의 속도 제어 중 실린더에서 방향 제어 밸브로 유출되는 유압 작동유의 유량을 조정하고 제어하는 방식은 다음 중 어느 것인가? [08-4, 12-4]
① 미터 인 속도 제어 방식
② 미터 아웃 속도 제어 방식
③ 브리드 오프 속도 제어 방식
④ 파일럿 체크 속도 제어 방식
해설 실린더에서 방향 제어 밸브로 유출되는 유압 작동유의 유량을 조정하여 제어하는 방식, 즉 실린더에서 아웃되는 유량을 조정하여 실린더의 속도를 제어하는 것이 미터 아웃 속도 제어 방식이다.

74. FMS(Flexible Manufacturing System)에서 추구하는 생산 방식은? [14-2]
① 수공업 생산
② 대량 생산
③ 다품종 소량 생산
④ 단순 공구 사용 생산
해설 FMS(Flexible Manufacturing System, 유연 생산 시스템)에서 추구하는 생산 방식은 다품종 소량 생산 방식이다.

75. 입력 신호와 출력 신호가 서로 반대의 값으로 되는 논리는? [19-2]
① OR ② AND
③ NOT ④ XOR
해설 논리 제어에서 입력이 존재하지 않을 때에만 출력이 존재하는 논리이다.

76. 자동 제어에 있어서 보드 선도는 주파수와 진폭비 및 위상 지연을 나타낸다. 보통의 시스템에서 나타나는 진폭비와 위상 지연은 얼마로 보는가? [14-2, 19-4]
① -3dB, 90도 ③ -6dB, 120도
② -1.5dB, 45도 ④ -9dB, 60도

해설 자동 제어의 기준점으로 진폭비(입력 대 출력비)는 보통 -3dB, 2계 미분 방정식의 위상 지연이다.

77. 변압기의 결선에 대한 설명 중 옳지 않은 것은? [14-2, 19-4]
① V-V 결선은 Δ-Δ에서 1상을 제거한 것이다.
② Δ-Δ 결선은 권수비가 같은 단상 변압기 3대를 이용하여 3상 전압 변환을 실시하는 것이다.
③ Y-Y 결선은 성형 결선이라고도 하며, 중성점을 접지할 수 없어 유기 기전력에 제3고조파를 포함한다.
④ Δ-Y, Y-Δ 결선은 중성점을 접지할 수 있어 제3고조파 전압이 나타나지 않으나 1차, 2차의 선간 전압에는 30°의 위상차가 존재한다.

해설 Y-Y 결선은 성형 결선이라고도 하며 중성점을 접지할 수 있어 유기 기전력에 제3고조파를 포함한다.

78. 다음 모터의 정 · 역 회로에서 사용된 것은? [13-4, 18-4]

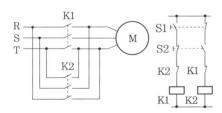

① 인터로크 회로
② 시간 지연 회로
③ 양수 안전 회로
④ 자기 유지 회로

해설 문제에서 사용한 회로는 인터로크 회로이다.

79. 자동화 시스템의 고장 추적을 위해 각 구동 요소의 스텝에 따른 작동 순서를 파악할 수 있는 선도는? [10-4, 20-2]
① 블록 선도(block diagram)
② 제어 선도(control diagram)
③ 변위-단계 선도(displacement-step diagram)
④ 변위-시간 선도(displacement-time diagram)

해설 변위-단계 선도(displacement-step diagram)는 액추에이터의 동작 순서를 선도로 나타낸 것이다.

80. DC 솔레노이드를 사용할 때는 스파크가 발생되지 않도록 스파크 방지 회로를 채택해 주어야 한다. 그 방법이 아닌 것은 다음 중 어느 것인가? [16-4]
① 모터를 이용하는 방법
② 저항을 이용하는 방법
③ 다이오드를 이용하는 방법
④ 저항과 콘덴서를 이용하는 방법

해설 이외에 바리스터를 이용하는 방법, 제너다이오드를 이용하는 방법이 있다.

부록

10회 CBT 대비 실전 문제

설비 진단 및 계측

1. 오일 분석법의 종류가 아닌 것은? [22-2]

① 회전 전극법   ② 원자 흡광법

③ 저주파 흡광법   ④ 페로그래피법

해설 오일 분석법

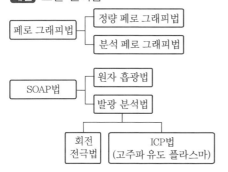

2. 다음 중 진동에 대한 설명으로 틀린 것은? [15-4, 20-3]

① 어떤 시스템이 외력을 받고 있을 때 야기되는 진동을 강제 진동이라 한다.

② 진동계의 기본 요소들이 모두 선형적으로 작동할 때 야기되는 진동을 선형 진동이라 한다.

③ 진동하는 동안 마찰이나 저항으로 인하여 시스템의 에너지가 손실되지 않는 진동을 감쇠 진동이라 한다.

④ 시스템을 외력에 의해 초기 교란 후 그 힘을 제거하였을 때 그 시스템이 자유 진동을 하는 진동수를 고유 진동수라 한다.

해설 진동하는 동안 마찰이나 저항으로 인하여 시스템의 에너지가 손실되지 않는 진동을 비감쇠 진동이라 하고, 에너지가 손실되는 진동을 감쇠 진동이라 한다.

3. 다음 중 진동 폭의 ISO 단위에서 틀린 것은? [08-4, 11-4, 15-4]

① 변위(m), 속도(m/s), 가속도(m/s^2)

② 변위(mm), 속도(mm/s), 가속도(m/s^2)

③ 변위(μm), 속도(m/s), 가속도(m/s^2)

④ 변위(m), 속도(m/s^2), 가속도(m/s)

해설 진동 폭의 ISO 단위는 변위(m, mm, μm), 속도(m/s, mm/s), 가속도(m/s^2)

4. 다음 중 파장 주파수에 대한 설명으로 틀린 것은? [21-2]

① 파장은 음파의 1주기 거리로 정의된다.

② 주파수는 음파가 매질을 1초 동안 통과하는 진동 횟수를 말한다.

③ 주파수는 소리의 속도에 반비례하고 파장에 비례한다.

④ 파장은 소리의 속도에 비례하고, 주파수에 반비례한다.

해설 주파수는 1초 동안에 발생한 진동 횟수이며, 소리는 공기와 같은 매체를 통하여 전달되는 소밀파이다. 고압력파는 음압의 변화에 따라 변하며, 주파수는 소리의 속도에 비례하고, 파장에 반비례한다.

정답 → **1.** ③ **2.** ③ **3.** ④ **4.** ③

5. 다음 각 고유 진동수에 대한 진동 차단기의 효과로 틀린 것은?

(단, $R = \dfrac{\text{외부 진동 주파수}}{\text{시스템 고유 주파수}}$ 이다.)

[14-2, 16-4]

① $R = 1.4$ 이하 : 진동 차단 효과 증폭
② $R = 1.4 \sim 3$: 진동 차단 효과 높음
③ $R = 3 \sim 6$: 진동 차단 효과 낮음
④ $R = 6 \sim 10$: 진동 차단 효과 보통

해설 R값에 따른 진동 차단 효과

$R = \dfrac{\text{외부 진동 주파수}}{\text{시스템 고유 주파수}}$	진동 차단 효과
1.4 이하	증폭
1.4~3	무시할 정도
3~6	낮음
6~10	보통
10 이상	높음

6. 다음과 같이 진동 진폭의 파라미터가 주어졌을 때 관계식으로 옳은 것은? [21-2]

- 진동 변위 : $D[\mu m]$
- 진동 속도 : $V[mm/s]$
- 진동 주파수 : $f[Hz]$

① $V = 2\pi f D$
② $V = 2\pi f D \times 10^{-3}$
③ $V = \dfrac{D}{2\pi f}$
④ $V = \dfrac{D}{2\pi f} \times 10^{-3}$

해설 D의 단위는 μm이고, V의 단위는 mm/s이므로 $V = 2\pi f D \times 10^{-3}$

7. 미스얼라인먼트 (misalignment)에 관한 설명으로 틀린 것은? [17-2]

① 진동 파형이 항상 비주기성을 갖으며

낮은 축 진동이 발생한다.
② 보통 회전 주파수의 $2f(3f)$의 특성으로 나타난다.
③ 축 방향에 센서를 설치하여 측정되므로 축진동의 위상각은 $180°$가 된다.
④ 커플링 등으로 연결된 축의 회전 중심선이 어긋난 상태로서 일반적으로는 정비 후에 발생하는 경우가 많다.

해설 미스얼라인먼트 : 회전체에서 구동부와 피구동부를 커플링으로 연결한 상태에서 회전 중심선(축심)이 상하좌우 및 편각을 가지고 어긋나 있는 상태이다.

8. 음에 관한 설명으로 틀린 것은? [21-1]

① 음은 파장이 작고, 장애물이 작을수록 회절이 잘 된다.
② 방음벽 뒤에서도 들을 수 있는 것은 음의 회절 현상 때문이다.
③ 음파가 한 매질에서 타 매질로 통과할 때 구부러지는 현상을 음의 굴절이라 한다.
④ 음파가 장애물에 입사되면 일부는 반사되고, 일부는 장애물을 통과하면서 흡수되고, 나머지는 장애물을 투과하게 된다.

해설 음은 파장이 크고, 장애물이 작을수록 회절이 잘 된다.

9. 크고 작은 두 소리를 동시에 들을 때 큰소리만 듣고 작은 소리는 듣지 못하는 현상을 마스킹 효과라 한다. 다음 중 마스킹에 대한 설명으로 틀린 것은? [14-4, 18-4]

① 고음이 저음을 잘 마스킹한다.
② 마스킹은 음파의 간섭에 의해 일어난다.
③ 두 음의 주파수가 비슷할 때 마스킹 효과가 커진다.
④ 두 음의 주파수가 거의 같을 때는 맥동

부록

이 생겨 마스킹 효과가 감소한다.

해설 마스킹(masking) 효과의 특징
- 저음이 고음을 잘 마스킹한다.
- 두 음의 주파수가 비슷할 때는 마스킹 효과가 대단히 커진다.
- 두 음의 주파수가 거의 같을 때는 맥동이 생겨 마스킹 효과가 감소한다.

10. 철길 주변의 주택가 소음을 평가하고자 할 때, 다음 중 기차의 소음은 어느 음원에 가장 가까운가? [20-4]
① 면 음원
② 선 음원
③ 점 음원
④ 입체 음원

해설 도시 환경 소음의 대표적인 것은 교통 소음이며, 교통 소음의 소음원은 차나 항공기 등이 이동하는 상태에서 소음을 발생시키는 선 음원이다. 그러나 교통 소음과는 반대로 기계 소음은 소음원이 일반적으로 이동하지 않기 때문에 점 음원으로 취급된다.

11. 소음 방지법 중 흡음에 관련된 내용으로 틀린 것은? [19-4]
① 직접 소음은 거리가 2배 증가함에 따라 6dB 감소한다.
② 소음원에 가까운 거리에서는 반사음보다 직접음에 의한 소음이 압도적이다.
③ 흡음판은 벽이나 천장에 직접 부착시킬 수 없어 백 스페이스를 두고 연 1회 설치한다.
④ 흡음재의 내구성 부족 시 유공판으로 보호해야 하며, 이때 개공률과 구멍의 크기 및 배치가 중요하다.

해설 흡음판은 일종의 영구 시설물이다.

12. 팽창식 체임버의 소음 흡수 능력을 결정하는 기본 요소는 면적비이다. 이때의 면적비를 표현하는 식은? [18-4]

① 면적비 = $\dfrac{\text{팽창식 체임버의 부피}}{\text{연결 덕트의 단면적}}$

② 면적비 = $\dfrac{\text{연결 덕트의 전체 면적}}{\text{팽창식 체임버의 부피}}$

③ 면적비 = $\dfrac{\text{팽창식 체임버의 단면적}}{\text{연결 덕트의 단면적}}$

④ 면적비 = $\dfrac{\text{연결 덕트의 길이}}{\text{팽창식 체임버의 단면적}}$

해설 팽창형(expanding type) 소음기 : 관의 입구와 출구 사이에서 큰 공동이 발생하도록 급격한 관의 지름을 확대시켜 공기의 유속을 낮추어 소음을 감소시키는 장치이다. 이 소음기는 흡음형 소음기가 사용되기 힘든 나쁜 상태의 가스를 처리하는 덕트 소음 제어에 효과적으로 이용될 수 있다. 반면에 넓은 주파수폭을 갖는 흡음형 소화기와는 달리 팽창형 소음기는 일반적으로 낮은 주파수 영역의 소음에 대해서 높은 효과를 갖는다.

13. 자기 검사에서 피검사물의 자화 방법은 물체의 형상과 결함의 방향에 따라서 여러 가지가 사용된다. 그 중 옳지 않은 것은?
① 투과법
② 축 통전법
③ 직각 통전법
④ 극간법

해설 자화 방법의 종류에는 축 통전법, 직각 통전법, 관통법, 코일법, 극간법 등이 있고, 투과법은 초음파 검사 방법이다.

14. 자분 탐상 검사에서 검사 물체를 자화하는 방법으로 사용되는 자화 전류로서 내부 결함의 검출에 적합한 것은?

① 교류
② 자력선
③ 직류
④ 교류나 직류 상관없다.

해설 자분 탐상 검사에서 자화 전류는 표면 결함의 검출에는 교류가 사용되고, 내부 결함의 검출에는 직류가 사용된다.

15. 실용 금속 중 밀도가 유연하며, 윤활성이 좋고 내식성이 우수하며, 방사선의 투과도가 낮은 것이 특징인 금속은?
① 니켈(Ni) ② 아연(Zn)
③ 구리(Cu) ④ 납(Pb)

해설 납은 비중 11.3, 용융점 327℃로 유연한 금속이며 방사선 투과도가 낮은 금속이다.

16. 표면에 열린 결함만을 검출할 수 있는 비파괴 검사는? [22-2]
① 자분 탐상 검사
② 침투 탐상 검사
③ 방사선 투과 검사
④ 초음파 탐상 검사

해설 침투 탐상 검사(penetrant testing) : 금속, 비금속에 적용하여 표면의 개구 결함을 검출한다.

17. 압력을 측정하기 위한 센서가 아닌 것은? [14-4, 19-1]
① 압전형 센서
② 초음파형 센서
③ 정전 용량형 센서
④ 스트레인 게이지형 센서

해설 압력 센서의 종류 : 정전 용량형, 반도체 왜형 게이지식, 피라니 게이지, 열전자 진리 진공계, 스트레인 게이지, 로드 셀 등이 있다.

18. 전류 검출용 센서 중 변류기식 방식에 대한 설명으로 틀린 것은? [17-4]
① 직류 검출은 불가능하다.
② 주파수 특성상 오차가 크다.
③ 구조가 복잡하고 견고하지 않다.
④ 피측정 전로에 대한 절연이 가능하다.

해설 변류기식 : 트랜스 결합에 따라 전류를 검출하기 때문에 피측정 전로와 절연을 할 수 있는 것이 최대의 이점이며, 구조가 간단하고 견고하여 전력 계통 등의 교류 전로에서 사용되고 있다. 동작 원리상 직류의 검출은 불가능하다. 용도에 따라서는 주파수 특성상 오차가 큰 단점이 있다.

19. 다음 중 오실로스코프로 측정이 불가능한 것은? [19-2]
① 파형
② 전압
③ 주파수
④ 임피던스

해설 임피던스는 어떤 매질에서 파동의 전파(propagation)를 방해하거나, 어떤 도선 및 회로에서 전기의 흐름을 방해하는 정도로 저항, 코일, 축전기가 연결된 교류 회로의 합성 저항을 말한다.

20. 계측기의 동작 특성 중 정특성에 속하지 않는 것은? [18-4]
① 감도
② 직선성
③ 과도 특성
④ 히스테리시스 오차

해설 정특성에는 감도, 직선성, 히스테리시스 오차가 있고, 동특성에는 시간 지연, 과도 특성이 있다.

부록

2과목 설비 관리

21. 다음은 설비 관리 조직 중에서 어떤 형태의 조직인가? [11-4, 19-4]

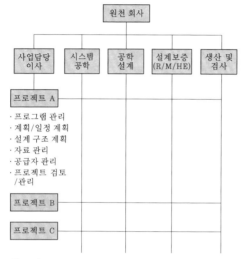

① 설계 보증 조직
② 제품 중심 조직
③ 기능 중심 매트릭스 조직
④ 제품 중심 매트릭스 조직

해설 보전성 공학팀이 프로젝트 책임자와 설계보증 책임자의 동시 감독을 받게 되는 설계 보증 조직이다.

22. 설비 배치의 형태에서 일명 라인(line) 별 배치라고도 하며, 공정의 계열에 따라 각 공정에 필요한 기계가 배치되는 설비 배치 형식은? [19-1]

① 기능별 배치   ② 제품별 배치
③ 혼합형 배치   ④ 제품 고정형 배치

23. 다음 설비 대안의 평가를 위한 방법 중 자본 사용의 여러 가지 방법에 대하여 창출되는 수입 액수를 기준으로 하는 방법은 어느 것인가? [14-2]

① 회수 기간법
② 현가액법
③ 연차 등가액법
④ 수익률법

해설 현가액법, 연차 등가액법은 현금 흐름의 액수 기준이고, 회수 기간법은 수입 지출의 회수 기간 기준을 사용한다.

24. 수리 공사의 목적 분류 중 설비 검사에 의해서 계획하지 못했던 고장의 수리를 무엇이라 하는가? [09-4, 16-4]

① 사후 수리 공사
② 예방 수리 공사
③ 보전 개량 공사
④ 돌발 수리 공사

해설 ·돌발 수리 공사 : 설비 검사에 의해서 계획하지 못했던 고장의 수리
·예방 수리 공사 : 설비 검사에 의해서 계획적으로 하는 수리
·보전 개량 공사 : 보전상의 요구에 의해서 하는 개량 공사(예 수리 주기를 연장하기 위한 재질 변경 등)

25. 상비품 발주 방식 중 재고량이 정해진 양까지 내려가면 기계적으로 일정량만큼 보충 주문을 하고, 계획된 최고량과 최저량 사이에서 재고를 보유하는 방식은? [19-4]

① 2Bin 방식
② 정기 발주 방식
③ 정량 발주 방식
④ 사용량 발주 방식

해설 정량 발주 방식 : 주문점법이라고도 하며, 규정 재고량까지 소비하면 일정량만큼 주문하는 것으로 발주량이 일정하나 발주 시기가 변한다.

26. 계측화의 실시 및 합리화를 위한 방법과 가장 거리가 먼 것은? [19-4]

① 계측기의 선정 또는 개발
② 계측 기술의 선정 또는 개발
③ 장치 공사의 적정화
④ 적당한 계측에 의한 수량화

해설 장치 공업에 있어서의 계장을 위해 계측화의 실시 및 합리화를 위한 방법이 필요하다. 공사와는 관련이 미미하다.

27. 다전력 손실 중 직접 손실에 해당되지 않는 것은? [15-2, 19-2]
① 누전 ② 기계의 공회전
③ 공정 관리 불량 ④ 저능률 설비 사용

해설 • 직접 손실 : 기계의 공회전, 누전, 저능률 설비 사용
• 간접 손실 : 공정 관리 불량, 품질 불량

28. 가공 및 조립형 설비 6대 로스 중 돌발적 또는 만성적으로 발생하는 고장에 의하여 발생되는 시간 로스는? [08-4, 18-2]
① 고장 로스 ② 속도 저하 로스
③ 수율 저하 로스 ④ 순간 정지 로스

해설 고장 로스 : 돌발적 또는 만성적으로 발생하는 고장에 의하여 발생, 효율화를 저해하는 최대 요인이다.

29. 자주 보전의 전개 단계 중 제4단계에 해당되는 총점검의 진행 방법에 해당되지 않는 것은? [19-1]
① 작업자에게 전달한다.
② 설비의 기초 교육을 받는다.
③ 점검 수준 향상을 위해 체크한다.
④ 배운 것을 실천하여 이상을 발견한다.

해설 제4단계의 진행 방법
㉠ 설비의 기초 교육을 받는다.
㉡ 작업자에게 전달한다.
㉢ 배운 것을 실천하여 이상을 발견한다.
㉣ '눈으로 보는 관리'를 추진한다.

30. 다음 중 품질 보전의 전개 순서를 가장 바르게 나열한 것은? [22-2]

> ㄱ. 표준화 ㄴ. 목표 설정
> ㄷ. 요인 해석 ㄹ. 현상 분석
> ㅁ. 검토 및 실시

① ㄴ → ㄹ → ㄷ → ㄱ → ㅁ
② ㄴ → ㄹ → ㄷ → ㅁ → ㄱ
③ ㄹ → ㄴ → ㄷ → ㅁ → ㄱ
④ ㄹ → ㄷ → ㄴ → ㄱ → ㅁ

해설 품질 보전의 전개 순서 : 현상 분석→목표 설정→요인 해석→검토→실시→결과 확인→표준화

31. 윤활 관리의 목적에 해당하지 않는 것은? [11-4]
① 재료비 감소
② 유종 통일을 통한 생산성 향상
③ 동력비 절감
④ 윤활제의 반입과 반출의 합리적 관리

해설 재료비는 원가 절감에 의한 것이다.

32. 윤활 업무를 윤활 담당자의 업무와 급유원의 업무로 나누어서 볼 때 급유원의 업무와 관계가 먼 것은? (단, 계획 업무와 실시 업무를 구분 시행할 경우) [09-4, 14-4]
① 기계 설비에 있어서 윤활면의 일상 점검, 급유
② 급유 장치의 운전 및 간단한 보수
③ 표준 유량 결정 및 윤활 작업 예정표 작성
④ 윤활제의 육안 검사 및 간단한 윤활제 교환

해설 급유원의 직무(현장 주유원의 직무)
• 기계 설비에 있어서 윤활면의 일상 점검 및 급유
• 급유 장치의 운전 및 간단한 보수

• 윤활제의 육안 검사 및 간단한 윤활제 교환
• 각종 기초 자료 작성 및 소비 관리

33. 윤활유 첨가제의 성질이 아닌 것은 어느 것인가? [21-4]
① 증발이 적어야 한다.
② 기유에 용해도가 좋아야 한다.
③ 수용성 물질에 잘 녹아야 한다.
④ 냄새 및 활동이 제어되어야 한다.

해설 첨가제는 수용성 물질에 녹지 않아야 하고, 증발이 없어야 한다.

34. 설비의 대형, 자동화로 분배 밸브를 지관에 설치하고 임의의 양을 공급할 수 있는 급유 방법으로 맞는 것은? [16-4]
① 집중 그리스 윤활 장치
② 그리스 프레스 공급 장치
③ 강제 순환 급유법
④ 중력 순환 급유법

해설 집중 그리스 윤활 장치 : 센트럴 라이즈드 그리스 공급 시스템(centralized grease supply system)으로서 강압 그리스 펌프를 주체로 하여 다수의 베어링에 동시 일정량의 그리스를 확실히 급유하는 방법이다.

35. 플러싱유 선택 시 고려해야 할 사항으로 틀린 것은? [16-2, 19-2, 20-2]
① 방청성이 우수할 것
② 고온의 청정 분산성을 가질 것
③ 고점도유로서 인화점이 낮을 것
④ 사용유와 동질의 오일을 사용할 것

해설 플러싱유의 선택
㉠ 저점도유로서 인화점이 높을 것
㉡ 사용유와 동질의 오일 사용
㉢ 고온의 청정 분산성을 가질 것
㉣ 방청성이 매우 우수할 것

36. 윤활유 오염 방지를 위해 oil tank 설치 시 고려해야 할 사항이 아닌 것은? [16-4]
① tank 저부에 magnetic filter 설치
② 적당한 strainer 설치
③ 적당한 baffle plate 설치
④ suction pipe는 tank 맨 하부에 설치

해설 suction pipe는 tank 상부에 설치

37. 윤활제의 시험 방법에는 윤활유(oil)의 시험법과 그리스의 시험법이 있다. 다음 중에서 윤활유 일반 성상 시험 대상이 아닌 것은? [16-4]
① 비중   ② 유동점
③ 주도   ④ 동점도

해설 주도는 그리스 성상 시험 대상이다.

38. 다음 중 그리스 열화 원인 중 화학적 요인인 산화와 가장 밀접한 관계가 있는 것은? [16-4]
① 주도 감소   ② 이물질 혼입
③ 증주제 증가   ④ 열과 공기 혼입

해설 윤활유는 장기간에 걸쳐 사용되는 동안 공기 중의 산소를 흡수해서 산화되고 더욱 촉진되면 열화 변질을 초래하여 윤활유로서의 기능을 상실하게 된다.

39. 일반적인 베어링 윤활의 목적으로 틀린 것은? [19-2]
① 마모를 적게 하여 동력 손실을 줄인다.
② 마모를 막아 베어링 수명을 연장시킨다.
③ 금속류의 직접 접촉에 의한 소음을 발생시킨다.
④ 윤활유의 냉각 효과로 발생열을 제거하고 베어링의 온도 상승을 억제한다.

해설 윤활은 금속류의 직접 접촉에 의한 소음을 막는다.

40. 윤활성은 다소 떨어지지만 불연성이란 이점으로 제철소 등의 고온 개소 유압 작동유로 사용되는 것은? [13-4, 20-2]
① EP 작동유
② 고온용 작동유
③ 고정도 지수 작동유
④ 수-글리콜계 작동유

해설 물 40%와 에틸렌글리콜을 주체로 한 불연성 유압 작동유인 water-glycol계 유압 작동유

3과목 기계 일반 및 기계 보전

41. 나사의 표시법에서 M10-6H/6g에 대한 설명으로 맞는 것은? [13-4, 20-2]
① 미터 보통 나사(M10) 수나사 6H와 암나사 6g의 조합
② 미터 보통 나사(M10) 암나사 6H와 수나사 6g의 조합
③ 미터 관용 평행나사(M10) 수나사 6H와 암나사 6g의 조합
④ 미터 관용 평행나사(M10) 암나사 6H와 수나사 6g의 조합

해설 M은 미터나사, H는 내경, g는 축을 의미하고 암나사 등급이 먼저 표기된다.

42. 구름 베어링 6206 P6을 설명한 것 중에서 틀린 것은? [06-4]
① 6 – 베어링 형식
② 2 – 사용한 윤활유의 점도
③ 06 – 베어링 안지름 번호
④ P6 – 등급 번호

해설 베어링 계열 기호

43. 베벨 기어의 제도 방법에 관하여 틀린

것은? [14-4]
① 정면도 이봉우리선과 이골선 : 굵은 실선
② 정면도 피치선 : 가는 이점쇄선
③ 측면도 피치원 : 가는 일점쇄선
④ 측면도 이봉우리원 내단부와 외단부 : 굵은 실선

해설 피치선 : 가는 일점쇄선

44. 고무 스프링(rubber spring)의 특징에 대한 설명으로 옳은 것은? [16-2, 20-2]
① 감쇠 작용이 커서 진동의 절연이나 충격 흡수가 좋다.
② 노화와 변질 방지를 위하여 기름을 발라 두어야 한다.
③ 인장력에 강하지만 압축력에 약하므로 압축하중을 피하는 것이 좋다.
④ 크기 및 모양을 자유로이 선택할 수 없지만 여러 가지 용도로 사용이 불가능하다.

해설 고무 스프링은 기름을 사용하지 않아야 하고, 인장력보다 압축력에 더 강하며, 크기, 모양을 자유롭게 할 수 있다.

45. 일반적인 플라스마 아크 용접의 특징으로 틀린 것은? [16-4]
① 아크의 방향성과 집중성이 좋다.
② 설비비가 적게 들고 무부하 전압이 낮다.
③ 단층으로 용접할 수 있으므로 능률적이다.
④ 용접부의 기계적 성질이 좋고 변형이 적다.

해설 플라스마 아크 용접(PAW)은 플라스마 아크의 열을 이용하는 용접으로 가스 텅스텐 아크 용접(GTAW)과 유사한 아크 용접 공정이다. 전기 아크는 전극과 공작물 사이에서 형성된다.

46. 베어링 체커의 사용에 대한 설명으로 맞는 것은? [08-4, 11-4, 19-2]
① 회전을 정지시키고 사용한다.
② 그라운드 잭은 지면에 연결한다.
③ 동력 전달 상태를 알 수 있다.
④ 입력 잭을 베어링에서 제일 가까운 곳에 접촉시킨다.

해설 베어링 체커는 베어링의 그리스 양을 측정하는 것으로 회전 중에 그라운드 잭은 기계의 몸체에, 입력 잭은 축에 접촉시켜 사용한다.

47. 다음 중 메커니컬 실(mechanical seal)을 선정할 때 주의사항으로 가장 거리가 먼 것은? [19-1, 21-2]
① 밀봉면에 작용하는 밀봉력을 유지할 것
② 누유 방지를 위해 탈착이 불가능할 것
③ 밀봉 단면의 평형, 평면 상태를 유지할 것
④ 밀봉면 사이에서 윤활 유체의 기화를 방지할 것

해설 메커니컬 실은 장착, 탈착이 가능하여야 한다.

48. 불량·수정 로스에서 불량을 해결하기 위한 대책으로 가장 거리가 먼 것은 다음 중 어느 것인가? [20-2]
① 요인 계통을 재검토할 것
② 현상의 관찰을 충분히 할 것
③ 원인을 한 가지로 정하고, 그 부분만 수정할 것
④ 요인 중에 숨은 결함의 체크 방법을 재검토할 것

해설 불량·수정 로스 대책
㉠ 원인을 한 가지로 정하지 말고, 생각할 수 있는 요인에 대해 모든 대책을 세울 것

㉡ 현상의 관찰을 충분히 할 것
㉢ 요인 계통을 재검토할 것
㉣ 요인 중에 숨은 결함의 체크 방법을 재검토할 것

49. 보스와 축의 둘레에 많은 키를 깎아 붙인 것과 같은 것으로 일반적인 키보다 훨씬 큰 동력을 전달시킬 수 있고 내구력이 커서 자동차, 공작 기계 발전용 증기 터빈 등에 이용되는 체결용 기계요소는? [20-2]
① 스플라인   ② 테이퍼 핀
③ 미끄럼 키   ④ 플랜지 너트

해설 스플라인 : 축으로부터 직접 여러 줄의 키(key)를 절삭하여, 축과 보스(boss)가 슬립 운동을 할 수 있도록 한 것으로 큰 동력을 전달시킬 수 있다.

50. 구름 베어링에 예압을 주는 목적으로 가장 거리가 먼 것은? [16-4]
① 베어링의 강성을 증가시킨다.
② 전동체 선회 미끄럼을 억제한다.
③ 외부 진동에 의해 프레팅이 발생된다.
④ 축의 흔들림에 의한 진동 및 이상음이 방지된다.

해설 베어링은 일반적인 운전 상태에서 약간의 틈새를 갖도록 선정되고 사용되나, 용도에 따른 여러 가지 효과를 목적으로 구름 베어링을 장착한 상태에서 음(−)의 틈새를 주어 의도된 내부 응력을 발생시키는 경우가 있다. 이와 같은 구름 베어링의 사용 방법을 예압법이라 한다.

51. 다음 〈보기〉는 V벨트 제품의 호칭을 나타낸 것이다. "2032"가 의미하는 것은 무엇인가? [19-2]

─〈보기〉─
일반용 V벨트 A 80 또는 2032

① 명칭   ② 종류
③ 호칭 번호   ④ V벨트의 길이

해설 A는 V벨트의 종류인 단면 크기, 80은 호칭 번호, 2032는 벨트 유효 길이를 뜻한다.

52. 다음 중 원형 밸브판의 지름을 축으로 하여 밸브판을 회전시켜 유량을 조절하는 밸브는? [18-2]

① 감압 밸브   ② 앵글 밸브
③ 나비형 밸브   ④ 슬루스 밸브

해설 나비형 밸브는 유량 조절 밸브이나 기밀을 완전하게 하는 것은 곤란하다.

53. 펌프를 사용할 때 발생하는 캐비테이션 (cavitation)에 대한 대책으로 옳지 않은 것은? [16-2]

① 흡입 양정을 길게 한다.
② 양흡입 펌프를 사용한다.
③ 펌프의 회전수를 낮게 한다.
④ 펌프의 설치 위치를 되도록 낮게 한다.

해설 캐비테이션 발생 방지 대책
• 임펠러 입구에 인듀서(inducer)라고 하는 예압용의 임펠러를 장치하여 이곳으로 들어가는 물을 가압해서 흡입 성능을 향상시킨다.
• 펌프 설치 높이를 최대로 낮추어 흡입 양정을 짧게 한다.
• 펌프의 회전 속도를 작게 한다.
• 단흡입이면 양흡입으로 고친다.
• 펌프 흡입 측 밸브로 유량 조절을 하지 않는다.
• 흡입부에 설치하는 스트레이너의 통수 면적을 크게 하고 수시로 청소한다.
• 캐비테이션에 강한 재질을 사용한다.
• 흡입관은 짧게 하는 것이 좋으나 부득이 길게 할 경우에는 흡입관을 크게 하여 손실을 감소시키고 밸브, 엘보 등 피팅류 숫자를 줄여 흡입관의 수두를 줄인다.

• 펌프의 전양정에 과대한 역류를 만들면 사용 상태에서는 시방 양정보다 낮은 과대 토출량의 점에서 운전하게 되어 캐비테이션 현상 하에서 운전하게 되므로 전양정의 결정에 있어서는 캐비테이션을 고려하여 적합하게 만들어야 한다.
• 이미 캐비테이션이 생긴 펌프에 대해서는 소량의 공기를 흡입 측에 넣어 소음과 진동을 적게 한다.

54. 압축기의 밸브 플레이트 교환 요령에 관한 설명으로 옳은 것은? [08-4, 12-4, 16-4]

① 교환 시간이 되었으면 사용 한계의 기준치 내에서도 교환한다.
② 마모 한계에 도달하였어도 파손되지 않았으면 사용한다.
③ 밸브 플레이트는 파손이 없으므로 계속 사용한다.
④ 마모된 플레이트는 뒤집어서 1회에 한해 재사용한다.

해설 마모 한계에 도달하였거나 교환 시간이 되었으면 사용 한계의 기준치 내에서도 교환한다. 마모된 것은 다시 사용하지 않는다. 압축기의 장점이다.

55. 전동기의 회전이 고르지 못할 때의 원인은 다음 중 어느 것인가? [08-4]

① 코일의 절연물이 열화되었거나 배선이 손상되었을 때
② 전압의 변동이 있거나 기계적 과부하가 발생되었을 때
③ 리드선 및 접속부가 손상되었거나 서머 릴레이가 작동되었을 때
④ 단선되었거나 냉각이 불량할 때

해설 모터가 고르지 못한 회전 고장 원인과 대책
㉠ 전원 전압의 변동 : 전선 및 간선 용량 부족에 의해 피크 시 전압 강하를 일으

부록

킬 때가 있다. 전압 측정과 동일 간선의 가동 상황을 점검해서 필요하다면 근본적인 해결을 도모하는 것이 좋다.

ⓒ 기계적 과부하 : 기동 불능이 되지 않더라도 부분적인 부하 변동이 있을 경우
• 회전체의 언밸런스
• 브레이크의 끌기
• 전동기 자체의 베어링 손상 등을 점검해서 처치한다.

56. 전동기의 기동 불능 현상에 대한 원인이 아닌 것은?　　　　[09-4, 19-1]
① 단선
② 기계적 과부하
③ 서머 릴레이 작동
④ 코일 절연물의 열화

해설 모터 기동 불능 고장 원인 : 퓨즈 용단, 서머 릴레이, 노 퓨즈 브레이크 등의 작동, 단선, 기계적 과부하, 전기 기기 종류의 고장, 운전 조작 잘못 등이 있다.

57. 산업 재해가 발생한 때에 기록 및 보존할 사항이 아닌 것은?
① 피해 규모
② 재해 재발 방지 계획
③ 재해 근로자의 인적사항
④ 재해 발생의 원인 및 과정

해설 사업주는 산업 재해가 발생한 때에는 다음을 기록·보존해야 한다. 다만, 산업 재해조사표의 사본을 보존하거나 요양 신청서의 사본에 재해 재발 방지 계획을 첨부하여 보존한 경우에는 그렇지 않다.
• 사업장의 개요 및 근로자의 인적사항
• 재해 발생의 일시 및 장소
• 재해 발생의 원인 및 과정
• 재해 재발 방지 계획

58. 인화성 가스를 저장하는 화학 설비 및 시설 간의 안전거리에 관한 것으로 틀린 것은?

① 단위 공정 시설로부터 다른 설비의 사이 – 설비의 바깥 면으로부터 20m 이상
② 플레어스택으로부터 위험 물질 저장 탱크 사이 – 플레어스택으로부터 반경 20m 이상
③ 위험 물질 저장 탱크로부터 단위 공정 시설 사이 – 저장 탱크의 바깥 면으로부터 20m 이상
④ 연구실로부터 단위 공정 시설 사이 – 연구실 등의 바깥 면으로부터 20m 이상

해설 안전거리
• 단위 공정 시설 및 설비로부터 다른 단위 공정 시설 및 설비의 사이 : 설비의 바깥 면으로부터 10m 이상
• 플레어스택으로부터 단위 공정 시설 및 설비, 위험 물질 저장 탱크 또는 위험 물질 하역 설비의 사이 : 플레어스택으로부터 반경 20m 이상. 다만, 단위 공정 시설 등이 불연재로 시공된 지붕 아래에 설치된 경우에는 그러하지 아니한다.
• 위험물 저장 탱크로부터 단위 공정 시설 및 설비, 보일러 또는 가열로의 사이 : 저장 탱크 바깥 면으로부터 반경 20m 이상. 다만, 저장 탱크의 방호벽, 원격 조정화 설비 또는 살수 설비를 설치한 경우에는 그러하지 아니한다.
• 사무실·연구실·실험실·정비실 또는 식당으로부터 단위 공정 시설 및 설비, 위험물 저장 탱크, 위험물 하역 설비, 보일러 또는 가열로의 사이 : 사무실 등의 바깥 면으로부터 반경 20m 이상. 다만, 난방용 보일러의 경우 또는 사무실 등의 벽을 방호 구조로 설치하는 경우에는 그러하지 아니한다.

59. 로봇의 운전으로 인한 근로자의 위험을 방지하기 위하여 일반적으로 설치하여야 하는 울타리의 높이는 얼마 이상인가?

① 1.3m ② 1.5m
③ 1.8m ④ 2.1m

해설 사업주는 로봇의 운전으로 인하여 근로자에게 발생할 수 있는 부상 등의 위험을 방지하기 위하여 높이 1.8m 이상의 울타리(로봇의 가동 범위 등을 고려하여 높이로 인한 위험성이 없는 경우에는 높이를 그 이하로 조절할 수 있다.)를 설치하여야 한다.

60. 롤러기의 복부 조작식 급정지 장치는 밑면에서 (㉠)m 이상 (㉡)m 이내이어야 하는가?

① ㉠ 0.6, ㉡ 0.9
② ㉠ 0.7, ㉡ 1.0
③ ㉠ 0.8, ㉡ 1.1
④ ㉠ 0.9, ㉡ 1.2

해설 급정지 장치의 종류

종류	설치 위치	비고
손 조작식	밑면에서 1.8m 이내	위치는 급정지 장치 조작부의 중심점을 기준
복부 조작식	밑면에서 0.8m 이상 1.1m 이내	
무릎 조작식	밑면에서 0.6m 이내	

4과목 공유압 및 자동화

61. 일반적으로 압력계에서 표시하는 압력은? [21-1]

① 압력 강화 ② 절대 압력
③ 차동 압력 ④ 게이지 압력

해설 대기 압력을 0으로 측정한 압력을 게이지 압력이라 하고, 완전한 진공 0으로 하여 측정한 압력을 절대 압력이라 한다.

62. 연속의 법칙을 설명한 것 중 잘못된 것은? [18-2]

① 질량 보전의 법칙을 유체의 흐름에 적용한 것이다.
② 관내의 유체는 도중에 생성되거나 손실되지 않는다는 것이다.
③ 점성이 없는 비압축성 유체의 에너지 보존법칙을 설명한 것이다.
④ 유량을 구하는 식에서 배관의 단면적이나 유체의 속도를 구할 수 있다.

해설 에너지 보존의 법칙은 베르누이 정리이다.

63. 공유압 시스템의 특징에 관한 설명 중 틀린 것은? [19-1]

① 공압은 환경 오염의 우려가 없다.
② 유압은 공압보다 작동 속도가 빠르다.
③ 유압은 소형 장치로 큰 출력을 낼 수 있다.
④ 공압은 초기 에너지 생산 비용이 많이 든다.

해설 유압은 전기, 기계, 공압보다 작동 속도가 느리다.

64. 유압 펌프는 송출량이 일정한 정용량형 펌프와 송출량을 변화시킬 수 있는 가변 용량형 펌프가 있다. 다음 중 정용량형과 가변 용량형 펌프를 모두 갖는 구조는 어느 것인가? [10-1]

① 압력 평형식 베인 펌프
② 회전 피스톤식
③ 기어식
④ 나사식

해설 회전 플런저식은 정용량형과 가변 용량형 펌프가 있다. 이 중에서 가변 용량형은 플런저의 행정거리를 바꿀 수 있는 구조로 유압용으로 많이 사용된다.

부록

65. 벤트 포트를 이용하여 3개의 서로 다른 압력을 원격으로 제어하려고 할 때 사용해야 하는 압력 제어 밸브는? [15-4, 19-4]
① 카운터 밸런스 밸브
② 직동형 릴리프 밸브
③ 외부 파일럿형 무부하 밸브
④ 평형 피스톤형 릴리프 밸브

해설 카운터 밸런스 밸브, 직동형 릴리프 밸브는 포트 수가 2개이며, 외부 파일럿형 무부하 밸브는 두 개의 압력을 제어할 수 있다.

66. 다단 튜브형 로드를 갖고 있어서 긴 행정거리를 얻을 수 있는 실린더는? [20-4]
① 격판 실린더
② 탠덤 실린더
③ 양 로드형 실린더
④ 텔레스코프형 실린더

해설 텔레스코프형 실린더 : 짧은 실린더 본체로 긴 행정거리를 필요로 하는 경우에 사용할 수 있는 다단 튜브형 로드를 가진 실린더로 실린더의 내부에 또 하나의 다른 실린더를 내장하고 유체가 유입하면 순차적으로 실린더가 이동하도록 되어 있다. 단동과 복동이 있으며 전체 길이에 비하여 긴 행정이 얻어진다. 그러나 속도 제어가 곤란하고, 전진 끝단에서 출력이 저하되는 단점이 있다. 후진 시 출력 및 속도를 크게 하거나 길게 하는 데 가장 적합한 실린더는 단동 텔레스코프형 실린더이다.

67. 다음 중 유압 시스템의 특징으로 옳은 것은? [22-2]
① 무단 변속이 가능하다.
② 원격 조작이 불가능하다.
③ 온도의 변화에 둔감하다.
④ 고압에서도 누유의 위험이 없다.

해설 유압은 무단 변속이 가능하고, 원격 조작도 가능하나 온도 변화에 예민하고, 누유 및 화재 폭발의 위험이 있다.

68. 다음 중 압축 공기의 소모량에 따라 공기 압축기의 운전을 조절하는 방식이 아닌 것은? [19-1]
① 저속 조절   ② 전압 조절
③ 무부하 조절   ④ ON/OFF 조절

해설 무부하 제어(no-load regulation)
㉠ 배기 제어 : 가장 간단한 제어 방법으로 압력 안전밸브(pressure relief V/V)로 압축기를 제어한다. 탱크 내의 설정된 압력이 도달되면 안전밸브가 열려 압축 공기를 대기 중으로 방출시키며, 체크 밸브가 탱크의 압력이 규정값 이하로 되는 것을 방지한다.
㉡ 차단 제어(shut-off regulation) : 피스톤 압축기에서 널리 사용되는 제어로서 흡입 쪽을 차단하여 공기를 빨아들이지 못하게 하며, 기압보다 낮은 압력(진공압)에서 계속 운전된다.
㉢ 그립-암(grip-arm) 제어 : 피스톤 압축기에서 사용되는 것으로 흡입 밸브를 열어 압축 공기를 생산하지 않도록 하는 방법이다.

69. 다음 중 유압 펌프에 관한 설명으로 옳은 것은? [22-2]
① 기어 펌프는 외접식과 내접식이 있으며 가변 용량형 펌프이다.
② 유압 펌프는 유압 에너지를 기계적 에너지로 변환시켜주는 장치이다.
③ 유압 펌프에서 내부 누유가 많이 발생할수록 용적 효율은 감소한다.
④ 베인 펌프는 기어 펌프나 피스톤 펌프에 비해 토출 압력의 맥동이 크며, 고정 용량형만 있다.

해설 유압 펌프는 모터나 내연기관 등의 기계적 에너지를 유압 에너지로 변환시켜주는 장치이다. 용적 효율(체력 효율)은 실제 토출 유량을 이론 토출 유량으로 나눈 값이므로 내부 누유가 많아지면 실제 토출 유량이 감소하여 용적 효율은 감소된다. 기어 펌프는 구조상 고정 용량형 펌프이며, 베인 펌프는 맥동이 거의 없으며 고정형과 가변 용량형이 있다.

70. 두 개의 입구 X와 Y를 갖고 있으며 출구는 A 하나이다. 입구 X, Y에 각기 다른 압력을 인가했을 때 고압이 A로 출력되는 특징을 갖는 공압 논리 밸브는? [15-4, 21-1]

① 급속 배기 밸브
② 교축 릴리프 밸브
③ 고압 우선 셔틀 밸브
④ 저압 우선 셔틀 밸브

해설 셔틀 밸브 또는 OR 밸브에서 2개의 공압 신호가 동시에 입력되면 압력이 높은 쪽이 먼저 출력되므로 고압 우선 셔틀 밸브라고도 한다.

71. 유압 변환기의 사용 시 주의사항으로 적절한 것은? [16-2, 21-2]

① 수평 방향으로 설치한다.
② 발열 장치 가까이 설치한다.
③ 반드시 액추에이터보다 낮게 설치한다.
④ 액추에이터 및 배관 내의 공기를 충분히 뺀다.

해설 공유압 변환기의 사용상의 주의점
• 공유압 변환기는 액추에이터보다 높은 위치에 수직 방향으로 설치한다.
• 액추에이터 및 배관 내의 공기를 충분히 뺀다.
• 열원 가까이에서 사용하지 않는다.

72. 캐스케이드 회로에 대한 설명으로 틀린 것은? [13-4, 19-1]

① 제어에 특수한 장치나 밸브를 사용하지 않고 일반적으로 이용되는 밸브를 사용한다.
② 작동 시퀀스가 복잡하게 되면 제어 그룹의 개수가 많아지게 되어 배선이 복잡하고, 제어 회로의 작성도 어렵게 된다.
③ 작동에 방향성이 없는 리밋 스위치를 이용하고, 리밋 스위치가 순서에 따라 작동되어야만 제어 신호가 출력되기 때문에 높은 신뢰성을 보장할 수 있다.
④ 캐스케이드 밸브가 많아지게 되면 제어 에너지의 압력 상승이 발생되어 제어에 걸리는 스위칭 시간이 짧아지는 단점이 있다.

해설 캐스케이드 밸브가 많아지게 되면 캐스케이드 밸브는 직렬로 연결되어 있기 때문에 제어 에너지의 압력 강하가 발생되어 제어에 걸리는 스위칭 시간이 길어지는 단점이 있다.

73. 유압 동조 회로에 대한 방법으로 틀린 것은? [08-4, 18-1]

① 유압 모터에 의한 방법
② 방향 제어 밸브에 의한 방법
③ 유량 제어 밸브에 의한 방법
④ 유압 실린더를 직렬로 접속하는 방법

해설 동조 회로 : 같은 크기의 2개의 유압 실린더에 같은 양의 압유를 유입시켜도 실린더의 치수, 누유량, 마찰 등이 완전히 일치하지 않기 때문에 완전한 동조 운동이란 불가능한 일이다. 또 같은 양의 압유를 2개의 실린더에 공급한다는 것도 어려운 일이다. 이 동조 운동의 오차를 최소로 줄이는 회로를 동조 회로라 한다. 래크와 피

니언에 의한 동조 회로, 실린더의 직렬 결합에 의한 동조 회로, 2개의 펌프를 사용한 동조 회로, 2개의 유량 조절 밸브에 의한 동조 회로, 2개의 유압 모터에 의한 동조 회로, 유량 제어 밸브와 축압기에 의한 동조 회로가 있다.

74. 리드 스위치(reed switch)의 일반적인 특성이 아닌 것은?　　　　[16-4]
① 소형, 경량이다.
② 스위칭 시간이 짧다.
③ 반복 정밀도가 높다.
④ 회로 구성이 복잡하다.

해설 리드 스위치(reed switch)는 가는 접점이라는 의미로 전화 교환기용의 고신뢰도 스위치로 개발되어 현재는 자석과 조합한 자석 센서로 광범위하게 사용되고 있다. 실린더에 부착하여 소형화를 할 수 있으며, 물체에 직접 접촉하지 않고 동작을 위한 별개의 전원을 부가할 필요가 없이 그 위치를 검출하여 전기적 신호를 발생시키는 장치로 자동화에 많이 응용되고 있다.
　• 리드 센서의 특징
　　㉠ 접점부가 완전히 차단되어 있으므로 가스나 액체 중 고온 고습 환경에서 안정하게 동작한다.
　　㉡ ON/OFF 동작 시간이 비교적 빠르고(<1μs), 반복 정밀도가 우수하여 (±0.2mm) 접점의 신뢰성이 높고 동작 수명이 길다.
　　㉢ 사용 온도 범위가 넓다(-270 ~ +150℃).
　　㉣ 내전압 특성이 우수하다(>10kV).
　　㉤ 리드의 겹친 부분은 전기 접점과 자기 접점으로의 역할도 한다.
　　㉥ 가격이 비교적 저렴하고 소형, 경량이며, 회로가 간단해진다.
　　㉦ 인접한 거리에서의 연속된 리드 스위치 사용을 허용하지 않는다.

75. 전 단계의 작업 완료 여부를 리밋 스위치 또는 센서를 이용하여 확인한 후 다음 단계의 작업을 수행하는 것으로서 공장자동화(FA)에 많이 이용되는 제어 방법은 무엇인가?　　　　[18-2]
① 메모리 제어　　② 시퀀스 제어
③ 파일럿 제어　　④ 시간에 따른 제어

해설 시퀀스 제어는 전체 계통에 연결된 스위치가 동시에 동작할 수 있다.

76. 응답은 매우 빠르지만 단독으로 사용하지 않는 제어 방법은?　　　　[15-2]
① P 제어　　　　② I 제어
③ D 제어　　　　④ K 제어

해설 P 제어는 비례 제어, I 제어는 적분 제어로 리셋 제어라고도 하며, D 제어는 미분 제어 또는 레이트(rate) 제어라 하며, 입력의 변화 속도에 비례하는 출력을 내는 제어로 단독으로 사용할 수 없고, P 또는 PI와 같이 사용한다.

77. 다음 회로에 대한 설명으로 틀린 것은 어느 것인가?　　　　[19-1]

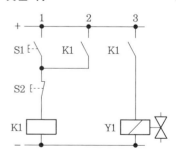

① 리셋(reset) 우선 자기 유지 회로이다.
② 라인 3의 Y1은 솔레노이드 밸브이다.
③ 스위치 S1은 자기 유지 회로를 구성하기 위한 세트(set) 스위치이다.
④ 라인 2와 3의 접점 K1은 동일한 릴레이의 동일한 접점으로 할 수 없다.

해설 라인 2와 3의 접점 K1은 동일한 릴레이의 동일한 접점으로 할 수 있다.

78. 3상 유도 전동기가 원래의 속도보다 저속으로 회전할 경우 원인으로 적절하지 않은 것은? [18-4]
① 과부하
② 퓨즈 단락
③ 베어링 불량
④ 축받이의 불량

해설 퓨즈 단락, 서머 릴레이 작동, 코일의 소손은 모터 작동 불능 상태이다.

79. 다음 중 고장이 발생하지 않도록 설비를 설계, 제작, 설치하여 운용하는 보전 방법은 ? [18-1]
① 개량 정비
② 사후 정비
③ 예방 정비
④ 보전 예방

해설 보전 예방 : 보전이 필요 없는 시스템 설계가 기본 개념인 보전 방식이다.

80. 공압 시스템의 보수 유지에 대한 설명으로 틀린 것은? [17-4]
① 배관 내에 이물질을 제거할 때에는 플러싱 머신을 사용한다.
② 마모된 부품은 시스템의 기능 장애, 공압 누설 등의 원인이 된다.
③ 배관 등에 이물질이 누적되면 압력 강하와 부정확한 스위칭이 될 수 있다.
④ 가속력이 큰 경우에는 완충 장치를 부착하여 작동력을 흡수하도록 한다.

해설 플러싱은 유압 시스템에 적용하는 것이다.

부록

설비보전기사 필기
과년도 출제문제

2023년 1월 15일 1판1쇄
2024년 1월 15일 1판2쇄
2024년 2월 15일 2판1쇄

저　자 : 설비보전시험연구회
펴낸이 : 이정일

펴낸곳 : 도서출판 **일진사**
　　　　www.iljinsa.com
(우) 04317 서울시 용산구 효창원로 64길 6
전　화 : 704-1616 / 팩스 : 715-3536
이메일 : webmaster@iljinsa.com
등　록 : 제1979-000009호 (1979.4.2)

값 30,000 원

ISBN : 978-89-429-1932-1